高等学校信息工程类专业规划教材

《信号与系统(第二版)》学习指导

张小虹　编著

王丽娟　王友军　参编

西安电子科技大学出版社

内 容 简 介

本书是《信号与系统(第二版)》一书的配套教材。全书内容包括：信号与系统的基本概念、连续时间系统的时域分析、连续时间信号和系统的频域表示与分析、连续时间信号和系统的复频域表示与分析、离散时间系统的时域分析、$\mathscr{Z}$变换与离散系统的频域分析、状态变量分析法共7章。每章都有知识结构、重点与难点归纳、习题详解。部分习题详解中不乏经典的多解方法，还有部分习题带有MATLAB求解程序及波形。

附录包括章节小测、期中与期末模拟试题、4套研究生入学考试试卷，并提供了全部参考答案，既方便老师根据教学进度了解学生的情况，也便于学生系统复习。

本书既可作为通信、电子、信息等专业学生自学、复习、考研的参考书，也可作为学习信号与系统课程的辅助教材。

图书在版编目(CIP)数据

《信号与系统(第二版)》学习指导/张小虹编著. —2版.
—西安：西安电子科技大学出版社，2011.4
高等学校信息工程类专业规划教材
ISBN 978-7-5606-2557-7

Ⅰ. ① 信…　Ⅱ. ① 张…　Ⅲ. ① 信号系统—高等学校—教学参考资料
Ⅳ. ① TN911.6

中国版本图书馆 CIP 数据核字(2011)第035600号

策　　划　马乐惠
责任编辑　杨宗周　马乐惠
出版发行　西安电子科技大学出版社(西安市太白南路2号)
电　　话　(029)88242885　88201467　　邮　编　710071
网　　址　//www.xduph.com　　电子邮箱　xdupfxb001@163.com
经　　销　新华书店
印刷单位　陕西华沐印刷科技有限责任公司
版　　次　2011年4月第2版　2011年4月第2次印刷
开　　本　787毫米×1092毫米　1/16　印张24
字　　数　569千字
印　　数　14 001～17 000册
定　　价　33.00元
ISBN 978-7-5606-2557-7/TN・0595

XDUP 2849002-2

第二版前言

本书是《信号与系统(第二版)》一书的配套教材。本书立足实践，着眼自学，与《信号与系统(第二版)》教材配合使用相得益彰。

本书仍以基本理论为主线，对《信号与系统(第二版)》一书中的重点和难点进行了归纳、集中和概括，尤其是每章增加了本章知识结构一节，使读者对每章的知识主线、相关联系更清晰明白。

本书概念清楚、系统性强、特色鲜明。对《信号与系统(第二版)》一书中的习题进行了详细的分析解答，并对部分难题增加了多种解题方法。在本书的指导下，读者能够更加系统地将“信号、系统”的知识进行融会贯通，为全面理解与掌握这门知识打下坚实的基础。

本书除了对第一版的错误作了修订，重点在经典理论与现代计算技术结合上作了进一步的完善和补充。本书不仅非常适合电子信息类专业学生作为重要配套教材，也可作为自控专业、计算机科学与技术等相关专业学生的重要配套教材。对相关专业的工程技术人员来说也是一本有益的自学用书和实用的参考资料。

在编写本书的过程中考虑到接受对象的不同专业，结合编者多年来的教学实践，在选择重点和难点时，既体现了教学改革的精神、教学大纲的要求，也反映了针对不同教学对象的教学实践，使组织这门课程教学的老师和学生都感到有所帮助。同时，本书也为需深入了解相关知识的读者和工程技术人员奠定了基础。

本书在与《信号与系统(第二版)》一书配套的前提下，重点对一版的考研试题做了全面修改，以期更符合新的教学要求，便于读者自测和检查对本课程知识点的掌握情况，为读者掌握本门知识提供更多的参考信息和实践机会。

解放军理工大学理学院的王丽娟副教授参与了本书第一、二章的一部分内容的编写工作，王友军副教授参与了本书第五、六章的一部分内容的编写工作，全书由张小虹教授主编并统稿。在编写过程中，还得到了解放军理工大学理学院的郑绪东副教授、胡澄副教授、贾永兴副教授等同行们的大力支持和帮助。编者在此对大家的关心表示深深的谢意。

由于编者水平有限，书中不足之处在所难免，恳请广大读者批评指正。

编　者

2011 年 2 月

第二版前言

第一版前言

本书是《信号与系统》一书的姊妹篇。本书立足实践，着眼自学，与《信号与系统》教材配合使用相得益彰。

本书以基本理论为主线，对《信号与系统》一书中的重点和难点进行了归纳、集中和概括。对《信号与系统》一书中的习题进行了精当的解答。在本书的指导下，能够更加系统地将“信号、系统”的知识做到融会贯通，为全面理解与掌握这门知识打下坚实的基础。

本书概念清楚、系统性强、特色鲜明。尤其是现代教学思想与工具的引入，对于从事这门课程教学的老师来说，是一本不可多得的参考书。本书不仅可作为电子信息类专业的配套教材，也可作为自控专业、计算机科学与技术等相关专业的配套教材。对相关专业的工程技术人员来说也是一本有益的自学用书和实用的参考资料。

在编写过程中考虑到了接受对象的不同专业，以及多年来的教学实践，在选择重点和难点时，既体现了教学改革的精神、教学大纲的要求，也反映了针对不同教学对象的教学实践，对组织这门课程教学的老师和学生都会感到参考有益。同时也为需要深入了解相关知识的读者和工程技术人员奠定了基础。

本书在内容的组织上，在与先期出版的《信号与系统》一书配套的前提下，在附录中增加了阶段测试和考研模拟题，便于读者自测和检查对本课程知识点的掌握情况。

参与本书编写工作的还有解放军理工大学理学院的陆士元副教授，总参第六十三研究所的张为民等同志。在编写过程中，得到了解放军理工大学理学院岳振军教授，王丽娟、王友军副教授，孙镇、许胜华、刘春林、贾永兴、李宁、余远德等同行们的大力支持和帮助。编者在此对大家的关心表示深深的谢意。

由于编者水平有限，书中不足之处在所难免，恳请广大读者批评指正。

编　者

2004 年 4 月

目　　录

第1章 信号与系统

1.1 本章知识结构

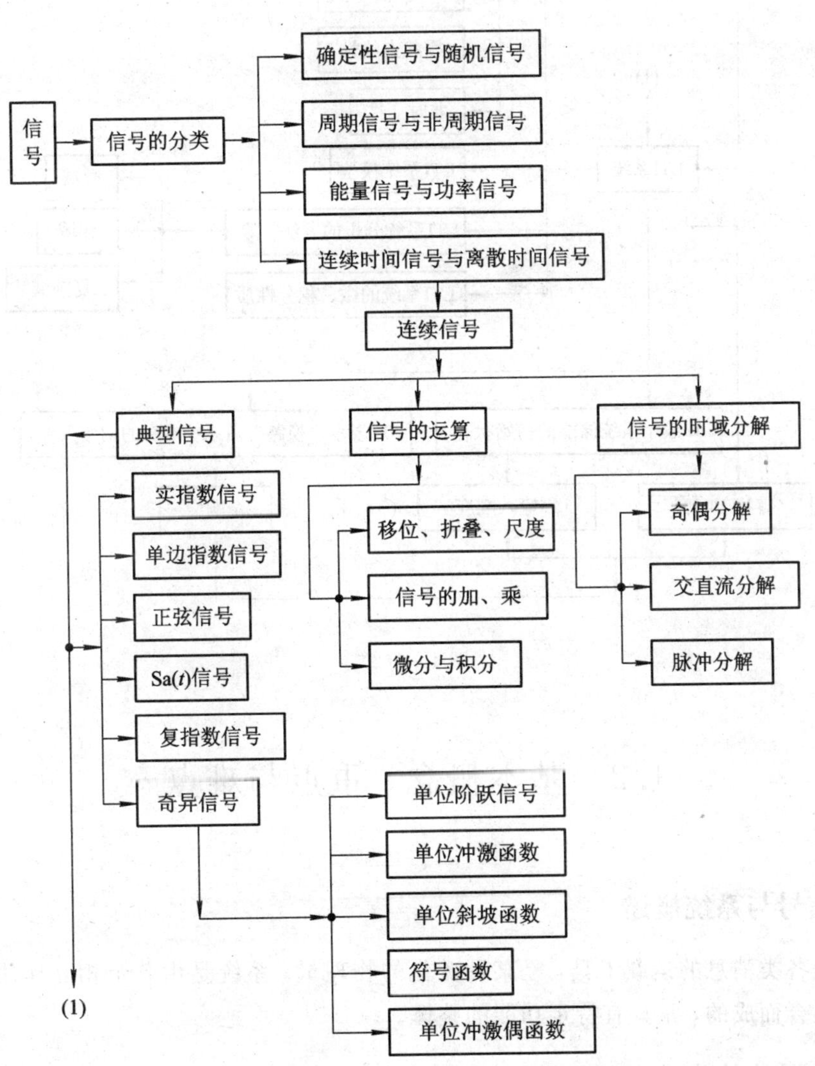

图 1-1(1)

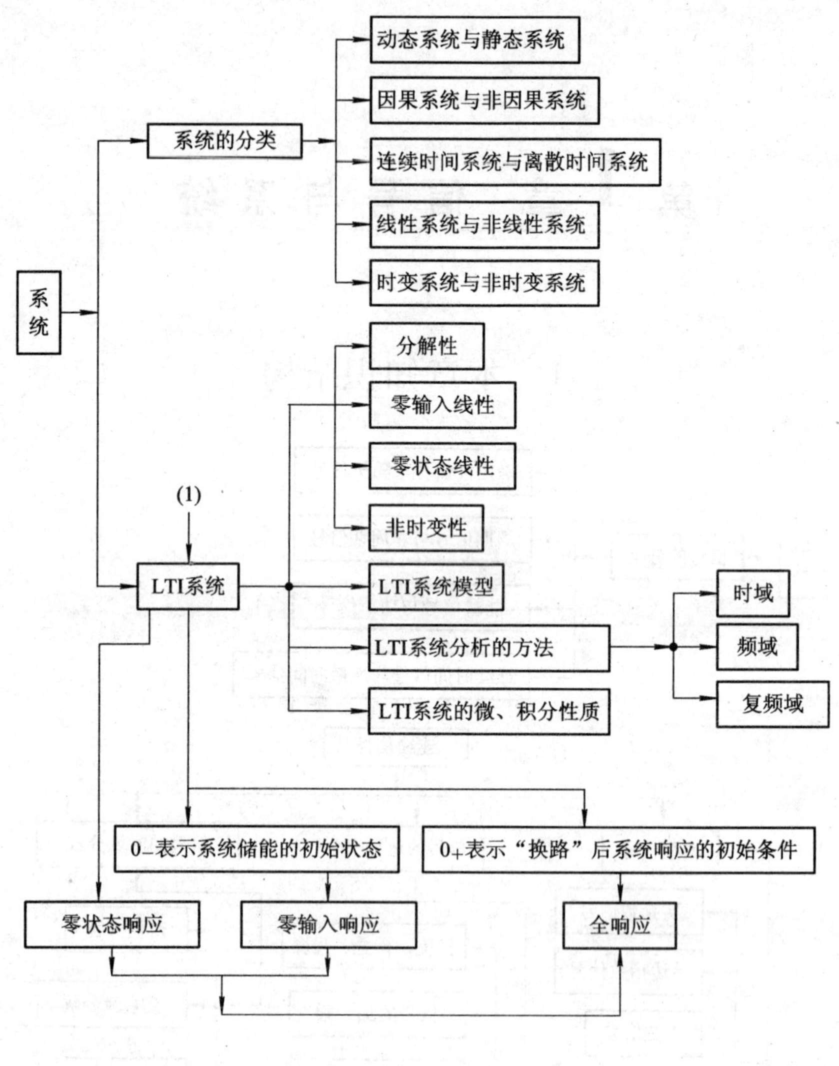

图 1-1(2)

1.2　基本概念、重点与难点

1.2.1　信号与系统概述

信号是各类消息的运载工具，是某种变化的物理量。系统是由若干相互作用、相互关联的事物组合而成的，是具有特定功能的整体。

1.2.2　信号及其分类

人们用来传递信息的信号主要是电信号。电信号是随时间变化的电压或电流。常用的信号有以下 5 种。

1. 确定性信号与随机信号

可以表示为确定时间函数的信号是确定性信号，也称规则信号。随机信号是不能用确定的时间函数表示且只知其统计特性的信号。

2. 周期信号与非周期信号

周期信号一般表示为

$$f(t) = f(t + nT) \qquad n = 0, \pm 1, \cdots$$

其中，T 为最小重复时间间隔，也称周期，不满足上式的为非周期信号。

若干周期信号叠加后仍为周期信号，叠加后信号角频率 ω_0 的计算如下：

$$\omega_1 = \frac{N_1}{N_0}, \ \omega_2 = \frac{N_2}{N_0}, \ \cdots, \ \omega_n = \frac{N_n}{N_0}$$

式中，ω_1，ω_2，…，ω_n 为各周期信号的角频率；N_1，N_2，…，N_n 为正整数且无公因子，则 $\omega_0 = \dfrac{1}{N_0}$；若有公因子 N，则 $\omega_0 = \dfrac{N}{N_0}$。

3. 连续时间信号与离散时间信号

连续时间信号在所讨论的时间内，对任意时间值(除有限不连续点外)都可以给出确定的函数值。

离散信号亦称序列，其自变量 n 是离散的，通常为整数。离散信号的幅值被量化，即只能取某些规定值(并被编码)时，称为数字信号。

4. 能量信号与功率信号

在$(-T/2, T/2)$区间信号的平均功率 P 为

$$P = \lim_{T \to \infty} \frac{1}{T} \int_{-T/2}^{T/2} f^2(t) \, \mathrm{d}t$$

在$(-\infty, \infty)$区间信号的能量 E 为

$$E = \int_{-\infty}^{\infty} f^2(t) \, \mathrm{d}t < \infty$$

信号 $f(t)$的能量有界，即 $0<E<\infty$；而平均功率 $P=0$，是能量信号。如果信号 $f(t)$ 的平均功率有界，即 $0<P<\infty$，而能量 $E \to \infty$，就是功率信号。如果有信号能量 $E \to \infty$，且功率 $P \to \infty$，就是非能量非功率信号。

5. 因果信号与非因果信号

当 $t<0$ 时，连续信号 $f(t)=0$，信号 $f(t)$是因果信号，反之为非因果信号；当 $n<0$ 时，离散信号 $x(n)=0$，则信号 $x(n)$是因果信号，反之为非因果信号。

1.2.3 典型信号

1. 常用连续信号

1) 实指数信号

$$f(t) = A\mathrm{e}^{at}$$

式中，当 $a>0$ 时，$f(t)$随时间增长；$a<0$ 时，$f(t)$随时间衰减；$a=0$ 时，$f(t)$不随时间变化。常数 A 表示 $t=0$ 时信号的初始值，$|a|$的大小反映了信号随时间增减的速率。

单边指数信号表示式为

$$f(t)=\begin{cases}0, & t<0\\ Ae^{-\frac{t}{\tau}}, & t>0\end{cases}$$

特别地，在 $f(0)=A$ 时，

$$f(t)\big|_{t=\tau}=f(\tau)=\frac{A}{e}=0.368A$$

2）正弦信号

$$f(t)=A\sin(\omega t+\theta)$$

其中，A 是振幅，ω 是角频率，θ 是初相，周期 $T=\frac{2\pi}{\omega}=\frac{1}{f}$。

3）复指数信号

$$f(t)=Ae^{st}$$

当 $s=\sigma+j\omega$ 时，$f(t)=Ae^{\sigma t}(\cos\omega t+j\sin\omega t)$；

当 $s=j\omega$ 时，$f(t)=A(\cos\omega t+j\sin\omega t)$；

当 $s=\sigma$ 时，$f(t)=Ae^{\sigma t}$ 是实指数信号；

当 $s=0$ 时，$f(t)=A$ 是直流信号。

4）$\mathrm{Sa}(t)$ 信号（抽样信号）

$$f(t)=\mathrm{Sa}(t)=\frac{\sin t}{t}$$

$\mathrm{Sa}(t)$ 具有以下性质：

(1) 信号是偶函数；

(2) $f(0)=1$，$f(\pm n\pi)=0$，其中 n 为整数；

(3) $\int_0^{\infty}\mathrm{Sa}(t)\,dt=\frac{\pi}{2}$，$\int_{-\infty}^{\infty}\mathrm{Sa}(t)\,dt=\pi$。

2. 奇异信号

1）单位阶跃信号 $u(t)$

$$u(t)=\begin{cases}0, & t<0\\ 1, & t>0\end{cases}$$

2）单位冲激函数 $\delta(t)$

$$\begin{cases}\delta(t)=\begin{cases}\infty, & t=0\\ 0, & t\neq 0\end{cases}\\ \int_{-\infty}^{\infty}\delta(t)\,dt=1\end{cases}$$

冲激函数的运算与性质：

(1) 取样性或“筛选”。若 $f(t)$ 是在 $t=0$ 处为连续的有界函数，则

$$\int_{-\infty}^{\infty}f(t)\delta(t)\,dt=\int_{-\infty}^{\infty}f(0)\delta(t)\,dt=f(0)$$

以及

$$\int_{-\infty}^{\infty}f(t)\delta(t-t_0)\,dt=\int_{-\infty}^{\infty}f(t_0)\delta(t-t_0)\,dt=f(t_0)$$

(2) 偶函数：

$$\delta(t)=\delta(-t)$$

(3) 与单位阶跃函数 $u(t)$ 互为积分、微分关系，即

$$\int_{-\infty}^{t} \delta(\tau)\, \mathrm{d}\tau = u(t) = \begin{cases} 0, & t<0 \\ 1, & t>0 \end{cases}$$

$$\frac{\mathrm{d}u(t)}{\mathrm{d}t} = \begin{cases} 0, & t \neq 0 \\ \infty, & t=0 \end{cases}$$

$$= \delta(t)$$

(4) 尺度特性：

$$\delta(at) = \frac{1}{|a|}\delta(t)$$

3) 单位斜坡函数

$$R(t) = \begin{cases} 0, & t<0 \\ t, & t>0 \end{cases}$$

$$= tu(t)$$

单位斜坡函数与阶跃函数 $u(t)$ 互为微分、积分关系，即

$$\frac{\mathrm{d}R(t)}{\mathrm{d}t} = u(t)$$

$$\int_{-\infty}^{t} u(\tau)\, \mathrm{d}\tau = \begin{cases} 0, & t<0 \\ t, & t>0 \end{cases}$$

$$= R(t)$$

4) 门函数 $g_\tau(t)$

$$g_\tau(t) = \begin{cases} 1, & |t| < \frac{\tau}{2} \\ 0, & |t| > \frac{\tau}{2} \end{cases}$$

$$= \left[u\left(t+\frac{\tau}{2}\right) - u\left(t-\frac{\tau}{2}\right)\right]$$

5) 符号函数 $\mathrm{sgn}t$

$$\mathrm{sgn}t = \begin{cases} 1, & t>0 \\ -1, & t<0 \end{cases}$$

$$= 2u(t)-1 = -u(-t)+u(t)$$

6) 单位冲激偶函数 $\delta'(t)$

$$\delta'(t) = \frac{\mathrm{d}\delta(t)}{\mathrm{d}t} = \lim_{\tau \to 0}\frac{1}{\tau}\left[\delta\left(t+\frac{\tau}{2}\right) - \delta\left(t-\frac{\tau}{2}\right)\right]$$

单位冲激偶函数具有如下特性：

(1) 对 $f'(t)$ 在 0 点连续的函数，有

$$\int_{-\infty}^{\infty} \delta'(t) f(t)\, \mathrm{d}t = -f'(0)$$

(2) 无限区间对单位冲激偶函数积分为零，即

$$\int_{-\infty}^{\infty} \delta'(t)\, \mathrm{d}t = 0$$

(3) $\delta'(t)$与$\delta(t)$互为积分、微分关系，即

$$\delta'(t) = \frac{\mathrm{d}\delta(t)}{\mathrm{d}t}$$

$$\int_{-\infty}^{t} \delta'(\tau)\ \mathrm{d}\tau = \begin{cases} 0, & t < 0_- \\ \infty, & 0_- < t < 0_+ \\ 0, & t > 0_+ \end{cases}$$

1.2.4 连续信号的运算

1. 时移、折叠、尺度

(1) 时移。将信号$f(t)$的自变量t用$t-t_0$替换，得到$f(t-t_0)$是$f(t)$的时移，是$f(t)$的波形在时间轴t上整体移位t_0。

(2) 折叠。将$f(t)$自变量t用$-t$替换，得到信号$f(-t)$是$f(t)$的折叠信号。

(3) 尺度变换。将$f(t)$的自变量t用$at(a\neq 0)$替换，得到$f(at)$是$f(t)$的尺度变换。

以上变换都是函数自变量的变换，而变换前后端点上的函数值(冲激函数除外)不变。确定变换前后波形中各端点的相应位置的具体方法是：设变换前信号为$f(at+b)$，用t_1表示变换前端点的位置；变换后信号为$f(mt'+n)$，用t_1'表示变换后端点的位置，则变换后的端点为

$$t_1' = \frac{1}{m}(at_1 + b - n)$$

2. 微分与积分

微分是对$f(t)$求导数的运算，表示为

$$f'(t) = \frac{\mathrm{d}f(t)}{\mathrm{d}t}$$

积分是对$f(t)$在$(-\infty, t)$区间内的积分，表示式为

$$y(t) = \int_{-\infty}^{t} f(\tau)\ \mathrm{d}\tau$$

3. 信号的加(减)、乘(除)

$f_1(t)\pm f_2(t)$是两个信号瞬时值相加(减)形成的新信号；$f_1(t)\cdot f_2(t)$或$f_1(t)/f_2(t)=f_1(t)\cdot[1/f_2(t)]$是两个信号瞬时值相乘形成的新信号。一般两个信号相乘，变化慢的信号形成包络。包络线反映了相乘信号总的变化趋势。

1.2.5 连续信号的分解

1. 交、直流分解

信号可以分解为直流分量$f_D(t)$与交流分量$f_A(t)$，即

$$f(t) = f_D(t) + f_A(t)$$

式中直流分量$f_D(t)$是信号的平均值。信号$f(t)$除去直流分量$f_D(t)$，剩下的即为交流分量$f_A(t)$。

2. 奇偶分解

任意信号 $f(t)$可分解为偶分量与奇分量之和

$$f(t) = f_e(t) + f_o(t)$$

式中，偶分量 $f_e(t)=\frac{1}{2}[f(t)+f(-t)]$；奇分量 $f_o(t)=\frac{1}{2}[f(t)-f(-t)]$。

3. 任意信号的脉冲分解

用冲激函数表示任意因果信号的积分形式为

$$f(t) = \int_0^t f(\tau)\delta(t-\tau)\,\mathrm{d}\tau$$

任意因果信号用阶跃信号表示的积分形式为

$$f(t) = f(0)u(t) + \int_{0_+}^t f'(\tau)u(t-\tau)\,\mathrm{d}\tau$$

1.2.6 系统

(1) 系统的作用是将输入信号转变为所需要的输出信号。

(2) 初始状态。连续系统中，“初始”通常是一个非零的电源接入电路系统的瞬间，或电路发生“换路”的瞬间。一般用 0_- 表示系统“换路”前系统储能的初始状态，用 0_+ 表示“换路”后系统响应的初始条件。

1.2.7 系统的分类

1. 动态系统与静态系统

含有动态元件的系统是动态系统，描述动态系统的数学模型为微分方程，其响应不仅与该时刻的激励有关，还与该时刻以前的激励有关；没有动态元件的系统是静态系统，也称即时系统，描述静态系统的数学模型为代数方程，其响应仅与该时刻的激励有关。

2. 因果系统与非因果系统

因果系统的响应是由激励引起的，激励是响应的原因，响应是激励的结果；响应与激励具有因果关系的系统也称为物理可实现系统。如果响应出现在激励之前，系统为非因果系统也称物理不可实现系统。

另外，$t<0$ 时为零的信号也称为因果信号。对于因果系统，在因果信号激励下，响应也是因果信号。

3. 连续时间系统与离散时间系统

激励与响应均为连续时间信号的系统是连续时间系统，也称模拟系统；激励与响应均为离散时间信号的系统是离散时间系统，也称数字系统。

4. 线性系统与非线性系统

线性系统必须满足以下三个条件：

(1) 分解性。系统响应可表示为

$$y(t) = y_{zi}(t) + y_{zs}(t)$$

式中，$y_{zi}(t)$是零输入响应，$y_{zs}(t)$是零状态响应。

（2）零输入线性。若

$$x_k(0_-) \to y_{zik}(t) \quad (k=1\sim n) \quad t\geqslant 0$$

则

$$\sum_{k=1}^{n} a_k x_k(0_-) \to \sum_{k=1}^{n} a_k y_{zik}(t), \quad t\geqslant 0$$

（3）零状态线性。若

$$f_i(t)u(t) \to y_{zsi}(t)u(t)$$

则

$$\sum_{i=1}^{m} b_i f_i(t)u(t) \to \sum_{i=1}^{m} b_i y_{zsi}(t)u(t), \quad t\geqslant 0$$

5. 时变系统与非时变系统

非时变系统（亦称时不变系统）在初始状态相同的情况下，系统响应与激励加入的时刻无关。即

$$f(t)\leftrightarrow y_{zs}(t)$$

则

$$f(t-t_0)\to y_{zs}(t-t_0)$$

不满足此关系的为时变系统。

1.2.8 LTI 系统分析方法

同时满足线性及非时变性的系统为线性非时变系统，通常简写为 LTI 系统。

1. LTI 系统模型

（1）输入一输出描述法着眼于系统激励与响应的外部关系，不关心系统内部的变量情况。适用于单输入、单输出系统。如通信系统中大量遇到的是单输入、单输出系统。

（2）状态变量描述法除了给出系统的响应外，还可以提供系统内部变量的情况。适用于多输入、多输出的情况。如在控制系统理论研究中，广泛采用状态变量描述法。

2. LTI 系统分析的方法

LTI 系统分析的方法是将信号分解为多个基本信号元。时域分析将脉冲信号作为基本信号元，信号可以用冲激（阶跃）函数表示。（复）频域（也称变域）分析将正弦（复指数）函数作为基本信号元，信号可以用不同频率的正弦（复指数）函数来表示。两类分析方法均以叠加性、均匀性及时不变特性作为分析问题的基点，没有本质上的区别，仅是分解的基本信号元不同而已。

3. LTI 系统的微、积分性质

若 $f(t)\to y(t)$，则

$$\frac{\mathrm{d}f(t)}{\mathrm{d}t}\to\frac{\mathrm{d}y(t)}{\mathrm{d}t}$$

$$\frac{\mathrm{d}^n f(t)}{\mathrm{d}t^n}\to\frac{\mathrm{d}^n y(t)}{\mathrm{d}t^n} \quad (n\text{ 为正整数})$$

$$\int_0^t f(\tau)\,\mathrm{d}\tau\to\int_0^t y(\tau)\,\mathrm{d}\tau$$

1.3 习题解答

1－1 判断题 1－1 图所示各信号是连续时间信号、离散时间信号还是数字信号。

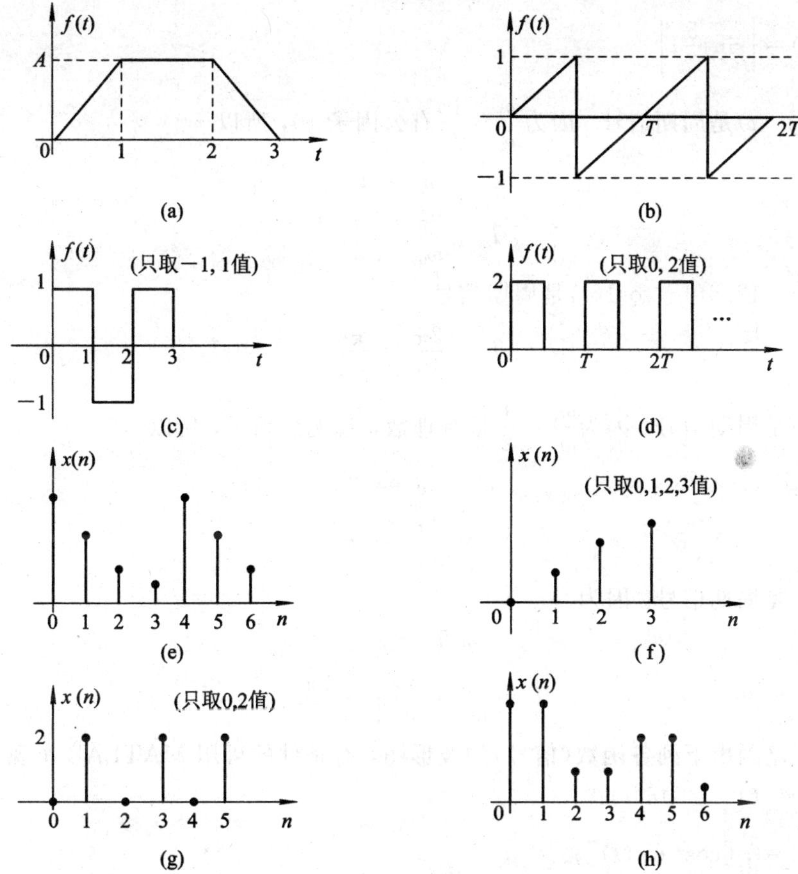

题 1－1 图

解 图(a)、(b)、(c)和(d)是连续时间信号；(e)、(f)、(g)和(h)是离散时间信号；图(f)、(g)也是数字信号。

1－2 判断下列各信号是能量信号还是功率信号：

(1) $f_1(t)=\mathrm{e}^{-at}u(t)$；

(2) $f_2(t)=\cos3t+\sin3t$。

解 (1) $a>0$，$E=\int_{-\infty}^{\infty}f_1^2(t)\,\mathrm{d}t=\int_0^{\infty}\mathrm{e}^{-2at}\,\mathrm{d}t=\dfrac{1}{2a}$，$p=0$；$f_1(t)$ 是能量信号。

$a=0$，$f_1(t)$ 是直流信号，故为功率信号。

$a<0$，$f_1(t)$ 是非功率、非能量信号。

(2) $f_2^2(t)=\cos^2 2t+\sin^2 3t+2\cos2t\sin3t$

$$=\frac{1}{2}(1+\cos4t)+\frac{1}{2}(1-\cos6t)+\sin t+\sin5t$$

$$P=\frac{1}{T}\int_{-T/2}^{T/2}f_2^2(t)\,\mathrm{d}t=1$$，$f_2(t)$ 是功率信号。

1-3 试说明下列信号是否是周期信号，如是，试确定其周期(其中 a、b 为常数)。

(1) $f_1(t)=\cos(10t)-\cos(30t)$；

(2) $f_2(t)=[5\sin(8t)]^2$；

(3) $f_3(t)=a\sin t-b\sin 2t$；

(4) $f_4(t)=\left|\sin\frac{5}{2}t\right|$。

解 (1) $f_1(t)$是周期信号。因为$\frac{\omega_1}{\omega_2}=\frac{10}{30}$有公因子 10，所以

$$\omega_0=\omega_1=10$$

$$T=\frac{2\pi}{\omega_0}=\frac{\pi}{5}$$

(2) $f_2(t)=12.5(1-\cos 16t)$是周期信号。

$$T=\frac{2\pi}{16}=\frac{\pi}{8}$$

(3) $f_3(t)$是周期信号。因为$\frac{\omega_1}{\omega_2}=\frac{1}{2}$是有理数，且无公因子，所以

$$\omega_0=\omega_1=1$$

$$T=\frac{2\pi}{\omega_0}=2\pi$$

(4) $f_4(t)$是周期信号。因为

$$\omega_0 T=\pi$$

$$T=\frac{\pi}{\omega_0}=\frac{\pi}{5/2}=\frac{2\pi}{5}$$

1-4 粗略画出下列各函数(信号)的波形图，有条件的可用 MATLAB 实现。

(1) $f_1(t)=(1-\mathrm{e}^{-t})u(t)$；

(2) $f_2(t)=\frac{\mathrm{d}}{\mathrm{d}t}[\cos t\cdot u(t)]$；

(3) $f_3(t)=\mathrm{e}^{-t}\cos 10\pi t[u(t-1)-u(t-2)]$；

(4) $f_4(t)=\left[1-\frac{|t|}{2}\right][u(t+2)-u(t-2)]$；

(5) $f_5(t)=t\mathrm{e}^{-t}u(t)$；

(6) $f_6(t)=\mathrm{sgn}(t)+u(-t+2)$。

解 $f_1(t)\sim f_6(t)$如题解 1-4 图所示。

$f_1(t)=(1-\mathrm{e}^{-t})u(t)$的 MATLAB 作图程序如下：

```
clear;
    t=0:0.01:8;
    y1=exp(-1*t);
    y2=stepfun(t,0);
    f1=(1-y1).*y2;
    plot(t,f1);
```

```
line([0,8],[0,0]);
line([0,0],[ -0.01,1.1]);
axis([0,8,-0.01,1.1]);
xlabel('时间 t');ylabel('幅值 f1');
title('f1(t)');
```

$f_2(t)$略。

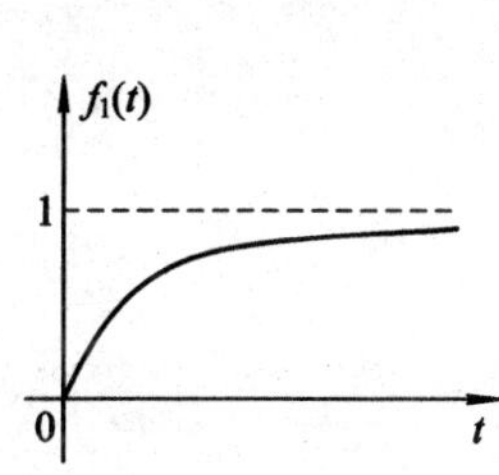

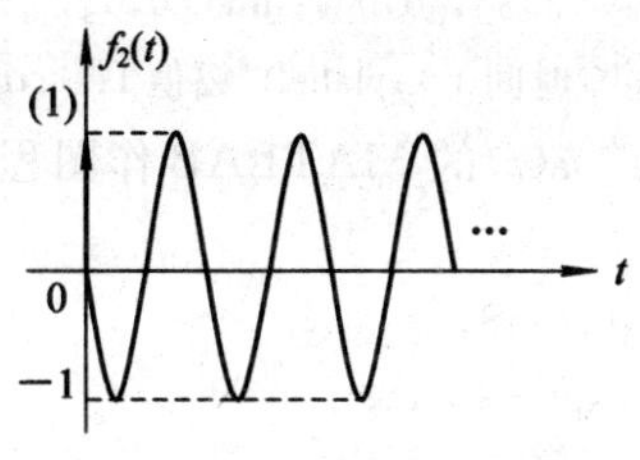

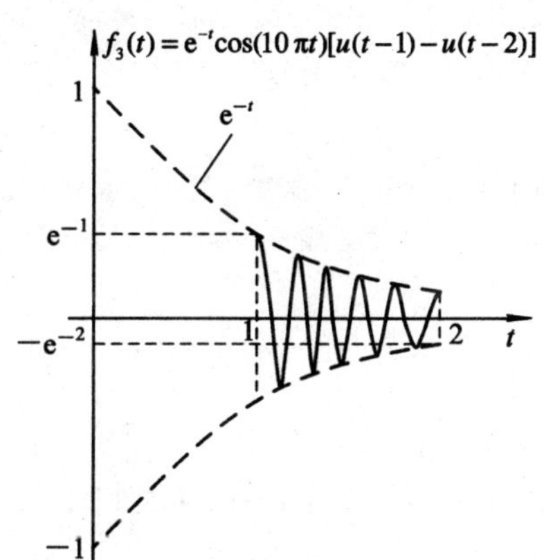

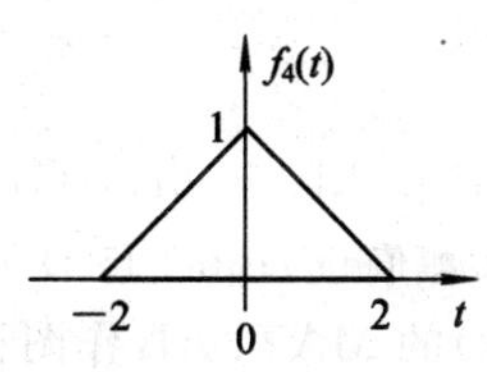

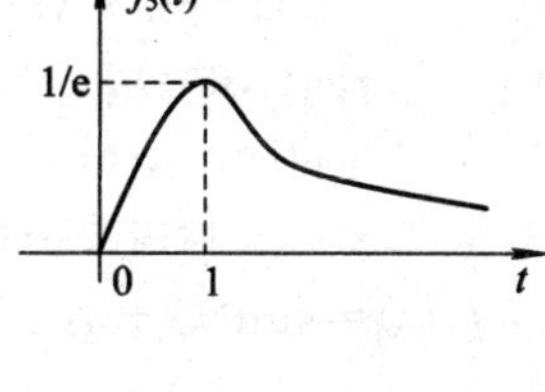

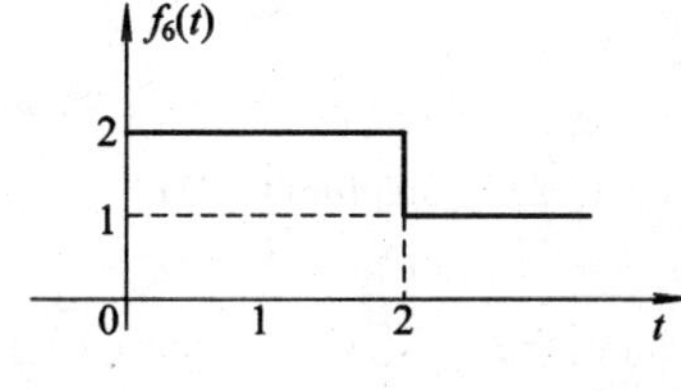

题解 1-4 图

$f_3(t)=\mathrm{e}^{-t}\cos 10\pi t[u(t-1)-u(t-2)]$的 MATLAB 作图程序如下：

```
clear;
    t=0:0.01:5;
    y1=exp(-1*t);
    plot(t,y1,'-.'); hold on;
    y2=stepfun(t,1)-stepfun(t,2);
    f3= y1.*cos(10*pi*t) .* y2;
    plot(t,f3); hold on;
    y4=-1*exp(-1*t);
    plot(t,y4,'-.');
    line([0,3],[0,0]); line([0,0],[ -1.1,1.1]);axis([0,3,-1.1,1.1]);
    xlabel('时间 t');ylabel('幅值 f3');title('f3(t)');
```

$f_4(t)=\left(1-\frac{|t|}{2}\right)[u(t+2)-u(t-2)]$的 MATLAB 作图程序如下：

```
clear;
   t=-2:0.01:2;
```

```
y1= (1+t/2);
y2= (1-t/2);
y3=stepfun(t,-2) -stepfun(t,0);
y4=stepfun(t,0) -stepfun(t,2);
f4= y1. * y3+ y2. * y4;
plot(t,f4);
line([-3,3],[0,0]);line([0,0], [-0.01,1.2]);axis([-3,3,-0.01,1.2]);
xlabel('时间 t');ylabel('幅值 f4');title('f4(t)');
```

$f_5(t)=te^{-t}u(t)$的 MATLAB 作图程序如下:

```
clear;
  t=0:0.01:8;
  y1=exp(-1 * t);
  y2=stepfun(t,0);
  f5=t. * y1. * y2;
  plot(t,f5);
  line([0,8],[0,0]);line([0,0],[ -0.01,0.4]);axis([0,8,-0.01,0.4]);
  xlabel('时间 t');ylabel('幅值 f5');title('f5(t)');
```

$f_6(t)=\text{sgn}(t)+u(-t+2)$的 MATLAB 作图程序如下:

```
clear;
  t=-5:.001:6;
  y1=sign(t);
  y2=stepfun(-t, 2) -stepfun(t, 2);
  f6=y1+y2;
  plot(t,f6); line([-3,6],[0,0]); line([0,0],[-0.1,2.1]);axis([-1,6,-0.1,2.1]);
  xlabel('时间 t');ylabel('幅值 f6');title('f6(t)');
```

1-5 粗略画出下列各函数(信号)的波形图，注意它们之间的区别。有条件的可用 MATLAB 实现。

(1) $f_1(t)=\sin\pi t\, u(t)$;

(2) $f_2(t)=\sin\pi\left(t-\frac{1}{2}\right)u(t)$;

(3) $f_3(t)=\sin\pi t\, u\left(t-\frac{1}{2}\right)$;

(4) $f_4(t)=\sin\pi\left(t-\frac{1}{2}\right)u\left(t-\frac{1}{2}\right)$。

解 $f_1(t)\sim f_4(t)$的 MATLAB 作图程序如下:

```
clear;
  t=0:0.01:10;
  y1=stepfun(t,0);
  f1= y1. * sin(pi * t);
  subplot(221); plot(t,f1);
  line([0,5],[0,0]); line([0,0],[ -1.1,1.1]);
  axis([0,5,-1.1,1.1]);ylabel(' f1 幅值');title('f1(t)');
```

```
f2= y1. * sin(pi * (t-1/2));
subplot(222); plot(t,f2);
line([0,5],[0,0]); line([0,0],[ -1.1,1.1]);
axis([0,5,-1.1,1.1]);
ylabel(' f2 幅值');title('f2(t)');
y2=stepfun(t,1/2);
f3= y2. * sin(pi * t);
subplot(223); plot(t,f3);
line([0,5],[0,0]); line([0,0],[ -1.1,1.1]);axis([0,5,-1.1,1.1]);
xlabel('时间 t');ylabel(' f3 幅值');title('f3(t)');
y2=stepfun(t,1/2);
f4= y2. * sin(pi * (t-1/2));
ubplot(224); plot(t,f4);
line([0,5],[0,0]); line([0,0],[ -1.1,1.1]);axis([0,5,-1.1,1.1]);
xlabel('时间 t');ylabel(' f4 幅值');title('f4(t)');
```

$f_1(t)\sim f_4(t)$题的相关波形如题解 1－5 图所示。

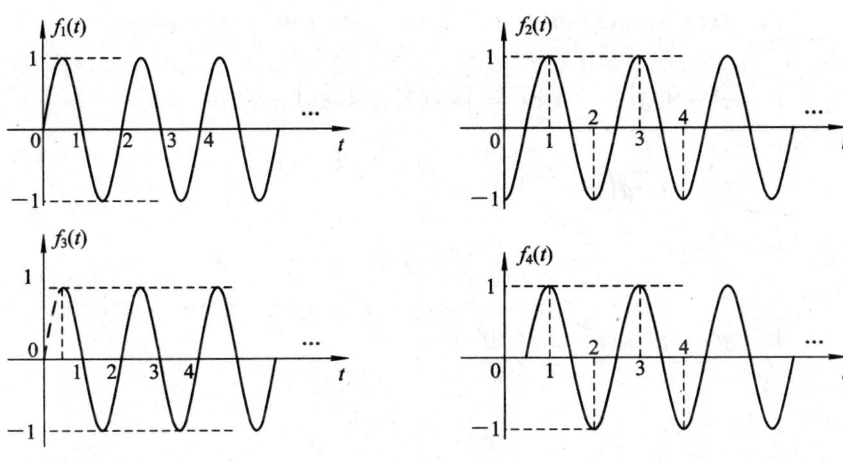

题解 1－5 图

1－6 写出题 1－6 图的各波形的函数表达式。

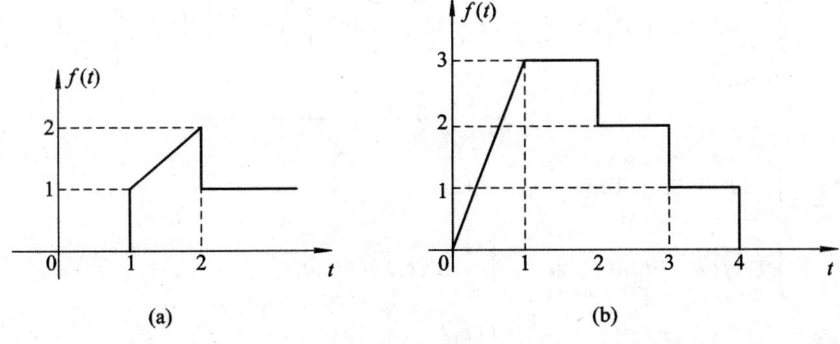

题 1－6 图

解 图(a)：$f(t)=tu(t-1)-(t-1)u(t-2)$

图(b)：$f(t)=3tu(t)-3(t-1)u(t-1)-u(t-2)-u(t-3)-u(t-4)$

1-7 应用冲激信号的抽样特性，求下列表示式的函数值。

(1) $\int_{-\infty}^{\infty} f(t-t_0)\delta(t)\,dt$； (2) $\int_{-10}^{10}(t^3+4)\delta(1-t)\,dt$；

(3) $\int_{-\infty}^{\infty}\delta(t-t_0)u\left(t-\frac{t_0}{2}\right)dt$； (4) $\int_{-\infty}^{\infty}\delta(t-t_0)u(t-2t_0)\,dt$；

(5) $\int_{-\infty}^{\infty} f(t_0-t)\delta(t-t_0)\,dt$； (6) $\int_{-\infty}^{\infty}(\sin t+t)\delta\left(t-\frac{\pi}{6}\right)dt$；

(7) $\int_{-1}^{1}(t^2-3t+1)\delta(t-2)\,dt$； (8) $\int_{-\infty}^{\infty} f(t_0-t)\delta(t)\,dt$；

(9) $\int_{-1}^{5}\left(t^2-t+\cos\frac{\pi}{2}t\right)[\delta(t-2)]\,dt$； (10) $\int_{-\infty}^{\infty}(e^{-t}+t)\delta(t+2)\,dt$；

(11) $\int_{-3}^{3}(3t-2)[\delta(t)+\delta(t-2)]\,dt$。

解

(1) $$\int_{-\infty}^{\infty} f(t-t_0)\delta(t)\,dt=f(-t_0)\int_{-\infty}^{\infty}\delta(t)\,dt=f(-t_0)$$

(2) $$\int_{-10}^{10}(t^3+4)\delta(1-t)\,dt=\int_{-10}^{10}(1^3+4)\delta(1-t)\,dt=5$$

(3) $$\int_{-\infty}^{\infty}\delta(t-t_0)u\left(t-\frac{t_0}{2}\right)dt=\begin{cases}1, & t_0>0\\ 0, & t_0<0\end{cases}=u(t_0)$$

(4) $$\int_{-\infty}^{\infty}\delta(t-t_0)u(t-2t_0)\,dt=\begin{cases}0, & t_0>0\\ 1, & t_0<0\end{cases}=u(-t_0)$$

(5) $$\int_{-\infty}^{\infty} f(t_0-t)\delta(t-t_0)\,dt=\int_{-\infty}^{\infty} f(t_0-t)\delta(t-t_0)\,dt=f(0)$$

(6) $$\int_{-\infty}^{\infty}(\sin t+t)\delta\left(t-\frac{\pi}{6}\right)dt=\int_{-\infty}^{\infty}\left[\sin\left(\frac{\pi}{6}\right)+\frac{\pi}{6}\right]\delta\left(t-\frac{\pi}{6}\right)dt=\frac{1}{2}+\frac{\pi}{6}$$

(7) $$\int_{-1}^{1}(t^2-3t+1)\delta(t-2)\,dt=0$$

(8) $$\int_{-\infty}^{\infty} f(t_0-t)\delta(t)\,dt=\int_{-\infty}^{\infty} f(t_0)\delta(t)\,dt=f(t_0)$$

(9) $$\int_{-1}^{5}\left(t^2-t+\cos\frac{\pi}{2}t\right)\delta(t-2)\,dt=\int_{-1}^{5}(4-2-1)\delta(t-2)\,dt=1$$

(10) $$\int_{-\infty}^{\infty}(\mathrm{e}^{-t}+t)\delta(t+2)\,\mathrm{d}t=\int_{-\infty}^{\infty}(\mathrm{e}^{2}-2)\delta(t+2)\,\mathrm{d}t$$
$$=\mathrm{e}^{2}-2$$

(11) $$\int_{-3}^{3}(3t-2)[\delta(t)+\delta(t-2)]\,\mathrm{d}t=\int_{-3}^{3}[-2\delta(t)+4\delta(t-2)]\,\mathrm{d}t$$
$$=2$$

1-8 $f(t)$的波形如题1-8图所示，画出$f\left(-\frac{t}{3}+1\right)$的波形。

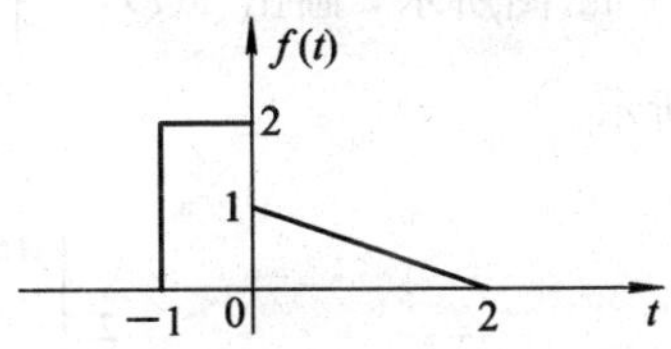

题1-8图

解 $f(t)$如题解1-8图所示。

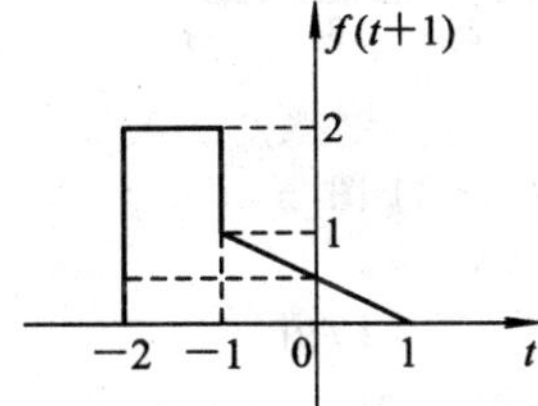

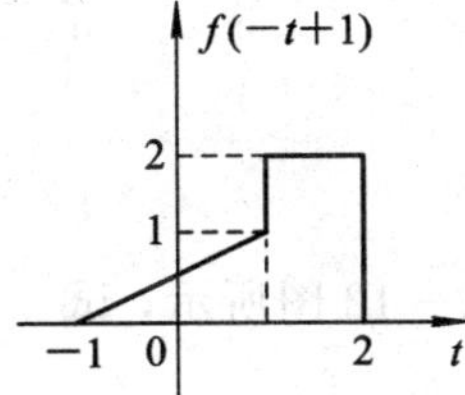

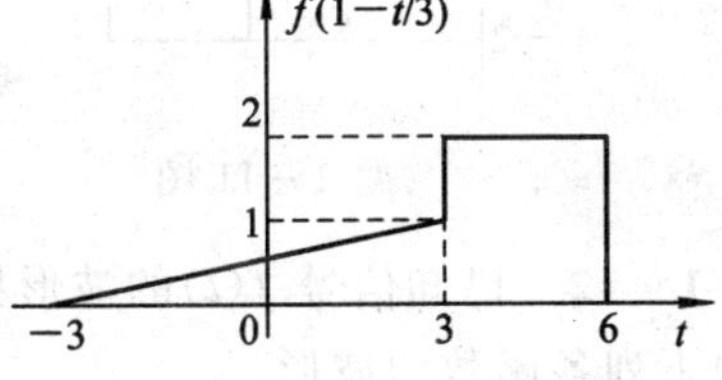

题解1-8图

1-9 已知$f(2t-3)$的波形如题1-9图所示，画出$f(t)$的波形。

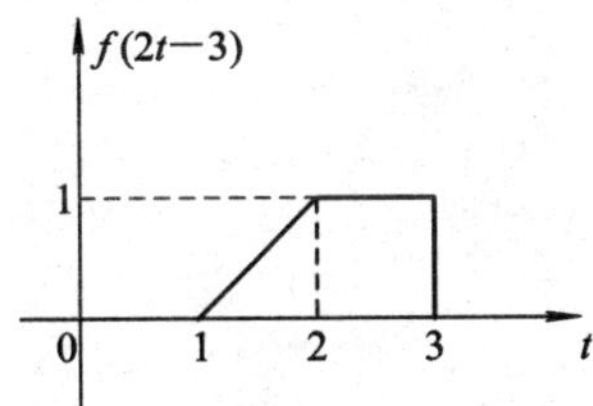

题1-9图

解 $f(t)$如题解1-9图所示。

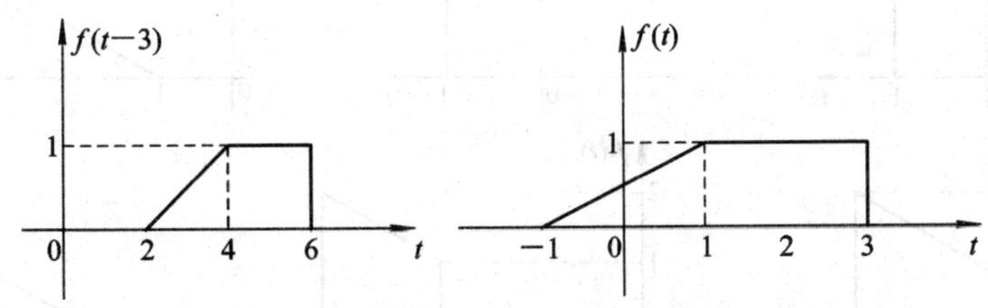

题解1-9图

1-10 $f(t)$的波形如题1-10图所示，画出$f'(t)$的波形。

解 $f'(t)$如题解1-10图所示。

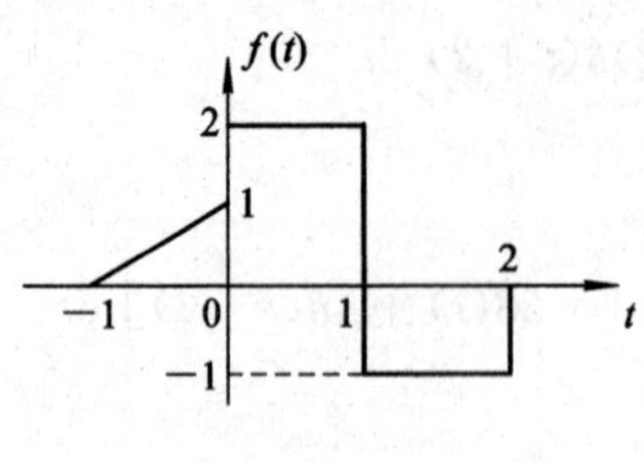

题 1 - 10 图

题解 1 - 10 图

1 - 11 $f(t)$的波形如题 1 - 11 图所示，画出 $y(t)=\int_{-\infty}^{t} f(\tau)\,\mathrm{d}\tau$ 的波形。

解 $y(t)$如题解 1 - 11 图所示。

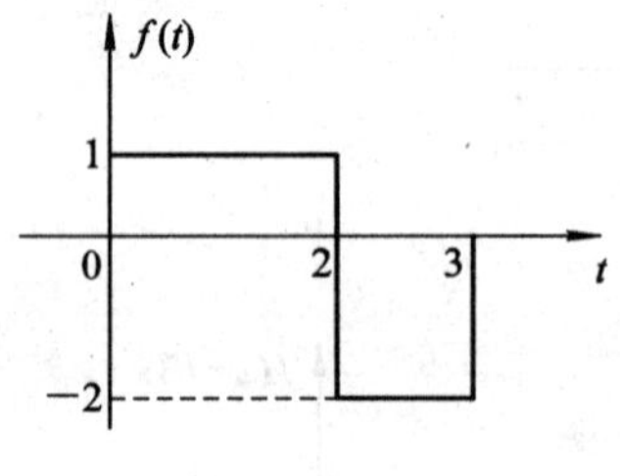

题 1 - 11 图

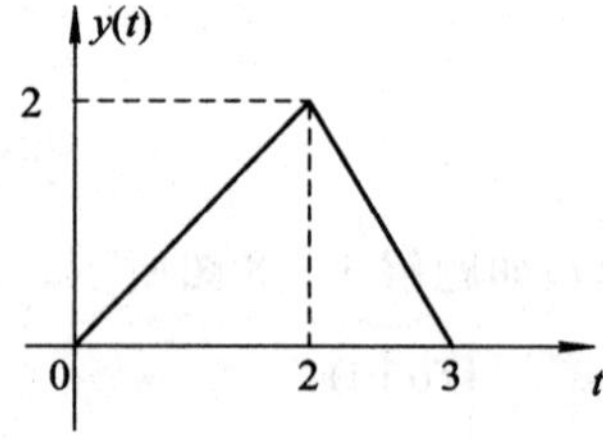

题解 1 - 11 图

1 - 12 已知信号 $f(t)$的波形如题 1 - 12 图所示，试画出下列各函数的波形。

(1) $f(2t)$；

(2) $f(2t)u(t)$；

(3) $f(t-3)$；

(4) $f(t-3)u(t)$；

(5) $f(t-3)u(t-3)$；

(6) $f(t+2)$。

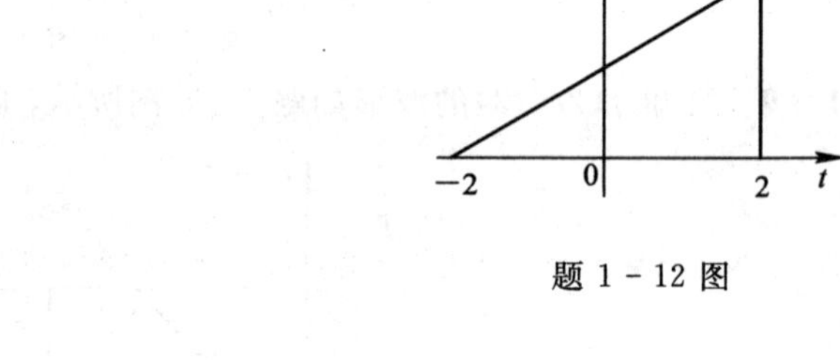

题 1 - 12 图

解 如题解 1 - 12 图所示。

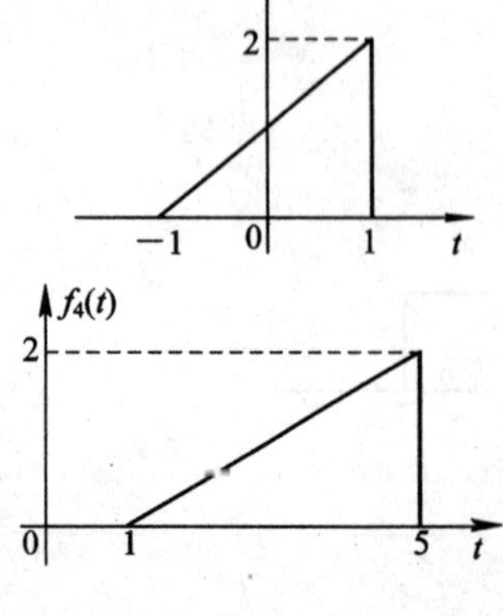

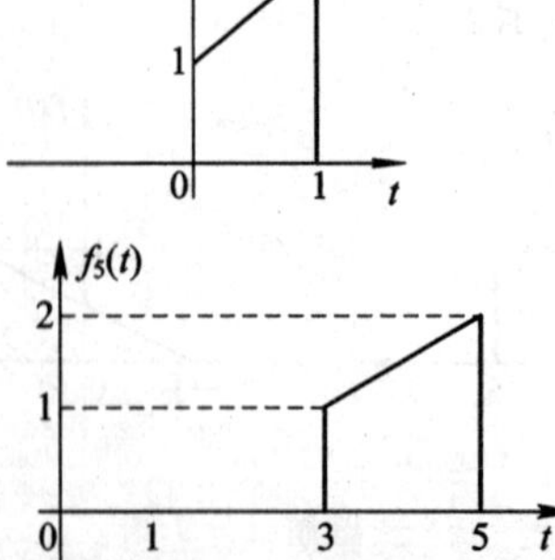

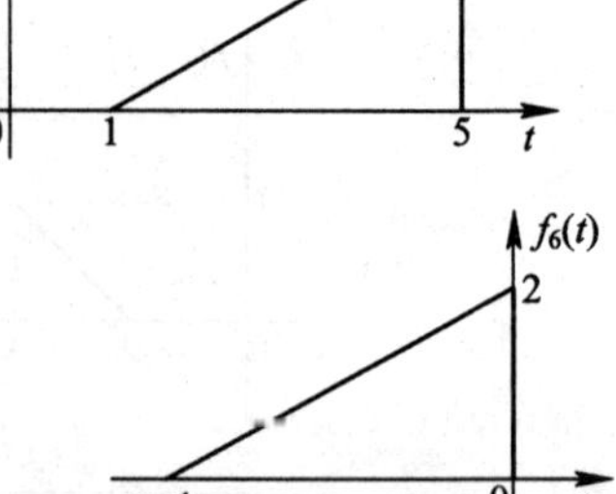

题解 1 - 12 图

1－13 若实常数 $a>0$，试根据冲激函数的性质证明

$$\int_{-\infty}^{\infty}\delta(at-t_0)f(t)\,\mathrm{d}t=\frac{1}{a}f\left(\frac{t_0}{a}\right)$$

证
$$\delta(at)=\frac{1}{a}\delta(t),\ \delta(at-t_0)=\frac{1}{a}\delta\left(t-\frac{t_0}{a}\right)$$

$$\int_{-\infty}^{\infty}\delta(at-t_0)f(t)\,\mathrm{d}t=\frac{1}{a}\int_{-\infty}^{\infty}\delta\left(t-\frac{t_0}{a}\right)f(t)\,\mathrm{d}t=\frac{1}{a}f\left(\frac{t_0}{a}\right)$$

1－14 粗略绘出题 1－14 图所示各波形的偶分量与奇分量。

解 (1) 如题解 1－14(a)图所示；

(2) 如题解 1－14(b)图所示。

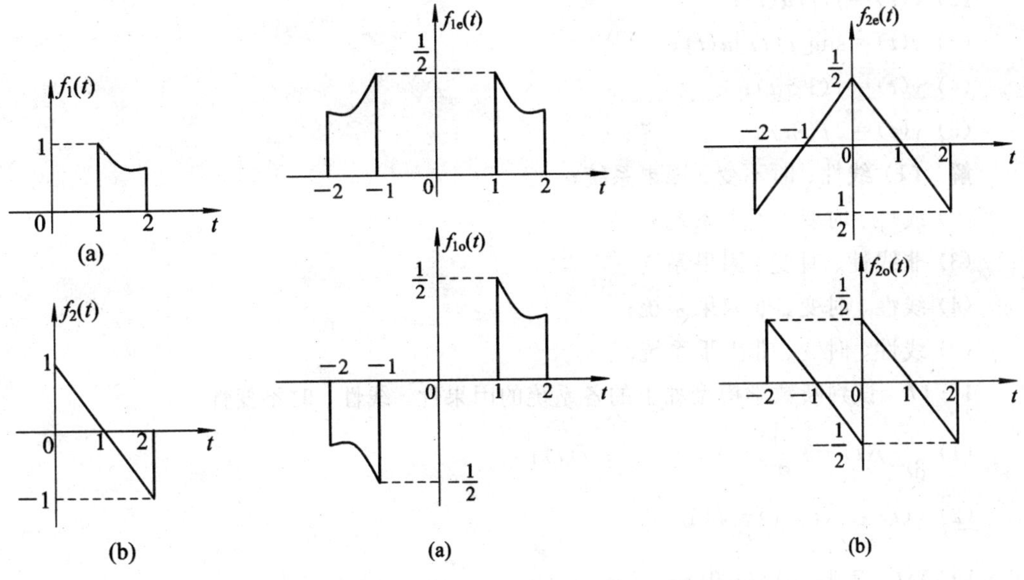

题 1－14 图　　　　题解 1－14 图

1－15 系统的初始状态、激励、响应分别记为 $x(0_-)$、$f(t)$、$y(t)$，若它们之间具有如下关系，试判断哪些是线性系统，哪些是非线性系统，哪些是时变系统，哪些是时不变系统。

(1) $y(t)=ax(0_-)+bf(t)$，$t\geqslant 0$；

(2) $y(t)=ax^2(0_-)+3t^2f(t)$，$t\geqslant 0$；

(3) $y(t)=x(0_-)\sin 5t+tf(t)$，$t\geqslant 0$；

(4) $y(t)=x(0_-)+f(t)\dfrac{\mathrm{d}}{\mathrm{d}t}f(t)$，$t\geqslant 0$；

(5) $y(t)=3x(0_-)+2\displaystyle\int_0^t f(\tau)\,\mathrm{d}\tau$，$t\geqslant 0$；

(6) $y(t)=x(0_-)\cdot\dfrac{\mathrm{d}f(t)}{\mathrm{d}t}$，$t\geqslant 0$。

解 (1) $y(t)=ax(0_-)+bf(t)$，$t\geqslant 0$；　线性时不变系统。

(2) $y(t)=ax^2(0_-)+3t^2f(t)$，$t\geqslant 0$；　非线性时变系统。

(3) $y(t)=x(0_-)\ \sin5t+tf(t),\quad t\geqslant0$； 线性时变系统。

(4) $y(t)=x(0_-)+f(t)\ \frac{\mathrm{d}}{\mathrm{d}t}f(t),\quad t\geqslant0$； 非线性时不变系统。

(5) $y(t)=3x(0_-)+2\int_0^t f(\tau)\ \mathrm{d}\tau,\quad t\geqslant0$； 线性时不变系统。

(6) $y(t)=x(0_-)\cdot\frac{\mathrm{d}f(t)}{\mathrm{d}t},\quad t\geqslant0$； 非线性系统，时不变系统。

1-16 判断下列系统是否为线性、时不变、因果系统？

(1) $\frac{\mathrm{d}}{\mathrm{d}t}y(t)+a_0y(t)=b_0f(t)+b_1\frac{\mathrm{d}}{\mathrm{d}t}f(t)$；

(2) $y(t)=f(t)u(t)$；

(3) $y(t)=\sin[f(t)]u(t)$；

(4) $y(t)=f(1-t)$；

(5) $y(t)=2f(3t)$。

解 (1) 线性、时不变、因果系统；

(2) 线性、时变、因果系统；

(3) 非线性、时变、因果系统；

(4) 线性、时变、非因果系统；

(5) 线性、时变、非因果系统。

1-17 试判断数学模型如下的各系统的因果性、线性、时不变性。

(1) $\frac{\mathrm{d}^2}{\mathrm{d}t^2}y(t)+3\frac{\mathrm{d}}{\mathrm{d}t}y(t)+2y(t)=f(t)$；

(2) $y(t)=f(t-1)+f(1-t)$；

(3) $y(t)=\int_{-\infty}^{3t}f(\tau)\ \mathrm{d}\tau$；

(4) $y(t)=\begin{cases}0, & t<0\\ f(t)+f(t-1), & t\geqslant0\end{cases}$；

(5) $y(t)=f(t+1)$。

解 (1) 因果线性系统。

(2) 非因果线性时变系统。

(3) 非因果线性时变系统。

(4) 因果线性时变系统。

(5) 非因果线性时不变系统。

1-18 如题1-18(a)图所示的系统中，若开平方运算产生的是正的平方根。

(1) 计算 $y(t)$与 $f(t)$之间的显函数关系式。

(2) 该系统是线性的吗？

(3) 该系统是时不变的吗？

(4) 当 $f(t)$如题1-18(b)图所示时，画出 $y(t)$的波形。

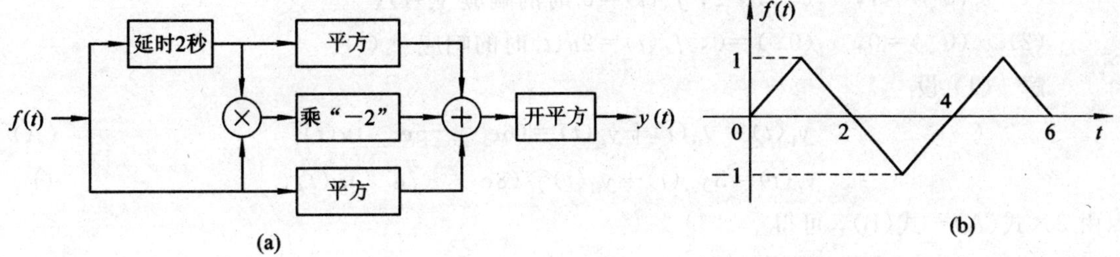

题 1-18 图

解 (1) $$y(t)=|f(t)-f(t-2)|$$

(2) 该系统是非线性系统。

(3) 是时不变系统。

(4) $y(t)$的波形如题解 1-18 图所示。

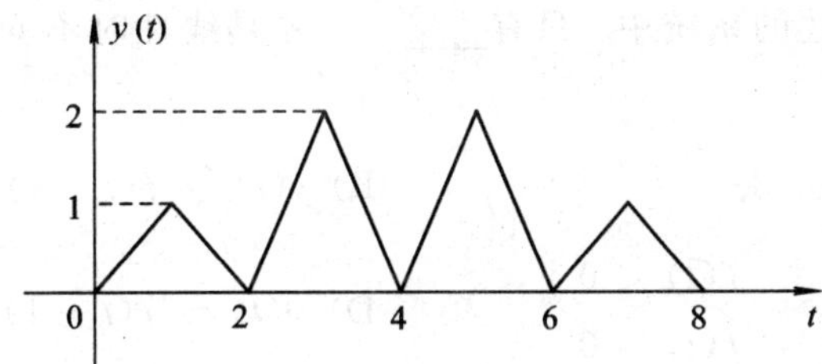

题解 1-18 图

1-19 某线性时不变系统，已知若 $x_1(0_-)=2$，$x_2(0_-)=3$，$f(t)=u(t)$时，$y_1(t)=(4e^{-t}+5e^{-2t})u(t)$；若 $x_1(0_-)=2$，$x_2(0_-)=3$，$f(t)=2u(t)$时，$y_2(t)=(5e^{-t}-3e^{-2t})u(t)$。试计算：

(1) $x_1(0_-)=2$，$x_2(0_-)=3$，$f(t)=0$ 时的响应 $y_3(t)$；

(2) $x_1(0_-)=0$，$x_2(0_-)=0$，$f(t)=u(t)-u(t-1)$时的响应 $y_4(t)$。

解 (1) 设

$$y_1(t)=y_{zi}(t)+y_{zs}(t)=(4e^{-t}+5e^{-2t})u(t) \tag{A}$$

$$y_2(t)=y_{zi}(t)+2y_{zs}(t)=(5e^{-t}-3e^{-2t})u(t) \tag{B}$$

式(B)−式(A)得到

$$y_{zs}(t)=(e^{-t}-8e^{-2t})u(t)$$

$$\begin{aligned}y_{zi}(t)=y_3(t)&=y_1(t)-y_{zs}(t)=(4e^{-t}+5e^{-2t})u(t)-(e^{-t}-8e^{-2t})u(t)\\&=(3e^{-t}+13e^{-2t})u(t)\end{aligned}$$

(2) $y_4(t)=y_{zs}(t)-y_{zs}(t-1)=(e^{-t}-8e^{-2t})u(t)-[e^{-(t-1)}-8e^{-2(t-1)}]u(t-1)$

1-20 某线性时不变系统，已知当 $x_1(0_-)=1$，$x_2(0_-)=2$，$f_1(t)=u(t)$时，输出

$$y_1(t)=(6e^{-2t}-5e^{-3t})u(t)$$

若初始状态不变，$f_2(t)=3u(t)$时，输出

$$y_2(t)=(8e^{-2t}-7e^{-3t})u(t)$$

试计算：

(1) $x_1(0_-)=1$，$x_2(0_-)=2$，$f_3(t)=0$ 时的响应 $y_3(t)$；

(2) $x_1(0_-)=0$，$x_2(0_-)=0$，$f_4(t)=2u(t)$时的响应 $y_4(t)$。

解 (1) 设

$$y_1(t)=y_{zs}(t)+y_{zi}(t)=(6e^{-2t}-5e^{-3t})u(t) \tag{A}$$

$$y_2(t)=3y_{zs}(t)+y_{zi}(t)=(8e^{-2t}-7e^{-3t})u(t) \tag{B}$$

由 3×式(A)－式(B)，可得

$$2y_{zi}(t)=(10e^{-2t}-8e^{-3t})u(t)$$

所以，

$$y_3(t)=y_{zi}(t)=(5e^{-2t}-4e^{-3t})u(t)$$

(2) 将 $y_3(t)$代入式(A)，解得 $y_{zs}(t)=(e^{-2t}-e^{-3t})u(t)$，而

$$y_4(t)=2y_{zs}(t)=2(e^{-2t}-e^{-3t})u(t)$$

1－21 选择填空题

(1) 下列方程所描述的系统中，只有________才是线性时不变系统(其中，$f(t)$为激励，$y(t)$为响应)。

A) $y(t)=\int_{-\infty}^{3t} f(\tau)\,d\tau$　　　　B) $y(t)=f(t-1)+f(1-t)$

C) $y(t)=\begin{cases}0, & f(t)<0\\ f(t), & f(t)>0\end{cases}$　　　　D) $y(t)=f(t-1)+f(t+1)$

(2) 信号 $f(t)=|A\sin 4t+B\cos 7t|$ 的周期为________，其中 A、B 为实数。

A) 2π　　B) π　　C) 11π　　D) ∞(非周期函数)

(3) 某 LTI 连续系统的初始状态不为零，设当激励为 $f(t)$时，响应为 $y(t)$，则当激励增大一倍为 $2f(t)$时，其响应________。

A) 也增大一倍为 $2y(t)$　　　　B) 也增大但比 $2y(t)$小

C) 保持不变仍为 $y(t)$　　　　D) 发生变化，但以上答案均不正确

解 (1) A)是线性时变系统；B)是线性时变系统；C)是线性时变系统；所以只有 D)是线性时不变系统。

(2) $f(t)=|A\sin 4t+B\cos 7t|$ 的周期为 2π，所以答案为 A)。

(3) 因为初始状态不为零即有零输入响应部分，它是不随激励的变化而变化的，所以答案为 D)。

1－22 某无初始储能的 LTI 系统，当激励 $f_1(t)=u(t)$时，响应 $y_1(t)=e^{-at}u(t)$，试求激励为 $f_2(t)=\delta(t)$时的响应 $y_2(t)$。

解

$$f_2(t)=\delta(t)=f_1'(t)$$

所以

$$y_2(t)=y_1'(t)=-ae^{-at}u(t)+\delta(t)$$

第 2 章 连续时间系统的时域分析

2.1 本章知识结构

本章的知识结构如图 2-1 所示。

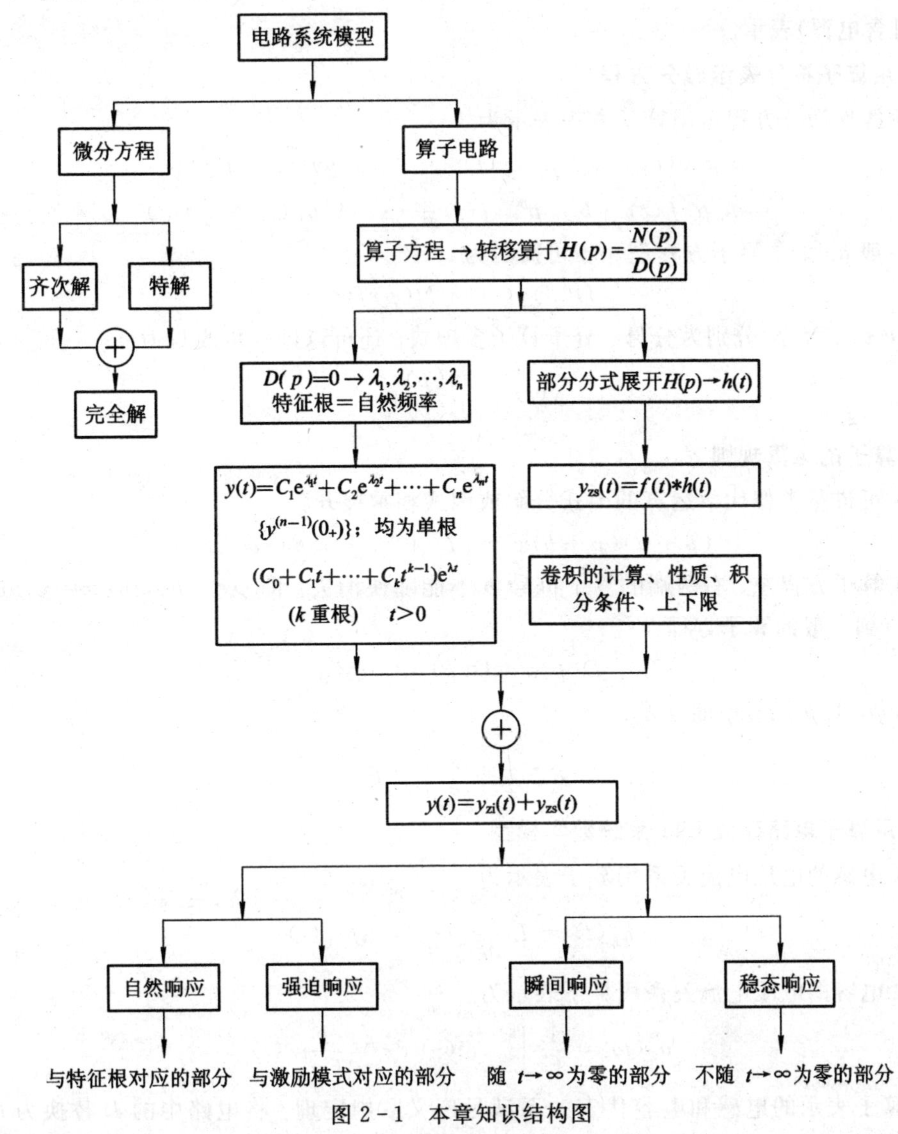

图 2-1 本章知识结构图

2.2 基本概念、重点与难点

2.2.1 LTI 系统的数学模型与传输算子

1. 建立 LTI 系统的数学模型

一般由 n 个独立的动态元件组成的系统是 n 阶系统（或 n 个一次线性微分方程组）。一般电路系统的阶数等于独立的电容电压 $u_C(t)$ 与电感电流 $i_L(t)$ 的个数之和。独立的 $u_C(t)$ 是指该 $u_C(t)$ 不能通过其它 $u_C(t)$（可含电源）表示；独立的 $i_L(t)$ 是指该 $i_L(t)$ 不能通过其它 $i_L(t)$（可含电源）表示。

2. 用算子符号表示微分方程

n 阶线性微分方程可用算子方程表示为

$$a_n p^n y(t) + a_{n-1} p^{n-1} y(t) + \cdots + a_1 p y(t) + a_0 y(t)$$
$$= b_m p^m f(t) + b_{m-1} p^{m-1} f(t) + \cdots + b_1 p f(t) + b_0 f(t)$$

式中，一般 $a_n=1$。算子方程进一步可简写为

$$D(p)y(t) = N(p)f(t)$$

式中，$D(p)$、$N(p)$ 分别为分母、分子算子多项式。还可以进一步改写为

$$y(t) = \frac{N(p)}{D(p)} f(t)$$

3. 算子的运算规则

（1）可进行类似代数运算的因式分解或因式相乘展开：

$$(p+a)(p+b)x = [p^2 + (a+b)p + ab]x$$

（2）算子方程左、右两端的算子符号 p 不能随便消去。即 $px=py$，但 $x\neq y$。这一结论可推广到一般的算子方程：

$$D(p)x=D(p)y, \quad x\neq y$$

（3）p、$1/p$ 位置不能互换：

$$p \cdot \frac{1}{p} x \neq \frac{1}{p} \cdot px$$

4. 用算子电路建立 LTI 系统数学模型

（1）电感的电压电流关系用算子表示为

$$u_L(t) = L\frac{\mathrm{d}}{\mathrm{d}t} i_L(t) = Lp i_L(t)$$

（2）电容的电压电流关系用算子表示为

$$u_C(t) = \frac{1}{C}\int_{-\infty}^{t} i_C(\tau)\,\mathrm{d}\tau = \frac{1}{Cp} i_C(t)$$

用算子表示的电感和电容伏安关系满足广义欧姆定理。将电路中的 L 替换为 Lp，C 替为 $1/(Cp)$，得到算子电路。对算子电路列满足广义电路定律的 KVL 或 KCL 方程，从而

得到电路的数学模型。

5. 传输(转移)算子 $H(p)$ 的定义

$$H(p)=\frac{N(p)}{D(p)}$$

2.2.2 LTI 因果系统的零输入响应

1. 零输入响应的一般形式

n 阶 LTI 系统零输入响应的数学模型是 n 阶齐次线性常系数微分方程，其特征方程的算子形式为

$$D(p)=p^n+a_{n-1}p^{n-1}+\cdots+a_1p+a_0=(p-\lambda_1)(p-\lambda_2)\cdots(p-\lambda_n)=0$$

(1) n 个特征根 λ_1, λ_2, …, λ_n 为单根，其解(零输入响应)表达式为

$$y_{zi}(t)=C_1e^{\lambda_1t}+C_2e^{\lambda_2t}+\cdots+C_ne^{\lambda_nt}=\sum_{i=1}^{n}C_ie^{\lambda_it}\qquad t>0$$

n 个系数 $C_1,C_2,\cdots,C_n$ 由 n 个零输入标准初始条件 $y_{zi}(0_+)$, $y_{zi}'(0_+)$, …, $y_{zi}^{(n-1)}(0_+)$ 确定。这 n 个零输入标准初始条件一般记为 $\{y^{(n-1)}(0)\}$。常数 C_1, C_2, …, C_n 可用逆矩阵表示为

$$\begin{bmatrix}C_1\\C_2\\\vdots\\C_n\end{bmatrix}=\begin{bmatrix}1&1&\cdots&1\\\lambda_1&\lambda_2&\cdots&\lambda_n\\\vdots&\vdots&&\vdots\\\lambda_1^{n-1}&\lambda_2^{n-1}&\cdots&\lambda_n^{n-1}\end{bmatrix}^{-1}\begin{bmatrix}y(0)\\y'(0)\\\vdots\\y^{(n-1)}(0)\end{bmatrix}$$

(2) 特征方程有一 k 阶重根

$$D(p)=p^n+a_{n-1}p^{n-1}+\cdots+a_1p+a_0=(p-\lambda_1)^k(p-\lambda_{k+1})\cdots(p-\lambda_n)=0$$

其零输入响应为

$$y_{zi}(t)=(C_1+C_2t+\cdots+C_kt^{k-1})e^{\lambda_1t}+C_{k+1}e^{\lambda_{k+1}t}+\cdots+C_ne^{\lambda_nt}\qquad t>0$$

n 个系数 C_1, C_2, …, C_n 由 n 个初始条件 $y(0)$, $y'(0)$, $y''(0)$, …, $y^{(n-1)}(0)=\{y^{(n-1)}(0_+)\}$ 确定。

2. 零输入响应初始条件标准化

求解零输入响应需要 n 个零输入标准初始条件 $\{y^{(n-1)}(0)\}$。由实际电路系统能得到的是独立储能元件上的 n 个初始状态 $\{x_k(0_-)\}$，例如电容初始电压及电感初始电流 $u_C(0_-)$、$i_L(0_-)$。利用电容电压及电感电流一般不会突变，即 $u_C(0_-)=u_C(0_+)$、$i_L(0_-)=i_L(0_+)$，以及具体电路 0_+ 方程，可将初始状态 $\{x_k(0_-)\}$ 转变为所需要的零输入标准初始条件 $\{y^{(n-1)}(0)\}$，即将零输入响应初始条件标准化。

2.2.3 LTI 因果系统的零状态响应

1. 单位冲激响应 $h(t)$

输入为单位冲激信号 $\delta(t)$ 时，系统的零状态响应定义为单位冲激响应，简称冲激响应，记为 $h(t)$。

表 2-1 列出了部分 $H_i(p)$ 与其对应的 $h_i(t)$。

表 2-1　$H(p)$所对应的 $h(t)$

$H_i(p)$	$\dfrac{A}{p-\lambda}$	Ap	A	$\dfrac{A_{12}}{(p-\lambda)^2}$
$h_i(t)$	$Ae^{\lambda t}u(t)$	$A\delta'(t)$	$A\delta(t)$	$A_{12}te^{\lambda t}u(t)$

2. 系统的零状态响应 $y_{zs}(t)$

因果激励下因果系统的零状态响应为

$$y_{zs}(t)=\int_0^t f(\tau)h(t-\tau)\,d\tau$$

2.2.4　卷积及其性质

1. 卷积

卷积运算是两个具有相同自变量 t 的函数 $f_1(t)$ 与 $f_2(t)$ 相卷积后成为第三个相同自变量 t 的函数 $y(t)$。这个关系表示为

$$y(t)=f_1(t)*f_2(t)=\int_{-\infty}^{\infty} f_1(\tau)f_2(t-\tau)\,d\tau$$

2. 卷积的性质

(1) $f(t)*\delta(t)=f(t)$

(2) $f(t)*\delta(t-t_1)=f(t-t_1)$

(3) $f(t)*u(t)=\int_{-\infty}^{t} f(\tau)\,d\tau$

(4) 时移：

$$\begin{aligned}f(t-t_0-t_1)&=f_1(t-t_0)*f_2(t-t_1)=f_1(t-t_1)*f_2(t-t_0)\\&=f_1(t-t_0-t_1)*f_2(t)=f_1(t)*f_2(t-t_0-t_1)\end{aligned}$$

(5) 交换律：

$$f_1(t)*f_2(t)=f_2(t)*f_1(t)$$

(6) 分配律：

$$f_1(t)*[f_2(t)+f_3(t)]=f_1(t)*f_2(t)+f_1(t)*f_3(t)$$

(7) 结合律：

$$f_1(t)*[f_2(t)*f_3(t)]=[f_1(t)*f_2(t)]*f_3(t)$$

(8) 微分：

$$\frac{d}{dt}[f_1(t)*f_2(t)]=\left[\frac{d}{dt}f_1(t)\right]*f_2(t)=f_1(t)*\left[\frac{d}{dt}f_2(t)\right]$$

(9) 积分：

$$\int_{-\infty}^{t}[f_1(\lambda)*f_2(\lambda)]\,d\lambda=f_1(t)*\int_{-\infty}^{t} f_2(\lambda)\,d\lambda=f_2(t)*\int_{-\infty}^{t} f_1(\lambda)\,d\lambda$$

(10) 微、积分性：

若

$$y(t) = f_1(t) * f_2(t)$$

则

$$y^{(i)}(t) = f_1^{(j)}(t) * f_2^{(i-j)}(t)$$

特别地,

$$y(t) = f_1(t) * f_2(t) = \frac{\mathrm{d}f_1(t)}{\mathrm{d}t} * \int_{-\infty}^{t} f_2(\lambda)\,\mathrm{d}\lambda = \frac{\mathrm{d}f_2(t)}{\mathrm{d}t} * \int_{-\infty}^{t} f_1(\lambda)\,\mathrm{d}\lambda$$

若 $f_1(t)$表示激励信号,$f_2(t)$表示系统单位冲激响应,则 $y(t)$表示系统的响应

$$y(t) = f(t) * h(t) = f'(t) * \int_{-\infty}^{t} h(\lambda)\,\mathrm{d}\lambda = f'(t) * g(t)$$

式中,$g(t)$是系统对单位阶跃信号的零状态响应,上式也称杜阿梅尔卷积公式。

3. 卷积的图解法

图解法具体步骤如下:

(1) $f(t) \to f(\tau)$,函数图形不变,仅 $t \to \tau$。

(2) $h(t) \to h(t-\tau)$,它包括两部分运算:

(a) 折叠 $h(t) \to h(\tau) \to h(-\tau)$;

(b) 移位 $\begin{cases} t<0 & \text{左移} \\ t>0 & \text{右移} \end{cases}$,$t$ 是 $h(-\tau)$与 $h(t-\tau)$之间的“距离”。

(3) 将折叠移位后的图形 $h(t-\tau)$与 $f(\tau)$相乘。

(4) 求 $h(t-\tau)$与 $f(\tau)$相乘后其非零值区的积分(面积)。

2.2.5 LTI 因果系统的全响应及其经典解方法

1. 系统的全响应

系统全响应 $y(t)$除了可以分为零输入响应与零状态响应外,还可分为自然(由)响应与受(强)迫响应、瞬态响应与稳态响应之和。即

$$y(t) = y_{zi}(t) + y_{zs}(t) = \begin{cases} \begin{cases} \text{自然(由)响应 —— 与特征根对应的部分} \\ \text{受(强)迫响应 —— 与激励模式对应的部分} \end{cases} \\ \begin{cases} \text{瞬态响应 —— 随 } t\to\infty \text{ 消失的部分} \\ \text{稳态响应 —— 不随 } t\to\infty \text{ 消失的部分} \end{cases} \end{cases}$$

2. 系统微分方程求解——经典法

n 阶 LTI 系统的微分方程为

$$\frac{\mathrm{d}^n}{\mathrm{d}t^n}y(t) + a_{n-1}\frac{\mathrm{d}^{n-1}}{\mathrm{d}t^{n-1}}y(t) + \cdots + a_1\frac{\mathrm{d}}{\mathrm{d}t}y(t) + a_0 y(t)$$

$$= b_m\frac{\mathrm{d}^m}{\mathrm{d}t^m}f(t) + b_{m-1}\frac{\mathrm{d}^{m-1}}{\mathrm{d}t^{m-1}}f(t) + \cdots + b_1\frac{\mathrm{d}}{\mathrm{d}t}f(t) + b_0 f(t)$$

全响应初始条件为$\{y^{n-1}(0_+)\} = \{y_{zi}^{(n-1)}(0_+)\} + \{y_{zs}^{(n-1)}(0_+)\}$。

系统的特征方程为

$$\alpha^n + a_1\alpha^{n-1} + \cdots + a_{n-1}\alpha + a_n = 0$$

设特征根为λ_1，λ_2，…，λ_n(均为单根)，由其得到齐次通解 $y_h(t)$的一般形式

$$y_h(t)=\sum_{i=1}^{n}C_i e^{\lambda_i t}$$

微分方程特解 $y_p(t)$的形式与激励形式相同(如表 2-2 所示)，全解为

$$y(t)=y_h(t)+y_p(t)=\sum_{i=1}^{n}C_i e^{\lambda_i t}+y_p(t)$$

由 n 个全响应初始条件$\{y^{n-1}(0_+)\}$确定 n 个 C_i 系数。注意全响应初始条件$\{y^{n-1}(0_+)\}$包含两部分：标准零输入初始条件$\{y_{zi}^{(n-1)}(0_+)\}$以及标准零状态初始条件$\{y_{zs}^{(n-1)}(0_+)\}$，这是"高等数学"与"信号与系统"的区别之一。

表 2-2 典型激励对应的特解

激励	特解
A(常数)	B(常数)
t^n	$A_0+A_1t+\cdots+A_{n-1}t^{n-1}+A_nt^n$
e^{at}	Ce^{at}
$\cos\omega t$	$A\cos\omega t+A_2\sin\omega t$
$\sin\omega t$	
$t^n e^{at}\cos\omega t$	$(A_0+A_1t+\cdots+A_{n-1}t^{n-1}+A_nt^n)e^{at}\cos\omega t$
$t^n e^{at}\sin\omega t$	$+(B_0+B_1t+\cdots+B_{n-1}t^{n-1}+B_nt^n)e^{at}\sin\omega t$

2.3 习题解答

2-1 写出下列算子方程的微分方程式：

(1) $(p+2)y(t)=(p+1)f(t)$；

(2) $y(t)=\dfrac{2p+1}{p+3}f(t)$；

(3) $(p+1)(p+2)y(t)=p(p+3)f(t)$。

解 (1)
$$\frac{d}{dt}y(t)+2y(t)=\frac{d}{dt}f(t)+f(t)$$

(2)
$$\frac{d}{dt}y(t)+3y(t)=2\frac{d}{dt}f(t)+f(t)$$

(3)
$$\frac{d^2}{dt^2}y(t)+3\frac{d}{dt}y(t)+2y(t)=\frac{d^2}{dt^2}f(t)+3\frac{d}{dt}f(t)$$

2-2 用消元法把下列各联立算子方程组写成只有一个变量的微分方程：

(1)
$$\begin{cases}(p-3)y_1(t)-6y_2(t)=(p+1)f(t) & \text{(A)}\\ py_1(t)+(p-3)y_2(t)=0 & \text{(B)}\end{cases}$$

(2)
$$\begin{cases}py_1(t)-(p+3)y_2(t)=0 & \text{(A)}\\ -y_1(t)+(p-1)y_2(t)=f(t) & \text{(B)}\end{cases}$$

解　(1) 在式(A) 两边同乘 p，得

$$p(p-3)y_1(t)-p6y_2(t)=p(p+1)f(t) \tag{A}$$

在式(B) 两边同乘$(p-3)$，得

$$(p-3)py_1(t)+(p-3)^2y_2(t)=0 \tag{B}$$

令式(B) − 式(A)

$$(p^2-6p+9+6p)y_2(t)=-p(p+1)f(t)$$

得

$$(p^2+9)y_2(t)=-p(p+1)f(t)$$

又在式(A) 两边同乘$(p-3)$，得

$$(p-3)^2y_1(t)-6(p-3)y_2(t)=(p+1)(p-3)f(t) \tag{C}$$

在式(B) 两边同乘 6，得

$$6py_1(t)+6(p-3)y_2(t)=0 \tag{D}$$

式(C) + 式(D)，得

$$(p^2-6p+9+6p)y_1(t)=(p-3)(p+1)f(t)$$

得

$$(p^2+9)y_1(t)=(p^2-2p-3)f(t)$$

因此

$$\begin{cases}\dfrac{d^2y_1(t)}{dt^2}+9y_1(t)=\dfrac{d^2f(t)}{dt^2}-2\dfrac{df(t)}{dt}-3f(t)\\[2ex]\dfrac{d^2y_2(t)}{dt^2}+9y_2(t)=-\dfrac{d^2f(t)}{dt^2}-\dfrac{df(t)}{dt}\end{cases}$$

(2)

$$\begin{cases}py_1(t)-(p+3)y_2(t)=0\\-y_1(t)+(p-1)y_2(t)=f(t)\end{cases}$$

$$py_1(t)-(p+3)y_2(t)=0 \tag{A}$$

在式(A) 两边乘 p，得

$$-py_1(t)+p(p-1)y_2(t)=pf(t) \tag{B}$$

令式(B) + 式(A)，得

$$[p(p-1)-(p+3)]y_2(t)=pf(t)$$

得

$$(p^2-2p-3)y_2(t)=pf(t)$$

又对等式(A) 两边乘$(p-1)$，得

$$p(p-1)y_1(t)-(p+3)(p-1)y_2(t)=0 \tag{C}$$

在等式(B) 两边乘$(p+3)$，得

$$-(p+3)y_1(t)+(p+3)(p-1)y_2(t)=(p+3)f(t) \tag{D}$$

式(C) + 式(D)

$$(p^2-2p-3)y_1(t)=(p+3)f(t)$$

因此

$$\begin{cases}\dfrac{d^2y_1(t)}{dt^2}-\dfrac{2dy_1(t)}{dt}-3y_1(t)=\dfrac{df(t)}{dt}+3f(t)\\\dfrac{d^2y_2(t)}{dt^2}-2\dfrac{dy_2(t)}{dt}-3y_2(t)=\dfrac{df(t)}{dt}\end{cases}$$

2－3　对题 2－3 图所示电路分别列写出电压 $v_0(t)$ 的微分方程。

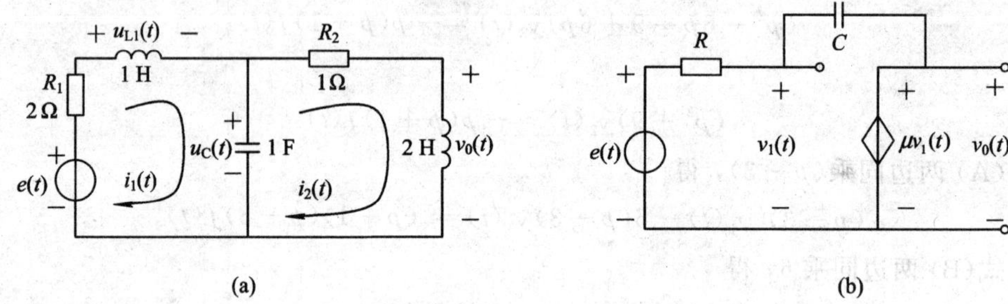

题 2－3 图

解　(1) 题 2－3(a) 图的算子电路如题解 2－3(a) 图所示。

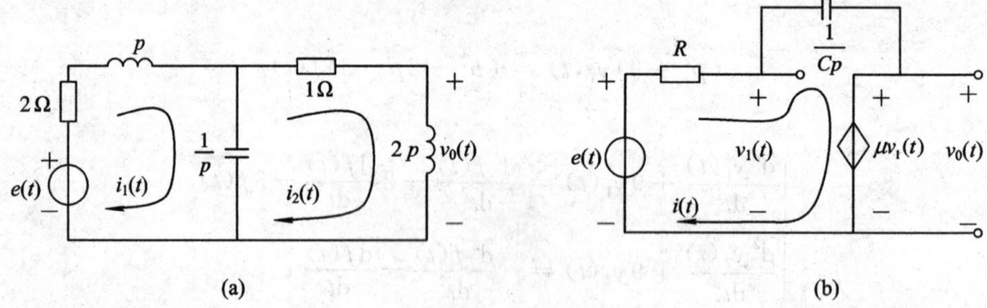

题解 2－3 图

列回路算子方程

$$\left(R_1+L_1p+\frac{1}{Cp}\right)i_1(t)-\frac{1}{Cp}i_2(t)=e(t)$$

$$-\frac{1}{Cp}i_1(t)+\left(R_2+L_2p+\frac{1}{Cp}\right)i_2(t)=0$$

代入参数，并在等式两边乘 p

$$(p^2+2p+1)i_1(t)-i_2(t)=pe(t)$$

$$-i_1(t)+(2p^2+p+1)i_2(t)=0$$

解出

$$i_2(t)=\frac{\begin{vmatrix}p^2+2p+1 & pe(t)\\-1 & 0\end{vmatrix}}{\begin{vmatrix}p^2+2p+1 & -1\\-1 & 2p^2+p+1\end{vmatrix}}=\frac{pe(t)}{(p^2+2p+1)(2p^2+p+1)-1}$$

$$=\frac{pe(t)}{2p^4+5p^3+5p^2+3p+1-1}=\frac{e(t)}{2p^3+5p^2+5p+3}$$

$$v_0(t)=L_2\frac{d}{dt}i_2=2pi_2(t)=\frac{2pe(t)}{2p^3+5p^2+5p+3}$$

传输算子

$$H(p)=\frac{2p}{2p^3+5p^2+5p+3}$$

$v_0(t)$ 算子方程

$$(2p^3+5p^2+5p+3)v_0(t)=2pe(t)$$

$v_0(t)$ 微分方程

$$2\frac{\mathrm{d}^3}{\mathrm{d}t^3}v_0(t)+5\frac{\mathrm{d}^2}{\mathrm{d}t^2}v_0(t)+5\frac{\mathrm{d}}{\mathrm{d}t}v_0(t)+3v_0(t)=2\frac{\mathrm{d}}{\mathrm{d}t}e(t)$$

(2) 题 2 - 3(b) 图的算子电路如题解 2 - 3(b) 图所示。

方法 1　列 KVL 算子方程：

$$v_1(t)+\frac{v_1(t)-v_0(t)}{1/(Cp)}R=e(t)$$

将 $v_1(t)=\frac{v_0(t)}{\mu}$ 代入上式，得

$$\left[\frac{v_0(t)}{\mu}-v_0(t)\right]RCp+\frac{v_0(t)}{\mu}=e(t)$$

$$(1-\mu)RCpv_0(t)+v_0(t)=\mu e(t)$$

$$[(1-\mu)CRp+1]v_0(t)=\mu e(t)$$

$$v_0(t)=\frac{\mu}{(1-\mu)RCp+1}e(t)$$

方法 2　列 $v_1(t)$ 的 KVL 算子方程：

$$v_1(t)=u_C(t)+v_0(t)=u_C(t)+\mu v_1(t)$$

$$(1-\mu)v_1(t)=u_C(t)$$

$$v_1(t)=\frac{u_C(t)}{1-\mu}=\frac{1}{1-\mu}\cdot\frac{e(t)-v_1(t)}{R}\cdot\frac{1}{Cp}=\frac{e(t)-v_1(t)}{(1-\mu)RCp}$$

$$[(1-\mu)RCp+1]v_1(t)=e(t)$$

$$v_1(t)=\frac{1}{(1-\mu)RCp+1}e(t)$$

$$v_0(t)=\mu v_1(t)=\frac{\mu}{(1-\mu)RCp+1}e(t)$$

方法 3

$$i(t)R+v_1(t)=e(t) \tag{A}$$

将 $i(t)=Cp[v_1(t)-\mu v_1(t)]$ 代入式 (A)

$$RCp[v_1(t)-\mu v_1(t)]+v_1(t)=e(t) \tag{B}$$

由 $v_0(t)=\mu v_1(t)$ 得 $v_1(t)=\frac{v_0(t)}{\mu}$，代入式(B)，得

$$RCp\left[\frac{v_0(t)}{\mu}-v_0(t)\right]+\frac{v_0(t)}{\mu}=e(t)$$

$$RCp(1-\mu)v_0(t)+v_0(t)=\mu e(t)$$

$$[RCp(1-\mu)+1]v_0(t)=\mu e(t)$$

$$v_0(t) = \frac{\mu}{(1-\mu)RCp+1}e(t)$$

传输算子

$$H(p) = \frac{\mu}{(1-\mu)RCp+1}$$

$v_0(t)$ 微分方程：

$$(1-\mu)RC\frac{\mathrm{d}}{\mathrm{d}t}v_0(t) + v_0(t) = \mu e(t)$$

2－4 求题 2－4 图网络中的下列转移算子。

(1) $i_1(t)$ 与 $e(t)$；

(2) $i_2(t)$ 与 $e(t)$；

(3) $v_0(t)$ 与 $e(t)$。

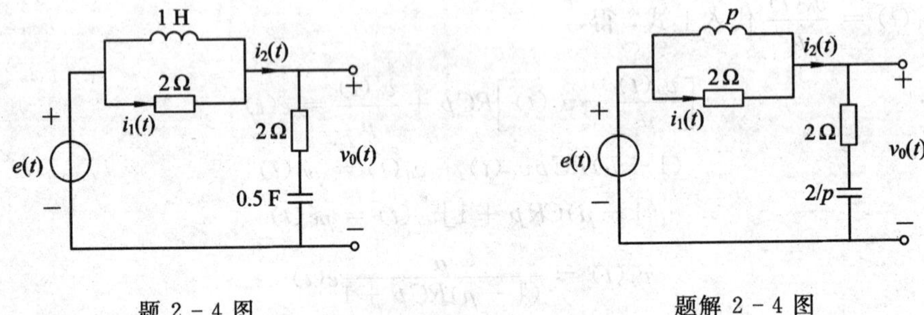

题 2－4 图　　　　题解 2－4 图

解　题 2－4 图网络的算子电路如题解 2－4 图所示。

方法 1

$$2i_1(t) + \left(2+\frac{2}{p}\right)i_2(t) = e(t) \tag{A}$$

$$[i_2(t) - i_1(t)]p = 2i_1(t) \tag{B}$$

式(A) 前乘 p，并整理式(B)，得

$$2pi_1(t) + (2p+2)i_2(t) = pe(t) \tag{C}$$

$$-(p+2)i_1(t) + pi_2(t) = 0 \tag{D}$$

$$i_1(t) = \frac{\begin{vmatrix} pe(t) & 2(p+1) \\ 0 & p \end{vmatrix}}{\begin{vmatrix} 2p & 2(p+1) \\ -(p+2) & p \end{vmatrix}} = \frac{p^2e(t)}{2p^2+2(p+1)(p+2)} = \frac{p^2e(t)}{4p^2+6p+4}$$

将 $i_1(t)$ 代入式(D)

$$-(p+2)\frac{p^2e(t)}{4p^2+6p+4} + pi_2(t) = 0$$

$$i_2(t) = \frac{p^2+2p}{4p^2+6p+4}e(t)$$

$$v_0(t)=\left(2+\frac{2}{p}\right)i_2(t)=\frac{2(p+1)}{p}\cdot\frac{(2+p)p}{4p^2+6p+4}e(t)=\frac{2(p+1)(p+2)}{4p^2+6p+4}e(t)$$

$$H_1(p)=\frac{p^2}{4p^2+6p+4}$$

$$H_2(p)=\frac{p^2+2p}{4p^2+6p+4}$$

$$H_0(p)=\frac{2(p+1)(p+2)}{4p^2+6p+4}$$

方法 2　列节点算子方程式

$$\frac{v_0(t)-e(t)}{p}+\frac{v_0(t)-e(t)}{2}+\frac{v_0(t)}{2+2/p}=0$$

整理

$$v_0(t)\left(\frac{1}{p}+\frac{1}{2}+\frac{p}{2p+2}\right)=e(t)\left(\frac{1}{p}+\frac{1}{2}\right)$$

$$v_0(t)\left(\frac{2p^2+3p+2}{2p(p+1)}\right)=e(t)\left(\frac{2+p}{2p}\right)$$

$$v_0(t)=\frac{(p+1)(p+2)}{2p^2+3p+2}e(t)$$

$$i_1(t)=\frac{e(t)-v_0(t)}{2}=\frac{1}{2}\left[1-\frac{(p+1)(p+2)}{2p^2+3p+2}\right]e(t)$$

$$i_1(t)=\frac{1}{2}\left[\frac{2p^2+3p+2-(p+1)(p+2)}{2p^2+3p+2}\right]e(t)$$

$$i_1(t)=\frac{1}{2}\,\frac{p^2}{2p^2+3p+2}e(t)=\frac{0.5p^2}{2p^2+3p+2}e(t)$$

$$i_2(t)=i_1(t)+\frac{e(t)-v_0(t)}{p}=i_1(t)+\frac{1}{p}\left[1-\frac{(p+1)(p+2)}{2p^2+3p+2}\right]e(t)$$

$$i_2(t)=i_1(t)+\frac{p}{2p^2+3p+2}e(t)=\frac{0.5p^2+p}{2p^2+3p+2}e(t)$$

$H_1(p)$、$H_2(p)$、$H_0(p)$ 答案同方法 1。

方法 3

$$i_2(t)=\frac{1}{\dfrac{2p}{2+p}+2+\dfrac{1}{0.5p}}e(t)=\frac{1}{\dfrac{2p^2+2p(p+2)+2(p+2)}{(2+p)p}}e(t)$$

$$=\frac{(2+p)p}{4p^2+6p+4}e(t)$$

$$i_1(t)=\frac{p}{p+2}i_2(t)=\frac{p}{p+2}\cdot\frac{(2+p)p}{4p^2+6p+4}e(t)=\frac{p^2}{4p^2+6p+4}e(t)$$

$$v_0(t)=\left(2+\frac{2}{p}\right)i_2(t)=\frac{2(p+1)}{p}\cdot\frac{(2+p)p}{4p^2+6p+4}e(t)$$

$$=\frac{2(p+1)(p+2)}{4p^2+6p+4}e(t)$$

$H_1(p)$、$H_2(p)$、$H_0(p)$ 答案同方法 1。

2－5 在题 2－5 图各网络中，求电压 $v_1(t)$ 与 $v_2(t)$ 对电流源 $i(t)$ 的转移算子 $H_1(p)$ 与 $H_2(p)$。

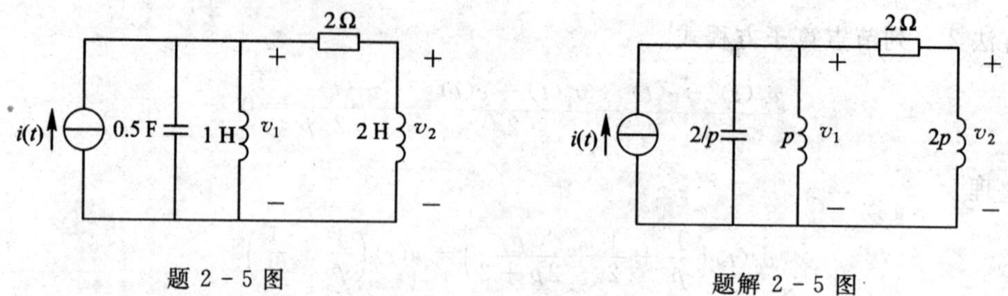

题 2－5 图　　　　题解 2－5 图

解　题 2－5 图网络的算子电路如题解 2－5 图所示。

方法 1

$$v_1(t)=\left[\frac{2}{p}\ /\!/\ p\ /\!/\ (2+2p)\right]i(t)=\left[\frac{p\cdot 2/p}{p+2/p}\ /\!/\ (2+2p)\right]i(t)$$

$$=\left[\frac{\frac{2p}{p^2+2}(2+2p)}{\frac{2p}{p^2+2}+(2+2p)}\right]i(t)=\frac{2p(p+1)}{p^3+p^2+2p+2}i(t)$$

$$v_2(t)=v_1(t)\frac{2p}{2(p+1)}=\frac{2p^2}{p^3+p^2+3p+2}i(t)$$

方法 2

$$\frac{v_1}{2/p}+\frac{v_1}{p}+\frac{v_1}{2+2p}=i(t)$$

$$\left[\frac{p}{2}+\frac{1}{p}+\frac{1}{2(p+1)}\right]v_1=i(t)$$

$$\left[\frac{p^2(p+1)+2(p+1)+p}{2p(p+1)}\right]v_1(t)=i(t)$$

$$v_1(t)=\frac{2p(p+1)}{p^3+p^2+3p+2}i(t)$$

$$v_2(t)=\frac{2p}{2+2p}v_1(t)=\frac{p}{1+p}v_1(t)=\frac{2p^2}{p^3+p^2+3p+2}i(t)$$

所以

$$H_1(p)=\frac{2p(p+1)}{p^3+p^2+3p+2}$$

$$H_2(p)=\frac{2p^2}{p^3+p^2+3p+2}$$

2－6 利用已知初始条件解下列微分方程。有条件的可用 MATLAB 计算并作图。

(1) $(p^2+3p+2)y(t)=0$，$y(0)=1$，$y'(0)=0$；

(2) $(p+1)^2y(t)=0$，$y(0)=1$，$y'(0)=0$；

(3) $(p^2+9)y(t)=0$，$y(0)=2$，$y'(0)=1$。

解 (1)

$$(p^2+3p+2)y(t)=0$$
$$y(0)=1,\ y'(0)=0$$
$$(p+1)(p+2)y(t)=0$$
$$y_{zi}(t)=C_1\mathrm{e}^{-t}+C_2\mathrm{e}^{-2t}$$
$$\begin{cases}y_{zi}(0)=C_1+C_2=1\\ y_{zi}'(0)=-C_1-2C_2=0\end{cases},\quad \begin{cases}C_1=2\\ C_2=-1\end{cases}$$
$$y_{zi}(t)=2\mathrm{e}^{-t}-\mathrm{e}^{-2t},\quad t\geqslant 0$$

(2)

$$(p^2+2p+1)y(t)=0$$
$$y(0)=1,\ y'(0)=0$$
$$(p+1)^2y(t)=0$$
$$y_{zi}(t)=C_1t\mathrm{e}^{-t}+C_2\mathrm{e}^{-t}$$
$$\begin{cases}y_{zi}(0)=C_2=1\\ y_{zi}'(0)=C_1-C_2=0\end{cases},\quad \begin{cases}C_1=1\\ C_2=1\end{cases}$$
$$y_{zi}(t)=t\mathrm{e}^{-t}+\mathrm{e}^{-t}\quad t\geqslant 0$$

(3) 方法 1

$$y_{zi}(t)=C_1\mathrm{e}^{\mathrm{j}3t}+C_2\mathrm{e}^{-\mathrm{j}3t}$$
$$\begin{cases}y(0)=C_1+C_2=2\\ y'(0)=\mathrm{j}3C_1-\mathrm{j}3C_2=1\end{cases}$$

解得

$$C_1=1+\frac{1}{\mathrm{j}6},\quad C_2=1-\frac{1}{\mathrm{j}6}$$
$$y_{zi}(t)=\left(1+\frac{1}{\mathrm{j}6}\right)\mathrm{e}^{\mathrm{j}3t}+\left(1-\frac{1}{\mathrm{j}6}\right)\mathrm{e}^{-\mathrm{j}3t}=(\mathrm{e}^{\mathrm{j}3t}+\mathrm{e}^{-\mathrm{j}3t})+\frac{1}{3}\cdot\frac{\mathrm{e}^{\mathrm{j}3t}-\mathrm{e}^{-\mathrm{j}3t}}{2\mathrm{j}}$$
$$=2\cos3t+\frac{1}{3}\sin3t,\quad t>0$$

方法 2

$$p_1=3\mathrm{j},\ p_2=-3\mathrm{j}$$
$$y_{zi}(t)=A\cos3t+B\sin3t,\ t>0$$
$$y(0)=A=2$$
$$y'(0)=3B=1,\ B=\frac{1}{3}$$
$$y_{zi}(t)=2\cos3t+\frac{1}{3}\sin3t,\ t>0$$

2-6(1) 题的求解及作图 MATLAB 程序如下：

```
clear;
  b = [1];a = [1,3,2];[A B C D] = tf2ss(b,a);
  sys = ss(A,B,C,D);t = 0:0.01:10;f = 0 * t; zi = [0 1];
```

```
y = lsim(sys,f,t,zi);
plot(t,y); axis([-0.2,8,-0.1, 1.1]); ylabel('f(t)');
line([-0.2,8],[0,0]); line([0,0], [-0.1,1.1]);
xlabel('时间(t)');ylabel('y(t)'); title('零输入响应');grid;
```

2-6(1) 题的零输入响应如题解 2-6(1) 图所示。

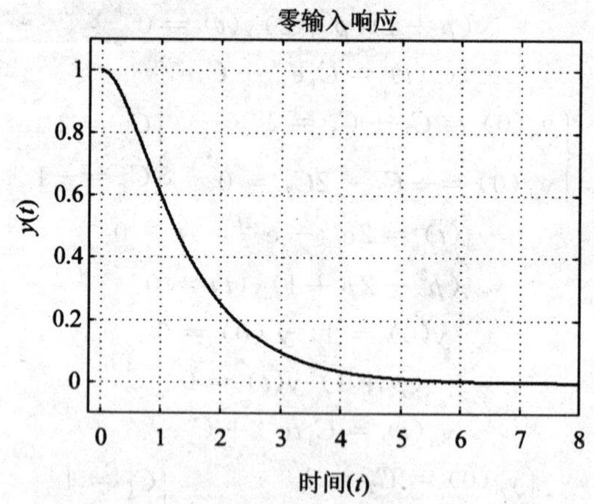

题解 2-6(1) 图

2-6(2) 题的求解及作图 MATLAB 程序如下：

```
clear;
  b = [1];a = [1,2,1];
  [A B C D] = tf2ss(b,a);sys = ss(A,B,C,D);
  t = 0:0.01:10;f = 0 * t;zi = [0 1];
  y = lsim(sys,f,t,zi);
  plot(t,y); axis([-0.2,8,-0.1, 1.1]);
  line([-0.2,8],[0,0]); line([0,0], [-0.1,1.1]);
  xlabel('时间(t)');ylabel('y(t)');title('零输入响应');grid;
```

2-6(2) 题的零输入响应如题解 2-6(2) 图所示。

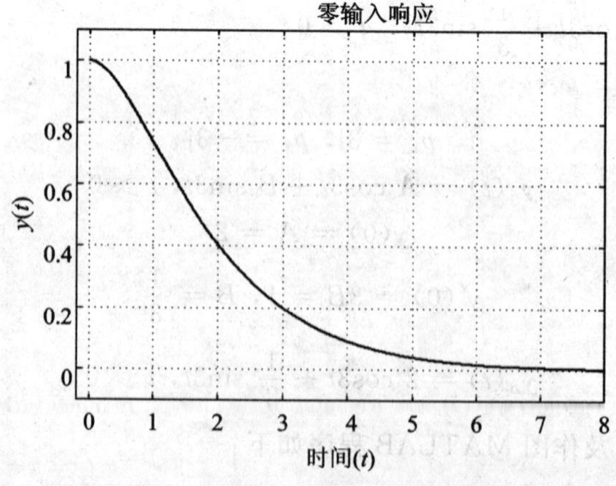

题解 2-6(2) 图

2-6(3) 题的求解及作图 MATLAB 程序如下：

```
clear;
  b = [1];a = [1,0,9];
  [A B C D] = tf2ss(b,a);
  sys = ss(A,B,C,D);
  t = 0:0.01:10;f = 0 * t; zi = [1 2];
  y = lsim(sys,f,t,zi);
  plot(t,y); axis([-0.2,8,-2.1, 2.1]);
  line([-0.2,8],[0,0]); line([0,0], [-2.1,2.1]);
  xlabel('时间(t)');ylabel('y(t)');title('零输入响应');grid;
```

2-6(3) 题的零输入响应如题解 2-6(3) 图所示。

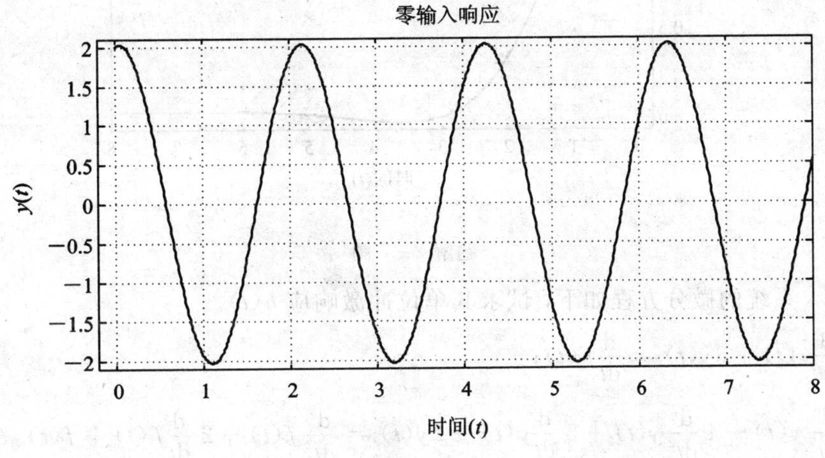

题解 2-6(3) 图

2-7 已知系统的响应变量 $y(t)$ 与激励变量 $f(t)$ 之间的关系如下，求系统的零输入响应。

$$y(t) = \frac{p+1}{p^2+2p+2}f(t)$$

$$y(0_-) = 1,\quad y'(0_-) = 2$$

解

$$H(p) = \frac{p+1}{p^2+2p+2}$$

$$p^2+2p+2 = (p+1-\mathrm{j})(p+1+\mathrm{j})$$

$$y_{zi}(t) = C_1 e^{(-1+\mathrm{j})t} + C_2 e^{(-1-\mathrm{j})t}$$

$$y_{zi}(0) = C_1 + C_2 = 1$$

$$y_{zi}'(0) = (-1+\mathrm{j})C_1 + (-1-\mathrm{j})C_2 = 2$$

$$C_1 = \frac{1-\mathrm{j}3}{2},\quad C_2 = \frac{1+\mathrm{j}3}{2}$$

$$y_{zi}(t) = e^{-t}(\cos t + 3\sin t)u(t)$$

2-7 题求解及作图的 MATLAB 程序如下：

```
clear;
  b = [1];a = [1,2,2];
```

```
[A B C D] = tf2ss(b,a);sys = ss(A,B,C,D);
t = 0:0.01:10;f = 0 * t;zi = [2 1];
y = lsim(sys,f,t,zi);plot(t,y); axis([-0.2,8,-0.1, 1.5]);
line([-0.2,8],[0,0]); line([0,0], [-0.1,1.5]);
xlabel('时间(t)');ylabel('y(t)');title('零输入响应');grid;
```

2-7 题的零输入响应如题解 2-7 图所示。

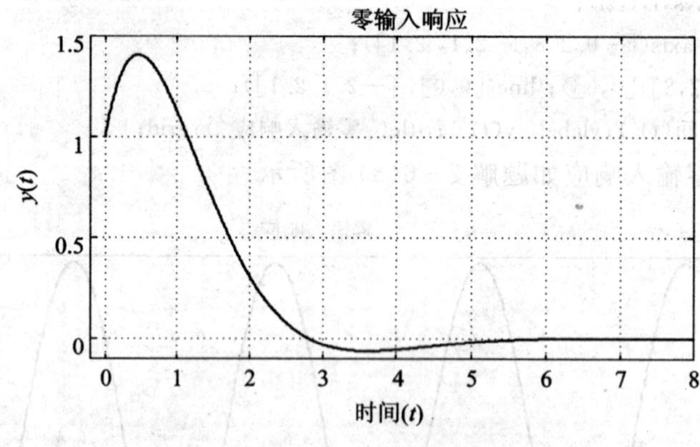

题解 2-7 图

2-8 系统的微分方程如下，试求其单位冲激响应 $h(t)$。

(1) $\frac{d}{dt}y(t)+3y(t)=\frac{d}{dt}f(t)$；

(2) $\frac{d^3}{dt^3}y(t)+4\frac{d^2}{dt^2}y(t)+5\frac{d}{dt}y(t)+2y(t)=\frac{d^2}{dt^2}f(t)+2\frac{d}{dt}f(t)+f(t)$。

解 (1) $$\frac{d}{dt}y(t)+3y(t)=\frac{d}{dt}f(t)$$

$$H(p)=\frac{p}{p+3}=1-\frac{3}{p+3}$$

$$h(t)=\delta(t)-3e^{-3t}u(t)$$

(2) $$\frac{d^3}{dt^3}y(t)+4\frac{d^2}{dt^2}y(t)+5\frac{d}{dt}y(t)+2y(t)=\frac{d^2}{dt^2}f(t)+2\frac{d}{dt}f(t)+f(t)$$

$$H(p)=\frac{p^2+2p+1}{p^3+4p^2+5p+2}=\frac{(p+1)^2}{(p+2)(p+1)^2}=\frac{1}{p+2}$$

$$h(t)=e^{-2t}u(t)$$

2-8(2) 题的求解及作图 MATLAB 程序如下：

```
clear;
  b = [1 2 1];a = [1 4 5 2];
  sys = tf(b,a);
  t = 0:0.1:10;
  y = impulse(sys,t);
  plot(t,y), axis([ 0.2,3, 0.2,1.1]);
  line([-0.2,3],[0,0]); line([0,0],[-0.2,1.1]);
```

```
xlabel('时间(t)');ylabel('h(t)');title('2-8(1) 单位冲激响应');
```

2-8(2) 题的冲激响应如题解 2-8(2) 图所示。

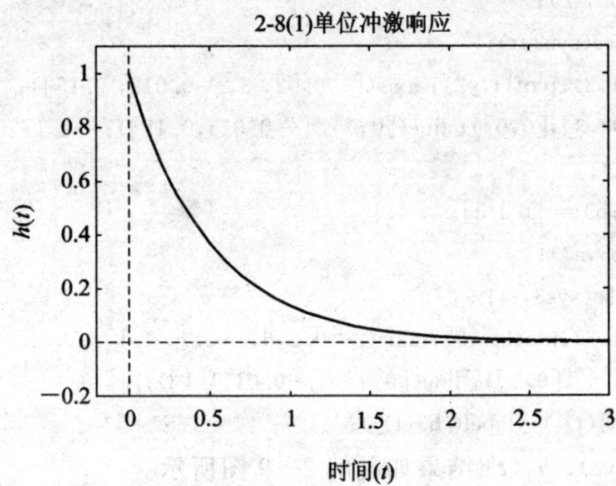

题解 2-8(2) 图

2-9 系统的算子方程如下，试求其单位冲激响应 $h(t)$。有条件的可用 MATLAB 计算并作图。

(1) $(p^2+7p+12)y_1(t)=f_1(t)$；

(2) $(p^2+6p+9)y_2(t)=f_2(t)$；

(3) $(p^2+3p+2)y_3(t)=(p+3)f_3(t)$。

解 (1)

$$(p^2+7p+12)y_1(t)=f_1(t)$$

$$H_1(p)=\frac{1}{p^2+7p+12}=\frac{1}{(p+3)(p+4)}=\frac{1}{p+3}-\frac{1}{p+4}$$

$$h_1(t)=(e^{-3t}-e^{-4t})u(t)$$

(2)

$$(p^2+6p+9)y_2(t)=f_2(t)$$

$$H_2(p)=\frac{1}{p^2+6p+9}=\frac{1}{(p+3)^2}$$

$$h_2(t)=te^{-3t}u(t)$$

(3)

$$y_3(t)=\frac{p+3}{p^2+3p+2}f_3(t)$$

$$H_3(p)=\frac{p+3}{p^2+3p+2}=\frac{2}{p+1}-\frac{1}{p+2}$$

$$h_3(t)=(2e^{-t}-e^{-2t})u(t)$$

2-9(1)～(3) 题的求解及作图 MATLAB 程序如下：

```
clear;
  a1 = [1 7 12];b1 = [0 0 1];
    sys1 = tf(b1,a1);
    t = 0:0.01:10;
    y1 = impulse(sys1,t);
    subplot(3,1,1);plot(t,y1); axis([-0.02, 3, -0.012, 0.12]);
    line([-0.02,3],[0,0]); line([0,0], [-0.012,0.12]);
```

```
    ylabel('h1(t)');title('单位冲激响应');
a2 = [1 6 9];b2 = [0 0 1];
    sys2 = tf(b2,a2);
    y2 = impulse(sys2,t);
    subplot(3,1,2);plot(t,y2); axis([-0.02, 3, -0.012, 0.15]);
    line([-0.02,3],[0,0]); line([0,0], [-0.015,0.15]);
ylabel('h2(t)');
a3 = [1 3 2];b3 = [0 1 3];
    sys3 = tf(b3,a3);
    y3 = impulse(sys3,t);
    subplot(3,1,3);plot(t,y3); axis([-0.2,6,-0.1, 1.1]);
    line([-0.2,6],[0,0]); line([0,0], [-0.01,1.1]);
    xlabel('时间(t)');ylabel('h3(t)');
```

本题的 $h_1(t)$、$h_2(t)$、$h_3(t)$ 结果如题解 2-9 图所示。

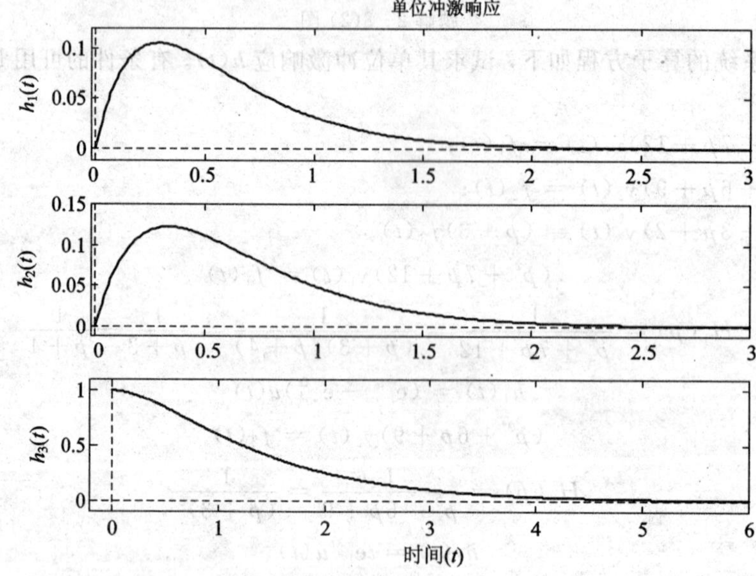

题解 2-9 图

2-10 求下列系统的全响应。有条件的可用 MATLAB 计算并作图。

(1) $(p^2+3p+2)y(t)=0$，$y_{zi}(0)=y_{zi}'(0)=1$；

(2) $(p^2+3p+2)y(t)=e^{-t}u(t)$，$y_{zi}(0)=y_{zi}'(0)=0$；

(3) $(p^2+3p+2)y(t)=e^{-t}u(t)$，$y_{zi}(0)=y_{zi}'(0)=1$。

解 (1) 是系统的零输入响应，由特征方程 $(p^2+3p+2)=(p+1)(p+2)=0$ 解出特征根

$$p_1=-1,\ p_2=-2$$

$$y_{zi}(t)=C_1e^{-t}+C_2e^{-2t}$$

$$y_{zi}(0)=C_1+C_2=1$$

$$y'_{zi}(0) = -C_1 - 2C_2 = 1$$

解出 $C_1 = 3$，$C_2 = -2$，代入得

$$y_{zi}(t) = (3e^{-t} - 2e^{-2t})u(t)$$

(2) 是系统的零状态响应，由 $(p^2 + 3p + 2)y(t) = f(t)$ 得系统传输算子为

$$H(p) = \frac{1}{p^2 + 3p + 2} = \frac{1}{p+1} - \frac{1}{p+2}$$

由此得系统单位冲激响应

$$h(t) = (e^{-t} - e^{-2t})u(t)$$

$$\begin{aligned} y_{zs}(t) &= f(t) * h(t) = e^{-t}u(t) * (e^{-t} - e^{-2t})u(t) \\ &= (te^{-t} - e^{-t} + e^{-2t})u(t) \end{aligned}$$

(3) 是系统的全响应，即(1)、(2) 之和

$$\begin{aligned} y(t) &= y_{zi}(t) + y_{zs}(t) \\ &= (3e^{-t} - 2e^{-2t})u(t) + (te^{-t} - e^{-t} + e^{-2t})u(t) \\ &= (te^{-t} + 2e^{-t} - e^{-2t})u(t) \end{aligned}$$

2-10 题激励、零输入响应、零状态响应、全响应作图的 MATLAB 程序如下：

```
clear;
  b1 = [1];a = [1,3,2];b2 = [0,1,3];
  [A1 B1 C1 D1] = tf2ss(b1,a);
  sys1 = ss(A1,B1,C1,D1);
  t = 0:0.01:10;
  f1 = 0 * t;
  zi1 = [1 1];
   y1 = lsim(sys1,f1,t,zi1);
  [A2 B2 C2 D2] = tf2ss(b2,a);
  sys2 = ss(A2,B2,C2,D2);f2 = exp(-1 * t);
  zi2 = [0 0];y2 = lsim(sys2,f2,t,zi2);
  y3 = y1 + y2;
  subplot(4,1,1);plot(t,f2); axis([-0.2,8,-0.1, 1.1]); ylabel('f(t)');
  line([-0.2,8],[0,0]); line([0,0], [-0.1,1.1]); title('激励')
  subplot(4,1,2);plot(t,y1); axis([-0.2,8,-0.1, 1.5]); ylabel('yzi(t)');
  line([-0.2,8],[0,0]); line([0,0], [-0.1,1.5]); title('零输入响应')
  subplot(4,1,3);plot(t,y2); axis([-0.2,8,-0.1, 0.6]); ylabel('yzs(t)');
  line([-0.2,8],[0,0]); line([0,0], [-0.1,0.6]); title('零状态响应')
  subplot(4,1,4);plot(t,y3); axis([-0.2,8,-0.1, 1.6]);
  line([-0.2,8],[0,0]); line([0,0], [-0.1,1.6]);
  xlabel('时间(t)');ylabel('y(t)');
  title('系统的全响应');grid;
```

本题的相关波形如题解 2-10 图所示。

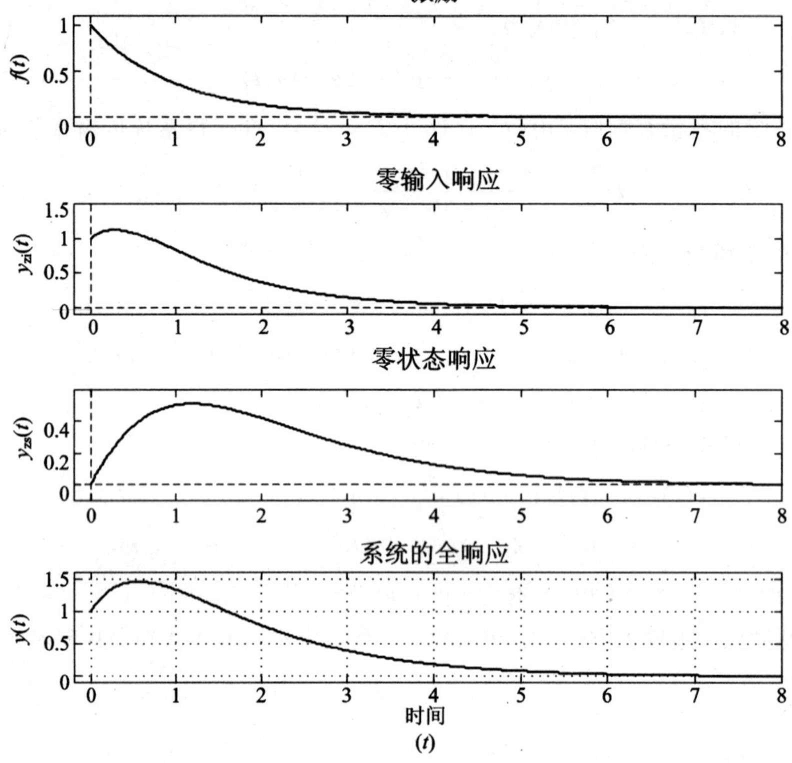

题解 2-10 图

2-11 系统输出 $y(t)$ 对输入 $f(t)$ 的转移算子为

$$H(p)=\frac{p+3}{p^2+3p+2}$$

且 (1) $f(t)=u(t)$，$y_{zi}(0)=1$，$y_{zi}'(0)=2$；

(2) $f(t)=e^{-3t}u(t)$，$y_{zi}(0)=1$，$y_{zi}'(0)=2$。

试分别求其全响应。

解 (1)
$$H(p)=\frac{p+3}{p^2+3p+2}=\frac{2}{p+1}-\frac{1}{p+2}$$

$$p_1=-1,\ p_2=-2$$

零输入响应

$$y_{zi}(t)=C_1e^{-t}+C_2e^{-2t}$$

$$y_{zi}(0)=C_1+C_2=1$$

$$y_{zi}'(0)=-C_1-2C_2=2$$

解出 $C_1=4$，$C_2=-3$，得

$$y_{zi}(t)=4e^{-t}-3e^{-2t}\qquad t>0$$

由 $h(t)=(2e^{-t}-e^{-2t})u(t)$，得零状态响应

$$y_{zs}(t)=f(t)*h(t)=u(t)*(2e^{-t}-e^{-2t})u(t)=\left(\frac{3}{2}-2e^{-t}+\frac{1}{2}e^{-2t}\right)u(t)$$

$$y(t)=(4\mathrm{e}^{-t}-3\mathrm{e}^{-2t})u(t)+\left(\frac{3}{2}-2\mathrm{e}^{-t}+\frac{1}{2}\mathrm{e}^{-2t}\right)u(t)=\left(\frac{3}{2}+2\mathrm{e}^{-t}-\frac{5}{2}\mathrm{e}^{-2t}\right)u(t)$$

2-11(1) 题激励、零输入响应、零状态响应、全响应求解及作图的 MATLAB 程序如下：

```
clear;
  b1 = [1];a = [1,3,2];b2 = [0,1,3];
  [A1 B1 C1 D1] = tf2ss(b1,a);
  sys1 = ss(A1,B1,C1,D1);t = 0:0.01:10;f1 = 0 * t; zi1 = [2 1];
  y1 = lsim(sys1,f1,t,zi1);
  [A2 B2 C2 D2] = tf2ss(b2,a);
  sys2 = ss(A2,B2,C2,D2);
  f2 = stepfun(t,0); zi2 = [0 0];
  y2 = lsim(sys2,f2,t,zi2);y3 = y1 + y2;
  subplot(4,1,1);plot(t,f2); axis([-0.2,8,-0.1, 1.1]); ylabel('f(t)');
  line([-0.2,8],[0,0]); line([0,0], [-0.1,1.1]); title(' 激励 ')
  subplot(4,1,2);plot(t,y1); axis([-0.2,8,-0.1, 1.5]); ylabel('yzi(t)');
  line([-0.2,8],[0,0]); line([0,0], [-0.1,1.5]); title(' 零输入响应 ')
  subplot(4,1,3);plot(t,y2); axis([-0.2,8,-0.1, 1.6]); ylabel('yzs(t)');
  line([-0.2,8],[0,0]); line([0,0], [-0.1,1.6]); title(' 零状态响应 ')
  subplot(4,1,4);plot(t,y3); axis([-0.2,8,-0.1, 2.1]);
  line([-0.2,8],[0,0]); line([0,0], [-0.1,2.1]);
  xlabel(' 时间(t)');ylabel('y(t)');title(' 系统的全响应 ');grid;
```

2-11(1) 题的相关波形如题解 2-11(1) 图所示。

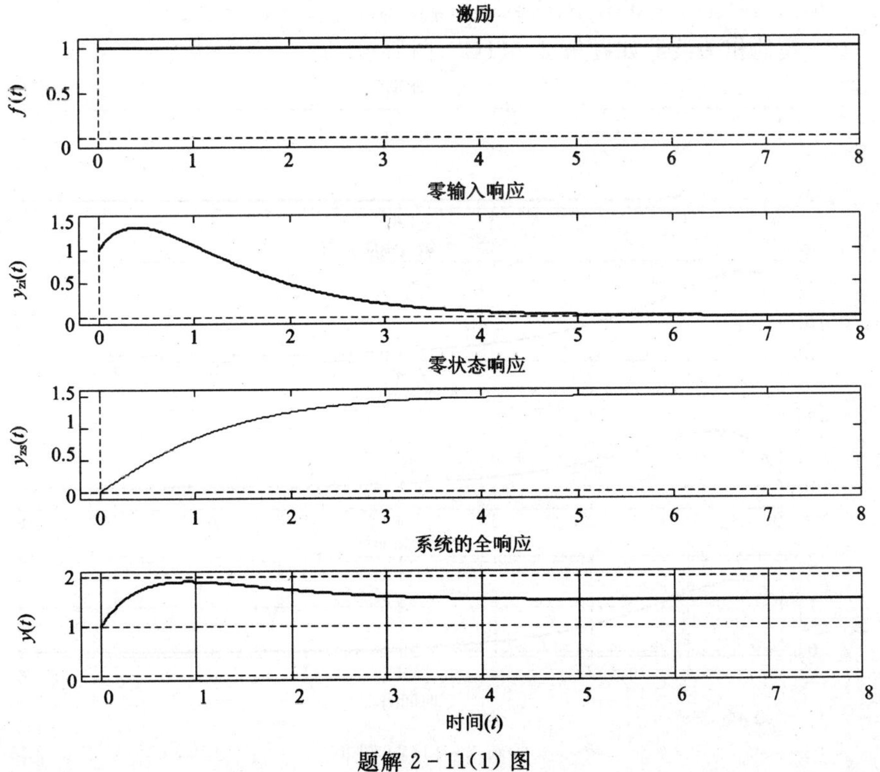

题解 2-11(1) 图

(2) 零输入响应同(1)

$$y_{zi}(t)=4e^{-t}-3e^{-2t} \qquad t>0$$

零状态响应

$$y_{zs}(t)=f(t)*h(t)=e^{-3t}u(t)*(2e^{-t}-e^{-2t})u(t)=(e^{-t}-e^{-2t})u(t)$$

$$y(t)=(4e^{-t}-3e^{-2t})u(t)+(e^{-t}-e^{-2t})u(t)=(5e^{-t}-4e^{-2t})u(t)$$

2-11(2) 题激励、零输入响应、零状态响应、全响应求解及作图的 MATLAB 程序如下：

```
clear;
  b1 = [1];a = [1,3,2];b2 = [0,1,3];
  [A1 B1 C1 D1] = tf2ss(b1,a);
  sys1 = ss(A1,B1,C1,D1);t = 0:0.01:10;
  f1 = 0 * t; zi1 = [2 1]; y1 = lsim(sys1,f1,t,zi1);
  [A2 B2 C2 D2] = tf2ss(b2,a);
  sys2 = ss(A2,B2,C2,D2);
  f2 = exp(-3 * t); zi2 = [0 0]; y2 = lsim(sys2,f2,t,zi2);y3 = y1 + y2;
  subplot(4,1,1);plot(t,f2); axis([-0.2,8,-0.1, 1.1]); ylabel('f(t)');
  line([-0.2,8],[0,0]); line([0,0], [-0.1,1.1]); title('激励')
  subplot(4,1,2);plot(t,y1); axis([-0.2,8,-0.1, 1.5]); ylabel('yzi(t)');
  line([-0.2,8],[0,0]); line([0,0], [-0.1,1.5]); title('零输入响应')
  subplot(4,1,3);plot(t,y2); axis([-0.2,8,-0.1, 0.35]); ylabel('yzs(t)');
  line([-0.2,8],[0,0]); line([0,0], [-0.1,0.35]); title('零状态响应')
  subplot(4,1,4);plot(t,y3); axis([-0.2,8,-0.1, 2.1]);
  line([-0.2,8],[0,0]); line([0,0], [-0.1,2.1]);
  xlabel('时间(t)');ylabel('y(t)');title('系统的全响应');grid;
```

2-11(2) 题的相关波形如题解 2-11(2) 图所示。

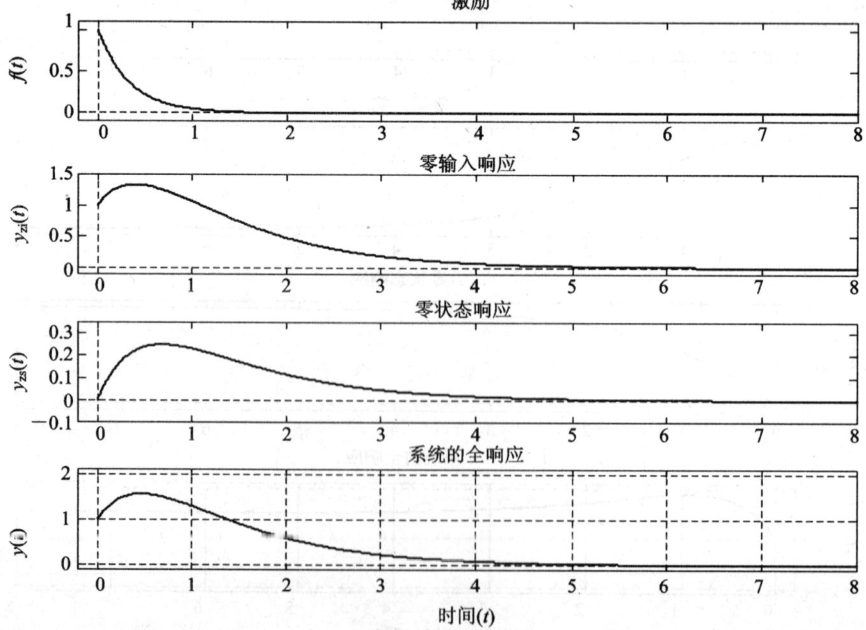

题解 2-11(2) 图

2-12 对题2-12图所示的各组函数，用图解的方法粗略画出 $f_1(t)$ 与 $f_2(t)$ 卷积的波形。

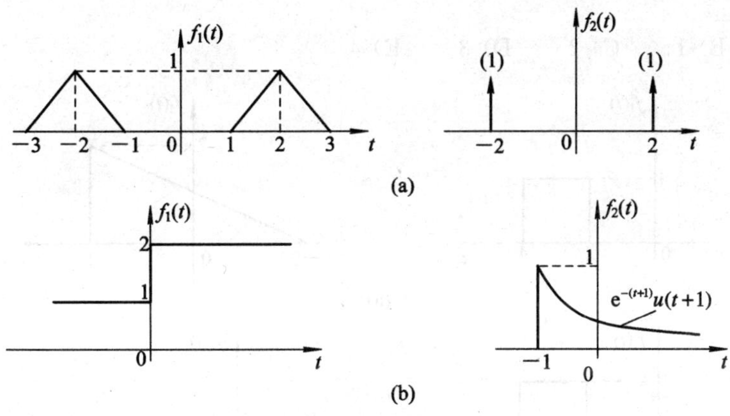

题 2-12 图

解 (1) 如题解 2-12(a) 图所示，

$$f(t) = f_1(t) * f_2(t) = f_1(t+2) + f_1(t-2)$$

(2)

$t < -1$ 时， $\displaystyle\int_{-\infty}^{t+1} e^{-(t-\tau+1)}\,d\tau = e^{-(t+1)}e^{\tau}\Big|_{-\infty}^{t+1} = 1$

$t > -1$ 时， $\displaystyle\int_{-\infty}^{0} e^{-(t-\tau+1)}\,d\tau + \int_{0}^{t+1} 2e^{-(t-\tau+1)}\,d\tau = e^{-(t+1)}e^{\tau}\Big|_{-\infty}^{0} + 2e^{-(t+1)}e^{\tau}\Big|_{0}^{t+1}$

$$= e^{-(t+1)} + 2 - 2e^{-(t+1)}$$

$$= 2 - e^{-(t+1)}$$

$$f_1(t) * f_2(t) = u(-t-1) + (2 - e^{-(t+1)})u(t+1)$$

$$= 1 + (1 - e^{-(t+1)})u(t+1)$$

结果如题解 2-12(b) 图所示。

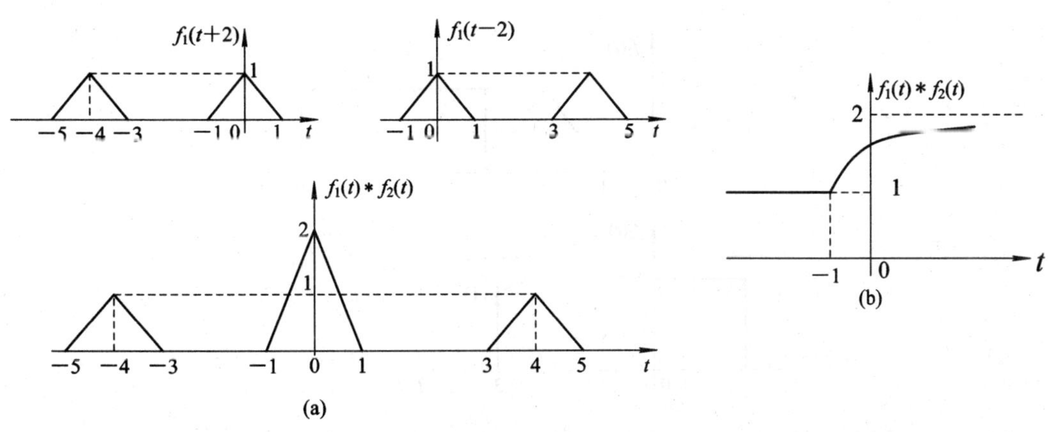

题解 2-12 图

2－13　选择题

(1) 信号 $f_1(t)$ 和 $f_2(t)$ 的波形如题 2－13(a) 图所示，设 $f(t) = f_1(t) * f_2(t)$，则 $f(3) =$ ______。

A) 0　　B) 1　　C) 2　　D) 3　　E) 4

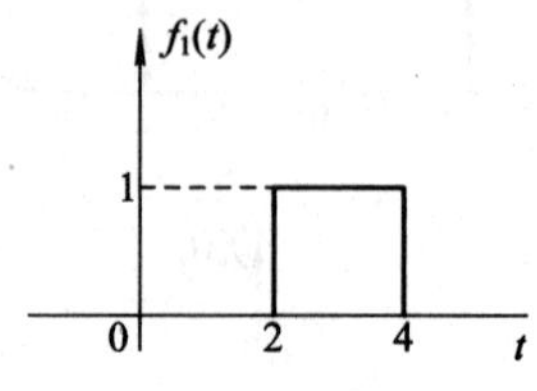

(a)

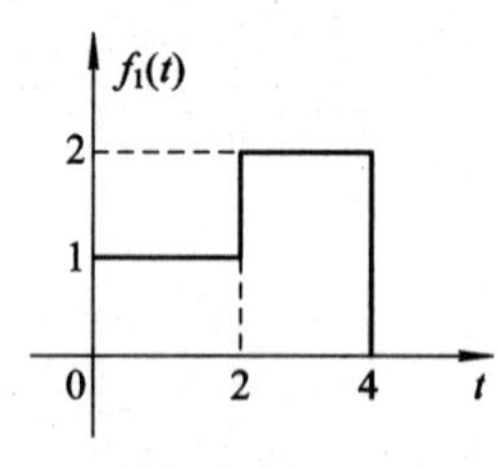

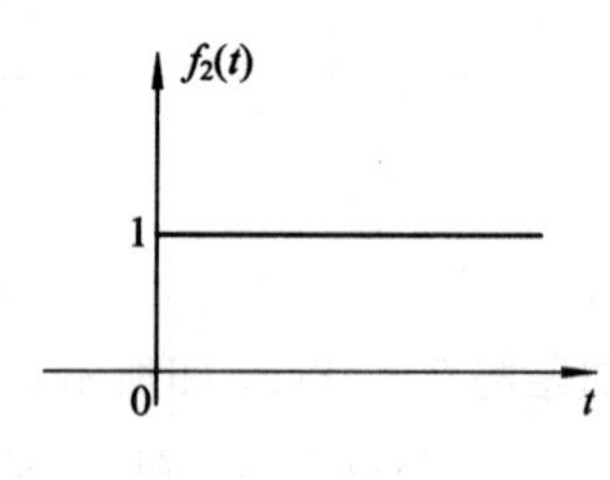

(b)

题 2－13 图

(2) 信号 $f_1(t)$ 和 $f_2(t)$ 的波形如题 2－13(b) 图所示，设 $f(t) = f_1(t) * f_2(t)$，则 $f(3) =$ ______。

A) 1　　B) 2　　C) 3　　D) 4　　E) 5

解　(1) $f(3) = \frac{1}{2} \times 1.5 \times 3 - \frac{1}{2} \times 0.5 = 2$，是 C)。

(2) $f(3) = 1 \times 2 + 2 \times 1 = 4$，是 D)。

2－14　已知 $f_1(t)$、$f_2(t)$ 如题 2－14 图所示，$f(t) = f_1(t) * f_2(t)$，求 $6 < t < 7$ 时的 $f(t)$，并绘图。

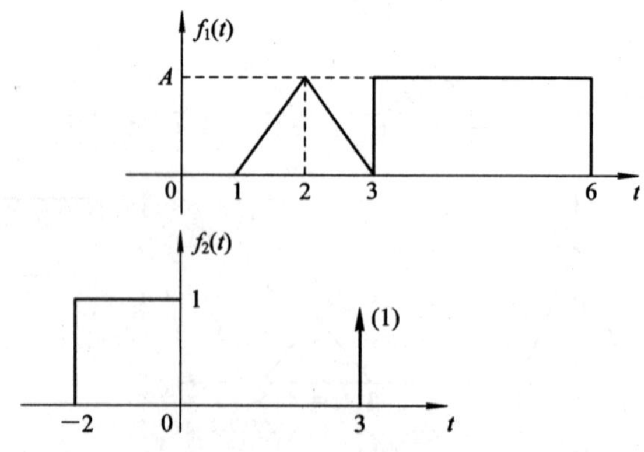

题 2－14 图

解　$f(t) = A[u(t-6) - u(t-7)]$。结果如题解 2－14 图所示。

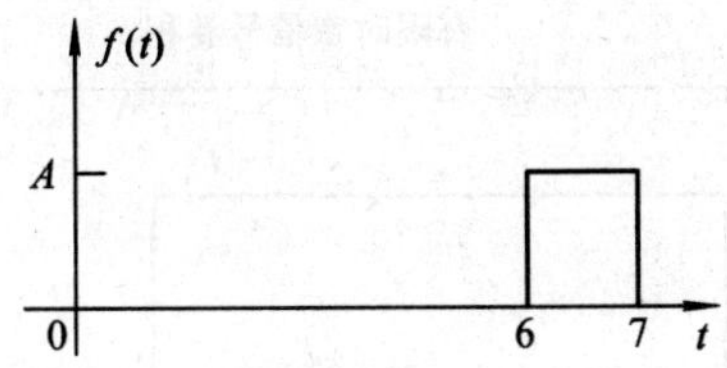

题解 2-14 图

2-15 求下列函数的卷积积分 $f_1(t)*f_2(t)$。有条件的可用MATLAB计算并作图。

(1) $f_1(t)=u(t+2)$，$f_2(t)=u(t-3)$；

(2) $f_1(t)=u(t)-u(t-4)$，$f_2(t)=u(t)-u(t-2)$；

(3) $f_1(t)=u(t)-u(t-4)$，$f_2(t)=tu(t)$；

(4) $f_1(t)=e^{-2t}u(t)$，$f_2(t)=u(t)$。

解 (1) $y_1(t)=(t-1)u(t-1)$；

(2) $y_2(t)=tu(t)-(t-2)u(t-2)+(4-t)u(t-4)+(t-6)u(t-6)$

$$=\begin{cases}t, & 0<t<2\\ 2, & 2<t<4\\ 6-t, & 4<t<6\\ 0, & 其它\end{cases};$$

(3) $$y_3(t)=\frac{t^2}{2}\left[u(t)-\frac{(t-4)^2}{2}u(t-4)\right]+4(t-4)^2u(t-4)$$

$$=\frac{t^2}{2}[u(t)-u(t-4)]+4(t-2)u(t-4);$$

(4) $y_4(t)=0.5(1-e^{-2t})u(t)$。

2-15(2) 题卷积积分及作图的MATLAB程序如下：

```
clear;
    T = 0.01;t1 = 0;t2 = 4;t3 =-1;t4 = 3;
    t5 = t1:T:t2;                          % 生成 t5 的时间向量
    t6 = t3:T:t4;                          % 生成 t6 的时间向量
    f1 = stepfun(t5,0) - stepfun(t5,4);    % 生成 f1 的样值向量
    f2 = stepfun(t6,0) - stepfun(t6,2);
    [y,ty] = convwthn(f1,t1,f2,t3);
    y = y * T; t = (t1 + t3):T:(t2 + t4);  % 序列 y 非零样值的宽度
    subplot(3,1,1);                        %f1(t) 的波形
    plot(t5,f1); axis([(t1 + t3), (t2 + t4), min(f1), max(f1) + 0.5]);
    title('有限时宽信号卷积'); ylabel('f1(t)'); line([0,0],[0,1]);
    subplot(3,1,2);                        %f2(t) 的波形
    plot(t6,f2); axis([(t1 + t3), (t2 + t4), min(f2), max(f2) + 0.5]);
    ylabel('f2(t)');
    subplot(3,1,3);                        %y(t) 的波形
    plot(t,y); axis([(t1 + t3), (t2 + t4), min(y),max(y) + 0.5]); ylabel('y(t)'); xlabel('t');
```

2-15(2) 题的相关波形如题解 2-15(2) 图所示。

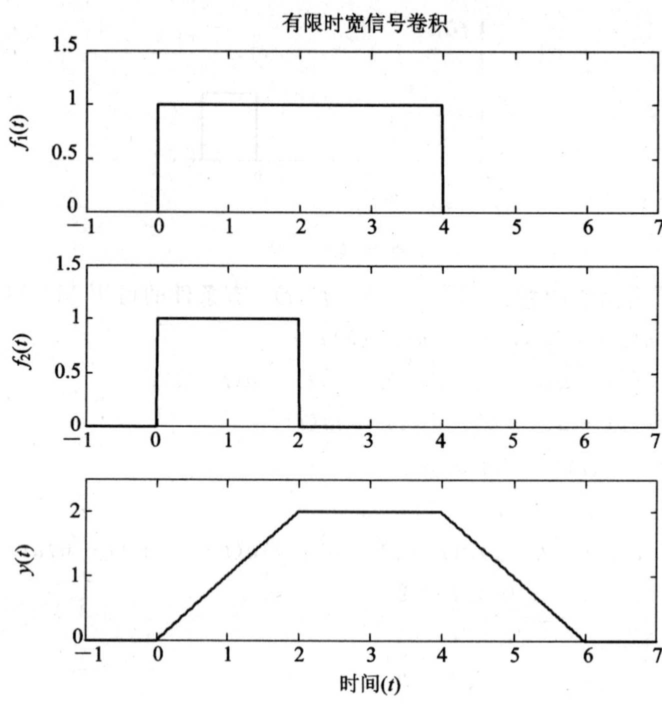

题解 2-15(2) 图

2-15(3) 题卷积积分及作图的 MATLAB 程序如下：

```
clear;
  T = 0.01;t1 =-1;t2 = 12;t3 = 0;t4 = 12;
  t5 = t1:T:t2;                               % 生成 t5 的时间向量
  t6 = t3:T:t4;                               % 生成 t6 的时间向量
  f1 = stepfun(t5,0) - stepfun(t5,4);         % 生成 f1 的样值向量
  f2 = t6. * stepfun(t6,0);
  [y,ty] = convwthn(f1,t1,f2,t3);
  y = y * T;
  t = (t1 + t3):T:(t2 + t4);                  % 序列 y 非零样值的宽度
  subplot(3,1,1);                             %f1(t) 的波形
  plot(t5,f1); axis([(t1 + t3), 12, min(f1), max(f1) + 0.5]);
  title(' 信号卷积 '); ylabel('f1(t)');
  line([0,0], [0,1]);
  subplot(3,1,2);                             %f2(t) 的波形
  plot(t6,f2); axis([(t1 + t3), 12, min(f2), max(f2) + 0.5]);
  ylabel('f2(t)');
  subplot(3,1,3);                             %y(t) 的波形
  plot(t,y);
  axis([(t1 + t3), 12, min(y),max(y) + 0.5]);
  ylabel('y(t)');
  xlabel('t');
```

2-15(3) 题的相关波形如题解 2-15(3) 图所示。

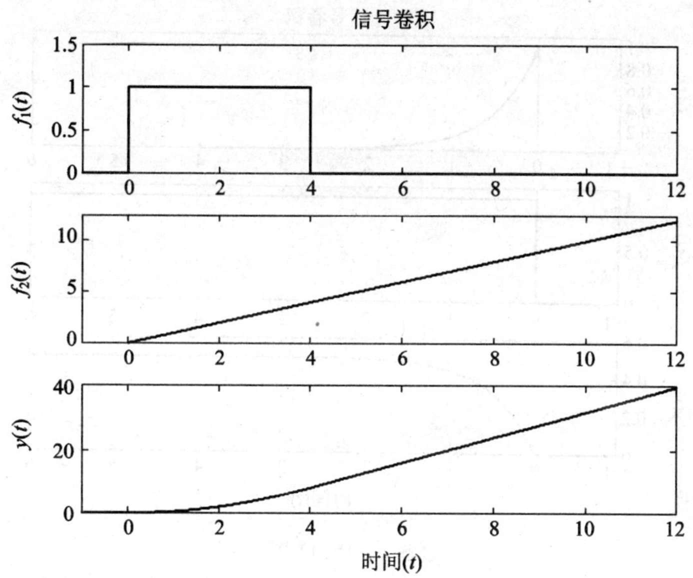

题解 2-15(3) 图

2-15(4) 题卷积积分及作图的 MATLAB 程序如下：

```
clear;
  T = 0.01;t1 = 0;t2 = 4;t3 =-1;t4 = 10;
  t5 = t1:T:t2;                      % 生成 t5 的时间向量
  t6 = t3:T:t4;                      % 生成 t6 的时间向量
  f1 = exp(-2 * t5);
  f2 = stepfun(t6,0);                % 生成 f2 的样值向量
  [y,ty] = convwthn(f1,t1,f2,t3);
  y = y * T;
  t = (t1 + t3):T:(t2 + t4);         % 序列 y 非零样值的宽度
  subplot(3,1,1);                    %f1(t) 的波形
  plot(t5,f1);
  axis([(t1 + t3), 6, min(f1), max(f1) + 0.1]);
  title(' 信号卷积 '); ylabel('f1(t)');
  line([0,0], [0,1]);
  subplot(3,1,2); %f2(t) 的波形
  plot(t6,f2);
  axis([(t1 + t3), 6, min(f2), max(f2) + 0.1]);
  ylabel('f2(t)');
  subplot(3,1,3);                    %y(t) 的波形
  plot(t,y);
  axis([(t1 + t3), 6, min(y),max(y) + 0.1]);
  ylabel('y(t)');
  xlabel('t');
```

2-15(4) 题的相关波形如题解 2-15(4) 图所示。

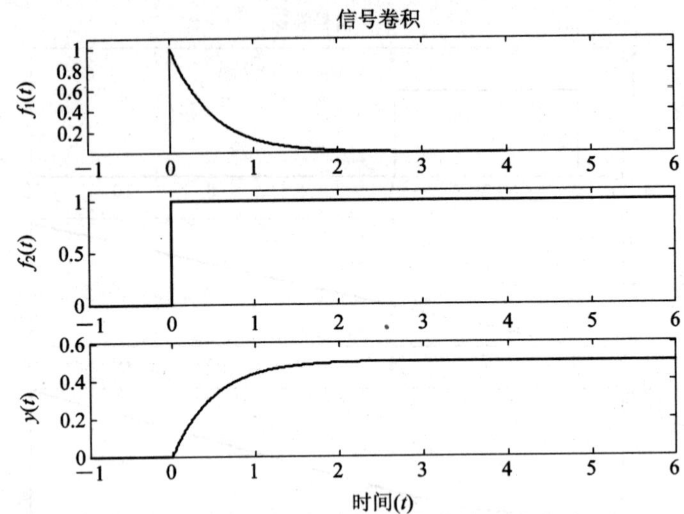

题解 2-15(4) 图

2-16 求下列函数的卷积积分 $f_1(t) * f_2(t)$。有条件的可用 MATLAB 计算并作图。

(1) $f_1(t) = tu(t)$，$f_2(t) = u(t)$；

(2) $f_1(t) = f_2(t) = e^{-2t}u(t)$；

(3) $f_1(t) = e^{-2t}u(t)$，$f_2(t) = e^{-3t}u(t)$；

(4) $f_1(t) = e^{-2t}u(t)$，$f_2(t) = tu(t)$。

解 (1) $y_1(t) = \frac{t^2}{2}u(t)$；

(2) $y_2(t) = te^{-2t}u(t)$；

(3) $y_3(t) = (e^{-2t} - e^{-3t})u(t)$；

(4) $y_4(t) = \left[\frac{1}{2}t - \frac{1}{4} + \frac{1}{4}e^{-2t}\right]u(t)$。

2-16(2) 题卷积积分及作图的 MATLAB 程序如下：

```
clear;
  T = 0.01;t1 = 0;t2 = 4;t3 = 0;t4 = 3;
  t5 = t1:T:t2;                              % 生成 t5 的时间向量
  t6 = t3:T:t4;                              % 生成 t6 的时间向量
  f1 = exp(-2 * t5);
  f2 = exp(-2 * t6);                         % 生成 f2 的样值向量
  [y,ty] = convwthn(f1,t1,f2,t3);
  y = y * T;
  t = (t1 + t3):T:(t2 + t4);                 % 序列 y 非零样值的宽度
  subplot(3,1,1);                            %f1(t) 的波形
  plot(t5,f1); axis([(t1 + t3) - 1, 4, min(f1), max(f1) + 0.1]);
  title(' 信号卷积 '); ylabel('f1(t)'); line([0,0], [0,1]);
```

```
subplot(3,1,2);                                    %f2(t) 的波形
plot(t6,f2); axis([(t1 + t3) - 1, 4, min(f2), max(f2) + 0.1]);
ylabel('f2(t)'); line([0,0], [0,1]);
subplot(3,1,3);                                    %y(t) 的波形
plot(t,y); axis([(t1 + t3) - 1, 4, min(y),max(y) + 0.01]);
ylabel('y(t)'); xlabel('t');
```

2-16(2) 题的相关波形如题解 2-16(2) 图所示。

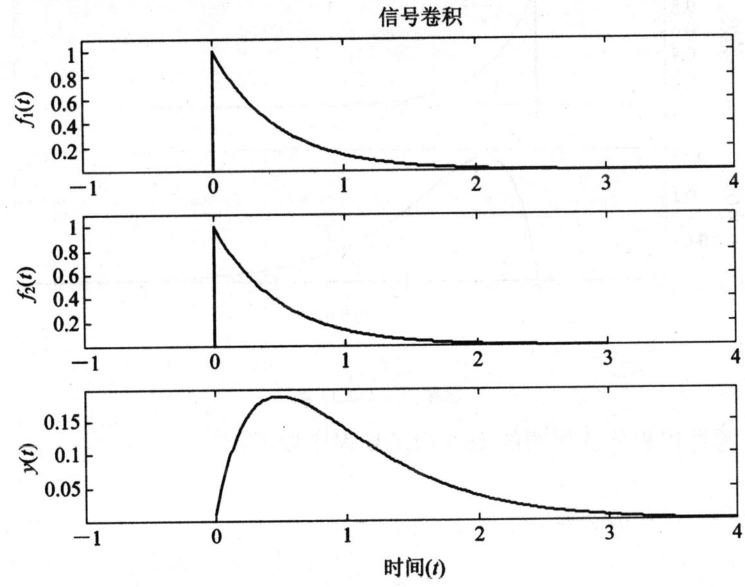

题解 2-16(2) 图

2-16(3) 题卷积积分及作图的 MATLAB 程序如下：

```
clear;
  T = 0.01;t1 = 0;t2 = 4;t3 = 0;t4 = 3;
  t5 = t1:T:t2;                                    % 生成 t5 的时间向量
  t6 = t3:T:t4;                                    % 生成 t6 的时间向量
  f1 = exp(- 2 * t5);
  f2 = exp(- 3 * t6);                              % 生成 f2 的样值向量
  [y,ty] = convwthn(f1,t1,f2,t3); y = y * T;
  t = (t1 + t3):T:(t2 + t4);                       % 序列 y 非零样值的宽度
  subplot(3,1,1);                                  %f1(t) 的波形
  plot(t5,f1); axis([(t1 + t3) - 1, 4, min(f1), max(f1) + 0.1]);
  title(' 信号卷积 '); ylabel('f1(t)'); line([0,0], [0,1]);
  subplot(3,1,2);                                  %f2(t) 的波形
  plot(t6,f2); axis([(t1 + t3) - 1, 4, min(f2), max(f2) + 0.1]);
  ylabel('f2(t)'); line([0,0], [0,1]);
  subplot(3,1,3);                                  %y(t) 的波形
  plot(t,y); axis([(t1 + t3) - 1, 4, min(y),max(y) + 0.01]); ylabel('y(t)'); xlabel('t');
```

2－16(3) 题的相关波形如题解 2－16(3) 图所示。

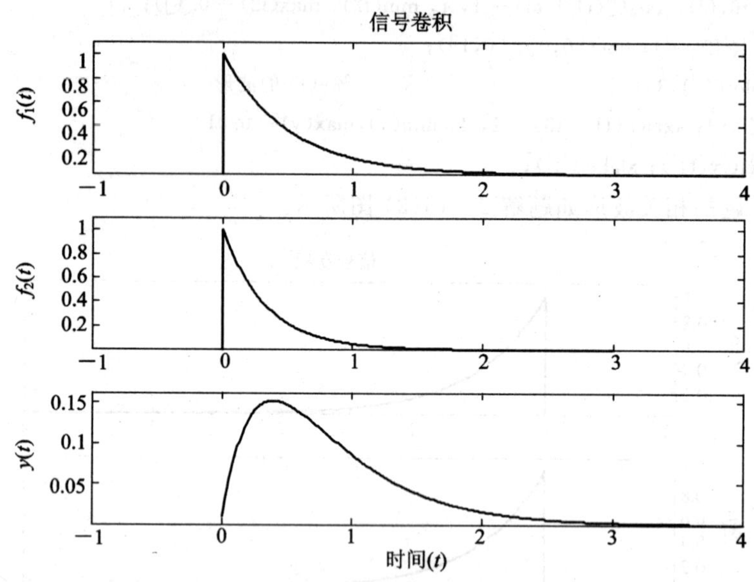

题解 2－16(3) 图

2－16(4) 题卷积积分及作图的 MATLAB 程序如下：

```
clear;
  T = 0.01;t1 = 0;t2 = 4;t3 = 0;t4 = 20;
  t5 = t1:T:t2;                                % 生成 t5 的时间向量
  t6 = t3:T:t4;                                % 生成 t6 的时间向量
  f1 = exp(-2 * t5);
  f2 = t6. * stepfun(t6,0);                    % 生成 f2 的样值向量
  [y,ty] = convwthn(f1,t1,f2,t3);
  y = y * T; t = (t1 + t3):T:(t2 + t4);        % 序列 y 非零样值的宽度
  subplot(3,1,1);                              %f1(t) 的波形
  plot(t5,f1);
  axis([(t1 + t3) - 0.1, 8, min(f1), max(f1) + 0.1]);
  title('信号卷积'); ylabel('f1(t)'); line([0,0], [0,1]);
  subplot(3,1,2);                              %f2(t) 的波形
  plot(t6,f2); axis([(t1 + t3) - 0.1, 8, min(f2),10]);
  ylabel('f2(t)'); line([0,0], [0,1]);
  subplot(3,1,3);                              %y(t) 的波形
  plot(t,y);
  axis([(t1 + t3) - 0.1, 8, min(y),4]);
  ylabel('y(t)');
  xlabel('t');
```

2－16(4) 题的相关波形如题解 2－16(4) 图所示。

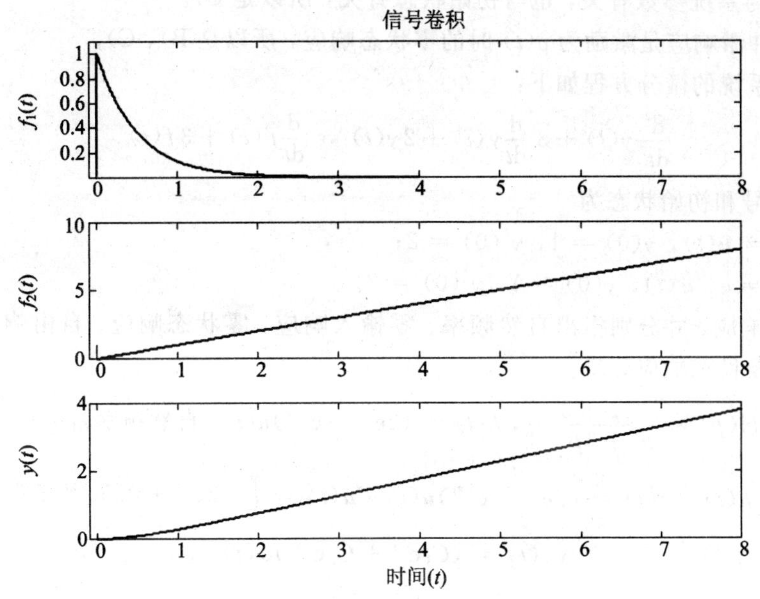

题解 2-16(4) 图

2-17 已知某线性时不变系统的一对激励和零状态响应波形如题 2-17 图所示。求该系统对另一激励 $f_1(t)=\sin\pi t[u(t)-u(t-1)]$ 的零状态响应。

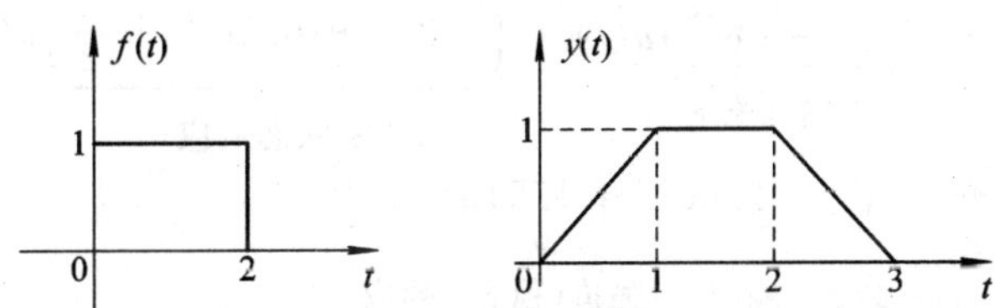

题 2-17 图

解 $f'(t)=\delta(t)-\delta(t-2)\rightarrow y'(t)=[u(t)-u(t-1)]-[u(t-2)-u(t-3)]$

由 $y(t)$ 与 $f(t)$ 的关系可得系统的单位冲激响应为

$$h(t)=u(t)-u(t-1)$$

则

$$\begin{aligned} y_1(t) &= f_1(t)*h(t) \\ &= \sin\pi t[u(t)-u(t-1)]*[u(t)-u(t-1)] \\ &= \frac{1}{\pi}(1-\cos\pi t)[u(t)-u(t-2)] \end{aligned}$$

2-18 选择题

(1) 零状态响应的模式由(　　)确定；零输入响应的模式由(　　)确定。

A) 初始状态　B) 系统参数　C) 初始状态和系统参数　D) 输入信号

(2) 系统单位冲激响应由(　　)决定。

A) 初始状态　B) 系统参数　C) 输入信号　D) 前述三者共同

解　(1) 零状态响应的模式既与系统参数有关，也与输入信号有关，所以是 B)、D)；

零输入响应既与系统参数有关，也与初始状态有关，所以是 C)。

(2) 单位冲激响应是激励为 $\delta(t)$ 时的零状态响应，所以是 B)、C)。

2－19 系统的微分方程如下：

$$\frac{d^2}{dt^2}y(t)+3\frac{d}{dt}y(t)+2y(t)=\frac{d}{dt}f(t)+3f(t)$$

若激励信号和初始状态为

(1) $f(t)=u(t)$，$y(0)=1$，$y'(0)=2$；

(2) $f(t)=e^{-3t}u(t)$，$y(0)=1$，$y'(0)=2$。

试求其全响应，并分别指出自然频率、零输入响应、零状态响应、自由响应、强迫响应、瞬态响应及稳态响应分量。

解 (1) $H(p)=\dfrac{p+3}{p^2+3p+2}$，$h(t)=(2e^{-t}-e^{-2t})u(t)$，自然频率 $\lambda_1=-1$，$\lambda_2=-2$。

$$y_{zs}(t)=h(t)*f(t)=(2e^{-t}-e^{-2t})u(t)*u(t)=\left(-2e^{-t}+0.5e^{-2t}+\frac{3}{2}\right)u(t)$$

$$y_{zs}(t)=(C_1e^{-t}+C_2e^{-2t})u(t)$$

$$y(0)=C_1+C_2=1$$

$$y'(0)=-C_1-2C_2$$

解得

$$C_1=4,\ C_2=-3$$

$$y(t)=\underbrace{(4e^{-t}-3e^{-2t})u(t)}_{\text{零输入响应}}+\underbrace{\left(-2e^{-t}+0.5e^{-2t}+\frac{3}{2}\right)u(t)}_{\text{零状态响应}}$$

$$=(\underbrace{2e^{-t}-2.5e^{-2t}}_{\text{自由(瞬态)响应}}+\underbrace{1.5}_{\text{强迫(稳态)响应}})u(t)$$

(2) $h(t)$、$y_{zi}(t)$ 同(1)，

$$y_{zs}(t)=(2e^{-t}-e^{-2t})u(t)*e^{-3t}u(t)=(2e^{-t}-e^{-2t})u(t)$$

$$y(t)=\underbrace{(4e^{-t}-3e^{-2t})u(t)}_{\text{零输入响应}}+\underbrace{(2e^{-t}-e^{-2t})u(t)}_{\text{零状态响应}}=\underbrace{(2e^{-t}-4e^{-2t})u(t)}_{\text{自由(瞬态)响应}}$$

2－20 某线性非时变系统的单位阶跃响应 $g(t)=(2e^{-2t}-1)u(t)$，求它的单位冲激响应 $h(t)$。

解 $$h(t)=g'(t)=[(2e^{-2t}-1)u(t)]'=\delta(t)-4e^{-2t}u(t)$$

2－21 某 LTI 系统对输入 $f(t)=2e^{-3t}u(t)$ 的零状态响应为 $y_{zs}(t)$，$\dfrac{d}{dt}f(t)$ 的零状态响应为

$$y_{zs}(t)=-3y_{zs}(t)+e^{-2t}u(t)$$

求该系统的单位冲激响应。

解

$$\frac{d}{dt}f(t)=-6e^{-3t}u(t)+2\delta(t)=-3f(t)+2\delta(t)\rightarrow-3y_{zs}(t)+e^{-2t}u(t)$$

由 LTI 系统的输入输出关系可得

$$2\delta(t) \to e^{-2t}u(t)$$

所以

$$h(t) = 0.5e^{-2t}u(t)$$

2-22 已知某LTI系统对输入 $f(t)$ 的零状态响应

$$y_{zs}(t) = \int_{t-2}^{\infty} e^{t-\tau} f(\tau - 1)\, d\tau$$

求该系统的单位冲激响应。

解 利用

$$f(t-t_0) * h(t) = h(t-t_0) * f(t)$$

$$\begin{aligned} y_{zs}(t) &= \int_{t-2}^{\infty} e^{t-\tau} f(\tau-1)\, d\tau = \int_{t-3}^{\infty} e^{t-1-\tau} f(\tau)\, d\tau \\ &= e^{t-1}u(3-t) * f(t) \end{aligned}$$

所以

$$h(t) = e^{t-1}u(3-t)$$

2-23 如题2-23图所示的系统中，各子系统的冲激响应为 $h_1(t) = \delta(t) + \delta(t-1)$，$h_2(t) = \delta(t-1)$，求系统的冲激响应 $h(t)$。

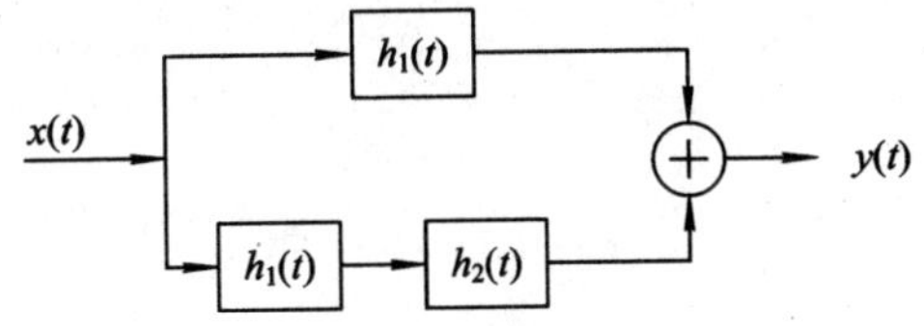

题 2-23 图

解

$$\begin{aligned} h(t) &= h_1(t) + h_1(t) * h_2(t) \\ &= \delta(t) + \delta(t-1) + [\delta(t) + \delta(t-1)] * \delta(t-1) \\ &= \delta(t) + \delta(t-1) + \delta(t-1) + \delta(t-2) \\ &= \delta(t) + 2\delta(t-1) + \delta(t-2) \end{aligned}$$

2-24 如题2-24图所示的系统中，各子系统的冲激响应为 $h_1(t) = \delta(t-1)$，$h_2(t) = u(t) - u(t-1)$，求系统的冲激响应 $h(t)$。

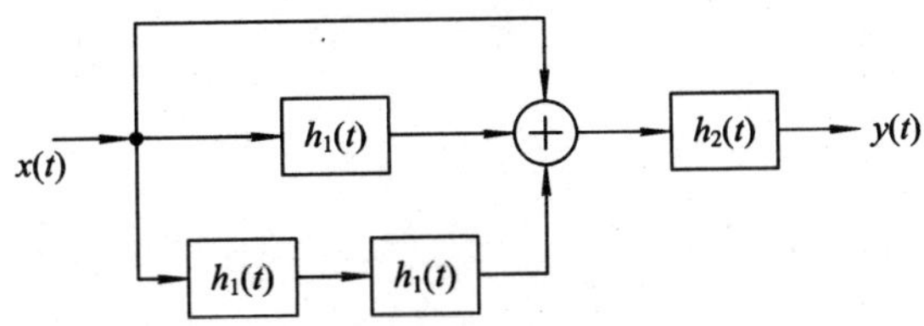

题 2-24 图

解

$$\begin{aligned} h(t) &= [\delta(t) + h_1(t) + h_1(t) * h_1(t)] * h_2(t) \\ &= \{\delta(t) + \delta(t-1) + \delta(t-1) * \delta(t-1)\} * [u(t) - u(t-1)] \\ &= \{\delta(t) + \delta(t-1) + \delta(t-2)\} * [u(t) - u(t-1)] \\ &= [u(t) + u(t-1) + u(t-2)] - [u(t-1) + u(t-2) + u(t-3)] \\ &= u(t) - u(t-3) \end{aligned}$$

2-25　题 2-25 图所示系统是由几个子系统组成的，各子系统的冲激响应分别为 $h_1(t)=u(t)$(积分器)；$h_2(t)=\delta(t-1)$(单位延时)；$h_3(t)=-\delta(t)$(倒相器)。试求总的系统的冲激响应。

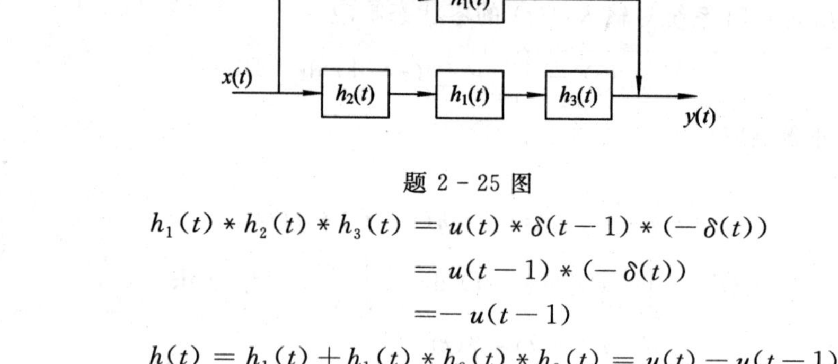

题 2-25 图

解

$$
\begin{aligned}
h_1(t)*h_2(t)*h_3(t) &= u(t)*\delta(t-1)*(-\delta(t)) \\
&= u(t-1)*(-\delta(t)) \\
&= -u(t-1)
\end{aligned}
$$

$$h(t)=h_1(t)+h_1(t)*h_2(t)*h_3(t)=u(t)-u(t-1)$$

第 3 章　连续时间信号和系统的频域表示与分析

3.1　本章知识结构

本章的知识结构如图 3－1 所示。

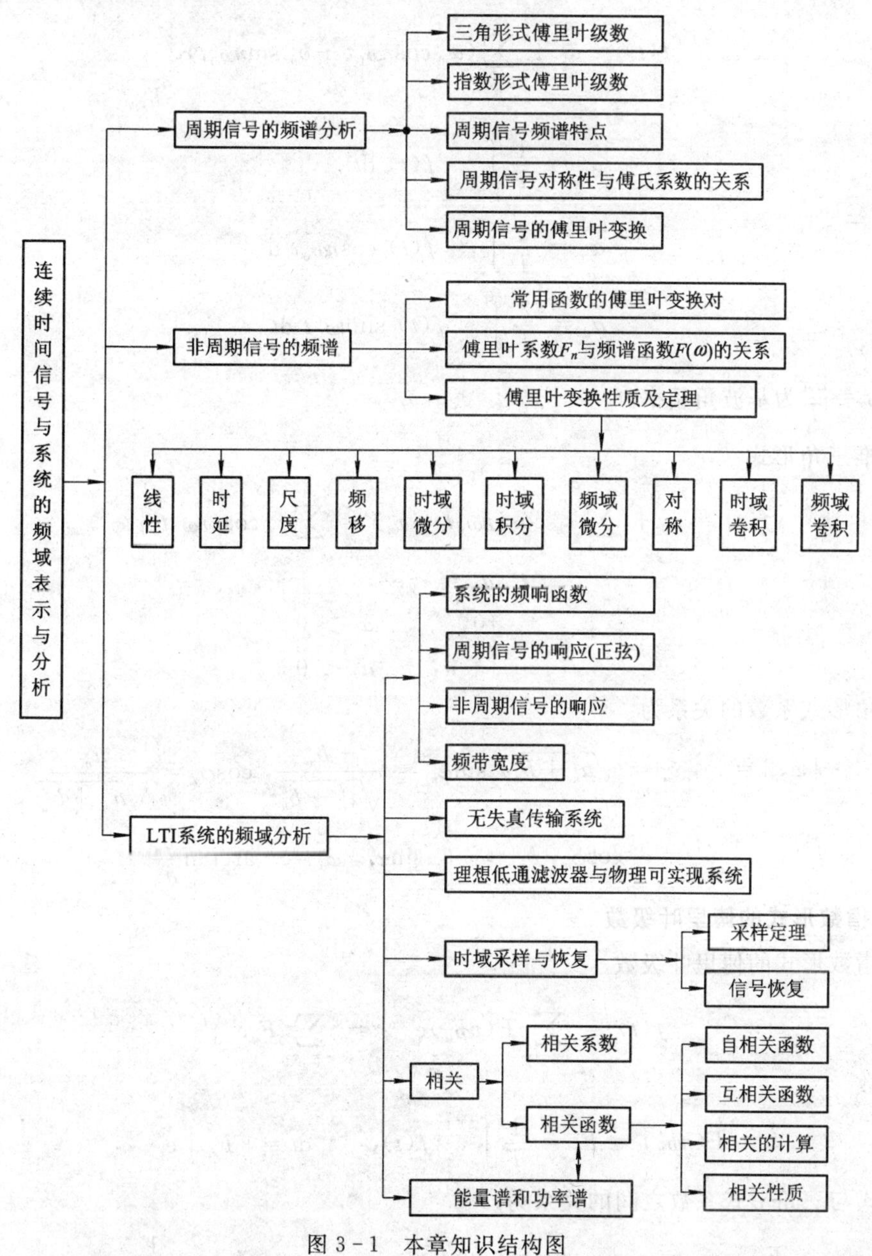

图 3－1　本章知识结构图

3.2 基本概念、重点与难点

3.2.1 周期信号的傅里叶级数分析

1. 三角形式傅里叶级数

$f(t)$的三角形式傅里叶级数为

$$f(t)=a_0+\sum_{n=1}^{\infty}(a_n\cos n\omega_0 t+b_n\sin n\omega_0 t)$$

式中

$$a_0=\frac{1}{T}\int_{t_0}^{t_0+T}f(t)\,\mathrm{d}t$$

$$a_n=\frac{2}{T}\int_{0}^{t_0+T}f(t)\cos n\omega_0 t\,\mathrm{d}t$$

$$b_n=\frac{2}{T}\int_{t_0}^{t_0+T}f(t)\sin n\omega_0 t\,\mathrm{d}t$$

式中，$\omega_0=\frac{2\pi}{T}$为基波角频率。

标准三角形式

$$f(t)=a_0+\sum_{n=1}^{\infty}c_n\cos(n\omega_0 t+\varphi_n)=\sum_{n=0}^{\infty}c_n\cos(n\omega_0 t+\varphi_0)$$

$$a_0=c_0\mathrm{e}^{\mathrm{j}\varphi_0}$$

$$\varphi_0=\begin{cases}0, & a_0>0\\ -\pi, & a_0<0\end{cases}$$

两种三角形式系数的关系为

$$|a_0|=c_0,\ c_n=\sqrt{a_n^2+b_n^2},\ \sin\varphi_n=\frac{-b_n}{\sqrt{a_n^2+b_n^2}},\ \cos\varphi_n=\frac{a_n}{\sqrt{a_n^2+b_n^2}}$$

$$a_n=c_n\cos\varphi_n,\ b_n=-c_n\sin\varphi_n,\ \varphi_n=-\arctan\frac{b_n}{a_n}$$

2. 指数形式的傅里叶级数

复指数形式的傅里叶级数

$$f(t)=\sum_{n=-\infty}^{\infty}F(n\omega_0)\mathrm{e}^{\mathrm{j}n\omega_0 t}=\sum_{n=-\infty}^{\infty}F_n\mathrm{e}^{\mathrm{j}n\omega_0 t}$$

其中系数

$$F(n\omega_0)=F_n=\frac{1}{T}\int_{t_0}^{t_0+T}f(t)\mathrm{e}^{-\mathrm{j}n\omega_0 t}\,\mathrm{d}t=|F_n|\mathrm{e}^{\mathrm{j}\varphi_n}$$

指数形式与三角形式系数之间的关系为

$$F_0=a_0=c_0\mathrm{e}^{\mathrm{j}\varphi_0},\ F_n=|F_n|\mathrm{e}^{\mathrm{j}\varphi_n}=\frac{1}{2}(a_n-\mathrm{j}b_n)=\frac{1}{2}c_n\mathrm{e}^{\mathrm{j}\varphi_n}$$

$$F_{-n}=\frac{1}{2}(a_n+\mathrm{j}b_n)=\frac{1}{2}c_n\mathrm{e}^{-\mathrm{j}\varphi_n},\ |F_n|=\frac{1}{2}c_n=|F_{-n}|$$

$$\varphi_n=-\arctan\frac{b_n}{a_n},\ F_n+F_{-n}=2\,\mathrm{Re}[F_n]=a_n,\ (F_n-F_{-n})=\mathrm{j}2\,\mathrm{Im}[F_n]=b_n$$

3. 周期信号频谱特点

周期信号频谱具有离散性、谐波性、收敛性。

3.2.2 周期信号的对称性

1. 信号对称性与傅里叶系数关系

信号对称条件与傅里叶系数关系如表 3-1 所示。

表 3-1 对称条件与傅里叶系数

序号	对称条件	傅里叶系数(仅有不为零的系数)
1	偶函数 $f(t)=f(-t)$	$a_n=\frac{4}{T}\int_0^{T/2}f(t)\cos n\omega_0 t\,\mathrm{d}t,\ b_n=0$ $a_0=\frac{2}{T}\int_0^{T/2}f(t)\,\mathrm{d}t$
2	奇函数 $f(t)=-f(-t)$	$b_n=\frac{4}{T}\int_0^{T/2}f(t)\sin n\omega_0 t\,\mathrm{d}t,\ a_n=0$
3	奇谐函数 $f(t)=-f\left(t\pm\frac{T}{2}\right)$	$a_n=\frac{4}{T}\int_0^{T/2}f(t)\cos n\omega_0 t\,\mathrm{d}t$, n 为奇数 $b_n=\frac{4}{T}\int_0^{T/2}f(t)\sin n\omega_0 t\,\mathrm{d}t$, n 为奇数
4	偶谐函数 $f(t)=f\left(t\pm\frac{T}{2}\right)$	$a_n=\frac{4}{T}\int_0^{T/2}f(t)\cos n\omega_0 t\,\mathrm{d}t$, n 为偶数 $b_n=\frac{4}{T}\int_0^{T/2}f(t)\sin n\omega_0 t\,\mathrm{d}t$, n 为偶数 $a_0=\frac{2}{T}\int_0^{T/2}f(t)\,\mathrm{d}t$
5	奇函数、奇谐函数	$b_n=\frac{8}{T}\int_0^{T/4}f(t)\sin n\omega_0 t\,\mathrm{d}t$, n 为奇数 $a_n=0,\ b_{2n}=0$
6	奇函数、偶谐函数	$b_n=\frac{8}{T}\int_0^{1/4}f(t)\sin n\omega_0 t\,\mathrm{d}t$, n 为偶数 $a_n=0,\ b_{2n+1}=0$
7	偶函数、奇谐函数	$a_n=\frac{8}{T}\int_0^{T/4}f(t)\cos n\omega_0 t\,\mathrm{d}t$, n 为奇数 $b_n=0,\ a_{2n}=0$
8	偶函数、偶谐函数	$a_n=\frac{8}{T}\int_0^{T/4}f(t)\cos n\omega_0 t\,\mathrm{d}t$, n 为偶数 $b_n=0,\ a_{2n+1}=0,\ a_0=\frac{2}{T}\int_0^{T/2}f(t)\,\mathrm{d}t$

2. 坐标轴的影响

横轴上、下移动，可改变直流(平均值)分量使得“隐藏”的对称条件显现；而纵轴的左右移动，仅改变相位 φ_n。

3.2.3 非周期信号的频谱——傅里叶变换

1. 傅里叶变换

$$F(\mathrm{j}\omega)=\int_{-\infty}^{\infty} f(t)\mathrm{e}^{-\mathrm{j}\omega t}\,\mathrm{d}t,\quad f(t)=\frac{1}{2\pi}\int_{-\infty}^{\infty} F(\mathrm{j}\omega)\mathrm{e}^{\mathrm{j}\omega t}\,\mathrm{d}\omega$$

或

$$F(\mathrm{j}\omega)=\mathscr{F}[f(t)],\quad f(t)=\mathscr{F}^{-1}[F(\omega)],\quad f(t)\leftrightarrow F(\mathrm{j}\omega)$$

特别地

$$F(0)=\int_{-\infty}^{\infty} f(t)\,\mathrm{d}t,\quad f(0)=\frac{1}{2\pi}\int_{-\infty}^{\infty} F(\omega)\,\mathrm{d}\omega$$

2. 常用函数的傅里叶变换对

常用函数的傅里叶变换对如表 3－2 所示。

表 3－2 常用函数的傅里叶变换对

序号	时　域	频　域
1	$f(t)=\mathrm{e}^{-at}u(t),\ a>0$	$F(\omega)=\dfrac{1}{a+\mathrm{j}\omega}$ $\lvert F(\mathrm{j}\omega)\rvert=\dfrac{1}{\sqrt{a^2+\omega^2}},\ \varphi(\omega)=-\arctan\dfrac{\omega}{a}$
2	$f(t)=\mathrm{e}^{at}u(-t),\ a>0$	$F(\omega)=\dfrac{1}{a-\mathrm{j}\omega},\quad \lvert F(\omega)\rvert=\dfrac{1}{\sqrt{a^2+\omega^2}}$ $\varphi(\omega)=\arctan\dfrac{\omega}{a}$
3	$f(t)=\mathrm{e}^{-a\lvert t\rvert},\ a>0$ $=\mathrm{e}^{at}u(-t)+\mathrm{e}^{-at}u(t)$	$F(\omega)=\dfrac{2a}{a^2+\omega^2}=\lvert F(\mathrm{j}\omega)\rvert,\ \varphi(\omega)=0$
4	$\mathrm{sgn}t=\begin{cases}1, & t>0\\ -1, & t<0\end{cases}$ $=-u(-t)+u(t)$	$F(\omega)=\dfrac{2}{\mathrm{j}\omega},\quad \lvert F(\omega)\rvert=\dfrac{2}{\lvert\omega\rvert}$ $\varphi(\omega)=\begin{cases}\pi/2, & \omega<0\\ -\pi/2, & \omega>0\end{cases}$
5	$g_\tau(t)=\left[u\left(t+\dfrac{\tau}{2}\right)-u\left(t-\dfrac{\tau}{2}\right)\right]$	$F(\omega)=\tau\cdot\mathrm{Sa}\left(\dfrac{\omega\tau}{2}\right)$ 频带宽度 $B_\omega=\dfrac{2\pi}{\tau}$ 或 $B_f=\dfrac{1}{\tau}$
6	$\delta(t)$	1
7	$\dfrac{1}{2\pi}$	$\delta(\omega)$
8	$u(t)=\dfrac{1}{2}+\dfrac{1}{2}\mathrm{sgn}t$	$\pi\delta(\omega)+\dfrac{1}{\mathrm{j}\omega}=\pi\delta(\omega)+\dfrac{1}{\omega}\mathrm{e}^{-\mathrm{j}\frac{\pi}{2}\mathrm{sgn}\omega}$
9	$\cos\omega_0 t$	$\pi[\delta(\omega+\omega_0)+\delta(\omega-\omega_0)]$
10	$\sin\omega_0 t$	$\mathrm{j}\pi[\delta(\omega+\omega_0)-\delta(\omega-\omega_0)]$
11	$\delta_T(t)=\sum\limits_{n=-\infty}^{\infty}\delta(t-nT)$	$\omega_0\sum\limits_{n=-\infty}^{\infty}\delta(\omega-n\omega_0)$
12	$\begin{cases}1-\dfrac{2\lvert t\rvert}{\tau}, & \lvert t\rvert<\tau/2\\ 0, & \lvert t\rvert>\tau/2\end{cases}$	$\dfrac{\tau}{2}\mathrm{Sa}^2\left(\dfrac{\omega\tau}{4}\right)=\dfrac{8}{\omega^2\tau}\sin^2\left(\dfrac{\omega\tau}{4}\right)$

3. 傅里叶系数 F_n 与频谱函数 $F(\omega)$ 的关系

$$F_n = \frac{1}{T}F(\omega)\bigg|_{\omega=n\omega_0}$$

$$F(\mathrm{j}\omega) = \lim_{T\to\infty} TF_n$$

3.2.4 傅里叶变换性质及定理

已知

$$\mathscr{F}[f(t)]=F(\omega)$$

$$\mathscr{F}[f_1(t)]=F_1(\omega)$$

$$\mathscr{F}[f_2(t)]=F_2(\omega)$$

傅里叶变换性质及定理如表 3－3 所示。

表 3－3 傅里叶变换性质及定理

序号	名 称	时 域	频 域
1	线性	$af_1(t)+bf_2(t)$	$aF_1(\mathrm{j}\omega)+bF_2(\mathrm{j}\omega)$
2	延时	$f(t-t_0)$	$F(\mathrm{j}\omega)\mathrm{e}^{-\mathrm{j}\omega t_0}$
3	尺度	$f(at)\quad a\neq 0$	$\frac{1}{\lvert a\rvert}F\left(\frac{\omega}{a}\right)$
4	频移性	$f(t)\mathrm{e}^{\mathrm{j}\omega_0 t}$ $f(t)\cos(\omega_0 t)$	$F(\mathrm{j}\omega-\mathrm{j}\omega_0)$ $\frac{1}{2}[F(\omega+\omega_0)+F(\omega-\omega_0)]$
		$f(t)\sin(\omega_0 t)$	$\frac{\mathrm{j}}{2}[F(\omega+\omega_0)-F(\omega-\omega_0)]$
5	时域微分	$\frac{\mathrm{d}f(t)}{\mathrm{d}t}$ $\frac{\mathrm{d}^n f(t)}{\mathrm{d}t^n}$	$\mathrm{j}\omega F(\mathrm{j}\omega)$ $(\mathrm{j}\omega)^n F(\mathrm{j}\omega)$
6	时域积分	$\int_{-\infty}^{t} f(\tau)\,\mathrm{d}\tau$	$\frac{F(\mathrm{j}\omega)}{\mathrm{j}\omega}+\pi F(0)\delta(\omega)$
7	频域微分	$tf(t)$ $t^n f(t)$	$\mathrm{j}\,\frac{\mathrm{d}F(\omega)}{\mathrm{d}\omega}$ $\mathrm{j}^n\,\frac{\mathrm{d}^n F(\omega)}{\mathrm{d}\omega^n}$
8	对称性	$F(t)$ $F(t)$ 为实偶函数	$2\pi f(-\omega)$ $2\pi f(\omega)$
9	时域卷积	$f_1(t)*f_2(t)$	$F_1(\mathrm{j}\omega)F_2(\mathrm{j}\omega)$
10	复频域卷积	$f_1(t)f_2(t)$	$\frac{1}{2\pi}F_1(\mathrm{j}\omega)*F_2(\mathrm{j}\omega)$

3.2.5 LTI 系统的频域分析

1. 系统的频响函数

$$H(\mathrm{j}\omega)=\frac{Y(\mathrm{j}\omega)}{F(\mathrm{j}\omega)}=|H(\omega)|\mathrm{e}^{\mathrm{j}\varphi(\omega)}$$

其中，$|H(\omega)|$是系统的幅(模)频特性；$\varphi(\omega)$是系统的相频特性。

2. 系统函数的求解方法：

(1) 由微分方程求解；

(2) 由转移算子求解 $H(\mathrm{j}\omega)=H(p)|_{p=\mathrm{j}\omega}$；

(3) 由 $h(t)$求解，即 $h(t)\leftrightarrow H(\mathrm{j}\omega)$；

(4) 由频域电路系统求解。

无初始储能的动态元件时域与频域电压电流关系分别表示为

$$v_{\mathrm{L}}(t)=L\frac{\mathrm{d}}{\mathrm{d}t}i_{\mathrm{L}}(t)\leftrightarrow V_{\mathrm{L}}(\omega)=\mathrm{j}\omega L\cdot I_{\mathrm{L}}(\omega)$$

$$v_{\mathrm{C}}(t)=\frac{1}{C}\int_{-\infty}^{t}i_{\mathrm{C}}(\tau)\,\mathrm{d}\tau\leftrightarrow V_{\mathrm{C}}(\omega)=\frac{1}{\mathrm{j}\omega C}I_{\mathrm{C}}(\omega)$$

式中，$\mathrm{j}\omega L$ 为频域的感抗值，是电感的频域表示；$\frac{1}{\mathrm{j}\omega C}$为频域的容抗值，是电容的频域表示；两式右边的频域表示均满足频域(广义)欧姆定律。

3. 系统的频域分析

1) 周期正弦信号的响应

正弦周期信号 $f(t)=A\sin(n\omega_0t+\varphi_n)$，通过系统函数为$|H(n\omega_0)|\mathrm{e}^{\mathrm{j}\varphi(n\omega_0)}$的响应为

$$y(t)=A|H(n\omega_0)|\sin[n\omega_0t+\varphi(n\omega_0)+\varphi_n]$$

2) 非正弦周期信号的响应

激励：
$$f_{\mathrm{T}}(t)=\sum_{n=0}^{\infty}c_n(\cos n\omega_0t+\varphi_n)$$

响应：
$$y_{\mathrm{T}}(t)=\sum_{n=0}^{\infty}Y_n(\cos n\omega_0t+\varphi_{yn})$$

式中，$Y_n=c_n|H(n\omega_0)|$，$\varphi_{yn}=\varphi_n+\varphi(n\omega_0)$。

周期非正弦信号通过线性系统响应求解的计算步骤为：

(1) 将激励 $f_{\mathrm{T}}(t)$分解为无穷多个正弦分量之和，即展开为傅里叶级数。

(2) 求出系统函数 $H(\mathrm{j}\omega)=\{H(0),H(\omega_0),H(2\omega_0),\cdots\}$。

(3) 利用正弦稳态分析法计算第 n 次谐波的响应为

$$y_n(t)=Y_n(\cos n\omega_0t+\varphi_{yn})$$

(4) 各谐波分量的瞬时值相加

$$y_{\mathrm{T}}(t)=y_0(t)+y_1(t)+y_2(t)+\cdots+y_n(t)+\cdots$$
$$=\sum_{n=0}^{\infty}Y_n(\cos n\omega_0t+\varphi_{yn})$$

实际处理时，可以根据 $f_T(t)$ 的收敛情况、系统带宽等因素，从第(2)步就取有限项。

3) 非周期信号的响应及傅氏变换

$$y(t)=f(t)*h(t)\leftrightarrow Y(j\omega)=H(j\omega)F(j\omega)$$

3.2.6 无失真传输系统

1) 线性失真

(1) 振幅失真。系统对信号中各频率分量的幅度产生不同程度的衰减(放大)。

(2) 相位失真。系统对信号中各频率分量产生相移与频率不成正比。

2) 无失真传输系统的单位冲激响应

$$h(t)=A\delta(t-t_0)$$

3) 无失真传输系统的频响函数

$$\mathscr{F}[h(t)]=H(j\omega)=Ae^{-j\omega t_0}=|H(j\omega)|e^{-j\varphi(\omega)}$$

3.2.7 理想低通滤波器与物理可实现系统

1. 理想低通滤波器的冲激响应与阶跃响应

理想低通滤波器的传递函数为

$$H(j\omega)=|H(j\omega)|e^{j\varphi(\omega)}=\begin{cases}e^{-j\omega t_0}, & |\omega|<\omega_c\\ 0, & |\omega|>\omega_c\end{cases}$$

式中，ω_c 是通带截止频率；$-t_0$ 是相位斜率，t_0 为群时延。

(1) 冲激响应：

$$h(t)=\frac{\omega_c}{\pi}\mathrm{Sa}[\omega_c(t-t_0)]$$

(2) 阶跃响应：

$$g(t)=\frac{1}{2}+\frac{1}{\pi}\mathrm{Si}(y)$$

式中，$y=\omega_c(t-t_0)$，$\mathrm{Si}(y)=\int_0^y\frac{\sin x}{x}\,dx$。

2. 频带宽度

(1) 从振幅衰减的角度定义频带宽度：例如频谱函数的第 n(一般 $n=1$)个零点，如 $\mathrm{Sa}(\omega)$ 函数；或频谱振幅最大值的 $1/m$。

(2) 从能量的角度定义频带宽度：若以零频(或幅度为 1)为基准，定义能量的对数衰减为 $10\lg\left(\frac{|H(0)|}{|H(\omega)|}\right)^2$，在 $\omega=\omega_c$ 处，信号能量减半，其对数衰减为

$$10\lg\left(\frac{|H(0)|}{|H(\omega_c)|}\right)^2=-10\lg 2=-3\text{ dB}$$

以能量下降 3 dB 的频率间隔作带宽，适用于有一主峰的滤波器。

以主要能量或功率集中的频带范围为信号带宽，可以从能量(平均功率)的角度确定系统的带宽。能量及功率信号的带宽分别为

$$\frac{1}{\pi}\int_0^{B_{\omega 1}} |F(\omega)|^2 \mathrm{d}\omega = \eta E = \eta\int_{-\infty}^{\infty} f^2(t)\,\mathrm{d}t$$

及

$$\frac{1}{\pi}\int_0^{B_{\omega 1}} \lim_{T\to\infty}\frac{1}{T}|F(\omega)|^2 \mathrm{d}\omega = \eta P = \eta \lim_{T\to\infty}\frac{1}{T}\int_{-T/2}^{T/2} f^2(t)\,\mathrm{d}t$$

式中，η 为比例系数，一般 $\eta \geqslant 90\%$。

3. LTI 系统是物理可实现的时域准则

LTI系统是物理可实现的时域准则是系统的单位冲激响应满足因果性，即 $h(t)=0$，$t<0$。与频域相关的是佩利－维纳若准则，即系统的幅度函数 $|H(\omega)|$ 满足平方可积 $\int_{-\infty}^{\infty}|H(\omega)|^2\mathrm{d}\omega<\infty$，物理可实现系统的必要条件是

$$\int_{-\infty}^{\infty}\frac{|\ln|H(\omega)||}{1+\omega^2}\mathrm{d}\omega<\infty$$

3.2.8 时域采样与恢复(插值)

1. 时域采样

采样信号 $f_s(t)$ 表示为

$$f_s(t) = f(t)p(t)$$

式中，$p(t)$ 是周期为 T 的周期开关函数，相应的采样频率 $f_s=\frac{1}{T}$，$\omega_s=2\pi f_s=\frac{2\pi}{T}$。采样信号 $f_s(t)$ 的频谱为

$$F_s(\omega) = \frac{1}{2\pi}F(\omega) * 2\pi\sum_{n=-\infty}^{\infty}P_n\delta(\omega-n\omega_s) = \sum_{n=-\infty}^{\infty}P_nF(\omega-n\omega_s)$$

当开关函数 $p(t)$ 是周期冲激序列时也称理想采样，此时

$$F_s(\omega) = \sum_{n=-\infty}^{\infty}P_nF(\omega-n\omega_s) = \frac{1}{T}\sum_{n=-\infty}^{\infty}F(\omega-n\omega_s)$$

2. 采样定理

采样定理：一个频谱受限信号 $f(t)$ 的最高频率为 f_m，则 $f(t)$ 可以用不大于 $T=\frac{1}{2f_m}$ 的时间间隔的采样值唯一地确定。通常把允许最低的采样频率 $f_s=2f_m$ 定义为奈奎斯特频率；把允许最大的采样间隔 $T=\frac{\pi}{\omega_m}=\frac{1}{2f_m}$ 定义为奈奎斯特间隔；$\frac{\omega_s}{2}$ 也称为折叠角频率。

3. 信号恢复

利用幅度为1、相移为0、截止频率为 ω_c 的理想低通滤波器可以恢复原信号，即

$$\begin{aligned} f(t) &= f_s(t) * h(t) = \left[\sum_{n=-\infty}^{\infty} f(nT)\delta(t-nT)\right] * \frac{\omega_c}{\pi}\mathrm{Sa}(\omega_c t) \\ &= \sum_{n=-\infty}^{\infty}\frac{\omega_c}{\pi}f(nT)\,\mathrm{Sa}[\omega_c(t-nT)] \end{aligned}$$

式中，低通滤波器截止频率应满足：$\omega_s \leqslant \omega_c \leqslant \omega_s - \omega_m$。

3.2.9 相关

1. 相关系数

$x(t)$、$y(t)$为两个确定信号，其误差能量定义为

$$\overline{\varepsilon^2} = \int_{-\infty}^{\infty} x^2(t)\,\mathrm{d}t - \frac{\left(\int_{-\infty}^{\infty} x(t)y(t)\,\mathrm{d}t\right)^2}{\int_{-\infty}^{\infty} y^2(t)\,\mathrm{d}t}$$

相对误差能量定义为

$$\frac{\overline{\varepsilon^2}}{\int_{-\infty}^{\infty} x^2(t)\,\mathrm{d}t} = 1 - \rho_{xy}^2$$

式中，$\rho_{xy} = \dfrac{\int_{-\infty}^{\infty} x(t)y(t)\,\mathrm{d}t}{\left[\int_{-\infty}^{\infty} x^2(t)\,\mathrm{d}t \int_{-\infty}^{\infty} y^2(t)\,\mathrm{d}t\right]^{1/2}}$ 为相关系数。

相关系数满足关系：$|\rho_{xy}| \leqslant 1$，特别有

$\rho_{xy} = 1$，$x(t)$、$y(t)$线性相关，形状完全相似，误差能量$\overline{\varepsilon^2} = 0$；

$\rho_{xy} = -1$，$x(t)$、$y(t)$线性相关，形状完全相反，误差能量$\overline{\varepsilon^2} = 0$；

$\rho_{xy} = 0$，$x(t)$、$y(t)$线性无关，形状完全不同。

2. 相关函数

(1) 互相关函数。

$x(t)$、$y(t)$均为实能量信号，则

$$R_{xy}(\tau) = \int_{-\infty}^{\infty} x(t)y(t-\tau)\,\mathrm{d}t = \int_{-\infty}^{\infty} x(t+\tau)y(t)\,\mathrm{d}t$$

$$R_{yx}(\tau) = \int_{-\infty}^{\infty} y(t)x(t-\tau)\,\mathrm{d}t = \int_{-\infty}^{\infty} y(t+\tau)x(t)\,\mathrm{d}t$$

$x(t)$、$y(t)$均为实功率信号，则

$$R_{xy}(\tau) = \lim_{T\to\infty}\frac{1}{T}\int_{-T/2}^{T/2} x(t)y(t-\tau)\,\mathrm{d}t = \lim_{T\to\infty}\frac{1}{T}\int_{-T/2}^{T/2} x(t+\tau)y(t)\,\mathrm{d}t$$

$$R_{yx}(\tau) = \lim_{T\to\infty}\frac{1}{T}\int_{-T/2}^{T/2} y(t)x^*(t-\tau)\,\mathrm{d}t = \lim_{T\to\infty}\frac{1}{T}\int_{-T/2}^{T/2} y(t+\tau)x(t)\,\mathrm{d}t$$

(2) 自相关函数。自相关函数 $R_{xx}(\tau)$一般用 $R(\tau)$表示为

$$R_{xx}(\tau) = R(\tau) = \int_{-\infty}^{\infty} x(t)x(t-\tau)\,\mathrm{d}t = \int_{-\infty}^{\infty} x(t+\tau)x(t)\,\mathrm{d}t$$

若 $x(t)$为功率信号，自相关函数表示为

$$R_{xx}(\tau) = R(\tau) = \lim_{T\to\infty}\frac{1}{T}\int_{-T/2}^{T/2} x(t)x^*(t-\tau)\,\mathrm{d}t$$

若 $x(t)$为实功率信号，自相关函数表示为

$$R_{xx}(\tau)=R(\tau)=\lim_{T\to\infty}\frac{1}{T}\int_{-T/2}^{T/2}x(t)x(t-\tau)\,\mathrm{d}t=\lim_{T\to 0}\frac{1}{T}\int_{-T/2}^{T/2}x(t+\tau)x(t)\,\mathrm{d}t$$

(3) 归一化相关函数。与许多参数类似，相关函数还可以作归一化处理。

归一化自相关函数

$$\frac{R_{xx}(\tau)}{R_{xx}(0)}\quad 或\quad \frac{R_{yy}(\tau)}{R_{yy}(0)}$$

归一化互相关函数

$$\frac{R_{xy}(\tau)}{\sqrt{R_{xx}(0)R_{yy}(0)}}$$

相关系数与归一化函数的关系

$$\rho_{xy}=\frac{R_{xy}(0)}{\sqrt{R_x(0)R_y(0)}}$$

3. 相关性质

为使下面的讨论更简捷，假定信号均为实信号。

(1) $R_{xy}(\tau)=R_{yx}(-\tau)$。

(2) $R(\tau)$是τ的偶函数，即$R(\tau)=R(-\tau)$。

(3) $R(0)=\int_{-\infty}^{\infty}x^2(t)\,\mathrm{d}t=E$，$R(0)$是$x(t)$的能量。

(4) $R(0)\geqslant R(\tau)$。

(5) 周期函数的自相关函数也是同周期的函数。

4. 相关的计算方法

方法 1 $$R_{xy}(\tau)=\int_{-\infty}^{\infty}x(t)y(t-\tau)\,\mathrm{d}t$$

对$y(t-\tau)$有：$\tau<0$，$y(t-\tau)$左移；$\tau>0$，$y(t-\tau)$右移。

方法 2 $$R_{xy}(\tau)=\int_{-\infty}^{\infty}x(t+\tau)y(t)\,\mathrm{d}t$$

对$x(t+\tau)$有：$\tau<0$，$x(t+\tau)$相对$x(t)$波形右移；$\tau>0$，$x(t+\tau)$相对$x(t)$波形左移。

方法 3 $$R_{xy}(\tau)=x(t)*y(-t)\big|_{t=\tau}$$

5. 相关定理

(1) 若

$$x(t)\leftrightarrow X(\omega),\ y(t)\leftrightarrow Y(\omega)$$

则

$$R_{xy}(\tau)\leftrightarrow X(\omega)Y^*(\omega)$$

同理可证

$$R_{yx}(\tau)\leftrightarrow Y(\omega)X^*(\omega)$$

(2) 若

$$x(t)=y(t)$$

则

$$R(\tau) \leftrightarrow X(\omega)X^*(\omega)=|X(\omega)|^2$$

(3) 若 $x(t)$是实偶函数，则相关定理与卷积定理结果相同。

$$R(\tau) = x(t) * x(-t) = x(t) * x(t)$$
$$\leftrightarrow X(\omega)X(-\omega) = X(\omega)X^*(\omega) = X^2(\omega)$$

3.2.10 能量谱和功率谱

归一化能量

$$E = \int_{-\infty}^{\infty} f^2(t)\,\mathrm{d}t$$

归一化平均功率

$$P = \lim_{T\to\infty}\frac{1}{T}\int_{-T/2}^{T/2} f^2(t)\,\mathrm{d}t = a_0^2 + \frac{1}{2}\sum_{n=1}^{\infty} c_n^2 = \sum_{n=-\infty}^{\infty} |F_n|^2$$

信号的方均根值

$$\sqrt{\overline{f^2(t)}} = \sqrt{\frac{1}{T}\int_{-T/2}^{T/2} f^2(t)\,\mathrm{d}t} = \sqrt{a_0^2 + \frac{1}{2}\sum_{n=1}^{\infty} c_n^2}$$

(1) 能量谱密度函数定义

$$\mathscr{E}(\omega) = |F(\omega)|^2$$

能量的频域表示为

$$E = \frac{1}{2\pi}\int_{-\infty}^{\infty}\mathscr{E}(\omega)\,\mathrm{d}\omega = \frac{1}{\pi}\int_{0}^{\infty}\mathscr{E}(\omega)\,\mathrm{d}\omega$$
$$= \int_{-\infty}^{\infty}\mathscr{E}(f)\,\mathrm{d}f = 2\int_{0}^{\infty}\mathscr{E}(f)\,\mathrm{d}f$$

式中，$\mathscr{E}(f)$的单位为 J/Hz(焦/赫兹)。

能量谱密度函数与自相关函数的关系

$$R(\tau) \leftrightarrow \mathscr{E}(\omega)$$

(2) 功率谱密度函数定义

$$\mathscr{P}(\omega) = \lim_{T\to\infty}\frac{1}{T}|F_T(\omega)|^2$$

平均功率的功率谱密度表示

$$P = \overline{f^2(t)} = \lim_{T\to\infty}\frac{1}{T}\int_{-T/2}^{T/2} f^2(t)\,\mathrm{d}t = \frac{1}{2\pi}\int_{-\infty}^{\infty}\mathscr{P}(\omega)\,\mathrm{d}\omega = \frac{1}{\pi}\int_{0}^{\infty}\mathscr{P}(\omega)\,\mathrm{d}\omega$$
$$= \int_{-\infty}^{\infty}\mathscr{P}(f)\,\mathrm{d}f = 2\int_{0}^{\infty}\mathscr{P}(f)\,\mathrm{d}f$$

式中，$\mathscr{P}$的单位为 W/Hz(瓦/赫兹)。

$R(\tau)$与功率谱 $\mathscr{P}(\omega)$的关系表示为

$$R(\tau) = \frac{1}{2\pi}\int_{-\infty}^{\infty}\mathscr{P}(\omega)\mathrm{e}^{\mathrm{j}\omega\tau}\,\mathrm{d}\omega$$
$$\mathscr{P}(\omega) = \int_{-\infty}^{\infty} R(\tau)\,\mathrm{e}^{-\mathrm{j}\omega\tau}\,\mathrm{d}\tau$$

3.3 习题解答

3-1 选择题

(1) 如题 3-1(a) 图所示周期信号 $f(t)$，其傅里叶系数中 $F_0 =$ ______。

A) 0　　B) 2　　C) 4　　D) 6　　E) 8

(2) 如题 3-1(b) 图所示周期信号 $f(t)$，其傅里叶系数中 $F_0 =$ ______。

A) 0　　B) 2　　C) 4　　D) 6　　E) 8

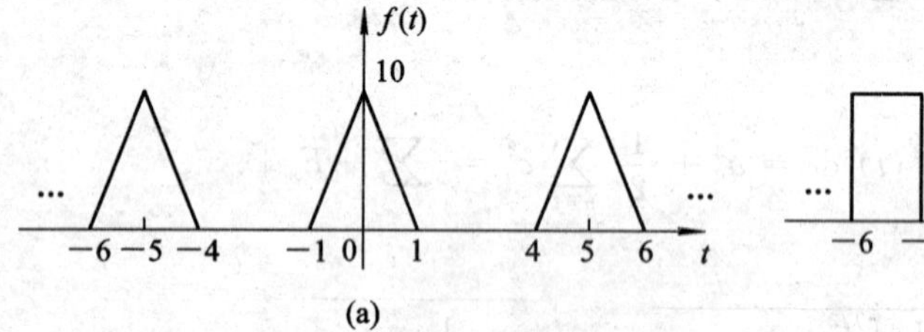

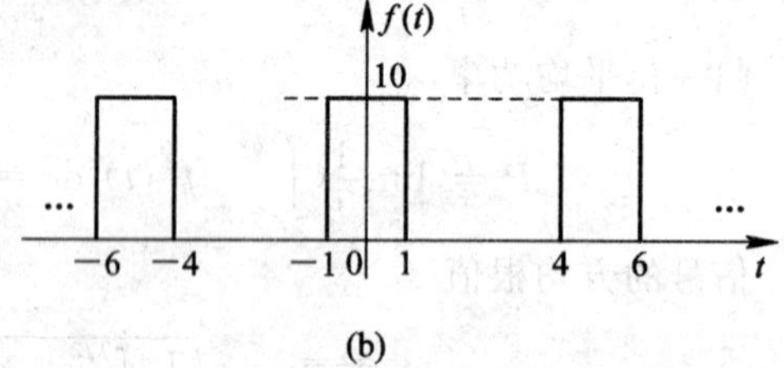

题 3-1 图

解　(1) $F_0 = \frac{1}{T}\int_{-T/2}^{T/2} f(t)\,\mathrm{d}t = \frac{1}{5}\times 10 = 2$，所以是 B)。

(2) $F_0 = \frac{1}{T}\int_{-T/2}^{T/2} f(t)\,\mathrm{d}t = \frac{1}{5}\times 20 = 4$，所以是 C)。

3-2　周期信号 $f(t)$ 的双边频谱如题 3-2 图所示，求 $f(t)$ 的三角函数表示式。

解　由题 3-2 图可知基波频率 $\omega_0 = 1$，得

$$f(t) = \sum_{n=-2}^{2} F_n\,\mathrm{e}^{\mathrm{j}n\omega_1 t} = 2 + 2(\mathrm{e}^{\mathrm{j}t} + \mathrm{e}^{-\mathrm{j}t}) + (\mathrm{e}^{\mathrm{j}2t} + \mathrm{e}^{-\mathrm{j}2t})$$

$$= 2 + 4\cos t + 2\cos 2t$$

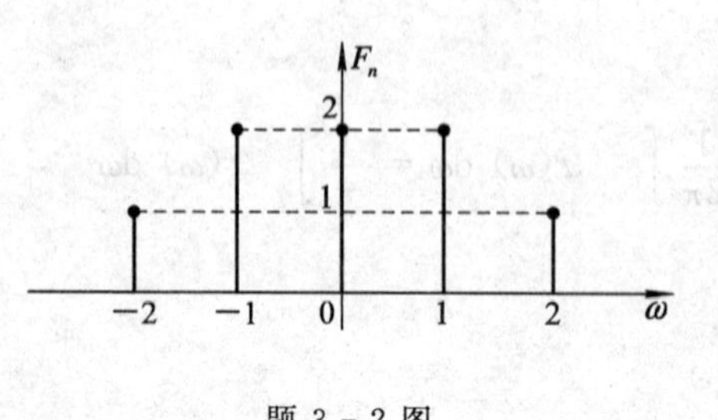

题 3-2 图

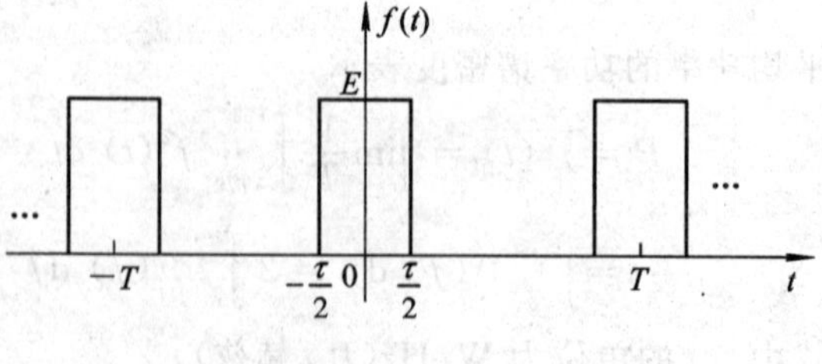

题 3-3 图

3-3　周期矩形信号如题 3-3 图所示，如果它的重复频率 $f = 5$ kHz，脉宽 $\tau = 20\ \mu$s，幅度 $E = 10$ V，求直流分量的大小，以及基波、二次、三次谐波的振幅值。

解　$f(t)$ 是偶函数，只有余弦项。

$$F_n = \frac{1}{T}\int_{-\tau/2}^{\tau/2} E\mathrm{e}^{-\mathrm{j}n\omega_0 t}\,\mathrm{d}t = \frac{E}{T}\frac{1}{-\mathrm{j}n\omega_0}(\mathrm{e}^{-\mathrm{j}n\omega_0\tau/2} - \mathrm{e}^{\mathrm{j}n\omega_0\tau/2})$$

$$= \frac{E\tau}{T}\,\mathrm{Sa}\left(\frac{n\omega_0\tau}{2}\right) = |F_n|\,\mathrm{e}^{\mathrm{j}\varphi_n} = \frac{c_n}{2}\mathrm{e}^{\mathrm{j}\varphi_n}$$

将参数代入(除 $c_0 = |F_0|$ 外),

$$T = \frac{1}{f} = \frac{1}{5\times 10^3} = 200\times 10^{-6} = 200\ \mu\mathrm{s}$$

$$\frac{\tau}{T} = \frac{1}{10}$$

第一个零点在 $10f = 50$ kHz 处。

$$F_n = \frac{10\times 20}{200}\,\mathrm{Sa}\left[\frac{n\times\frac{2\pi}{200}\times 20}{2}\right] = \mathrm{Sa}\left(\frac{n\pi}{10}\right) = \frac{10}{n\pi}\sin(0.1n\pi)$$

$$c_0 = F_n\Big|_{n=0} = \mathrm{Sa}\left(\frac{n\pi}{10}\right)\Big|_{n=0} = 1\ \text{直流分量}$$

$$|F_1| = |F_n|\,\Big|_{n=1} = \frac{0.3090}{3.1416/10} = 0.9836 = \frac{c_1}{2}$$

$$|F_2| = |F_n|\,|_{n=2} = |\mathrm{Sa}(0.2\pi)| = \frac{0.5878}{6.2832/10} = 0.9355 = \frac{c_2}{2}$$

$$|F_3| = |F_n|\,|_{n=3} = |\mathrm{Sa}(0.3\pi)| = \frac{0.8090}{9.4248/10} = 0.8584 = \frac{c_3}{2}$$

基波振幅 $c_1 = 1.9672$,二次谐波振幅 $c_2 = 1.871$,三次谐波振幅 $c_3 = 1.7168$

3-4 周期矩形信号如题3-3图所示,如果 $f_1(t)$ 的参数为重复周期 $T = 1\ \mu\mathrm{s}$,脉宽 $\tau = 0.5\ \mu\mathrm{s}$,幅度 $E = 1$ V,$f_2(t)$ 的参数为重复周期 $T = 3\ \mu\mathrm{s}$,脉宽 $\tau = 1.5\ \mu\mathrm{s}$,幅度 $E = 3$ V,分别求:

(1) $f_1(t)$ 的谱线间隔和带宽(第一零点位置),频率单位以 kHz 表示;

(2) $f_2(t)$ 的谱线间隔和带宽(第一零点位置);

(3) $f_1(t)$ 与 $f_2(t)$ 的基波幅度之比。

解 (1) 谱线间隔

$$f_1 = \frac{1}{T_1} = \frac{1}{10^{-6}} = 10^6\ \mathrm{Hz} = 1000\ \mathrm{kHz}$$

带宽 $$B_{\omega 1} = \frac{1}{\tau_1} = \frac{1}{0.5\times 10^{-6}} = 2\times 10^6\ \mathrm{Hz} = 2000\ \mathrm{kHz}$$

(2) 谱线间隔

$$f_2 = \frac{1}{T_2} = \frac{1}{3\times 10^{-6}} = \frac{1}{3}\times 10^6\ \mathrm{Hz} = \frac{1000}{3}\ \mathrm{kHz}$$

带宽 $$B_{\omega 2} = \frac{1}{\tau_2} = \frac{1}{1.5\times 10^{-6}} = \frac{2}{3}\times 10^6\ \mathrm{Hz} = \frac{2000}{3}\ \mathrm{kHz}$$

(3) $f_1(t)$ 的傅里叶系数

$$c_{1n}=\frac{2E_1\tau_1}{T_1}\,\mathrm{Sa}\left(\frac{n\omega_1\tau_1}{2}\right)=\mathrm{Sa}\left(\frac{n\pi}{2}\right)=\frac{2}{n\pi}\sin\frac{n\pi}{2}$$

$f_2(t)$ 的傅里叶系数

$$c_{2n}=\frac{2E_2\tau_2}{T_2}\,\mathrm{Sa}\left(\frac{n\omega_2\tau_2}{2}\right)=3\,\mathrm{Sa}\left(\frac{n\pi}{2}\right)=\frac{6}{n\pi}\sin\frac{n\pi}{2}$$

$f_1(t)$ 的基波振幅为 $c_{11}=\frac{2}{\pi}$，$f_2(t)$ 的基波振幅为 $c_{21}=\frac{6}{\pi}$，$f_1(t)$ 与 $f_2(t)$ 基波幅度之比为

$$c_{11}:c_{21}=\frac{2}{\pi}:\frac{6}{\pi}=1:3$$

3-5 试求题 3-5 图所示周期信号的傅里叶级数$\left(\omega_0=\frac{2\pi}{T}\right)$。

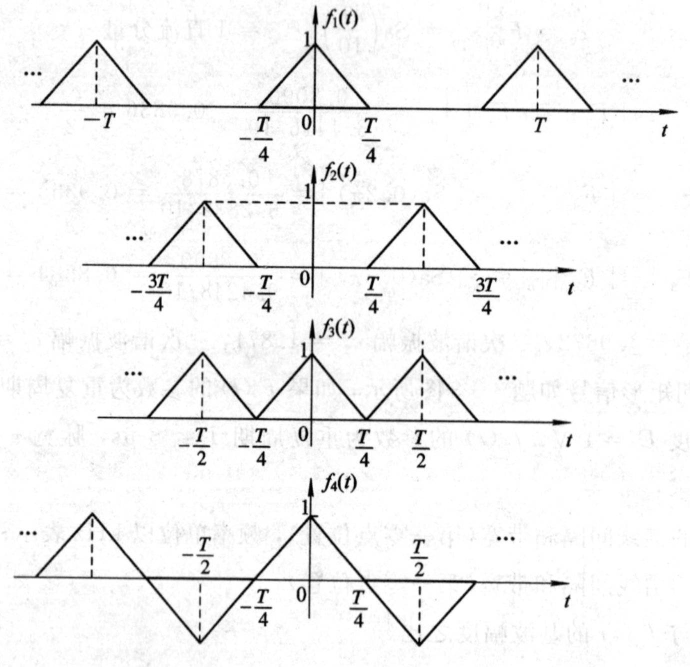

题 3-5 图

提示：先观察 $f_1(t)$ 与 $f_2(t)$、$f_3(t)$、$f_4(t)$ 的关系，再利用 $f_1(t)$ 的傅里叶级数，求 $f_2(t)$、$f_3(t)$、$f_4(t)$ 的傅里叶级数，可以减少计算量。

解 (1) 方法 1 $f_1(t)$ 是实偶函数，所以

$$a_{1n}=\frac{4}{T}\int_{-T/4}^{0}f_1(t)\cos n\omega_0 t\,\mathrm{d}t=\frac{4}{T}\int_{-T/4}^{0}\frac{4}{T}\left(t+\frac{T}{4}\right)\cos n\omega_0 t\,\mathrm{d}t$$

$$=\frac{16}{T^2}\int_{-T/4}^{0}t\cos n\omega_0 t\,\mathrm{d}t+\frac{4}{T}\int_{-T/4}^{0}\cos n\omega_0 t\,\mathrm{d}t$$

$$=\frac{16}{T^2}\left[\frac{1}{(n\omega_0)^2}\cos n\omega_0 t+\frac{1}{n\omega_0}t\sin n\omega_0 t\right]_{-T/4}^{0}+\frac{4}{T}\frac{1}{n\omega_0}\sin n\omega_0 t\Big|_{-T/4}^{0}$$

其中

$$\frac{16}{T^2}\frac{1}{(n\omega_0)^2}\cos n\omega_0 t\Big|_{-T/4}^{0}=\frac{4}{(n\pi)^2}\left[1-\cos\left(\frac{n\pi}{2}\right)\right]$$

$$\frac{16}{T^2}\frac{1}{(n\omega_0)^2}\,t\sin n\omega_0 t\Big|_{-T/4}^{0}=\frac{2}{n\pi}\sin\left(\frac{n\pi}{2}\right)$$

$$\frac{4}{T}\frac{1}{n\omega_0}\sin n\omega_0 t\Big|_{-T/4}^{0}=-\frac{2}{n\pi}\sin\left(\frac{n\pi}{2}\right)$$

$$a_{1n}=\frac{4}{(n\pi)^2}\left[1-\cos\left(\frac{n\pi}{2}\right)\right]=\frac{8}{(n\pi)^2}\sin^2\left(\frac{n\pi}{4}\right)=\frac{1}{2}\mathrm{Sa}^2\left(\frac{n\pi}{4}\right)$$

$$F_{1n}=\frac{a_{1n}}{2}=\frac{1}{4}\mathrm{Sa}^2\left(\frac{n\pi}{4}\right)$$

$$f_1(t)=\frac{1}{4}+\frac{1}{2}\sum_{n=1}^{\infty}\mathrm{Sa}^2\left(\frac{n\pi}{4}\right)\cos(n\omega_0 t)=\frac{1}{4}\sum_{n=-\infty}^{\infty}\mathrm{Sa}^2\left(\frac{n\pi}{4}\right)\mathrm{e}^{\mathrm{j}n\omega_0 t}$$

方法 2　令 $f_1(t)$ 中 $-\frac{T}{2}\sim\frac{T}{2}$ 的一周为 $f_{11}(t)$，利用 $f_{11}(t)$ 求傅里叶系数：

$$f_{11}'(t)=\frac{4}{T}\left[u\left(t+\frac{T}{4}\right)-2u(t)+u\left(t-\frac{T}{4}\right)\right]=f_a(t)$$

$$F_a(\mathrm{j}\omega)=\frac{4}{T}\frac{1}{\mathrm{j}\omega}\left(\mathrm{e}^{\mathrm{j}\frac{T\omega}{4}}-2+\mathrm{e}^{-\mathrm{j}\frac{T\omega}{4}}\right)=\frac{4}{T}\frac{1}{\mathrm{j}\omega}\left(2\cos\frac{T\omega}{4}-2\right)=-\frac{16}{\mathrm{j}\omega T}\sin^2\left(\frac{T\omega}{8}\right)$$

$$F_{11}(\mathrm{j}\omega)=\frac{16}{\omega^2 T}\sin^2\left(\frac{T\omega}{8}\right)=\frac{T}{4\omega^2T^2/64}\sin^2\left(\frac{T\omega}{8}\right)=\frac{T}{4}\mathrm{Sa}^2\left(\frac{T\omega}{8}\right)$$

$$F_{1n}=\frac{1}{T}F_{11}(\mathrm{j}\omega)\big|_{\omega=n\omega_0}=\frac{1}{T}\cdot\frac{T}{4}\mathrm{Sa}^2\left(\frac{Tn\omega_0}{8}\right)=\frac{1}{4}\mathrm{Sa}^2\left(\frac{n\pi}{4}\right)$$

$$f_1(t)=\frac{1}{4}\sum_{n=-\infty}^{\infty}\mathrm{Sa}^2\left(\frac{n\pi}{4}\right)\mathrm{e}^{\mathrm{j}n\omega_0 t}$$

(2) $f_2(t)=f_1\left(t-\frac{T}{2}\right)$仍是实偶函数。

方法 1

$$f_2(t)=f_1\left(t-\frac{T}{2}\right)=\frac{1}{4}+\frac{1}{2}\sum_{n=1}^{\infty}\mathrm{Sa}^2\left(\frac{n\pi}{4}\right)\cos n\omega_0\left(t-\frac{T}{2}\right)$$

$$=\frac{1}{4}+\frac{1}{2}\sum_{n=1}^{\infty}\mathrm{Sa}^2\left(\frac{n\pi}{4}\right)\cos\left(n\omega_0 t-\frac{n\omega_0 T}{2}\right)=\frac{1}{4}+\frac{1}{2}\sum_{n=1}^{\infty}\mathrm{Sa}^2\left(\frac{n\pi}{4}\right)\cos(n\omega_0 t-n\pi)$$

$$=\frac{1}{4}+\frac{1}{2}\sum_{n=1}^{\infty}\mathrm{Sa}^2\left(\frac{n\pi}{4}\right)\cos(n\omega_0 t)\cos(n\pi)$$

$$=\frac{1}{4}+\frac{1}{2}\sum_{n=1}^{\infty}(-1)^n\mathrm{Sa}^2\left(\frac{n\pi}{4}\right)\cos(n\omega_0 t)$$

$$a_{2n}=\frac{(-1)^n}{2}\mathrm{Sa}^2\left(\frac{n\pi}{4}\right)$$

方法 2

$$F_{2n}=\frac{1}{4}\,\mathrm{Sa}^2\left(\frac{n\pi}{4}\right)\mathrm{e}^{-\mathrm{j}n\omega_0 T/2}=\frac{1}{4}\,\mathrm{Sa}^2\left(\frac{n\pi}{4}\right)\mathrm{e}^{-\mathrm{j}n\pi}=\frac{1}{4}(-1)^n\,\mathrm{Sa}^2\left(\frac{n\pi}{4}\right)$$

$$f_2(t)=\frac{1}{4}\sum_{n=-\infty}^{\infty}\mathrm{Sa}^2\left(\frac{n\pi}{4}\right)\mathrm{e}^{-\mathrm{j}n\pi}\mathrm{e}^{\mathrm{j}n\omega_0 t}=\frac{1}{4}\sum_{n=-\infty}^{\infty}(-1)^n\,\mathrm{Sa}^2\left(\frac{n\pi}{4}\right)\mathrm{e}^{\mathrm{j}n\omega_0 t}$$

(3) $f_3(t)=f_1(t)+f_2(t)$，所以

方法 1

$$\begin{aligned}f_3(t)=f_1(t)+f_2(t)&=\frac{1}{4}+\frac{1}{2}\sum_{n=1}^{\infty}[1+(-1)^n]\,\mathrm{Sa}^2\left(\frac{n\pi}{4}\right)\cos n\omega_0 t\\&=\frac{1}{4}+\sum_{n=2,4,6,\cdots}^{\infty}\mathrm{Sa}^2\left(\frac{n\pi}{4}\right)\cos n\omega_0 t\end{aligned}$$

方法 2

$$a_{3n}=a_{1n}+a_{2n}=\frac{1}{2}[1+(-1)^n]\,\mathrm{Sa}^2\left(\frac{n\pi}{4}\right)=\begin{cases}\mathrm{Sa}^2\left(\dfrac{n\pi}{4}\right), & n\text{ 为偶数}\\0, & n\text{ 为奇数}\end{cases}$$

$$f_3(t)=\frac{1}{4}+\sum_{n=2,4,6,\cdots}^{\infty}\mathrm{Sa}^2\left(\frac{n\pi}{4}\right)\cos n\omega_0 t$$

方法 3

$$F_{3n}=F_{1n}+F_{2n}=\frac{1}{4}\,\mathrm{Sa}^2\left(\frac{n\pi}{4}\right)[1+(-1)^n]=\begin{cases}\dfrac{1}{2}\mathrm{Sa}^2\left(\dfrac{n\pi}{4}\right), & n\text{ 为偶数}\\0, & n\text{ 为奇数}\end{cases}$$

$$f_3(t)=\frac{1}{4}\sum_{n=-\infty}^{\infty}\mathrm{Sa}^2\left(\frac{n\pi}{4}\right)[1+(-1)^n]\,\mathrm{e}^{\mathrm{j}n\omega_0 t}=\frac{1}{2}\sum_{n=\cdots,0,2,4,\cdots}\mathrm{Sa}^2\left(\frac{n\pi}{4}\right)\mathrm{e}^{\mathrm{j}n\omega_0 t}$$

(4) $f_4(t)=f_1(t)-f_2(t)$

方法 1

$$\begin{aligned}f_4(t)=f_1(t)-f_2(t)&=\frac{1}{4}+\frac{1}{2}\sum_{n=1}^{\infty}[1-(-1)^n]\mathrm{Sa}^2\left(\frac{n\pi}{4}\right)\cos n\omega_0 t\\&=\frac{1}{4}+\sum_{n=1,3,5,\cdots}^{\infty}\mathrm{Sa}^2\left(\frac{n\pi}{4}\right)\cos n\omega_0 t\end{aligned}$$

方法 2

$$a_{4n}=a_{1n}-a_{2n}=\frac{1}{2}[1-(-1)^n]\,\mathrm{Sa}^2\left(\frac{n\pi}{4}\right)=\begin{cases}\mathrm{Sa}^2\left(\dfrac{n\pi}{4}\right), & n\text{ 为奇数}\\0, & n\text{ 为偶数}\end{cases}$$

$$f_4(t)=\frac{1}{4}+\sum_{n=1,3,5,\cdots}^{\infty}\mathrm{Sa}^2\left(\frac{n\pi}{4}\right)\cos n\omega_0 t$$

方法 3

$$F_{4n}=F_{1n}-F_{2n}=\frac{1}{4}\mathrm{Sa}^2\left(\frac{n\pi}{4}\right)[1-(-1)^n]=\begin{cases}\dfrac{1}{2}\,\mathrm{Sa}^2\left(\dfrac{n\pi}{4}\right), & n\text{ 为奇数}\\0, & n\text{ 为偶数}\end{cases}$$

$$f_4(t)=\frac{1}{4}\sum_{n=-\infty}^{\infty}\mathrm{Sa}^2\left(\frac{n\pi}{4}\right)[1-(-1)^n]e^{jn\omega_0 t}=\frac{1}{2}\sum_{n=\cdots,-1,1,3,\cdots}\mathrm{Sa}^2\left(\frac{n\pi}{4}\right)e^{jn\omega_0 t}$$

3-6 试求题3-6图所示半波整流余弦脉冲的傅里叶系数$\left(\omega_1=\frac{2\pi}{T}\right)$，并画出其频谱草图。

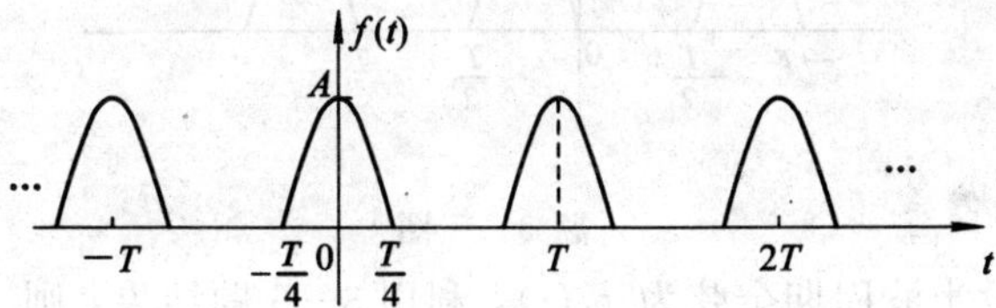

题 3-6 图

解

$$a_n=\frac{4}{T}\int_0^{T/4}E\cos(\omega_1 t)\cos(n\omega_1 t)\,\mathrm{d}t=\frac{4E}{T}\left[\frac{\sin(n+1)\omega_1 t}{2(n+1)\omega_1}+\frac{\sin(n-1)\omega_1 t}{2(n-1)\omega_1}\right]\Bigg|_0^{-T/4}$$

$$=\frac{E}{\pi}\left[\frac{\sin\left(\frac{n\pi}{2}+\frac{\pi}{2}\right)}{n+1}+\frac{\sin\left(\frac{n\pi}{2}-\frac{\pi}{2}\right)}{n-1}\right]=\frac{E}{\pi}\left[\frac{(n-1)-(n+1)}{n^2-1}\cos\frac{n\pi}{2}\right]$$

$$=\frac{2E}{\pi}\frac{1}{1-n^2}\cos\frac{n\pi}{2}\qquad(n\neq 1)$$

$$a_1=\frac{4}{T}\int_0^{T/4}E\cos^2(\omega_1 t)\,\mathrm{d}t=\frac{4E}{T\omega_1}\left[\frac{1}{2}\omega_1 t+\frac{1}{4}\sin(2\omega_1 t)\right]\Bigg|_0^{T/4}$$

$$=\frac{4E}{T\frac{2\pi}{T}}\left[\frac{1}{2}\cdot\frac{2\pi}{T}\cdot\frac{T}{4}+\frac{1}{4}\sin\left(2\frac{2\pi}{T}\cdot\frac{T}{4}\right)\right]$$

$$=\frac{2E}{\pi}\left[\frac{1}{2}\cdot\frac{\pi}{2}+\frac{1}{4}\sin\pi\right]$$

$$=\frac{E}{2}$$

或

$$a_1=\left[\frac{2E}{\pi}\frac{\left(\cos\frac{n\pi}{2}\right)'}{(1-n^2)'}\right]\Bigg|_{n=1}=\frac{2E}{\pi}\frac{-\frac{\pi}{2}\left(\sin\frac{n\pi}{2}\right)}{-2n}=\frac{E}{2}$$

$$a_0=\frac{a_n}{2}\Bigg|_{n=0}=\frac{E}{\pi}$$

$$f(t)=\frac{E}{\pi}+\frac{E}{2}\cos(\omega_1 t)-\frac{2E}{\pi}\sum_{n=2}^{\infty}\frac{1}{n^2-1}\cos\frac{n\pi}{2}\cos(n\omega_1 t)$$

$$=\frac{E}{\pi}+\frac{E}{2}\cos(\omega_1 t)-\frac{2E}{\pi}\sum_{n=2}^{\infty}\frac{(-1)^n}{(2n)^2-1}\cos(2n\omega_1 t)$$

$$=\frac{E}{\pi}+\frac{E}{2}\cos(\omega_1 t)+\frac{2E}{\pi}\left[\frac{1}{3}\cos(2\omega_1 t)-\frac{1}{15}\cos(4\omega_1 t)+\frac{1}{35}\cos(6\omega_1 t)-\cdots\right]$$

$$=\frac{2E}{\pi}\left[\frac{1}{2}+\frac{\pi}{4}\cos(\omega_1 t)+\frac{1}{3}\cos(2\omega_1 t)-\frac{1}{15}\cos(4\omega_1 t)+\frac{1}{35}\cos(6\omega_1 t)-\cdots\right]$$

3 - 7 试求题 3 - 7 图所示半波整流正弦脉冲的傅里叶级数($\omega_1=\frac{2\pi}{T}$)。

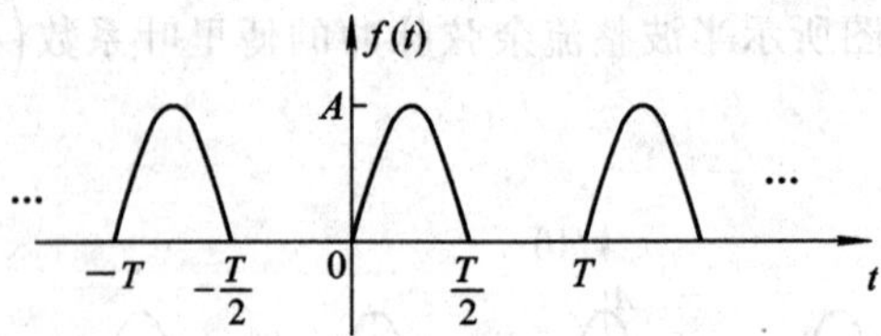

题 3 - 7 图

解 方法 1 设半波周期余弦为 $f_1(t)$，利用 3 - 6 题结果，则

$$f(t)=f_1\left(t-\frac{T}{4}\right)$$

$$=\frac{E}{\pi}+\frac{E}{2}\cos\left[\omega_1\left(t-\frac{T}{4}\right)\right]-\frac{2E}{\pi}\sum_{n=1}^{\infty}\frac{(-1)^n}{(2n)^2-1}\cos\left[2n\omega_1\left(t-\frac{T}{4}\right)\right]$$

$$=\frac{E}{\pi}+\frac{E}{2}\cos\left(\omega_1 t-\frac{\pi}{2}\right)-\frac{2E}{\pi}\sum_{n=1}^{\infty}\frac{(-1)^n}{(2n)^2-1}\cos(2n\omega_1 t-n\pi)$$

$$=\frac{E}{\pi}+\frac{E}{2}\sin(\omega_1 t)-\frac{2E}{\pi}\sum_{n=1}^{\infty}\frac{(-1)^n}{(2n)^2-1}\cos(2n\omega_1 t)\cos(n\pi)$$

$$=\frac{E}{\pi}+\frac{E}{2}\sin(\omega_1 t)-\frac{2E}{\pi}\sum_{n=1}^{\infty}\frac{(-1)^n}{(2n)^2-1}\cos(2n\omega_1 t)(-1)^n$$

$$=\frac{E}{\pi}+\frac{E}{2}\sin(\omega_1 t)-\frac{2E}{\pi}\sum_{n=1}^{\infty}\frac{1}{(2n)^2-1}\cos(2n\omega_1 t)$$

$$=\frac{E}{\pi}+\frac{E}{2}\sin(\omega_1 t)-\frac{2E}{\pi}\left[\frac{1}{3}\cos 2\omega_1 t+\frac{1}{15}\cos(4\omega_1 t)+\frac{1}{35}\cos(6\omega_1 t)+\cdots\right]$$

$$=\frac{2E}{\pi}\left[\frac{1}{2}+\frac{\pi}{4}\sin(\omega_1 t)-\frac{1}{3}\cos 2\omega_1 t-\frac{1}{15}\cos(4\omega_1 t)-\frac{1}{35}\cos(6\omega_1 t)-\cdots\right]$$

方法 2

$$a_n=\frac{2}{T}\int_0^{T/2}E\sin\omega_1 t\cos n\omega_1 t\,\mathrm{d}t=\frac{E}{T}\int_0^{T/2}[\sin(n+1)\omega_1 t-\sin(n+1)\omega_1 t]\,\mathrm{d}t$$

$$=\frac{E}{T}\left[-\frac{\cos(n+1)\omega_1 t}{(n+1)\omega_1}+\frac{\cos(n-1)\omega_1 t}{(n-1)\omega_1}\right]\Bigg|_0^{T/2}$$

$$=\frac{E}{T(2\pi/T)}\left[-\frac{\cos(n\pi+\pi)}{n+1}+\frac{\cos(n\pi-\pi)}{n-1}+\frac{1}{n+1}-\frac{1}{n-1}\right]$$

$$=\frac{E}{2\pi}\left[\left(\frac{1}{n+1}-\frac{1}{n-1}\right)\cos(n\pi)+\frac{-2}{n^2-1}\right]$$

$$=\frac{-E}{\pi(n^2-1)}[\cos(n\pi)+1]=\frac{E}{\pi(1-n^2)}[(-1)^n+1]\quad(n\neq 1)$$

$$a_1=\frac{2}{T}\int_0^{T/2}E\sin(\omega_1 t)\cos(\omega_1 t)\,\mathrm{d}t=\frac{E}{T}\int_0^{T/2}\sin 2\omega_1 t\,\mathrm{d}t=0$$

$$b_n=\frac{2}{T}\int_0^{T/2}E\sin(\omega_1 t)\sin(n\omega_1 t)\,dt=\frac{E}{T}\int_0^{T/2}[\cos(n-1)\omega_1 t-\cos(n+1)\omega_1 t]\,dt$$

$$=\frac{E}{T}\left[\frac{\sin((n-1)\omega_1 t)}{(n-1)\omega_1}-\frac{\sin((n+1)\omega_1 t)}{(n+1)\omega_1}\right]\Bigg|_0^{T/2}=\frac{E}{2\pi}\left[\frac{\sin(n\pi-\pi)}{n-1}-\frac{\sin(n\pi+\pi)}{n+1}\right]$$

$$=\frac{E}{2\pi}\left[\left(\frac{1}{n+1}-\frac{1}{n-1}\right)\sin(n\pi)\right]$$

$$=\frac{-E}{\pi(n^2-1)}\sin(n\pi)=0\quad(n\neq 1)$$

$$b_1=\frac{2}{T}\int_0^{T/2}E\sin^2\omega_1 t\,dt=\frac{E}{T}\int_0^{T/2}(1-\cos 2\omega_1 t)\,dt=\frac{E}{2}$$

或

$$b_n\big|_{n=1}=\frac{[-E\sin(n\pi)]'}{[\pi(n^2-1)]'}=\frac{-E\pi\cos(n\pi)}{2n\pi}\Bigg|_{n=1}=\frac{E}{2}$$

$$a_0=\frac{a_n}{2}\Bigg|_{n=0}=\frac{E}{\pi}$$

$$f(t)=\frac{E}{\pi}+\frac{E}{2}\sin(\omega_1 t)-\frac{2E}{\pi}\sum_{n=1}^{\infty}\frac{1}{(2n)^2-1}\cos(2n\omega_1 t)$$

$$=\frac{E}{\pi}+\frac{E}{2}\sin(\omega_1 t)-\frac{2E}{\pi}\left[\frac{1}{3}\cos(2\omega_1 t)+\frac{1}{15}\cos(4\omega_1 t)+\frac{1}{35}\cos(6\omega_1 t)+\cdots\right]$$

$$=\frac{2E}{\pi}\left[\frac{1}{2}+\frac{\pi}{4}\sin(\omega_1 t)-\frac{1}{3}\cos(2\omega_1 t)-\frac{1}{15}\cos(4\omega_1 t)-\frac{1}{35}\cos(6\omega_1 t)-\cdots\right]$$

3-8 求题 3-8 图所示周期性锯齿形信号的频谱函数。

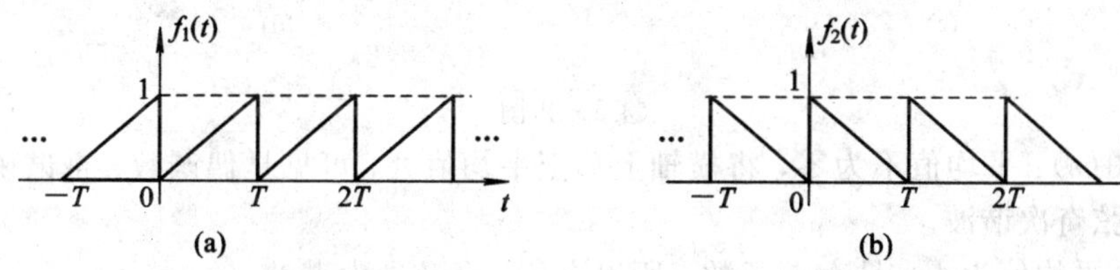

题 3-8 图

解 图(a)：令 $f_1(t)$ 中 $0\sim T$ 的一周为 $f_{11}(t)$，利用 $f_{11}(t)$ 求傅里叶系数：

$$f_{11}'(t)=\frac{1}{T}[u(t)-u(t-T)]-\delta(t)=f_a(t)$$

$$F_a(\omega)=\frac{1}{j\omega T}(1-e^{-j\omega T})-1$$

$$F_1(\omega)=\frac{1}{(j\omega)^2 T}(1-e^{-j\omega T})-\frac{1}{j\omega}$$

$$F_1(n\omega_0)=\frac{1}{T}F_1(\omega)\big|_{\omega=n\omega_0}=\frac{1}{T}\left[\frac{1}{(j\omega)^2 T}(1-e^{-j\omega T})-\frac{1}{j\omega}\right]\Bigg|_{\omega=n\omega_0}$$

$$=\frac{1}{T}\left[\frac{1}{j\left(\frac{2n\pi}{T}\right)^2 T}(1-e^{-jn\frac{2\pi}{T}T})-\frac{1}{j\,\frac{2n\pi}{T}}\right]=\frac{j}{2n\pi}$$

$$F_1(n\omega_0) = \frac{\mathrm{j}}{2n\pi} = F_{1n},\ F_1(0) = \frac{1}{2},\ f_1(t) = \sum_{n=-\infty}^{\infty} F_{1n}\,\mathrm{e}^{\mathrm{j}n\omega_0 t}$$

图(b)：$f_2(t) = f_1(-t)$，所以

$$F_2(n\omega_0) = F_1(-n\omega_0) = \frac{-\mathrm{j}}{2n\pi} = F_{2n}$$

$$F_2(0) = \frac{1}{2}$$

$$f_2(t) = \sum_{n=-\infty}^{\infty} F_{2n}\,\mathrm{e}^{\mathrm{j}n\omega_0 t}$$

3-9 利用信号的对称性，不用计算傅里叶级数的系数，定性判断题3-9图所示各信号所含的频率分量。

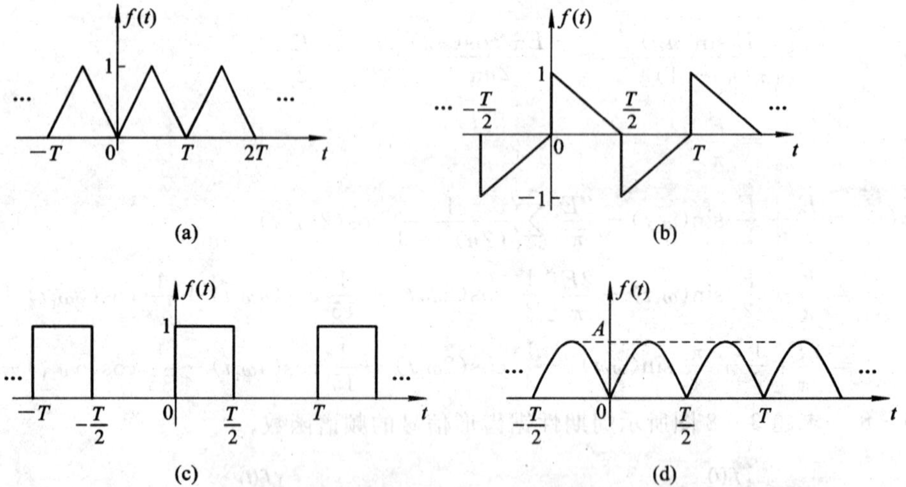

题 3-9 图

解 图(a)：平均值不为零，将横轴上移至平均值处，可见是偶函数、奇谐函数，所以有直流、余弦奇次谐波。

图(b)：平均值为零，是奇谐函数，所以有正、余弦奇次谐波。

图(c)：平均值不为零，将横轴上移至平均值处，可见是奇函数、奇谐函数，所以有直流、正弦奇次谐波。

图(d)：平均值不为零，是偶函数、偶谐函数，所以有直流、余弦偶次谐波。

3-10 已知周期函数 $f(t)$ 在 $0 \sim T/4$ 的波形如题3-10图所示，根据下列要求绘出 $f(t)$ 在 $-T \sim T$ 的波形。

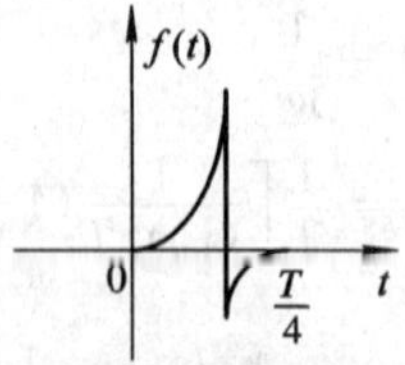

题 3-10 图

(1) $f_1(t)$ 是偶函数，只含偶谐波；

(2) $f_2(t)$ 是偶函数，只含奇谐波；

(3) $f_3(t)$ 是偶函数，含有奇、偶谐波；

(4) $f_4(t)$ 是奇函数，只含偶谐波；

(5) $f_5(t)$ 是奇函数，只含奇谐波；

(6) $f_6(t)$ 是奇函数，含有奇、偶谐波。

解 (1) $f_1(t)$ 是偶函数，只含偶谐波，其波形如题解 3 - 10(1) 图所示。

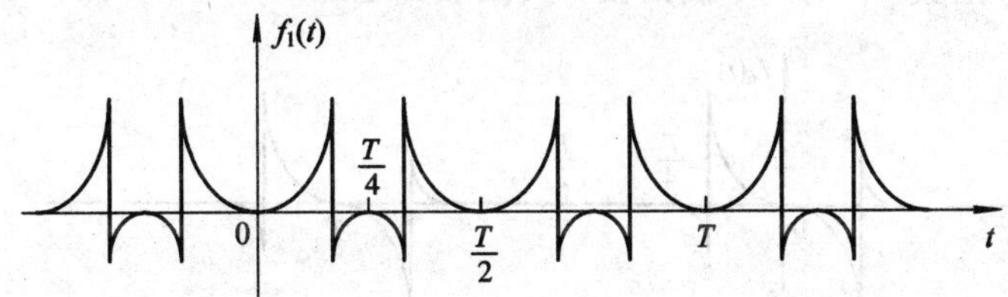

题解 3 - 10(1) 图

(2) $f_2(t)$ 是偶函数，只含奇谐波，其波形如题解 3 - 10(2) 图所示。

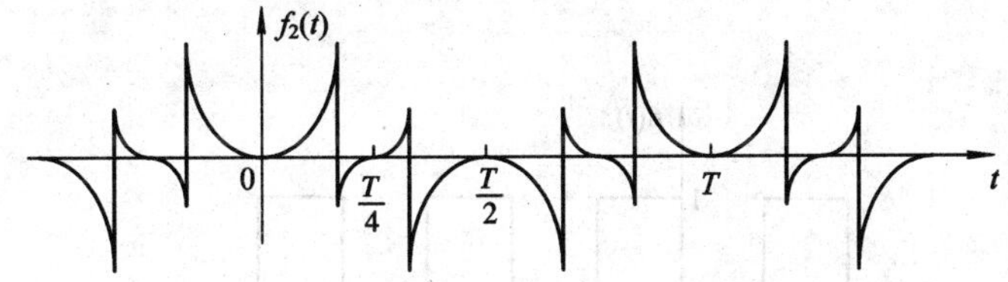

题解 3 - 10(2) 图

(3) $f_3(t)$ 是偶函数，含有奇、偶谐波，其波形如题解 3 - 10(3) 图所示。

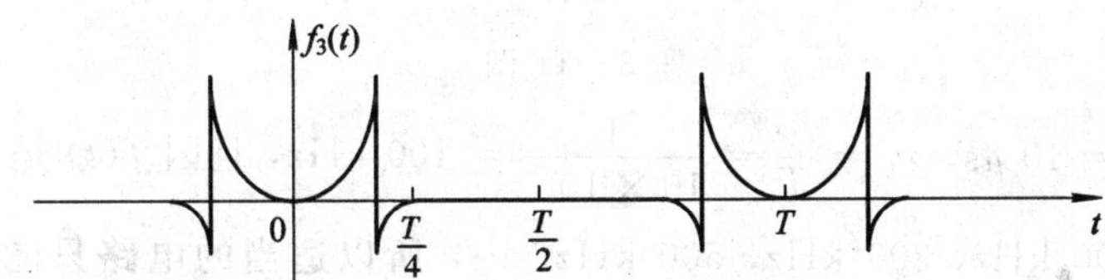

题解 3 - 10(3) 图

(4) $f_4(t)$ 是奇函数，只含偶谐波，其波形如题解 3 - 10(4) 图所示。

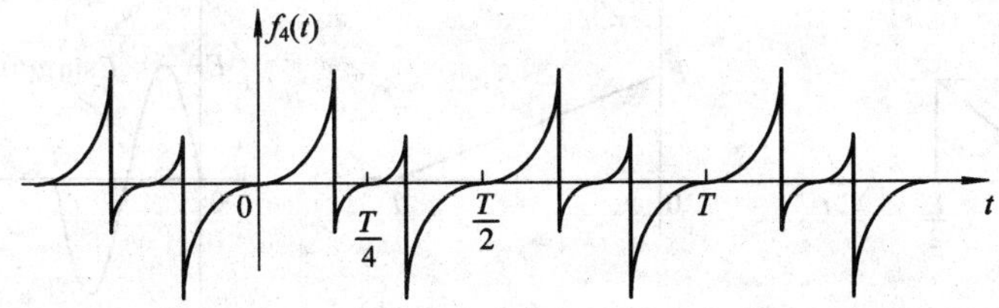

题解 3 - 10(4) 图

(5) $f_5(t)$ 是奇函数，只含奇谐波，其波形如题解 3 - 10(5) 图所示。

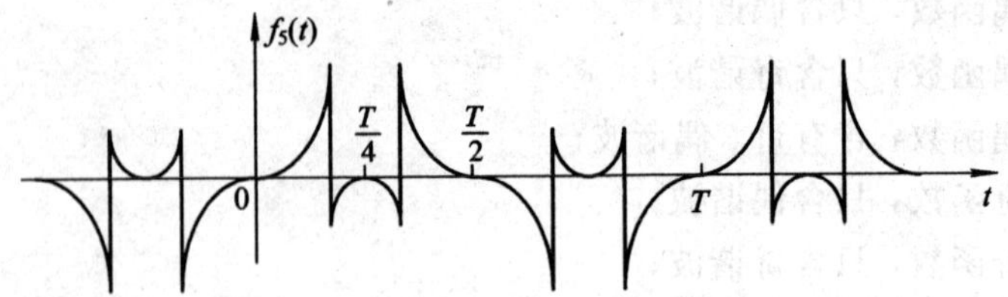

题解 3 - 10(5) 图

(6) $f_6(t)$ 是奇函数，含有奇、偶谐波，其波形如题解 3 - 10(6) 图所示。

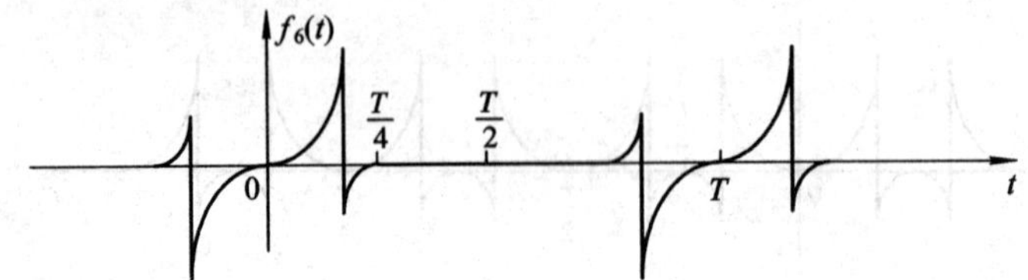

题解 3 - 10(6) 图

3 - 11 信号波形如题3 - 11图所示，波形参数为$\tau = 5\ \mu s$，$T = 2\tau$，设计适当的电路，能否分别从中提取以下频率分量：50 kHz、100 kHz、150 kHz、200 kHz、300 kHz、400 kHz。

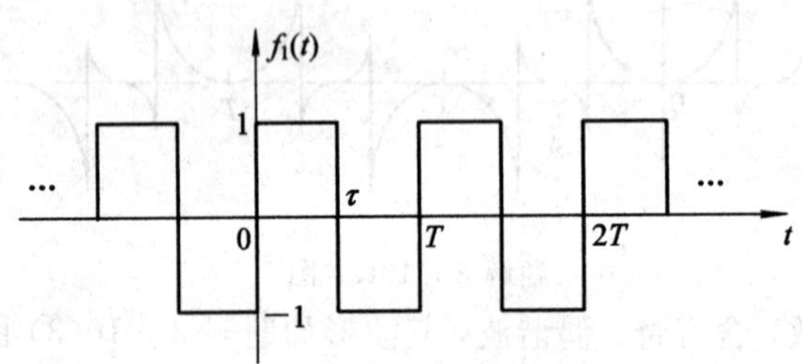

题 3 - 11 图

解 $T = 2\tau = 10\ \mu s$，$f_1 = \dfrac{1}{T} = \dfrac{1}{10 \times 10^{-6}} = 100\ kHz$，且因 $f(t)$ 是奇函数，只含奇谐波；即只含有 100 kHz，300 kHz，500 kHz，…，所以适当的电路只能提取 100 kHz、300 kHz 的频率分量。

3 - 12 试求题 3 - 12 图所示函数的傅里叶变换，有条件的可用 MATLAB 计算并作图。

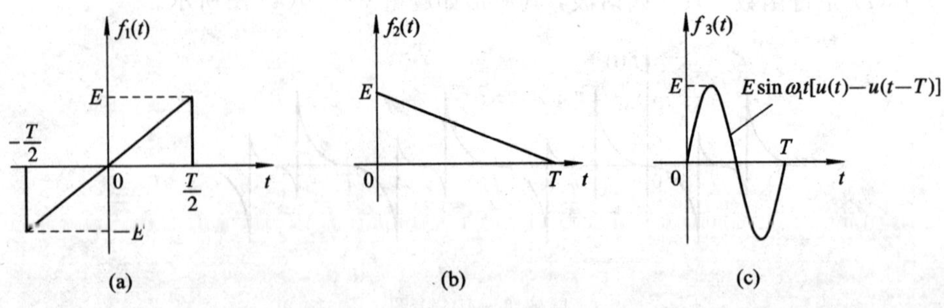

题 3 - 12 图

解　图(a)：

方法 1

$$f_1(t)=\frac{2E}{T}t\left[u\left(t+\frac{T}{2}\right)-u\left(t-\frac{T}{2}\right)\right]$$

$$F_1(\omega)=\int_{-T/2}^{T/2}\frac{2E}{T}t\mathrm{e}^{-\mathrm{j}\omega t}\,\mathrm{d}t=\frac{2E}{T}\left[-\frac{t}{\mathrm{j}\omega}\mathrm{e}^{-\mathrm{j}\omega t}-\frac{\mathrm{e}^{-\mathrm{j}\omega t}}{(-\mathrm{j}\omega)^2}\right]_{-T/2}^{T/2}$$

$$=\frac{2E}{T}\left[\frac{T/2}{-\mathrm{j}\omega}\mathrm{e}^{-\mathrm{j}\frac{\omega T}{2}}-\frac{T/2}{\mathrm{j}\omega}\mathrm{e}^{\mathrm{j}\frac{\omega T}{2}}\right]-\frac{2E}{T}\frac{1}{(\mathrm{j}\omega)^2}\left(\mathrm{e}^{-\mathrm{j}\frac{\omega T}{2}}-\mathrm{e}^{\mathrm{j}\frac{\omega T}{2}}\right)$$

$$=\mathrm{j}\,\frac{2E}{\omega}\cdot\left[\cos\left(\frac{\omega T}{2}\right)-\mathrm{Sa}\left(\frac{\omega T}{2}\right)\right]$$

方法 2

$$f_{\mathrm{a}}(t)=f_1'(t)=\frac{2E}{T}\left[u\left(t+\frac{T}{2}\right)-u\left(t-\frac{T}{2}\right)\right]-E\left[\delta\left(t+\frac{T}{2}\right)+\delta\left(t-\frac{T}{2}\right)\right]$$

$f_{\mathrm{a}}(t)$ 如题解 3 - 12(a) 图所示。

$$f_{\mathrm{a}}(t)\leftrightarrow F_{\mathrm{a}}(\omega)=2E\cdot\mathrm{Sa}\left(\frac{\omega T}{2}\right)-E\left(\mathrm{e}^{\mathrm{j}\frac{\omega T}{2}}+\mathrm{e}^{-\mathrm{j}\frac{\omega T}{2}}\right)=2E\cdot\mathrm{Sa}\left(\frac{\omega T}{2}\right)-2E\cos\frac{\omega T}{2}$$

$$F(\omega)=\frac{1}{\mathrm{j}\omega}F_{\mathrm{a}}(\omega)=\frac{2E}{\mathrm{j}\omega}\cdot\left[\mathrm{Sa}\left(\frac{\omega T}{2}\right)-\cos\left(\frac{\omega T}{2}\right)\right]=\mathrm{j}\,\frac{2E}{\omega}\cdot\left[\cos\left(\frac{\omega T}{2}\right)-\mathrm{Sa}\left(\frac{\omega T}{2}\right)\right]$$

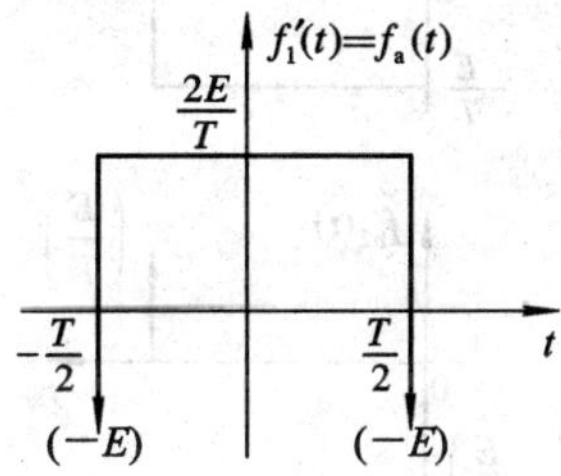

题解 3 - 12(a) 图

图(b)：

方法 1

$$f_2(t)=\frac{E}{T}(T-t)[u(t)-u(t-T)]$$

$$F_2(\omega)=\int_0^T\frac{E}{T}(T-t)\mathrm{e}^{-\mathrm{j}\omega t}\,\mathrm{d}t=E\int_0^T\mathrm{e}^{-\mathrm{j}\omega t}\,\mathrm{d}t-\frac{E}{T}\int_0^T t\mathrm{e}^{-\mathrm{j}\omega t}\,\mathrm{d}t$$

$$=\frac{E}{-\mathrm{j}\omega}\mathrm{e}^{-\mathrm{j}\omega t}\Big|_0^T-\frac{E}{T}\left[\frac{-\mathrm{e}^{-\mathrm{j}\omega t}}{(-\mathrm{j}\omega)^2}+\frac{t\mathrm{e}^{-\mathrm{j}\omega t}}{-\mathrm{j}\omega}\right]_0^T$$

$$=\frac{E}{\mathrm{j}\omega}(1-\mathrm{e}^{-\mathrm{j}\omega T})+\frac{E(\mathrm{e}^{-\mathrm{j}\omega T}-1)}{T(\mathrm{j}\omega)^2}+\frac{E(\mathrm{e}^{-\mathrm{j}\omega T})}{\mathrm{j}\omega}$$

$$=\frac{E}{\mathrm{j}\omega}+\frac{E}{T\omega^2}(1-\mathrm{e}^{-\mathrm{j}\omega T})=\frac{E}{T\omega^2}(1-\mathrm{e}^{-\mathrm{j}\omega T}-\mathrm{j}\omega T)$$

方法 2

$$f_{\mathrm{b}}(t)=f_2'(t)=E\delta(t)-\frac{E}{T}[u(t)-u(t-T)]$$

$$F_{\mathrm{b}}(\omega)=E-\frac{E}{T}\cdot T\cdot \mathrm{Sa}\left(\frac{\omega T}{2}\right)\mathrm{e}^{-\mathrm{j}\frac{\omega T}{2}}$$

$$F_2(\omega)=\frac{1}{\mathrm{j}\omega}F_{\mathrm{b}}(\omega)=\frac{E}{\mathrm{j}\omega}\cdot\left[1-\mathrm{Sa}\left(\frac{\omega T}{2}\right)\mathrm{e}^{-\mathrm{j}\frac{\omega T}{2}}\right]$$

或
$$f_{\mathrm{b2}}(t)=-\frac{E}{T}[u(t)-u(t-T)]$$

$$f_{\mathrm{b2}}'(t)=-\frac{E}{T}[\delta(t)-\delta(t-T)]\leftrightarrow-\frac{E}{T}\cdot[1-\mathrm{e}^{-\mathrm{j}\omega T}]$$

$$F(\omega)=\frac{1}{\mathrm{j}\omega}E-\frac{E}{(\mathrm{j}\omega)^2T}\cdot[1-\mathrm{e}^{-\mathrm{j}\omega T}]=\frac{E}{\omega^2T}[1-\mathrm{e}^{-\mathrm{j}\omega T}-\mathrm{j}\omega T]$$

$$=\frac{E}{\mathrm{j}\omega}\left[1-\mathrm{Sa}\left(\frac{\omega T}{2}\right)\mathrm{e}^{-\mathrm{j}\frac{\omega T}{2}}\right]$$

$f'(t)$，$f_2'(t)$ 如题解 3－12(b) 图所示。

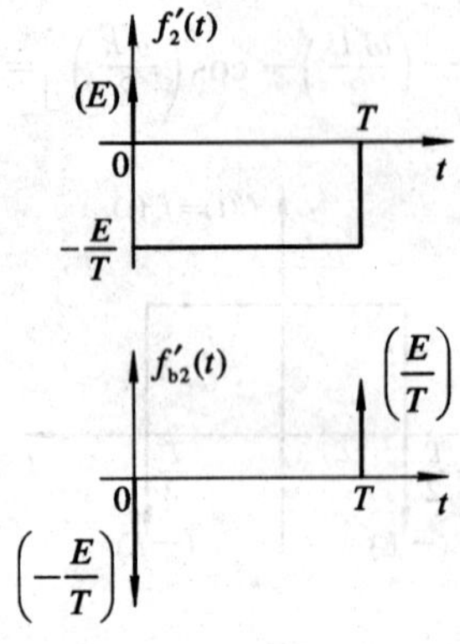

题解 3－12(b) 图

图(c)：

方法 1

$$\int_0^T E\sin\omega_1 t\,\mathrm{e}^{-\mathrm{j}\omega t}\,\mathrm{d}t=E\frac{\mathrm{e}^{-\mathrm{j}\omega t}(-\mathrm{j}\omega\sin\omega_1 t-\omega_1\cos\omega_1 t)\Big|_0^T}{\omega_1^2+(\mathrm{j}\omega)^2}$$

$$=\frac{E}{\omega_1^2-\omega^2}[-\omega_1\mathrm{e}^{-\mathrm{j}\omega T}\cos\omega_1 T+\omega_1]$$

$$=\frac{E\omega_1}{\omega_1^2-\omega^2}[1-\mathrm{e}^{-\mathrm{j}\omega T}]=\frac{\mathrm{j}2E\omega_1}{\omega_1^2-\omega^2}\sin\left(\frac{\omega T}{2}\right)\mathrm{e}^{-\mathrm{j}\frac{\omega T}{2}}$$

方法 2

$$f(t)=E\sin\omega_1 t[u(t)-u(t-T)]=f_{\mathrm{c}}(t)\sin\omega_1 t$$

其中，$f_{\mathrm{c}}(t)$ 如题解 3－12(c) 图所示。

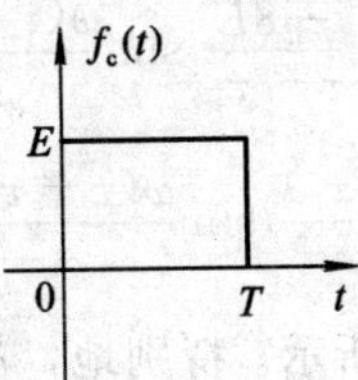

题解 3 - 12(c) 图

$$f_c(t)=E[u(t)-u(t-T)]\leftrightarrow\frac{E}{j\omega}(1-e^{-j\omega T})=F_c(\omega)$$

$$f_3(t)\leftrightarrow F_3(\omega)=\frac{1}{2j}[F_c(\omega-\omega_1)-F_c(\omega+\omega_1)]$$

$$F_3(\omega)=\frac{E}{j2}\left[\frac{1}{j(\omega-\omega_1)}(1-e^{-j(\omega-\omega_1)T})-\frac{1}{j(\omega+\omega_1)}(1-e^{-j(\omega+\omega_1)T})\right]$$

因为 $e^{-j\omega_1 T}=e^{j\omega_1 T}=1$，所以

$$\begin{aligned}F_3(\omega)&=\frac{E}{2}\left[\frac{1}{\omega+\omega_1}-\frac{1}{\omega-\omega_1}\right](1-e^{-j\omega T})\\&=\frac{E}{2}\,\frac{-2\omega_1}{\omega^2-\omega_1^2}(1-e^{-j\omega T})\\&=\frac{j2E\omega_1}{\omega_1^2-\omega^2}\sin\left(\frac{\omega T}{2}\right)e^{-j\frac{\omega T}{2}}\end{aligned}$$

3 - 13　试求题 3 - 13 图所示信号的傅里叶变换($\tau=2\tau_1$)。

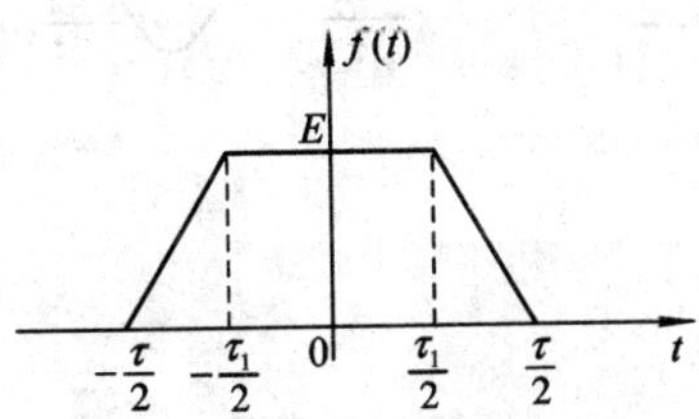

题 3 - 13 图

解

$$f'(t)=\frac{2E}{\tau-\tau_1}\left[u\left(t+\frac{\tau}{2}\right)-u\left(t+\frac{\tau_1}{2}\right)-u\left(t-\frac{\tau_1}{2}\right)+u\left(t-\frac{\tau}{2}\right)\right]$$

$$\begin{aligned}f''(t)\leftrightarrow F_2(\omega)&=\frac{2E}{\tau-\tau_1}[(e^{j\frac{\omega\tau}{2}}+e^{-j\frac{\omega\tau}{2}})-(e^{j\frac{\omega\tau_1}{2}}+e^{-j\frac{\omega\tau_1}{2}})]\\&=\frac{4E}{\tau-\tau_1}\left(\cos\frac{\omega\tau}{2}-\cos\frac{\omega\tau_1}{2}\right)\\&=\frac{-8E}{\tau-\tau_1}\sin\frac{\omega(\tau+\tau_1)}{4}\sin\frac{\omega(\tau-\tau_1)}{4}\end{aligned}$$

$$F(\omega)=\frac{1}{-\omega^2}F_2(\omega)=\frac{1}{-\omega^2}\cdot\frac{-8E}{\tau-\tau_1}\sin\frac{\omega(\tau+\tau_1)}{4}\sin\frac{\omega(\tau-\tau_1)}{4}$$

$$=\frac{8E}{(\tau-\tau_1)\omega^2}\sin\frac{\omega(\tau+\tau_1)}{4}\sin\frac{\omega(\tau-\tau_1)}{4}$$

$f'(t)$、$f''(t)$ 如题解 3－13(a) 图所示。特别地，若 $\tau=2\tau_1$，则

$$F(\omega)=\frac{8E}{\omega^2\tau_1}\sin\frac{3\omega\tau_1}{4}\sin\frac{\omega\tau_1}{4}=\frac{3E\tau_1}{2}\mathrm{Sa}\left(\frac{3\omega\tau_1}{4}\right)\mathrm{Sa}\left(\frac{\omega\tau_1}{4}\right)$$

或

$$F(\mathrm{j}\omega)=\frac{8E}{\omega^2\tau}\left(\cos\frac{\omega\tau}{4}-\cos\frac{\omega\tau}{2}\right)$$

$F(\omega)$ 如题解 3－13(b) 图所示。

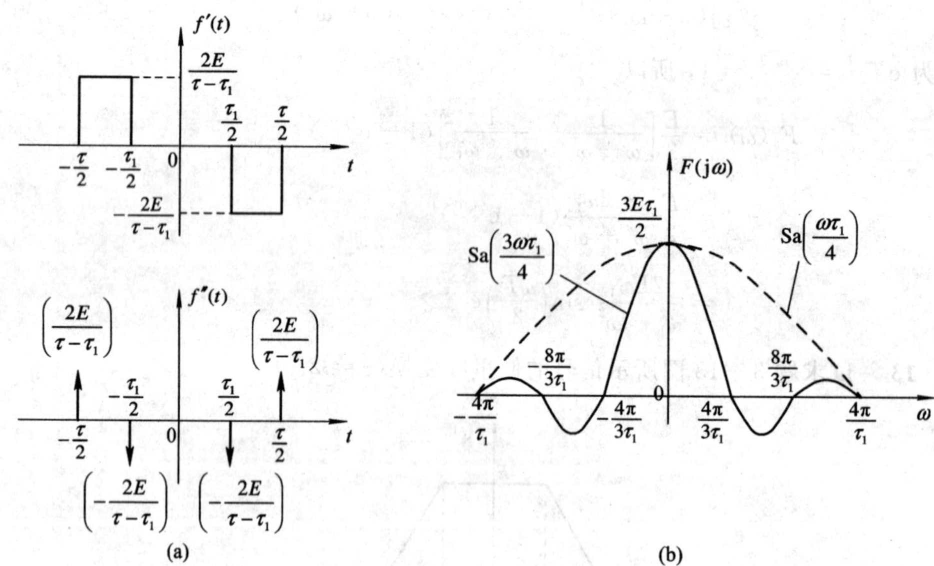

题解 3－13 图

3－14 设 $f(t)\leftrightarrow F(\mathrm{j}\omega)$，试证：

(1) $\int_{-\infty}^{\infty}f(t)\,\mathrm{d}t=F(0)$；

(2) $\int_{-\infty}^{\infty}F(\omega)\,\mathrm{d}\omega=2\pi f(0)$。

并解释其结果。

证 (1)
$$F(\omega)=\int_{-\infty}^{\infty}f(t)\,\mathrm{e}^{-\mathrm{j}\omega t}\,\mathrm{d}t$$

$F(\omega)\,|_{\omega=0}=F(0)=\int_{-\infty}^{\infty}f(t)\,\mathrm{d}t$ 是信号的直流分量。

(2)
$$f(t)=\frac{1}{2\pi}\int_{-\infty}^{\infty}F(\omega)\mathrm{e}^{\mathrm{j}\omega t}\,\mathrm{d}\omega$$

$$f(t)\big|_{t=0}=f(0)=\frac{1}{2\pi}\int_{-\infty}^{\infty}F(\omega)\,\mathrm{d}\omega$$

所以 $\int_{-\infty}^{\infty}F(\omega)\,\mathrm{d}\omega=2\pi f(0)$，反映了信号在 $t=0$ 时的大小(相差 2π)。

3－15 试利用傅里叶变换的性质，求题 3－15 图所示各信号的频谱函数。

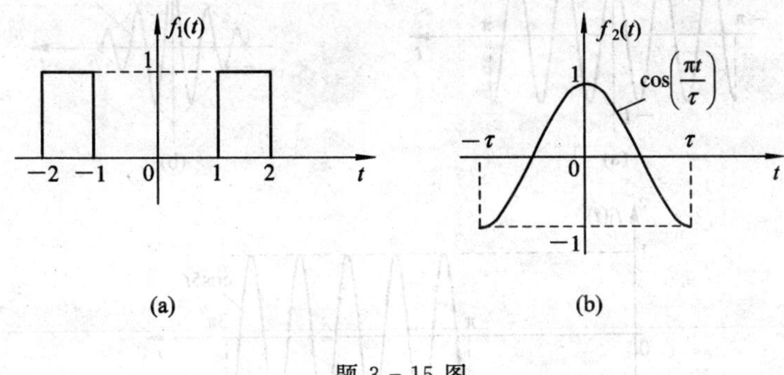

题 3－15 图

解 图(a)：利用已知 $g_\tau(t)\leftrightarrow\tau\,\mathrm{Sa}\left(\frac{\omega\tau}{2}\right)$ 与移位特性，得

方法 1

$$f_1(t)=g_1(t+1.5)+g_1(t-1.5)$$

$$F_1(\mathrm{j}\omega)=\mathrm{Sa}\left(\frac{\omega}{2}\right)(\mathrm{e}^{\mathrm{j}1.5\omega}+\mathrm{e}^{-\mathrm{j}1.5\omega})=2\,\mathrm{Sa}\left(\frac{\omega}{2}\right)\cos(1.5\omega)$$

方法 2 $\quad f_1(t)=g_4(t)-g_2(t)\leftrightarrow 4\,\mathrm{Sa}(2\omega)-2\,\mathrm{Sa}(\omega)$

图(b)：利用已知 $g_{2\tau}(t)\leftrightarrow 2\tau\,\mathrm{Sa}(\omega\tau)$ 与调制特性，得

$$f_2(t)=g_{2\tau}(t)\cos\left(\frac{\pi}{\tau}t\right)$$

$$\begin{aligned}F_2(\mathrm{j}\omega)&=\tau\left[\mathrm{Sa}\left(\omega+\frac{\pi}{\tau}\right)\tau+\mathrm{Sa}\left(\omega-\frac{\pi}{\tau}\right)\tau\right]\\&=\tau[\mathrm{Sa}(\omega\tau+\pi)+\mathrm{Sa}(\omega\tau-\pi)]\\&=-\sin\omega\tau\cdot\frac{2\omega}{\omega^2-\frac{\pi^2}{\tau^2}}=\frac{2\omega\tau^2}{\pi^2-(\omega\tau)^2}\cdot\sin\omega\tau\end{aligned}$$

3－16 已知函数 $f(t)$ 的频谱函数 $F(\omega)$ 如题 3－16 图所示，试计算 $f(t)$。

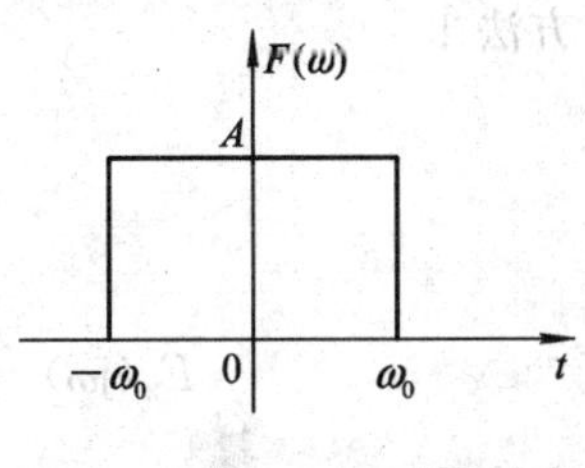

题 3－16 图

解 方法 1 $\quad f(t)=\frac{1}{2\pi}\int_{-\omega_0}^{\omega_0}A\mathrm{e}^{\mathrm{j}\omega t}\,\mathrm{d}\omega$

$$\begin{aligned}&=\frac{A}{2\pi}\frac{1}{\mathrm{j}t}(\mathrm{e}^{\mathrm{j}\omega_0 t}-\mathrm{e}^{-\mathrm{j}\omega_0 t})\\&=\frac{A}{\pi t}\sin(\omega_0 t)=\frac{A\omega_0}{\pi}\,\mathrm{Sa}(\omega_0 t)\end{aligned}$$

方法 2 利用对称性 $g_\tau(t)\leftrightarrow\tau\,\mathrm{Sa}\left(\frac{\omega\tau}{2}\right)$，$2\omega_0\leftrightarrow\tau$，$\omega\leftrightarrow t$，得

$$f(t)=\frac{2A\omega_0}{2\pi}\,\mathrm{Sa}(\omega_0 t)=\frac{A\omega_0}{\pi\omega_0 t}\sin(\omega_0 t)=\frac{A}{\pi t}\sin(\omega_0 t)$$

3 - 17 试利用傅里叶变换的性质，求题 3 - 17 图所示各波形的傅里叶变换。

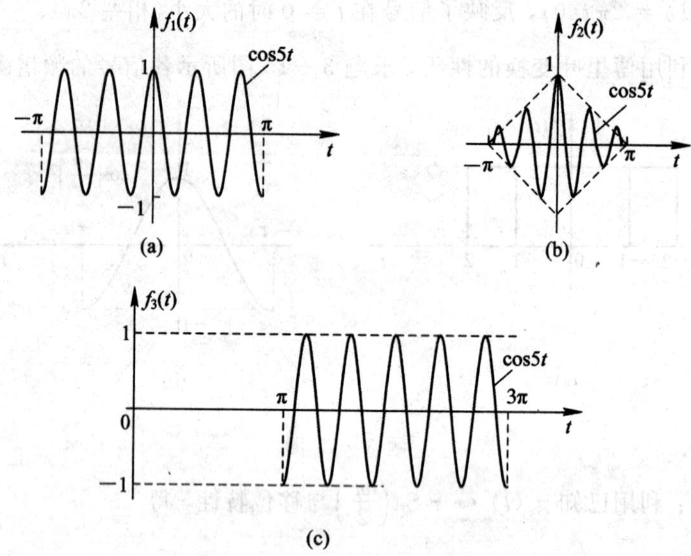

题 3 - 17 图

解 图(a)：利用已知 $g_{2\pi}(t)\leftrightarrow 2\pi\ \mathrm{Sa}(\omega\pi)$ 与调制特性，得

方法 1

$$f_1(t)=g_{2\pi}(t)\cos 5t$$

$$F_1(\mathrm{j}\omega)=\pi[\mathrm{Sa}(\omega+5)\pi+\mathrm{Sa}(\omega-5)\pi]$$

方法 2

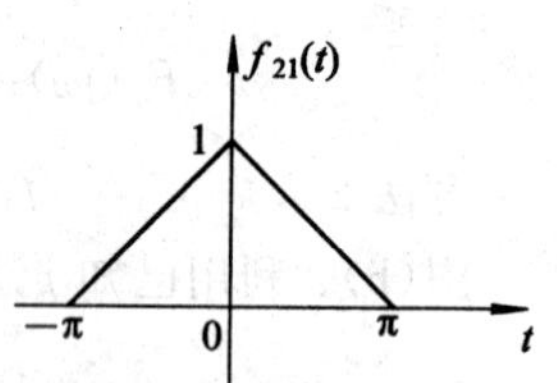

题解 3 - 17(a) 图

令 $f_{11}(t)=g_{2\pi}(t)\leftrightarrow 2\pi\ \mathrm{Sa}(\omega\pi)=\dfrac{2}{\omega}\sin(\omega\pi)$

$$F_1(\omega)=\frac{1}{\omega-5}\sin(\omega-5)\pi+\frac{1}{\omega+5}\sin(\omega+5)\pi$$

$$=-\sin(\omega\pi)\left(\frac{1}{\omega-5}+\frac{1}{\omega+5}\right)=\frac{2\omega}{25-\omega^2}\sin(\omega\pi)$$

图(b)：利用如题解 3 - 17 图(a) 所示已知信号 $f_{21}(t)$ 与调制特性，得

方法 1

$$f_{21}(t)\leftrightarrow \pi\ \mathrm{Sa}^2\left(\frac{\omega\pi}{2}\right)$$

$$f_2(t)=f_{21}(t)\cos 5t$$

$$F_2(\mathrm{j}\omega)=\frac{\pi}{2}\left\{\mathrm{Sa}^2\left[\frac{(\omega+5)\pi}{2}\right]+\mathrm{Sa}^2\left[\frac{(\omega-5)\pi}{2}\right]\right\}$$

方法 2

$$f_{21}(t)=\begin{cases}1-\dfrac{1}{\pi}\,|t|, & |t|<\pi\\ 0, & |t|>\pi\end{cases}$$

$$f_{21}(t)\leftrightarrow\pi\ \mathrm{Sa}^2\left(\frac{\omega\pi}{2}\right)=\frac{4}{\omega^2\pi}\sin^2\left(\frac{\omega\pi}{2}\right)$$

$$F_2(j\omega)=\frac{4}{(\omega+5)^2\pi}\sin^2\left[\frac{(\omega+5)\pi}{2}\right]+\frac{4}{(\omega-5)^2\pi}\sin^2\left[\frac{(\omega-5)\pi}{2}\right]$$
$$=\frac{2}{(\omega+5)^2\pi}[1-\cos(\omega+5)\pi]+\frac{2}{(\omega-5)^2\pi}[1-\cos(\omega-5)\pi]$$
$$=\frac{4\omega^2+100}{\pi(\omega^2-25)^2}[1+\cos(\omega\pi)]$$

方法 3　$f_{21}(t)$ 的二阶导数 $f''_{21}(t)$ 如题解 3-17(b) 图所示。

$$f''_{21}(t)\leftrightarrow\frac{2}{\pi}[\cos(\omega\pi)-1]$$
$$f_{21}(t)\leftrightarrow\frac{2}{\omega^2\pi}[1-\cos(\omega\pi)]$$

$$F_2(j\omega)=\frac{2}{(\omega+5)^2\pi}[1-\cos(\omega+5)\pi]$$
$$+\frac{2}{(\omega-5)^2\pi}[1-\cos(\omega-5)\pi]$$
$$=\left[\frac{2}{(\omega+5)^2\pi}+\frac{2}{(\omega-5)^2\pi}\right][1+\cos(\omega\pi)]$$
$$=\frac{4\omega^2+100}{(\omega^2-25)^2\pi}[1+\cos(\omega\pi)]$$

题解 3-17(b) 图

图(c)：利用已知 $g_{2\pi}(t)\leftrightarrow 2\pi\,\mathrm{Sa}(\omega\pi)$、调制及移位特性

方法 1

$$f_3(t)=g_{2\pi}(t-2\pi)\cos5(t-2\pi)$$
$$F_3(j\omega)=\pi\{\mathrm{Sa}[(\omega+5)\pi]e^{-j2\pi(\omega+5)}+\mathrm{Sa}[(\omega-5)\pi]e^{-j2\pi(\omega-5)}\}$$
$$=\pi\{\mathrm{Sa}[(\omega+5)\pi]+\mathrm{Sa}[(\omega-5)\pi]\}e^{-j2\pi\omega}$$

方法 2

$$f_{33}(t)=f_{11}(t-2\pi)\leftrightarrow\frac{2}{\omega}\sin(\omega\pi)e^{-j2\pi\omega}$$

$$F_3(\omega)=\frac{1}{\omega-5}\sin(\omega-5)\pi e^{-j2(\omega-5)\pi}+\frac{1}{\omega+5}\sin(\omega+5)\pi e^{-j2(\omega+5)\pi}$$
$$=e^{-j2\pi\omega}\sin(\omega\pi)\left(\frac{1}{\omega-5}+\frac{1}{\omega+5}\right)=\frac{2\omega}{25-\omega^2}\sin(\omega\pi)e^{-j2\pi\omega}$$

3-18　试求下列函数的傅里叶变换。有条件的可用 MATLAB 计算并作图。

(1) $f_1(t)=e^{-5t}u(t)$；　　(2) $f_2(t)=\mathrm{Sa}(5t)$；

(3) $f_3(t)=e^{-2|t|}$；　　(4) $f_4(t)=te^{-5t}u(t)$。

解　(1)
$$F_1(j\omega)=\frac{1}{j\omega+5}$$

(2) 已知 $F_b(\omega)=\mathrm{Sa}(5\omega)\leftrightarrow\frac{1}{10}g_{10}(t)=f_b(t)$，而

$$f_2(t)=\mathrm{Sa}(5t)=F_b(t)$$

利用实偶对称性：将 $f_b(t)$ 中的 $t\to\omega$，再乘系数 2π，得到 $F_2(j\omega)$：

$$F_2(j\omega)=2\pi f_b(\omega)=\frac{2\pi}{10}g_{10}(\omega)=\frac{\pi}{5}g_{10}(\omega)$$

(3)
$$f_3(t)=\mathrm{e}^{-2|t|}=\mathrm{e}^{-2t}u(t)+\mathrm{e}^{2t}u(-t)$$
$$F_3(\mathrm{j}\omega)=\frac{1}{2+\mathrm{j}\omega}+\frac{1}{2-\mathrm{j}\omega}=\frac{4}{\omega^2+4}$$
(4)
$$f_4(t)=t\mathrm{e}^{-5t}u(t)$$
$$\mathrm{e}^{-5t}u(t)\leftrightarrow\frac{1}{\mathrm{j}\omega+5}$$
$$t\mathrm{e}^{-5t}u(t)\leftrightarrow\mathrm{j}\frac{\mathrm{d}}{\mathrm{d}\omega}\left(\frac{1}{\mathrm{j}\omega+5}\right)$$
$$F_4(\mathrm{j}\omega)=\frac{1}{(\mathrm{j}\omega+5)^2}$$

3-18 题的 MATLAB 计算及作图程序如下。

(1) $f_1(t)$ 及其变换的 MATLAB 计算及作图程序：

```
clear;
  T = 0.02;t =-5:T:5;N = 200;
  W = 20 * pi;k =- N:N;
  w = k * W/N;
  f1 = exp(-5 * t). * stepfun(t,0); %f(t)
  F = T * f1 * exp(-j * t' * w);                    %f(t) 的傅里叶变换
  F1 = abs(F);P1 = angle(F);
  subplot(3,1,1);plot(t,f1);
  axis([-0.5,3,-0.1 1.1]); grid;
  xlabel('t');ylabel('f(t)'); ylabel('f(t)');
  title('f(t) 的傅氏变换 ');
  subplot(3,1,2); plot(w,F1);xlabel('w');
  axis([-60,60,-0.01 0.25]); grid;ylabel(' 振幅 | F(jw) | ');
  subplot(3,1,3); plot(w,P1 * 180/pi);grid;
  axis([-60,60,-80 80]); xlabel('w'); ylabel(' 相位(度)');
```

$f_1(t)$ 及其变换如题解 3-18(1) 图所示。

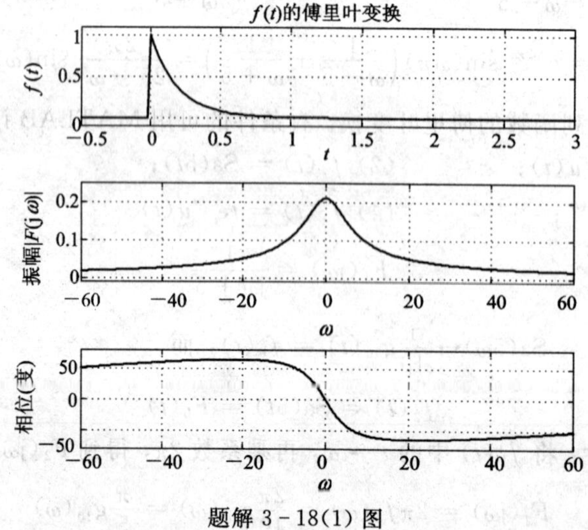

题解 3-18(1) 图

(2) $f_2(t)$ 及其变换的 MATLAB 计算及作图程序：

```
clear;
  T = 0.02;t =-10:T:10;N = 200;W = 20 * pi;k =-N:N;w = k * W/N;
  x1 = 5 * t;x11 = x1 +(x1 == 0) * eps;
  f1 = (sin(5 * t))./x11; %f(t)
  F = T * f1 * exp(-j * t' * w);                %f(t) 的傅里叶变换
  F1 = abs(F);P1 = angle(F);
  subplot(2,1,1);plot(t,f1);
  axis([-10,10,-0.5,1.1]); grid;
  xlabel('t');ylabel('f(t)'); ylabel('f(t)'); title('f(t) 的傅氏变换');
  subplot(2,1,2); plot(w,F1);xlabel('w');
  axis([-10,10,-0.01 0.7]); grid;ylabel(' 频谱 F(jw)');
```

$f_2(t)$ 及其变换如题解 3－18(2) 图所示。

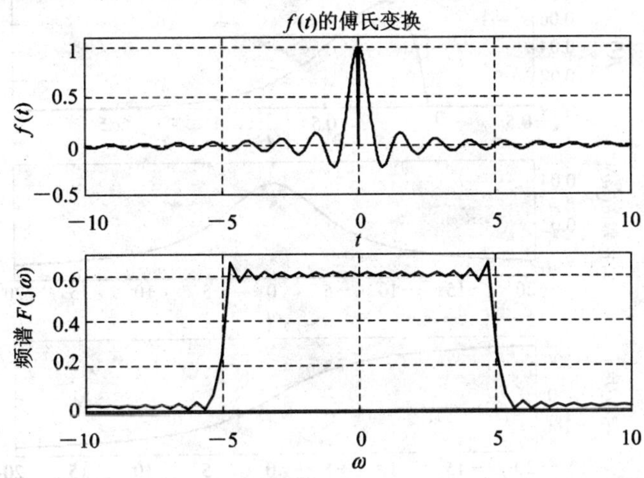

题解 3－18(2) 图

(3) $f_3(t)$ 及其变换的 MATLAB 计算及作图程序：

```
clear;
  syms t v;
  F = fourier(exp(-2 * abs(t)));
  subplot(2,1,1);
  ezplot(exp(-2 * abs(t)));
  ylabel(' 信号 f(t)');
  subplot(2,1,2); ezplot(F);
  ylabel(' 频谱 F(w)');
```

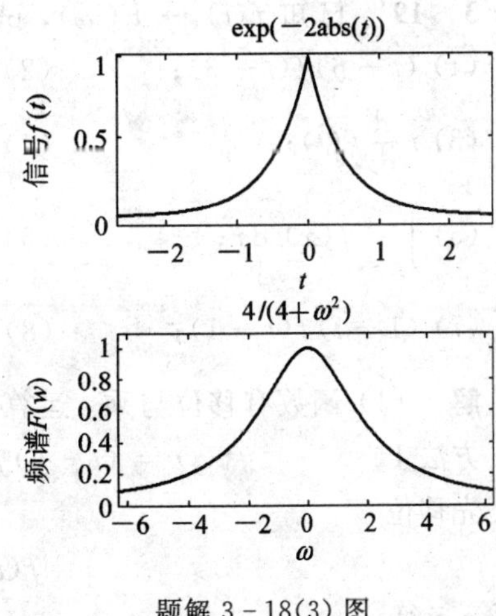

题解 3－18(3) 图

$f_3(t)$ 及其变换如题解 3－18(3) 图所示。

(4) $f_4(t)$ 及其变换的 MATLAB 计算及作图程序：

```
clear;
```

```
T = 0.02;t =- 5:T:5;N = 200;W = 20 * pi;k =- N:N;w = k * W/N;
f1 = t. * exp(- 5 * t). * stepfun(t,0); %f(t)
F = T * f1 * exp(- j * t' * w);              %f(t) 的傅里叶变换
F1 = abs(F);P1 = angle(F);
subplot(3,1,1);plot(t,f1); axis([- 0.5,2, - 0.0008 0.08]); grid;
xlabel('t');ylabel('f(t)'); ylabel('f(t)'); title('f(t) 的傅氏变换 ');
subplot(3,1,2); plot(w,F1);xlabel('w');
axis([- 20,20, - 0.005 0.05]); grid;ylabel(' 振幅 | F(jw) | ');
subplot(3,1,3);plot(w,P1 * 180/pi);
grid; axis([- 20,20, - 180,180]);
xlabel('w');ylabel(' 相位(度)');
```

$f_4(t)$ 及其变换如题解 3-18(4) 图所示。

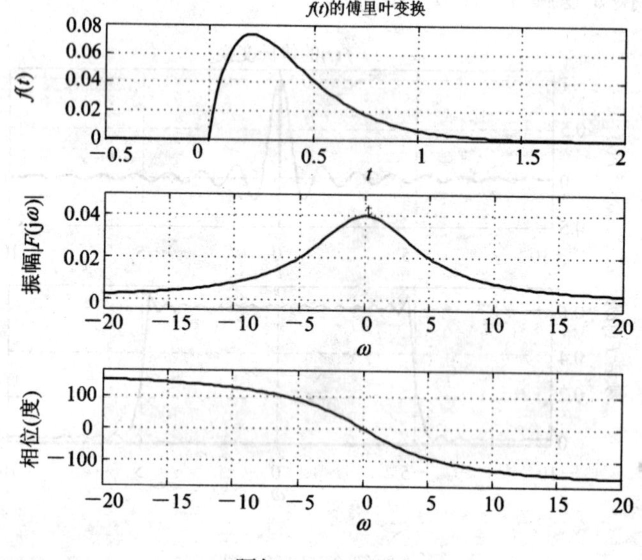

题解 3-18(4) 图

3-19 已知 $f(t) \leftrightarrow F(\mathrm{j}\omega)$，试利用傅里叶变换的性质，求下列函数的傅里叶变换。

(1) $(t-6)f(t-3)$；　　　　(2) $(t-2)f(t)\mathrm{e}^{\mathrm{j}\omega_0(t-3)}$；

(3) $t\dfrac{\mathrm{d}}{\mathrm{d}t}f(t)$；　　　　(4) $\dfrac{\mathrm{d}}{\mathrm{d}t}f(t)\cdot \mathrm{e}^{-\mathrm{j}\omega_0 t}$；

(5) $\int_{-\infty}^{t+5} f(x)\,\mathrm{d}x$；　　　　(6) $tf(2t)$；

(7) $(1-t)f(t-1)$；　　　　(8) $(t-2)f\left(\dfrac{t}{2}\right)$。

解 (1) 函数有移位与乘 t 运算(频域微分变换)、线性变换。

方法 1　　$f_1(t)=(t-6)f(t-3)=tf(t-3)-6f(t-3)$

先移位

$$f(t-3) \leftrightarrow F(\mathrm{j}\omega)\mathrm{e}^{-\mathrm{j}3\omega}$$

再乘 t 运算

$$tf(t-3) \leftrightarrow \mathrm{j}[F(\mathrm{j}\omega)\mathrm{e}^{-\mathrm{j}3\omega}]' = \mathrm{j}F'(\mathrm{j}\omega)\mathrm{e}^{-\mathrm{j}3\omega}+3F(\mathrm{j}\omega)\mathrm{e}^{-\mathrm{j}3\omega}$$

最后线性

$$f_1(t)=tf(t-3)-6f(t-3)$$

$$\begin{aligned}F_1(j\omega)&=jF'(j\omega)e^{-j3\omega}+3F(j\omega)e^{-j3\omega}-6F(j\omega)e^{-j3\omega}\\&=jF'(j\omega)e^{-j3\omega}-3F(j\omega)e^{-j3\omega}\\&=[jF'(j\omega)-3F(j\omega)]e^{-j3\omega}\end{aligned}$$

方法 2　$f_1(t)=(t-6)f(t-3)=(t-3)f(t-3)-3f(t-3)$

先乘 t 运算

$$tf(t)\leftrightarrow jF'(j\omega)$$

再时移

$$(t-3)f(t-3)\leftrightarrow jF'(j\omega)e^{-j3\omega}$$

$$f(t-3)\leftrightarrow F(j\omega)e^{-j3\omega}$$

最后线性

$$\begin{aligned}F_1(j\omega)&=jF'(j\omega)e^{-j3\omega}-3F(j\omega)e^{-j3\omega}\\&=[jF'(j\omega)-3F(j\omega)]e^{-j3\omega}\end{aligned}$$

(2)
$$f_2(t)=(t-2)f(t)e^{j\omega_0(t-3)}$$

函数有调制运算、乘 t(频域微分变换) 及线性变换。

先调制

$$f(t)e^{j\omega_0(t-3)}\leftrightarrow F(\omega-\omega_0)e^{-j3\omega_0}$$

再乘 t

$$tf(t)e^{j\omega_0(t-3)}\leftrightarrow j[F(\omega-\omega_0)e^{-j3\omega_0}]'=jF'(\omega-\omega_0)e^{-j3\omega_0}$$

最后线性

$$f_2(t)=tf(t)e^{j\omega_0(t-3)}-2f(t)e^{j\omega_0(t-3)}$$

$$\begin{aligned}F_2(j\omega)&=j[F(\omega-\omega_0)e^{-j3\omega_0}]'-2F(\omega-\omega_0)e^{-j3\omega_0}\\&=[jF'(\omega-\omega_0)-2F(\omega-\omega_0)]e^{-j3\omega_0}\end{aligned}$$

(3) $f_3(t)=t\dfrac{d}{dt}f(t)$，函数有微分与乘 t 运算。

先微分

$$\frac{d}{dt}f(t)\leftrightarrow j\omega F(j\omega)$$

再乘 t

$$t\frac{d}{dt}f(t)\leftrightarrow F_3(j\omega)=j[j\omega F(j\omega)]'=-F(j\omega)-\omega F'(j\omega)$$

(4) $f_4(t)=\dfrac{d}{dt}f(t)\cdot e^{-j\omega_0t}$，函数有微分与调制运算变换。

先微分

$$\frac{d}{dt}f(t)\leftrightarrow j\omega F(\omega)$$

再调制

$$\frac{d}{dt}f(t)\cdot e^{-j\omega_0t}\leftrightarrow F_4(\omega)=j(\omega+\omega_0)F(\omega+\omega_0)$$

(5) $f_5(t)=\int_{-\infty}^{t+5} f(x)\,\mathrm{d}x$，函数有积分与移位变换。

先移位

$$f(t+5) \leftrightarrow F(\mathrm{j}\omega)\mathrm{e}^{\mathrm{j}5\omega}$$

再积分

$$\int_{-\infty}^{t+5} f(x)\,\mathrm{d}x \leftrightarrow F_5(\mathrm{j}\omega)=\frac{F(\mathrm{j}\omega)}{\mathrm{j}\omega}\mathrm{e}^{\mathrm{j}5\omega}+\pi F(0)\delta(\omega)$$

(6) $f_6(t)=tf(2t)$ 函数有尺度与乘 t 运算(频域微分变换) 变换。

先尺度

$$f(2t) \leftrightarrow \frac{1}{2}F\left(\frac{\mathrm{j}\omega}{2}\right)$$

再乘 t

$$tf(2t) \leftrightarrow F_6(\mathrm{j}\omega)=\mathrm{j}\,\frac{\mathrm{d}}{\mathrm{d}\omega}\left[\frac{1}{2}F\left(\frac{\mathrm{j}\omega}{2}\right)\right]=\frac{\mathrm{j}}{2}\left[F\left(\frac{\mathrm{j}\omega}{2}\right)\right]'$$

(7) $$f_7(t)=(1-t)f(t-1)=f(t-1)-tf(t-1)$$

函数有移位与乘 t 运算(频域微分变换)、线性变换。

先移位

$$f(t-1) \leftrightarrow F(\mathrm{j}\omega)\mathrm{e}^{-\mathrm{j}\omega}$$

再乘 t

$$-tf(t-1) \leftrightarrow -\mathrm{j}\,\frac{\mathrm{d}}{\mathrm{d}\omega}[F(\mathrm{j}\omega)\mathrm{e}^{-\mathrm{j}\omega}]=-\mathrm{j}F'(\mathrm{j}\omega)\mathrm{e}^{-\mathrm{j}\omega}-F(\mathrm{j}\omega)\mathrm{e}^{-\mathrm{j}\omega}$$

最后线性

$$f_7(t)=f(t-1)-tf(t-1)$$

$$F_7(\mathrm{j}\omega)=F(\mathrm{j}\omega)\mathrm{e}^{-\mathrm{j}\omega}-\mathrm{j}\,\frac{\mathrm{d}}{\mathrm{d}\omega}[F(\mathrm{j}\omega)\mathrm{e}^{-\mathrm{j}\omega}]=-\mathrm{j}F'(\mathrm{j}\omega)\mathrm{e}^{-\mathrm{j}\omega}$$

(8) $$f_8(t)=(t-2)f\left(\frac{t}{2}\right)=tf\left(\frac{t}{2}\right)-2f\left(\frac{t}{2}\right)$$

函数有尺度、乘 t 运算(频域微分变换) 及线性变换。

先尺度

$$f\left(\frac{t}{2}\right) \leftrightarrow 2F(\mathrm{j}2\omega)$$

再乘 t

$$tf\left(\frac{t}{2}\right) \leftrightarrow \mathrm{j}\,\frac{\mathrm{d}}{\mathrm{d}\omega}[2F(\mathrm{j}2\omega)]$$

最后线性

$$f_8(t)=tf\left(\frac{t}{2}\right)-2f\left(\frac{t}{2}\right)$$

$$F_8(\mathrm{j}\omega)=\mathrm{j}\,\frac{\mathrm{d}}{\mathrm{d}\omega}[2F(\mathrm{j}2\omega)]-4F(\mathrm{j}2\omega)=\mathrm{j}2[F(\mathrm{j}2\omega)]'-4F(\mathrm{j}2\omega)$$

3-20 若 $g_\tau(t)$ 是幅度为 1，宽度为 τ 的矩形脉冲，$\delta_T(t)$ 是以 T 为周期的冲激序列，试求下列函数的傅里叶变换：

(1) $f_1(t)=\left[1+\cos\left(\frac{2\pi}{T}t\right)\right]g_\tau(t)$；

(2) $f_2(t)=\delta_T(t)*[g_\tau(t)\ \cos\omega_1 t]$；

(3) $f_3(t)=[\delta_T(t)*g_\tau(t)]\cdot\cos\omega_1 t$。

解　已知

$$g_\tau(t)\leftrightarrow\tau\,\mathrm{Sa}\left(\frac{\omega\tau}{2}\right)$$

(1) 利用线性

$$\left(1+\cos\frac{2\pi}{T}t\right)g_\tau(t)=g_\tau(t)+g_\tau(t)\cos\frac{2\pi}{T}t$$

令 $\frac{2\pi}{T}=\omega_0$，再利用调制特性，

$$F_1(\omega)=\tau\,\mathrm{Sa}\left(\frac{\omega\tau}{2}\right)+\frac{\tau}{2}\left[\mathrm{Sa}\,\frac{(\omega+\omega_0)\tau}{2}+\mathrm{Sa}\,\frac{(\omega-\omega_0)\tau}{2}\right]$$

(2) 先利用调制特性

令

$$g_\tau(t)\ \cos\omega_1 t=f_a(t)\leftrightarrow F_a(\omega)=\frac{\tau}{2}\left[\mathrm{Sa}\,\frac{(\omega+\omega_1)\tau}{2}+\mathrm{Sa}\,\frac{(\omega-\omega_1)\tau}{2}\right]$$

$$\delta_T(t)\leftrightarrow\delta_{\omega_0}(\omega)=\omega_0\sum_{n=-\infty}^{\infty}\delta(\omega-n\omega_0)$$

再卷积

$$f_2(t)=\delta_T(t)*[g_\tau(t)\ \cos\omega_1 t]\leftrightarrow\delta_{\omega_0}(\omega)F_a(\omega)$$

$$F_2(\omega)=\omega_0\sum_{n=-\infty}^{\infty}\left\{\frac{\tau}{2}\left[\mathrm{Sa}\,\frac{(n\omega_0+\omega_1)\tau}{2}+\mathrm{Sa}\,\frac{(n\omega_0-\omega_1)\tau}{2}\right]\delta(\omega-n\omega_0)\right\}$$

(3) 先卷积

$$\delta_T(t)*g_\tau(t)\leftrightarrow\delta_{\omega_0}(\omega)\tau\,\mathrm{Sa}\left(\frac{\omega\tau}{2}\right)=\omega_0\sum_{n=-\infty}^{\infty}\delta(\omega-n\omega_0)\cdot\tau\,\mathrm{Sa}\left(\frac{\omega\tau}{2}\right)$$

$$=\omega_0\tau\sum_{n=-\infty}^{\infty}\mathrm{Sa}\left(\frac{n\omega_0\tau}{2}\right)\delta(\omega-n\omega_0)$$

再调制

$$f_3(t)=[\delta_T(t)*g_\tau(t)]\cdot\cos\omega_1 t$$

则

$$F_3(\omega)=\frac{1}{2}\left[\omega_0\tau\sum_{n=-\infty}^{\infty}\mathrm{Sa}\left(\frac{n\omega_0\tau}{2}\right)\delta(\omega+\omega_1-n\omega_0)+\omega_0\tau\sum_{n=-\infty}^{\infty}\mathrm{Sa}\left(\frac{n\omega_0\tau}{2}\right)\delta(\omega-\omega_1-n\omega_0)\right]$$

$$=\frac{1}{2}\omega_0\tau\sum_{n=-\infty}^{\infty}\mathrm{Sa}\left(\frac{n\omega_0\tau}{2}\right)[\delta(\omega+\omega_1-n\omega_0)+\delta(\omega-\omega_1-n\omega_0)]$$

3-21　试求下列函数的傅里叶逆变换。有条件的可用 MATLAB 计算并作图。

(1) $F_1(\mathrm{j}\omega)=6\pi\delta(\omega)+\dfrac{5}{(\mathrm{j}\omega-2)(\mathrm{j}\omega+3)}$;

(2) $F_2(\mathrm{j}\omega)=\dfrac{3}{(5+\mathrm{j}\omega)^2+3^2}$;

(3) $F_3(\mathrm{j}\omega)=\dfrac{1}{(\mathrm{j}\omega+8)^2}$;

(4) $F_4(\mathrm{j}\omega)=\dfrac{1}{2}\,\mathrm{Sa}^2\left(\dfrac{\omega}{8}\right)$。

解 (1)

$$\begin{aligned}F_1(\mathrm{j}\omega)&=6\pi\delta(\omega)+\frac{5}{(\mathrm{j}\omega-2)(\mathrm{j}\omega+3)}\\&=6\pi\delta(\omega)+\frac{1}{\mathrm{j}\omega-2}-\frac{1}{\mathrm{j}\omega+3}\\&=6\pi\delta(\omega)-\frac{1}{2-\mathrm{j}\omega}-\frac{1}{\mathrm{j}\omega+3}\end{aligned}$$

$$f_1(t)=3-\mathrm{e}^{2t}u(-t)-\mathrm{e}^{-3t}u(t)$$

(2)

$$F_2(\mathrm{j}\omega)=\frac{3}{(5+\mathrm{j}\omega)^2+3^2}=\frac{1}{2\mathrm{j}}\left[\frac{1}{\mathrm{j}\omega+5-\mathrm{j}3}-\frac{1}{\mathrm{j}\omega+5+\mathrm{j}3}\right]$$

$$f_2(t)=\frac{1}{2\mathrm{j}}\left[\mathrm{e}^{-(5-\mathrm{j}3)t}-\mathrm{e}^{-(5+\mathrm{j}3)t}\right]u(t)=\mathrm{e}^{-5t}\ \sin(3t)\ u(t)$$

(3)

$$F_3(\mathrm{j}\omega)=\frac{1}{(\mathrm{j}\omega+8)^2}$$

$$\frac{1}{\mathrm{j}\omega+8}\leftrightarrow \mathrm{e}^{-8t}u(t)$$

$$\mathrm{j}\,\frac{\mathrm{d}}{\mathrm{d}\omega}\left(\frac{1}{\mathrm{j}\omega+8}\right)=\frac{1}{(\mathrm{j}\omega+8)^2}\leftrightarrow t\mathrm{e}^{-8t}u(t)$$

$$f_3(t)=t\mathrm{e}^{-8t}u(t)$$

(4) 方法 1

$$\mathrm{Sa}\left(\frac{\omega}{8}\right)\leftrightarrow 4\left[u\left(t+\frac{1}{8}\right)-u\left(t-\frac{1}{8}\right)\right]$$

$$F_4(\omega)=\frac{1}{2}\ \mathrm{Sa}\left(\frac{\omega}{8}\right)\cdot \mathrm{Sa}\left(\frac{\omega}{8}\right)$$

$$\begin{aligned}\leftrightarrow f_4(t)&=\frac{1}{2}\times 4\left[u\left(t+\frac{1}{8}\right)-u\left(t-\frac{1}{8}\right)\right]\\&\quad * 4\left[u\left(t+\frac{1}{8}\right)-u\left(t-\frac{1}{8}\right)\right]\\&=8g_{1/4}(t)*g_{1/4}(t)\\&=8\left\{\left(t+\frac{1}{4}\right)\left[u\left(t+\frac{1}{4}\right)-u(t)\right]-\left(t-\frac{1}{4}\right)\left[u(t)-u\left(t-\frac{1}{4}\right)\right]\right\}\\&=\begin{cases}2(1-4\mid t\mid), & \mid t\mid<\dfrac{1}{4}\\ 0, & \mid t\mid>\dfrac{1}{4}\end{cases}\end{aligned}$$

$f_4(t)$ 如题解 3-21(a) 图所示。

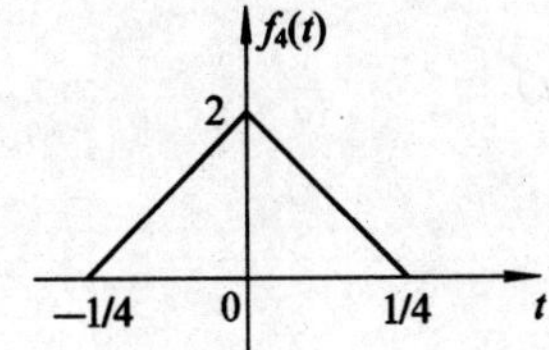

题解 3-21(4)(a) 图

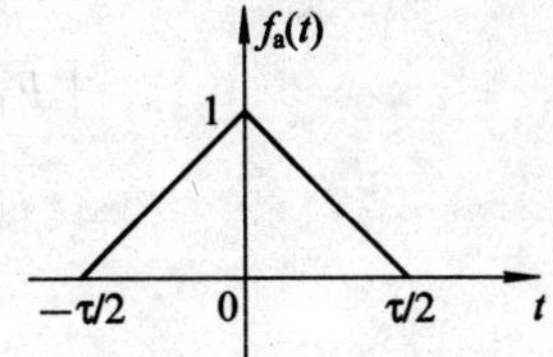

题解 3-21(4)(b) 图

方法 2　利用对称性。已知如题解 3-21(b) 图所示三角信号 $f_a(t)$ 的傅氏变换为

$$f_a(t)\leftrightarrow F_a(\omega)=0.5\tau\ \mathrm{Sa}^2\left(\frac{\tau\omega}{4}\right)=F_4(\omega)=\frac{1}{2}\ \mathrm{Sa}^2\left(\frac{\omega}{8}\right)$$

$F_a(\omega)$ 与 $F_4(\omega)$ 比较，由 $\frac{\tau}{4}=\frac{1}{8}$ 可得 $\tau=\frac{1}{2}$，代入 $f_a(t)$ 得 $f_4(t)$：

$$F_4(\omega)=2\times\frac{1}{4}\ \mathrm{Sa}^2\left(\frac{\omega}{8}\right)\leftrightarrow f_4(t)=\begin{cases}2(1-4|t|), & |t|<\frac{1}{4}\\ 0, & |t|>\frac{1}{4}\end{cases}$$

方法 3

$$F_4(\omega)=\frac{1}{2}\ \mathrm{Sa}^2\left(\frac{\omega}{8}\right)=\frac{32}{\omega^2}\sin^2\left(\frac{\omega}{8}\right)=\frac{16}{\omega^2}\left[1-\cos\left(\frac{\omega}{4}\right)\right]=\frac{8}{\mathrm{j}\omega\cdot\mathrm{j}\omega}(\mathrm{e}^{\mathrm{j}\frac{\omega}{4}}+\mathrm{e}^{-\mathrm{j}\frac{\omega}{4}}-2)$$

$$(\mathrm{e}^{\mathrm{j}\frac{\omega}{4}}+\mathrm{e}^{-\mathrm{j}\frac{\omega}{4}}-2)\leftrightarrow\delta\left(t+\frac{1}{4}\right)-2\delta(t)+\delta\left(t-\frac{1}{4}\right)$$

$$\frac{1}{\mathrm{j}\omega}(\mathrm{e}^{\mathrm{j}\frac{\omega}{4}}+\mathrm{e}^{-\mathrm{j}\frac{\omega}{4}}-2)\leftrightarrow u\left(t+\frac{1}{4}\right)-2u(t)+u\left(t-\frac{1}{4}\right)$$

$$\frac{1}{\mathrm{j}\omega\cdot\mathrm{j}\omega}(\mathrm{e}^{\mathrm{j}\frac{\omega}{4}}+\mathrm{e}^{-\mathrm{j}\frac{\omega}{4}}-2)\leftrightarrow\begin{cases}\frac{1}{4}-|t|, & |t|<\frac{1}{4}\\ 0, & |t|>\frac{1}{4}\end{cases}$$

$$\frac{8}{\mathrm{j}\omega\cdot\mathrm{j}\omega}(\mathrm{e}^{\mathrm{j}\frac{\omega}{4}}+\mathrm{e}^{-\mathrm{j}\frac{\omega}{4}}-2)\leftrightarrow f_4(t)=\begin{cases}2(1-4|t|), & |t|<\frac{1}{4}\\ 0, & |t|>\frac{1}{4}\end{cases}$$

3-22　试求题 3-22 图所示函数的傅里叶逆变换。

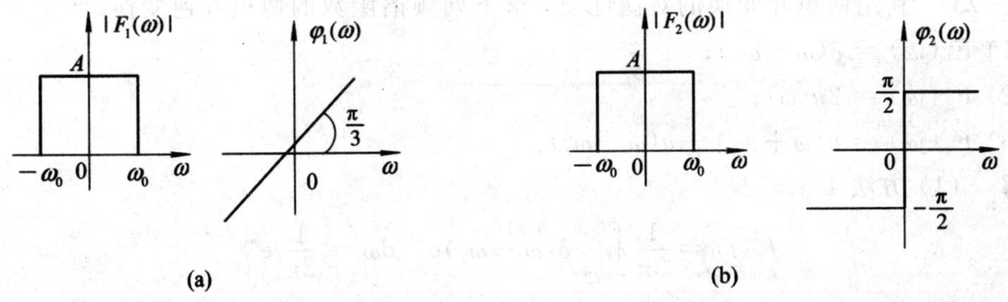

题 3-22 图

解　图(a) 方法 1：

$$|F_1(\omega)| \leftrightarrow \frac{A\omega_0}{\pi}\mathrm{Sa}(\omega_0 t)$$

$$t_0 = \tan\frac{\pi}{3} = \sqrt{3}$$

$$|F_1(\omega)|\mathrm{e}^{\mathrm{j}\omega t_0} = |F_1(\omega)|\mathrm{e}^{\mathrm{j}\omega\sqrt{3}} \leftrightarrow \frac{A\omega_0}{\pi}\mathrm{Sa}[\omega_0(t+\sqrt{3})]$$

$$f_1(t) = \frac{\omega_0 A}{\pi}\mathrm{Sa}[\omega_0(t+\sqrt{3})]$$

方法 2　$t_0 = \sqrt{3}$

$$\begin{aligned}\frac{1}{2\pi}\int_{-\omega_0}^{\omega_0} A\mathrm{e}^{\mathrm{j}\omega t_0}\mathrm{e}^{\mathrm{j}\omega t}\,\mathrm{d}\omega &= \frac{A}{2\pi}\cdot\frac{1}{\mathrm{j}(t+t_0)}[\mathrm{e}^{\mathrm{j}\omega_0(t+t_0)} - \mathrm{e}^{\mathrm{j}\omega_0(t+t_0)}]\\ &= \frac{A}{\pi(t+t_0)}\sin\omega_0(t+t_0)\\ &= \frac{A\omega_0}{\pi}\mathrm{Sa}[\omega_0(t+t_0)]\end{aligned}$$

图(b)：方法 1　因为 $\mathrm{e}^{\mathrm{j}\pi/2} = \mathrm{j}$，$\mathrm{e}^{-\mathrm{j}\pi/2} = -\mathrm{j}$，故

$$\begin{aligned}f_2(t) &= \frac{1}{2\pi}\int_0^{\omega_0} A\mathrm{j}\mathrm{e}^{\mathrm{j}\omega t}\,\mathrm{d}\omega + \frac{1}{2\pi}\int_{-\omega_0}^{0} -\mathrm{j}A\mathrm{e}^{\mathrm{j}\omega t}\,\mathrm{d}\omega\\ &= \frac{A}{2\pi t}\mathrm{e}^{\mathrm{j}\omega t}\Big|_0^{\omega_0} - \frac{A}{2\pi t}\mathrm{e}^{\mathrm{j}\omega t}\Big|_{-\omega_0}^{0}\\ &= \frac{A}{2\pi t}[(\mathrm{e}^{\mathrm{j}\omega_0 t} - 1) - (1 - \mathrm{e}^{-\mathrm{j}\omega_0 t})]\\ &= \frac{A}{2\pi t}(\mathrm{e}^{\mathrm{j}\omega_0 t} + \mathrm{e}^{-\mathrm{j}\omega_0 t} - 2)\\ &= \frac{A}{\pi t}(\cos\omega_0 t - 1)\\ &= -\frac{2A}{\pi t}\sin^2\left(\frac{\omega_0 t}{2}\right)\end{aligned}$$

方法 2

$$|F_2(\omega)| \leftrightarrow \frac{A\omega_0}{\pi}\mathrm{Sa}(\omega_0 t)$$

$$F_2(\omega) = |F_2(\omega)|\mathrm{e}^{\mathrm{j}\varphi_2(\omega)} \leftrightarrow f_2(t) = \frac{A\omega_0}{\pi}\mathrm{Sa}\left[\omega_0\left(t+\frac{\pi}{2}\right)\right]$$

3-23　利用傅里叶变换的对偶性质，求下列频谱函数的傅里叶逆变换。

(1) $F_1(\mathrm{j}\omega) = \delta(\omega-\omega_0)$；

(2) $F_2(\mathrm{j}\omega) = 2u(\omega)$；

(3) $F_3(\mathrm{j}\omega) = u(\omega+\omega_0) - u(\omega-\omega_0)$。

解　(1) 方法 1

$$f_1(t) = \frac{1}{2\pi}\int_{-\infty}^{\infty}\delta(\omega-\omega_0)\mathrm{e}^{\mathrm{j}\omega t}\,\mathrm{d}\omega = \frac{1}{2\pi}\mathrm{e}^{\mathrm{j}\omega_0 t}$$

方法 2　若 $f_a(t) = \delta(t-t_0) \leftrightarrow \mathrm{e}^{-\mathrm{j}\omega t_0} = F_a(\omega)$，则

$$F_1(\omega) = f_a(\omega) = \delta(\omega-\omega_0) \leftrightarrow \frac{1}{2\pi}F_a(-t)$$

即将 $F_a(\omega)$ 中的 $\omega \to -t$, $t_0 \to \omega_0$，再乘系数$\frac{1}{2\pi}$，得到 $f_1(t)$：

$$f_1(t)=\frac{1}{2\pi}F_a(-t)=\frac{1}{2\pi}e^{j\omega_0 t}$$

(2) 若 $f_b(t)=2u(t)\leftrightarrow 2\pi\delta(\omega)+\frac{2}{j\omega}=F_b(\omega)$，则

$$F_2(j\omega)=f_b(\omega)=2u(\omega)\leftrightarrow \frac{1}{2\pi}F_b(-t)$$

即将 $F_b(\omega)$ 中的 $\omega \to -t$，再乘系数$\frac{1}{2\pi}$，得到 $f_2(t)$：

$$f_2(t)=\frac{1}{2\pi}F_b(-t)=\delta(t)-\frac{1}{j\pi t}$$

(3) $$F(j\omega)=u(\omega+\omega_0)-u(\omega-\omega_0)$$

方法 1 $$f_3(t)=\frac{1}{2\pi}\int_{-\infty}^{\infty}[u(\omega+\omega_0)-u(\omega-\omega_0)]e^{j\omega t}\,d\omega$$
$$=\frac{1}{2\pi}\int_{-\omega_0}^{\omega_0}e^{j\omega t}\,d\omega=\frac{1}{2j\pi t}(e^{j\omega_0 t}-e^{-j\omega_0 t})$$
$$=\frac{1}{\pi t}\sin(\omega_0 t)=\frac{\omega_0}{\pi}\mathrm{Sa}(\omega_0 t)$$

方法 2 若 $f_c(t)=u(t+t_0)-u(t-t_0)\leftrightarrow 2t_0\,\mathrm{Sa}(\omega t_0)=F_c(\omega)$ 是偶函数，

$$F_3(j\omega)=u(\omega+\omega_0)-u(\omega-\omega_0)=f_c(\omega)\leftrightarrow\frac{1}{2\pi}F_c(t)=f_3(t)$$

即将 $F_c(\omega)$ 中的 $\omega\to t$, $t_0\to\omega_0$，再乘系数$\frac{1}{2\pi}$，得到 $f_3(t)$：

$$f_3(t)=\frac{1}{2\pi}F_c(t)=\frac{\omega_0}{\pi}\mathrm{Sa}(\omega_0 t)$$

3-24 题3-24图所示波形中，若已知 $f_1(t)\leftrightarrow F_1(j\omega)$，试求 $f_2(t)$、$f_3(t)$ 的傅里叶变换。

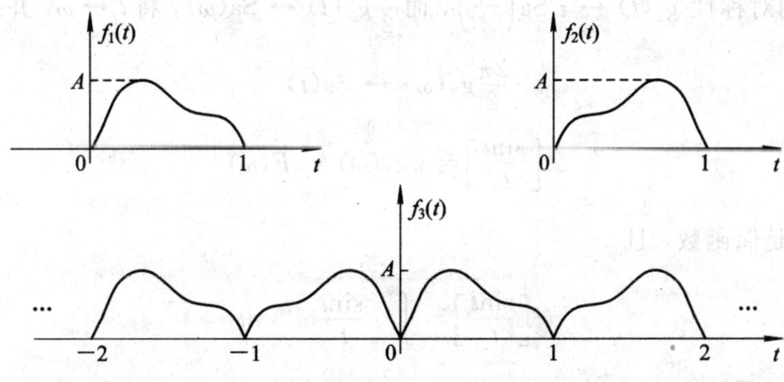

题 3-24 图

解 $$f_2(t)=f_1(1-t)$$

先时延

$$f_1(1+t)\leftrightarrow F_1(j\omega)e^{j\omega}$$

再尺度

$$f_1(1-t) \leftrightarrow F_1(-\mathrm{j}\omega)\mathrm{e}^{-\mathrm{j}\omega}$$

所以

$$F_2(\mathrm{j}\omega) = F_1(-\mathrm{j}\omega)\mathrm{e}^{-\mathrm{j}\omega}$$

$f_3(t)$ 是周期为 $T=2$ 的周期函数，其一周的表示及其傅里叶变换为

$$f_{31}(t) = \begin{cases} f_1(t), & 0 < t < 1 \\ f_1(-t), & -1 < t < 0 \end{cases} \leftrightarrow F_1(-\omega) + F_1(\omega)$$

$f_3(t)$ 的基波角频率 $\omega_0 = \frac{2\pi}{T} = \pi$，傅里叶系数

$$F_n = \frac{1}{T}[F_1(-\omega) + F_1(\omega)]\Big|_{\omega = n\omega_0} = \frac{1}{2}[F_1(-n\omega_0) + F_1(n\omega_0)]$$

$f_3(t)$ 的傅里叶级数表示

$$f_3(t) = \sum_{n=-\infty}^{\infty} F_n \mathrm{e}^{\mathrm{j}n\omega_0 t} = \frac{1}{2}\sum_{n=-\infty}^{\infty}[F_1(-n\omega_0) + F_1(n\omega_0)]\mathrm{e}^{\mathrm{j}n\omega_0 t}$$

$f_3(t)$ 的傅里叶变换为

$$\begin{aligned} \mathscr{F}[f_3(t)] &= \mathscr{F}\left[\frac{1}{2}\sum_{n=-\infty}^{\infty}[F_1(-n\omega_0) + F_1(n\omega_0)]\mathrm{e}^{\mathrm{j}n\omega_0 t}\right] \\ &= \frac{1}{2}\sum_{n=-\infty}^{\infty}[F_1(-n\omega_0) + F_1(n\omega_0)]\mathscr{F}[\mathrm{e}^{\mathrm{j}n\omega_0 t}] \end{aligned}$$

所以

$$F_3(\mathrm{j}\omega) = \pi\sum_{n=-\infty}^{\infty}[F(\mathrm{j}n\pi) + F(-\mathrm{j}n\pi)]\delta(\omega - n\pi)$$

3－25　试计算 $\mathscr{F}\left[\frac{\sin t}{t}\right]$，并利用该结果证明：

$$\int_0^{\infty}\frac{\sin x}{x}\,\mathrm{d}x = \int_{-\infty}^{0}\frac{\sin x}{x}\,\mathrm{d}x = \frac{\pi}{2}$$

解　利用对称性 $g_\tau(t) \leftrightarrow \tau\,\mathrm{Sa}\left(\frac{\omega\tau}{2}\right)$，而 $\frac{1}{2}g_2(t) \leftrightarrow \mathrm{Sa}(\omega)$，将 $t \leftrightarrow \omega$，并乘系数 2π，得

$$\frac{2\pi}{2}g_2(\omega) \leftrightarrow \mathrm{Sa}(t)$$

即

$$\mathscr{F}\left[\frac{\sin t}{t}\right] = \pi g_2(\omega) = F(\omega)$$

因为 $\frac{\sin t}{t}$ 是偶函数，且

$$\mathscr{F}\left[\frac{\sin t}{t}\right] = \int_{-\infty}^{\infty}\frac{\sin t}{t}\mathrm{e}^{-\mathrm{j}\omega t}\,\mathrm{d}t$$

又 $F(0) = \int_{-\infty}^{\infty}\frac{\sin t}{t}\,\mathrm{d}t = F(\omega)\big|_{\omega=0} = \pi g_2(\omega)\big|_{\omega=0} = \pi$，则

$$\int_0^{\infty}\frac{\sin t}{t}\,\mathrm{d}t = \int_{-\infty}^{0}\frac{\sin t}{t}\,\mathrm{d}t = \frac{F(0)}{2} = \frac{\pi}{2}$$

3－26　求题 3－26 图所示信号的频谱函数。

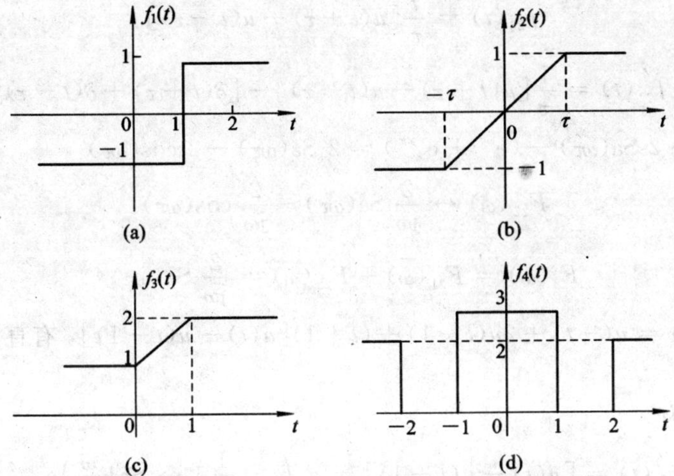

题 3 - 26 图

解 图(a)： $f_1(t)=u(t-1)-u(1-t)$，无直流

方法 1 $$f_1'(t)=2\delta(t-1)\leftrightarrow 2\mathrm{e}^{-\mathrm{j}\omega}$$

$$F_1(\omega)=\frac{2}{\mathrm{j}\omega}\mathrm{e}^{-\mathrm{j}\omega}$$

方法 2 $$u(t-1)\leftrightarrow \pi\delta(\omega)+\frac{1}{\mathrm{j}\omega}\mathrm{e}^{-\mathrm{j}\omega}$$

$$u(1+t)\leftrightarrow \pi\delta(\omega)+\frac{1}{\mathrm{j}\omega}\mathrm{e}^{\mathrm{j}\omega}$$

$$u(1-t)\leftrightarrow \pi\delta(\omega)-\frac{1}{\mathrm{j}\omega}\mathrm{e}^{-\mathrm{j}\omega}$$

$$-u(1-t)\leftrightarrow -\pi\delta(\omega)+\frac{1}{\mathrm{j}\omega}\mathrm{e}^{-\mathrm{j}\omega}$$

$$f_1(t)=u(t-1)-u(1-t)\leftrightarrow F_1(\omega)=\frac{2}{\mathrm{j}\omega}\mathrm{e}^{-\mathrm{j}\omega}$$

图(b)：$f_2(t)=u(t-\tau)-u(-t-\tau)+\frac{t}{\tau}[u(t+\tau)-u(t-\tau)]$，无直流

方法 1 $f_2'(t)=\frac{1}{\tau}[u(t+\tau)-u(t-\tau)]=\frac{1}{\tau}g_{2\tau}(t)\leftrightarrow 2\ \mathrm{Sa}(\omega\tau)$

$$F_2(\omega)=\frac{2}{\mathrm{j}\omega}\ \mathrm{Sa}(\omega\tau)$$

方法 2 将 $f_2(t)$ 分解为两个函数 $f_2(t)=f_{21}(t)+f_{22}(t)$。其中

$$f_{21}(t)=u(t-\tau)-u(-t-\tau)$$

$$u(t-\tau)\leftrightarrow \pi\delta(\omega)+\frac{1}{\mathrm{j}\omega}\mathrm{e}^{-\mathrm{j}\omega\tau}$$

$$-u(-t-\tau)\leftrightarrow -\pi\delta(\omega)+\frac{1}{\mathrm{j}\omega}\mathrm{e}^{\mathrm{j}\omega\tau}$$

$$f_{21}(t)=u(t-\tau)-u(-t-\tau)\leftrightarrow \frac{2}{\mathrm{j}\omega}\cos\omega\tau$$

$$f_{22}(t)=\frac{t}{\tau}[u(t+\tau)-u(t-\tau)]$$

$$f_{22}'(t)=\frac{1}{\tau}[u(t+\tau)-u(t-\tau)]-[\delta(t+\tau)+\delta(t-\tau)]$$

$$\leftrightarrow 2\,\mathrm{Sa}(\omega\tau)-(\mathrm{e}^{\mathrm{j}\omega\tau}+\mathrm{e}^{-\mathrm{j}\omega\tau})=2\,\mathrm{Sa}(\omega\tau)-2\cos(\omega\tau)$$

$$F_{22}(\omega)\leftrightarrow\frac{2}{\mathrm{j}\omega}\,\mathrm{Sa}(\omega\tau)-\frac{2}{\mathrm{j}\omega}\cos(\omega\tau)$$

$$F_2(\omega)=F_{21}(\omega)+F_{22}(\omega)=\frac{2}{\mathrm{j}\omega}\,\mathrm{Sa}(\omega\tau)$$

图(c)：$f_3(t)=u(-t)+2u(t-1)+(t+1)[u(t)-u(t-1)]$，有直流($f_3(t)$ 的平均值)为 3/2。

方法 1　因为

$$f_3'(t)=[u(t)-u(t-1)]=g_1\left(t-\frac{1}{2}\right)\leftrightarrow\mathrm{Sa}\left(\frac{\omega}{2}\right)\mathrm{e}^{-\mathrm{j}\omega/2}$$

则

$$F_3(\omega)=\frac{1}{\mathrm{j}\omega}\,\mathrm{Sa}\left(\frac{\omega}{2}\right)\mathrm{e}^{-\mathrm{j}\frac{\omega}{2}}+3\pi\delta(\omega)$$

方法 2　将 $f_3(t)$ 分别为两个函数 $f_3(t)=f_{31}(t)+f_{32}(t)$，其中

$$f_{31}(t)=u(-t)+2u(t-1)=1-g_1\left(t-\frac{1}{2}\right)+u(t-1)$$

$$F_{31}(\omega)=2\pi\delta(\omega)-\mathrm{Sa}\left(\frac{\omega}{2}\right)\mathrm{e}^{-\mathrm{j}\omega/2}+\pi\delta(\omega)+\frac{1}{\mathrm{j}\omega}\mathrm{e}^{-\mathrm{j}\omega}$$

$$=3\pi\delta(\omega)-\mathrm{Sa}\left(\frac{\omega}{2}\right)\mathrm{e}^{-\mathrm{j}\omega/2}+\frac{1}{\mathrm{j}\omega}\mathrm{e}^{-\mathrm{j}\omega}$$

$$f_{32}(t)=(t+1)[u(t)-u(t-1)]=t[u(t)-u(t-1)]-[u(t)-u(t-1)]$$

$$\{t[u(t)-u(t-1)]\}'=[u(t)-u(t-1)]-\delta(t-1)\leftrightarrow\mathrm{Sa}\left(\frac{\omega}{2}\right)\mathrm{e}^{-\mathrm{j}\omega/2}-\mathrm{e}^{-\mathrm{j}\omega}$$

$$t[u(t)-u(t-1)]\leftrightarrow\frac{1}{\mathrm{j}\omega}\left[\mathrm{Sa}\left(\frac{\omega}{2}\right)\mathrm{e}^{-\mathrm{j}\omega/2}-\mathrm{e}^{-\mathrm{j}\omega}\right]$$

$$F_{32}(\omega)=\frac{1}{\mathrm{j}\omega}\,\mathrm{Sa}\left(\frac{\omega}{2}\right)\mathrm{e}^{-\mathrm{j}\omega/2}-\frac{1}{\mathrm{j}\omega}\mathrm{e}^{-\mathrm{j}\omega}+\mathrm{Sa}\left(\frac{\omega}{2}\right)\mathrm{e}^{-\mathrm{j}\omega/2}$$

$$F_3(\omega)=F_{31}(\omega)+F_{32}(\omega)=3\pi\delta(\omega)+\frac{1}{\mathrm{j}\omega}\,\mathrm{Sa}\left(\frac{\omega}{2}\right)\mathrm{e}^{-\mathrm{j}\omega/2}$$

图(d)：方法 1

$$f_4(t)=3g_2(t)+2[1-g_4(t)]$$

而 $g_2(t)\leftrightarrow 2\,\mathrm{Sa}(\omega)$，$g_4(t)\leftrightarrow 4\,\mathrm{Sa}(2\omega)$，$1\leftrightarrow 2\pi\delta(\omega)$，所以

$$F_4(\omega)=4\pi\delta(\omega)-8\,\mathrm{Sa}(2\omega)+6\,\mathrm{Sa}(\omega)$$

方法 2

$$f_4(t)=3g_2(t)+2u(t-2)+2u(-t-2)$$

$$\leftrightarrow 6\,\mathrm{Sa}(\omega)+2\pi\delta(\omega)+\frac{1}{\mathrm{j}\omega}\mathrm{e}^{-\mathrm{j}2\omega}+2\pi\delta(\omega)-\frac{1}{\mathrm{j}\omega}\mathrm{e}^{\mathrm{j}2\omega}$$

$$=4\pi\delta(\omega)+6\,\mathrm{Sa}(\omega)-\frac{4}{\omega}\sin(2\omega)=4\pi\delta(\omega)+6\,\mathrm{Sa}(\omega)-8\,\mathrm{Sa}(2\omega)$$

3-27 试利用能量定理计算积分：

$$\int_{-\infty}^{\infty} \mathrm{Sa}^2(at)\,\mathrm{d}t$$

解 由能量定理

$$\int_{-\infty}^{\infty} f^2(t)\,\mathrm{d}t = \frac{1}{2\pi}\int_{-\infty}^{\infty} F^2(\omega)\,\mathrm{d}\omega$$

令

$$f(t) = \mathrm{Sa}(at) \leftrightarrow \frac{\pi}{a} g_{2a}(\omega) = F(\omega)$$

所以

$$\int_{-\infty}^{\infty} f^2(t)\,\mathrm{d}t = \frac{1}{2\pi}\int_{-a}^{a}\left(\frac{\pi}{a}\right)^2 \mathrm{d}\omega = \frac{\pi^2}{2\pi a^2}2a = \frac{\pi}{a}$$

3-28 选择题

(1) 已知信号 $f(t)$ 的傅里叶变换为 $F(\mathrm{j}\omega)$，则 $f(t) * f(2t)$ 的频谱函数等于(　　)。

A) $\frac{1}{2}F\left(\frac{\mathrm{j}\omega}{2}\right)F(\mathrm{j}\omega)$　　　　B) $\frac{1}{2}F(\mathrm{j}\omega)F(\mathrm{j}2\omega)$

C) $F\left(\frac{\mathrm{j}\omega}{2}\right)F(\mathrm{j}2\omega)$　　　　D) $2F\left(\frac{\mathrm{j}\omega}{2}\right)F(\mathrm{j}2\omega)$

E) $2F(\mathrm{j}\omega)F(\mathrm{j}2\omega)$

(2) 已知信号 $f(t)$ 的傅里叶变换为 $F(\mathrm{j}\omega)$，则 $f\left(\frac{t}{2}\right) * f(2t)$ 的频谱函数等于(　　)。

A) $\frac{1}{2}F\left(\frac{\mathrm{j}\omega}{2}\right)F(\mathrm{j}\omega)$　　　　B) $\frac{1}{2}F(\mathrm{j}\omega)F(\mathrm{j}2\omega)$

C) $F\left(\frac{\mathrm{j}\omega}{2}\right)F(\mathrm{j}2\omega)$　　　　D) $2F\left(\frac{\mathrm{j}\omega}{2}\right)F(\mathrm{j}2\omega)$

E) $2F(\mathrm{j}\omega)F(\mathrm{j}2\omega)$

解 (1) $f(2t) \leftrightarrow \frac{1}{2}F\left(\frac{\mathrm{j}\omega}{2}\right)$，所以 $f(t) * f(2t) \leftrightarrow \frac{1}{2}F\left(\frac{\mathrm{j}\omega}{2}\right)F(\mathrm{j}\omega)$，答案是 A)；

(2) $f(2t) \leftrightarrow \frac{1}{2}F\left(\frac{\mathrm{j}\omega}{2}\right)$，$f\left(\frac{t}{2}\right) \leftrightarrow 2F(\mathrm{j}2\omega)$，所以 $f\left(\frac{t}{2}\right) * f(2t) \leftrightarrow F\left(\frac{\mathrm{j}\omega}{2}\right)F(\mathrm{j}2\omega)$，答案是 C)。

3-29 已知信号 $f(t)$ 的频谱函数 $F(\mathrm{j}\omega)$ 如题 3-29 图所示，求 t 为零时的函数值 $f(0)$。

解
$$f(0) = \frac{1}{2\pi}\int_{-2\pi}^{2\pi} F(\omega)\,\mathrm{d}\omega = \frac{1}{2\pi}(2\pi + 2\pi) = 2$$

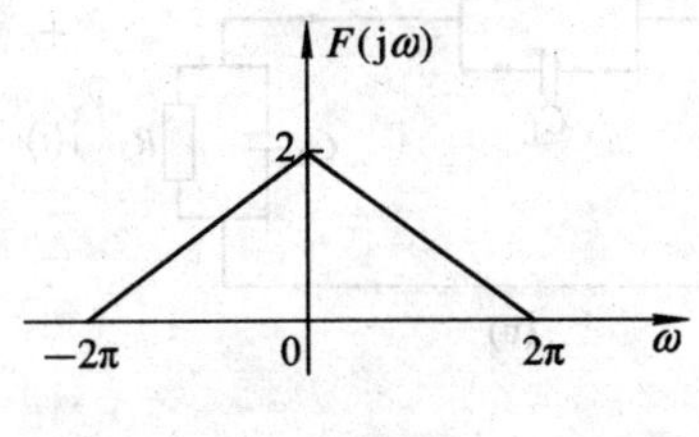

题 3-29 图

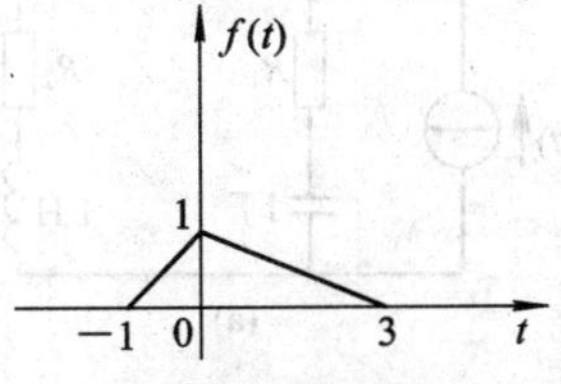

题 3-30 图

3-30 已知信号 $f(t)$ 如题 3-30 图所示，求其频谱函数 $F(\mathrm{j}\omega)$ 中的直流分量 $F(0)$。

解
$$F(0)=\int_{-1}^{3}f(t)\,\mathrm{d}t=\frac{1}{2}+\frac{3}{2}=2$$

3-31 若系统频率特性 $H(\mathrm{j}\omega)=\dfrac{1}{\mathrm{j}\omega+1}$，试求下列各激励信号系统的响应 $y(t)$。

(1) $f(t)=\sin t+\sin 3t$；

(2) $f(t)=\mathrm{e}^{-2t}u(t)$。

解 (1)
$$H(\mathrm{j}1)=\frac{1}{\mathrm{j}+1}=\frac{1}{\sqrt{2}}\mathrm{e}^{-\mathrm{j}\pi/4}$$
$$H(\mathrm{j}3)=\frac{1}{\mathrm{j}3+1}=\frac{1}{\sqrt{10}}\mathrm{e}^{-\mathrm{j}\arctan 3}=\frac{1}{\sqrt{10}}\mathrm{e}^{-\mathrm{j}71.6^\circ}$$
$$y(t)=\frac{\sqrt{2}}{2}\sin\left(t-\frac{\pi}{4}\right)+\frac{\sqrt{10}}{10}\sin(3t-71.6^\circ)$$
$$=\frac{1}{2}\sin t-\frac{1}{2}\cos t+\frac{1}{10}\sin 3t-\frac{3}{10}\cos 3t$$

(2)
$$Y(\mathrm{j}\omega)=F(\mathrm{j}\omega)H(\mathrm{j}\omega)=\frac{1}{\mathrm{j}\omega+1}\cdot\frac{1}{\mathrm{j}\omega+2}=\frac{1}{\mathrm{j}\omega+1}-\frac{1}{\mathrm{j}\omega+2}$$
$$y(t)=(\mathrm{e}^{-t}-\mathrm{e}^{-2t})u(t)$$

3-32 设系统的微分方程为
$$\frac{\mathrm{d}^2}{\mathrm{d}t^2}y(t)+3\frac{\mathrm{d}}{\mathrm{d}t}y(t)+2y(t)=\frac{\mathrm{d}^2}{\mathrm{d}t^2}f(t)+4\frac{\mathrm{d}}{\mathrm{d}t}f(t)+5f(t)$$
若输入 $f(t)=\mathrm{e}^{-3t}u(t)$，试用傅里叶分析法求响应 $y(t)$。

解
$$H(\mathrm{j}\omega)=\frac{(\mathrm{j}\omega)^2+4\mathrm{j}\omega+5}{(\mathrm{j}\omega)^2+3\mathrm{j}\omega+2},\ F(\mathrm{j}\omega)=\frac{1}{\mathrm{j}\omega+3}$$
$$Y(\mathrm{j}\omega)=F(\mathrm{j}\omega)H(\mathrm{j}\omega)=\frac{1}{\mathrm{j}\omega+3}\cdot\frac{(\mathrm{j}\omega)^2+4\mathrm{j}\omega+5}{(\mathrm{j}\omega+1)(\mathrm{j}\omega+2)}$$
$$=\frac{1}{\mathrm{j}\omega+1}+\frac{-1}{\mathrm{j}\omega+2}+\frac{1}{\mathrm{j}\omega+3}$$
$$y(t)=(\mathrm{e}^{-3t}-\mathrm{e}^{-2t}+\mathrm{e}^{-t})u(t)$$

3-33 试求题 3-33 图所示系统的频率特性 $H(\mathrm{j}\omega)$，其中 $f(t)$ 为激励，$y(t)$ 为响应。为了使系统能无失真地传输信号，

(1) 图(a) 中的 R_1、R_2 应如何选择。

(2) 图(b) 中的 R_1、C_1、R_2、C_2 应如何选择。

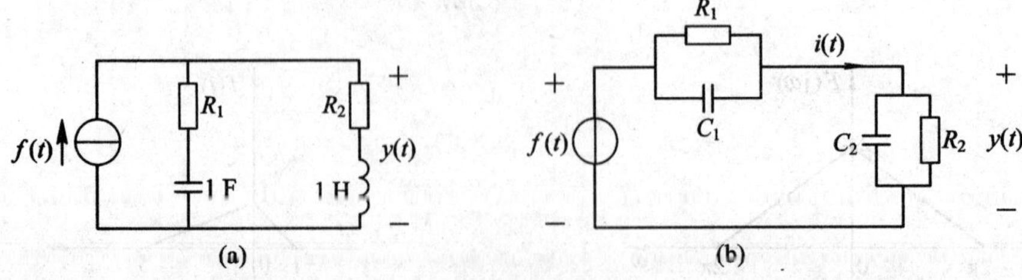

题 3-33 图

解 (1)

$$H(\mathrm{j}\omega)=\frac{Y(\mathrm{j}\omega)}{F(\mathrm{j}\omega)}=\frac{(R_1+1/\mathrm{j}\omega)(R_2+\mathrm{j}\omega)}{R_1+1/\mathrm{j}\omega+R_2+\mathrm{j}\omega}=\frac{R_1R_2+1+R_1\mathrm{j}\omega+R_2/\mathrm{j}\omega}{(R_1+R_2)+\mathrm{j}(\omega-1/\omega)}$$

$$=\frac{(R_1R_2+1)\mathrm{j}\omega+R_1(\mathrm{j}\omega)^2+R_2}{(R_1+R_2)\mathrm{j}\omega+(\mathrm{j}\omega)^2+1}=\frac{\mathrm{j}(R_1R_2+1)\omega+R_2-R_1\omega^2}{(R_1+R_2)\mathrm{j}\omega+(1-\omega^2)}$$

$$=\frac{R_1R_2+1}{R_1+R_2}\cdot\frac{\mathrm{j}\omega+(R_2-R_1\omega^2)/(R_1R_2+1)}{\mathrm{j}\omega+(1-\omega^2)/(R_1+R_2)}$$

无失真传输时分子和分母的虚部、实部分别相等，由实部相等得

$$(R_2-R_1\omega^2)(R_2+R_1)=(1-\omega^2)(R_2R_1+1)$$

比较 ω 同次项系数

$$\frac{R_2-R_1\omega^2}{R_1R_2+1}=\frac{1-\omega^2}{R_1+R_2}\tag{A}$$

得到

$$R_1^2+R_1R_2=R_1R_2+1$$

$$R_1^2=1,\ R_1=1\ \Omega$$

代入(A)式的分子：$R_2-\omega^2=1-\omega^2$，$R_2=1\ \Omega$。

(2)

$$H(\mathrm{j}\omega)=\frac{\dfrac{R_2/\mathrm{j}\omega C_2}{R_2+1/\mathrm{j}\omega C_2}}{\dfrac{R_1/\mathrm{j}\omega C_1}{R_1+1/\mathrm{j}\omega C_1}+\dfrac{R_2/\mathrm{j}\omega C_2}{R_2+1/\mathrm{j}\omega C_2}}$$

$$=\frac{(R_2/\mathrm{j}\omega C_2)(R_1+1/\mathrm{j}\omega C_1)}{(R_1/\mathrm{j}\omega C_1)(R_2+1/\mathrm{j}\omega C_2)+(R_2/\mathrm{j}\omega C_2)(R_1+1/\mathrm{j}\omega C_1)}$$

$$=\frac{R_2(\mathrm{j}\omega C_1R_1+1)}{R_1(\mathrm{j}\omega C_2R_2+1)+R_2(\mathrm{j}\omega C_1R_1+1)}$$

$$=\frac{C_1}{C_1+C_2}\,\frac{\mathrm{j}\omega+1/C_1R_1}{\mathrm{j}\omega+\dfrac{R_1+R_2}{R_1R_2(C_1+C_2)}}$$

为不失真，$H(\mathrm{j}\omega)$ 的分子、分母的实部和虚部分别相等，由实部相等，得

$$\frac{R_1+R_2}{R_1R_2(C_1+C_2)}=\frac{1}{R_1C_1}$$

解出 $R_1C_1=R_2C_2$，得

$$H(\mathrm{j}\omega)=\frac{1}{1+\dfrac{R_1}{R_2}\left(\dfrac{1+\mathrm{j}\omega C_2R_2}{1+\mathrm{j}\omega C_1R_1}\right)}=\frac{R_2}{R_1+R_2}=\frac{C_1}{C_1+C_2}$$

3－34 某线性非时变系统的频率响应

$$H(\mathrm{j}\omega)=\begin{cases}\mathrm{e}^{-\mathrm{j}3\omega}, & |\omega|<6\ \mathrm{rad/s}\\ 0, & |\omega|>6\ \mathrm{rad/s}\end{cases}$$

若系统的输入激励 $f(t)=\dfrac{\sin 4t}{t}\cos 6t$，求系统的输出响应 $y(t)$。

解

$$f_1(t)=\frac{\sin 4t}{t}\leftrightarrow F_1(\omega)=\pi g_8(\omega)$$

$$f(t)=\frac{\sin 4t}{t}\cos 6t \leftrightarrow F(\omega)=\frac{\pi}{2}[g_8(\omega+6)+g_8(\omega-6)]$$

$$|Y(\omega)|=\frac{\pi}{2}[g_4(\omega+4)+g_4(\omega-4)]$$

$$Y(\omega)=\frac{\pi}{2}[g_4(\omega+4)+g_4(\omega-4)]\mathrm{e}^{-\mathrm{j}3\omega}$$

$$y(t)=\frac{\sin 2(t-3)}{t-3}\cos 4(t-3)$$

$F_1(\omega)$、$F(\omega)$、$|Y(\omega)|$ 如题解 3－34 图所示。

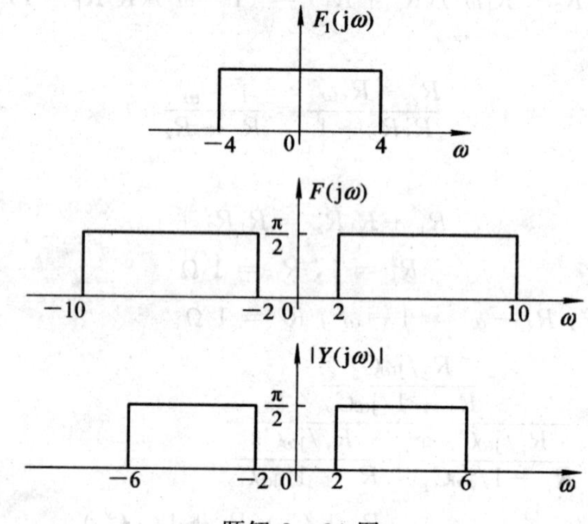

题解 3－34 图

3－35 若滤波器的频率特性如题 3－35 图所示，当输入 $f(t)=\sin(4\pi t)/\pi t$ 时，求输出 $y(t)$。

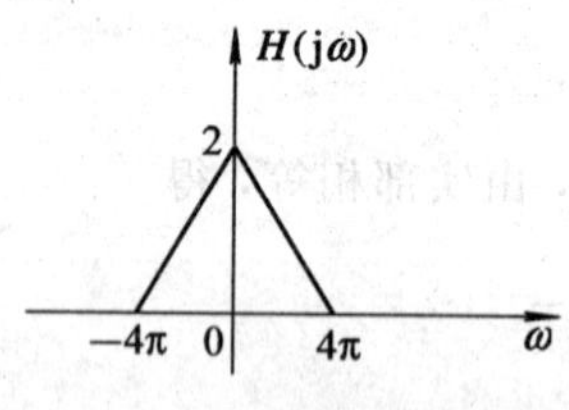

题 3－35 图

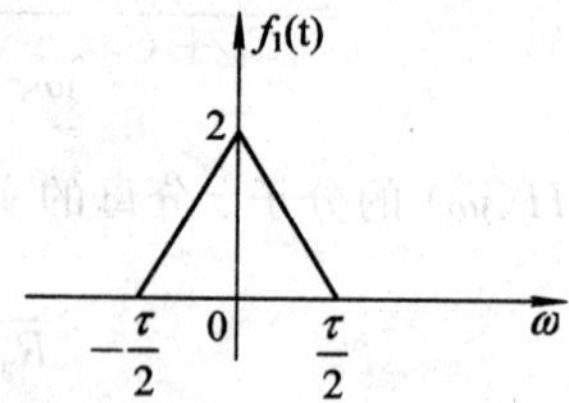

题解 3－35 图

解
$$f(t)=\frac{\sin 4\pi t}{\pi t}=4\ \mathrm{Sa}(4\pi t)\leftrightarrow F(\mathrm{j}\omega)=g_{8\pi}(\omega)$$

$$Y(\mathrm{j}\omega)=F(\mathrm{j}\omega)H(\mathrm{j}\omega)=H(\omega)$$

如题解 3－35 图所示三角信号 $f_1(t)$ 及其傅氏变换为

$$f_1(t)=\begin{cases}2\left(1-\frac{2|t|}{\tau}\right), & |t|<\frac{\tau}{2}\\ 0, & |t|>\frac{\tau}{2}\end{cases}\leftrightarrow F_1(\omega)=\tau\ \mathrm{Sa}^2\left(\frac{\omega\tau}{4}\right)=\frac{16}{\omega^2\tau}\sin^2\left(\frac{\omega\tau}{4}\right)$$

将 $t\to\omega$，$\tau=8\pi$ 代入 $f_1(t)$，得到 $f_1(\omega)=Y(\mathrm{j}\omega)=H(\omega)$。

再将 $\omega \to t$，$\tau = 8\pi$ 代入 $F_1(\omega)$ 并乘以系数 $1/2\pi$，得到

$$y(t) = \left(\frac{\sin 2\pi t}{\pi t}\right)^2$$

3 - 36 滤波器的频率特性如题 3 - 35 图，当输入 $f(t)$ 波形如题 3 - 36 图时，求输出 $y(t)$。

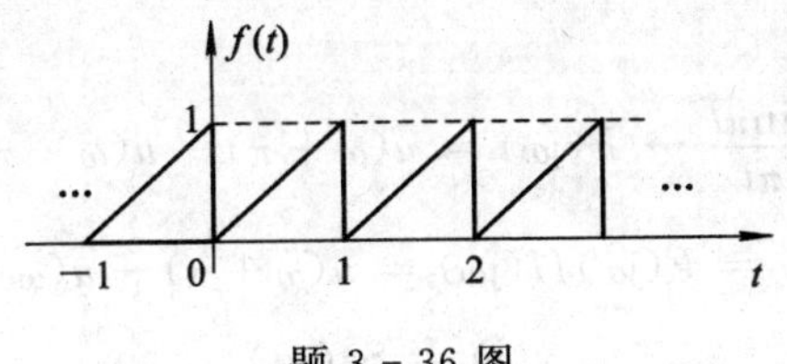

题 3 - 36 图

解 $f(t)$ 为周期函数，其周期 $T = 1$，$\omega_0 = 2\pi$；将 $f(t)$ 展开为傅里叶级数，其傅里叶系数 $F_n = \dfrac{\mathrm{j}}{2n\pi}$。只有直流与基波分量可通过题 3 - 35 图所示滤波器。其直流与基波的傅里叶系数为

$$F(0) = \frac{1}{2},\ F(n\omega_0)\big|_{n=1} = \frac{\mathrm{j}}{2n\pi}\bigg|_{n=1} = \frac{\mathrm{j}}{2\pi}$$

$$F(n\omega_0)\big|_{n=-1} = \frac{\mathrm{j}}{2n\pi}\bigg|_{n=1} = -\frac{\mathrm{j}}{2\pi}$$

$$f(t) = \frac{1}{2} - \frac{1}{2\mathrm{j}\pi}(\mathrm{e}^{\mathrm{j}\omega_0 t} - \mathrm{e}^{-\mathrm{j}\omega_0 t}) = \frac{1}{2} - \frac{1}{\pi}\sin\omega_0 t$$

因直流是放大 2 倍，基波分量(直通)不变，所以

$$y(t) = 1 - \frac{1}{\pi}\sin\omega_0 t = 1 - \frac{1}{\pi}\sin 2\pi t$$

3 - 37 如题 3 - 37 图所示系统，其中

$$f_1(t) = \sum_{n=-\infty}^{\infty} \mathrm{e}^{\mathrm{j}nt},\ -\infty < t < \infty$$

$$f_2(t) = \cos t,\ -\infty < t < \infty$$

$$H(\mathrm{j}\omega) = \begin{cases} \mathrm{e}^{-\mathrm{j}\pi\omega/3}, & |\omega| < 1.5\ \mathrm{rad/s} \\ 0, & |\omega| > 1.5\ \mathrm{rad/s} \end{cases}$$

f₁(t) ⊗ H(jω) y(t) f₂(t)

题 3 - 37 图

求系统的输出响应 $y(t)$。

解

$$f_1(t) = \sum_{n=-\infty}^{\infty} \mathrm{e}^{\mathrm{j}nt} = 1 + 2\cos t + 2\cos 2t + \cdots$$

$$\begin{aligned} f_1(t)f_2(t) &= (1 + 2\cos t + 2\cos 2t + \cdots)\cos t \\ &= \cos t + 2\cos^2 t + 2\cos 2t\cos t + \cdots \\ &= \cos t + 1 + \cos 2t + \cos t + \cos 3t + \cdots \\ &= 1 + 2\cos t + 2\cos 2t + 2\cos 3t + \cdots \end{aligned}$$

$H(\mathrm{j}\omega)$ 是只能通过 $\omega \leqslant 1.5$ 且有 $\pi/3$ 移位(时延)的低通滤波器，所以

$$y(t) = 1 + 2\cos\left(t - \frac{\pi}{3}\right)$$

3－38 低通滤波器频率特性为 $H(j\omega)=u(\omega+\pi)-u(\omega-\pi)$，当输入为下列信号时，求响应。

(1) $f(t)=\dfrac{\sin\pi t}{\pi t}$；

(2) $f(t)=\dfrac{\sin4\pi t}{\pi t}$。

解 (1)
$$f(t)=\frac{\sin\pi t}{\pi t}\leftrightarrow F(j\omega)=u(\omega+\pi)-u(\omega-\pi)$$
$$Y(j\omega)=F(j\omega)H(j\omega)=u(\omega+\pi)-u(\omega-\pi)$$
$$y(t)=\mathrm{Sa}(\pi t)$$

(2)
$$f(t)=\frac{\sin4\pi t}{\pi t}\leftrightarrow F(j\omega)=u(\omega+4\pi)-u(\omega-4\pi)$$
$$Y(j\omega)=F(j\omega)H(j\omega)=u(\omega+\pi)-u(\omega-\pi)$$
$$y(t)=\mathrm{Sa}(\pi t)$$

3－39 如题 3－39(a) 图所示的系统中，$f_1(t)=\cos t$，$f_2(t)=\cos10t$，$H(j\omega)$ 是曲线如题 3－39(b) 图所示的带通滤波器($\varphi(\omega)=0$)，试求 $y(t)$。

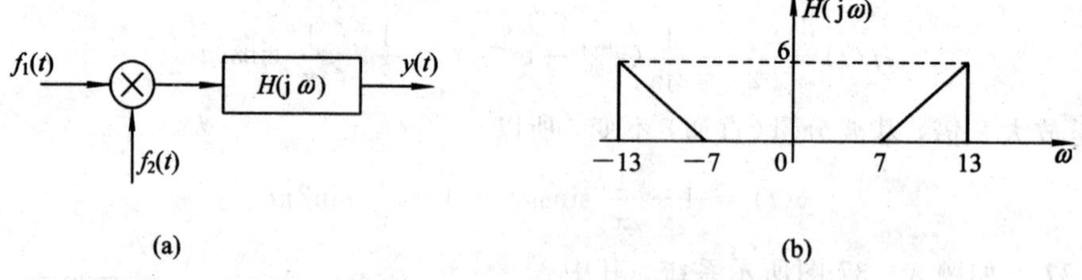

题 3－39 图

解
$$f_1(t)f_2(t)=\cos t\cdot\cos10t=\frac{1}{2}(\cos9t+\cos11t)$$

$H(j\omega)$ 是只能通过 $7<\omega\leqslant13$、无移位(时延)的带通滤波器，即
$$H(j\omega)=\begin{cases}\omega-7, & 7<\omega\leqslant13\\ 0, & \text{其它}\end{cases}$$

特别是
$$H(j9)=2,\ H(j11)=4$$

所以
$$y(t)=2\cos11t+\cos9t$$

3－40 已知理想低通滤波器的系统函数为 $H(j\omega)=\begin{cases}1, & |\omega|<2\pi/\tau\\ 0, & |\omega|>2\pi/\tau\end{cases}$，激励信号的傅里叶变换为 $F(j\omega)=\tau\,\mathrm{Sa}\left(\dfrac{\omega\tau}{2}\right)$，求该理想低通滤波器的响应 $y(t)$。

解　由 $F(\mathrm{j}\omega)=\tau\,\mathrm{Sa}\left(\frac{\omega\tau}{2}\right)$，得

$$f(t)=g_\tau(t)=u\left(t+\frac{\tau}{2}\right)-u\left(t-\frac{\tau}{2}\right)$$

截止频率为 ω_c，相移为 $-\omega t_0$ 的理想低通滤波器的阶跃响应为

$$g(t)=\frac{1}{2}+\frac{1}{\pi}\,\mathrm{Si}[\omega_c(t-t_0)]$$

本题系统可认为是截止频率 $\omega_c=2\pi/\tau$，相移为零的理想低通滤波器，所以其输出为

$$y(t)=\frac{1}{\pi}\left\{\mathrm{Si}\left[\frac{2\pi}{\tau}\left(t+\frac{\tau}{2}\right)\right]-\mathrm{Si}\left[\frac{2\pi}{\tau}\left(t-\frac{\tau}{2}\right)\right]\right\}$$

3-41　如题 3-41 图所示系统，$H_1(\mathrm{j}\omega)$ 为理想低通滤波器，其频响特性为

$$H_1(\mathrm{j}\omega)=\begin{cases}\mathrm{e}^{-\mathrm{j}\omega t_0}, & |\omega|<1\\ 0, & |\omega|>1\end{cases}$$

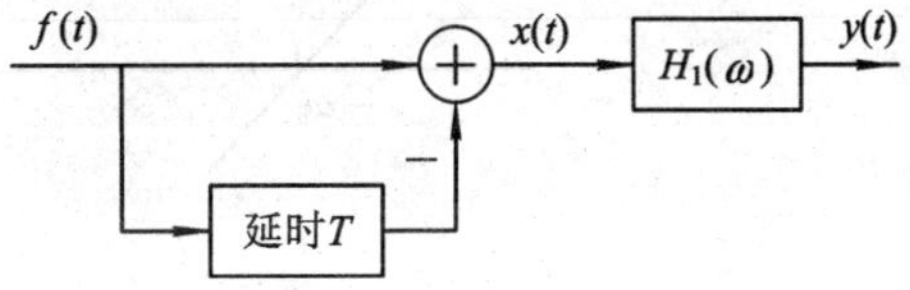

题 3-41 图

分别求：

(1) $f(t)=u(t)$；

(2) $f(t)=\dfrac{2\sin(t/2)}{t}$ 时的响应 $y(t)$。

解　系统频响为

$$H(\mathrm{j}\omega)=\begin{cases}\mathrm{e}^{-\mathrm{j}\omega t_0}-\mathrm{e}^{-\mathrm{j}\omega(t_0+T)}, & |\omega|<1\\ 0, & |\omega|>1\end{cases}$$

(1) $f(t)=u(t)$，则

$$F(\omega)=\pi\delta(\omega)+\frac{1}{\mathrm{j}\omega}$$

$$Y(\mathrm{j}\omega)=\begin{cases}\left[\pi\delta(\omega)+\dfrac{1}{\mathrm{j}\omega}\right][\mathrm{e}^{-\mathrm{j}\omega t_0}-\mathrm{e}^{-\mathrm{j}\omega(t_0+T)}], & |\omega|<1\\ 0, & |\omega|>1\end{cases}$$

截止频率为 ω_c，相移为 $-\omega t_0$ 的理想低通滤波器的阶跃响应为

$$g(t)=\frac{1}{2}+\frac{1}{\pi}\,\mathrm{Si}[\omega_c(t-t_0)]$$

本题系统可认为是截止频率 $\omega_c=1$，相移分别为 $-\omega t_0$ 及 $-\omega(t_0+T)$ 的两个理想低通滤波器的并联，所以其输出为

$$y(t)=\frac{1}{\pi}[\mathrm{Si}(t-t_0)-\mathrm{Si}(t-t_0-T)]$$

(2)　$$f(t)=\frac{2\sin(t/2)}{t}\leftrightarrow F(\omega)=2\pi g_1(\omega)=2\pi\left[u\left(\omega+\frac{1}{2}\right)-u\left(\omega-\frac{1}{2}\right)\right]$$

$$Y(\mathrm{j}\omega)=\begin{cases}2\pi[\mathrm{e}^{-\mathrm{j}\omega t_0}-\mathrm{e}^{-\mathrm{j}\omega(t_0+T)}], & |\omega|<1/2\\ 0, & |\omega|>1/2\end{cases}$$

$$y(t)=\mathrm{Sa}\left[\frac{1}{2}(t-t_0)\right]-\mathrm{Sa}\left[\frac{1}{2}(t-t_0-T)\right]$$

3-42 如题3-42图所示理想带通系统的频响特性，求其冲激响应。该系统是否物理可实现。

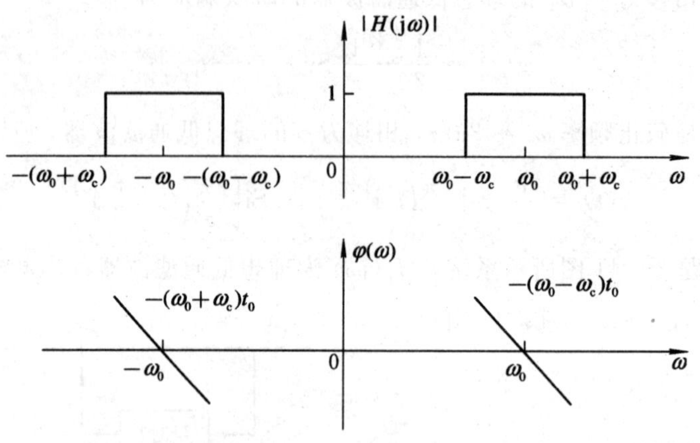

题 3-42 图

解 系统不满足维纳-辛钦准则，所以是非因果系统，是物理不可实现的。

令

$$H_1(\mathrm{j}\omega)=\begin{cases}\mathrm{e}^{-\mathrm{j}\omega t_0}, & |\omega|\leqslant\omega_c\\ 0, & |\omega|>\omega_c\end{cases}\leftrightarrow h_1(t)=\frac{\omega_c}{\pi}\mathrm{Sa}[\omega_c(t-t_0)]$$

因为

$$H(\mathrm{j}\omega)=H_1(\omega+\omega_0)+H_1(\omega-\omega_0)$$

所以

$$h(t)=2h_1(t)\cos(\omega_0 t)=\frac{2\omega_c}{\pi}\mathrm{Sa}[\omega_c(t-t_0)]\cos(\omega_0 t)$$

3-43 求如题3-43图所示 $f(t)$ 的频谱函数 $F(\mathrm{j}\omega)$，并粗略估计其频带宽度。

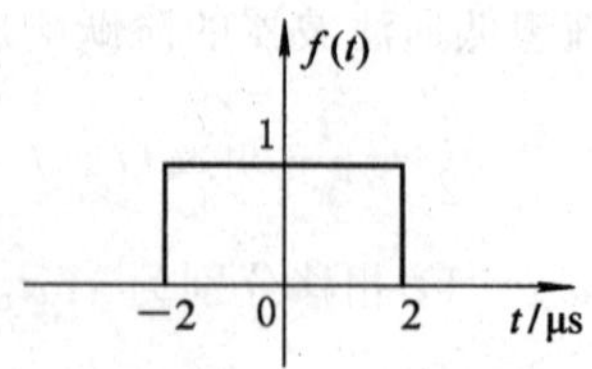

题 3-43 图

解

$$F(\mathrm{j}\omega)=4\,\mathrm{Sa}(2\omega)$$

$$\tau=4\ \mu\mathrm{s},\ B_m=\frac{1}{\tau}=250\ \mathrm{kHz}$$

3-44 已知某系统的输入为 $f(t)-u(t)$ 时，输出为 $y(t)-2u(t+2)$，判断系统是否为无失真传输系统。是否为物理可实现系统。

解 $\dfrac{Y(\mathrm{j}\omega)}{F(\mathrm{j}\omega)}=2\mathrm{e}^{\mathrm{j}2\omega}$，满足不失真传输条件，但由于响应超前激励，因此是物理不可实现系统。

3-45 试确定下列信号不失真均匀抽样的奈奎斯特频率与奈奎斯特间隔。

(1) $f_1(t)=\mathrm{Sa}(100t)$；

(2) $f_2(t)=\mathrm{Sa}^2(100t)$；

(3) $f_3(t)=\mathrm{Sa}(100t)+\mathrm{Sa}(50t)$；

(4) $f_4(t)=\mathrm{Sa}(100t)+\mathrm{Sa}^2(60t)$。

解 (1) 已知$\dfrac{1}{2\pi}g_{2\tau}(t)\leftrightarrow \mathrm{Sa}(\tau\omega)$，利用对称性可得

$$\mathrm{Sa}(\omega_0 t)\leftrightarrow 2\pi\frac{1}{2\omega_0}g_{2\omega_0}(\omega)=\frac{\pi}{\omega_0}g_{2\omega_0}(\omega)$$

式中，$g_{2\omega_0}(\omega)$ 的最高角频率为 ω_0。

$$f_1(t)=\mathrm{Sa}(100t)\leftrightarrow F_1(\omega)=\frac{\pi}{100}g_{200}(\omega)$$

$F_1(\omega)$ 如题解 3-45(a) 图所示，信号的最高角频率 $\omega_m=\omega_0=100$，信号的最高频率 $f_m=100/2\pi$。

$f_1(t)$ 的奈奎斯特频率 $f_s=2f_m=\dfrac{100}{\pi}$ (Hz)；

$f_1(t)$ 的奈奎斯特间隔 $T=\dfrac{1}{f_s}=\dfrac{\pi}{100}$ (s)。

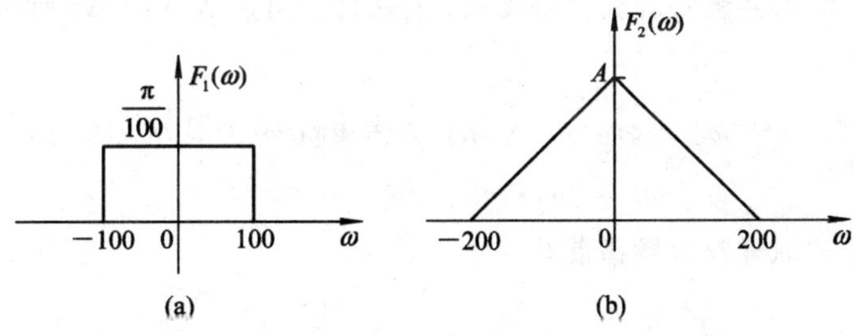

题解 3-45 图

(2) 令

$$f_2(t)=\mathrm{Sa}^2(100t)=f_1(t)\cdot f_1(t)$$

其对应的傅里叶变换为

$$F_2(\omega)=\frac{1}{2\pi}F_1(\omega)*F_1(\omega)$$

卷积后的 $F_2(\omega)$ 频谱展宽为 $F_1(\omega)$ 频谱的两倍，如题解 3-45(b) 图所示。$F_2(\omega)$ 的最高角频率 $\omega_m=2\omega_0=200$，信号的最高频率 $f_m=200/2\pi$。

$f_2(t)$ 的奈奎斯特频率 $f_s = 2f_m = \dfrac{200}{\pi}$ (Hz)；

$f_2(t)$ 的奈奎斯特间隔 $T = \dfrac{1}{f_s} = \dfrac{\pi}{200}$ (s)。

(3) $$f_3(t) = \text{Sa}(100t) + \text{Sa}(50t) = f_1(t) + f_1\left(\frac{t}{2}\right)$$

$$F_3(\omega) = F_1(\omega) + 2F_1(2\omega)$$

$f_3(t)$ 信号的最高角频率 $\omega_m = \omega_0 = 100$，信号的最高频率 $f_m = \dfrac{100}{2\pi}$。

$f_3(t)$ 的奈奎斯特频率 $f_s = 2f_m = \dfrac{100}{\pi}$ (Hz)；

$f_3(t)$ 的奈奎斯特间隔 $T = \dfrac{1}{f_s} = \dfrac{\pi}{100}$ (s)。

(4) $$f_4(t) = \text{Sa}(100t) + \text{Sa}^2(60t) = f_1(t) + \text{Sa}(60t)\cdot\text{Sa}(60t)$$

$f_4(t)$ 第一项的最高角频率 $\omega_{m1} = 100$，第二项的最高角频率 $\omega_{m2} = 120$，所以信号的最高频率 $f_m = f_{m2} = 120/2\pi$。

$f_4(t)$ 的奈奎斯特频率 $f_s = 2f_{m2} = \dfrac{120}{\pi}$ (Hz)；

$f_4(t)$ 的奈奎斯特间隔 $T = \dfrac{1}{f_s} = \dfrac{\pi}{120}$ (s)。

3-46 今对三个正弦信号 $x_1(t) = \cos(2\pi t)$，$x_2(t) = -\cos(6\pi t)$，$x_3(t) = \cos(10\pi t)$ 进行理想采样，采样频率为 $\omega_s = 8\pi$，求三个采样输出序列，比较这个结果。画出信号及采样序列、恢复信号波形并解释频谱混叠现象。有条件的可用 MATLAB 计算并作图。

解 因为

$$\omega_s = 8\pi,\ \omega_1 = 2\pi,\ \omega_2 = 6\pi,\ \omega_3 = 10\pi$$

$$\omega_s > 2\omega_1,\ \omega_s < 2\omega_2,\ \omega_s < 2\omega_3$$

所以只有对 $x_1(t)$ 的取样没有频谱混叠。

或 $$T_s = \frac{1}{4},\ T_1 = 1,\ T_2 = \frac{1}{3},\ T_3 = \frac{1}{5}$$

$$\frac{T_1}{T_s} = 4,\ \frac{T_2}{T_s} = \frac{4}{3},\ \frac{T_3}{T_s} = \frac{4}{5}$$

(1) $$\begin{aligned} x_{s1}(t) &= x_1(t)\delta_T(t) = \cos(2\pi t)\sum_{n=-\infty}^{\infty}\delta\left(t-\frac{n}{4}\right) \\ &= \sum_{n=-\infty}^{\infty}\cos\left(2\pi\frac{n}{4}\right)\delta\left(t-\frac{n}{4}\right) \\ &= \sum_{n=-\infty}^{\infty}\cos\left(\frac{n\pi}{2}\right)\delta\left(t-\frac{n}{4}\right) \end{aligned}$$

加权序列

$$\cos\left(\frac{n\pi}{2}\right)=[\cdots,\ \underset{\uparrow}{1},\ 0,\ -1,\ 0,\ 1,\ 0,\ -1,\ 0,\ \cdots]$$

其中，$\delta_{\mathrm{T}}(t)=\sum\limits_{n=-\infty}^{\infty}\delta(t-nT)$。

$x_1(t)$（长划线）及采样序列（冲激串）如题解 3－46(a) 图所示。由采样序列恢复的信号与原信号相同。

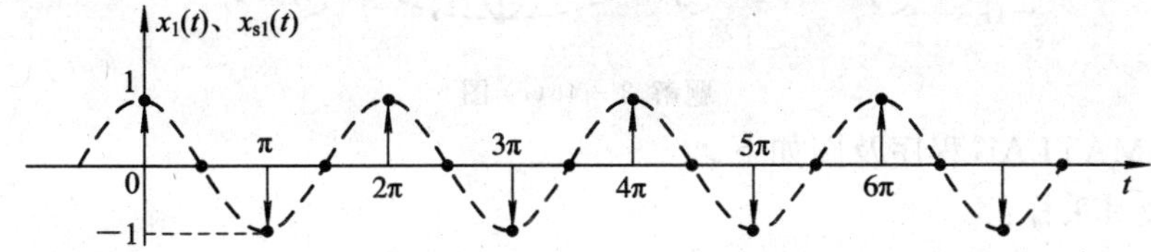

题解 3－46(a) 图

(2)
$$x_{s2}(t)=x_2(t)\delta_{\mathrm{T}}(t)=-\cos(6\pi t)\sum_{n=-\infty}^{\infty}\delta\left(t-\frac{n}{4}\right)$$
$$=-\sum_{n=-\infty}^{\infty}\cos\left(6\pi\frac{n}{4}\right)\delta\left(t-\frac{n}{4}\right)=-\sum_{n=-\infty}^{\infty}\cos\left(\frac{3n\pi}{2}\right)\delta\left(t-\frac{n}{4}\right)$$

加权序列

$$-\cos\left(\frac{3n\pi}{2}\right)=[,\ \cdots,\ -\underset{\uparrow}{1},\ 0,\ 1,\ 0,\ \cdots]$$

其中，$\delta_{\mathrm{T}}(t)=\sum\limits_{n=-\infty}^{\infty}\delta(t-nT)$。

$x_2(t)$（长划线）及采样序列（冲激串）及恢复信号（短划线）如题解 3－46(b) 图所示，由采样序列恢复的信号周期比原信号周期大。

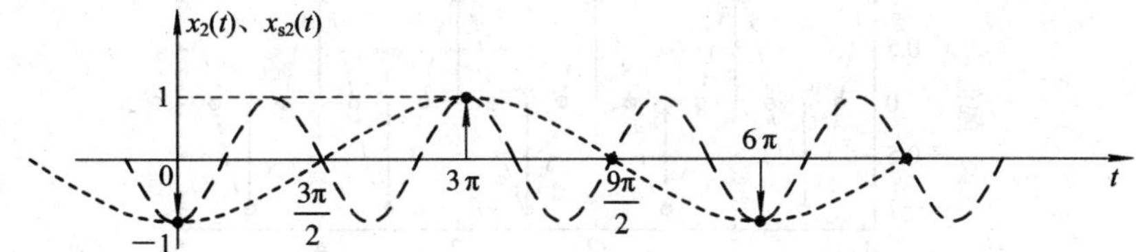

题解 3－46(b) 图

(3)
$$x_3(t)=x_3(t)\delta_{\mathrm{T}}(t)=\cos(10\pi t)\sum_{n=-\infty}^{\infty}\delta\left(t-\frac{n}{4}\right)$$
$$=\sum_{n=-\infty}^{\infty}\cos\left(10\pi\frac{n}{4}\right)\delta\left(t-\frac{n}{4}\right)=\sum_{n=-\infty}^{\infty}\cos\left(\frac{5n\pi}{2}\right)\delta\left(t-\frac{n}{4}\right)$$

加权序列

$$\cos\left(\frac{5n\pi}{2}\right)=[\cdots\ \underset{\uparrow}{1},\ 0,\ -1,\ 0,\ 1,\ 0,\ \cdots]$$

其中，$\delta_{\mathrm{T}}(t)=\sum\limits_{n=-\infty}^{\infty}\delta(t-nT)$。

$x_3(t)$(长划线)及采样序列(冲激串)及恢复信号(短划线)如题解 3 - 46(c)图所示。由采样序列恢复的信号周期比原信号周期更大。

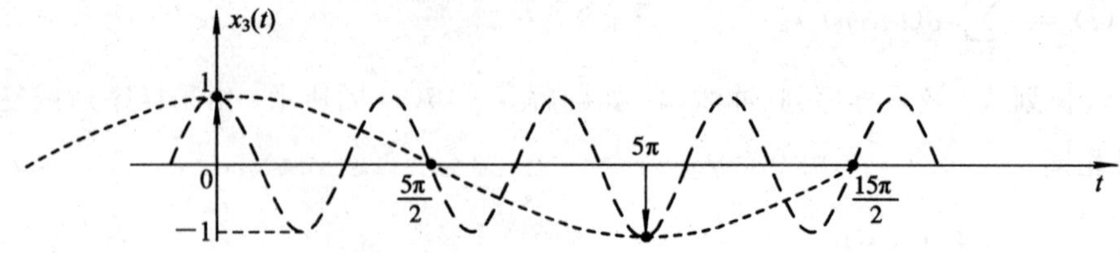

题解 3 - 46(c) 图

本题的 MATLAB 程序及图如下。

$x_1(t)$ 及其采样:

```
clear;clf;t = 0:0.05:5;xa = cos(2 * pi * t);subplot(2,1,1);plot(t,xa);grid;
  ylabel('幅值'); title('连续信号 x1(t)'); axis([0 5 -1.2 1.2])
  subplot(2,1,2); plot(t,xa,'-.');hold on;T = 0.25; n = 0:T:5;xs = cos(2 * pi * n);
  stem(n,xs);grid;xlabel('n,msec');ylabel('幅值');
  title('离散信号 x1(n)'); axis([0,5,-1.2 1.2]);
```

$x_1(t)$ 及采样点位置如题解 3 - 46(a1)图所示。

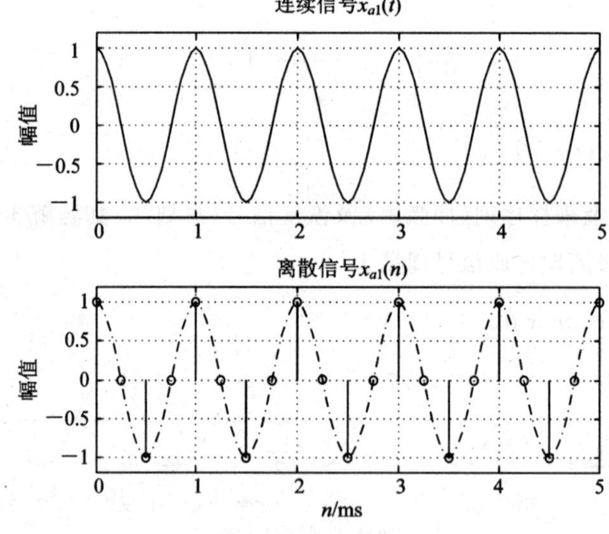

题解 3 - 46(a1) 图

$x_2(t)$ 及其采样:

```
clear;clf;t = 0:0.001:1.5;
  xa =- cos(6 * pi * t);subplot(2,1,1);plot(t,xa);grid;
  ylabel('幅值'); title('连续信号 x2(t)');
  axis([0 1.5 -1.2 1.2])
  subplot(2,1,2); plot(t,xa,'-.');hold on;
  T = 0.25; n = 0:T:1.5;xs =- cos(6 * pi * n);
  stem(n,xs);grid;xlabel('n,msec');ylabel('幅值');
  title('离散信号 x2(n)'); axis([0,1.5,-1.2 1.2]);
```

$x_2(t)$ 及采样点位置如题解 3 - 46(a2) 图所示。

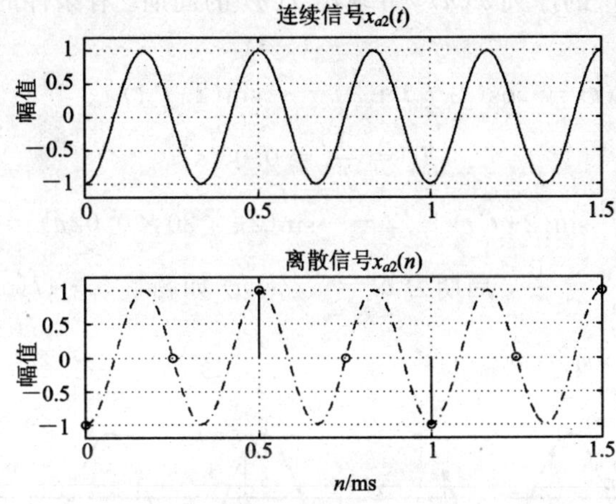

题解 3 - 46(a2) 图

$x_3(t)$ 及其采样：

```
clear;clf;t = 0:0.0001:1;
  xa = cos(10 * pi * t);subplot(2,1,1);plot(t,xa);grid;
  ylabel('幅值'); title('连续信号 x3(t)');
  axis([0 1 -1.2 1.2])
  subplot(2,1,2); plot(t,xa,'-.');hold on;
  T = 0.25; n = 0:T:1;xs = cos(10 * pi * n);
  stem(n,xs);grid;xlabel('n,msec');ylabel('幅值');
  title('离散信号 x3(n)'); axis([0,1,-1.2 1.2]);
```

$x_3(t)$ 及采样点位置如题解 3 - 46(a3) 图所示。

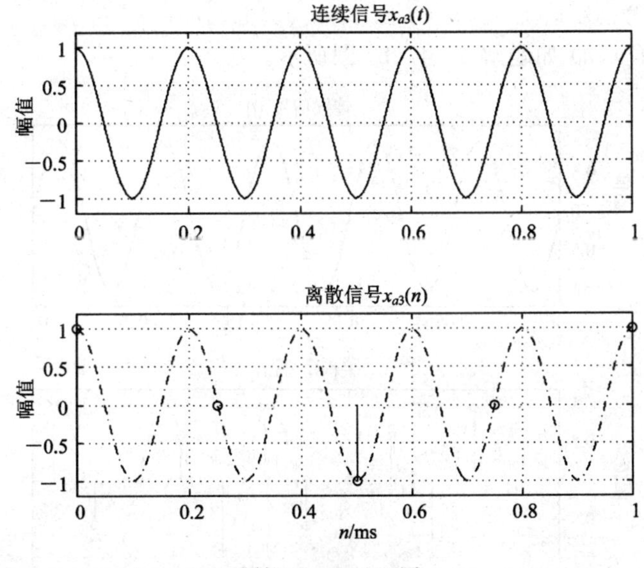

题解 3 - 46(a3) 图

3 - 47 连续信号 $x(t) = \cos(2\pi f_0 t + \varphi)$，式中 $f_0 = 20\ \text{Hz}$，$\varphi = \pi/2$。

(1) 求出 $x(t)$ 的周期；

(2) 用采样间隔 $T=0.02$ s 对 $x(t)$ 进行采样，写出采样信号 $x_s(t)$ 的表示式；

(3) 画出 $x_s(t)$ 对应的序列 $x(n)$，并求出 $x(n)$ 的周期。有条件的可用 MATLAB 计算并作图。

解 (1)
$$x(t)=\cos(2\pi f_0 t+\varphi)=-\sin(2\pi f_0 t)$$
$$T_0=\frac{1}{f_0}=0.05\ \text{s}$$

(2) $x_s(t)\mid_{t=nT}=-\sin(2\pi f_0 t)\mid_{t=nT}=-\sin(2\pi\times 20\times 0.02n)=-\sin(0.8\pi n)=x(n)$

(3) $\omega_0=0.8\pi$，$\dfrac{2\pi}{\omega_0}=\dfrac{5}{2}$，周期为 $N=5$。$x(n)$ 如题解 3-47(a) 图所示。

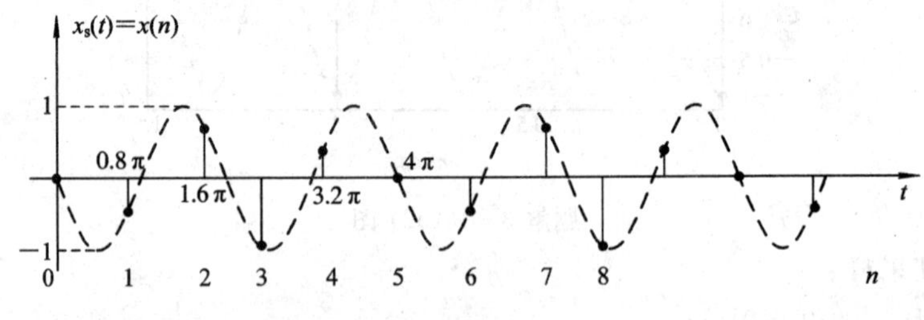

题解 3-47(a) 图

本题的 MATLAB 程序及图如下。

```
clear;clf;t = 0:0.0001:0.25; f0 = 20;
  xa = cos(f0 * 2 * pi * t + pi/2);subplot(2,1,1);plot(t,xa);grid;
  ylabel('幅值'); title('连续信号 x(t)');
  axis([0 0.25 -1.2 1.2])
  subplot(2,1,2); plot(t,xa,'-.');hold on;
  T = 0.02; n = 0:T: 0.25;xs = cos(f0 * 2 * pi * n + pi/2);
  stem(n,xs);grid;xlabel('n,msec');ylabel('幅值');
  title('采样信号 xs(t)'); axis([0, 0.25,-1.2 1.2]);
```

$x(t)$ 及其采样 $x(n)$ 如题解 3-47(b) 图所示。

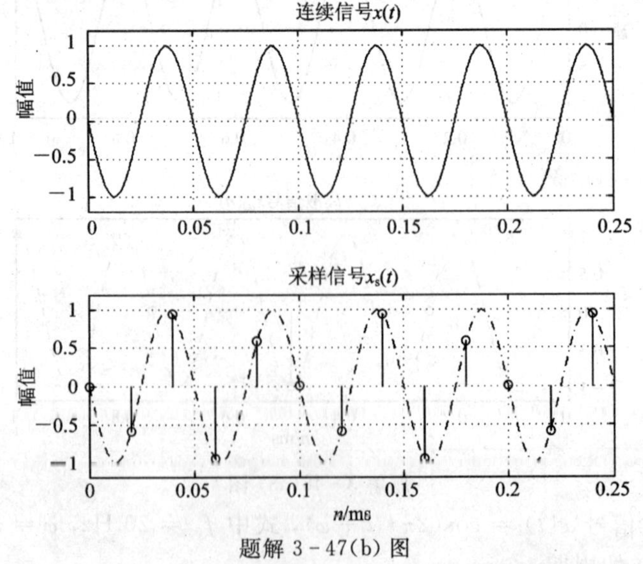

题解 3-47(b) 图

3 - 48　一个理想采样及恢复系统如题3 - 48图所示，采样频率为 $\omega_s=8\pi$，采样后信号经理想低通 $H(\mathrm{j}\omega)$ 还原。今有两输入，$x_1(t)=\cos 2\pi t$，$x_2(t)=\cos 5\pi t$，问输出信号 $y_1(t)$，$y_2(t)$ 有没有失真？若有失真是什么失真？

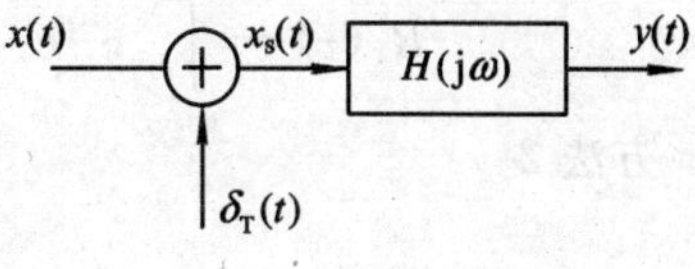

题 3 - 48 图

$$H(\mathrm{j}\omega)=\begin{cases}1/4, & |\omega|<4\pi\\ 0, & |\omega|\geqslant 4\pi\end{cases}$$

解
$$\omega_s=8\pi,\ x_1(t)=\cos 2\pi t,\ \omega_1=2\pi$$
$$x_2(t)=\cos 5\pi t,\ \omega_2=5\pi$$

$X_1(\mathrm{j}\omega)$、$X_2(\mathrm{j}\omega)$ 如题解 3 - 48(a) 图所示；因为 $\omega_s>2\omega_1$，$\omega_s<2\omega_2$，所以只有对 $x_1(t)$ 的取样 $X_{s1}(\mathrm{j}\omega)$ 没有频谱混叠，$X_{s1}(\mathrm{j}\omega)$、$X_{s2}(\mathrm{j}\omega)$ 如题解 3 - 48(b) 图所示，即经滤波后 $y_1(t)=\dfrac{1}{4}\cos 2\pi t$ 无失真；$y_2(t)=\dfrac{1}{4}\cos 3\pi t$ 有混叠频率的频率失真。

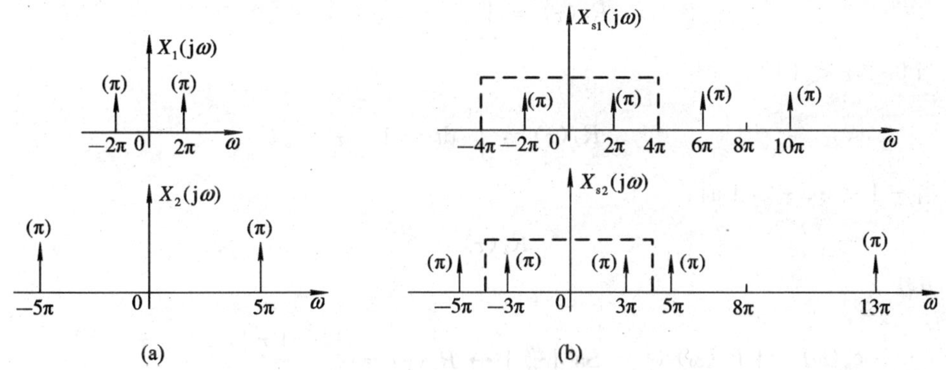

题解 3 - 48 图

3 - 49　求下列信号的自相关函数 $R(\tau)$ 及能量谱密度函数 $\mathscr{E}(\omega)$。有条件的可用 MATLAB 计算并作图。

(1) $f_1(t)=\mathrm{e}^{-t}u(t)$；

(2) $f_2(t)=u(t)-u(t-1)$。

解　(1)
$$F_1(\omega)=\frac{1}{1+\mathrm{j}\omega}$$
$$\mathscr{E}_1(\omega)=|F_1(\omega)|^2=\frac{1}{1+\omega^2}$$

方法 1
$$R_1(\tau)=f_1(\tau)*f_1(-\tau)=\mathrm{e}^{-\tau}u(\tau)*\mathrm{e}^{\tau}u(-\tau)$$

当 $\tau<0$ 时，
$$R_1(\tau)=\int_0^{\infty}\mathrm{e}^{-t}\mathrm{e}^{\tau-t}\,\mathrm{d}t=\mathrm{e}^{\tau}\int_0^{\infty}\mathrm{e}^{-2t}\,\mathrm{d}t=\frac{-1}{2}\mathrm{e}^{\tau}\mathrm{e}^{-2t}\Big|_0^{-\infty}=\frac{1}{2}\mathrm{e}^{\tau}$$

当 $\tau>0$ 时，

$$R_1(\tau)=\int_{\tau}^{\infty}\mathrm{e}^{-t}\mathrm{e}^{\tau-t}\,\mathrm{d}t=\mathrm{e}^{\tau}\int_{\tau}^{\infty}\mathrm{e}^{-2t}\,\mathrm{d}t=\frac{-1}{2}\mathrm{e}^{\tau}\mathrm{e}^{-2t}\Big|_{\tau}^{-\infty}=\frac{1}{2}\mathrm{e}^{-\tau}$$

方法 2

$$|F_1(\omega)|^2=\frac{1}{1+\omega^2}\leftrightarrow R_1(\tau)=\begin{cases}0.5\mathrm{e}^{\tau}, & \tau<0\\ 0.5\mathrm{e}^{-\tau}, & \tau>0\end{cases}$$

(2)
$$F_2(\omega)=\frac{1}{\mathrm{j}\omega}(1-\mathrm{e}^{-\mathrm{j}\omega})=\mathrm{Sa}\left(\frac{\omega}{2}\right)\mathrm{e}^{-\mathrm{j}\omega/2}$$

$$\mathscr{E}_2(\omega)=|F_2(\omega)|^2=\mathrm{Sa}^2\left(\frac{\omega}{2}\right)$$

方法 1

$$R_2(\tau)=f_2(\tau)*f_2(-\tau)=[u(\tau)-u(\tau-1)]*[u(\tau+1)-u(\tau)]$$

当 $-1<\tau<0$ 时，

$$R_2(\tau)=\int_0^{\tau+1}\mathrm{d}t=\tau+1$$

当 $0<\tau<1$ 时，

$$R_2(\tau)=\int_{\tau}^{1}\mathrm{d}t=1-\tau$$

当 $-1<\tau,\tau>1$ 时，

$$R_2(\tau)=0$$

方法 2

$$\mathscr{E}_2(\omega)=|F_2(\omega)|^2=\mathrm{Sa}^2\left(\frac{\omega}{2}\right)\leftrightarrow R_2(\tau)=\begin{cases}1-|\tau|, & |\tau|\leqslant 1\\ 0, & \text{其它}\end{cases}$$

本题的 MATLAB 程序及图如下：

计算 $R_1(\tau)$、$\mathscr{E}_1(\omega)$：

```
clear;
    T = 0.01;t1 = 0;t2 = 3;
    t5 = t1:T:t2;                          % 生成 t5 的时间向量
    f1 = exp(-1 * t5);                     % 生成 f1 的样值向量
    [f11,t55] = seqfold(f1,t5);
    [R,ty] = convwthn(f11,-t2,f1,t1); R = R * T;
    t = (-t2+t1):T:(-t1+t2);               % 序列 R 非零样值的宽度
    N = 200;W = 4 * pi;k =-N:N;w = k * W/N;
    F = T * R * exp(-j * t' * w);          %R(t) 的傅里叶变换
    F1 = abs(F);P1 = angle(F);
    subplot(3,1,1);                        %f1(t) 的波形
    plot(t5,f1);
    axis([(min([t1,(-t2+t1)])),( max ([t2, ( -t1+t2) ])), min(f1)-0.1, max(f1)+0.1]);
```

```
ylabel('f1'); xlabel('t');
grid;subplot(3,1,2);                        %R(t) 的波形
plot(t,R);
axis([(min([t1,(- t2+ t1) ])),( max ([t2,( - t1 + t2) ])),min(R) - 0.1,max(R) + 0.1]);
grid; ylabel(' 自相关 '); xlabel('tao');
subplot(3,1,3); plot(w,F1); axis([- 3 * pi,3 * pi, - 0.01,1.1]);
grid;ylabel(' 能量谱 '); xlabel('w');
```

$f_1(t)$、$R_1(\tau)$、$\mathscr{E}_1(\omega)$ 如题解 3 - 49(1) 图所示。

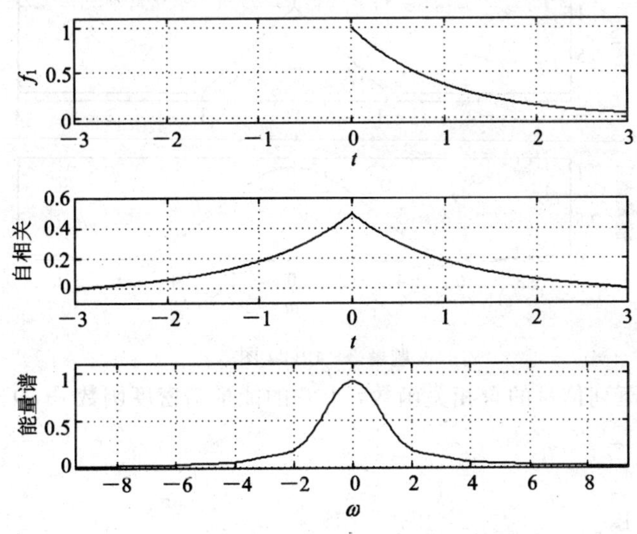

题解 3 - 49(1) 图

计算 $R_2(\tau)$、$\mathscr{E}_2(\omega)$：

```
clear;
  T = 0.01;t1 = 0;t2 = 3;
  t5 = t1:T:t2;                                  % 生成 t5 的时间向量
  f1 = stepfun(t5,0) - stepfun(t5,1);            % 生成 f1 的样值向量
  [f11,t55] = seqfold(f1,t5);[R,ty] = convwthn(f11, - t2,f1,t1);
  R = R * T; t = (- t2 + t1):T:(- t1 + t2);      % 序列 R 非零样值的宽度
  N = 200;W = 4 * pi;k =- N:N;w = k * W/N;
  F = T * R * exp(- j * t' * w);                 %R(t) 的傅里叶变换
  F1 = abs(F);P1 = angle(F);subplot(3,1,1);      %f1(t) 的波形
  plot(t5,f1);
  axis([(min([t1,(- t2+ t1) ])),( max ([t2, ( - t1 + t2) ])), min(f1) - 0.1, max(f1) + 0.1]);
  ylabel('f1'); xlabel('t'); grid;
  subplot(3,1,2);                                %R(t) 的波形 plot(t,R);
  axis([(min([t1,(-t2+t1) ])),( max ([t2,( -t1+t2) ])), min(R)-0.1,max(R)+0.1]);
```

```
grid; ylabel(' 自相关 '); xlabel('tao');
subplot(3,1,3); plot(w,F1); axis([-3*pi,3*pi,-0.01,1.1]);
grid;ylabel(' 能量谱 '); xlabel('w');
```

$f_2(t)$、$R_2(\tau)$、$\mathscr{E}_2(\omega)$ 如题解 3-49(2) 图所示。

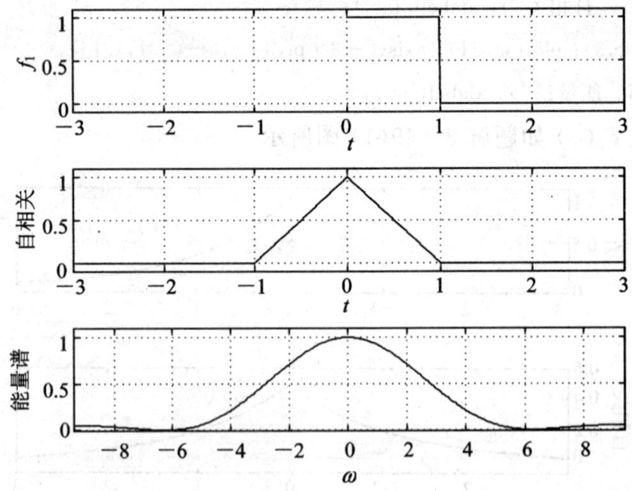

题解 3-49(2) 图

3-50 已知下列信号的自相关函数，求它的能量谱密度函数 $\mathscr{E}(\omega)$。

(1) $R_1(\tau)=\dfrac{1}{4}e^{-20|\tau|}$；

(2) $R_2(\tau)=\dfrac{1}{2}\cos\omega_0\tau$。

解 (1)

$$R_1(\tau)=\frac{1}{4}e^{-20|\tau|}=\frac{1}{4}e^{20\tau}u(-\tau)+\frac{1}{4}e^{-20\tau}u(\tau)$$

$$\mathscr{F}[R_1(\tau)]=\mathscr{F}\left[\frac{1}{4}e^{20\tau}u(-\tau)+\frac{1}{4}e^{-20\tau}u(\tau)\right]$$

$$=\frac{1}{4}\left[\frac{1}{20-j\omega}+\frac{1}{20+j\omega}\right]=\frac{10}{400+\omega^2}$$

所以 $\mathscr{E}_1(\omega)=\dfrac{10}{400+\omega^2}$，能量谱如题解 3-50(a) 图所示。

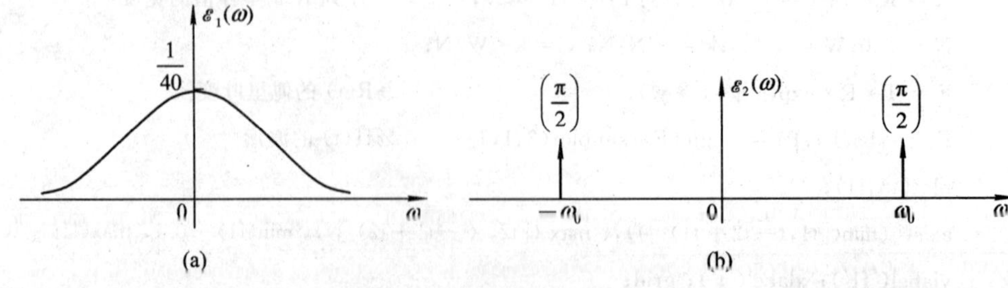

题解 3-50 图

(2) $$R_2(\tau) = \frac{1}{2}\cos\omega_0\tau = \frac{1}{4}(e^{j\omega_0\tau} + e^{-j\omega_0\tau})$$

$$\mathscr{F}[R_2(\tau)] = \mathscr{F}\left[\frac{1}{4}(e^{j\omega_0\tau} + e^{-j\omega_0\tau})\right] = \frac{\pi}{2}[\delta(\omega+\omega_0) + \delta(\omega-\omega_0)]$$

所以 $\mathscr{E}_2(\omega) = \frac{\pi}{2}[\delta(\omega+\omega_0) + \delta(\omega-\omega_0)]$，能量谱如题解 3 - 50(b) 图所示。

3 - 51 确定下列信号的功率，并绘出其功率谱。

(1) $f_1(t) = A\sin(1000\pi t) + B\cos(100\pi t)$；

(2) $f_2(t) = [A + \sin(100\pi t)]\cos(1000\pi t)$；

(3) $f_3(t) = A\cos(100\pi t)\cos(1000\pi t)$；

(4) $f_4(t) = A\sin(100\pi t)\cos(1000\pi t)$；

(5) $f_5(t) = A\sin(50\pi t)\cos(1000\pi t)$；

(6) $f_6(t) = A\sin^2(100\pi t)\cos(1000\pi t)$。

解 (1) 由 $f_1(t)$ 可得其功率

$$P_1 = \frac{1}{2}(A^2 + B^2)$$

且

$$\mathscr{P}_1(\omega) = \frac{\pi}{2}[A^2\delta(\omega+1000\pi) + A^2\delta(\omega-1000\pi) + B^2\delta(\omega+100\pi) + B^2\delta(\omega-100\pi)]$$

功率谱如题解 3 - 51(1) 图所示。

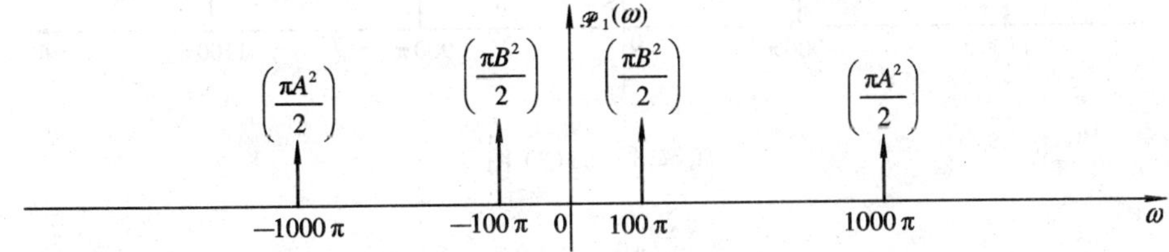

题解 3 - 51(1) 图

(2) 由
$$\begin{aligned} f_2(t) &= [A + \sin(100\pi t)]\cos(1000\pi t) \\ &= A\cos(1000\pi t) + \sin(100\pi t)\cos(1000\pi t) \\ &= A\cos(1000\pi t) + \frac{1}{2}[\sin(1100\pi t) - \sin(900\pi t)] \end{aligned}$$

可得

$$P_2 = \frac{A^2}{2} + \frac{1}{2}\left(\frac{1}{4} + \frac{1}{4}\right) = \frac{A^2}{2} + \frac{1}{4}$$

且

$$\begin{aligned} \mathscr{P}_2(\omega) = \frac{\pi A^2}{2}[\delta(\omega+1000\pi) + \delta(\omega-1000\pi)] \\ + \frac{\pi}{8}[\delta(\omega+1100\pi) + \delta(\omega-1100\pi) + \delta(\omega+900\pi) + \delta(\omega-900\pi)] \end{aligned}$$

功率谱如题解 3 - 51(2) 图所示。

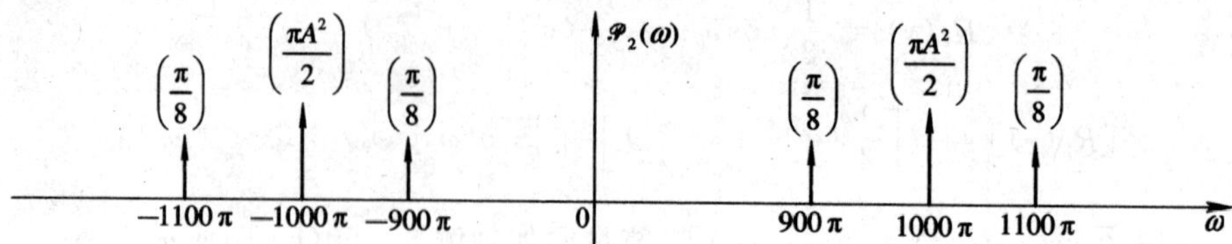

题解 3 - 51(2) 图

(3) 由

$$
\begin{aligned}
f_3(t) &= A\cos(100\pi t)\cos(1000\pi t) \\
&= \frac{A}{2}[\cos(1100\pi t) + \cos(900\pi t)]
\end{aligned}
$$

可得

$$P_3 = \frac{1}{2}\left(\frac{A^2}{4} + \frac{A^2}{4}\right) = \frac{A^2}{4}$$

且

$$\mathscr{P}_3(\omega) = \frac{\pi A^2}{8}[\delta(\omega + 1100\pi) + \delta(\omega - 1100\pi) + \delta(\omega + 900\pi) + \delta(\omega - 900\pi)]$$

功率谱如题解 3 - 51(3) 图所示。

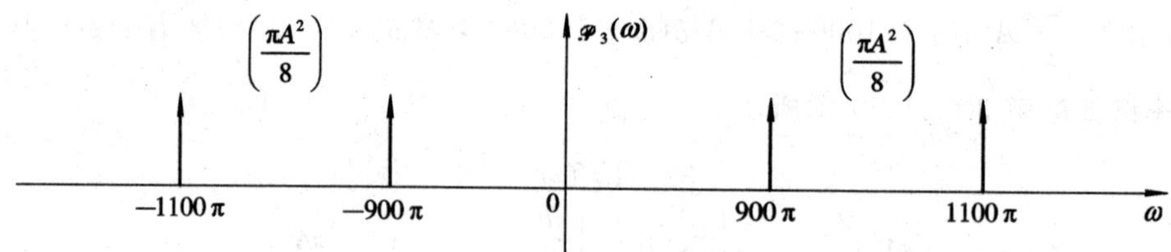

题解 3 - 51(3) 图

(4) 由

$$f_4(t) = A\sin(100\pi t)\cos(1000\pi t) = \frac{A}{2}[\sin(1100\pi t) - \sin(900\pi t)]$$

可得

$$P_4 = \frac{1}{2}\left(\frac{A^2}{4} + \frac{A^2}{4}\right) = \frac{A^2}{4}$$

且

$$\mathscr{P}_4(\omega) = \frac{\pi A^2}{8}[\delta(\omega + 1100\pi) + \delta(\omega - 1100\pi) + \delta(\omega + 900\pi) + \delta(\omega - 900\pi)]$$

功率谱如题解 3 - 51(4) 图所示。

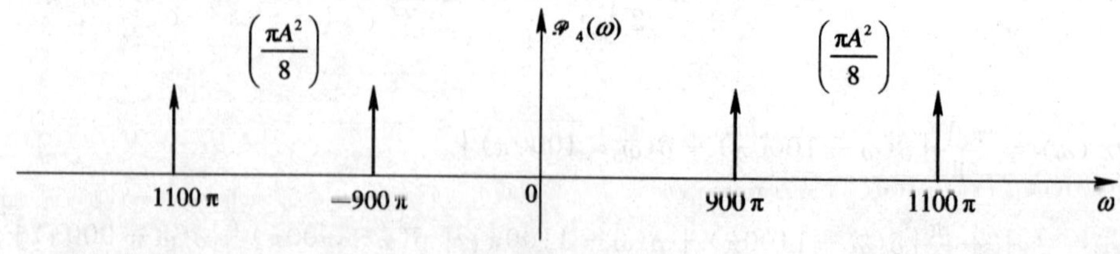

题解 3 - 51(4) 图

(5) 由

$$f_5(t) = A\sin(50\pi t)\cos(1000\pi t) = \frac{A}{2}[\sin(1050\pi t) - \sin(950\pi t)]$$

可得

$$P_5 = \frac{1}{2}\left(\frac{A^2}{4} + \frac{A^2}{4}\right) = \frac{A^2}{4}$$

且

$$\mathscr{P}_5(\omega) = \frac{\pi A^2}{8}[\delta(\omega + 1050\pi) + \delta(\omega - 1050\pi) + \delta(\omega + 950\pi) + \delta(\omega - 950\pi)]$$

功率谱如题解 3 - 51(5) 图所示。

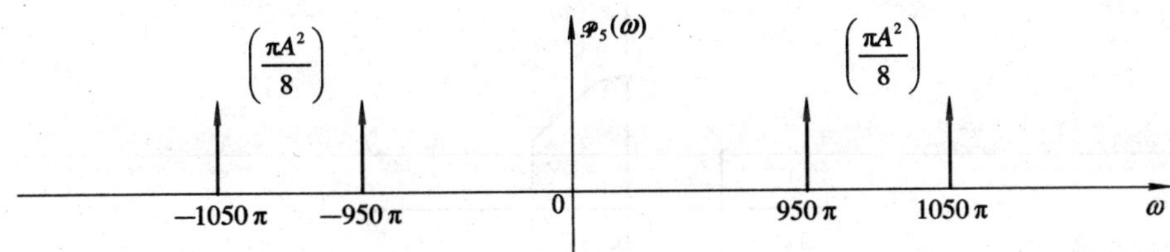

题解 3 - 51(5) 图

(6) 由

$$\begin{aligned} f_6(t) &= A\sin^2(100\pi t)\cos(1000\pi t) = \frac{A}{2}[1 - \cos(200\pi t)]\cos(1000\pi t) \\ &= \frac{A}{2}[\cos(1000\pi t) - \cos(200\pi t)\cos(1000\pi t)] \\ &= \frac{A}{2}\cos(1000\pi t) - \frac{A}{4}[\cos(1200\pi t) + \cos(800\pi t)] \end{aligned}$$

可得

$$P_6 = \frac{A^2}{8} + \frac{1}{2}\left(\frac{A^2}{16} + \frac{A^2}{16}\right) = \frac{3A^2}{16}$$

且

$$\begin{aligned} \mathscr{P}_6(\omega) &= \frac{\pi A^2}{8}[\delta(\omega + 1000\pi) + \delta(\omega - 1000\pi)] \\ &\quad + \frac{\pi A^2}{32}[\delta(\omega + 1200\pi) + \delta(\omega - 1200\pi) + \delta(\omega + 800\pi) + \delta(\omega - 800\pi)] \end{aligned}$$

功率谱如题解 3 - 51(6) 图所示。

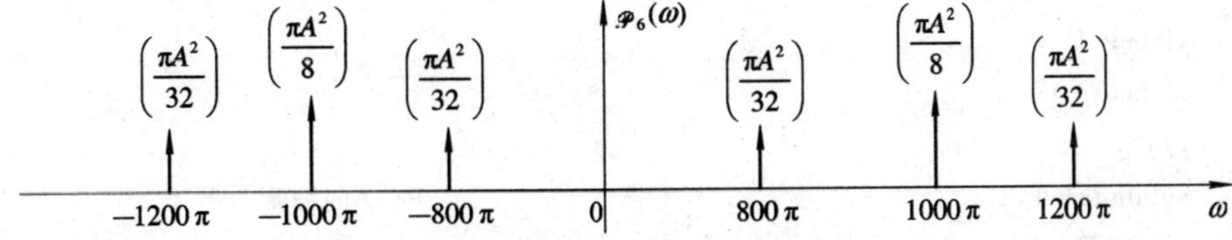

题解 3 - 51(6) 图

3 - 52 信号 $f(t) = 2e^{-t}u(t)$ 通过截止频率 $\omega_c = 1$ 的理想低通，求响应 $y(t)$ 的能量谱。有条件的可用 MATLAB 计算并作图。

解 $\quad f(t)=2\mathrm{e}^{-t}u(t)\leftrightarrow F(\omega)=\dfrac{2}{1+\mathrm{j}\omega}$

$f(t)$ 的能量谱

$$\mathscr{E}_f(\omega)=|F(\omega)|^2=\frac{4}{1+\omega^2}$$

$y(t)$ 的能量谱

$$\mathscr{E}_y(\omega)=\frac{4}{1+\omega^2}[u(\omega+1)-u(\omega-1)]$$

$y(t)$ 能量谱如题解 3-52(a) 图所示。

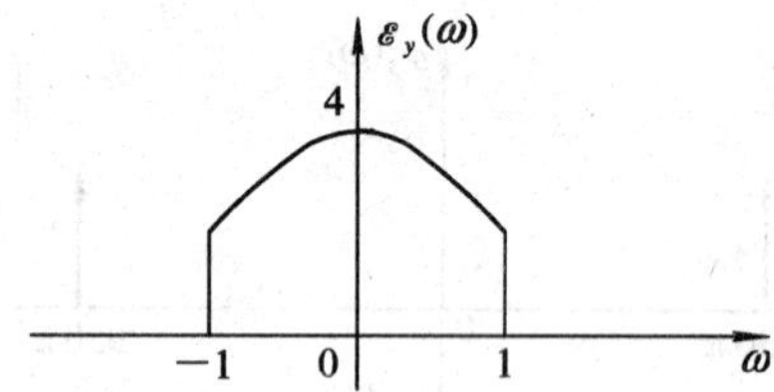

题解 3-52(a) 图

本题的 MATLAB 程序如下。

```
clear;
  T = 0.01;t1 = 0;t2 = 4;t5 = t1:T:t2;                   % 生成 t5 的时间向量
  f1 = 2 * exp(- 1 * t5);                                % 生成 f1 的样值向量
  [f11,t55] = seqfold(f1,t5);
  [R,ty] = convwthn(f11, - t2,f1,t1);
  R = R * T; t = (- t2 + t1):T:(- t1 + t2);              % 序列 R 非零样值的宽度
  N = 200;
  W = 4 * pi;
  k =- N:N;
  w = k * W/N;
  F = T * R * exp(- j * t' * w);                         %R(t) 的傅里叶变换
  F1 = abs(F);
  Y = F1. * (stepfun(w, - 1) - stepfun(w,1));
  subplot(4,1,1);                                        %f1(t) 的波形
  plot(t5,f1);
  axis([(min([t1,(- t2 + t1) ])),( max ([t2, ( - t1 + t2) ])), min(f1) - 0.1, max(f1) + 0.1]);
  ylabel('f1');
  xlabel('t');
  grid;
  subplot(4,1,2);                                        %R(t) 的波形
  plot(t,R);
  axis([(min([t1,(- t2 + t1) ])),( max ([t2,( - t1 + t2) ])),min(R) - 0.1,max(R) + 0.1]);
  grid;
  ylabel(' 自相关 '); xlabel('tao');
  subplot(4,1,3); plot(w,F1);
```

```
axis([-3*pi,3*pi,-0.01, max(F1)+0.1]);
grid;ylabel('输入能量谱');
subplot(4,1,4); plot(w,Y);
axis([-3*pi,3*pi,-0.01, max(Y)+0.1]);
ylabel('输出能量谱');
xlabel('w'); grid;
```

$f(t)$、$f(t)$ 的自相关、$f(t)$ 的能量谱 $\mathscr{E}_f(\omega)$、$y(t)$ 的能量谱 $\mathscr{E}_y(\omega)$ 如题解 3-52(b) 图所示。

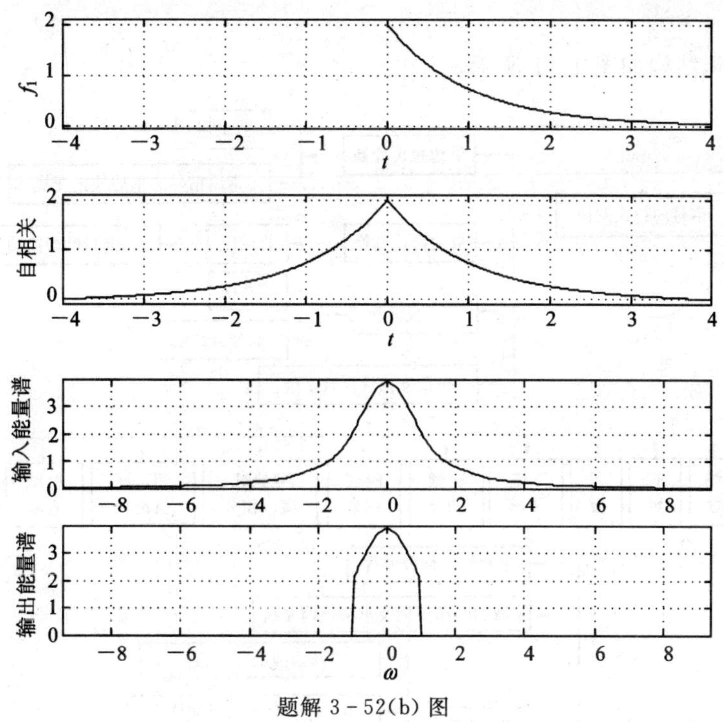

题解 3-52(b) 图

第 4 章 连续时间信号和系统的复频域表示与分析

4.1 本章知识结构

本章的知识结构如图 4－1 所示。

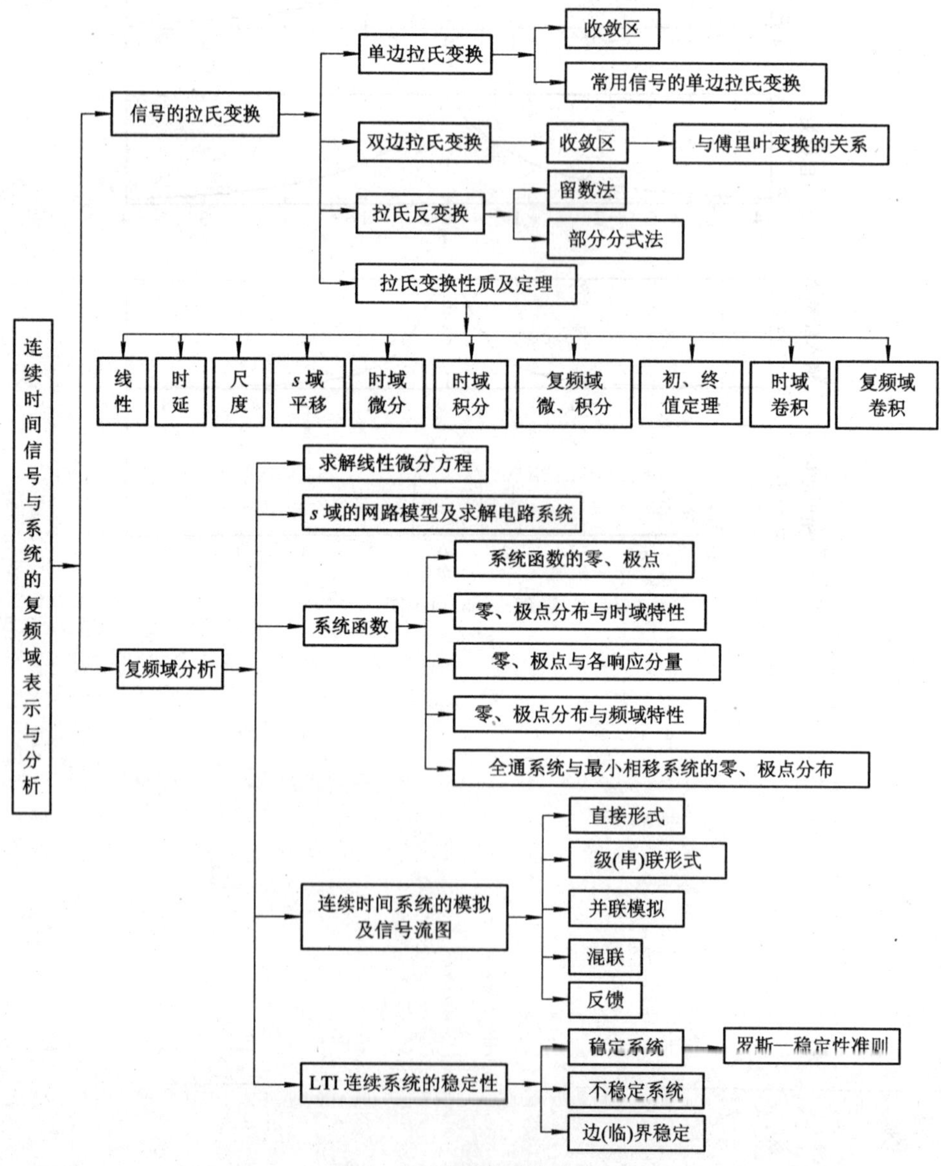

图 4－1 本章知识结构图

4.2 基本概念、重点与难点

4.2.1 拉普拉斯变换

1. 单边拉普拉斯变换定义

$$F(s) = \int_0^\infty f(t)\, \mathrm{e}^{-st}\, \mathrm{d}t$$

$$f(t) = \frac{1}{\mathrm{j}2\pi} \int_{\sigma-\mathrm{j}\infty}^{\sigma+\mathrm{j}\infty} F(s)\mathrm{e}^{st}\, \mathrm{d}s$$

式中，$s=\sigma+\mathrm{j}\omega$ 为复频率，$F(s)$为象函数，$f(t)$为原函数。

2. 单边拉普拉斯变换收敛区

收敛区是使 $f(t)\mathrm{e}^{-\sigma t}$ 满足可积的 σ 取值范围，或是使 $f(t)$的单边拉普拉斯变换存在的 σ 取值范围。即满足

$$\lim_{t\to\infty} f(t)\, \mathrm{e}^{-\sigma t} = 0, \quad (\sigma > \sigma_0)$$

3. 常用函数的单边拉普拉斯变换

表 4－1 列出了常用函数的单边拉普拉斯变换。

表 4－1 常用函数单边拉普拉斯变换

序号	$f(t)\quad t>0$	$F(s)=\mathscr{L}[f(t)]$	序号	$f(t)\quad t>0$	$F(s)=\mathscr{L}[f(t)]$
1	$\delta(t)$	1	8	$\mathrm{e}^{-at}\cos\omega t\, u(t)$	$\frac{s+a}{(s+a)^2+\omega^2}$
2	$u(t)$	$1/s$	9	$t\mathrm{e}^{-at}u(t)$	$\frac{1}{(s+a)^2}$
3	$\mathrm{e}^{-at}u(t)$	$\frac{1}{s+a}$	10	$t^n\mathrm{e}^{-at}u(t)$ (n 为正整数)	$\frac{n!}{(s+a)^{n+1}}$
4	$t^n u(t)$ (n 为正整数)	$\frac{n!}{s^{n+1}}$	11	$t\sin\omega t\, u(t)$	$\frac{2\omega s}{(s^2+\omega^2)^2}$
5	$\sin\omega t\, u(t)$	$\frac{\omega}{s^2+\omega^2}$	12	$t\cos\omega t\, u(t)$	$\frac{s^2-\omega^2}{(s^2+\omega^2)^2}$
6	$\cos\omega t\, u(t)$	$\frac{s}{s^2+\omega^2}$	13	$\sinh at\, u(t)$	$\frac{a}{s^2-a^2}$
7	$\mathrm{e}^{-at}\sin\omega t\, u(t)$	$\frac{\omega}{(s+a)^2+\omega^2}$	14	$\cosh at\, u(t)$	$\frac{s}{s^2-a^2}$

4. 双边拉普拉斯变换定义

$$F_{\mathrm{B}}(s) = \int_{-\infty}^{\infty} f(t)\mathrm{e}^{-st}\, \mathrm{d}t, \quad \sigma_1 < \sigma < \sigma_2$$

$$f(t) = \frac{1}{\mathrm{j}2\pi} \int_{\sigma-\mathrm{j}\infty}^{\sigma+\mathrm{j}\infty} F(s)\mathrm{e}^{st}\, \mathrm{d}s$$

或

$$f(t) \leftrightarrow F_{\mathrm{B}}(s)$$

$$\mathscr{L}[f(t)] = F_{\mathrm{B}}(s), \quad \sigma_1 < \sigma < \sigma_2$$

$$\mathscr{L}^{-1}[F_B(s)] = f(t)$$

双边拉普拉斯变换的收敛区：

双边拉普拉斯变换收敛区是使 $f(t)e^{-\sigma t}$ 满足可积的 σ 取值范围，或是使 $f(t)$ 的双边拉普拉斯变换存在的 σ 取值范围。

双边拉普拉斯变换的收敛区是 s 平面上 $\sigma_1<\sigma<\sigma_2$ 的带状区，其左边界用 σ_1 表示，取决于 $t>0$ 的函数；右边界用 σ_2 表示，取决于 $t<0$ 的函数，当且仅当 $\sigma_1<\sigma_2$ 时，双边拉普拉斯变换存在。

5. 拉普拉斯变换与傅里叶变换的关系

拉普拉斯变换与傅里叶变换的关系如图 4 - 2 所示。

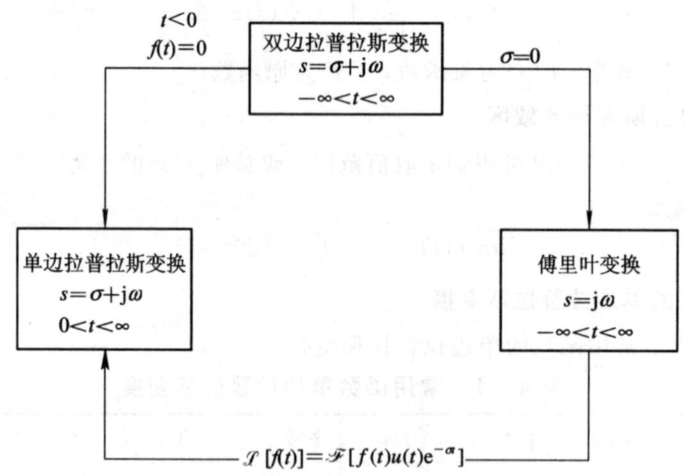

图 4 - 2 拉普拉斯变换与傅里叶变换的关系

4.2.2 拉普拉斯变换性质(定理)

拉普拉斯变换性质(定理)如表 4 - 2 所示。

表 4 - 2 单边拉普拉斯变换性质(定理)

$\mathscr{L}[f(t)] = F(s)$，$\mathscr{L}[f_1(t)] = F_1(s)$，$\mathscr{L}[f_2(t)] = F_2(s)$

序号	名称	时域	复频域
1	线性	$af_1(t)+bf_2(t)$	$aF_1(s)+bF_2(s)$
2	延时	$f(t-t_0)u(t-t_0)$	$F(s)e^{-t_0 s}$
3	尺度	$f(at)$，$a>0$	$\frac{1}{a}F\left(\frac{s}{a}\right)$
4	s 域平移	$f(t)e^{s_0 t}$	$F(s-s_0)$
5	时域微分	$\frac{df(t)}{dt}$	$sF(s)-f(0_-)$
		$\frac{d^n f(t)}{dt^n}$	$s^nF(s)-\sum_{r=0}^{n-1} s^{n-r-1}f^{(r)}(0_-)$

续表

序号	名称	时域	复频域
6	时域积分	$\int_{-\infty}^{t} f(\tau)\,\mathrm{d}\tau$	$\frac{f^{-1}(0)}{s}+\frac{F(s)}{s}$
7	复频域微分	$tf(t)$	$-\frac{\mathrm{d}F(s)}{\mathrm{d}s}$
		$t^n f(t)$	$(-1)^n \frac{\mathrm{d}^n F(s)}{\mathrm{d}s^n}$
8	复频域积分	$\frac{1}{t}f(t)$	$\int_{s}^{\infty} F(s_1)\,\mathrm{d}s_1$
9	初值	$f(0_+)$	$\lim\limits_{t\to 0_+} f(t)=\lim\limits_{s\to\infty} sF(s)$
10	终值	$f(\infty)$	$\lim\limits_{t\to\infty} f(t)=\lim\limits_{s\to 0} sF(s)$
11	时域卷积	$f_1(t) * f_2(t)$	$F_1(s)F_2(s)$
12	复频域卷积	$f_1(t)f_2(t)$	$\frac{1}{\mathrm{j}2\pi}F_1(s) * F_2(s)$

4.2.3 拉普拉斯反变换

1. 部分分式法

$$F(s)=\frac{B(s)}{A(s)}=\frac{b_m s^m+b_{m-1}s^{m-1}+\cdots+b_1 s+b_0}{s^n+a_{n-1}s^{n-1}+\cdots+a_1 s+a_0}$$

式中，a_i，b_i 为实常数；n，m 为正整数。

1）$m<n$，$F(s)$均为单极点

$$F(s)=\frac{B(s)}{(s-p_1)(s-p_2)\cdots(s-p_n)}$$

$$=\frac{A_1}{s-p_1}+\frac{A_2}{s-p_2}+\cdots+\frac{A_n}{s-p_n}=\sum_{i=1}^{n}\frac{A_i}{s-p_i}$$

任一极点 p_i 对应的系数 A_i 为

$$A_i=(s-p_i)F(s)\big|_{s=p_i}$$

则

$$f(t)=A_1\mathrm{e}^{p_1 t}+A_2\mathrm{e}^{p_2 t}+\cdots+A_n\mathrm{e}^{p_n t}=\sum_{i=1}^{n}A_i\mathrm{e}^{p_i t},\quad t>0$$

注意：一般共轭复根可将分母配成二次项的平方，作为整体考虑。

2）$m\geqslant n$，$F(s)$均为单极点

当 $m\geqslant n$ 时，利用长除法将分子多项式的高次项提出，对余下的 $m'<n$ 部分处理同上。对提取的 s^r 部分$(0\leqslant r\leqslant m-m')$，利用微分性质：

$$1 \leftrightarrow \delta(t)$$

$$s \leftrightarrow \delta'(t)$$

$$s^2 \leftrightarrow \delta''(t)$$

$$\vdots$$

3) $m<n$，$F(s)$有重极点

设 $s=p_1$ 是 $F(s)$的 k 阶极点，由 $F(s)$可展开为

$$F(s)=\frac{A_{11}}{(s-p_1)^k}+\frac{A_{12}}{(s-p_1)^{k-1}}+\cdots+\frac{A_{1k}}{s-p_1}+\frac{E(s)}{D(s)}$$

式中，$\frac{E(s)}{D(s)}$是展开式中与极点 p_1 无关的部分。

重极点一般项系数

$$A_{1i}=\frac{1}{(i-1)!}\cdot\frac{\mathrm{d}^{i-1}F_1(s)}{\mathrm{d}s^{i-1}}\bigg|_{s=p_1}$$

重极点反变换式中一般项为

$$\mathscr{L}^{-1}\left[\frac{A}{(s-p_1)^k}\right]=\frac{A}{(k-1)!}t^{k-1}\mathrm{e}^{p_1 t}$$

$$\mathscr{L}^{-1}[F(s)]=\left[\frac{A_{11}}{(k-1)!}t^{k-1}+\frac{A_{12}}{(k-2)!}t^{k-2}+\cdots+A_{1(k-1)}t+A_{1k}\right]\mathrm{e}^{p_1 t}u(t)+\mathscr{L}^{-1}\left[\frac{E(s)}{D(s)}\right]$$

2. 留数法

(1) 若 p_i 为 $F(s)$的一阶极点，则

$$\mathrm{Res}_i=[(s-p_i)F(s)\mathrm{e}^{st}]\,|_{s=p_i}$$

(2) 若 p_i 为 $F(s)$的 k 阶极点，则

$$\mathrm{Res}_i=\frac{1}{(k-1)!}\left\{\frac{\mathrm{d}^{k-1}}{\mathrm{d}s^{k-1}}[(s-p_i)^k F(s)\mathrm{e}^{st}]\right\}\bigg|_{s=p_i}$$

4.2.4 拉普拉斯变换分析法

1. 用拉普拉斯变换求解线性微分方程

(1) 由具体电路列出微积分方程(组)；

(2) 对微积分方程(组)取拉普拉斯变换；

(3) 用代数方法解出 $Y(s)$或$[Y_i(s)]$；

(4) 求出 $y(t)=\mathscr{L}^{-1}[Y(s)]$或 $\mathscr{L}^{-1}[Y_i(s)]$。

2. s 域的网络模型——运算电路法

(1) 画出电路的 s 域的网络模型，其中动态元件的 s 域电压电流关系为

$$\begin{cases}V_L(s)=Ls\cdot I_L(s)-Li_L(0_-)\\ V_C(s)=\dfrac{1}{Cs}I_C(s)+\dfrac{v_C(0_-)}{s}\end{cases}$$

上式所表示的电压电流关系，可由图 4－3 所示的 s 域网络模型表示。

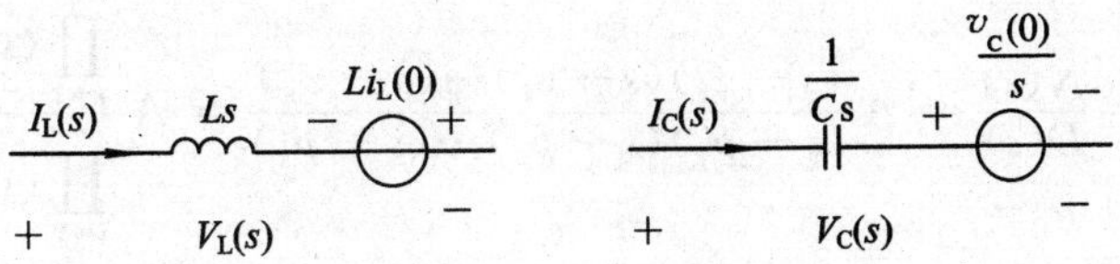

图 4-3　动态元件的 s 域网络模型

由电压、电流关系式还可解出：

$$\begin{cases} I_{\mathrm{L}}(s)=\dfrac{1}{sL}V_{\mathrm{L}}(s)+\dfrac{i_{\mathrm{L}}(0_{-})}{s} \\ I_{\mathrm{C}}(s)=CsV_{\mathrm{C}}(s)-Cv_{\mathrm{C}}(0_{-}) \end{cases}$$

所对应的 s 域网络模型如图 4-4 所示。

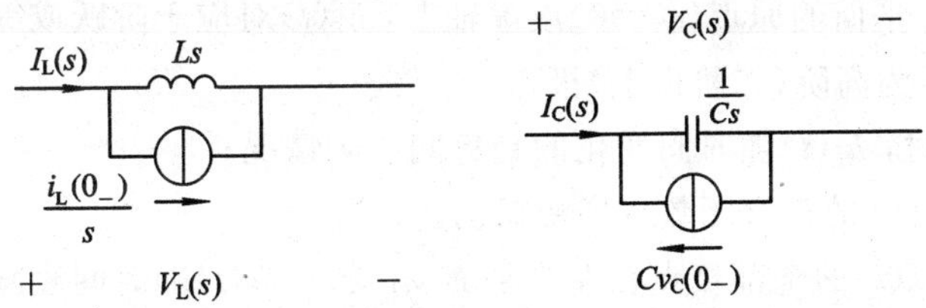

图 4-4　动态元件的 s 域网络模型另一种形式

(2) 由 s 域的网络模型列出 s 域的方程(组)；

(3) 用代数方法解出 $Y(s)$或$[Y_i(s)]$；

(4) 求出 $y(t)=\mathscr{L}^{-1}[Y(s)]$，或 $\mathscr{L}^{-1}[Y_i(s)]$。

4.2.5　系统函数与复频域分析法

1. 系统函数 $H(s)$

系统函数在零状态下定义为

$$H(s)=\frac{Y_{\mathrm{zs}}(s)}{F(s)}$$

且

$$H(s)\leftrightarrow h(t)$$

由下述不同方法均可以得到系统函数：

(1) 微分方程；

(2) 电路系统，由 $Y(s)$、$F(s)$所处的端口，以及 $y(t)$、$f(t)$的物理意义，$H(s)$有不同的含义，可以是 s 域(运算)阻抗，s 域(运算)导纳，电压、电流传输函数等。

(3) 转移算子

$$H(s)=H(p)\big|_{p=s}$$

2. 系统函数的零、极点

分解系统函数的分子、分母多项式，可得

$$H(s)=\frac{N(s)}{D(s)}=A\frac{(s-z_1)(s-z_2)\cdots(s-z_m)}{(s-p_1)(s-p_2)\cdots(s-p_n)}=A\frac{\prod_{j=1}^{m}(s-z_j)}{\prod_{i=1}^{n}(s-p_i)}$$

式中，$H(s)$分母多项式$D(s)$的根$p_i(i=1, 2, \cdots, n)$是$H(s)$的极点，有n个；$H(s)$分子多项式$N(s)$的根$z_j(j=1\ 2, \cdots, m)$是$H(s)$的零点，有m个。

3. 零、极点分布与时域特性

以 jω 虚轴为界，将s平面分为左半平面与右半平面。

(1) $p_i=\sigma_i+\mathrm{j}\omega_i$ 为一阶极点。

若$\sigma_i>0$，极点在s平面的右半平面，$h_i(t)$随时间增长；

$\sigma_i<0$，极点在s平面的左半平面，$h_i(t)$随时间衰减；

$\sigma_i=0$，极点在s平面的原点($\omega_i=0$)或虚轴上，$h_i(t)$对应于阶跃或等幅振荡。

(2) $p_i=\sigma_i+\mathrm{j}\omega_i$ 为高阶(二阶以上)极点。

$\sigma_i>0$ 或 $\sigma_i<0$ 时，$h_i(t)$随时间变化的趋势同一阶情况；

$\sigma_i=0$ 时，对应于t的正幂函数或增幅振荡。

(3) 系统函数$H(s)$的全部极点在左半平面($\sigma_i<0$)，$h(t)$随时间衰减趋于零。

系统函数$H(s)$有极点在虚轴及右半平面($\sigma_i\geqslant0$)，$h(t)$不随时间消失；

系统函数$H(s)$在s平面上不同位置极点对应的$h_i(t)$如图 4-5 所示。

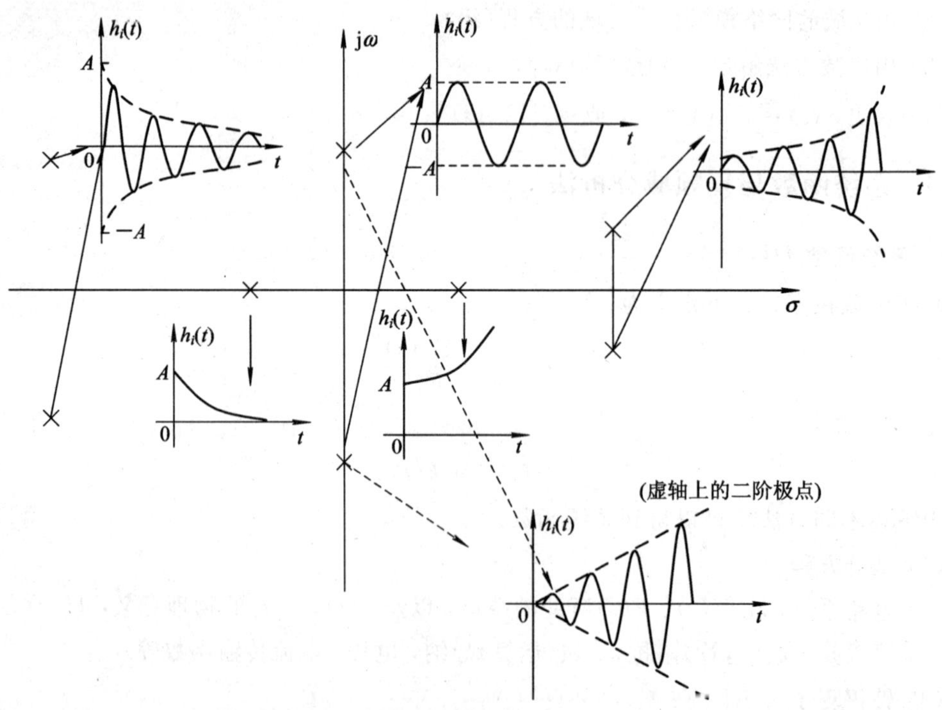

图 4-5　零、极点与单位冲激响应模式

4. 零、极点与各响应分量

设系统极点为p_i，激励的极点为p_k，图 4-6 给出了稳定系统各响应之间的关系。

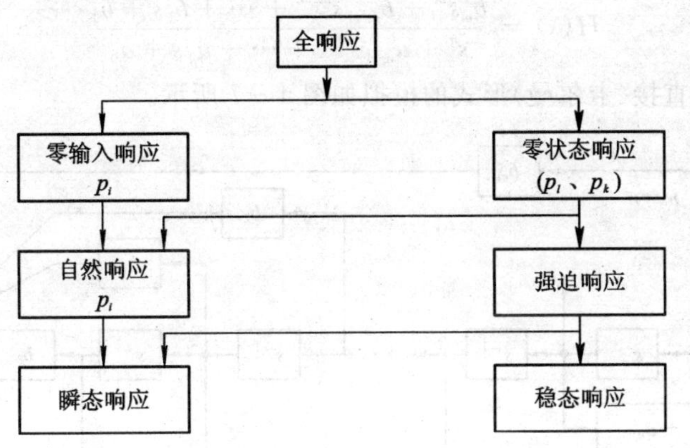

图 4-6　稳定系统各响应关系

5. 零、极点分布与系统频域特性

$$H(\mathrm{j}\omega) = H(s)\big|_{s=\mathrm{j}\omega} = A\frac{\prod_{j=1}^{m}(\mathrm{j}\omega - z_j)}{\prod_{i=1}^{n}(\mathrm{j}\omega - p_i)} = A\frac{\prod_{j=1}^{m}N_j}{\prod_{i=1}^{n}M_i}\,\mathrm{e}^{\mathrm{j}\left(\sum_{j=1}^{m}\psi_j - \sum_{i=1}^{n}\theta_i\right)}$$

由零、极点定性得到系统幅频特性及相频特性曲线的一般规律：

(1) 幅频特性：在 $\omega=\omega_i$ 点，$M_i=|p_i|=|\alpha_i+\mathrm{j}\omega_i|$ 最小，$|H(\omega)|\big|_{\omega=\omega_i}$ 出现峰值；在 $\omega=\omega_j$ 点，$N_j=|z_j|=|\alpha_j+\mathrm{j}\omega_j|$ 最小，$|H(\omega)|\big|_{\omega=\omega_j}$ 出现谷值。

(2) 相频特性：在 $\omega=\omega_i$、$\omega=\omega_j$ 附近相位变化均加快。

6. 全通系统与最小相移系统的零、极点分布

1) 全通系统

系统幅频特性是常数的系统为全通系统。全通系统的特点是系统函数 $H(s)$ 的零、极点对 jω 轴成镜像对称，即零、极点个数相同($m=n$)，且零、极点矢量的大小相等($N_j=M_j$)。全通系统的幅频特性与相频特性分别为

$$|H(\mathrm{j}\omega)| = H_0\frac{\prod_{j=1}^{m}N_j}{\prod_{j=1}^{m}M_j} = H_0$$

式中，H_0 为常数。

$$\varphi(\omega) = \sum_{j=1}^{m}\psi_j - \sum_{j=1}^{m}\theta_j$$

2) 最小相移系统

最小相移系统的条件为全部零、极点在 s 平面的左半平面(零点可在 jω 轴上)。

4.2.6　连续时间系统的模拟及信号流图

1. 系统模拟

1) 系统模拟的直接(卡尔曼)形式

n 阶系统($m\leqslant n$)

$$H(s)=\frac{b_m s^m+b_{m-1}s^{m-1}+\cdots+b_1 s+b_0}{s^n+a_{n-1}s^{n-1}+\cdots+a_1 s+a_0}$$

一般 n 阶系统直接(卡尔曼)形式的模拟如图 4 - 7 所示。

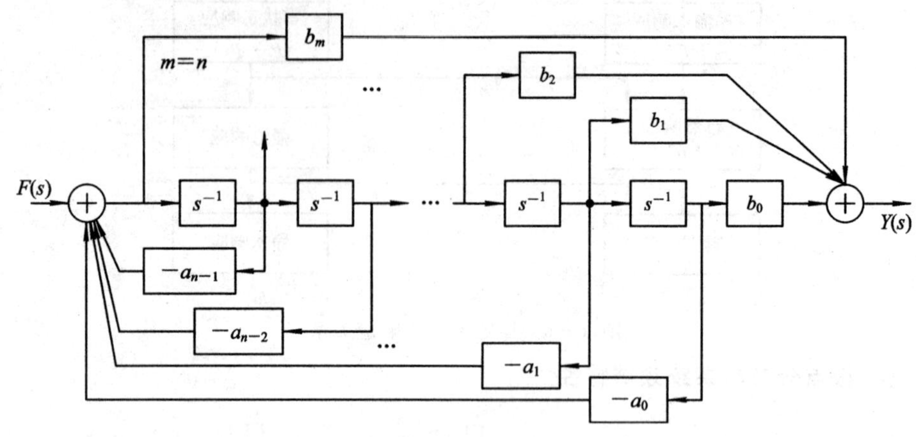

图 4 - 7　一般 n 阶系统直接(卡尔曼)形式的模拟

2) 级(串)联形式

$$\begin{aligned}H(s)&=\frac{b_m(s+z_1)(s+z_2)\cdots(s+z_m)}{(s+p_1)(s+p_2)\cdots(s+p_n)}\\&=H_1(s)H_2(s)\cdots H_n(s)\\&=\prod_{i=1}^{n}H_i(s)\end{aligned}$$

式中，$H_i(s)$是 $H(s)$的子系统，系统的级联示意图如图 4 - 8 所示。

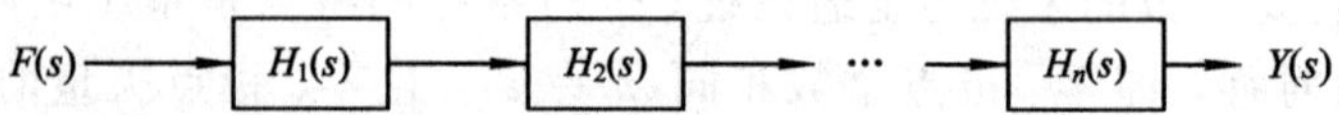

图 4 - 8　系统的级(串)联方框图

3) 并联模拟

$$\begin{aligned}H(s)&=\frac{A_1}{s+p_1}+\frac{A_2}{s+p_2}+\cdots+\frac{A_n}{s+p_n}\\&=H_1(s)+H_2(s)+\cdots+H_n(s)\\&=\sum_{i=1}^{n}H_i(s)\end{aligned}$$

式中，$H_i(s)$是 $H(s)$的子系统，系统的级联示意图如图 4 - 9 所示。

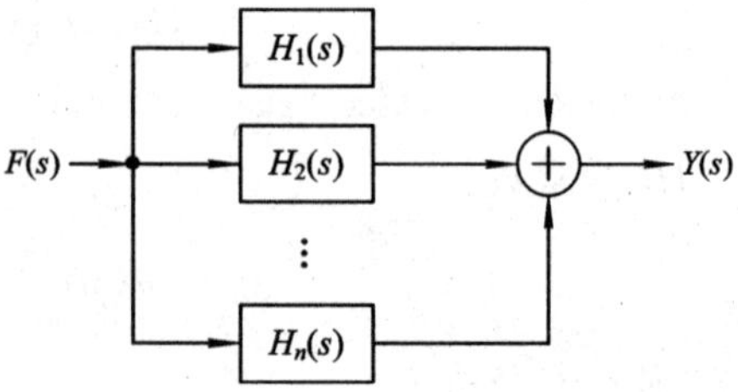

图 4 - 9　系统的并联

4) 混联

混联系统的系统函数的计算要根据具体情况具体对待，如图 4 - 10 所示为两个简单混联系统。

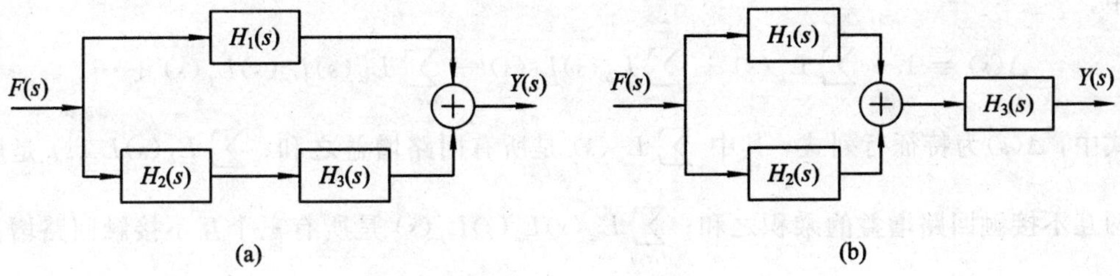

图 4－10　混联系统方框图

5) 反馈系统

简单的反馈系统方框图如图 4－11 所示。反馈系统的传递函数(闭环增益)为

$$H(s)=\frac{H_1(s)}{1+H_1(s)H_2(s)}$$

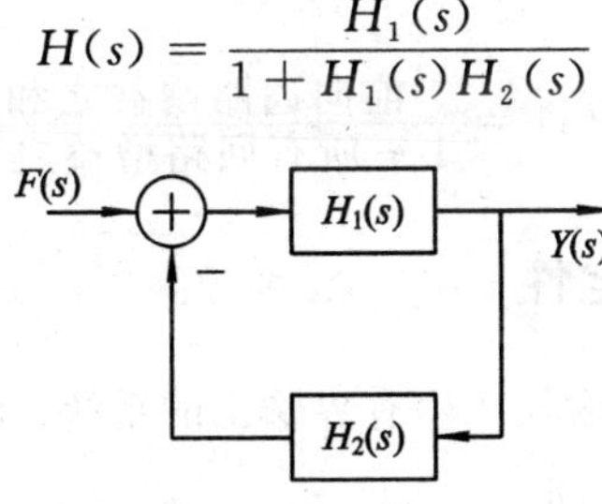

图 4－11　简单的反馈系统

2. 连续系统的信号流图表示

流图表示系统的具体处理方法如下：

(1) 用带箭头的有向线段代替模拟图中的方框；

(2) 线段的两个端点为节点，表示原方框的输入与输出；

(3) 线段箭头的方向是信号传输的方向，原方框的传递系数(支路增益)直接标在箭头旁；

(4) 有两个以上有向线段指向一个节点的，表示相加或相减(传递系数有负号)。

3. 梅森公式

1) 通路与通路增益

一条或几条连续的支路构成通路，通路中各支路增益的乘积为通路增益。特别的连接输入与输出的通路称前向通路。

2) 回路与回路增益

回路是从一个节点开始沿某一通道，不经重复能回到同一节点的闭合通路；闭合通路中各支路增益的乘积为回路增益。

3) 接触

有公共节点的通(回)路为接触通(回)路，反之，没有公共节点的通(回)路为不接触通(回)路。

单输入单输出系统的传递函数为

$$H(s)=\frac{\sum_k T_k(s)\Delta_k(s)}{\Delta(s)}$$

式中，

$$\Delta(s)=1-\sum_{a}L_{a}(s)+\sum_{b,c}L_{b}(s)L_{c}(s)-\sum_{d,e,f}L_{d}(s)L_{e}(s)L_{f}(s)+\cdots$$

上式中，$\Delta(s)$为特征行列式，其中 $\sum_{a}L_{a}(s)$ 是所有回路增益之和；$\sum_{b,c}L_{b}(s)L_{c}(s)$ 是所有两两互不接触回路增益的乘积之和；$\sum_{d,e,f}L_{d}(s)L_{e}(s)L_{f}(s)$ 是所有三个互不接触回路增益的乘积之和，以此类推；$T_{k}(s)$是输入到输出的第 k 条通路的前向通路增益(不含反馈回路)；$\Delta_{k}(s)$是在 $\Delta(s)$中删去与第 k 条通路接触的回路后的剩余项。

特别的，如果连接输入输出的前向通路与所有回路都有接触且各回路都有接触，则 $\Delta_{k}(s)=1$，系统的传递函数为

$$H(s)=\frac{\text{前向通路增益之和}}{1-\text{所有回路增益之和}}$$

4.2.7 LTI 连续系统的稳定性

BIBO 稳定系统定义：有界输入产生有界输出的系统。LTI 系统 BIBO 稳定的充分必要条件是单位冲激响应绝对可积，即

$$\int_{-\infty}^{\infty}|h(t)|\,\mathrm{d}t\leqslant M$$

1. 系统稳定性分类

1) 稳定系统

若 $H(s)$的全部极点在 s 的左半平面(不含 jω 轴)，或单位冲激响应满足$\lim\limits_{t\to\infty}h(t)=0$。

2) 不稳定系统

若 $H(s)$有极点落在右半平面，或者 jω 轴、原点处有二阶以上重极点，单位冲激响应 $\lim\limits_{t\to\infty}h(t)\to\infty$。

3) 若 $H(s)$在原点或 jω 轴上有一阶极点，且$|h(t)|<M$，$0<t<\infty$为边(临)界稳定。为使

2. 稳定系统与系统函数分母多项式 $D(s)$系数的关系(系统稳定的必要条件)

(1) $D(s)$的系数 a_i 全部为正实数。

(2) $D(s)$多项式从最高次方项排列至最低次项无缺项。

3. 罗斯—稳定性准则

罗斯准则(判据)：

若

$$D(s)=a_{n}s^{n}+a_{n-1}s^{n-1}+\cdots+a_{1}s+a_{0}$$

则 $D(s)$方程式的根全部位于 s 左半平面的充分必要条件是① $D(s)$多项式的全部系数 a_i 大于零；② 无缺项；③ 罗斯阵列中第一列数字符号相同。

“罗斯阵列”排写如下：

第一行	a_n	a_{n-2}	a_{n-4}	$\cdots$
第二行	a_{n-1}	a_{n-3}	a_{n-5}	$\cdots$
第三行	b_{n-1}	b_{n-3}	b_{n-5}	$\cdots$
第四行	c_{n-1}	c_{n-3}	c_{n-5}	$\cdots$
第五行	d_{n-1}	d_{n-3}	d_{n-5}	$\cdots$
$\vdots$	$\vdots$	$\vdots$	$\vdots$	
第 $n+1$ 行	x_{n-1}	0	0	$\cdots$

其中，罗斯阵列前两行由 $D(s)$ 多项式的系数构成。第一行由最高次项系数 a_n 及逐次递减二阶的系数得到。其余排在第二行。第三行以后的系数按以下规律计算：

$$b_{n-1}=-\frac{1}{a_{n-1}}\begin{vmatrix}a_n & a_{n-2}\\ a_{n-1} & a_{n-3}\end{vmatrix};\quad b_{n-3}=-\frac{1}{a_{n-1}}\begin{vmatrix}a_n & a_{n-4}\\ a_{n-1} & a_{n-5}\end{vmatrix};\quad\cdots$$

$$c_{n-1}=-\frac{1}{b_{n-1}}\begin{vmatrix}a_{n-1} & a_{n-3}\\ b_{n-1} & b_{n-3}\end{vmatrix};\quad c_{n-3}=-\frac{1}{b_{n-1}}\begin{vmatrix}a_{n-1} & a_{n-5}\\ b_{n-1} & b_{n-5}\end{vmatrix};\quad\cdots$$

$$d_{n-1}=-\frac{1}{c_{n-1}}\begin{vmatrix}b_{n-1} & b_{n-3}\\ c_{n-1} & c_{n-3}\end{vmatrix};\quad d_{n-3}=-\frac{1}{c_{n-1}}\begin{vmatrix}b_{n-1} & b_{n-5}\\ c_{n-1} & c_{n-5}\end{vmatrix};\quad\cdots$$

$$e_{n-1}=-\frac{1}{d_{n-1}}\begin{vmatrix}c_{n-1} & c_{n-3}\\ d_{n-1} & d_{n-3}\end{vmatrix};\quad e_{n-3}=-\frac{1}{d_{n-1}}\begin{vmatrix}c_{n-1} & c_{n-5}\\ d_{n-1} & d_{n-5}\end{vmatrix};\quad\cdots$$

$$\vdots$$

如果第一列 a_n、a_{n-1}、b_{n-1}、c_{n-1}、d_{n-1}、e_{n-1}、…各元素数字有符号不相同，则符号改变的次数就是具有正实部根的数目。

4.3 习题解答

4-1 求下列函数的单边拉普拉斯变换：

(1) $f(t)=1-e^{-at}$；　　(2) $f(t)=\sin t+2\cos t$；

(3) $f(t)=te^{-2t}$；　　(4) $f(t)=e^{-t}\sin 2t$；

(5) $f(t)=(1+2t)e^{-t}$；　　(6) $f(t)=e^{-\beta t}(1-\cos\alpha t)$；

(7) $f(t)=t^2+2t$；　　(8) $f(t)=2\delta(t)-3e^{-7t}$；

(9) $f(t)=e^{-\alpha t}\sinh(\beta t)$；　　(10) $f(t)=\cos^2\omega t$；

(11) $f(t)=\dfrac{1}{\beta-\alpha}(e^{-\alpha t}-e^{-\beta t})$；　　(12) $f(t)=e^{-(t+\alpha)}\cos\omega t$。

解 (1)
$$1-e^{-at}\leftrightarrow\frac{1}{s}-\frac{1}{s+a}=\frac{a}{s(s+a)}$$

(2) $$\sin t+2\cos t\leftrightarrow\frac{1}{s^2+1}+\frac{2s}{s^2+1}=\frac{1+2s}{s^2+1}$$

(3) $$t\leftrightarrow\frac{1}{s^2}$$

$$te^{-2t}\leftrightarrow\frac{1}{(s+2)^2}$$

(4) $$\sin 2t\leftrightarrow\frac{2}{s^2+4}$$

$$e^{-t}\sin 2t\leftrightarrow\frac{2}{(s+1)^2+4}$$

(5) $$1+2t\leftrightarrow\frac{1}{s}+\frac{2}{s^2}=\frac{s+2}{s^2}$$

$$(1+2t)e^{-t}\leftrightarrow\frac{s+3}{(s+1)^2}$$

(6) $$1-\cos at\leftrightarrow\frac{1}{s}-\frac{s}{s^2+a^2}$$

$$e^{-\beta t}(1-\cos at)\leftrightarrow\frac{1}{s+\beta}-\frac{s+\beta}{(s+\beta)^2+a^2}=\frac{a^2}{(s+\beta)[(s+\beta)^2+\alpha^2]}$$

(7) $$t^2+2t\leftrightarrow\frac{2}{s^3}+\frac{2}{s^2}=\frac{2s+2}{s^3}$$

(8) $$2\delta(t)-3e^{-7t}\leftrightarrow 2-\frac{3}{s+7}=\frac{2s+11}{s+7}$$

(9) $$\sinh(\beta t)\leftrightarrow\frac{\beta}{s^2-\beta^2}$$

$$e^{-at}\sinh(\beta t)\leftrightarrow\frac{\beta}{(s+a)^2-\beta^2}$$

(10) $$\cos^2\omega t=\frac{1}{2}(1+\cos 2\omega t)\leftrightarrow\frac{1}{2}\left[\frac{1}{s}+\frac{s}{s^2+4\omega^2}\right]=\frac{s^2+2\omega^2}{s(s^2+4\omega^2)}$$

(11) $$\frac{1}{\beta-\alpha}(e^{-\alpha t}-e^{-\beta t})\leftrightarrow\frac{1}{\beta-\alpha}\left(\frac{1}{s+\alpha}-\frac{1}{s+\beta}\right)=\frac{1}{(s+\alpha)(s+\beta)}$$

(12) $$\cos\omega t\leftrightarrow\frac{s}{s^2+\omega^2}$$

$$e^{-(t+a)}\cos\omega t\leftrightarrow\frac{(s+1)e^{-a}}{(s+1)^2+\omega^2}$$

4-2 求下列函数的拉普拉斯变换：

(1) $f(t)=(1-e^{-3t})u(t)$；

(2) $f(t)=2\delta(t-t_0)+3\delta(t)$；

(3) $f(t)=2\delta(t)+3e^{-7t}u(t)$；

(4) $f(t)=u(t)-2u(t-1)+u(t-2)$；

(5) $f(t)=e^{-t}[u(t)-u(t-2)]$。

解 (1)
$$f(t)=(1-e^{-3t})u(t)$$
$$F(s)=\frac{1}{s}-\frac{1}{s+3}=\frac{3}{s(s+3)}$$

(2)
$$f(t)=2\delta(t-t_0)+3\delta(t)$$
$$F(s)=2e^{-st_0}+3$$

(3)
$$f(t)=2\delta(t)+3e^{-7t}u(t)$$
$$F(s)=2+\frac{3}{s+7}=\frac{2s+17}{s+7}$$

(4)
$$f(t)=u(t)-2u(t-1)+u(t-2)$$
$$F(s)=\frac{1-2e^{-s}+e^{-2s}}{s}=\frac{(1-e^{-s})^2}{s}$$

(5)
$$f(t)=e^{-t}[u(t)-u(t-2)]$$

方法 1
$$e^{-t}u(t)-e^{-(t-2)}e^{-2}u(t-2)\leftrightarrow\frac{1}{s+1}-\frac{1}{s+1}e^{-2}\cdot e^{-2s}$$
$$=\frac{1}{s+1}[1-e^{-2(s+1)}]$$

方法 2
$$u(t)-u(t-2)\leftrightarrow\frac{1}{s}(1-e^{-2s})$$
$$F(s)=\frac{1}{s+1}[1-e^{-2(s+1)}]$$

4-3 求下列信号的拉普拉斯变换：

(1) $f(t)=(3\sin t+2\cos t)\ u(t)$；

(2) $f(t)=\cos(2t+45°)\ u(t)$；

(3) $f(t)=\sin(\omega_1 t)\ \cos(\omega_2 t)\ u(t)$；

(4) $f(t)=e^{-t}\ \sin(2t)\ u(t)$；

(5) $f(t)=te^{-at}\ \sin t\ u(t)$；

(6) $f(t)=\sin t\ u(t)+e^{-t}\ \sin(at)\ u(t)$。

解 (1)
$$f(t)=(3\sin t+2\cos t)u(t)$$
$$F(s)=\frac{3}{s^2+1}+\frac{2s}{s^2+1}=\frac{2s+3}{s^2+1}$$

(2)
$$f(t)=\cos(2t+45°)u(t)=[\cos45°\ \cos(2t)-\sin45°\ \sin(2t)]u(t)$$
$$=\frac{1}{\sqrt{2}}[\cos(2t)-\sin(2t)]u(t)$$
$$F(s)=\frac{1}{\sqrt{2}}\left(\frac{s}{s^2+4}-\frac{2}{s^2+4}\right)=\frac{s-2}{\sqrt{2}(s^2+4)}=\frac{\sqrt{2}(s-2)}{2(s^2+4)}$$

(3)
$$f(t)=\sin(\omega_1 t)\ \cos(\omega_2 t)\ u(t)=\frac{1}{2}\{\sin[(\omega_1+\omega_2)t]+\sin[(\omega_1-\omega_2)t]\}u(t)$$
$$F(s)=\frac{1}{2}\left[\frac{\omega_1+\omega_2}{s^2+(\omega_1+\omega_2)^2}+\frac{\omega_1-\omega_2}{s^2+(\omega_1-\omega_2)^2}\right]$$

(4)
$$f(t)=\mathrm{e}^{-t}\sin(2t)\,u(t)$$
$$\sin(2t)\,u(t)\leftrightarrow\frac{2}{s^2+2^2}$$
$$\mathrm{e}^{-t}\sin(2t)\,u(t)\leftrightarrow F(s)=\frac{2}{(s+1)^2+4}$$
(5)
$$f(t)=t\mathrm{e}^{-at}\sin t\,u(t)$$
$$\sin t\,u(t)\leftrightarrow\frac{1}{s^2+1}$$
$$t\sin t\,u(t)\leftrightarrow-\frac{\mathrm{d}}{\mathrm{d}s}\frac{1}{s^2+1}=\frac{2s}{(s^2+1)^2}$$
$$f(t)=t\mathrm{e}^{-at}\sin t\,u(t)$$
$$F(s)=\frac{2(s+a)}{[(s+a)^2+1]^2}$$
(6)
$$f(t)=\sin t\,u(t)+\mathrm{e}^{-t}\sin at\,u(t)$$
$$F(s)=\frac{a}{(s+1)^2+a^2}+\frac{1}{s^2+1}$$

4-4 已知 $f(t)\leftrightarrow F(s)$，求

(1) $f_1(t)=\mathrm{e}^{-t/a}f(t/a)$ 的象函数 $F_1(s)$；

(2) $f_2(t)=\mathrm{e}^{-at}f(t/a)$ 的象函数 $F_2(s)$。

解 (1)

方法 1 先频移后尺度：
$$f_a(t)=\mathrm{e}^{-t}f(t)\leftrightarrow F_a(s)=F(s+1)$$
$$f_1(t)=f_a\left(\frac{t}{a}\right)\leftrightarrow F_1(s)=aF_a(as)=aF(as+1)$$

方法 2 先尺度再移频：
$$f_b(t)=f\left(\frac{t}{a}\right)\leftrightarrow F_b(s)=aF(as)$$
$$f_1(t)=\mathrm{e}^{-t/a}f\left(\frac{t}{a}\right)=\mathrm{e}^{-t/a}f_b(t)\leftrightarrow F_b\left(s+\frac{1}{a}\right)=aF\left[a\left(s+\frac{1}{a}\right)\right]$$
$$=aF(as+1)$$

(2)

方法 1 先尺度再移频：
$$f_a(t)=f\left(\frac{t}{a}\right)\leftrightarrow F_a(s)=aF(as)$$
$$f_2(t)=\mathrm{e}^{-at}f\left(\frac{t}{a}\right)=\mathrm{e}^{-at}f_a(t)\leftrightarrow F_a(s+a)=aF[a(s+a)]=aF(as+a^2)$$

方法 2 先频移再尺度：

因为

$$f_2(t)=\mathrm{e}^{-at}f\left(\frac{t}{a}\right)=\mathrm{e}^{-a^2t/a}f\left(\frac{t}{a}\right)$$

所以

$$f_b(t)=\mathrm{e}^{-a^2t}f(t)\leftrightarrow F_b(s)=F(s+a^2)$$

$$f_2(t)=f_b\left(\frac{t}{a}\right)\leftrightarrow aF_b(as)=aF(as+a^2)$$

4-5 计算下列函数的单边拉普拉斯变换：

(1) $f(t)=t\mathrm{e}^{-(t-2)}u(t-1)$；

(2) $f(t)=t\cos^3 3t$；

(3) $f(t)=t^2\cos 2t$；

(4) $f(t)=\dfrac{1-\mathrm{e}^{-at}}{t}$；

(5) $f(t)=\dfrac{\mathrm{e}^{-3t}-\mathrm{e}^{-5t}}{t}$；

(6) $f(t)=\dfrac{1}{t}\sin at$。

解 (1) 方法 1

$$t\mathrm{e}^{-(t-2)}u(t-1)=(t-1)\mathrm{e}\cdot\mathrm{e}^{-(t-1)}u(t-1)+\mathrm{e}\cdot\mathrm{e}^{-(t-1)}u(t-1)$$

$$t\mathrm{e}^{-t}u(t)\leftrightarrow\frac{1}{(s+1)^2}$$

$$\mathrm{e}^{-t}u(t)\leftrightarrow\frac{1}{s+1}$$

$$(t-1)\mathrm{e}\cdot\mathrm{e}^{-(t-1)}u(t-1)+\mathrm{e}\cdot\mathrm{e}^{-(t-1)}u(t-1)\leftrightarrow\left[\frac{1}{(s+1)^2}+\frac{1}{s+1}\right]\mathrm{e}^{-(s-1)}$$

$$F(s)=\frac{s+2}{(s+1)^2}\mathrm{e}^{-(s-1)}$$

方法 2

$$\mathrm{e}\cdot\mathrm{e}^{-(t-1)}u(t-1)\leftrightarrow\mathrm{e}\frac{1}{s+1}\mathrm{e}^{-s}$$

$$t\mathrm{e}\cdot\mathrm{e}^{-(t-1)}u(t-1)\leftrightarrow-\frac{\mathrm{d}}{\mathrm{d}s}\left[\frac{\mathrm{e}}{s+1}\mathrm{e}^{-s}\right]=-\mathrm{e}\frac{-(s+1)\mathrm{e}^{-s}-\mathrm{e}^{-s}}{(s+1)^2}$$

$$=\mathrm{e}\frac{(s+2)\mathrm{e}^{-s}}{(s+1)^2}=\frac{(s+2)\mathrm{e}^{-s+1}}{(s+1)^2}$$

(2)

$$f(t)=t\cos^3 3t$$

$$\cos^3 3t=\frac{1}{4}(3\cos 3t+\cos 9t)\leftrightarrow\frac{1}{4}\left[\frac{3s}{s^2+3^2}+\frac{s}{s^2+9^2}\right]$$

$$t\cos^3 3t\leftrightarrow-\frac{\mathrm{d}}{\mathrm{d}s}\frac{1}{4}\left[\frac{3s}{s^2+3^2}+\frac{s}{s^2+9^2}\right]=\frac{1}{4}\left[\frac{3s^2-27}{(s^2+9)^2}+\frac{s^2-81}{(s^2+81)^2}\right]$$

(3)

$$f(t)=t^2\cos 2t$$

$$\cos 2t\leftrightarrow\frac{s}{s^2+4}$$

$$t\cos 2t \leftrightarrow -\frac{\mathrm{d}}{\mathrm{d}s}\left(\frac{s}{s^2+4}\right)=-\frac{s^2+4-2s^2}{(s^2+4)^2}=\frac{s^2-4}{(s^2+4)^2}$$

$$t^2\cos 2t \leftrightarrow -\frac{\mathrm{d}}{\mathrm{d}s}\left[\frac{s^2-4}{(s^2+4)^2}\right]=-\frac{2s(s^2+4)^2-4s(s^2-4)(s^2+4)}{(s^2+4)^4}$$

$$=-\frac{2s(s^2+4)-4s(s^2-4)}{(s^2+4)^3}$$

$$=\frac{2s^3-24s}{(s^2+4)^3}$$

(4)
$$f(t)=\frac{1-\mathrm{e}^{-at}}{t}$$

$$1-\mathrm{e}^{-at}\leftrightarrow\frac{a}{s(s+a)}$$

$$\frac{1-\mathrm{e}^{-at}}{t}\leftrightarrow\int_s^{\infty}\frac{a}{s_1(s_1+a)}\,\mathrm{d}s_1=\int_s^{\infty}\left[\frac{1}{s_1}-\frac{1}{s_1+a}\right]\mathrm{d}s_1$$

$$=\ln\frac{s_1}{s_1+a}\Big|_s^{\infty}=-\ln\frac{s}{s+a}$$

(5)
$$f(t)=\frac{\mathrm{e}^{-3t}-\mathrm{e}^{-5t}}{t}$$

$$\mathrm{e}^{-3t}-\mathrm{e}^{-5t}\leftrightarrow\frac{1}{s+3}-\frac{1}{s+5}.$$

$$\frac{\mathrm{e}^{-3t}-\mathrm{e}^{-5t}}{t}\leftrightarrow\int_s^{\infty}\left(\frac{1}{s_1+3}-\frac{1}{s_1+5}\right)\mathrm{d}s_1=\ln\frac{s_1+3}{s_1+5}\Big|_s^{\infty}=\ln\frac{s+5}{s+3}$$

(6)
$$f(t)=\frac{1}{t}\sin(at)$$

$$\sin(at)\leftrightarrow\frac{a}{s^2+a^2}$$

$$\frac{1}{t}\sin(at)\leftrightarrow\int_{s/a}^{\infty}\frac{1}{(s/a)^2+1}\,\mathrm{d}\left(\frac{s}{a}\right)=\int_{s/a}^{\infty}\frac{1}{x^2+1}\,\mathrm{d}x$$

$$=\arctan x\Big|_{s/a}^{\infty}=\frac{\pi}{2}-\arctan\frac{s}{a}$$

$$=\mathrm{arccot}\,\frac{s}{a}=\arctan\frac{a}{s}$$

4-6 计算题 4-6 图所示各信号的拉普拉斯变换。

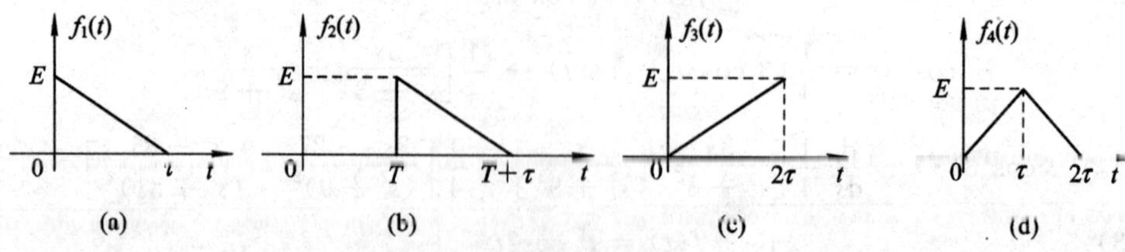

题 4-6 图

解 图(a)：由

$$f_1'(t)=E\delta(t)-\frac{E}{\tau}[u(t)-u(t-\tau)]$$

利用积分特性可得

$$F_1(s)=\frac{E}{s}-\frac{E}{\tau s^2}(1-e^{-s\tau})$$

图(b)：因为

$$f_2(t)=f_1(t-\tau)$$

利用(1)的结果及时延特性可得

$$F_2(s)=F_1(s)e^{-sT}=E\left[\frac{1}{s}-\frac{1}{\tau s^2}(1-e^{-s\tau})\right]e^{-sT}$$

图(c)：由

$$f_3'(t)=-E\delta(t-2\tau)+\frac{E}{2\tau}[u(t)-u(t-2\tau)]$$

利用积分特性可得

$$F_3(s)=\frac{E}{2\tau s^2}(1-e^{-2s\tau})-\frac{E}{s}e^{-2s\tau}$$

图(d)：由

$$f_4'(t)=\frac{E}{\tau}[u(t)-2u(t-\tau)+u(t-2\tau)]$$

利用积分特性可得

$$F_4(s)=\frac{E}{\tau s^2}(1-2e^{-s\tau}+e^{-2s\tau})=\frac{E}{\tau s^2}(1-e^{-s\tau})^2$$

4－7 计算题 4－7 图所示信号的单边拉普拉斯变换。

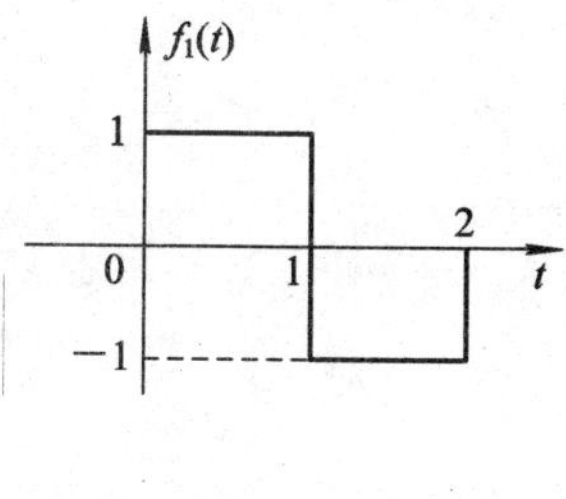

(a)

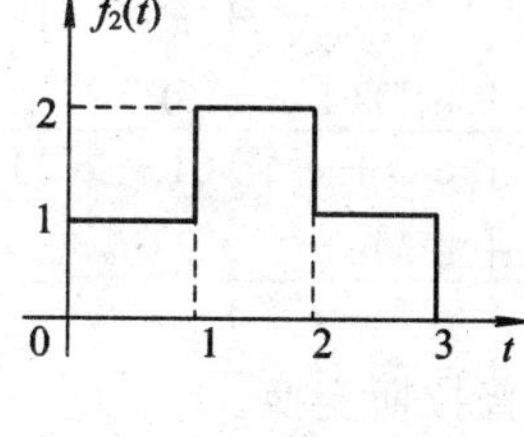

(b)

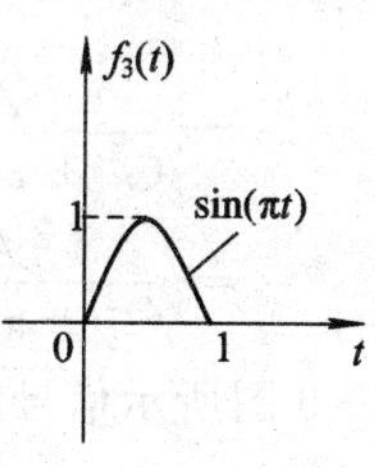

(c)

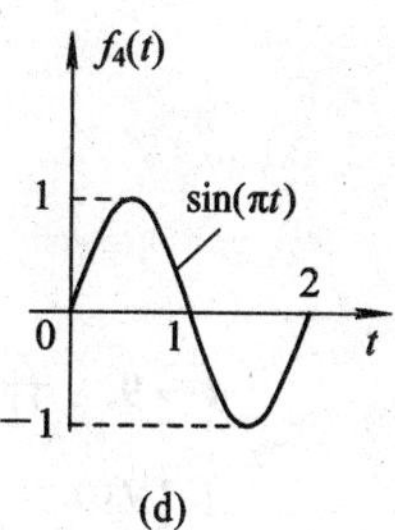

(d)

题 4－7 图

解 图(a)： $f_1(t)=[u(t)-2u(t-1)+u(t-2)]$

$$F_1(s)=\frac{1}{s}(1-2e^{-s}+e^{-2s})=\frac{1}{s}(1-e^{-s})^2$$

图(b)： $f_2(t)=[u(t)+u(t-1)-u(t-2)-u(t-3)]$

$$F_2(s)=\frac{1}{s}(1+e^{-s}-e^{-2s}-e^{-3s})=\frac{1}{s}(1+e^{-s})(1-e^{-2s})$$

图(c)： $f_3(t)=\sin\pi t\,u(t)+\sin[\pi(t-1)]u(t-1)$

$$F_3(s)=\frac{\pi}{s^2+\pi^2}(1+e^{-s})$$

图(d)：$$f_4(t)=\sin(\pi t)\,u(t)-\sin[\pi(t-2)]u(t-2)$$

$$F_4(s)=\frac{\pi}{s^2+\pi^2}(1-e^{-2s})$$

4-8 求题4-8图所示各信号的拉普拉斯变换。

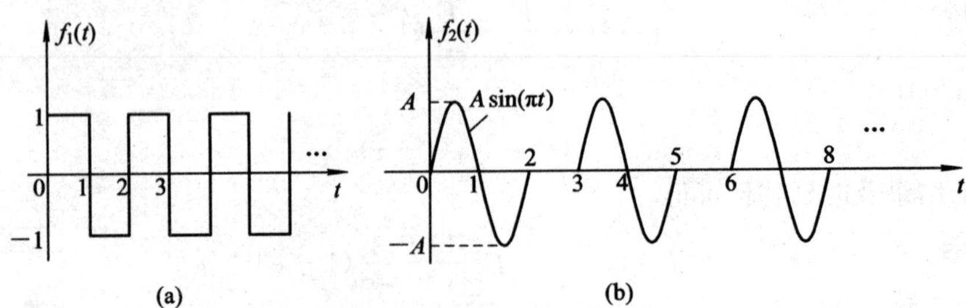

题4-8图

解 图(a)：$f_1(t)$是周期为2的"单边"周期函数，其第一周的信号$f_{11}(t)$及拉氏变换$F_{11}(s)$为

$$f_{11}(t)=u(t)-2u(t-1)+u(t-2)\leftrightarrow F_{11}(s)=\frac{1}{s}(1-2e^{-s}+e^{-2s})=\frac{1}{s}(1-e^{-s})^2$$

$$F_1(s)=F_{11}(s)\frac{1}{1-e^{-2s}}=\frac{1}{s}\frac{(1-e^{-s})^2}{1-e^{-2s}}=\frac{1-e^{-s}}{(1+e^{-s})s}$$

图(b)：$f_2(t)$是周期为3的"单边"周期函数，其第一周的函数$f_{21}(t)$及拉氏变换$T_{21}(s)$为

$$f_{21}(t)=A\sin\pi t[u(t)-u(t-2)]=A\sin\pi t\,u(t)-A\sin[\pi(t-2)]u(t-2)$$

$$F_{21}(s)=\frac{A\pi(1-e^{-2s})}{s^2+\pi^2}$$

$$\begin{aligned}F_2(s)&=F_{21}(s)\frac{1}{1-e^{-3s}}=\frac{A\pi(1-e^{-2s})}{s^2+\pi^2}\frac{1}{1-e^{-3s}}\\&=\frac{A\pi(1+e^{-s})(1-e^{-s})}{(s^2+\pi^2)(1+e^{-s}+e^{-2s})(1-e^{-s})}\\&=\frac{A\pi(1+e^{-s})}{(s^2+\pi^2)(1+e^{-s}+e^{-2s})}\end{aligned}$$

4-9 计算题4-9图所示信号的拉普拉斯变换。

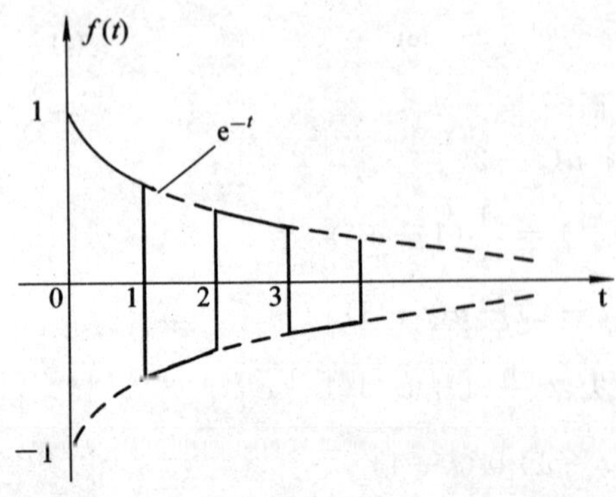

题4-9图

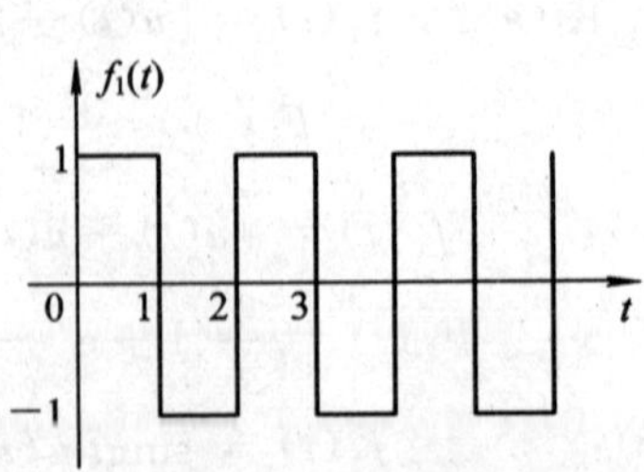

题解4-9图

解 $$f(t)=f_1(t)\,e^{-t}\leftrightarrow F(s)=F_1(s+1)$$

其中，$f_1(t)$ 如题解 4－9 图所示，是周期为 2 的单边函数，其第一周信号 $f_{11}(t)$ 与拉氏变换 $F_{11}(s)$ 为

$$f_{11}(t)=u(t)-2u(t-1)+u(t-2)\leftrightarrow F_{11}(s)=\frac{1}{s}(1-2e^{-s}+e^{-2s})$$

$$=\frac{1}{s}(1-e^{-s})^2$$

$$F_1(s)=F_{11}(s)\frac{1}{1-e^{-2s}}=\frac{1}{s}\frac{(1-e^{-s})^2}{1-e^{-2s}}=\frac{1-e^{-s}}{s(1+e^{-s})}$$

$$F(s)=F_1(s+1)=\frac{1-e^{-(s+1)}}{(s+1)(1+e^{-(s+1)})}$$

4－10 计算下列函数的单边拉普拉斯反变换：

(1) $F(s)=\dfrac{2s+5}{s^2+7s+12}$； (2) $F(s)=\dfrac{2s+6}{s(s+2)}$；

(3) $F(s)=\dfrac{2s-1}{s^2-s-2}$； (4) $F(s)=\dfrac{s+2}{s^2+2s+2}$；

(5) $F(s)=\dfrac{1-e^{-4s}}{5s^2}$； (6) $F(s)=\dfrac{1}{(s+a)^2+b^2}$；

(7) $F(s)=\dfrac{2(s^2+3)}{(s+2)(s^2+2s+5)}$； (8) $F(s)=\dfrac{s^3+s^2+1}{(s+2)(s+1)}$；

(9) $F(s)=\dfrac{e^{-s}+e^{-2s}+1}{(s+2)(s+1)}$； (10) $F(s)=\dfrac{e^{-(s-1)}+2}{(s-1)^2+1}$；

(11) $F(s)=\dfrac{2}{(s+1)^2}$； (12) $F(s)=\dfrac{s}{(s^2+a^2)^2}$；

(13) $F(s)=\dfrac{s^2+s+1}{s^2+1}$； (14) $F(s)=\dfrac{se^{-s}+2s+9}{s(s^2+9)}$。

解 (1) $$F(s)=\frac{2s+5}{s^2+7s+12}=\frac{-1}{s+3}+\frac{3}{s+4}$$

$$f(t)=(-e^{-3t}+3e^{-4t})u(t)$$

(2) $$F(s)=\frac{2s+6}{s(s+2)}=\frac{3}{s}-\frac{1}{s+2}$$

$$f(t)=(3-e^{-2t})u(t)$$

(3) $$F(s)=\frac{2s-1}{s^2-s-2}=\frac{1}{s-2}+\frac{1}{s+1}$$

$$f(t)=(e^{2t}+e^{-t})u(t)$$

(4) 因为 $\dfrac{s}{s^2+1}\leftrightarrow \cos t$，$\dfrac{1}{s^2+1}\leftrightarrow \sin t$，所以

$$F(s)=\frac{s+2}{s^2+2s+2}=\frac{(s+1)+1}{(s+1)^2+1}=\frac{(s+1)}{(s+1)^2+1}+\frac{1}{(s+1)^2+1}$$

$$f(t)=e^{-t}(\cos t+\sin t)u(t)$$

(5) $$F(s)=\frac{1-e^{-4s}}{5s^2}$$

$$f(t) = \frac{1}{5}t\,u(t) - \frac{1}{5}(t-4)u(t-4)$$

(6)
$$F(s) = \frac{1}{(s+a)^2+b^2} = \frac{1}{b}\cdot\frac{b}{(s+a)^2+b^2}$$

$$\frac{b}{s^2+b^2} \leftrightarrow \sin(bt)\cdot u(t)$$

$$f(t) = \frac{1}{b}\mathrm{e}^{-at}\sin(bt)\,u(t)$$

(7)
$$F(s) = \frac{2(s^2+3)}{(s+2)(s^2+2s+5)} = \frac{2(s^2+3)}{(s+2)[(s+1)^2+4]}$$

$$= \frac{14/5}{s+2} - \frac{(4/5)s+4}{(s+1)^2+4} = \frac{14/5}{s+2} - \frac{(4/5)(s+1)+16/5}{(s+1)^2+4}$$

$$f(t) = \left(\frac{14}{5}\mathrm{e}^{-2t} - \frac{4}{5}\mathrm{e}^{-t}\cos 2t - \frac{8}{5}\mathrm{e}^{-t}\sin 2t\right)u(t)$$

(8)
$$F(s) = \frac{s^3+s^2+1}{(s+2)(s+1)} = s-2+\frac{4s+5}{(s+2)(s+1)}$$

$$= s-2+\frac{1}{s+1}+\frac{3}{s+2}$$

$$f(t) = \delta'(t) - 2\delta(t) + \mathrm{e}^{-t}u(t) + 3\mathrm{e}^{-2t}u(t)$$

(9)
$$F(s) = \frac{\mathrm{e}^{-s}+\mathrm{e}^{-2s}+1}{(s+2)(s+1)} = \left(\frac{1}{s+1}-\frac{1}{s+2}\right)(\mathrm{e}^{-s}+\mathrm{e}^{-2s}+1)$$

$$f(t) = (\mathrm{e}^{-t}-\mathrm{e}^{-2t})u(t) + [\mathrm{e}^{-(t-1)} - \mathrm{e}^{-2(t-1)}]u(t-1)$$
$$+ [\mathrm{e}^{-(t-2)} - \mathrm{e}^{-2(t-2)}]u(t-2)$$

(10)
$$F(s) = \frac{\mathrm{e}^{-(s-1)}+2}{(s-1)^2+1} = \frac{\mathrm{e}\cdot\mathrm{e}^{-s}+2}{(s-1)^2+1}$$

$$\frac{1}{(s-1)^2+1} \leftrightarrow \mathrm{e}^{t}\sin t\,u(t)$$

$$\frac{\mathrm{e}^{-s}}{(s-1)^2+1} \leftrightarrow \mathrm{e}^{t-1}\sin(t-1)u(t-1)$$

$$f(t) = \mathrm{e}^{t}\sin(t-1)u(t-1) + 2\mathrm{e}^{t}\sin t u(t)$$

(11)
$$F(s) = \frac{2}{(s+1)^2}$$

$$\frac{2}{s^2} \leftrightarrow 2tu(t),\ F(s) = \frac{2}{(s+1)^2} \leftrightarrow f(t) = 2t\mathrm{e}^{-t}u(t)$$

(12)
$$F(s) = \frac{s}{(s^2+a^2)^2}$$

$$\frac{1}{s^2+a^2} \leftrightarrow \frac{1}{a}\sin(at)\,u(t)$$

$$-\frac{\mathrm{d}}{\mathrm{d}s}\frac{1}{s^2+a^2} = \frac{2s}{(s^2+a^2)^2}$$

$$f(t)=\frac{1}{2a}t\ \sin(at)\ u(t)$$

(13) $$F(s)=\frac{s^2+s+1}{s^2+1}=1+\frac{s}{s^2+1}$$

$$f(t)=\delta(t)+\cos t\,u(t)$$

(14) $$F(s)=\frac{se^{-s}+2s+9}{s(s^2+9)}=\frac{e^{-s}}{s^2+9}+\frac{2s+9}{s(s^2+9)}$$

$$=\frac{e^{-s}}{s^2+9}+\frac{1}{s}+\frac{-s+2}{s^2+9}$$

$$f(t)=\frac{1}{3}\ \sin3(t-1)u(t-1)+\left(1-\cos3t+\frac{2}{3}\ \sin3t\right)u(t)$$

4－11 计算下列函数的单边拉普拉斯反变换：

(1) $F(s)=\frac{1}{s^3}$； (2) $F(s)=\frac{s^2}{(s+1)^2}$；

(3) $F(s)=\frac{s+1}{s(s^2+4)}$； (4) $F(s)=\frac{1-e^{-as}+e^{-2as}}{s^2}$。

解 (1) $$F(s)=\frac{1}{s^3}$$

$$f(t)=\frac{1}{2}t^2u(t)$$

(2) $$F(s)=\frac{s^2}{(s+1)^2}=1-\frac{2s+1}{(s+1)^2}=1-\frac{2(s+1)-1}{(s+1)^2}=1-\frac{2}{s+1}+\frac{1}{(s+1)^2}$$

$$f(t)=\delta(t)-2e^{-t}u(t)+te^{-t}u(t)$$

(3) $$F(s)=\frac{s+1}{s(s^2+4)}=\frac{1}{4}\cdot\frac{1}{s}+\frac{-s/4+1}{s^2+4}$$

$$=\frac{1}{4}\cdot\frac{1}{s}-\frac{1}{4}\ \frac{s}{s^2+4}+\frac{1}{2}\cdot\frac{2}{s^2+4}$$

$$f(t)=\left(\frac{1}{4}-\frac{1}{4}\ \cos2t+\frac{1}{2}\ \sin2t\right)u(t)$$

(4) $$F(s)=\frac{1-e^{-as}+e^{-2as}}{s^2}$$

$$f(t)=tu(t)-(t-a)u(t-a)+(t-2a)u(t-2a)$$

4－12 计算下列函数的单边拉普拉斯反变换：

(1) $F(s)=\frac{1}{1+e^{-s}}$；

(2) $F(s)=\frac{s(1-e^{-s})}{s^2+\pi^2}$；

(3) $F(s)=\ln\frac{s}{s+9}$。

解 (1) $$F(s)=\frac{1}{1+e^{-s}}=\frac{1-e^{-s}}{(1+e^{-s})(1-e^{-s})}=\frac{1-e^{-s}}{1-e^{-2s}}$$

$$1-e^{-s} \leftrightarrow \delta(t)-\delta(t-1)$$

$$f(t)=\sum_{k=0}^{\infty}(-1)^k\delta(t-k)$$

(2)
$$F(s)=\frac{s(1-e^{-s})}{s^2+\pi^2}$$

$$f(t)=\cos(\pi t)u(t)-\cos[\pi(t-1)]u(t-1)$$

(3)
$$F(s)=\ln\frac{s}{s+9}=\ln s-\ln(s+9)$$

$$F'(s)=\frac{1}{s}-\frac{1}{s+9} \leftrightarrow (1-e^{-9t})u(t)=-tf(t)$$

$$f(t)=\frac{1}{t}(e^{-9t}-1)u(t)$$

4 - 13 试用时域卷积定理计算卷积 $e^{-at}u(t)*e^{-bt}u(t)$。

解
$$e^{-at}u(t) \leftrightarrow \frac{1}{s+a}$$

$$e^{-bt}u(t) \leftrightarrow \frac{1}{s+b}$$

$$F(s)=\frac{1}{(s+a)(s+b)}=\frac{1}{a-b}\left(\frac{1}{s+b}-\frac{1}{s+a}\right)$$

$$f(t)=\frac{1}{a-b}(e^{-bt}-e^{-at})u(t)$$

4 - 14 求下列 $F(s)$ 反变换的初值 $f(0_+)$ 与终值 $f(\infty)$：

(1) $F(s)=\dfrac{s+6}{(s+2)(s+3)}$；

(2) $F(s)=\dfrac{s+3}{(s+1)^2(s+2)}$；

(3) $F(s)=\dfrac{1}{(s+1)^3}$。

解 (1)
$$f(0_+)=\lim_{s\to\infty}sF(s)=\lim_{s\to\infty}\frac{s(s+6)}{(s+2)(s+3)}=1$$

$$f(\infty)=\lim_{s\to 0}sF(s)=\lim_{s\to 0}\frac{s(s+6)}{(s+2)(s+3)}=0$$

(2)
$$f(0_+)=\lim_{s\to\infty}sF(s)=\lim_{s\to\infty}\frac{s(s+3)}{(s+1)^2(s+2)}=0$$

$$f(\infty)=\lim_{s\to 0}sF(s)=\lim_{s\to 0}\frac{s(s+3)}{(s+1)^2(s+2)}=0$$

(3)
$$f(0_+)=\lim_{s\to\infty}sF(s)=\lim_{s\to\infty}\frac{s}{(s+1)^3}=0$$

$$f(\infty)=\lim_{s\to 0}sF(s)=\lim_{s\to 0}\frac{s}{(s+1)^3}=0$$

4-15 若 $f(t) \leftrightarrow F(s)$，$F(s)=\dfrac{b_m(s-1)}{s(s+1)}$，且 $f(\infty)=10$，求 b_m。

解

$$f(\infty)=\lim_{s\to 0} sF(s)=\lim_{s\to 0} s\frac{b_m(s-1)}{s(s+1)}=-b_m=10$$

所以

$$b_m=-10$$

4-16 如已知的系统函数 $H(s)=\dfrac{2s+3}{s^2+2s+5}$，计算输入 $f(t)=u(t)$ 时，零状态响应的初值 $y_{zs}(0_+)$ 和终值 $y_{zs}(\infty)$。

解

$$Y(s)=F(s)H(s)=\frac{2s+3}{s^2+2s+5}\cdot\frac{1}{s}=\frac{2s+3}{s(s^2+2s+5)}$$

$$y_{zs}(0_+)=\lim_{s\to\infty} sF(s)=\lim_{s\to\infty}\frac{2s+3}{(s^2+2s+5)}=0$$

$$y_{zs}(\infty)=\lim_{s\to 0} sF(s)=\lim_{s\to 0}\frac{2s+3}{(s^2+2s+5)}=\frac{3}{5}$$

4-17 直接用拉普拉斯变换求解下列微分方程：

(1) $(p^2+3p+2)y(t)=2\mathrm{e}^{-t}u(t)$，$y_{zi}(0)=1$，$y_{zi}'(0)=2$；

(2) $\begin{cases} y_1'(t)+y_1(t)+2y_2(t)=120\delta(t) \\ -2y_1(t)+y_2'(t)+5y_2(t)=0 \end{cases}$，$y_{1zi}(0)=y_{2zi}(0)=0$。

解 (1)

$$y''(t)+3y'(t)+2y(t)=2\mathrm{e}^{-t}u(t)$$

$$s^2Y(s)-sy(0_-)-y'(0_-)+3[sY(s)-y(0_-)]+2Y(s)=\frac{2}{s+1}$$

$$(s^2+3s+2)Y(s)-s-2-3=\frac{2}{s+1}$$

$$Y(s)=\frac{2+(s+5)(s+1)}{(s+1)(s^2+3s+2)}=\frac{s^2+6s+7}{(s+1)^2(s+2)}$$

$$=\frac{2}{(s+1)^2}+\frac{2}{s+1}-\frac{1}{s+2}$$

$$y(t)=(2t\mathrm{e}^{-t}+2\mathrm{e}^{-t}-\mathrm{e}^{-2t})u(t)$$

或

$$Y_{zs}(s)=\frac{2}{(s+1)(s^2+3s+2)}=\frac{2}{(s+1)^2}-\frac{2}{s+1}+\frac{2}{s+2}$$

$$Y_{zi}(s)=\frac{s+5}{(s^2+3s+2)}=\frac{4}{s+1}-\frac{3}{s+2}$$

$$y(t)=y_{zi}(t)+y_{zs}(t)=(4\mathrm{e}^{-t}-3\mathrm{e}^{-2t})u(t)+(2t\mathrm{e}^{-t}-2\mathrm{e}^{-t}+2\mathrm{e}^{-2t})u(t)$$

$$=(2t\mathrm{e}^{-t}+2\mathrm{e}^{-t}-\mathrm{e}^{-2t})u(t)$$

4-17(1) 题 MATLAB 计算作图程序如下：

```
clear;
```

```
b1 = [0,0,1];a = [1,3,2]; b2 = b1; [A1 B1 C1 D1] = tf2ss(b1,a);sys1 = ss(A1,B1,C1,D1);
t = 0:0.01:10;f1 = 0 * t; zi1 = [2 1];y1 = lsim(sys1,f1,t,zi1);
[A2 B2 C2 D2] = tf2ss(b2,a);sys2 = ss(A2,B2,C2,D2);
f2 = 2 * exp(- 1 * t); zi2 = [0 0]; y2 = lsim(sys2,f2,t,zi2);y3 = y1 + y2;
subplot(4,1,1);plot(t,f2);
axis([- 0.2,8, - 0.1,2.1]); ylabel('f(t)');
line([- 0.2,8],[0,0]);
line([0,0], [- 0.1,2.1]); title(' 激励 ')
subplot(4,1,2);plot(t,y1);
axis([- 0.2,8, - 0.1, 1.5]); ylabel('yzi(t)');
line([- 0.2,8],[0,0]); line([0,0], [- 0.1,1.5]);
 title(' 零输入响应 ')
subplot(4,1,3);plot(t,y2); axis([- 0.2,8, - 0.1, 0.4]); ylabel('yzs(t)');
line([- 0.2,8],[0,0]); line([0,0], [- 0.1,0.4]);
title(' 零状态响应 ')
subplot(4,1,4);plot(t,y3); axis([- 0.2,8, - 0.1, 1.6]);
line([- 0.2,8],[0,0]); line([0,0], [- 0.1,1.6]);
xlabel(' 时间(t)');ylabel('y(t)');title(' 系统的全响应 ');grid;
```

4 - 17(1) 题的激励、零输入响应、零状态响应、全响应如题解 4 - 17(1) 图所示。

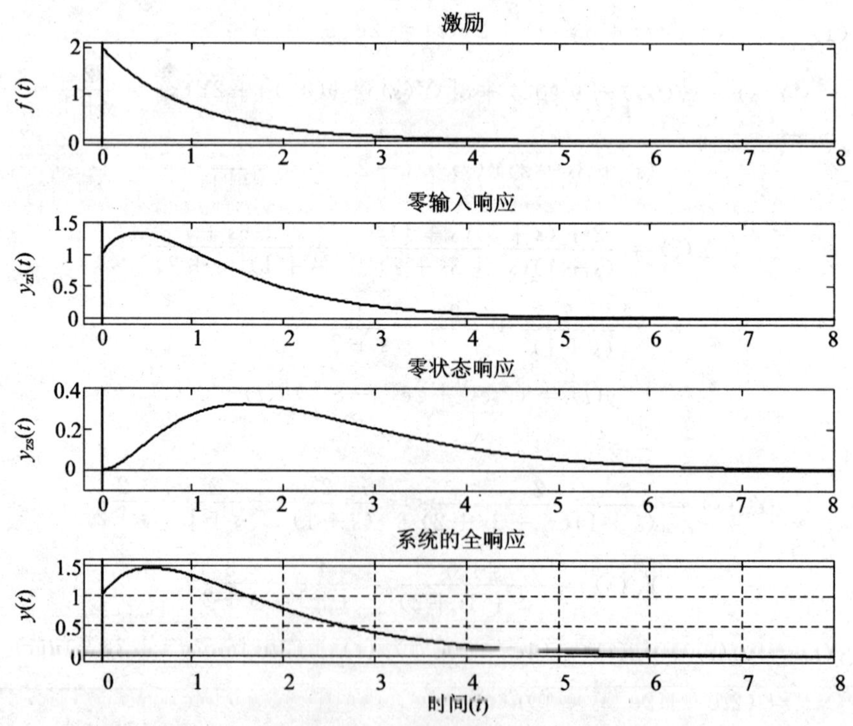

题解 4 - 17(1) 图　激励、零输入响应、零状态响应、全响应图

(2) 对微分方程组两边取拉普拉斯变换

$$Y_1(s)(s+1)+2Y_2(s)=120 \tag{A}$$

$$2Y_1(s)+(s+5)Y_2(s)=0 \tag{B}$$

式(A)×2+式(B)×(s+1)，得

$$[4+(s+5)(s+1)]Y_2(s)=240$$

$$Y_2(s)=\frac{240}{s^2+6s+9}=\frac{240}{(s+3)^2}$$

代入式(A)得

$$Y_1(s)(s+1)=120-2Y_2(s)=120-\frac{480}{(s+3)^2}=\frac{120[(s+3)^2-4]}{(s+3)^2}$$

$$Y_1(s)=\frac{120[s^2+6s+5]}{(s+3)^2(s+1)}=\frac{120(s+1)(s+5)}{(s+3)^2(s+1)}=\frac{120(s+5)}{(s+3)^2}$$

$$=\frac{120(s+3)+240}{(s+3)^2}=\frac{120}{(s+3)}+\frac{240}{(s+3)^2}$$

$$y_1(t)=(120\mathrm{e}^{-3t}+240\cdot t\cdot \mathrm{e}^{-3t})u(t)$$

$$y_2(t)=240t\mathrm{e}^{-3t}u(t)$$

4-18 某线性系统的微分方程为 $y''(t)+5y'(t)+6y(t)=3f(t)$，且

(1) 输入 $f(t)=u(t)$，初始状态 $y_{zi}(0)=1$，$y'_{zi}(0)=-1$；

(2) 输入 $f(t)=\mathrm{e}^{-t}u(t)$，初始状态 $y_{zi}(0)=0$，$y'_{zi}(0)=1$，

试计算系统的全响应 $y(t)$，有条件的可利用 MATLAB 计算并作图。

解 (1) 对系统方程两边取拉普拉斯变换：

$$s^2Y(s)-sy_{zi}(0)-y'_{zi}(0)+5[sY(s)-y_{zi}(0)]+6Y(s)=3F(s)$$

整理

$$(s^2+5s+6)Y(s)-s+1-5=\frac{3}{s}$$

$$(s^2+5s+6)Y(s)=\frac{3}{s}+s+4=\frac{3+s(s+4)}{s}$$

$$Y(s)=\frac{(s+1)(s+3)}{s(s+2)(s+3)}=\frac{1}{2}\left(\frac{1}{s}+\frac{1}{s+2}\right)$$

最后

$$y(t)=\left(\frac{1}{2}\mathrm{e}^{-2t}+\frac{1}{2}\right)u(t)$$

(2) 对微分方程两边取拉普拉斯变换：

$$s^2Y(s)-sy(0)-y'(0)+5[sY(s)-y(0)]+6Y(s)=3F(s)$$

整理

$$(s^2+5s+6)Y(s)-1=\frac{3}{s+1}$$

$$(s^2+5s+6)Y(s)=\frac{3}{s+1}+1=\frac{s+4}{s+1}$$

$$Y(s)=\frac{s+4}{(s+1)(s+2)(s+3)}=\frac{3/2}{s+1}+\frac{-2}{s+2}+\frac{1/2}{s+3}$$

最后

$$y(t)=\left(\frac{3}{2}e^{-t}-2e^{-2t}+\frac{1}{2}e^{-3t}\right)u(t)$$

4-18(1) 题 MATLAB 计算作图程序如下：

```
clear;
  t = 0:0.01:10;b1 = [0,0,1];a = [1,5,6]; b2 = [0,0,3];
  [A1 B1 C1 D1] = tf2ss(b1,a);
  sys1 = ss(A1,B1,C1,D1);
  f1 = 0 * t;zi1 = [-1 1]; y1 = lsim(sys1,f1,t,zi1);
  [A2 B2 C2 D2] = tf2ss(b2,a);
  sys2 = ss(A2,B2,C2,D2);
  f2 = stepfun(t,0); zi2 = [0 0];
  y2 = lsim(sys2,f2,t,zi2);y3 = y1 + y2;
  subplot(4,1,1);plot(t,f2);
  axis([-0.2,4,-0.1,1.1]); ylabel('f(t)');
  line([-0.2,4],[0,0]); line([0,0], [-0.1,1.1]);
  title('激励')
  subplot(4,1,2);plot(t,y1);
  axis([-0.2,4,-0.1, 1.1]); ylabel('yzi(t)');
  line([-0.2,4],[0,0]); line([0,0], [-0.1,1.1]);
  title('零输入响应')
  subplot(4,1,3);plot(t,y2);
  axis([-0.2,4,-0.1, 0.6]); ylabel('yzs(t)');
  line([-0.2,4],[0,0]); line([0,0], [-0.1,0.6]);
  title('零状态响应')
  subplot(4,1,4);plot(t,y3);
  axis([-0.2,4,-0.1, 1.1]);
  line([-0.2,4],[0,0]);
  line([0,0],[-0.1,1.1]);
  xlabel('时间(t)');
  ylabel('y(t)');
  titlo('系统的全响应');
  grid;
```

4-18(1) 题的激励、零输入响应、零状态响应、全响应如题解 4-18(1) 图所示。

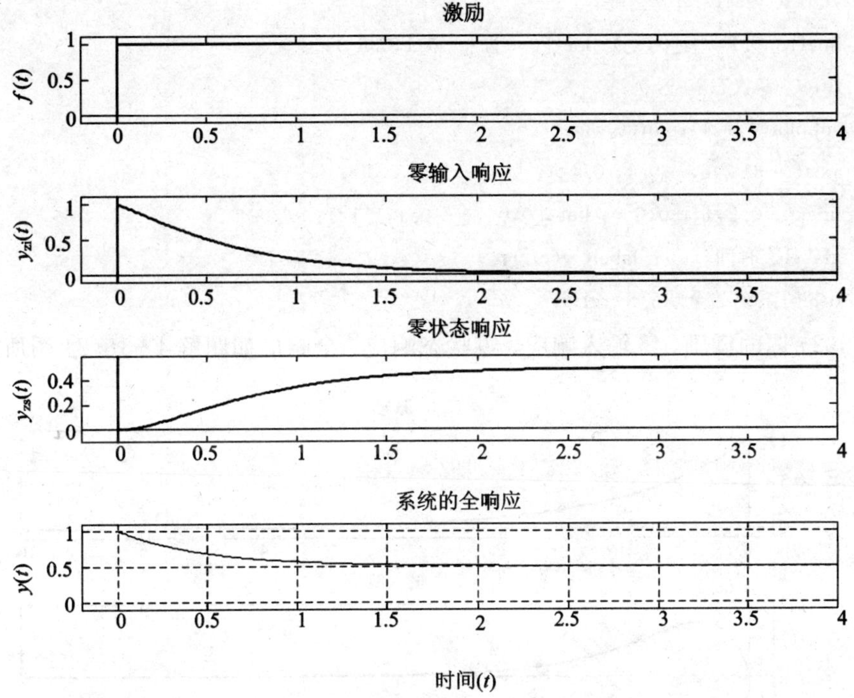

题解 4-18(1) 图　激励、零输入响应、零状态响应、全响应图

4-18(2) 题 MATLAB 计算作图程序如下：

```
clear;
  t = 0:0.01:10;b1 = [0,0,1];a = [1,5,6]; b2 = [0,0,3];
  [A1 B1 C1 D1] = tf2ss(b1,a);sys1 = ss(A1,B1,C1,D1);
  f1 = 0 * t; zi1 = [1 0];y1 = lsim(sys1,f1,t,zi1);
  [A2 B2 C2 D2] = tf2ss(b2,a);
  sys2 = ss(A2,B2,C2,D2);
  f2 = exp(-t);zi2 = [0 0];
  y2 = lsim(sys2,f2,t,zi2);
  y3 = y1 + y2;
  subplot(4,1,1);plot(t,f2);
   axis([-0.2,6,-0.1,1.1]); ylabel('f(t)');
  line([-0.2,4],[0,0]); line([0,0], [-0.1,1.1]);
   title(' 激励 ')
  subplot(4,1,2);plot(t,y1);
  axis([-0.2,6,-0.1, 0.2]); ylabel('yzi(t)');
  line([-0.2,4],[0,0]);line([0,0], [-0.1,1.1]);
  title(' 零输入响应 ')
  subplot(4,1,3);plot(t,y2);
  axis([-0.2,6,-0.1, 0.3]);
```

```
ylabel('yzs(t)');
line([-0.2,8],[0,0]);line([0,0], [-0.1,0.6]);
title('零状态响应')
subplot(4,1,4);plot(t,y3);
axis([-0.2,6,-0.1, 0.4]);
line([-0.2,4],[0,0]); line([0,0], [-0.1,1.1]);
xlabel('时间(t)');ylabel('y(t)');
title('系统的全响应');grid;
```

4-18(2)题的激励、零输入响应、零状态响应、全响应如题解4-18(2)图所示。

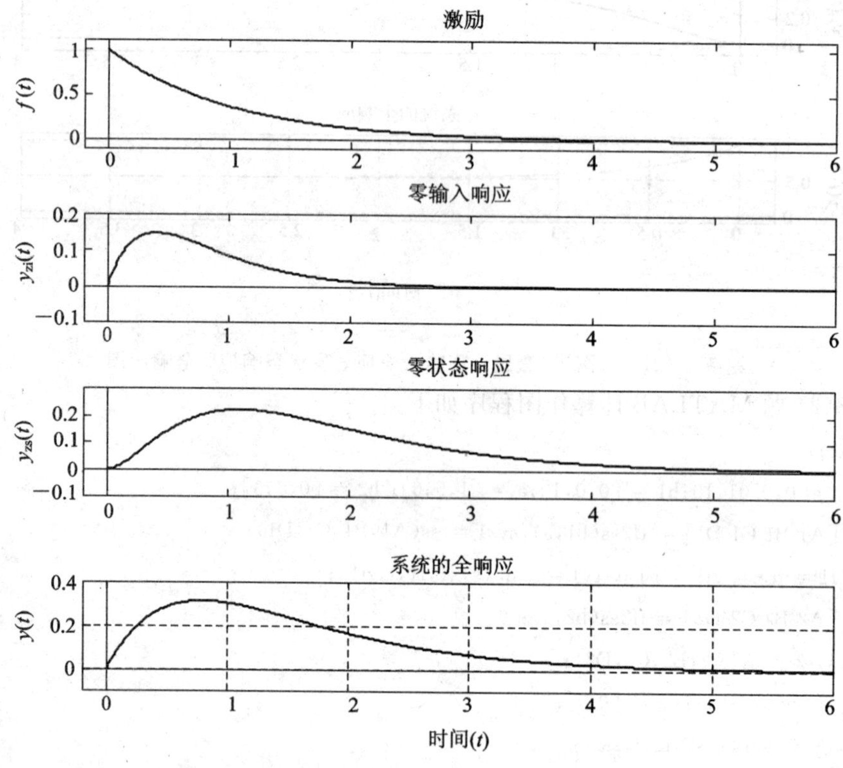

题解4-18(2)图　激励、零输入响应、零状态响应、全响应图

4-19　某线性时不变系统输入单位阶跃信号时的阶跃响应$g(t)=(1-e^{-2t})u(t)$，求使输出为$y_{zs}(t)=(1-e^{-2t}+te^{-2t})u(t)$的输入信号$f(t)$。

解　由阶跃响应求得冲激响应为

$$h(t)=g'(t)=[(1-e^{-2t})u(t)]'=2e^{-2t}u(t)$$

则系统函数为

$$H(s)=\frac{2}{s+2}$$

输出信号的拉普拉斯变换为

$$Y(s)=\frac{1}{s}+\frac{-1}{s+2}+\frac{1}{(s+2)^2}=\frac{3s+4}{s(s+2)^2}$$

输入信号的拉普拉斯变换为

$$F(s)=\frac{Y(s)}{H(s)}=\frac{3s+4}{s(s+2)^2}\cdot\frac{s+2}{2}=\frac{3s+4}{2s(s+2)}=\frac{1}{s}+\frac{1}{2(s+2)}$$

输入信号为

$$f(t)=\left(1+\frac{1}{2}e^{-2t}\right)u(t)$$

4-20 某线性时不变系统，输入为 $f(t)=e^{-t}u(t)$ 时，输出是

$$y_{zs}(t)=(e^{-t}-e^{-2t}+e^{-3t})u(t)$$

试求系统的单位冲激响应 $h(t)$。

解
$$Y(s)=\frac{1}{s+1}+\frac{-1}{s+2}+\frac{1}{s+3}=\frac{s^2+4s+5}{(s+1)(s+2)(s+3)}$$

$$F(s)=\frac{1}{s+1}$$

$$\begin{aligned}H(s)&=\frac{Y(s)}{F(s)}=\frac{s^2+4s+5}{(s+1)(s+2)(s+3)}(s+1)\\&=\frac{s^2+4s+5}{(s+2)(s+3)}=1+\frac{-s-1}{(s+2)(s+3)}\\&=1+\frac{1}{s+2}+\frac{-2}{s+3}\end{aligned}$$

$$h(t)=\delta(t)+(e^{-2t}-2e^{-3t})u(t)$$

4-21 如题 4-21 图所示电路，在 $t=0$ 以前已处于稳定状态。开关在 $t=0$ 时，由"1"扳到"2"，试计算电容电压 $v_C(t)$。

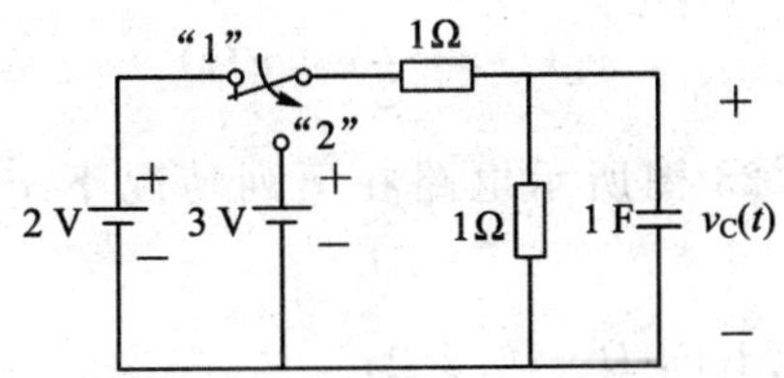

题 4-21 图

解 $v_C(0_-)=1$ V，s 域等效电路如题解 4-21 图所示。

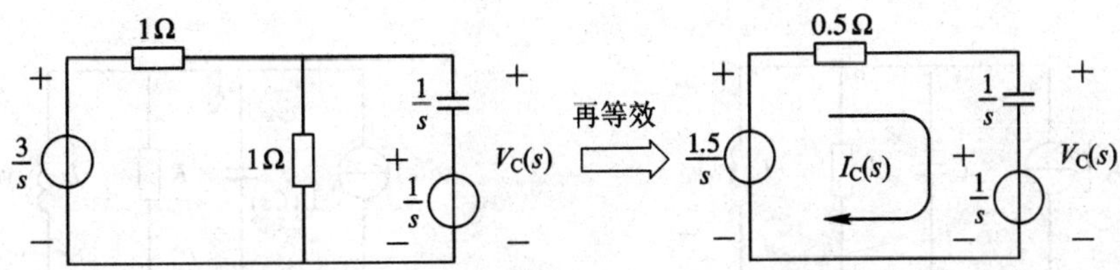

题解 4-21 图

$$I_C(s)=\frac{\frac{1.5}{s}-\frac{1}{s}}{0.5+\frac{1}{s}}=\frac{0.5}{0.5s+1}=\frac{1}{s+2}$$

$$V_C(s)=I_C(s)\times\frac{1}{s}+\frac{1}{s}=\frac{1}{s(s+2)}+\frac{1}{s}=\frac{1}{2}\left(\frac{1}{s}-\frac{1}{s+2}\right)+\frac{1}{s}=\frac{3}{2}\frac{1}{s}-\frac{1}{2}\frac{1}{s+2}$$

$$v_C(t)=\frac{1}{2}(3-e^{-2t})u(t)$$

4－22 如题 4－22 图所示电路，在 $t=0$ 以前已处于稳定状态。开关在 $t=0$ 时，由"1"扳到"2"，试计算电感电压 $v_L(t)$。

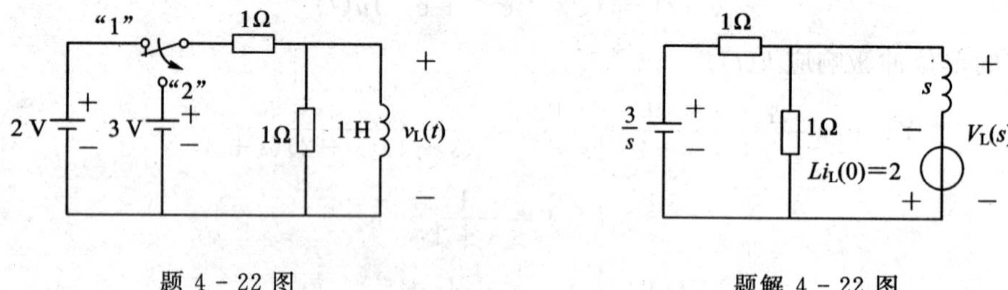

题 4－22 图　　　　题解 4－22 图

解　$i_L(0_-)=2$ A，s 域等效电路如题解 4－22 图所示。

列 KCL 方程

$$\frac{V_L-3/s}{1}+\frac{V_L}{1}+\frac{V_L+2}{s}=0$$

$$V_L\left(2+\frac{1}{s}\right)=\frac{3}{s}-\frac{2}{s}=\frac{1}{s}$$

$$V_L\left(\frac{2s+1}{s}\right)=\frac{1}{s},\ V_L=\frac{1}{2s+1}$$

$$v_L(t)=\frac{1}{2}e^{-\frac{1}{2}t}u(t)$$

4－23 计算如题 4－23 图所示电路在下列情况下 $v_L(t)$ 的零状态分量。其中，$f(t)=u(t)$。

(1) $L=0.1$ H，$C=0.1$ F，$R=0.5$ Ω；

(2) $L=0.1$ H，$C=0.1$ F，$R=\frac{1}{1.2}$ Ω。

电路的 s 域等效电路如题解 4－23 图所示。

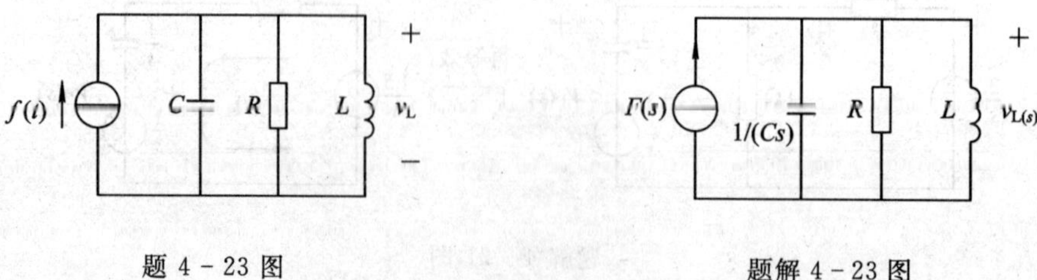

题 4－23 图　　　　题解 4－23 图

解 (1) 电路的复频域导纳为

$$\frac{1}{R}+\frac{1}{Ls}+Cs=2+\frac{10}{s}+0.1s=\frac{0.1s^2+2s+10}{s}$$

电路的复频域阻抗为

$$Z(s)=\frac{s}{0.1s^2+2s+10}=\frac{10s}{s^2+20s+100}$$

$$V_L(s)=F(s)Z(s)=\frac{1}{s}\cdot\frac{10s}{s^2+20s+100}=\frac{10}{(s+10)^2}$$

$$v_L(t)=10te^{-10t},\quad t\geqslant 0$$

(2) 电路的复频域导纳为

$$\frac{1}{R}+\frac{1}{Ls}+Cs=1.2+\frac{10}{s}+0.1s=\frac{0.1s^2+1.2s+10}{s}$$

电路的复频域阻抗为

$$Z(s)=\frac{s}{0.1s^2+1.2s+10}=\frac{10s}{s^2+12s+100}$$

$$V_L(s)=F(s)Z(s)=\frac{1}{s}\cdot\frac{10s}{s^2+12s+100}=\frac{1}{8}\cdot\frac{10\times 8}{(s+6)^2+64}$$

$$v_L(t)=\frac{5}{4}e^{-6t}\sin(8t),\quad t\geqslant 0$$

4-24 某电压放大器电路如题 4-24 图所示，输入端阻抗为无穷大，输出端阻抗为零。输出 $v_0(t)$ 与差分输入 $v_1(t)$ 和 $v_2(t)$ 之间满足关系式 $v_0(t)=A[v_2(t)-v_1(t)]$，求系统传输函数 $H(s)=\dfrac{V_0(s)}{V_1(s)}$。

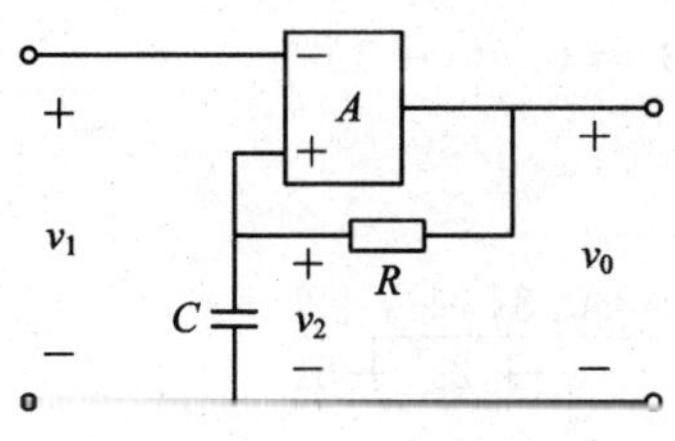

题 4-24 图

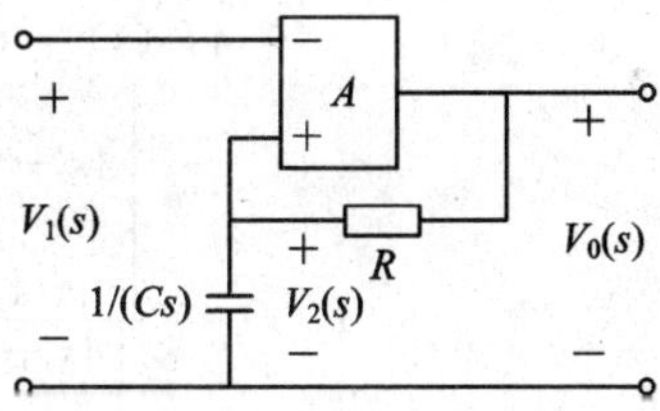

题解 4-24 图

解

$$V_2(s)=\frac{1/(sC)}{R+1/(Cs)}V_0(s)$$

$$V_0(s)=A[V_2(s)-V_1(s)]=\frac{A/(sC)}{R+1/(Cs)}V_0(s)-AV_1(s)$$

$$\left[1-\frac{A/(sC)}{R+1/(Cs)}\right]V_0(s)=-AV_1(s)$$

$$V_0(s)=\frac{-AV_1(s)}{1-\dfrac{A/(sC)}{R+1/(Cs)}}$$

$$H(s)=\frac{V_0(s)}{V_1(s)}=\frac{-A}{1-\dfrac{A/(sC)}{R+1/(Cs)}}=-\frac{A\left(s+\dfrac{1}{RC}\right)}{s+\dfrac{1-A}{RC}}$$

s 域等效电路如题解 4－24 图所示。

4－25 如题 4－25 图所示电路，已知在 $t<0$ 时电路处于稳态。开关 K 在 $t=0$ 瞬间断开，试求换路后 s 域等效电路以及电感电压 $v_L(t)$。

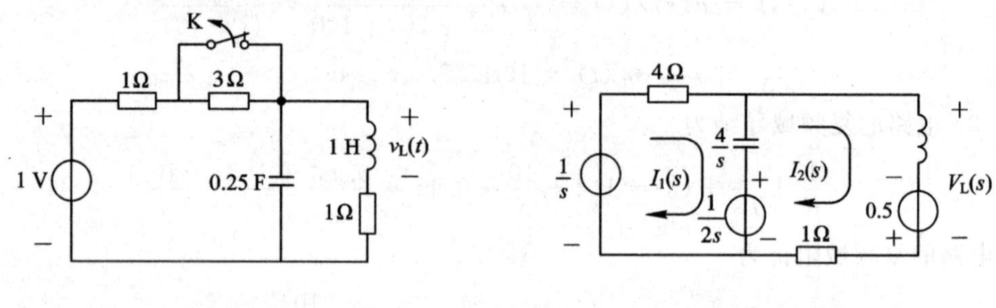

题 4－25 图　　　　题解 4－25 图

解

$$i_L(0_-)=0.5\ \text{A}$$

$$v_C(0_-)=0.5\ \text{V}$$

s 域等效电路如题解 4－25 图所示。

$$\begin{cases}\left(4+\dfrac{4}{s}\right)I_1(s)-\dfrac{4}{s}I_2(s)=\dfrac{1}{s}-\dfrac{1}{2s}=\dfrac{1}{2s}\\-\dfrac{4}{s}I_1(s)+\left(s+1+\dfrac{4}{s}\right)I_2(s)=0.5+\dfrac{1}{2s}\end{cases}$$

$$\begin{cases}(4s+4)I_1(s)-4I_2(s)=\dfrac{1}{2}\\-4I_1(s)+(s^2+s+4)I_2(s)=0.5(s+1)\end{cases}$$

$$I_2(s)=\frac{\begin{vmatrix}4s+4 & \dfrac{1}{2}\\-4 & 0.5(s+1)\end{vmatrix}}{\begin{vmatrix}4s+4 & -4\\-4 & s^2+s+4\end{vmatrix}}=\frac{0.5s^2+s+1}{s^3+2s^2+5s}$$

$$\begin{aligned}V_L(s)&=I_2(s)\times s-0.5\\&=\frac{0.5s^2+s+1-0.5(s^2+2s+5)}{s^2+2s+5}\\&=\frac{-1.5}{(s+1)^2+4}=-\frac{1.5}{2}\frac{2}{(s+1)^2+4}\end{aligned}$$

$$v_L(t)=-\frac{3}{4}e^{-t}\sin(2t)u(t)$$

4－26 如题 4－26 图所示电路，已知在 $t<0$ 时电路处于稳态。开关 K_1 和 K_2 在 $t=0$ 瞬间断开，试求换路后的输出电压 $v_2(t)$ 及电流 $i_2(t)$。

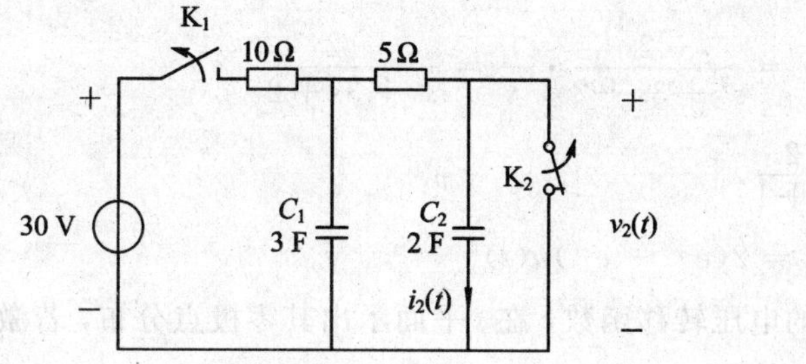

题 4-26 图

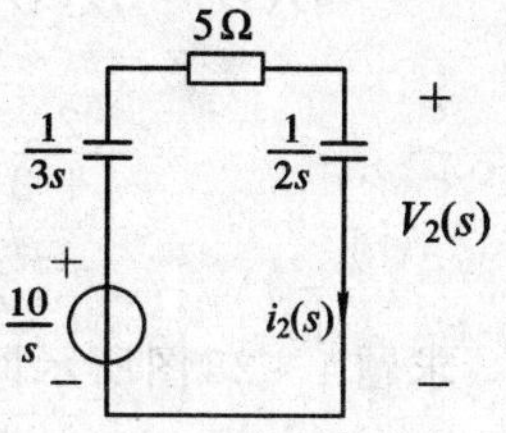

题解 4-26 图

解 $v_{C1}(0_-)=10\ \text{V}$，$v_{C2}(0_-)=0\ \text{V}$，s 域等效电路如题解 4-26 图所示。

$$I_2(s)=\frac{10/s}{5+\dfrac{5}{6s}}=\frac{10}{5s+5/6}=\frac{12}{6s+1}=\frac{2}{s+1/6}$$

$$V_2(s)=I_2(s)\frac{1}{2s}=\frac{12}{6s+1}\cdot\frac{1}{2s}=\frac{1}{(s+1/6)s}=\frac{6}{s}-\frac{6}{s+1/6}$$

$$i_2(t)=2e^{-t/6}u(t)\ \text{A}$$

$$v_2(t)=6(1-e^{-t/6})u(t)\ \text{V}$$

4-27 如题 4-27 图所示为一集成运放电路。

(1) 计算系统传输函数 $H(s)$；

(2) 计算单位阶跃响应 $g(t)$。

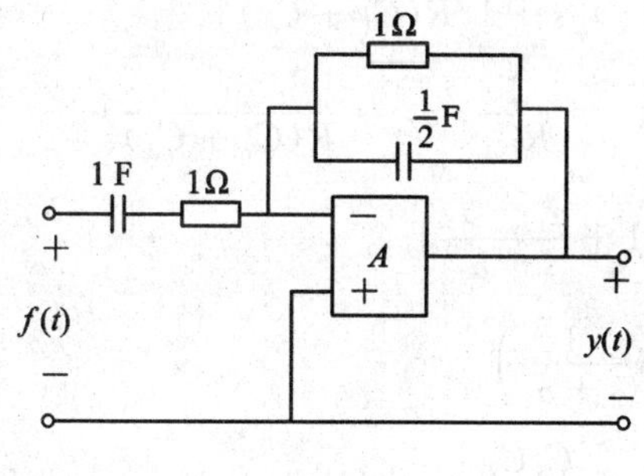

题 4-27 图

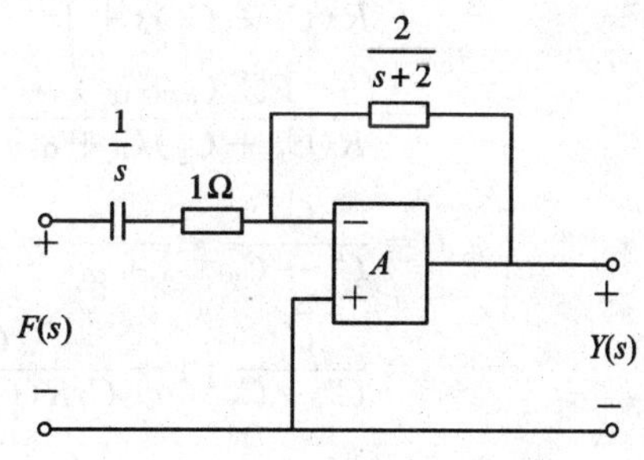

题解 4-27 图

解 (1) s 域等效电路如题解 4-27 图所示。

$$\frac{-Y(s)}{2/(s+2)}=\frac{F(s)}{1+1/s}$$

$$\frac{-Y(s)(s+2)}{2}=\frac{sF(s)}{1+s}$$

$$Y(s)=\frac{-2sF(s)}{(s+1)(s+2)}$$

$$H(s)=\frac{-2s}{s^2+3s+2}$$

(2) 单位阶跃响应

$$G(s)=H(s)F(s)=\frac{-2s}{s^2+3s+2}\cdot\frac{1}{s}=\frac{-2}{s^2+3s+2}$$

$$=\frac{2}{s+2}-\frac{2}{s+1}$$

$$g(t)=2(\mathrm{e}^{-2t}-\mathrm{e}^{-t})u(t)$$

4-28 求题4-28图所示网络的电压转移函数，在s平面示出其零极点分布，若激励信号$v_1(t)$为冲激函数$\delta(t)$，求响应$v_2(t)$。

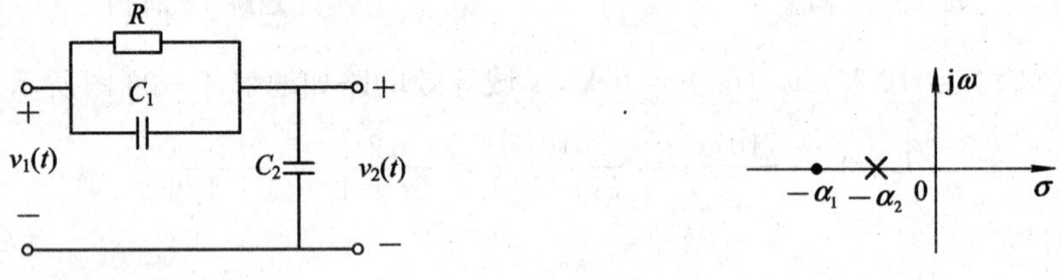

题 4-28 图　　　　题解 4-28 图

解　令$Z_1=\dfrac{R/(C_1s)}{R+1/(C_1s)}=\dfrac{R}{1+RC_1s}$，$Z_2=\dfrac{1}{C_2s}$，则

$$H(s)=\frac{Z_2}{Z_1+Z_2}=\frac{\dfrac{1}{C_2s}}{\dfrac{1}{C_2s}+\dfrac{R}{1+RC_1s}}$$

$$=\frac{1+RC_1s}{R(C_1+C_2)s+1}=\frac{RC_1(s+1/RC_1)}{R(C_1+C_2)[s+1/R(C_1+C_2)]}$$

$$=\frac{RC_1(s+\alpha_1)}{R(C_1+C_2)(s+\alpha_2)}\text{（其中，}\alpha_1=\frac{1}{RC_1}\text{，}\alpha_2=\frac{1}{R(C_1+C_2)}\text{）}$$

$$=\frac{C_1}{C_1+C_2}\cdot\frac{s+\alpha_1}{s+\alpha_2}=\frac{C_1}{C_1+C_2}\left(1+\frac{\alpha_1-\alpha_2}{s+\alpha_2}\right)$$

$$=\frac{C_1}{C_1+C_2}\left(1+\frac{C_2}{C_1R(C_1+C_2)}\cdot\frac{1}{s+\alpha_2}\right)$$

$$v_2(t)=h(t)=\frac{C_1}{C_1+C_2}\delta(t)+\frac{C_1C_2}{C_1R(C_1+C_2)^2}\cdot\mathrm{e}^{-\alpha_2t}u(t)$$

零极点如题解 4-28 图所示。

4-29 某系统的系统方程为$y''(t)+5y'(t)+6y(t)=f''(t)+3f'(t)+2f(t)$，当$f(t)=(1-\mathrm{e}^{-t})u(t)$时，全响应$y(t)=\left(4\mathrm{e}^{-2t}-\dfrac{4}{3}\mathrm{e}^{-3t}+\dfrac{1}{3}\right)$，$t\geqslant0$，试计算系统的零输入初始条件$y(0)$，$y'(0)$。

解　系统的零状态响应为

$$Y_{zs}(s)(s^2+5s+6)=(s^2+3s+2)F(s)$$

将$F(s)=\dfrac{1}{s(s+1)}$代入上式

$$Y_{zs}(s)(s+2)(s+3)=(s+1)(s+2)\frac{1}{s(s+1)}$$

整理

$$Y_{zs}(s)=\frac{1}{s(s+3)}=\frac{1}{3}\left(\frac{1}{s}-\frac{1}{s+3}\right)$$

得到

$$y_{zs}(t)=\frac{1}{3}(1-\mathrm{e}^{-3t})u(t)$$

零输入响应为

$$\begin{aligned}y_{zi}(t)=y(t)-y_{zs}(t)&=\left(4\mathrm{e}^{-2t}-\frac{4}{3}\mathrm{e}^{-3t}+\frac{1}{3}\right)-\frac{1}{3}(1-\mathrm{e}^{-3t})\\&=4\mathrm{e}^{-2t}-\mathrm{e}^{-3t},\quad t\geqslant 0\end{aligned}$$

由 $y_{zi}(t)$ 得到系统的初始条件为

$$y(0)=4-1=3$$
$$y'(0)=-8+3=-5$$

4-30 题4-30图所示为某系统的零极点图，且 $h(0_+)=1$，试计算系统单位冲激响应。有条件的用 MATLAB 作系统频响图。

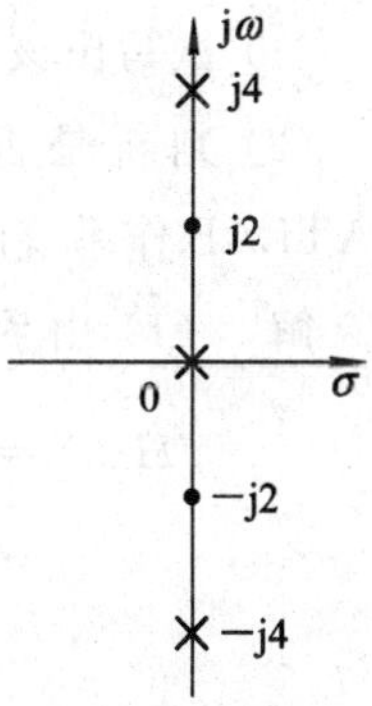

解
$$H(s)=\frac{A(s+\mathrm{j}2)(s-\mathrm{j}2)}{s(s+\mathrm{j}4)(s-\mathrm{j}4)}=\frac{A(s^2+4)}{s(s^2+16)}$$

$$h(0_+)=\lim_{s\to\infty}sH(s)=\lim_{s\to\infty}s\frac{A(s^2+4)}{s(s^2+16)}=A=1$$

$$H(s)=\frac{(s^2+4)}{s(s^2+16)}=\frac{1/4}{s}+\frac{3s/4}{s^2+16}$$

$$h(t)=\frac{1}{4}(1+3\cos 4t)u(t)$$

题 4-30 图

4-30 题求频响的 MATLAB 程序如下：

```
clear;
  a = [1 0 16 0];
  b = [0 1 0 4];
  w = logspace(-1,1);
  h = freqs(b,a,w);          % 系统频响
  Hmag = abs(h);             % 振幅特性
  Hpah = angle(h).*180/pi;   % 相位特性
  subplot(2,1,1);            % 作振幅图
  plot(w,Hmag);title('H(s) 频响');
  xlabel('频率');ylabel('系统振幅');
  subplot(2,1,2);            % 作相位图
  plot(w,Hpah);xlabel('频率');ylabel('系统相位');
```

题 4-30 系统的频响如题解 4-30 图所示。

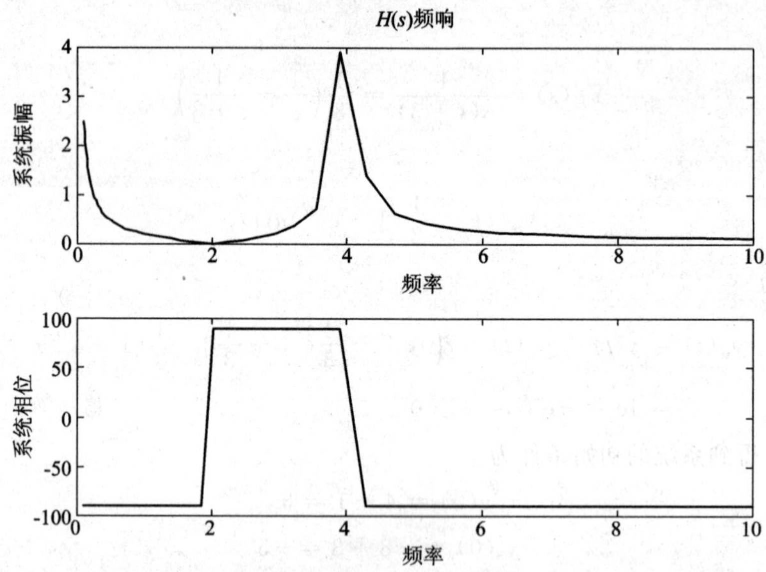

题解 4-30 图

4-31 某系统的零极点图如题 4-31 图所示，且单位冲激响应 $h(t)$ 的初值 $h(0_+)=5$。

(1) 试写出该系统的系统函数 $H(s)$。

(2) 判断是否为全通或最小相移系统。有条件的用 MATLAB 作系统的频响图。

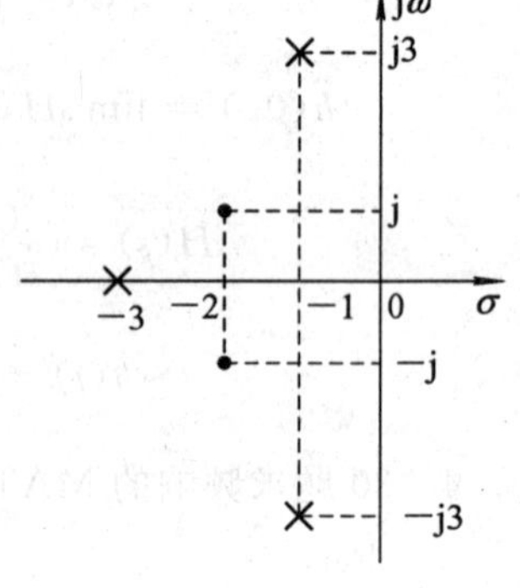

题 4-31 图

解 (1) 由系统的零极点图可得

$$H(s)=\frac{A(s+2+\mathrm{j})(s+2-\mathrm{j})}{(s+3)(s+1+\mathrm{j}3)(s+1-\mathrm{j}3)}$$

$$=\frac{A(s^2+4s+5)}{(s+3)(s^2+2s+10)}$$

由初值定理可得

$$h(0_+)=\lim_{s\to\infty}sH(s)=\lim_{s\to\infty}s\frac{A(s^2+4s+5)}{(s+3)(s^2+2s+10)}=A=5$$

最后可得

$$H(s)=\frac{5(s^2+4s+5)}{(s+3)(s^2+2s+10)}=\frac{5s^2+20s+25}{s^3+5s^2+16s+30}。$$

(2) 因其零极点均在 s 平面的左半平面，所以是最小相位系统。

题 4-31 求频响的 MATLAB 程序如下：

```
clear;
  a = [1 5 16 30];
  b = [0 5 20 25];
  w = logspace(-1,1);h = freqs(b,a,w);          % 系统频响
  Hmag = abs(h);                                 % 振幅特性
```

```
Hpah = angle(h). * 180/pi;                    % 相位特性
subplot(2,1,1);                               % 作振幅图
plot(w,Hmag);
title('H(s) 频响');
xlabel('频率');
ylabel('系统振幅');
subplot(2,1,2);                               % 作相位图
plot(w,Hpah);xlabel('频率');
ylabel('系统相位');
```

题 4 - 31 系统的频响如题解 4 - 31 图所示。

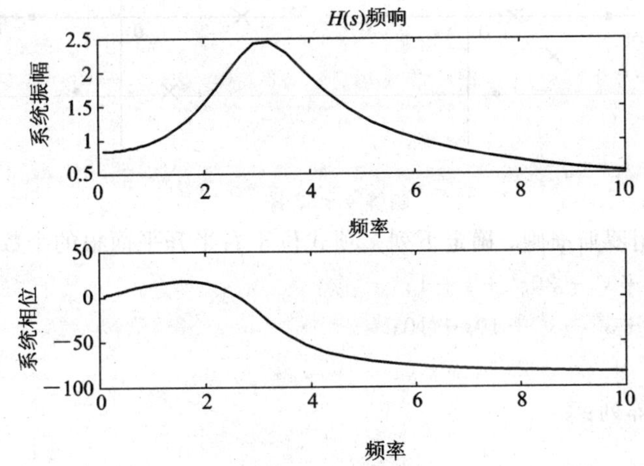

题解 4 - 31 图

4 - 32 两个系统的零极点图如题 4 - 32 图所示，判断是否为全通或最小相移系统。若是非最小相移系统，绘出可组成该系统的最小相移系统与全通系统的零、极点图。

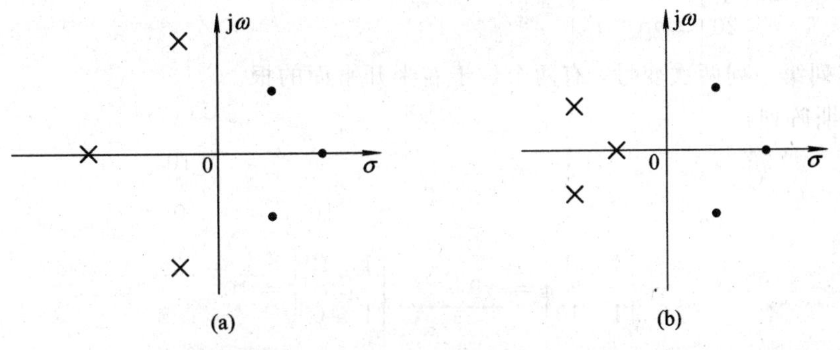

题 4 - 32 图

解 图(a)是非最小相移系统，题解 4 - 32(a)图是可组成该系统的最小相移系统与全通系统的零、极点图。

图(b)是非最小相移系统，题解 4 - 32(b)图是可组成该系统的最小相移系统与全通系统的零、极点图。

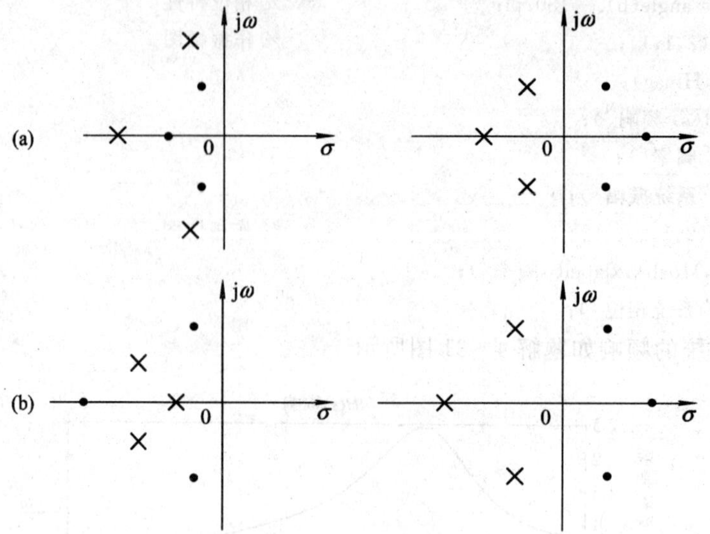

题解 4 - 32 图

4 - 33 试应用罗斯准则，确定下列多项式位于右半开平面根的个数：

(1) $D(s)=s^5+s^4+20s^2+s+1$；

(2) $D(s)=s^4+s^3+s^2+10s+10$；

(3) $D(s)=8s^4+2s^3+2s^2+s+5$。

解 (1) 罗斯阵列：

$$\begin{array}{lll} 1 & 0 & 1 \\ 1 & 20 & 1 \\ -\begin{vmatrix} 1 & 0 \\ 1 & 20 \end{vmatrix}=-20 & -\begin{vmatrix} 1 & 1 \\ 1 & 1 \end{vmatrix}=0 & \\ \dfrac{1}{20}\begin{vmatrix} 1 & 20 \\ -20 & 0 \end{vmatrix}=20 & & \end{array}$$

罗斯阵列第一列两次变号，有两个位于右半开平面的根。

(2) 罗斯阵列：

$$\begin{array}{lll} 1 & 1 & 10 \\ 1 & 10 & 0 \\ -\begin{vmatrix} 1 & 1 \\ 1 & 10 \end{vmatrix}=-9 & -\begin{vmatrix} 1 & 10 \\ 1 & 0 \end{vmatrix}=10 & \\ \dfrac{1}{9}\begin{vmatrix} 1 & 10 \\ -9 & 10 \end{vmatrix}=\dfrac{100}{9} & & \\ 10 & & \end{array}$$

罗斯阵列第一列两次变号，有两个位于右半开平面的根。

(3) 罗斯阵列：

$$
\begin{array}{ccc}
8 & 2 & 5 \\
2 & 1 & 0 \\
-\frac{1}{2}\begin{vmatrix}8 & 2\\ 2 & 1\end{vmatrix}=-2 & -\frac{1}{2}\begin{vmatrix}8 & 5\\ 2 & 0\end{vmatrix}=5 & \\
\frac{1}{2}\begin{vmatrix}2 & 1\\ -2 & 5\end{vmatrix}=6 & & \\
5 & &
\end{array}
$$

罗斯阵列第一列两次变号，有两个位于右半开平面的根。

4－34 已知系统模拟图如题 4－34 图所示，求 $\omega=\sqrt{3}$ rad/s 时的 $H(\mathrm{j}\omega)$ 值。

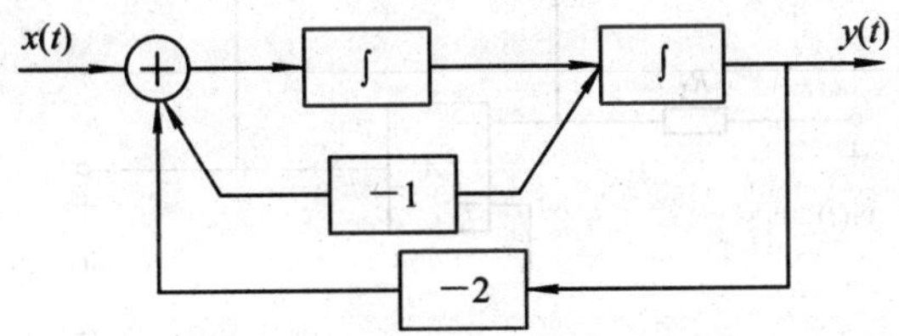

题 4－34 图

解

$$H(s)=\frac{1}{s^2+s+2}$$

$$H(\mathrm{j}\omega)=\frac{1}{-\omega^2+2+\mathrm{j}\omega}=\frac{1}{2-\omega^2+\mathrm{j}\omega}$$

$$|H(\mathrm{j}\omega)|=\sqrt{\frac{1}{(2-\omega^2)^2+\omega^2}}\Bigg|_{\omega=\sqrt{3}}=\frac{1}{2}$$

$$\varphi(\omega)=-\arctan\frac{\omega}{2-\omega^2}\Bigg|_{\omega=\sqrt{3}}=\arctan\sqrt{3}=60^\circ$$

$$H(\mathrm{j}\omega)=0.5\angle 60^\circ$$

4－35 已知系统模拟图如题 4－35 所示，求 $\omega=\sqrt{3}$ rad/s 时的 $H(\mathrm{j}\omega)$ 值。

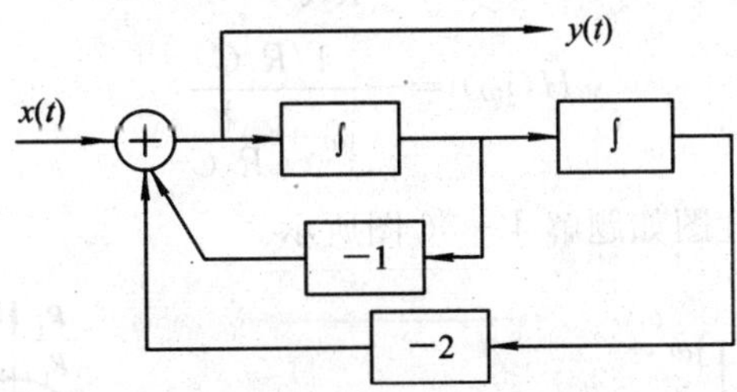

题 4－35 图

解

$$H(s)=\frac{s^2}{s^2+s+2}$$

$$H(\mathrm{j}\omega)=\frac{-\omega^2}{-\omega^2+2+\mathrm{j}\omega}$$

$$H(\mathrm{j}\omega)\,|_{\omega=\sqrt{3}}=\frac{3}{1-\mathrm{j}\sqrt{3}}=\frac{3(1+\mathrm{j}\sqrt{3})}{4}$$

$$|\,H(\sqrt{3})\,|=\frac{3}{2}$$

$$\varphi(\omega)=\arctan\sqrt{3}=60^\circ$$

$$H(\mathrm{j}\sqrt{3})=1.5\mathrm{e}^{\mathrm{j}60^\circ}$$

4 - 36 如题 4 - 36 图所示理想放大器系统，试求：

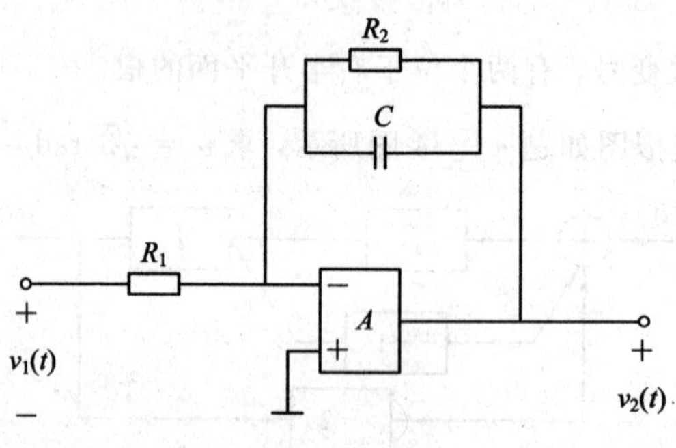

题 4 - 36 图

(1) 系统传输函数 $H(s)=\dfrac{V_2(s)}{V_1(s)}$；

(2) 零极点分布图；

(3) 粗略画出系统幅频特性图。

解 (1)
$$H(s)=\frac{V_2(s)}{V_1(s)}=\frac{-\dfrac{R_2/CS}{R_2+1/CS}}{R_1}=-\frac{\dfrac{1}{R_1C}}{s+\dfrac{1}{R_2C}}$$

(2) 有一个极点

$$s=-\frac{1}{R_2C}$$

(3)
$$H(\mathrm{j}\omega)=-\frac{1/R_1C}{\mathrm{j}\omega+\dfrac{1}{R_2C}}$$

零极点分布，幅频特性图如题解 4 - 36 图所示。

题解 4 - 36 图

4 - 37 已知系统的系统函数为 $H(s)=\dfrac{s^3}{(s+1)(s+2)(s+3)}$，试分别用级联、并联

和直接型的形式画出系统模拟图及流图。有条件的用 MATLAB 作系统频响图。

解

$$H(s)=\frac{s^3}{(s+1)(s+2)(s+3)}=\frac{s}{s+1}\cdot\frac{s}{s+2}\cdot\frac{s}{s+3}$$

$$=1-\frac{1}{2}\frac{1}{s+1}+\frac{8}{s+2}-\frac{27}{2}\frac{1}{s+3}=\frac{s^3}{s^3+6s^2+11s+6}$$

(1) 系统级联型模拟图与流图如题解 4 - 37(1) 图所示。

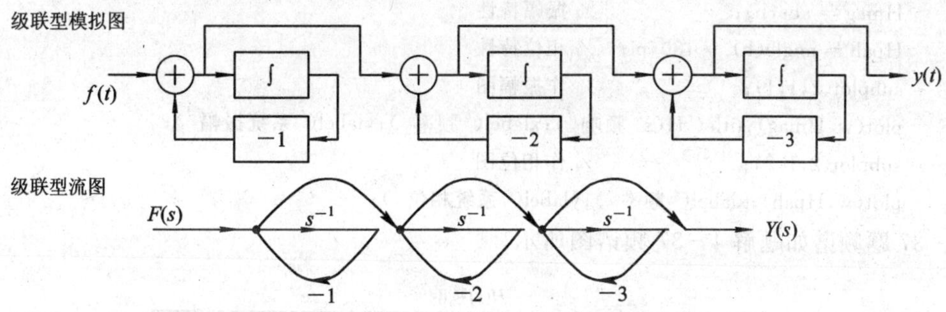

题解 4 - 37(1) 图

(2) 系统并联型模拟图与流图如题解 4 - 37(2) 图所示。

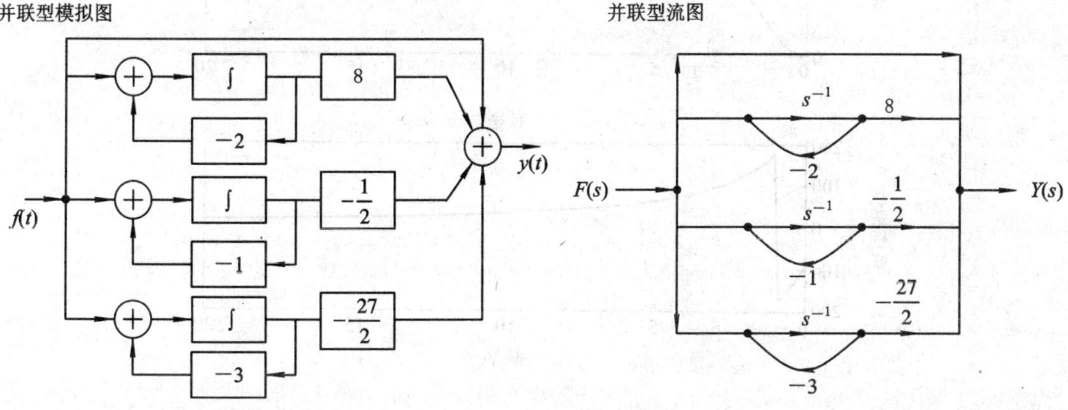

题解 4 - 37(2) 图

(3) 系统直接型模拟图与流图如题解 4 - 37(3) 图所示。

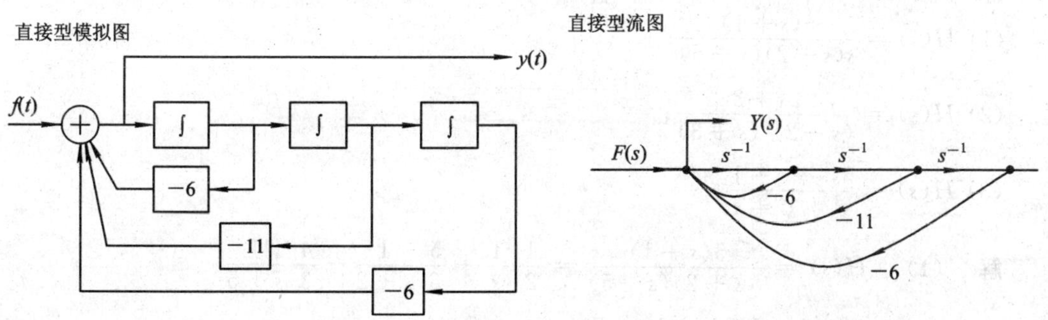

题解 4 - 37(3) 图

* 4-37 题求频响的 MATLAB 程序如下：

```
clear;
  a = [1 6 11 6];              % 分母多项式系数
  b = [1 0 0 0];               % 分子多项式系数
  w = logspace(-1.3,1.3);
  h = freqs(b,a,w);            % 系统频响
  Hmag = abs(h);               % 振幅特性
  Hpah = angle(h).*180/pi;     % 相位特性
  subplot(2,1,1);              % 作振幅图
  plot(w,Hmag);title('H(s) 频响');xlabel('频率');ylabel('系统振幅');
  subplot(2,1,2);              % 作相位图
  plot(w,Hpah);xlabel('频率');ylabel('系统相位');
```

4-37 题频谱如题解 4-37 频谱图所示。

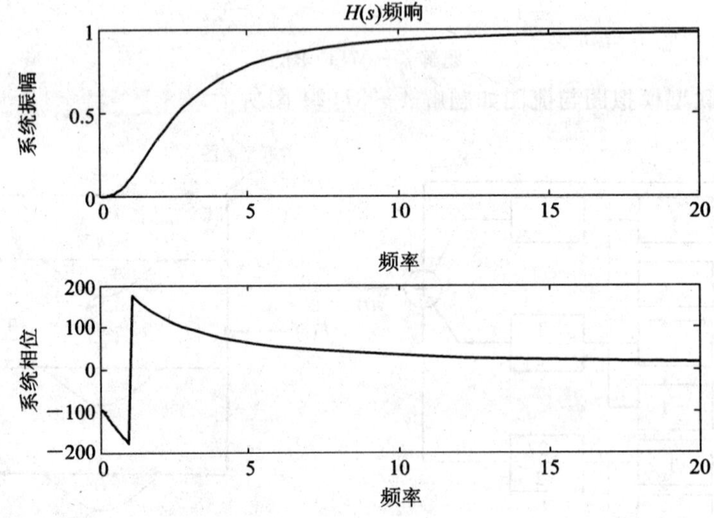

题解 4-37 频谱图

4-38 已知系统函数如下，分别画出直接型、级联型、并联型模拟图及流图。有条件的利用 MATLAB 作系统频响图。

(1) $H(s)=\dfrac{5(s+1)}{s(s+2)(s+5)}$；

(2) $H(s)=\dfrac{2s+3}{(s+2)^2(s+3)}$；

(3) $H(s)=\dfrac{5s^2+s+1}{s^3+s^2+s}$。

解 (1) $H(s)=\dfrac{5(s+1)}{s(s+2)(s+5)}=\dfrac{1}{2}\dfrac{1}{s}+\dfrac{5}{6}\dfrac{1}{s+2}-\dfrac{4}{3}\dfrac{1}{s+5}$

$$=\frac{1}{s}\cdot\frac{s+1}{s+2}\cdot\frac{5}{s+5}=\frac{5s+5}{s^3+7s^2+10s}$$

直接型、级联型、并联型模拟图与流图如题解 4-38(1) 图所示。

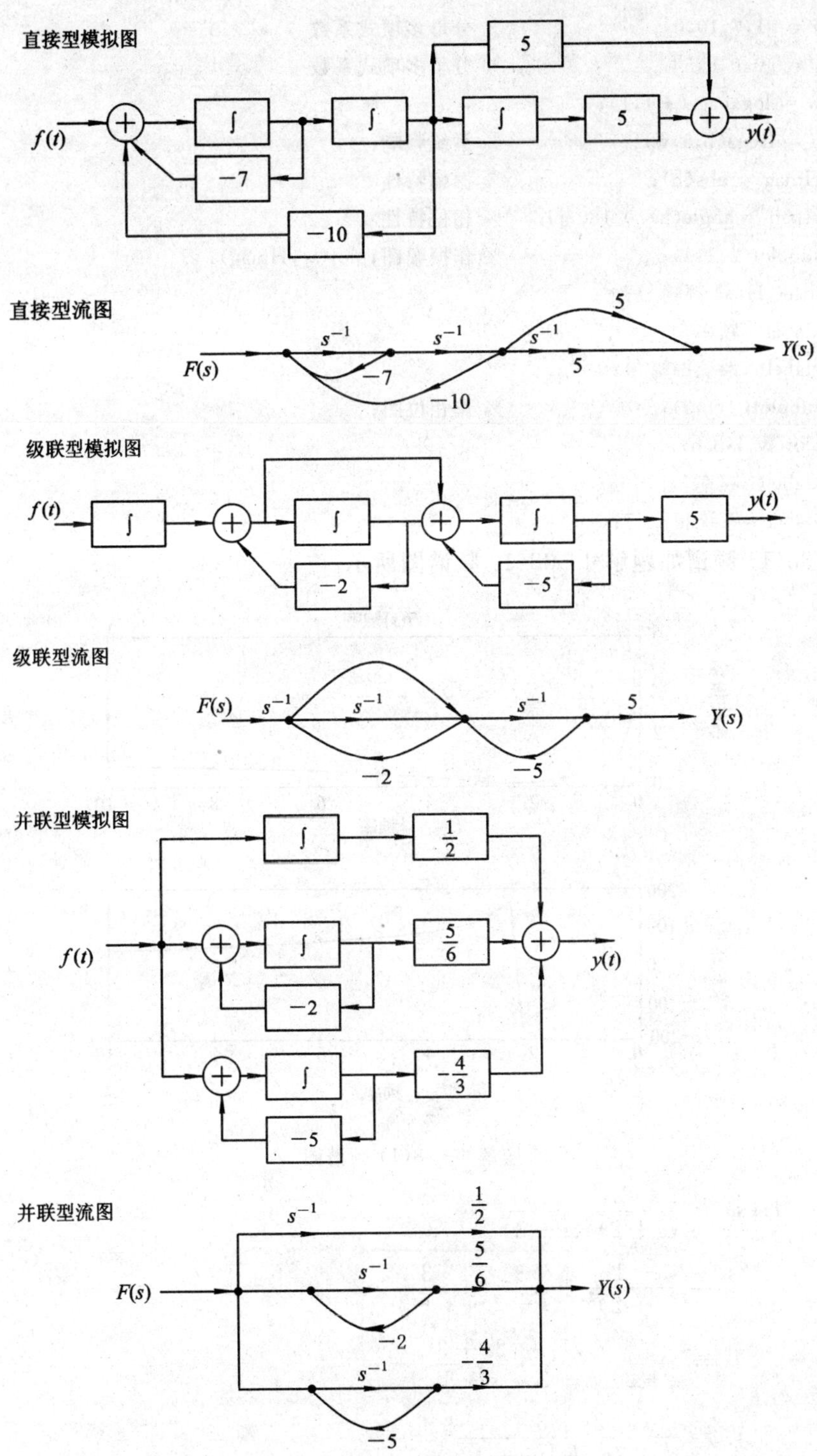

直接型模拟图
f(t)
∫
∫
∫
5
5
−7
−10
y(t)
直接型流图
F(s)
s−1
s−1
s−1
5
5
−7
−10
Y(s)
级联型模拟图
f(t)
∫
∫
∫
5
−2
−5
y(t)
级联型流图
F(s)
s−1
s−1
s−1
5
−2
−5
Y(s)
并联型模拟图
f(t)
∫
∫
∫
1/2
5/6
−4/3
−2
−5
y(t)
并联型流图
F(s)
s−1
s−1
s−1
1/2
5/6
−4/3
−2
−5
Y(s)

题解 4－38(1) 图

题 4-38(1) 求频响的 MATLAB 程序如下：

```
clear;
    a = [1,7,10,0];               % 分母多项式系数
    b = [0,0,5,5];                % 分子多项式系数
    w = logspace(-1,1);
    h = freqs(b,a,w);             % 系统频响
    Hmag = abs(h);                % 振幅特性
    Hpah = angle(h). * 180/pi;    % 相位特性
    subplot(2,1,1);               % 作振幅图;plot(w,Hmag);
    title('H(s) 频响');
    xlabel('频率');
    ylabel('系统振幅');
    subplot(2,1,2);               % 作相位图;
    plot(w,Hpah);
    xlabel('频率');
    ylabel('系统相位');
```

题 4-38(1) 频谱如题解 4-38(1) 频谱图所示。

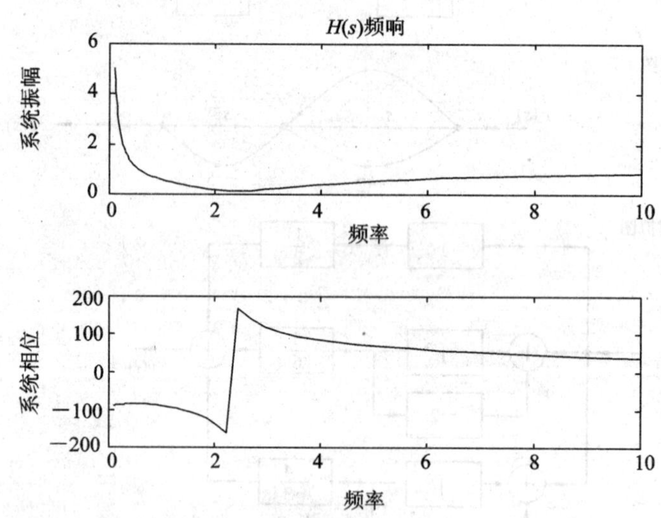

题解 4-38(1) 频谱图

(2)
$$H(s)=\frac{2s+3}{(s+2)^2(s+3)}$$
$$=\frac{-1}{(s+2)^2}+\frac{3}{s+2}-\frac{3}{s+3}$$
$$=\frac{1}{s+2}\cdot\frac{1}{s+2}\cdot\frac{2s+3}{s+3}$$
$$=\frac{2s+3}{s^3+7s^2+16s+12}$$

直接型、级联型、并联型模拟图与流图如题解 4　38(2) 图所示。

直接型模拟图

直接型流图

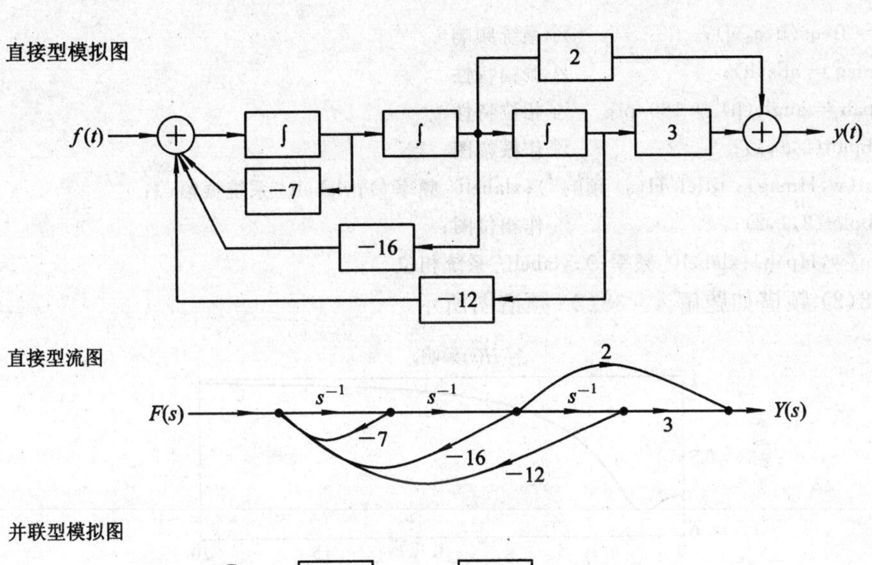

并联型模拟图

并联型流图

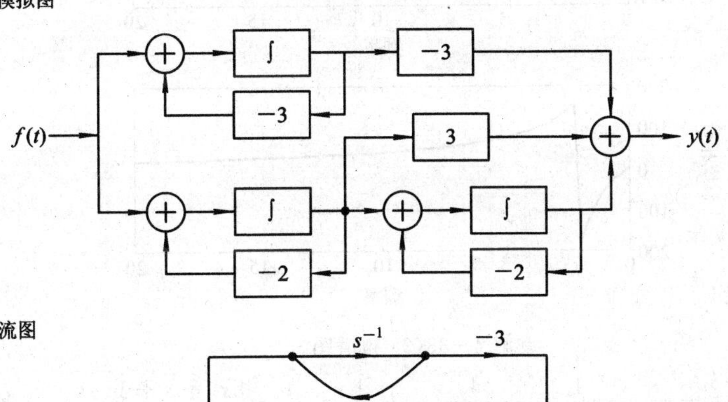

级联型模拟图

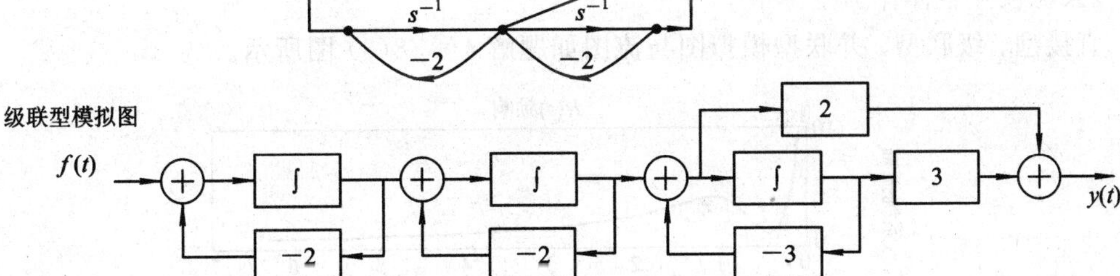

级联型流图

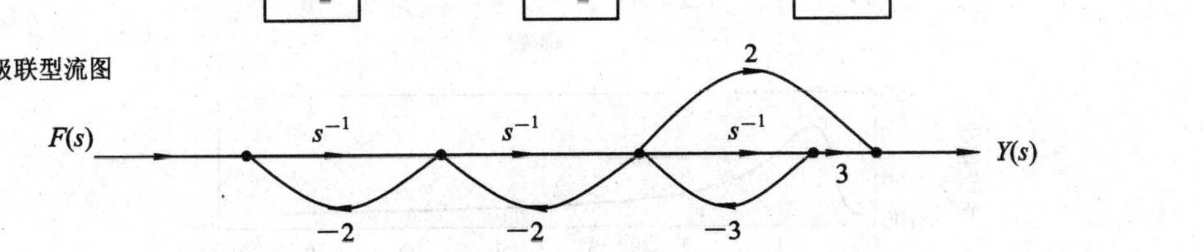

题解 4 - 38(2) 图

题 4 - 38(2) 求频响的 MATLAB 程序如下：

```
clear;
    a = [1 7 16 12];                %分母多项式系数
    b = [1 0 2 3];                  %分子多项式系数
    w = logspace(- 1.3,1.3);
```

```
h = freqs(b,a,w);                  % 系统频响
Hmag = abs(h);                     % 振幅特性
Hpah = angle(h). * 180/pi;         % 相位特性
subplot(2,1,1);                    % 作振幅图;
plot(w,Hmag); title('H(s) 频响 ');xlabel(' 频率 ');ylabel(' 系统振幅 ');
subplot(2,1,2);                    % 作相位图;
plot(w,Hpah);xlabel(' 频率 ');ylabel(' 系统相位 ');
```

题 4－38(2) 频谱如题解 4－38(2) 频谱图所示。

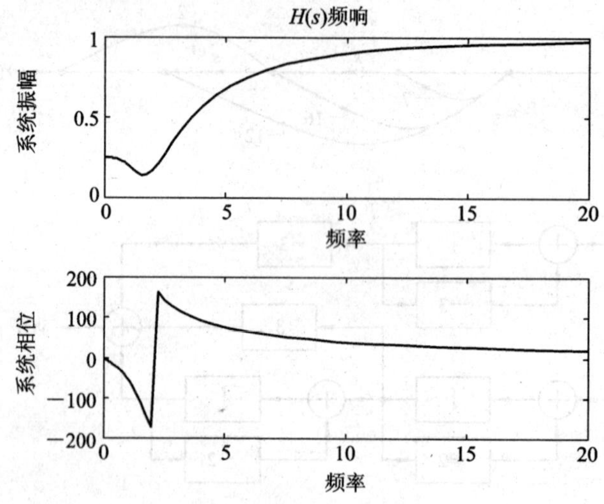

题解 4－38(2) 频谱图

(3) $$H(s)=\frac{5s^2+s+1}{s^3+s^2+s}=\frac{4s}{s^2+s+1}+\frac{1}{s}=\frac{1}{s}\cdot\frac{5s^2+s+1}{s^2+s+1}$$

(共轭极点整体作为基本节)

直接型、级联型、并联型模拟图与流图如题解 4－38(3) 图所示。

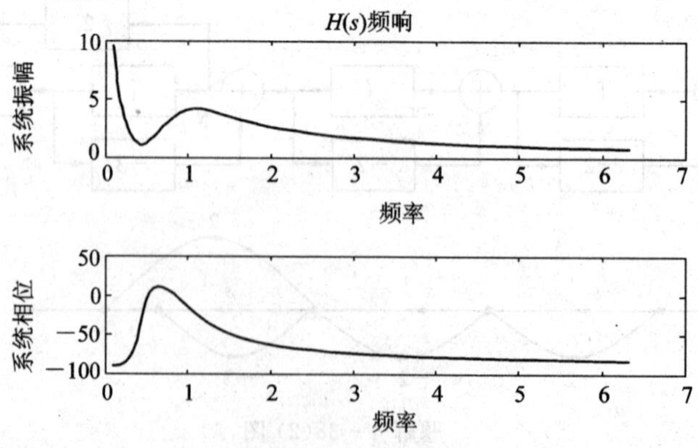

题解 4－38(3) 频谱图

题 4－38(3) 求频响的 MATLAB 程序如下：

```
clear;
  a = [1 1 1 0];                   % 分母多项式系数
  b = [0 5 1 1];                   % 分子多项式系数
```

```
w = logspace(-1,0.8);
h = freqs(b,a,w);               % 系统频响
Hmag = abs(h);                  % 振幅特性
Hpah = angle(h).*180/pi;        % 相位特性
subplot(2,1,1);                 % 作振幅图;
plot(w,Hmag); title('H(s) 频响');xlabel('频率');ylabel('系统振幅');
subplot(2,1,2); % 作相位图; plot(w,Hpah);xlabel('频率');ylabel('系统相位');
```

题 4-38(3) 频谱如题解 4-38(3) 频谱图所示。

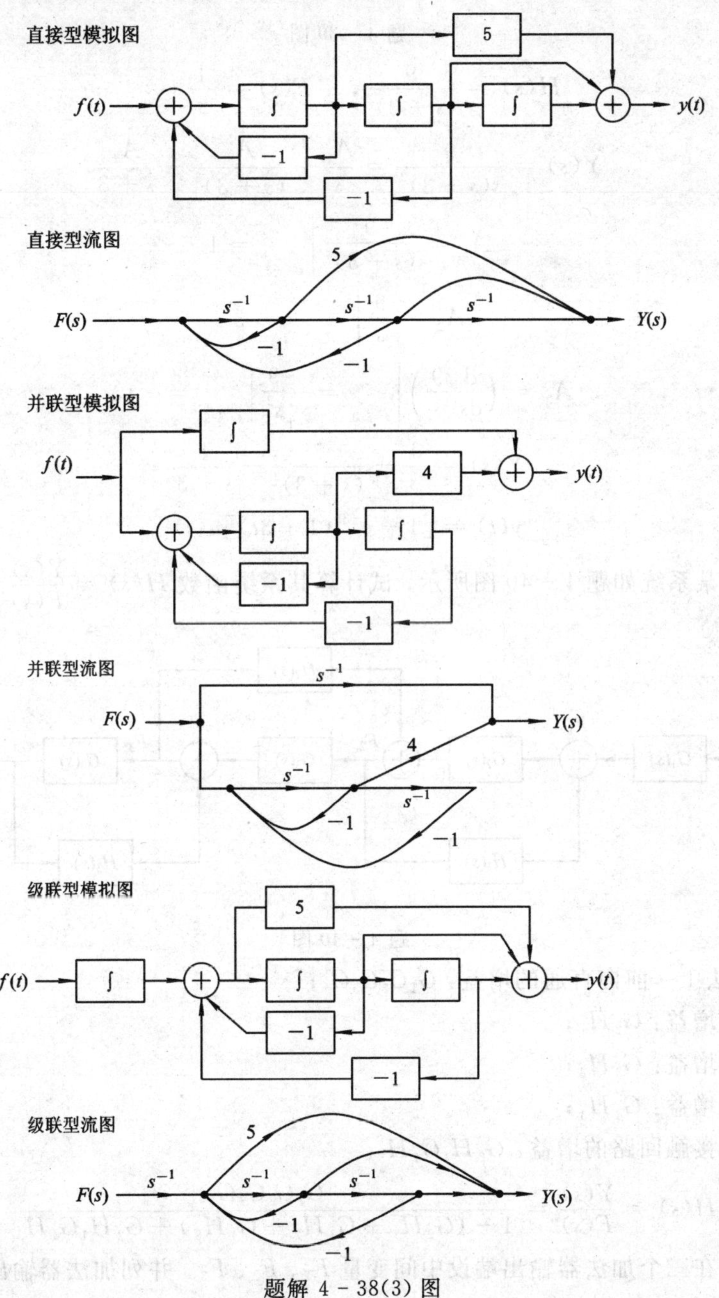

题解 4-38(3) 图

4 - 39 已知系统的模拟图如题 4 - 39 图所示，若 $x(t)=u(t)$，试求系统的零状态响应 $y(t)$。

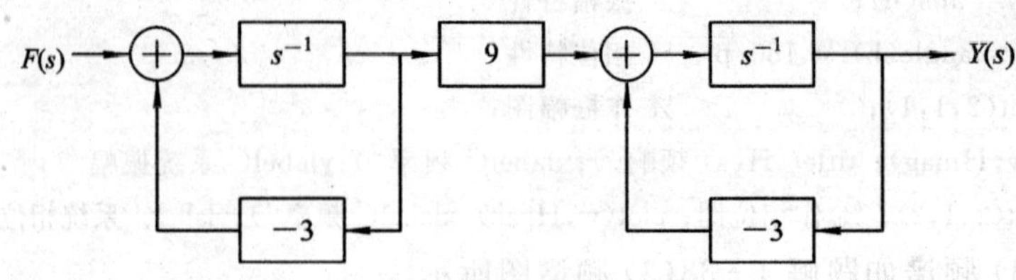

题 4 - 39 图

解
$$H(s)=\frac{9}{(s+3)^2},\quad F(s)=\frac{1}{s}$$

$$Y(s)=\frac{9}{s(s+3)^2}=\frac{A_1}{s}+\frac{A_2}{(s+3)^2}+\frac{A_3}{s+3}$$

$$A_1=\left.\frac{9}{(s+3)^2}\right|_{s=-3}=1$$

$$A_2=\left.\frac{9}{s}\right|_{s=-3}=-3$$

$$A_3=\left.\left(\frac{\mathrm{d}}{\mathrm{d}s}\frac{9}{s}\right)\right|_{s=-3}=-\left.\frac{9}{s^2}\right|_{s=-3}=-1$$

$$Y(s)=\frac{1}{s}-\frac{3}{(s+3)^2}-\frac{1}{s+3}$$

$$y(t)=[1-\mathrm{e}^{-3t}(1+3t)]u(t)$$

4 - 40 某系统如题 4 - 40 图所示，试计算其系统函数 $H(s)=\dfrac{Y(s)}{F(s)}$。

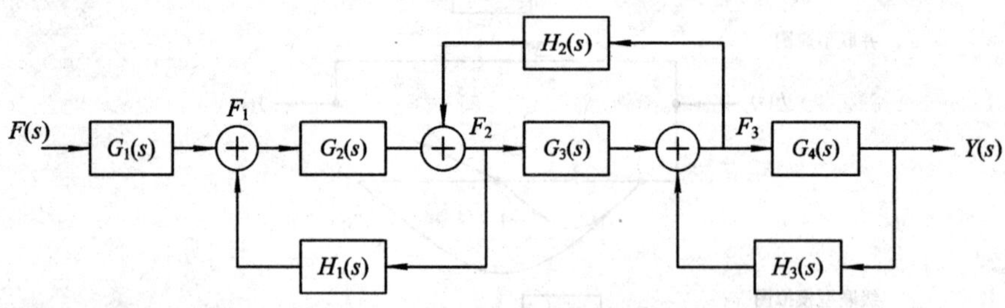

题 4 - 40 图

解 方法 1 前向直通的增益：$G_1G_2G_3G_4$；

回路 1 的增益：G_2H_1；

回路 2 的增益：G_3H_2；

回路 3 的增益：G_4H_3；

两两互不接触回路的增益：$G_2H_1G_4H_3$。

$$H(s)=\frac{Y(s)}{F(s)}=\frac{G_1G_2G_3G_4}{1-(G_2H_1+G_3H_2+G_4H_3)+G_2H_1G_4H_3}$$

方法 2 在三个加法器输出端设中间变量 F_1、F_2、F_3，并列加法器输出方程：

$$F_1=FG_1+F_2H_1 \tag{A}$$

$$F_2 = F_1G_2 + F_3H_2 \tag{B}$$

$$F_3 = F_2G_3 + F_3G_4H_3 \tag{C}$$

输出方程 $Y = F_3G_4$

将式(A) 代入式(B)

$$F_2 = (FG_1 + F_2H_1)G_2 + F_3H_2 = FG_1G_2 + F_2H_1G_2 + F_3H_2$$

$$F_2(1 - G_2H_1) = FG_1G_2 + F_3H_2$$

$$F_2 = \frac{FG_1G_2 + F_3H_2}{1 - G_2H_1} \tag{D}$$

由式(C)

$$F_3 = F_2G_3 + F_3G_4H_3 \quad F_3(1 - G_4H_3) = F_2G_3$$

得

$$F_3 = \frac{F_2G_3}{1 - G_4H_3} \tag{E}$$

将式(D) 代入式(E)

$$F_3 = \frac{G_3}{1 - G_4H_3} \cdot \frac{FG_1G_2 + F_3H_2}{1 - G_2H_1} = \frac{FG_1G_2G_3 + F_3G_3H_2}{(1 - G_4H_3)(1 - G_2H_1)}$$

$$F_3\left[\frac{(1 - G_4H_3)(1 - G_2H_1) - G_3H_2}{(1 - G_4H_3)(1 - G_2H_1)}\right] = \frac{FG_1G_2G_3}{(1 - G_4H_3)(1 - G_2H_1)}$$

$$F_3 = \frac{FG_1G_2G_3}{(1 - G_4H_3)(1 - G_2H_1) - G_3H_2}$$

$$Y = F_3G_4 = \frac{FG_1G_2G_3G_4}{1 - G_2H_1 - G_3H_2 - G_4H_3 + G_2H_1G_4H_3}$$

$$H(s) = \frac{Y(s)}{F(s)} = \frac{G_1G_2G_3G_4}{1 - (G_2H_1 + G_3H_2 + G_4H_3) + G_2H_1G_4H_3}$$

4 - 41 试计算如题 4 - 41 图所示各系统的系统函数 $H(s) = \frac{Y(s)}{F(s)}$。

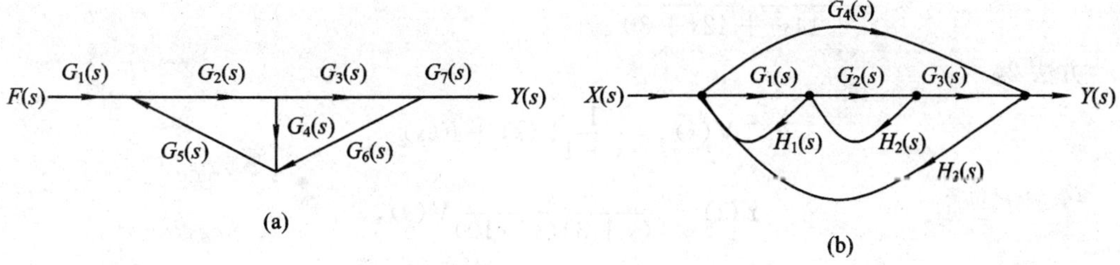

题 4 - 41 图

解 图(a)：

前向直通的增益：$G_1G_2G_3G_7$；

回路 1 的增益：$G_2G_4G_5$；

回路 2 的增益：$G_2G_3G_5G_6$；

$$H(s) = \frac{Y(s)}{F(s)} = \frac{G_1G_2G_3G_7}{1 - G_2G_4G_5 - G_2G_3G_5G_6}$$

图(b)：

前向直通 1 的增益：$G_1G_2G_3$；前向直通 2 的增益：G_4；

回路 1 的增益：G_1H_1；

回路 2 的增益：G_2H_2；

回路 3 的增益：$G_1G_2G_3H_3$；

回路 4 的增益：G_4H_3；

两两互不接触回路的增益：$G_2H_2G_4H_3$。

$$H(s)=\frac{Y(s)}{F(s)}=\frac{G_1G_2G_3+G_4-G_2H_2G_4}{1-G_1H_1-G_2H_2-G_1G_2G_3H_3-G_4H_3+G_2H_2G_4H_3}$$

4-42　先计算题 4-42 图所示系统的 $H(s)=\dfrac{Y(s)}{F(s)}$，再作系统的模拟图(任选一种形式)。

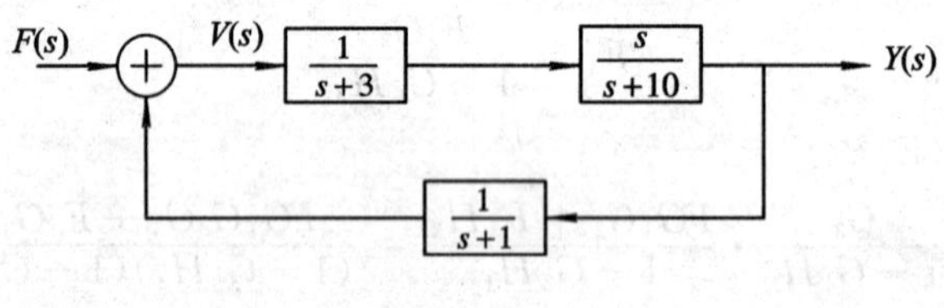

题 4-42 图

解　方法 1

前向直通的增益：$\dfrac{s}{(s+3)(s+10)}$

回路的增益：$\dfrac{s}{(s+3)(s+10)(s+1)}$

$$H(s)=\frac{\dfrac{s}{(s+3)(s+10)}}{1-\dfrac{s}{(s+3)(s+10)(s+1)}}=\frac{s(s+1)}{(s+3)(s+10)(s+1)-s}$$

$$=\frac{s(s+1)}{s^3+14s^2+42s+30}$$

方法 2

$$V(s)=\frac{1}{s+1}Y(s)+F(s)$$

$$Y(s)=\frac{s}{(s+3)(s+10)}V(s),$$

$$V(s)=\frac{(s+3)(s+10)}{s}Y(s)$$

$$\frac{(s+3)(s+10)}{s}Y(s)=\frac{1}{s+1}Y(s)+F(s)$$

$$\left[\frac{(s+3)(s+10)}{s}-\frac{1}{s+1}\right]Y(s)=F(s)$$

$$\left[\frac{(s+3)(s+10)(s+1)-s}{s(s+1)}\right]Y(s)=F(s)$$

$$H(s)=\frac{Y(s)}{F(s)}=\frac{s(s+1)}{s^3+14s^2+42s+30}$$

系统的模拟如题解 4－42 图所示。

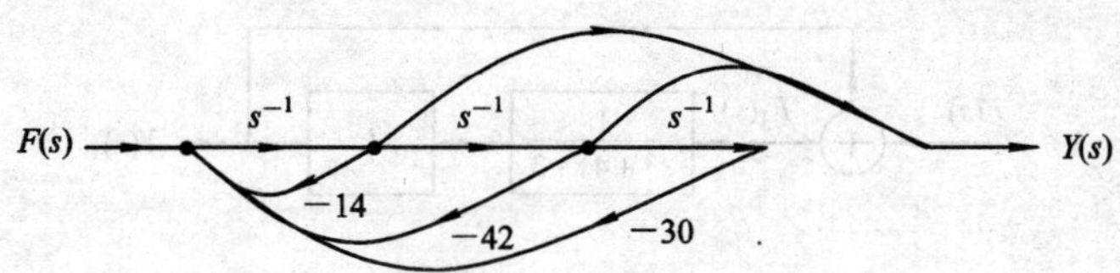

题解 4－42 图

4－43　某反馈系统如题 4－43 图所示，试判断在下列情况下使系统稳定的 k 的取值范围。

$$H_1(s)=\frac{s}{(s+2)^2},\ H_2(s)=k,\ \beta(s)=1$$

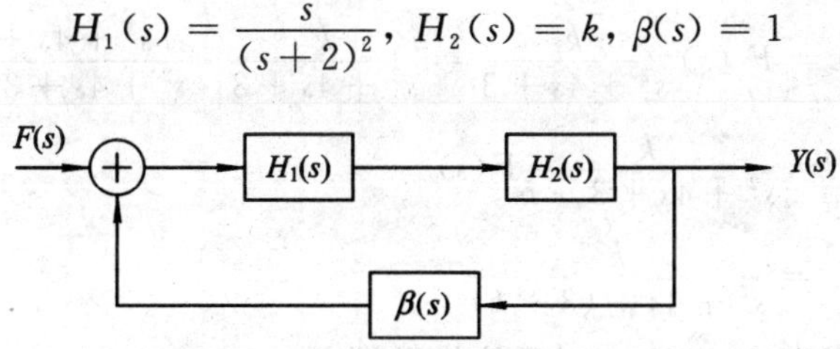

题 4－43 图

解　$$H(s)=\frac{Y(s)}{F(s)}=\frac{H_1(s)H_2(s)}{1-H_1(s)H_2(s)\beta(s)}=\frac{ks}{s^2+(4-k)s+4}$$

由二阶系统稳定的充分必要条件可知 k 的取值范围为 $k<4$。

4－44　某反馈系统如题 4－44 图所示，在 $y(t)=2f(t)$ 的情况下试求：

(1) $G(s)$。

(2) 若 $G(s)$ 是稳定系统的系统函数，确定 k 的取值范围。

解　(1)

$$[F(s)+G(s)Y(s)]\left(1+\frac{-k}{s+3}\right)=Y(s)$$

$$\frac{Y(s)}{F(s)}=\frac{s+3-k}{(s+3)-(s+3-k)G(s)}=2$$

$$G(s)=\frac{s+3+k}{2(s+3-k)}$$

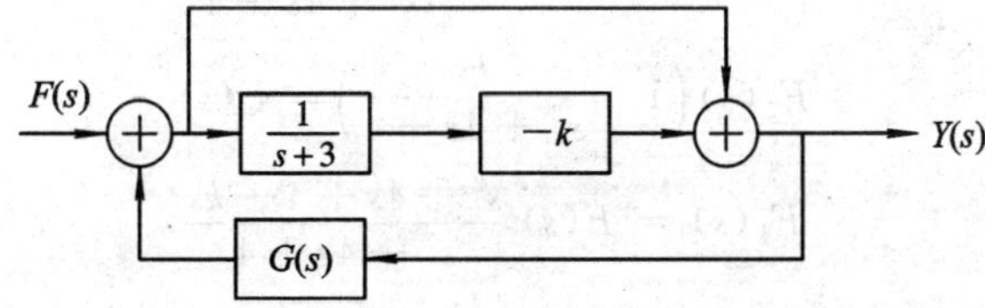

题 4－44 图

(2) 若要使 $G(s)$ 稳定，则 $3-k>0$，即 $k<3$。

4－45　某反馈系统如题 4－45 图所示，试求：

(1) 系统函数 $H(s)=\dfrac{Y(s)}{F(s)}$；

(2) 确定使系统稳定的 k 的取值范围；

(3) 临界稳定时的系统冲激响应 $h(t)$。

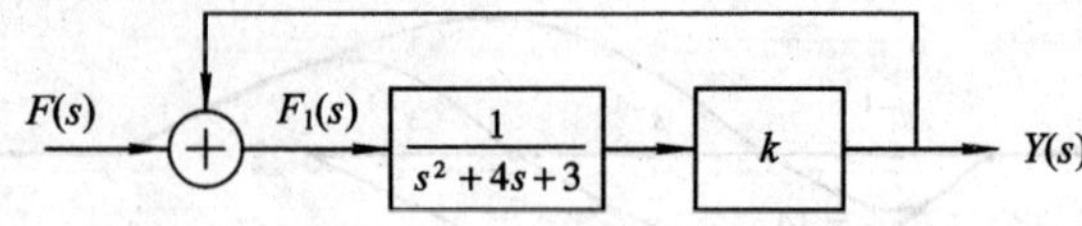

题 4 - 45 图

解 (1) $F_1(s)=F(s)+kF_1(s)\dfrac{1}{s^2+4s+3}$

$$F_1(s)\left(1-\frac{k}{s^2+4s+3}\right)=F(s);\quad F_1(s)=\frac{s^2+4s+3}{s^2+4s+3-k}F(s)$$

$$Y(s)=F_1(s)\frac{k}{s^2+4s+3}=\frac{k}{s^2+4s+3}\cdot\frac{s^2+4s+3}{s^2+4s+3-k}F(s)$$

$$=\frac{k}{s^2+4s+3-k}F(s)$$

$$H(s)=\frac{k}{s^2+4s+(3-k)}$$

(2) $k<3$ 时系统稳定，$k=3$ 时系统临界稳定；

(3) $k=3$ 时系统冲激响应为 $h(t)=\dfrac{3}{4}(1-\mathrm{e}^{-4t})u(t)$。

4 - 46 某反馈系统如题 4 - 46 图所示，试求：

(1) 系统函数 $H(s)=\dfrac{Y(s)}{F(s)}$；

(2) 确定使系统稳定的 k 的取值范围；

(3) 临界稳定时的系统冲激响应 $h(t)$。

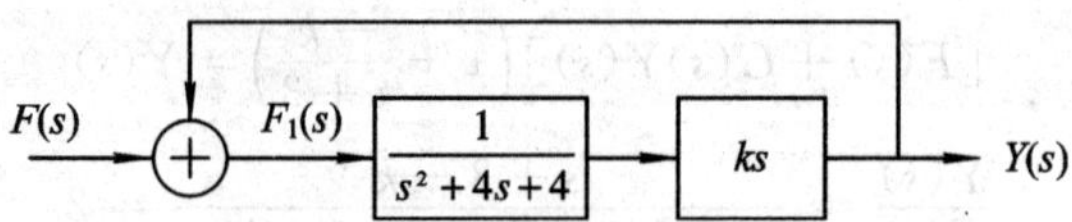

题 4 - 46 图

解 (1) $F_1(s)=F(s)+F_1(s)ks\cdot\dfrac{1}{s^2+4s+4}$

$$F_1(s)\left(1-\frac{ks}{s^2+4s+4}\right)=F(s)$$

$$F_1(s)=F(s)\frac{s^2+4s+4-ks}{s^2+4s+4}$$

$$Y(s)=F_1(s)\frac{ks}{s^2+4s+4}=\frac{ks}{s^2+4s+4}\cdot\frac{s^2+4s+4}{s^2+(4-k)s+4}F(s)$$

$$=\frac{ks}{s^2+(4-k)s+4}F(s)$$

$$H(s)=\frac{ks}{s^2+(4-k)s+4}$$

(2) $k<4$ 时系统稳定，$k=4$ 时系统临界稳定；

(3) $k=4$ 时系统冲激响应为 $h(t)=4\cos(2t)u(t)$。

4-47 某反馈系统如题 4-47 图所示，$kv_2(t)$ 是受控源。试求：

(1) 系统函数 $H(s)=\dfrac{V_0(s)}{V_1(s)}$；

(2) 确定使系统稳定的 k 的取值范围。

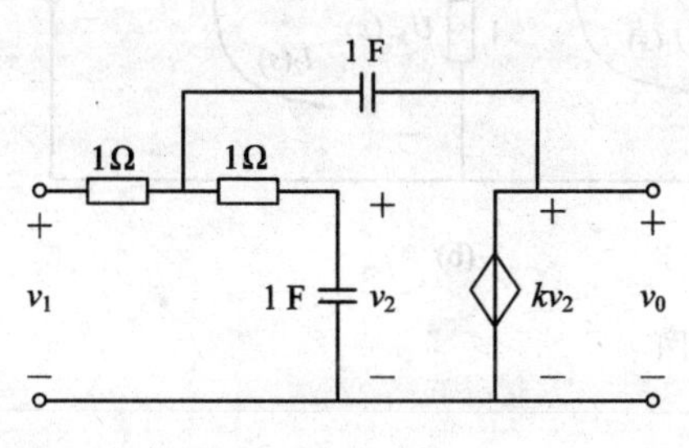

题 4-47 图

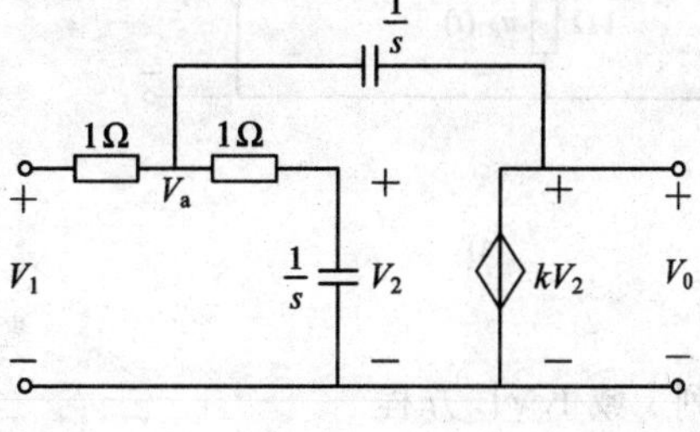

题解 4-47 图

解 (1) s 域等效电路如题解 4-47 图所示。

$$\frac{V_1(s)-V_a(s)}{R}-\frac{V_a(s)-V_2(s)}{R}-sC[V_a(s)-V_0(s)]=0 \tag{A}$$

$$\frac{V_a(s)-V_2(s)}{R}-sCV_2(s)=0 \tag{B}$$

$$V_0(s)=kV_2(s)$$

由式(B) 得

$$V_a(s)=(s+1)V_2(s)=\frac{s+1}{k}V_0(s) \tag{C}$$

将式(C) 代入式(A)

$$V_0(s)=\frac{k}{s^2+(3-k)s+1}V_1(s)$$

$$H(s)=\frac{V_0(s)}{V_1(s)}=\frac{k}{s^2+(3-k)s+1}$$

(2) 使系统稳定的 k 取值范围为 $k<3$。

4-48 电路如题 4-48 图所示，确定使系统稳定工作放大器的放大系数 A 的取值范围。设放大器的输入阻抗为无限大，输出阻抗为零。

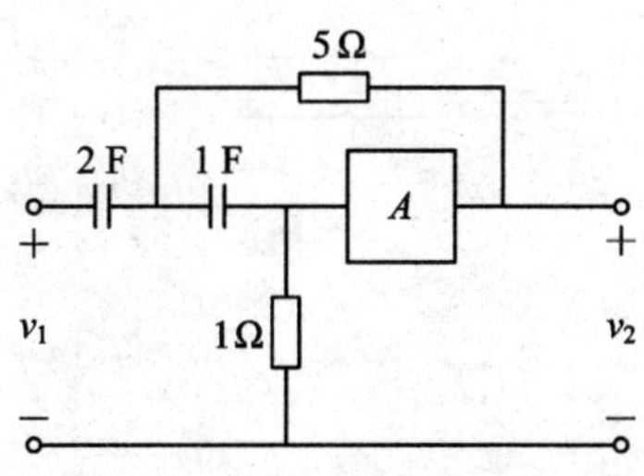

题 4-48 图

解　时域等效电路如题解 4－48(a) 图所示，s 域等效电路如题解 4－48(b) 图所示。

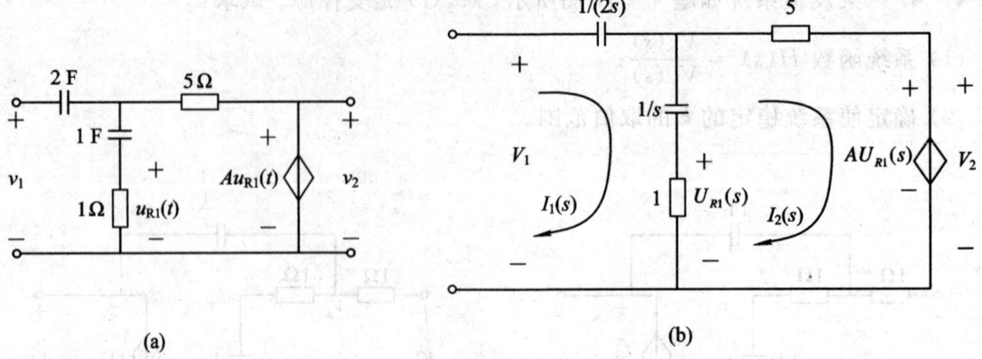

题解 4－48 图

列 s 域 KVL 方程

$$\begin{cases}\left(\dfrac{1}{2s}+\dfrac{1}{s}+1\right)I_1(s)-\left(\dfrac{1}{s}+1\right)I_2(s)=V_1(s)\\-\left(\dfrac{1}{s}+1\right)I_1(s)+\left(\dfrac{1}{s}+6\right)I_2(s)+V_2(s)=0\end{cases}$$

且 $V_2(s)=AU_{R1}(s)=A[I_1(s)-I_2(s)]$，代入上式

$$\begin{cases}(1+2+2s)I_1(s)-(2+2s)I_2(s)=2sV_1(s)\\-(1+s)I_1(s)+(1+6s)I_2(s)+sA[I_1(s)-I_2(s)]=0\end{cases}$$

$$\begin{cases}(2s+3)I_1(s)-(2+2s)I_2(s)=2sV_1(s)\\ [(A-1)s-1]I_1(s)+[(6-A)s+1]I_2(s)=0\end{cases}$$

$$I_1(s)=\frac{2(6-A)s^2+2s}{10s^2+(16-A)s+1}V_1(s)$$

$$I_2(s)=\frac{2(1-A)s^2+2s}{10s^2+(16-A)s+1}V_1(s)$$

$$V_2(s)=\frac{10As^2}{10s^2+(16-A)s+1}V_1(s)$$

$$H(s)=\frac{V_2(s)}{V_1(s)}=\frac{10As^2}{10s^2+(16-A)s+1}$$

为使系统稳定，$16-A>0$，即 $A<16$。

第 5 章　离散时间系统的时域分析

5.1　本章知识结构

本章的知识结构如图 5-1 所示。

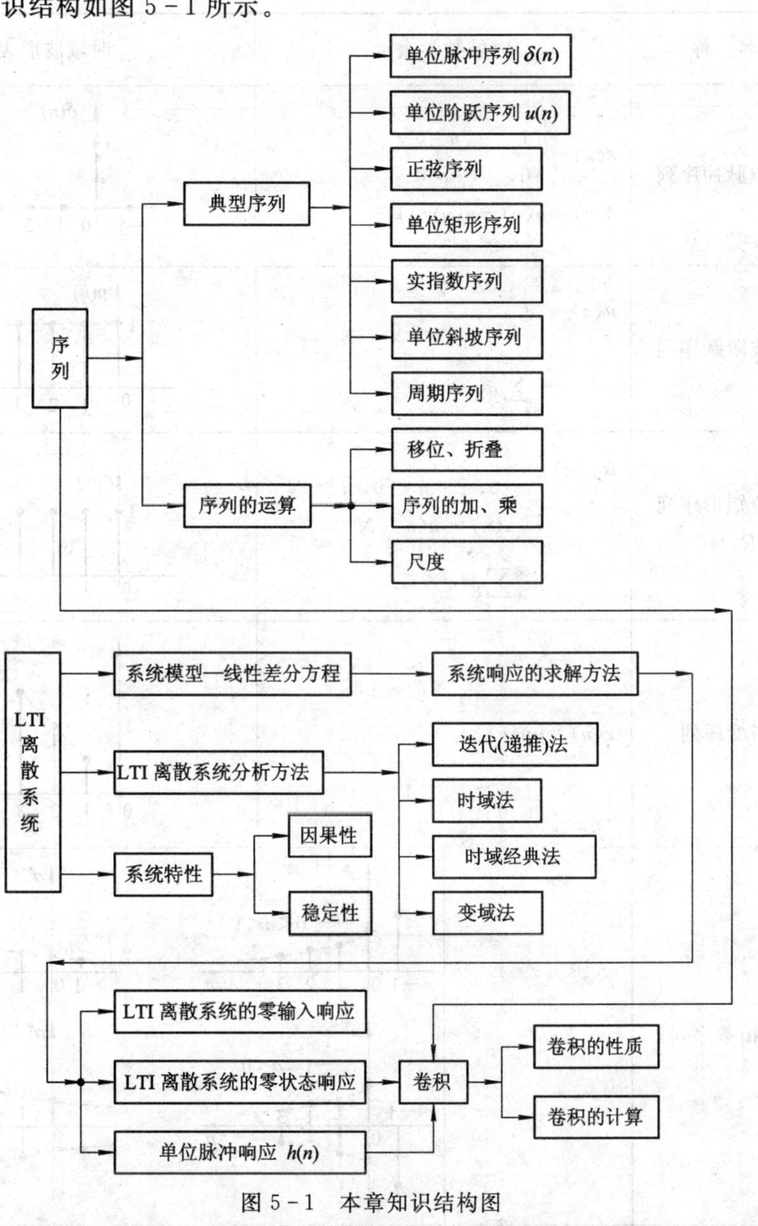

图 5-1　本章知识结构图

5.2 基本概念、重点与难点

5.2.1 离散序列与基本运算

1. 常用典型序列

常用典型序列如表 5-1 所示。

表 5-1 常用典型序列

序号	名 称	时域数学表示	时域波形表示
1	单位脉冲序列	$\delta(n)=\begin{cases}1, & n=0\\0, & n\neq0\end{cases}$ $\delta(n)=u(n)-u(n-1)$	
2	单位阶跃序列	$u(n)=\begin{cases}1, & n\geqslant0\\0, & n<0\end{cases}$ $=\sum\limits_{m=0}^{\infty}\delta(n-m)$	
3	单位矩形序列 $R_N(n)$	$R_N(n)=\begin{cases}1, & 0\leqslant n\leqslant N-1\\0, & n<0,\ n\geqslant N\end{cases}$ $=u(n)-u(n-N)$ $=\sum\limits_{m=0}^{N-1}\delta(n-m)$	
4	斜变序列	$x(n)=nu(n)$	
5	实指数序列	a^n	

续表

序号	名　称	时域数学表示	时域波形表示
6	正弦型序列	$\sin n\theta_0$	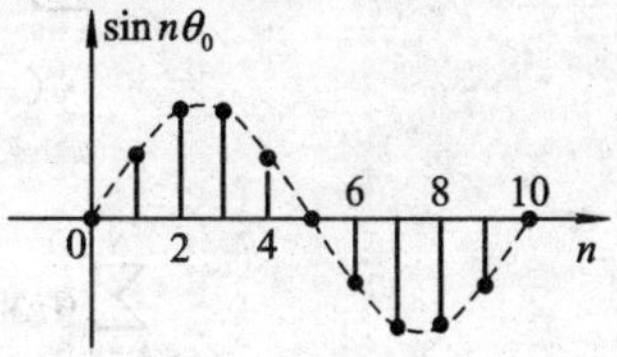
7	余弦型序列	$\cos n\theta_0$	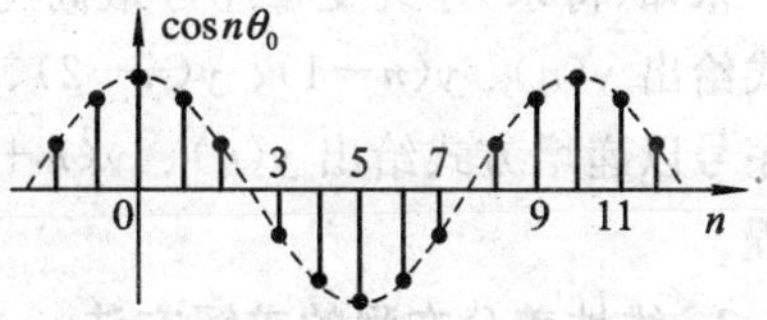

2. 序列的运算

1）相加

$$z(n)=x(n)+y(n)$$

2）相乘

$$z(n)=x(n)\cdot y(n)$$

标量相乘

$$z(n)=ax(n)$$

3）时移（时延、移序、移位、位移）$m>0$

$$\{z(n)\}=\{x(n-m)\}$$

$z(n)$是原序列$\{x(n)\}$每项右移 m 位形成的序列。

$$\{z(n)\}=\{x(n+m)\}$$

$z(n)$是原序列$\{x(n)\}$每项左移 m 位形成的序列。

4）折叠及其位移

$$\{y(n)\}=\{x(-n)\}$$

折叠位移序列

$$\{z(n)\}=\{x(-n\pm m)\}$$

$z(n)$是由$\{x(-n)\}$向右或向左移 m 位形成的序列。

5）尺度变换

$y(n)=x(mn)$是 $x(n)$序列每隔 m 点取一点形成的，即时间轴 n 压缩了 m 倍。

$y(n)=x(n/m)$是 $x(n)$序列每一点加 $m-1$ 个零值点形成的，即时间轴 n 扩展了m 倍。

5.2.2 LTI 离散系统的数学模型及其求解方法

1. LTI 离散系统

LTI 离散系统应满足可分解、线性（叠加、比例）以及非时变特性。

2. LTI 离散系统的数学模型——线性常系数差分方程

LTI 离散系统的数学模型是线性常系数差分方程，一般形式为

$$\sum_{k=0}^{N} a_k y(n-k) - \sum_{r=0}^{M} b_r x(n-r)$$

$$y(-1),\ y(-2),\ \cdots,\ y(-N)$$

或

$$\sum_{k=0}^{N} a_k y(n+N-k) = \sum_{r=0}^{M} b_r x(n+r)$$

$$y(0),\ y(1),\ \cdots,\ y(N-1)$$

未知(待求)序列变量序号最高与最低值之差是差分方程阶数；各未知序列序号以递减方式给出 $y(n)$、$y(n-1)$、$y(n-2)$、…、$y(n-N)$，称为后向形式差分方程。若各未知序列序号以递增方式给出 $y(n)$、$y(n+1)$、$y(n+2)$、…、$y(n+N)$，则称为前向形式差分方程。

3. 线性差分方程的求解方法

一般差分方程的求解方法有如下几种：

(1) 迭代(递推)法；

(2) 时域法；

(3) 时域经典法；

(4) 变域法。

5.2.3 LTI 离散系统的零输入响应

N 阶线性时不变离散系统的零输入响应

$$\begin{cases} y(n+N) + a_{N-1} y(n+N-1) + \cdots + a_1 y(n+1) + a_0 y(n) = 0 \\ y(0),\ y(1),\ \cdots,\ y(N-1) \end{cases}$$

N 阶齐次差分方程的特征方程

$$\alpha^N + a_{N-1}\alpha^{N-1} + \cdots + a_1\alpha + a_0 = 0$$

(1) 当特征根均为单根时，特征方程为$(\alpha-\alpha_1)(\alpha-\alpha_2)\cdots(\alpha-\alpha_N)=0$。$N$ 阶线性齐次差分方程的解的一般形式为

$$y(n) = C_1\alpha_1^n + C_2\alpha_2^n + \cdots + C_N\alpha_N^n$$

式中，C_1、C_2、…、C_N 由 $y(0)$、$y(1)$、…、$y(N-1)$共 N 个边界条件确定。

$$\begin{aligned} y(0) &= C_1 + C_2 + \cdots + C_N \\ y(1) &= C_1\alpha_1 + C_2\alpha_2 + \cdots + C_N\alpha_N \\ &\vdots \\ y(N-1) &= C_1\alpha_1^{N-1} + C_2\alpha_2^{N-1} + \cdots + C_N\alpha_N^{N-1} \end{aligned}$$

写为矩阵形式

$$\begin{bmatrix} y(0) \\ y(1) \\ \vdots \\ y(N-1) \end{bmatrix} = \begin{bmatrix} 1 & 1 & \cdots & 1 \\ \alpha_1 & \alpha_2 & \cdots & \alpha_N \\ \vdots & \vdots & & \vdots \\ \alpha_1^{N-1} & \alpha_2^{N-1} & \cdots & \alpha_N^{N-1} \end{bmatrix} \begin{bmatrix} C_1 \\ C_2 \\ \vdots \\ C_N \end{bmatrix}$$

或

$$[\boldsymbol{Y}] = \qquad [\boldsymbol{V}] \qquad [\boldsymbol{C}]$$

其系数解为

$$[\boldsymbol{C}] = [\boldsymbol{V}]^{-1}[\boldsymbol{Y}]$$

(2) 当特征方程中 α_1 是 m 阶重根时，其特征方程为

$$(\alpha - \alpha_1)^m(\alpha - \alpha_{m+1})\cdots(\alpha - \alpha_N) = 0$$

零输入解的模式为

$$y(n) = (C_1 + C_2 n + \cdots + C_m n^{m-1})\alpha_1^n + C_{m+1}\alpha_{m+1}^n + \cdots + C_N \alpha_N^n$$

式中，C_1、C_2、…、C_N 由 $y(0)$、$y(1)$、…、$y(N-1)$共 N 个边界条件确定。

(3) 特征方程为复根，其解的一般形式为

$$r^n(A\cos n\varphi + B\sin n\varphi)$$

代入初始条件可以计算出系数 A、B。

5.2.4 离散系统的零状态响应

1. 转移(传输)算子定义

N 阶前向差分方程用算子表示

$$(E^N + a_{N-1}E^{N-1} + \cdots + a_1 E + a_0)y(n)$$
$$= (b_M E^M + b_{M-1}E^{M-1} + \cdots + b_1 E + b_0)x(n)$$

转移(传输)算子定义为

$$H(E) = \frac{b_M E^M + b_{M-1}E^{M-1} + \cdots + b_1 E + b_0}{E^N + a_{N-1}E^{N-1} + \cdots + a_1 E + a_0} = \frac{N(E)}{D(E)}$$

式中，E 为向左移一位的延时器，$1/E$ 为向右移一位的延时器。

2. 单位脉冲响应 $h(n)$

由 $\delta(n)$产生的系统零状态响应定义为单位脉冲响应，记为 $h(n)$。求系统的单位脉冲响应的方法有：(1) 迭代法；(2) 转移算子法。

不同转移算子对应的 $h(n)$如表 5-2 所示。

表 5-2 $H(E)$对应的 $h(n)$

序号	$H(E)$	$h(n)$
1	A	$A\delta(n)$
2	E	$\delta(n+1)$
3	$1/E$	$\delta(n-1)$
4	$\frac{1}{E-\alpha}$	$\alpha^{n-1}u(n-1)$
5	$\frac{1}{E-e^{\lambda T}}$	$e^{\lambda(n-1)T}u(n-1)$
6	$\frac{E}{E-\alpha}$	$\alpha^n u(n)$

续表

序号	$H(E)$	$h(n)$
7	$\dfrac{E}{(E-\alpha)^2}$	$n\alpha^{n-1}u(n)$
8	$\dfrac{E}{(E-\alpha)^k}$	$\dfrac{1}{n!}n(n-1)(n-2)\cdots(n-k+2)\alpha^{n-k+1}u(n)$
9	$A\dfrac{E}{E-\alpha}+A^*\dfrac{E}{E-\alpha^*}$ 其中，$A=re^{j\theta}$，$\alpha=e^{(\lambda+j\beta)T}$	$2re^{\lambda nT}\cos(\beta nT+\theta)u(n)$

3. 离散 LTI 系统的零状态响应

$$\begin{aligned} y_{zs}(n) &= x(n)*h(n) = h(n)*x(n) \\ &= \sum_{m=-\infty}^{\infty} x(m)h(n-m) \\ &= \sum_{m=-\infty}^{\infty} h(m)x(n-m) \end{aligned}$$

5.2.5 离散序列卷积(和)

离散序列卷积的一般表达形式为

$$f_1(n)*f_2(n) = \sum_{m=-\infty}^{\infty} f_1(m)f_2(n-m)$$

1. 卷积的性质

(1) 当 $f_1(n)$、$f_2(n)$、$f_3(n)$分别满足可和条件，卷积具有以下代数性质：

交换律

$$\begin{aligned} f_1(n)*f_2(n) &= \sum_{m=-\infty}^{\infty} f_1(m)f_2(n-m) \\ &= \sum_{m=-\infty}^{\infty} f_2(m)f_1(n-m) \\ &= f_2(n)*f_1(n) \end{aligned}$$

分配律

$$f_1(n)*[f_2(n)+f_3(n)] = f_1(n)*f_2(n)+f_1(n)*f_3(n)$$

结合律

$$\begin{aligned} f_1(n)*f_2(n)*f_3(n) &= f_1(n)*[f_2(n)*f_3(n)] \\ &= [f_1(n)*f_2(n)]*f_3(n) \\ &= f_2(n)*[f_3(n)*f_1(n)] \end{aligned}$$

(2)

$$\delta(n)*f(n)=f(n)$$

$$\delta(n-m)*f(n)=f(n-m)$$

(3)

$$u(n)*f(n) = \sum_{k=-\infty}^{n} f(k)$$

(4) $$E[f_1(n)*f_2(n)]=E[f_1(n)]*f_2(n)=f_1(n)*E[f_2(n)]$$

$$\frac{1}{E}[f_1(n)*f_2(n)]=\frac{1}{E}[f_1(n)]*f_2(n)=f_1(n)*\frac{1}{E}[f_2(n)]$$

2. 卷积的计算

(1) 图解法。步骤：两个序列变量置换；任选其中一个序列折叠位移；两个序列相乘；对相乘后的非零值序列求和。

(2) 竖式相乘对位相加法。适用两个有限长序列卷积。

为了计算方便，将常用因果序列卷积的结果(常用序列卷积)列于表 5-3。

表 5-3 常用因果序列卷积公式

序号	$f_1(n)$	$f_2(n)$	$f_1(n)*f_2(n)=f_2(n)*f_1(n)$
1	$\delta(n)$	$f(n)$	$f(n)$
2	$u(n)$	$f(n)$	$\sum_{k=0}^{n}f(k)$
3	$a^n u(n)$	$u(n)$	$\frac{1-a^{n+1}}{1-a}u(n)$
4	$u(n)$	$u(n)$	$(n+1)u(n)$
5	$a^n u(n)$	$a^n u(n)$	$(n+1)a^n u(n)$
6	$a^n u(n)$	$nu(n)$	$\left[\frac{n}{1-a}+\frac{a(a^n-1)}{(1-a)^2}\right]u(n)$
7	$a_1^n u(n)$	$a_2^n u(n)$	$\frac{a_1^{n+1}-a_2^{n+1}}{a_1-a_2}u(n)$

5.2.6 离散系统的完全响应与系统特性

1. 完全响应的时域求解方法

离散时间系统的全响应 $y(n)$可分为零输入响应与零状态响应，分别求解后可叠加，即

$$y(n)=y_{zi}(n)+y_{zs}(n)$$

2. 用经典法求解完全响应

当特征方程无重根情况时，差分方程的齐次通解 $y_c(n)$为

$$y_c(n)=C_1\alpha_1^n+C_2\alpha_2^n+\cdots+C_N\alpha_N^n$$

差分方程的特解 $y_p(n)$由激励 $x(n)$的形式确定，常见特解形式有：

(1) 激励为多项式序列 $x(n)=n^k$，则特解形式亦为多项式

$$y_p(n)=D_0+D_1n+D_2n^2+\cdots+D_kn^k$$

(2) 激励为指数序列 $x(n)=a^n$，则特解形式亦为指数序列

$$y_p(n)=Da^n$$

差分方程的完全解为

$$y(n)=y_c(n)+y_p(n)=C_1\alpha_1^n+C_2\alpha_2^n+\cdots+C_N\alpha_N^n+y_p(n)$$

代入 N 个边界条件，求出 C_1、C_2、…、C_N，得 N 阶差分方程的全响应为

$$y(n)=\sum_{i=1}^{N}C_i\alpha_i^n+y_p(n)$$

特征方程有一 m 阶重根时，差分方程的齐次通解为

$$y_c(n)=(C_1+C_2n+\cdots+C_mn^{m-1})\alpha_1^n+\sum_{i=m+1}^{N}C_i\alpha_i^n$$

则完全解为

$$y(n)=(C_1+C_2n+\cdots+C_mn^{m-1})\alpha_1^n+\sum_{i=m+1}^{N}C_i\alpha_i^n+y_p(n)$$

3. 系统完全响应分解

完全响应可分解为零状态响应、零输入响应，由所给定的边界值可分为零输入边界 $y_{zi}(k)$ 和零状态边界 $y_{zs}(k)$ 两部分。

$$y(k)=y_{zi}(k)+y_{zs}(k)$$

在零输入情况下，$y_p(k)=0$，所以

$$[\boldsymbol{C}_{zi}]=[\boldsymbol{V}]^{-1}[\boldsymbol{Y}_{zi}(k)]$$

在零状态情况下

$$[\boldsymbol{C}_{zs}]=[\boldsymbol{V}]^{-1}[\boldsymbol{Y}_{zs}(k)-\boldsymbol{Y}_p(k)]=[\boldsymbol{V}]^{-1}[\boldsymbol{Y}(k)-\boldsymbol{Y}_{zi}(k)-\boldsymbol{Y}_p(k)]$$

而系数

$$C=C_{zs}(k)+C_{zi}(k)$$

从而有

$$\text{完全响应}=\begin{cases}\text{零输入响应 } y_{zi}(n)=\sum_{k=1}^{N}C_{zik}\alpha_k^n\\ \text{零状态响应 } y_{zs}(n)=\sum_{k=1}^{N}C_{zsk}\alpha_k^n+y_p(n)\end{cases}$$

$$=\begin{cases}\sum_{k=1}^{N}(C_{zik}+C_{zsk})\alpha_k^n\\ y_p(n)\end{cases}$$

$$=\begin{cases}\sum_{k=1}^{N}C_k\alpha_k^n, & \text{自然响应}\\ y_p(n), & \text{强迫响应}\end{cases}$$

完全响应中不随 n 增长而消失的分量为稳态响应，随 n 增长而消失的分量为瞬态响应。

4. 系统特性

离散 LTI 系统具有因果性的充分必要条件为

$$h(n)=0,\quad n<0$$

或

$$h(n)=h(n)u(n)$$

具有 BIBO 稳定性的离散系统是输入信号有界输出必为有界的系统。离散 LTI 系统稳定的充分必要条件为单位脉冲响应满足绝对可和。即

$$\sum_{n=-\infty}^{\infty} |h(n)| < \infty$$

由因果、稳定系统的条件，离散 LTI 系统同时具有因果稳定性的充分必要条件为

$$\sum_{n=-\infty}^{\infty} |h(n)| < \infty$$

且

$$h(n) = h(n)u(n)$$

5.3 习题解答

5-1 用 $\delta(n)$ 加权和的形式写出题 5-1 图所示图形的表示式。

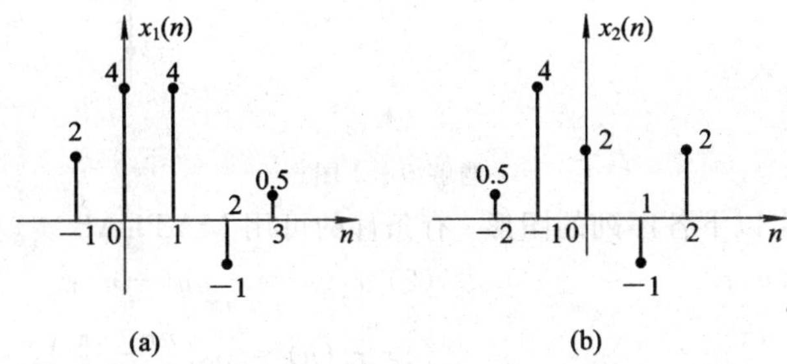

题 5-1 图

解 图(a)：

$$x_1(n) = 2\delta(n+1) + 4\delta(n) + 4\delta(n-1) - \delta(n-2) + 0.5\delta(n-3)$$

图(b)：

$$x_2(n) = 0.5\delta(n+2) + 4\delta(n+1) + 2\delta(n) - \delta(n-1) + 2\delta(n-2)$$

5-2 分别绘出以下各序列的图形：

(1) $x_1(n)=\left(\frac{1}{2}\right)^n u(n)$；

(2) $x_2(n)=(2)^n u(n)$；

(3) $x_3(n)=\left(-\frac{1}{2}\right)^n u(n)$；

(4) $x_4(n)=(-2)^n u(n)$；

(5) $x_5(n)=\left(\frac{1}{2}\right)^{n+1} u(n+1)$；

(6) $x_6(n)=[2, 1, \underset{\uparrow}{-3}, 2, 3, -2, 1]$

解 各序列的图形如题解 5-2 图所示。

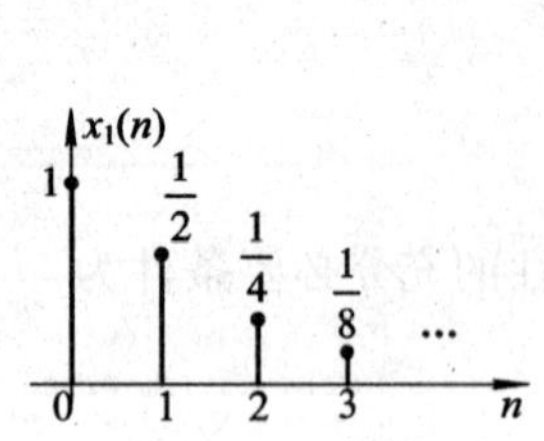

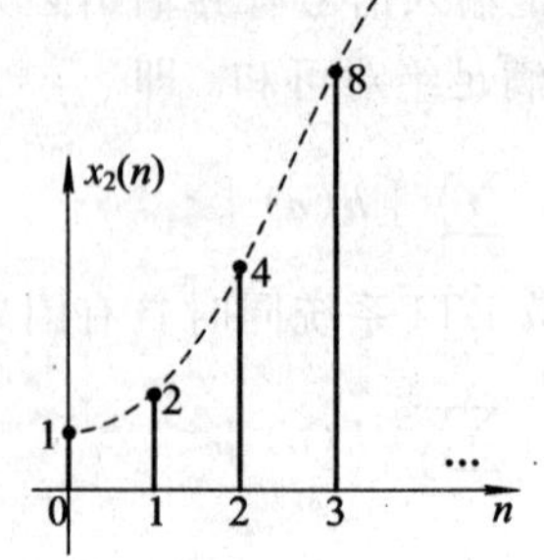

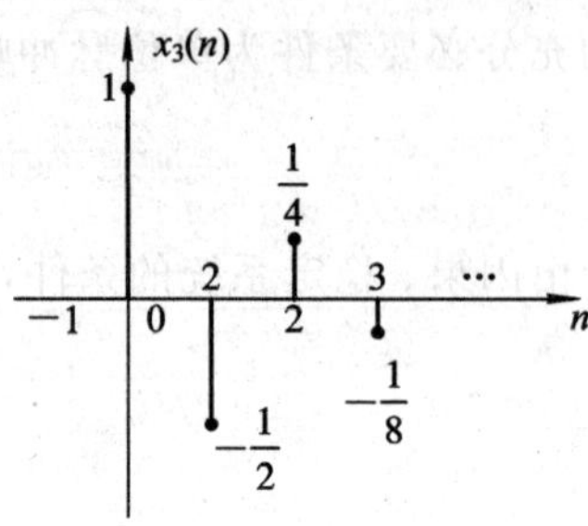

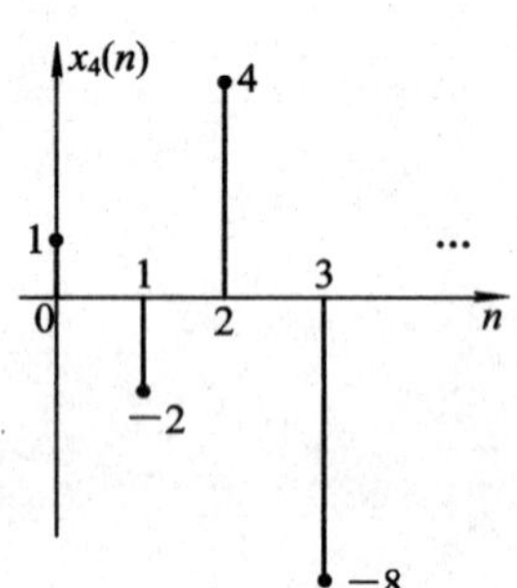

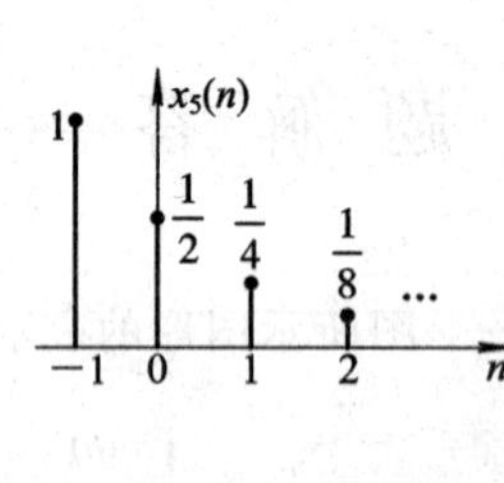

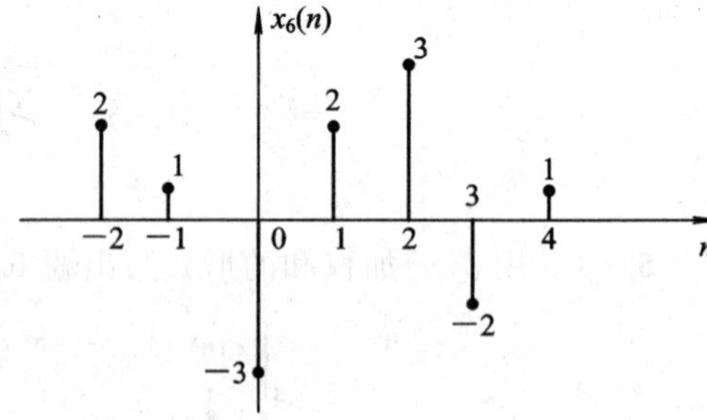

题解 5 - 2 图

5 - 3 分别绘出以下各序列的图形。有条件的可用 MATLAB 实现。

(1) $x_1(n)=nu(n)$；　　(2) $x_2(n)=-nu(-n)$；

(3) $x_3(n)=\sin\frac{n\pi}{5}$；　　(4) $x_4(n)=\cos\left(\frac{n\pi}{10}-\frac{\pi}{5}\right)$。

解 各序列的图形如题解 5 - 3 图所示。

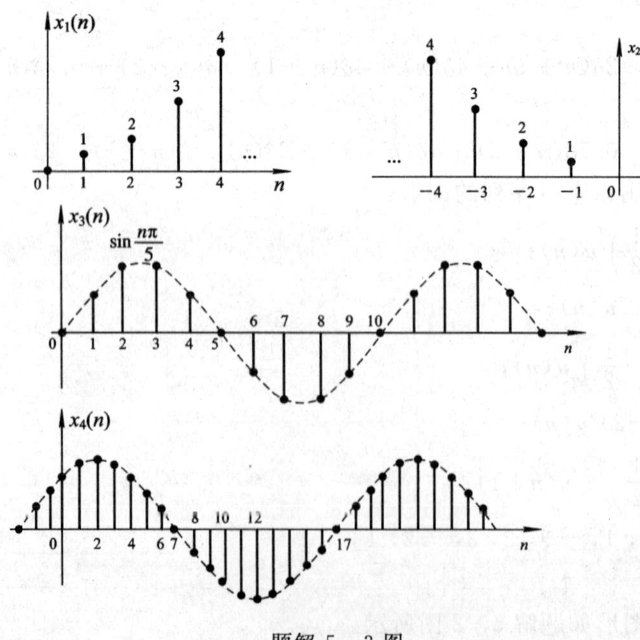

题解 5 - 3 图

5－4 已知 $x(n)$的波形如题 5－4 图所示，试画出下列信号的波形，有条件的可用MATLAB实现。

(1) $y_1(n)=x(n+2)+x(n-2)$；

(2) $y_2(n)=x(-n+2)$；

(3) $y_3(n)=x(n)g_5(n)$；

(4) $y_4(n)=x(2n)$。

注：$g_5(n)$是中心点在原点，宽度为 5 的矩形序列，以下类同。

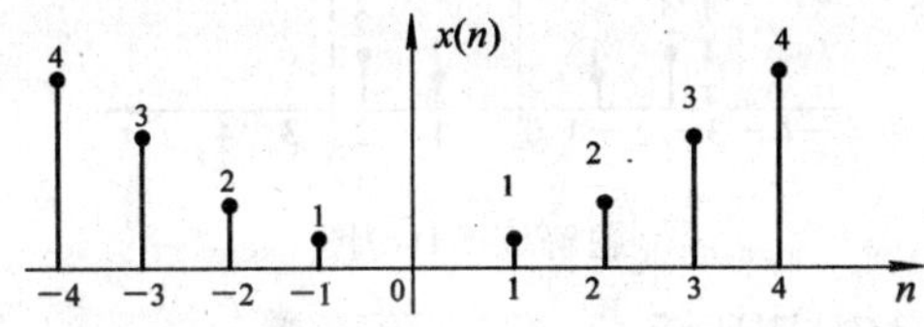

题 5－4 图

解 (1) $y_1(n)$如题解 5－4(a)图所示。

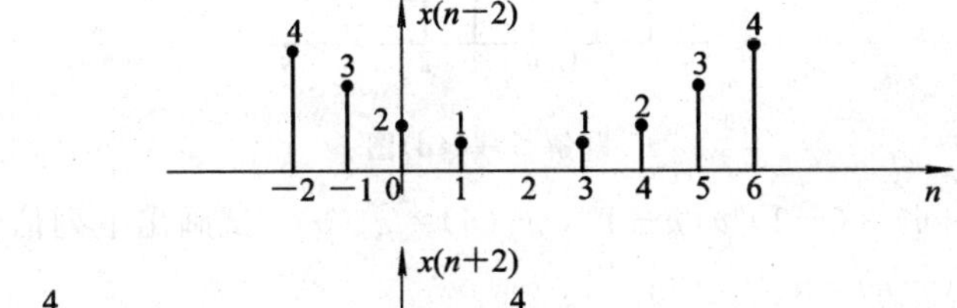

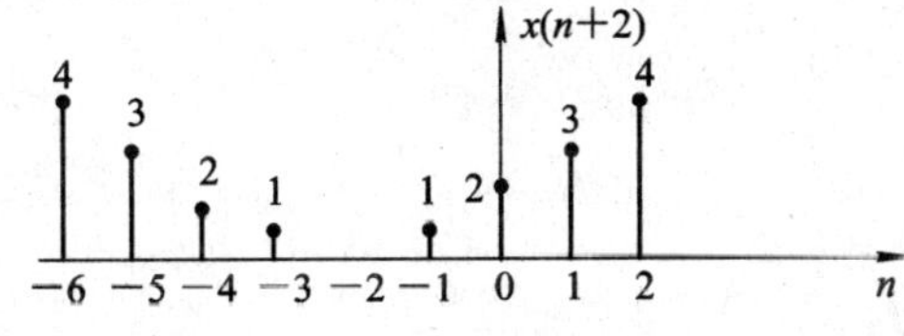

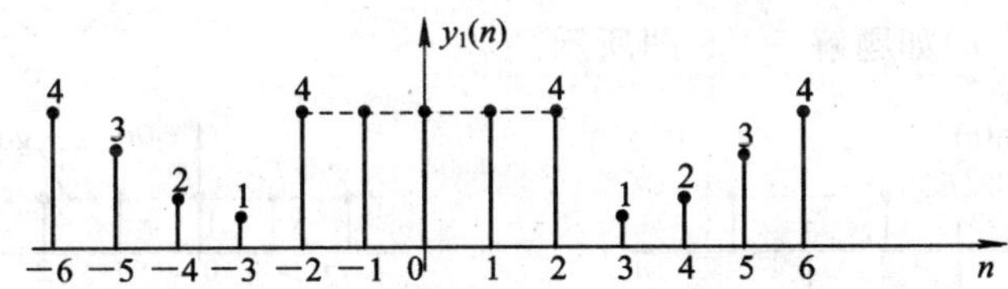

题解 5－4(a)图

(2) $y_2(n)$如题解 5－4(b)图所示。

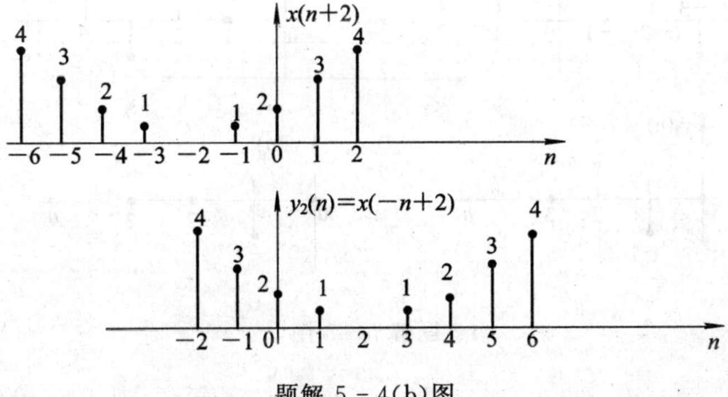

题解 5－4(b)图

(3) $y_3(n)$如题解 5－4(c)图所示。

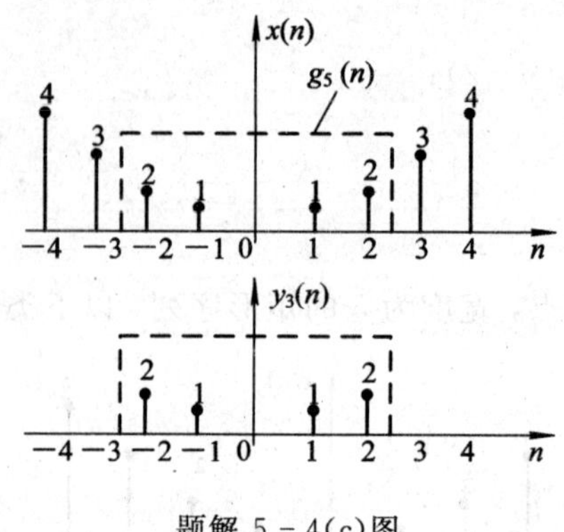

题解 5－4(c)图

(4) $y_4(n)$如题解 5－4(d)图所示。

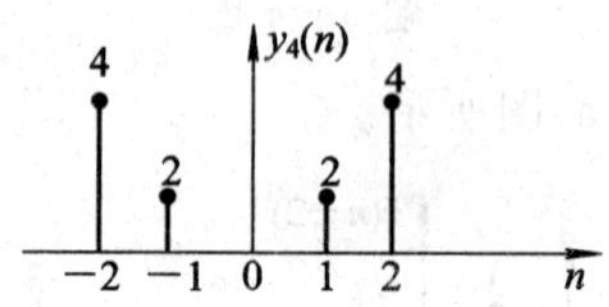

题解 5－4(d)图

5－5 已知 $x_1(n)=(-1)^n u(n-1)$，$x_2(n)=g_5(n)$，试画出下列信号的波形：

(1) $y_1(n)=x_1(-n)+x_2(-n)$；

(2) $y_2(n)=x_1(n)+x_2(n)$；

(3) $y_3(n)=x_1(n)\cdot x_2(n)$；

(4) $y_4(n)=x_1(n)\cdot x_2(2n)$。

解 $y_1(n)\sim y_4(n)$如题解 5－5 图所示。

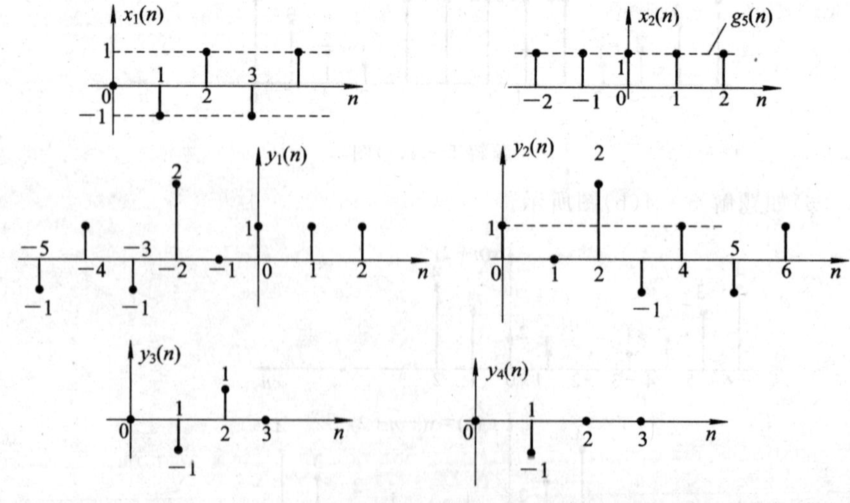

题解 5－5 图

5-6 已知 $x(n)=\begin{cases}2n+5, & -4\leqslant n\leqslant -1\\ 6, & 0\leqslant n\leqslant 4\\ 0, & 其它\end{cases}$

(1) 画出 $x(n)$的波形；

(2) 令 $x_1(n)=2x(n-2)$，画出 $x_1(n)$的波形；

(3) $x_2(n)=2x(n+2)$，画出 $x_2(n)$的波形；

(4) $x_3(n)=x(2-n)$，画出 $x_3(n)$的波形。

解 各序列的图形如题解 5-6 图所示。

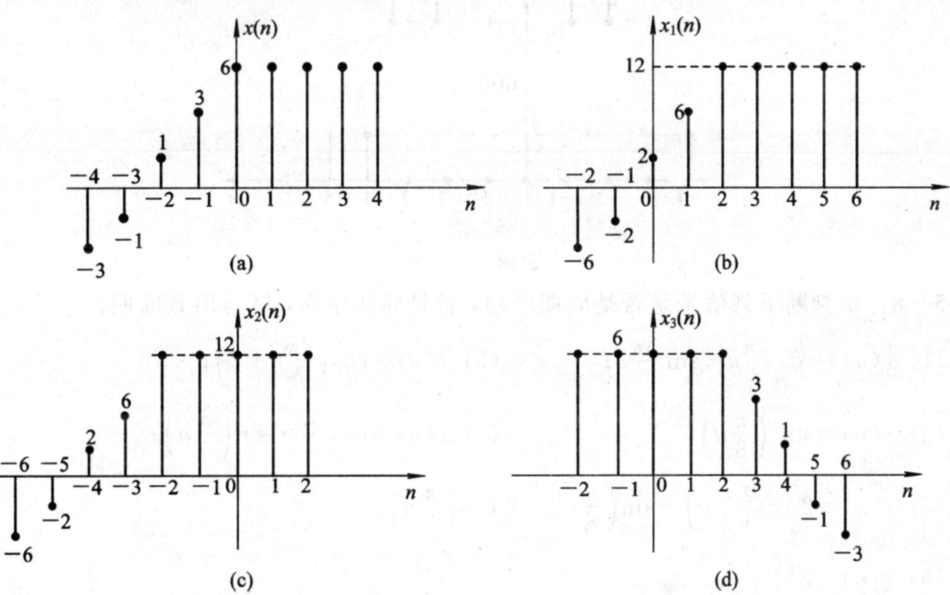

题解 5-6 图

5-7 试画出下列离散信号的波形，有条件的可用 MATLAB 实现。

(1) $x_1(n)=u(-n)-u(-n+1)$；

(2) $x_2(n)=u(-n-1)-u(-n)$；

(3) $x_3(n)=\sum_{m=0}^{\infty}\delta(n-m)$；

(4) $x_4(n)=\{0.5, 1.5, \underset{\uparrow}{2}, -2, 0, 1\}$；

(5) $x_5(n)=\sin\frac{\pi}{2}n-\sin\frac{\pi}{2}(n-1)$；

(6) $x_6(n)=1^n-g_7(n)$。

解 (1) $x_1(n)=-\delta(n-1)$

(2) $x_2(n)=-\delta(n)$

(3) $x_3(n)=u(n)$

(6) $x_6(n)=u(n-4)+u(-n-4)$

$x_1(n)$、$x_2(n)$、$x_3(n)$图省略，其它各波形如题解 5-7 图所示。

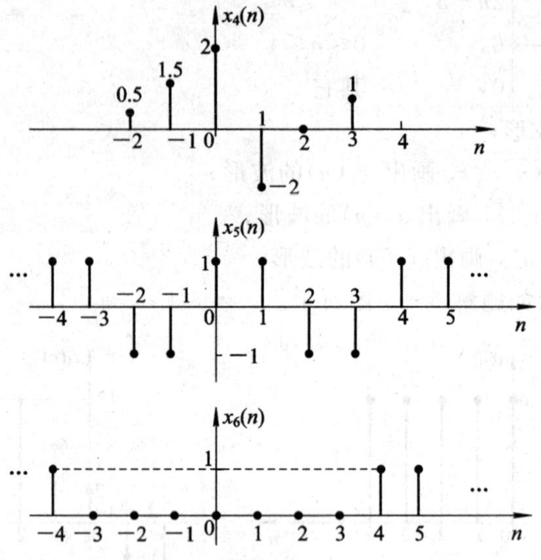

题解 5－7 图

5－8 试判断下列信号是否是周期序列，若是周期序列，试写出其周期。

(1) $x(n)=\cos\dfrac{2\pi}{3}n+\sin\dfrac{3\pi}{5}n$；　　(2) $x(n)=\cos\left(\dfrac{8\pi}{7}n+2\right)$；

(3) $x(n)=\sin^2\left(\dfrac{\pi}{8}n\right)$；　　(4) $x(n)=\cos\dfrac{n}{4}\cdot\sin\left(\dfrac{\pi}{4}n\right)$；

(5) $x(n)=2\cos\left(\dfrac{\pi}{4}n\right)+\sin\left(\dfrac{\pi}{8}n\right)-2\cos\left(\dfrac{\pi}{6}n\right)$；

(6) $x(n)=e^{j\left(\frac{n}{3}+\pi\right)}$。

解 (1) $x(n)$由两部分组成，其中

$\omega_1=\dfrac{2\pi}{3}$，周期 $N_1=\dfrac{2\pi}{2\pi/3}=3$；

$\omega_2=\dfrac{3\pi}{5}$，$N_2'=\dfrac{2\pi}{3\pi/5}=10/3$，周期应取整数即 $N_2=\dfrac{3\times2\pi}{3\pi/5}=10$。

$x(n)$的周期是这两部分周期的最小公倍数，所以 $N=30$。

(2) $\omega=\dfrac{8\pi}{7}$，$N'=\dfrac{2\pi}{8\pi/7}=\dfrac{7}{4}$；周期 $N=7$。

(3) $x(n)=\sin^2\left(\dfrac{\pi}{8}n\right)=\dfrac{1}{2}\left(1-\cos\dfrac{\pi}{4}n\right)$，$\omega=\dfrac{\pi}{4}$，$N=\dfrac{2\pi}{\pi/4}=8$；所以 $x(n)$的周期 $N=8$。

(4) $x(n)$由两部分组成，其中

$\omega_1=\dfrac{1}{4}$，周期 $N_1=\dfrac{2\pi}{1/4}=8\pi$；

$\omega_2=\dfrac{\pi}{4}$，周期 $N_2=\dfrac{2\pi}{\pi/4}=8$；

N_1 与 N_2 之比是无理数，所以 $x(n)$为非周期序列。

(5) $x(n)$由三部分组成，其中

$\omega_1=\frac{\pi}{4}$，周期 $N_1=\frac{2\pi}{\pi/4}=8$；

$\omega_2=\frac{\pi}{8}$，$N_2=\frac{2\pi}{\pi/8}=16$；$\omega_3=\frac{\pi}{6}$，$N_3=\frac{2\pi}{\pi/6}=12$；

N_1、N_2 与 N_3 之比是有理数，其周期为最小公倍数，所以 $N=48$。

(6) $x(n)$是非周期序列。

5-9 下列四个等式中，只有(　　)是正确的。

A) $\delta(n)=u(-n)-u(-n+1)$；　　B) $\delta(n)=u(-n)-u(-n-1)$；

C) $u(n)=n\sum_{m=-\infty}^{\infty}\delta(n-m)$；　　D) $u(-n)=\sum_{m=-\infty}^{0}\delta(n+m)$。

解　正确的是 B)。

5-10 下列四个离散信号中，只有(　　)是周期序列。其周期 N 为多少？

A) $\sin 100n$；　　B) e^{j2n}；

C) $\cos\pi n+\sin 30n$；　　D) $e^{j\frac{2\pi}{3}n}-e^{j\frac{4\pi}{5}n}$。

解　A) $\omega=100$，$N=\frac{2\pi}{100}=0.02\pi$；$N$ 是无理数，所以 $\sin 100n$ 为非周期序列。

B) e^{j2n} 是非周期序列。

C) $\cos\pi n+\sin 30n$ 由两部分组成，其中，

$$\omega_1=\pi,\ N_1=\frac{2\pi}{\pi}=2;\ \omega_2=30,\ \text{周期}\ N_2=\frac{2\pi}{30}=\frac{\pi}{15}$$

N_1 与 N_2 之比是无理数，所以 $\cos\pi n+\sin 30n$ 为非周期序列。

D) $e^{j\frac{2\pi}{3}n}-e^{j\frac{4\pi}{5}n}$ 由两部分组成，其中，

$$\omega_1=\frac{2\pi}{3},\ \text{周期}\ N_1=\frac{2\pi}{2\pi/3}=3;\ \omega_2=\frac{4\pi}{5},\ N_2'=\frac{2\pi}{4\pi/5}=\frac{5}{2}$$

周期应取整数，即 $N_2=5$。所以只有 D)是周期序列，且周期是这两部分周期的最小公倍数，其周期 $N=15$。

5-11 试判断下列四个信号中，哪些是相同的信号(　　　)：

A) $x(n)=\sum_{m=-2}^{2}\delta(n-m)$；　　B) $x(n)=u(n+2)-u(n-3)$；

C) $x(n)=u(2-n)-u(-3-n)$；　　D) $x(n)=g_5(n)$。

解　A)、B)、C)、D)是同一信号。

5-12 求下列各序列和：

(1) $\sum_{m=-\infty}^{\infty}\delta(n-m)$；　　(2) $\sum_{m=0}^{\infty}\delta(n-m)$；

(3) $\sum_{m=0}^{n}u(n-m)$；　　(4) $\sum_{n=-\infty}^{\infty}\sin\left(\frac{n\pi}{4}\right)\delta(n-2)$。

解

(1)
$$\sum_{m=-\infty}^{\infty}\delta(n-m)=\cdots+\delta(n+1)+\delta(n)+\delta(n-1)+\cdots$$
$$=u(-n-1)+u(n)$$

(2) $\quad \sum_{m=0}^{\infty}\delta(n-m)=\delta(n)+\delta(n-1)+\cdots=u(n)$

(3) $\quad \sum_{m=0}^{n}u(n-m)=u(n)+u(n-1)+\cdots=\delta(n)+2\delta(n-1)+\cdots$

$$=(n+1)u(n)$$

(4) $\quad \sum_{n=-\infty}^{\infty}\sin\left(\frac{n\pi}{4}\right)\delta(n-2)=\sum_{n=-\infty}^{\infty}\sin\left(\frac{2\pi}{4}\right)\delta(n-2)=1$

5 - 13 试写出题 5 - 13 图所示系统的差分方程，指出其阶数(其中 D 为向右移一位的延迟器)。

解 加法器输出端

$$w(n)=-b_1y(n-1)+a_0x(n)+a_1x(n-1)$$

且 $y(n)=\frac{1}{b_0}w(n)$，将 $w(n)=b_0y(n)$代入上式，整理得系统的差分方程为

$$b_0y(n)+b_1y(n-1)=a_0x(n)+a_1x(n-1)$$

由方程可知，该系统是一阶的。

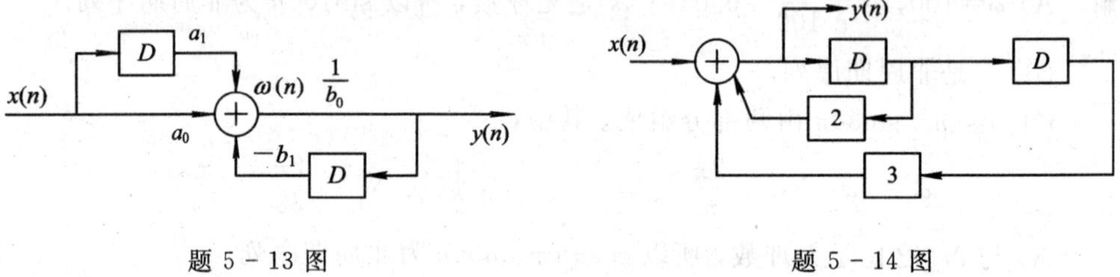

题 5 - 13 图　　　　题 5 - 14 图

5 - 14 试写出题 5 - 14 图所示系统的差分方程，指出其阶数(其中 D 为向右移一位的延迟器)。

解 系统的差分方程为

$$y(n)-2y(n-1)-3y(n-2)=x(n)$$

由方程可知，该系统是二阶的。

5 - 15 列出题 5 - 15 图所示系统的差分方程，指出其阶数。

解 系统的差分方程为

$$y(n)-b_1y(n-1)-b_2y(n-2)=a_0x(n)+a_1x(n-1)$$

由方程可知，该系统是二阶的。

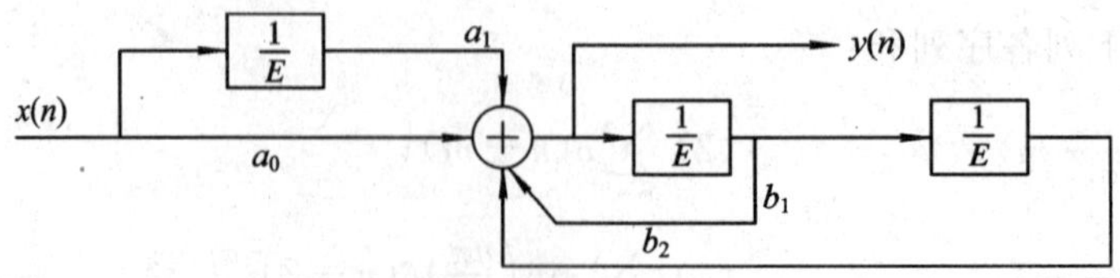

题 5 - 15 图

5 - 16 列出题 5 - 16 图所示系统的差分方程，已知边界条件 $y(-1)=0$，分别求以下输入序列时的输出，并绘出图形。有条件的可用 MATLAB 程序求解。

(1) $x(n)=\delta(n)$，$y(-1)=0$；

(2) $x(n)=u(n)$，$y(-1)=0$。

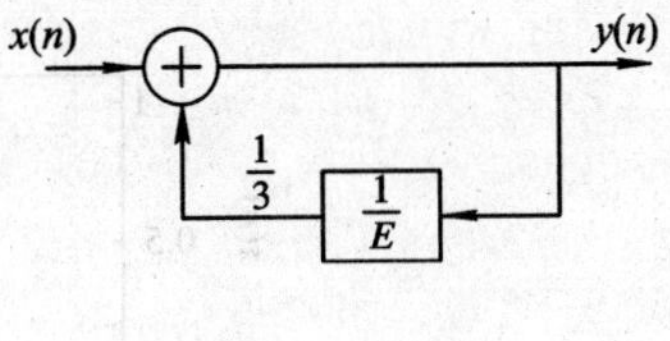

题 5-16 图

解 $$y(n)=x(n)+\frac{1}{3}y(n-1)$$

(1) $x(n)=\delta(n)$，$y(-1)=0$

$$y(0)=x(0)+\frac{1}{3}y(-1)=1$$

$$y(1)=x(1)+\frac{1}{3}y(0)=\frac{1}{3}$$

$$y(2)=\frac{1}{3}y(1)=\left(\frac{1}{3}\right)^2$$

$$\vdots$$

$$y(n)=(3)^{-n}u(n)=\left(\frac{1}{3}\right)^n u(n)$$

(2) $x(n)=u(n)$，$y(-1)=0$

$$y(0)=x(0)+\frac{1}{3}y(-1)=1$$

$$y(1)=x(1)+\frac{1}{3}y(0)=1+\frac{1}{3}$$

$$y(2)=x(2)+\frac{1}{3}y(1)=1+\frac{1}{3}\left(1+\frac{1}{3}\right)=1+\frac{1}{3}+\left(\frac{1}{3}\right)^2$$

$$y(3)=x(3)+\frac{1}{3}y(2)=1+\frac{1}{3}\left(1+\frac{1}{3}+\left(\frac{1}{3}\right)^2\right)=1+\frac{1}{3}+\left(\frac{1}{3}\right)^2+\left(\frac{1}{3}\right)^3$$

$$\vdots$$

$$y(n)=1+\frac{1}{3}+\left(\frac{1}{3}\right)^2+\left(\frac{1}{3}\right)^3+\cdots+\left(\frac{1}{3}\right)^n=\frac{1-(1/3)^{n+1}}{1-1/3}=\frac{3-(1/3)^n}{2},\quad n\geqslant 0$$

$$y(n)=\frac{3-3^{-n}}{2}u(n)$$

5-16(1)题的 MATLAB 程序如下：

```
clear;
  nf=10;np=0;ns=0;
  b=[1];a=[1,-1/3];x=impseq(np,ns,nf);
  n=ns:nf;Y=[0];        %初始条件
  y=filter(b,a,x,Y);
  subplot(2,1,1); stem(n,x);
  axis([-1 6 -0.01 1.1]);
  ylabel('x(n)');
  line([-1,10],[0,0]);line([0,0] ,[-0.01,1.1]);
  title('输入序列');
  subplot(2,1,2);stem(n,y); axis([-1 6 -0.01 1.1]);
  ylabel('y(n)'); xlabel('n'); title('输出序列');
  line([-1,10],[0,0]);line([0,0] ,[-0.01,1.1]);
```

5-16(1)题的输入、输出如题解 5-16(1)图所示。

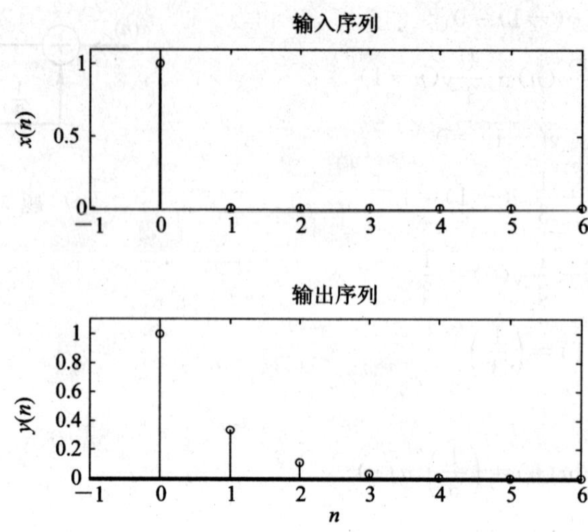

题解 5-16(1)图

5-16(2)题的 MATLAB 程序如下：

```
clear;
  nf=30;np=0;ns=0;
  n=[0:30];b=[1];a=[1,-1/3];x=stepseq(np,ns,nf);
  Y=[0];         %初始条件
  y=filter(b,a,x,Y)
  subplot(2,1,1); stem(n,x);
  axis([-1 10 -0.01 1.1]); ylabel('x(n)');
  line([-1,10],[0,0]);line([0,0] ,[-0.01,1.1]);
  title('输入序列');
  subplot(2,1,2);stem(n,y); axis([-1 10 -0.01 1.6]);
  ylabel('y(n)'); xlabel('n'); title('输出序列');
  line([-1,10],[0,0]);line([0,0] , [-0.01,1.6]);
```

5-16(2)题的输入、输出如题解 5-16(2)图所示。

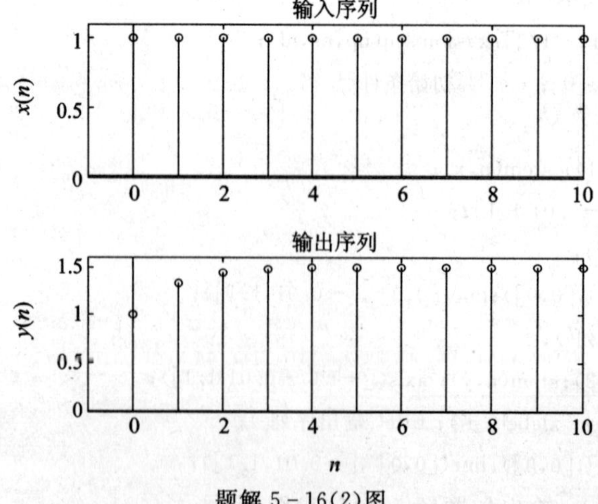

题解 5-16(2)图

5-17 列出题 5-17 图所示系统的差分方程，已知边界条件 $y(-1)=0$。求输入序列 $x(n)=\delta(n)$时的输出 $y(n)$，并与上题相应的情况比较。有条件可用 MATLAB 求解。

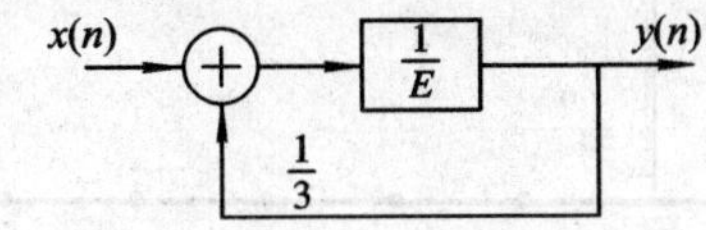

题 5-17 图

解 $$y(n+1)-\frac{1}{3}y(n)=x(n)$$

用迭代法

$n=-1$，$y(0)-\frac{1}{3}y(-1)=x(-1)$，$y(0)=0$

$n=0$，$y(1)-\frac{1}{3}y(0)=x(0)=1$，$y(1)=1$

$n=1$，$y(2)-\frac{1}{3}y(1)=x(1)=0$，$y(2)=\frac{1}{3}$

$$y(3)-\frac{1}{3}y(2)=0,\ y(3)=\left(\frac{1}{3}\right)^2$$

$$\vdots$$

$$y(n)=\left(\frac{1}{3}\right)^{n-1}u(n-1)$$

与 5-16(1)相比较，区别是输出 $y(n)$在延时器的输出端，而 5-16(1)的 $y(n)$在延时器的输入端。

本题的 MATLAB 程序如下：

```
clear;
  nf=10;np=0;ns=0;
  b=[0,1];a=[1,-1/3];
  x=impseq(np,ns,nf);
  n=ns:nf;Y=[0];          %初始条件
  y=filter(b,a,x,Y)
  subplot(2,1,1); stem(n,x);
  axis([-1 6 -0.01 1.1]);
  ylabel('x(n)');
  line([-1,10],[0,0]);line([0,0] , [-0.01,1.1]);
  title('输入序列');
  subplot(2,1,2);stem(n,y);
  axis([-1 6 -0.01 1.1]);
  ylabel('y(n)'); xlabel('n');
  title('输出序列');
  line([-1,10],[0,0]);
  line([0,0] , [-0.01,1.1]);
```

本题的输入、输出如题解 5-17 图所示。

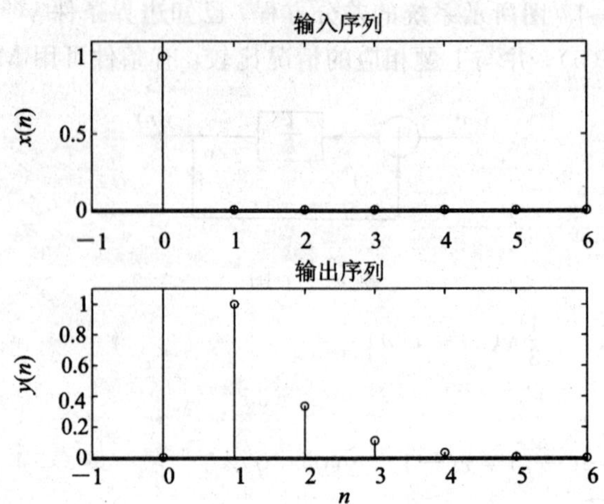

题解 5－17 图

5－18 试求解下列齐次差分方程，有条件的可用 MATLAB 验证。

(1) $y(n)+3y(n-1)=0$，$y(0)=1$；

(2) $y(n)-6y(n-1)+9y(n-2)=0$，$y(0)=0$，$y(1)=3$。

解 (1) 特征根为 $\alpha=-3$，得

$$y(n)=C(-3)^n$$

$$y(0)=C=1$$

所以

$$y(n)=(-3)^n,\quad n\geqslant 0$$

(2) 特征方程为 $\alpha^2-6\alpha+9=0$，$(\alpha-3)^2=0$

特征根 $\alpha=3$（二阶重根），

$y(n)=(C_1+nC_2)(3)^n$；$y(0)=C_1=0$，$y(1)=3C_2=3$，$C_2=1$

$y(n)=n(3)^n u(n)$

5－19 已知下列各系统的差分方程及初始条件，求系统的零输入响应。

(1) $y(n)-\frac{1}{2}y(n-1)=0$，$y(0)=1$； (2) $y(n)-2y(n-1)=0$，$y(0)=\frac{1}{2}$；

(3) $y(n)+3y(n-1)=0$，$y(1)=1$； (4) $y(n)+\frac{2}{3}y(n-1)=0$，$y(0)=1$。

解 (1) 特征根

$$\alpha=\frac{1}{2}$$

$$y(n)=C\left(\frac{1}{2}\right)^n；y(0)=C=1$$

所以

$$y(n)=\left(\frac{1}{2}\right)^n u(n)$$

(2) 特征根

$$\alpha=2$$

$$y(n) = C(2)^n;\ y(0) = C = \frac{1}{2}$$

所以

$$y(n) = 2^{n-1}u(n)$$

(3) 特征根

$$\alpha = -3$$

$$y(n) = C(-3)^n;\ y(1) = -3C = 1,\ C = -\frac{1}{3}$$

所以

$$y(n) = -\frac{1}{3}(-3)^n u(n-1) = (-3)^{n-1}u(n-1)$$

(4) 特征根

$$\alpha = -\frac{2}{3}$$

$$y(n) = C\left(-\frac{2}{3}\right)^n;\ y(0) = C = 1$$

所以

$$y(n) = \left(-\frac{2}{3}\right)^n u(n)$$

5-20 已知某系统的差分方程以及初始条件，求系统的零输入响应。

$$y(n) - 7y(n-1) + 16y(n-2) - 12y(n-3) = 0$$

$$y(1) = -1,\ y(2) = -3,\ y(3) = -5$$

解 特征方程为

$$\alpha^3 - 7\alpha^2 + 16\alpha - 12 = 0$$

$$(\alpha-2)^2(\alpha-3) = 0$$

特征根 $\alpha_1 = 2$（二阶），$\alpha_3 = 3$，得

$$y(n) = (C_1 + nC_2)2^n + C_3 3^n$$

$$\begin{cases} y(1) = (C_1 + C_2)2 + 3C_3 = -1 \\ y(2) = (C_1 + 2C_2)4 + 9C_3 = -3 \\ y(3) - (C_1 + 3C_2)8 + 27C_3 = -5 \end{cases}$$

$$\begin{cases} 2C_1 + 2C_2 + 3C_3 = -1 \\ 4C_1 + 8C_2 + 9C_3 = -3 \\ 8C_1 + 24C_2 + 27C_3 = -5 \end{cases}$$

解出 $C_1 = -1$，$C_2 = -1$，$C_3 = 1$，所以

$$y(n) = 3^n - (1+n)2^n,\quad n \geqslant 1$$

5-21 求下列序列的卷积和：

(1) $u(n) * \delta(n-3)$；　　(2) $a^n u(n) * \delta(n-1)$；

(3) $u(n) * u(n-1)$；　　(4) $nu(n) * u(n-1)$。

解 (1) $$u(n) * \delta(n-3) = u(n-3)$$

(2)
$$a^n u(n) * \delta(n-1) = a^{n-1} u(n-1)$$

(3)
$$\begin{aligned} u(n) * u(n-1) &= \sum_{m=0}^{n} u(n-1-m) \\ &= u(n-1) + u(n-2) + u(n-3) + \cdots \\ &= \delta(n-1) + 2\delta(n-2) + 3\delta(n-3) + \cdots = nu(n) \end{aligned}$$

(4)
$$\begin{aligned} nu(n) * u(n-1) &= \sum_{m=0}^{\infty} mu(m)u(n-1-m) \\ &= \sum_{m=0}^{n-1} m = 1 + 2 + \cdots + n - 1, \quad n \geqslant 1 \\ &= (1+n-1)\frac{n-1}{2} = \frac{1}{2}n(n-1), \quad n \geqslant 1 \\ &= \frac{1}{2}n(n-1)u(n-1) \end{aligned}$$

5 - 22 $x_1(n)$与$x_2(n)$如题 5 - 22 图所示，$y(n)=x_1(n) * x_2(n)$，求 $y(4)$。

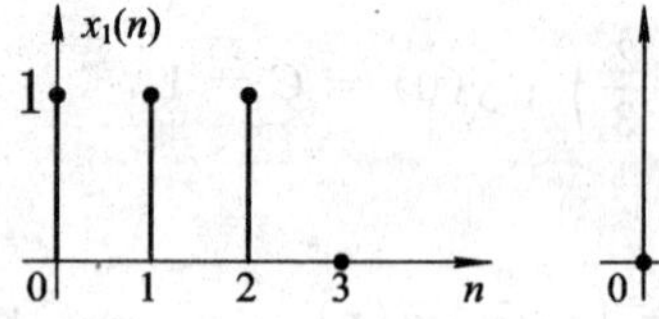

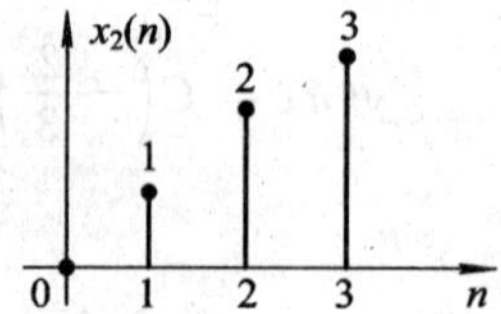

题 5 - 22 图

解 $x_1(m)$、$x_2(4-m)$如题解 5 - 22 图所示。

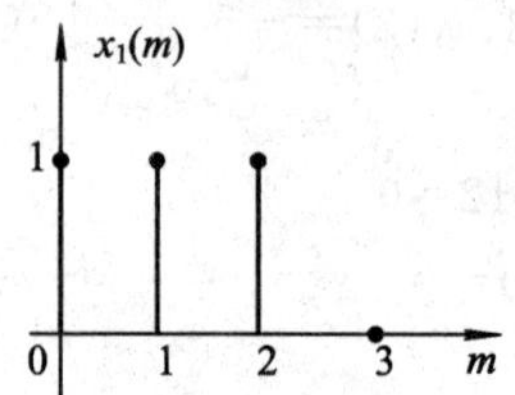

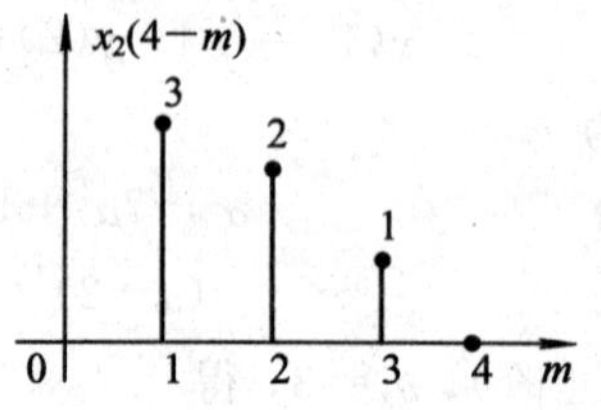

题解 5 - 22 图

由图可知
$$y(4) = 3 \times 1 + 2 \times 1 = 5$$

5 - 23 已知 $x_1(n)=u(n)-u(n-5)$，$x_2(n)$的波形如题 5 - 23 图所示，求 $y(n)=x_1(n) * x_2(n)$，并画出波形。有条件的可用 MATLAB 实现。

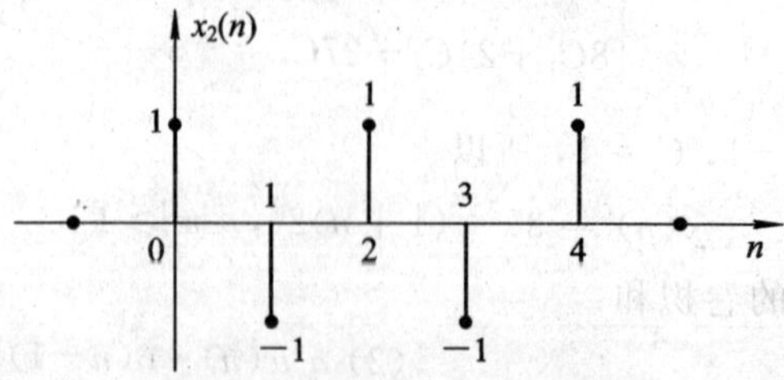

题 5 - 23 图

解 方法1

$$
\begin{aligned}
y(n)&=x_1(n)*x_2(n)\\
&=x_2(n)+x_2(n-1)+x_2(n-2)+x_2(n-3)+x_2(n-4)\\
&=[x_2(n)+x_2(n-1)]+[x_2(n-2)+x_2(n-3)]+x_2(n-4)\\
&=\delta(n)+\delta(n-5)+\delta(n-2)+\delta(n-7)+x_2(n-4)\\
&=\delta(n)+\delta(n-5)+\delta(n-2)+\delta(n-7)+\delta(n-4)-\delta(n-5)\\
&\quad+\delta(n-6)-\delta(n-7)+\delta(n-8)\\
&=\delta(n)+\delta(n-2)+\delta(n-4)+\delta(n-6)+\delta(n-8)
\end{aligned}
$$

方法2

```
 1   1   1   1   1
 1  -1   1  -1   1
--------------------
 1   1   1   1   1
    -1  -1  -1  -1  -1
         1   1   1   1   1
            -1  -1  -1  -1  -1
                 1   1   1   1   1
----------------------------------
 1   0   1   0   1   0   1   0   1
```

题5-23的MATLAB程序如下：

```
x=[1,1,1,1,1];nx=[0:4];nx1=0
  h=[1,-1,1,-1,1];nh=[0:4];nh1=0
  [y,ny]=convwthn(x,nx,h,nh)
  nf1=nx1+length(x)-1;
  nf2=nh1+length(h)-1;
  n=min(min(nx1), min(nh1)): max(max(nf1), max(nf2));
  x1=zeros(1,length(n));h1=x1;
  x1(find((n>= nx1)&(n<= nf1)==1))=x;
  h1(find((n>=nh1)&(n<= nf2)==1))=h;
  subplot(3,1,1);stem(n,x1); xlabel('n');ylabel('x'); title('卷积计算')
  axis([ny(1)-1,ny(end), min(x)-0.5, max(x)+0.5]);
  line([ny(1)-1,ny(end)],[0,0]);
  line([0,0] ,[min(x)-0.5, max(x)+0.5]);
  subplot(3,1,2);stem(n,h1); xlabel('n');ylabel('h');
  axis([ny(1)-1,ny(end), min(h)-0.5, max(h)+0.5]);
  line([ny(1)-1,ny(end)],[0,0]);
  line([0,0] ,[min(h)-0.5, max(h)+0.5]);
  subplot(3,1,3);stem(ny,y); xlabel('n');ylabel('y');
  axis([ny(1)-1,ny(end), min(y)-0.5, max(y)+0.5]);
  line([ny(1)-1,ny(end)],[0,0]);
  line([0,0] ,[min(y)-0.5, max(y)+0.5]);
```

本题的输入、脉冲响应、输出如题解5-23图所示。

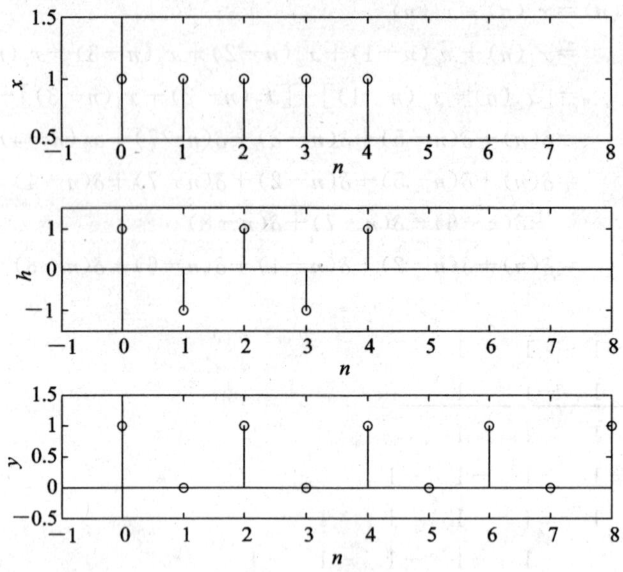

题解 5 - 23 图

5 - 24 $x(n)=[3, -3, 7, 0, \underset{\uparrow}{-1}, 5, 2]$

$h(n)=[2, \underset{\uparrow}{3}, 0, -5, 2, 1]$

求 $y(n)=x(n)*h(n)$，有条件的可用 MATLAB 计算。

解 将两个序列的样值如下分两行排列，逐位竖式相乘得到：

$x(n)$						3	−3	7	0	−1	5	2
$h(n)$							2	3	0	−5	2	1
						3	−3	7	0	−1	5	2
					6	−6	14	0	−2	10	4	
				−15	15	−35	0	5	−25	−10		
		9	−9	21	0	−3	15	6				
	6	−6	14	0	−2	10	4					
$y(n)$	6	3	5	6	19	−31	30	18	−27	−1	9	2

按序从左到右逐项将竖式相乘的乘积对位相加，结果是 $y(n)$。

$$y(n)=[6\quad 3\quad 5\quad 6\quad 19\quad \underset{\uparrow}{-31}\quad 30\quad 18\quad -27\quad -1\quad 9\quad 2]$$

5 - 25 已知下列系统的差分方程，求各系统的单位脉冲响应。有条件的可用MATLAB计算并作图。

(1) $y(n)-2y(n-1)=x(n)$；

(2) $y(n)-7y(n-1)+10y(n-2)=x(n)+2x(n-1)$；

(3) $y(n)+3y(n-1)+2y(n-2)=x(n-1)$。

解 (1) 原方程由算子方程表示为

$$(E-2)y(n)=Ex(n)$$

$$H(E)=\frac{E}{E-2}$$

$$h(n)=2^n u(n)$$

(2) 原方程由算子方程表示为

$$(E^2-7E+10)y(n)=(E^2+2E)x(n)$$

$$H(E)=\frac{E^2+2E}{E^2-7E+10}$$

$$\frac{H(E)}{E}=\frac{E+2}{E^2-7E+10}=\frac{A}{E-2}+\frac{B}{E-5}=\frac{-4/3}{E-2}+\frac{7/3}{E-5}$$

$$H(E)=\frac{(-4/3)E}{E-2}+\frac{(7/3)E}{E-5}$$

$$h(n)=\left(-\frac{4}{3}\right)2^n u(n)+\left(\frac{7}{3}\right)5^n u(n)$$

(3) 原方程由算子方程表示为

$$(E^2+3E+2)y(n)=Ex(n)$$

$$H(E)=\frac{E}{E^2+3E+2}$$

$$\frac{H(E)}{E}=\frac{1}{E^2+3E+2}=\frac{A}{E+1}+\frac{B}{E+2}=\frac{1}{E+1}+\frac{-1}{E+2}$$

$$H(E)=\frac{E}{E+1}+\frac{-E}{E+2}$$

$$h(n)=(-1)^n u(n)-(-2)^n u(n)$$

5-25(1)题的 MATLAB 程序如下：

```
clear;
  nf=10;np=0;ns=0;b=[1];a=[1,-2];
  x=impseq(np,ns,nf);
  n=ns:nf;Y=[0];            %初始条件
  y=filter(b,a,x,Y);
  subplot(2,1,1); stem(n,x);
  axis([-1 6 -0.01 1.1]);
  ylabel('x(n)');
  line([-1,10],[0,0]);
  line([0,0] , [-0.01,1.1]);
  title('输入序列');
  subplot(2,1,2);stem(n,y);
  axis([-1 6 -0.01 35]);
  ylabel('h(n)');
  xlabel('n');
  title('单位脉冲响应');
  line([-1,10],[0,0]);line([0,0] , [-0.01,35]);
  答案 h =[1,2,4,8,16,32]
```

5-25(1)题的输入、脉冲响应如题解 5-25(1)图所示。

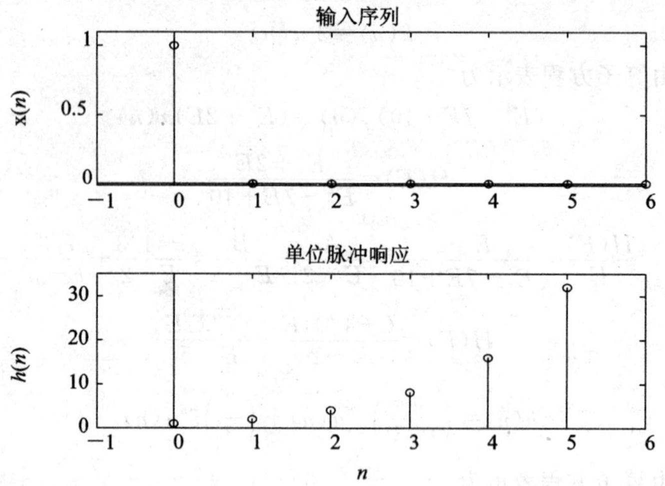

题解 5-25(1)图

5-25(2)题的 MATLAB 程序如下：

```
clear;
  nf=10;np=0;ns=0;
  b=[1,2,0];
  a=[1,-7,10];
  x=impseq(np,ns,nf);
  n=ns:nf;
  Y=[0,0];        %初始条件

  y=filter(b,a,x,Y)
  subplot(2,1,1); stem(n,x);
  axis([-1 4 -0.01 1.1]);
  ylabel('x(n)');
  line([-1,10],[0,0]);
  line([0,0] , [-0.01,1.1]);
  title('输入序列');
  subplot(2,1,2);
  stem(n,y);
  axis([-1 4 -0.01 2000]);
  ylabel('h(n)');
  xlabel('n');
  title('单位脉冲响应');
  line([-1,10],[0,0]);
  line([0,0] , [-0.01,2000]);
  答案 h =[1, 9, 53, 281, 1437, 7249]
```

5-25(2)题的输入、脉冲响应如题解 5-25(2)图所示。

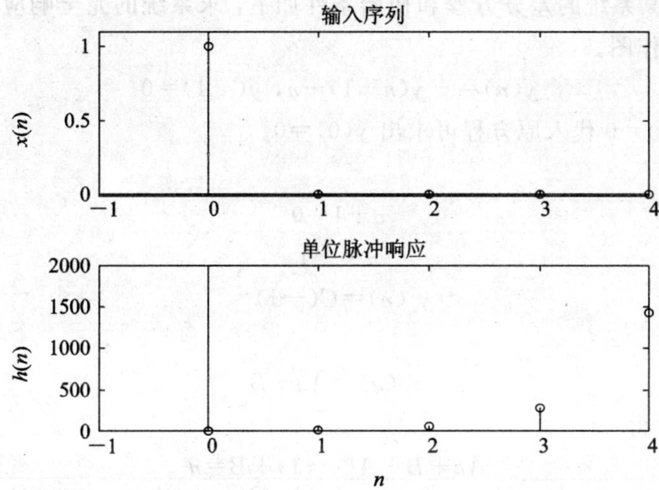

题解 5-25(2)图

5-25(3)题的 MATLAB 程序如下：

```
clear;
  nf=10;np=0;ns=0;
  a=[1,3,2];b=[0,1,0];;x=impseq(np,ns,nf);
  n=ns:nf;Y=[0,0];        %初始条件
  y=filter(b,a,x,Y)
  subplot(2,1,1); stem(n,x); axis([-1 5 -0.01 1.1]); ylabel('x(n)');
  line([-1,10],[0,0]);line([0,0] ,[-0.01,1.1]); title('输入序列');
  subplot(2,1,2);stem(n,y); axis([-1 5 -16 35]);
  ylabel('h(n)'); xlabel('n'); title('单位脉冲响应');
  line([-1,10],[0,0]);line([0,0] ,[-16,35]);
  答案 h =[0, 1, -3, 7, -15, 31]
```

5-25(3)题的输入、脉冲响应如题解 5-25(3)图所示。

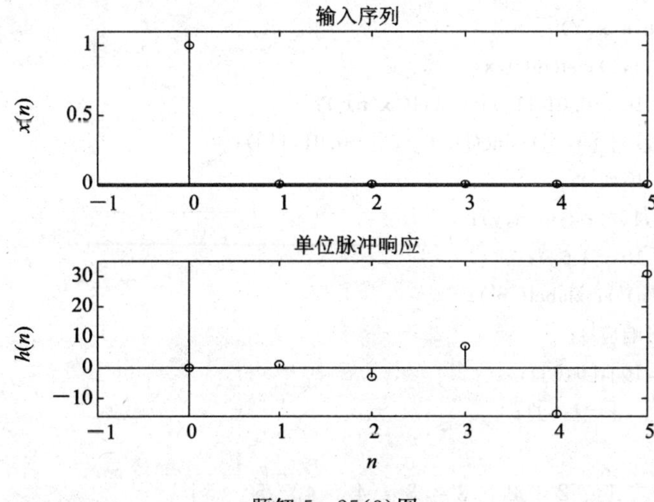

题解 5-25(3)图

5-26 已知某系统的差分方程和初始条件如下，求系统的完全响应。有条件的可用MATLAB计算并作图。

$$y(n)=-y(n-1)+n,\ y(-1)=0$$

解 由 $y(-1)=0$ 代入原方程可求出 $y(0)=0$。

由特征方程

$$\alpha+1=0$$

得特征根 $\qquad \alpha=-1$

齐次通解 $\qquad y_c(n)=C(-1)^n$

特解

$$y_p(n)=An+B$$

将特解代入原方程得

$$An+B+A(n-1)+B=n$$

$$2An-A+2B=n$$

比较同次项系数 $\begin{cases}2A=1\\-A+2B=0\end{cases}$，可得 $\begin{cases}A=1/2\\B=1/4\end{cases}$

全解

$$y(n)=y_p(n)+y_c(n)=C(-1)^n+\frac{1}{2}n+\frac{1}{4}$$

$$y(0)=C+\frac{1}{4}=0 \qquad C=-\frac{1}{4}$$

$$y(n)=\frac{1}{4}[(-1)^{n+1}+2n+1]u(n)$$

题 5-26 的 MATLAB 程序如下：

```
clear;
  nf=10;np=0;ns=-1; n=ns:nf;
  a=[1,1];b=[1];x=n.*stepseq(np,ns,nf);
  Y=[0];      %初始条件
  y=filter(b,a,x,Y)
  subplot(2,1,1); stem(n,x);
  axis([-1 10 -0.01 11]); ylabel('x(n)');
  line([-1,10],[0,0]);line([0,0] ,[-0.01,11]);
  title('输入序列');
  subplot(2,1,2);stem(n,y);
  axis([-1 10 -1 6]);
  ylabel('h(n)'); xlabel('n');
  title('输出响应');
  line([-1,10],[0,0]);
  line([0,0] ,[-1,6]);
```

答案

$y=[0 \quad 1 \quad 1 \quad 2 \quad 2 \quad 3 \quad 3 \quad 4 \quad 4 \quad 5 \quad 5]$

本题的输入、脉冲响应如题解 5-26 图所示。

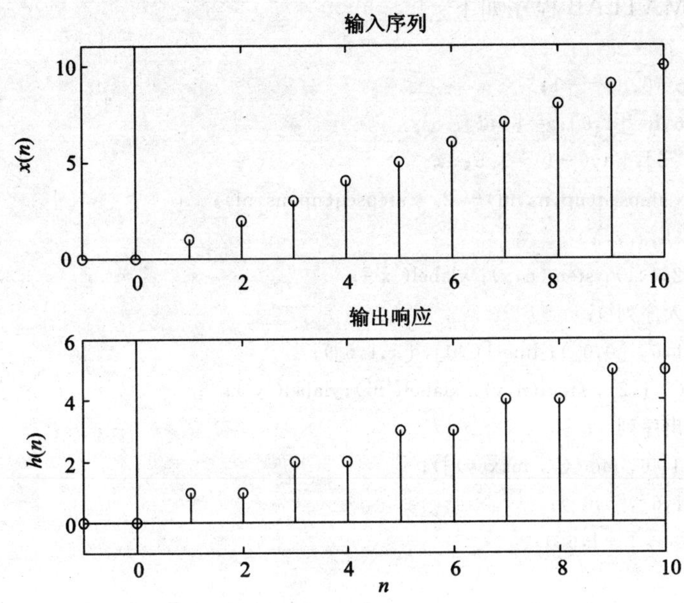

题解 5-26 图

5-27 已知某系统的差分方程和初始条件如下：

$$y(n)+2y(n-1)=n-2, \quad y(0)=1$$

求系统的完全响应。有条件的可用 MATLAB 程序验证。

解

特征方程 $\alpha+2=0$

特征根 $\alpha=-2$

齐次通解 $y_c(n)=C(-2)^n$

特解

$$y_p(n)=An+B$$

将特解代入原方程得

$$An+B+2A(n-1)+2B=n-2$$

$$3An-2A+2B=n-2$$

比较同次项系数 $\begin{cases}3A=1\\-2A+3B=-2\end{cases}$，得 $\begin{cases}A=\dfrac{1}{3}\\B=-\dfrac{4}{9}\end{cases}$

全解

$$y(n)=y_c(n)+y_p(n)=C(-2)^n+\frac{1}{3}n-\frac{4}{9}$$

$$y(0)=C-\frac{4}{9}=1, \quad C=1\frac{4}{9}$$

$$y(n)=1\frac{4}{9}(-2)^n+\frac{1}{3}n-\frac{4}{9}, \quad n\geqslant 0$$

题 5-27 的 MATLAB 程序如下：

```
clear;
    nf=6;np=0;ns=-1;
    n=-1:6;b=[1,0];a=[1,2];
    Y=[-1.5];% y(-1)=1.5;
    x= n. * stepseq(np,ns,nf)- 2. * stepseq(np,ns,nf);
    y=filter(b,a,x,Y)
    subplot(2,1,1); stem(n,x); ylabel('x');
    title('输入序列');
    line([-1,6],[0,0]); line([0,0], [-1,6]);
     subplot(2,1,2); stem(n,y); xlabel('n');ylabel('y');
    title('输出序列');
    axis([-1, 6, min(y), max(y)]);
    line([-1,6],[0,0]);
    line([0,0] , [-1,6]);
```

答案

$y=-1.5 \quad 1 \quad -3 \quad 6 \quad -11 \quad 24 \quad -45 \quad 94$

题 5-27 的全响应如题解 5-27 图所示。

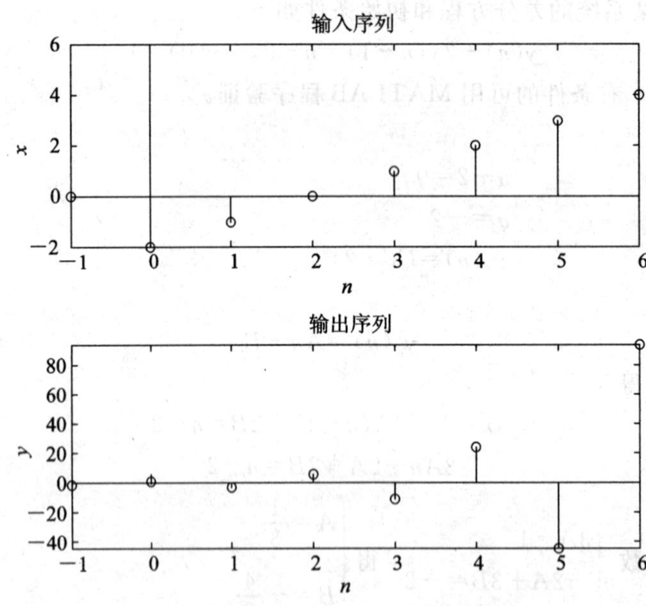

题解 5-27 图

5-28 已知某系统的差分方程和初始条件如下：

$$y(n)+2y(n-1)+y(n-2)=3^n \qquad y(0)=0,\ y(-1)=0$$

求系统的完全响应。有条件的可用 MATLAB 计算并作图。

解

特征方程 $\alpha^2+2\alpha+1=0$

特征根 $\alpha=-1$（二阶）

齐次通解 $y_c(n)=(C_1n+C_2)(-1)^n$

特解

$$y_p(n)=A3^n$$

将特解代入原方程得

$$A3^n+2A3^{n-1}+A3^{n-2}=A\left(1+\frac{2}{3}+\frac{1}{9}\right)3^n=3^n$$

$$A\left(1+\frac{2}{3}+\frac{1}{9}\right)=1$$

得

$$A=\frac{9}{16}$$

全解

$$y(n)=y_c(n)+y_p(n)(C_1n+C_2)(-1)^n+\frac{9}{16}3^n$$

$$\begin{cases}y(0)=C_2+\dfrac{9}{16}=0\\ y(-1)=C_1-C_2+\dfrac{3}{16}=0\end{cases},\quad \begin{cases}C_2=-\dfrac{9}{16}\\ C_1=-\dfrac{3}{4}\end{cases}$$

$$y(n)=-\frac{3}{4}\left(n+\frac{3}{4}\right)(-1)^n+\frac{9}{16}3^n,\quad n\geqslant 0$$

题 5-28 的 MATLAB 程序如下：

```
clear;
  nf=6;np=0;ns=-2;
  n=-2:6;b=[1];a=[1,2,1];
  Y=[0,1];
  x=3.^n.* stepseq(np,ns,nf)
  y=filter(b,a,x,Y)
  subplot(2,1,1); stem(n,x);
  ylabel('x');
  title('输入序列');
  line([-1,6],[0,0]);
  line([0,0], [-1,6]);
   subplot(2,1,2); stem(n,y);
  xlabel('n');
  ylabel('y');
  title('输出序列');
  axis([-1, 6, min(y), max(y)]);
  line([-1,6],[0,0]);
  line([0,0] , [-1,6]);
  [0,3,3,18,42,141,405]
```

题 5-28 的全响应如题解 5-28 图所示。

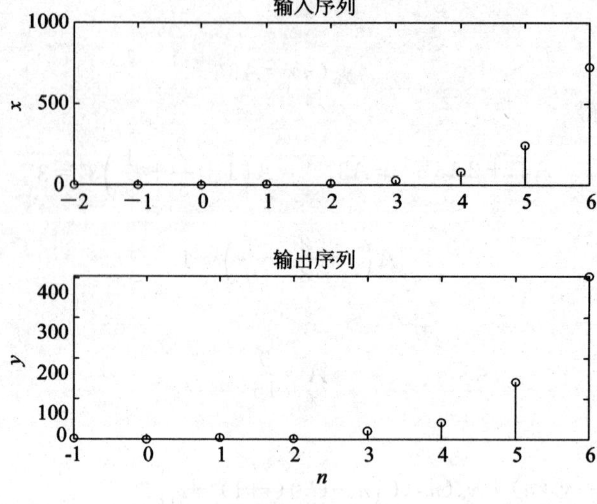

题解 5－28 图

5－29 试求差分方程 $y(n)=\sum_{m=0}^{\infty}x(n-m)$ 所描述系统的单位冲激响应是下列四个中的一个。

A) $u(n)$　　B) $\delta(n)$　　C) 不存在　　D) $a^n u(n)$

解 A) $y(n)=x(n)*h(n)=x(n)*u(n)$

$$=\sum_{m=-\infty}^{\infty}x(n-m)h(m)=\sum_{m=0}^{\infty}x(n-m)$$

B) $y(n)=x(n)*h(n)=x(n)*\delta(n)=x(n)$

D) $y(n)=x(n)*h(n)=x(n)*a^n u(n)$

$$=\sum_{m=-\infty}^{\infty}x(n-m)h(m)=\sum_{m=0}^{\infty}a^m x(n-m)$$

所以单位脉冲响应是 A)。

5－30 某离散 LTI 系统：

(1) 已知其单位脉冲响应 $h(n)$，试求单位阶跃响应 $g(n)$；

(2) 已知其单位阶跃响应 $g(n)$，试求单位脉冲响应 $h(n)$。

解 (1) 因为 $u(n)=\sum_{m=0}^{\infty}\delta(n-m)$，所以

$$g(n)=\sum_{m=0}^{\infty}h(n-m)$$

(2) 因为 $\delta(n)=u(n)-u(n-1)$，所以

$$h(n)=g(n)-g(n-1)$$

5－31 某离散线性二阶 LTI 系统的阶跃响应为

$$g(n)=[2^n+3(5)^n+10]u(n)$$

试求：(1) 系统的差分方程；

(2) 激励 $x(n)-2[u(n)-u(n-10)]$的响应 $y(n)$。

解 $h(n)=g(n)-g(n-1)=[2^n+3(5)^n+10]u(n)-[2^{n-1}+3(5)^{n-1}+10]u(n-1)$

$=\delta(n)+2^{n-1}u(n-1)+3\delta(n)+12(5)^{n-1}u(n-1)+10\delta(n)$

$=14\delta(n)+2^{n-1}u(n-1)+12(5)^{n-1}u(n-1)$

$$H(E)=14+\frac{1}{E-2}+\frac{12}{E-5}=\frac{14(E-2)(E-5)+(E-5)+12(E-2)}{(E-2)(E-5)}$$

$$=\frac{14E^2-85E+111}{(E-2)(E-5)}=\frac{14E^2-85E+111}{E^2-7E+10}$$

(1) 系统的差分方程为

$y(n)-7y(n-1)+10y(n-2)=14x(n)-85x(n-1)+111x(n-2)$

(2) $x(n)=2[u(n)-u(n-10)]\rightarrow y(n)=2[g(n)-g(n-10)]$

$y(n)=2[2^n+3(5)^n+10]u(n)-2[2^{n-10}+3(5)^{n-10}+10]u(n-10)$

5-32 以下各序列是系统的单位脉冲响应，分别讨论系统的因果稳定性。

(1) $h(n)=\delta(n)$；(2) $h(n)=\delta(n+4)$；

(3) $h(n)=u(3-n)$；(4) $h(n)=3^nu(-n)$；

(5) $h(n)=0.5^nu(n)$。

解 (1) 系统因果、稳定。

(2) 系统非因果、稳定。

(3) 系统非因果、不稳定。

(4) 系统非因果、稳定。

(5) 系统因果、稳定。

5-33 对于下列每一个系统试指出它是否为：(1) 稳定系统；(2) 因果系统；(3) 线性系统；(4) 非移变系统。

(1) $T[x(n)]=g(n)x(n)$；(2) $T[x(n)]=\sum_{k=n_0}^{n}x(k)$；

(3) $T[x(n)]=\sum_{k=n-n_0}^{n+n_0}x(k)$；(4) $T[x(n)]=x(n-n_0)$。

解 (1) $T[x(n)]=g(n)x(n)$ 稳定(当 $g(n)$ 有界时)；因果；线性；移变系统。

(2) $T[x(n)]=\sum_{k=n_0}^{n}x(k)$ 非稳定($n\rightarrow\infty$)；非因果($n_0<0$)；线性；非移变系统。

(3) $T[x(n)]=\sum_{k=n-n_0}^{n+n_0}x(k)$；稳定；非因果；线性；非移变系统。

(4) $T[x(n)]=x(n-n_0)$ 稳定；非因果($n_0<0$)；线性；非移变系统。

5-34 试写出题 5-34 图所示抽头延迟滤波器的数学模型，并画出其单位冲激响应 $h(n)$ 的图形。若 $x(n)=u(n)$，计算 $y(n)$。

解 $y(n)=\left(1+\frac{2}{E}+\frac{3}{E^2}+\frac{0.5}{E^3}\right)x(n)$

$h(n)=\delta(n)+2\delta(n-1)+3\delta(n-2)+0.5\delta(n-3)$

$y(n)=u(n)+2u(n-1)+3u(n-2)+0.5u(n-3)$

其单位冲激响应 $h(n)$ 的图形如题解 5-34 图所示。

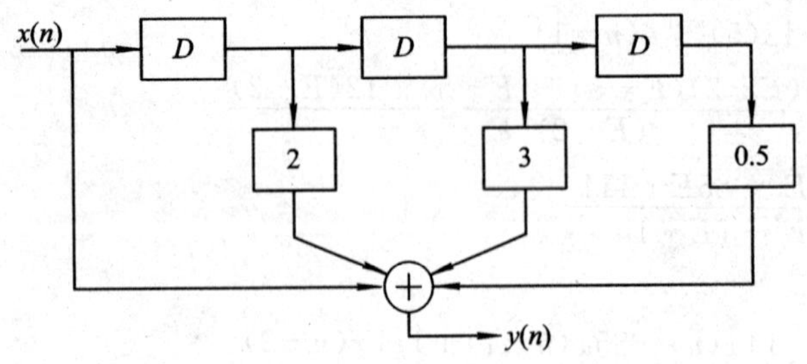

题 5-34 图

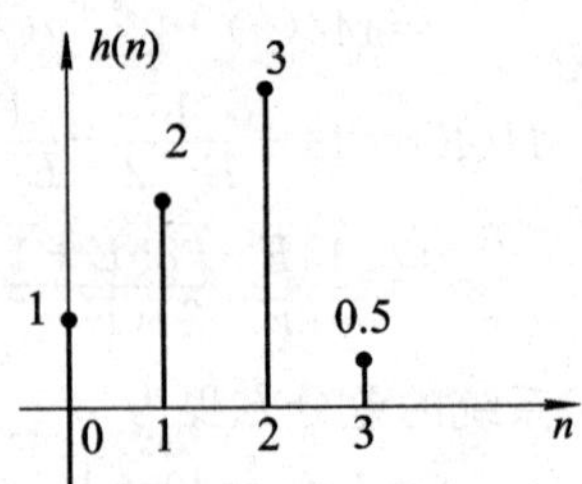

题解 5-34 图

5-35 填空：

(1) 某离散系统的差分方程为$\frac{1}{2}y(n+1)+3y(n)=x(n)$，其零输入响应的一般表示式为 $y_{zi}(n)=$________________________。

(2) 某离散系统的激励为 $x(n)(n\geqslant 0)$，系统单位脉冲响应为 $h(n)$，其零状态响应的一般表示式为 $y_{zs}(n)=$________________________。

(3) 某离散系统的差分方程 $y(n)-5y(n-1)+6y(n-2)=x(n)-2x(n-1)$，系统的单位冲激响应 $h(n)=$________________________。

解 (1) 系统特征方程为

$$\frac{1}{2}\alpha+3=0$$

特征根

$$\alpha=-6$$

所以

$$y_{zi}(n)=C(-6)^n,\quad n\geqslant 0$$

(2)
$$y_{zs}(n)=\sum_{m=0}^{\infty}h(m)x(n-m)$$

(3) 原方程由算子方程表示为

$$(E^2-5E+6)y(n)=(E^2-2E)x(n)$$

得转移算子

$$H(E)=\frac{E^2-2E}{E^2-5E+6}=\frac{E(E-2)}{(E-2)(E-3)}=\frac{E}{E-3}$$

$$h(n)=(3)^n u(n)$$

5-36 已知下列线性时不变系统单位脉冲响应 $h(n)$ 及输入 $x(n)$，求输出序列 $y(n)$，并将 $y(n)$ 作图示之。有条件的可用 MATLAB 验证。

(1) $x(n)=[\underset{\uparrow}{2}\ 1\ 3\ 2\ 4]$，　$h(n)=[\underset{\uparrow}{0}\ 1\ 4\ 2]$

(2) $h(n)=R_4(n)=x(n)$；

(3) $h(n)-2^n R_4(n)$，$x(n)=\delta(n)-\delta(n-2)$。

解 (1)

2 1 3 2 4

0 1 4 2

---

2 1 3 2 4

8 4 12 8 16

4 2 6 4 8

---

0 2 9 11 16 18 20 8

$$y(n)=[\underset{\uparrow}{0}\quad 2\quad 9\quad 11\quad 16\quad 18\quad 20\quad 8]$$

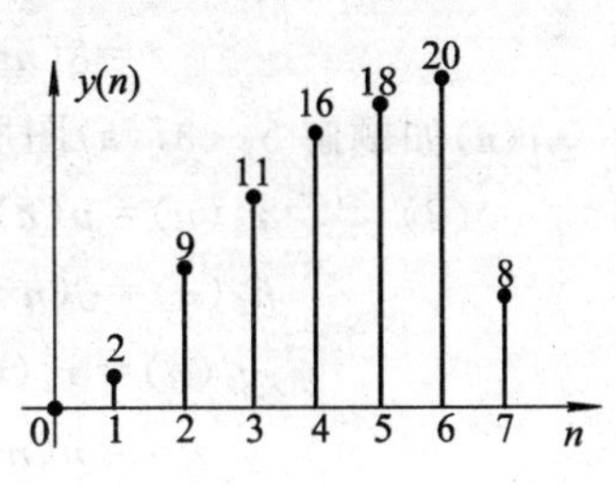

题解 5-36(1)图

$y(n)$如题解 5-36(1)图所示。

(2) $$h(n)=R_4(n)=x(n)$$

$$y(n)=x(n)*h(n)$$

1 1 1 1

1 1 1 1

---

1 1 1 1

1 1 1 1

1 1 1 1

1 1 1 1

---

1 2 3 4 3 2 1

$$y(n)=[\underset{\uparrow}{1}\quad 2\quad 3\quad 4\quad 3\quad 2\quad 1]$$

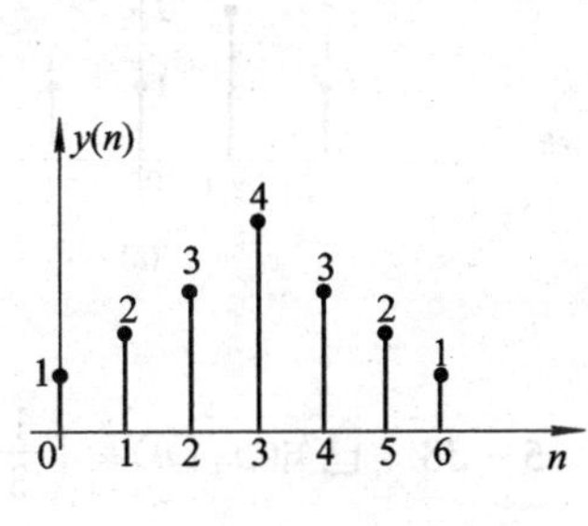

题解 5-36(2)图

$y(n)$如题解 5-36(2)图所示。

(3) $$h(n)=2^nR_4(n)$$

$$x(n)=\delta(n)-\delta(n-2)$$

1 2 4 8

1 0 −1

---

1 2 4 8

−1 −2 −4 −8

---

1 2 3 6 −4 −8

$$y(n)=[\underset{\uparrow}{1}\quad 2\quad 3\quad 6\quad -4\quad -8]$$

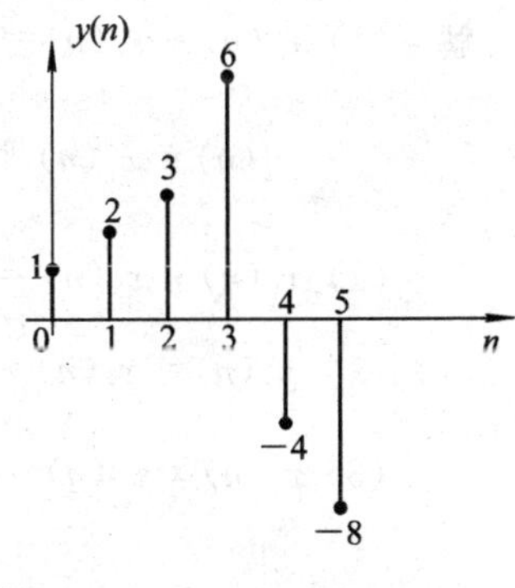

题解 5-36(3)图

$y(n)$如题解 5-36(3)图所示。

5-37 以下各序列中，$x(n)$是系统的激励，$h(n)$是线性时不变系统的单位脉冲响应，分别用卷积法求各响应 $y(n)$，并画图。有条件的可用 MATLAB 验证。

(1) $x_1(n)=[1\quad 2\quad 1\quad 1\quad 2]$，$h_1(n)=\delta(n+2)$；

(2) $x_2(n)=u(n)$，$h_2(n)=\delta(n-2)-\delta(n-3)$。

解 (1) $$x_1(n)=[\underset{\uparrow}{1}\quad 2\quad 1\quad 1\quad 2]$$

$$h_1(n)=\delta(n+2)$$

$$y_1(n)=x_1(n)*h_1(n)=x_1(n)*\delta(n+2)=x_1(n+2)$$

$$=[1\quad 2\quad \underset{\uparrow}{1}\quad 1\quad 2]$$

$$=\delta(n+2)+2\delta(n+1)+\delta(n)+\delta(n-1)+2\delta(n-2)$$

$y_1(n)$如题解 5 - 37(a)图所示。

(2) $$x_2(n)=u(n)$$

$$h_2(n)=\delta(n-2)-\delta(n-3)$$

$$y_2(n)=x_2(n)*h_2(n)=u(n)*[\delta(n-2)-\delta(n-3)]$$

$$=u(n-2)-u(n-3)=\delta(n-2)$$

$y_2(n)$如题解 5 - 37(b)图所示。

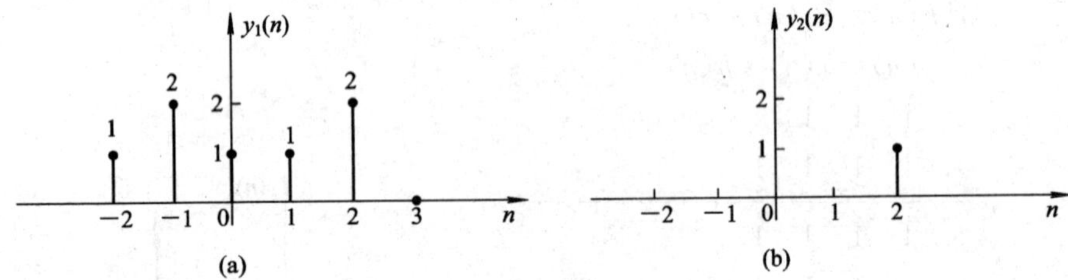

题解 5 - 37(a)、(b)图

5 - 38 已知 $x_1(n)=\left(\frac{1}{3}\right)^n u(n)$，$x_2(n)=\delta(n)-\frac{1}{3}\delta(n-1)$，$x_3(n)=\left(\frac{1}{3}\right)^n$，试计算

(1) $y_1(n)=x_1(n)*x_2(n)*x_3(n)$；

(2) $y_2(n)=x_2(n)*x_3(n)*x_1(n)$；

(3) $y_3(n)=x_1(n)*x_3(n)*x_2(n)$。

并说明 $y_1(n)\neq y_2(n)\neq y_3(n)$的原因。

解 (1) $x_1(n)*x_2(n)=\left(\frac{1}{3}\right)^n u(n)-\left(\frac{1}{3}\right)^n u(n-1)=\delta(n)$

$$y_1(n)=x_1(n)*x_2(n)*x_3(n)=\delta(n)*x_3(n)=\left(\frac{1}{3}\right)^n$$

(2) $x_2(n)*x_3(n)=\left(\frac{1}{3}\right)^n-\left(\frac{1}{3}\right)^n=0$

$$y_2(n)=x_2(n)*x_3(n)*x_1(n)=0*x_1(n)=0$$

(3) $$x_1(n)*x_3(n)=\sum_{m=-\infty}^{n}\left(\frac{1}{3}\right)^{n-m}\left(\frac{1}{3}\right)^m=\sum_{m=-\infty}^{n}\left(\frac{1}{3}\right)^n$$

$$=\left(\frac{1}{3}\right)^n+\left(\frac{1}{3}\right)^{n-1}+\left(\frac{1}{3}\right)^{n-2}+\cdots=\infty$$

$$y_3(n)=x_1(n)*x_3(n)*x_2(n)=\infty*x_2(n)=\infty$$

只有 $x_1(n)$，$x_2(n)$，$x_3(n)$均是可和的才满足卷积的代数定律，而 $x_3(n)=\left(\frac{1}{3}\right)^n$ 是不满足可和条件的，所以 $y_1(n)\neq y_2(n)\neq y_3(n)$。

5 - 39 已知两个序列起始点相同，$x_1(n)$是 M 点序列，$x_2(n)$是 N 点序列，则卷积和 $y_1(n)=x_1(n)*x_2(n)$是(　　)点序列；差序列 $y_2(n)=x_1(n)-x_2(n)$是(　　)点序列；乘

序列 $y_3(n)=x_1(n)\cdot x_2(n)$是(　　)点序列(设 $M>N$)。

A) M　　B) N　　C) $M+N$　　D) $M+N-1$

解　$y_1(n)=x_1(n)*x_2(n)$是 $M+N-1$ 点序列；差序列 $y_2(n)=x_1(n)-x_2(n)$是 M 点序列；乘序列 $y_3(n)=x_1(n)\cdot x_2(n)$是 N 点序列(设 $M>N$)。

5-40　试计算下列卷积和：

(1) $y(n)=A*0.5^n u(n)$；　(2) $y(n)=3^n u(n-1)*2^n u(n+1)$；

(3) $y(n)=2^n u(-n-1)*u(n+1)$；　(4) $y(n)=u(n-1)*3^n u(n)$。

解　(1)
$$y(n)=\sum_{m=0}^{\infty}A0.5^m=A(1+0.5+0.5^2+\cdots)$$
$$=A\lim_{n\to\infty}\frac{1-0.5^n}{1-0.5}=2A$$

(2) 方法 1
$$y(n)=3^n u(n-1)*2^n u(n+1)=\sum_{m=1}^{n+1}3^m 2^{n-m}=2^n\sum_{m=1}^{n+1}3^m 2^{-m}$$
$$=2^n\sum_{m=1}^{n+1}\left(\frac{3}{2}\right)^m=2^n\cdot\frac{3}{2}\cdot\frac{1-\left(\frac{3}{2}\right)^{n+1}}{1-\frac{3}{2}}$$
$$=\frac{3}{2}\cdot 2^{n+1}\left[-1+\left(\frac{3}{2}\right)^{n+1}\right]$$
$$=\frac{9}{2}(3)^n u(n)-3(2)^n u(n)$$

方法 2
$$y(n)=3\cdot 3^{n-1}u(n-1)*2^{-1}\cdot 2^{n+1}u(n+1)$$
$$=\frac{3}{2}\cdot 3^n u(n)*2^n u(n)\qquad(\text{查表 }5-3)$$
$$=\frac{3}{2}\cdot\frac{3^{n+1}-2^{n+1}}{3-2}=\frac{9}{2}(3)^n u(n)-3(2)^n u(n)$$

(3)

当 $n\geqslant -2$ 时，
$$y(n)=\sum_{m=-\infty}^{-1}2^m=\sum_{m=1}^{\infty}2^{-m}=2^{-1}(1+2^{-1}+2^{-2}+\cdots)$$
$$=2^{-1}\lim_{n\to\infty}\frac{1-2^{-n}}{1-2^{-1}}=1$$

当 $n<-2$ 时，
$$y(n)=\sum_{m=-\infty}^{n+1}2^m=\sum_{m=-(n+1)}^{\infty}2^{-m}=2^{n+1}(1+2^{-1}+2^{-2}+\cdots)$$
$$=2^{n+1}\lim_{n\to\infty}\frac{1-2^{-n}}{1-2^{-1}}=2^{n+2}$$

所以
$$y(n)=4(2)^n u(-n-2)+u(n+2)$$

(4)

方法 1　$n<1$，
$$y(n)=0$$

$n\geqslant 1$，

$$y(n)=\sum_{m=0}^{n-1}3^m=(1+3+3^2+\cdots+3^{n-1})$$
$$=\frac{1-3^n}{1-3}=-\frac{1}{2}(1-3^n)$$

所以 $$y(n)=\frac{1}{2}[3^n-1]u(n-1)$$

方法 2　先做 $$y_1(n)=u(n)*3^nu(n)\quad（查表 5-3）$$
$$=\frac{1}{2}[3^{n+1}-1]u(n)$$
$$y(n)=y_1(n-1)=\frac{1}{2}[3^n-1]u(n-1)$$

5-41　下列四个方程中，只有(　　)所描述的才是因果线性时不变系统，其中 $x(n)$ 是系统激励，$y(n)$ 是系统响应。

A) $y(n)=\sum_{m=0}^{2}n\cdot x(n-m)$；

B) $y(n)=x(n)\cdot x(n-1)$；

C) $y(n)=x(n)\cdot nx(n-1)$；

D) $y(n+1)+3y(n)+2y(n-1)=x(n)-4x(n-1)$。

解　A) $y(n)=n[x(n)+x(n-1)+x(n-2)]$是时变系统。

B) $y(n)=x(n)\cdot x(n-1)$是非线性系统。

C) $y(n)=nx(n)x(n-1)$是非线性时变系统。

所以只有 D 是因果线性时不变系统。

5-42　题 5-42 图所示系统中，已知 $h_1(n)=\delta(n)-\delta(n-2)$，$h_2(n)=\delta(n)-\delta(n-1)$。试求此级联系统的单位冲激响应 $h(n)$，又当 $x(n)=u(n)$时，计算 $y(n)$。

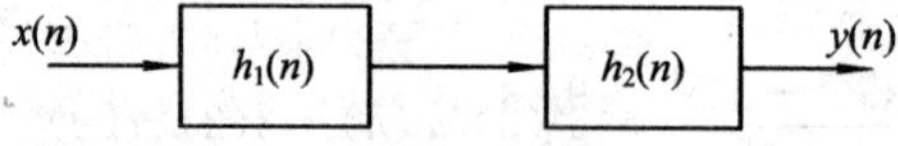

题 5-42 图

解　$$h(n)=h_1(n)*h_2(n)=\delta(n)-\delta(n-1)-\delta(n-2)+\delta(n-3)$$
$$y(n)=u(n)-u(n-1)-u(n-2)+u(n-3)$$

5-43　题 5-42 图所示系统中，已知
$$x(n)=u(n),\ h_1(n)=\delta(n)-\delta(n-3),\ h_2(n)=0.8^nu(n)$$
按下式计算 $y(n)$：

(1) $y(n)=[x(n)*h_1(n)]*h_2(n)$；

(2) $y(n)=x(n)*[h_1(n)*h_2(n)]$。

解　(1) $$y(n)=[x(n)*h_1(n)]*h_2(n)=u(n)*[\delta(n)-\delta(n-3)]*0.8^nu(n)$$
$$=[u(n)-u(n-3)]*0.8^nu(n)\qquad（查表 5-3）$$
$$=\frac{1-0.8^{n+1}}{1-0.8}u(n)-\frac{1-0.8^{n-2}}{1-0.8}u(n-3)$$
$$=5[(1-0.8^{n+1})u(n)-(1-0.8^{n-2})u(n-3)]$$

或方法 2

$$
\begin{aligned}
y(n) &= [u(n)-u(n-3)] * 0.8^n u(n) \\
&= [\delta(n)+\delta(n-1)+\delta(n-2)] * 0.8^n u(n) \\
&= 0.8^n u(n) + 0.8^{n-1} u(n-1) + 0.8^{n-2} u(n-2)
\end{aligned}
$$

(2) $y(n)=u(n) * [0.8^n u(n)-0.8^{n-3} u(n-3)]$ （查表 5-3 以及时移性质）

$$
\begin{aligned}
&= \frac{1-0.8^{n+1}}{1-0.8} u(n) - \frac{1-0.8^{n-2}}{1-0.8} u(n-3) \\
&= 5[(1-0.8)^{n+1} u(n) - (1-0.8^{(n-2)}) u(n-3)]
\end{aligned}
$$

5-44 一个线性非移变系统的单位取样响应 $h(m)$ 除区间 $N_0 \leqslant n \leqslant N_1$ 之外皆为零；又已知输入 $x(n)$ 除区间 $N_2 \leqslant n \leqslant N_3$ 之外皆为零。结果输出 $y(n)$ 除了某一区间 $N_4 \leqslant n \leqslant N_5$ 之外皆为零。试以 N_0、N_1、N_2、N_3 表示 N_4、N_5。

解 $$y(n) = x(n) * h(n) = \sum_{m=-\infty}^{\infty} x(m) * h(n-m)$$

$x(m)$ 的非零值区为

$$N_2 \leqslant n \leqslant N_3$$

$h(n-m)$ 的非零值区为

$$N_0 \leqslant n-m \leqslant N_1$$

两式相加，

$$N_0 + N_2 \leqslant n \leqslant N_1 + N_3$$

所以

$$N_4 = N_0 + N_2,\ N_5 = N_1 + N_3$$

第 6 章 $\mathscr{Z}$ 变换与离散系统的频域分析

6.1 本章知识结构

本章的知识结构如图 6-1 所示。

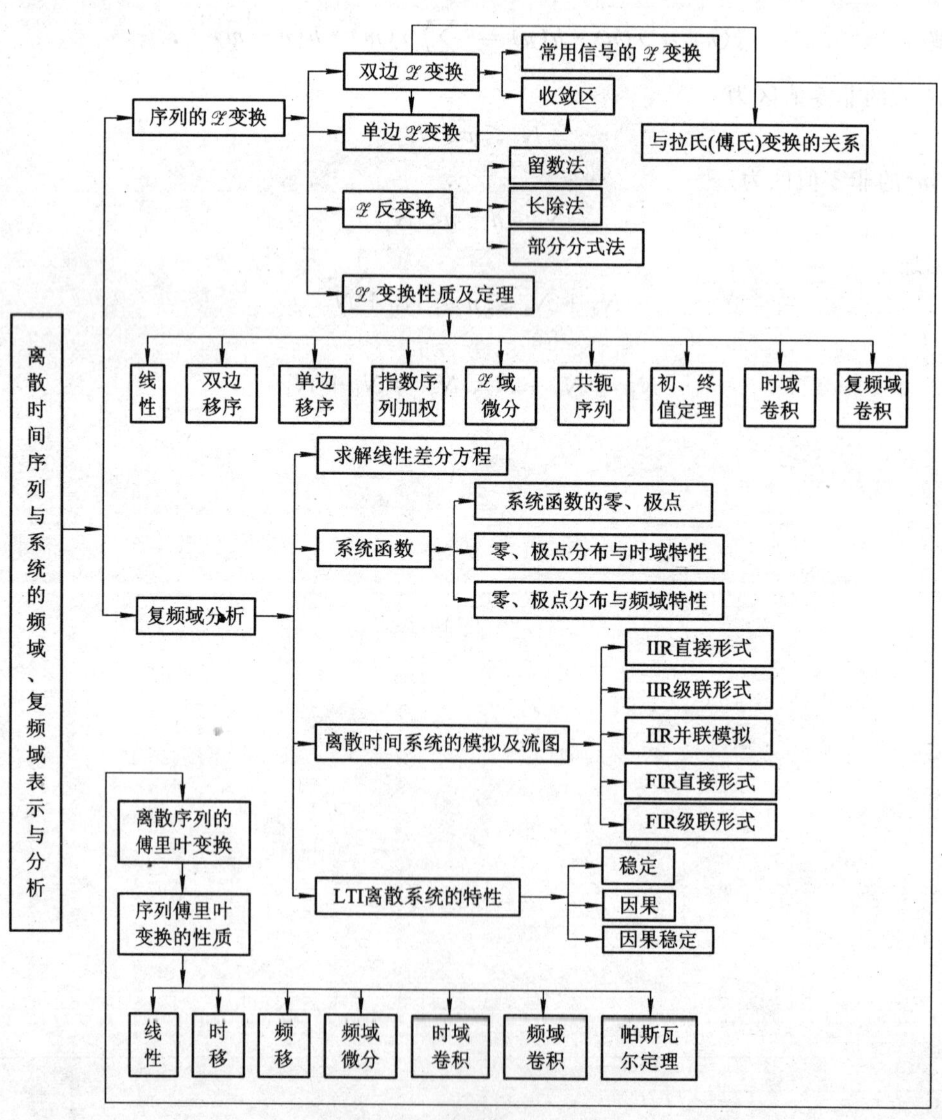

图 6-1 本章知识结构图

6.2　基本概念、重点与难点

6.2.1　$\mathscr{Z}$变换的定义

1. 双边 $\mathscr{Z}$ 变换

$$X(z)=\sum_{n=-\infty}^{\infty}x(n)z^{-n}$$

2. 单边 $\mathscr{Z}$ 变换

$$X(z)=\sum_{n=0}^{\infty}x(n)z^{-n}$$

6.2.2　$\mathscr{Z}$变换收敛区及典型序列 $\mathscr{Z}$ 变换

1. $\mathscr{Z}$ 变换的收敛区

对于任意给定的有界序列，使 $\sum\limits_{n=-\infty}^{\infty}x(n)z^{-n}$ 级数收敛的所有 z 值，称为 $X(z)$的收敛区。

任意序列 $\mathscr{Z}$ 变换存在的充分条件是级数满足绝对可和，即

$$\sum_{n=-\infty}^{\infty}|x(n)z^{-n}|<\infty$$

1）有限长序列

有限长序列的收敛区至少为 $0<|z|<\infty$。

2）右边序列

在 $X(z)$的封闭表示式中，若有多个极点，则右边序列的收敛区是以绝对值最大的极点为收敛半径的圆外。

3）左边序列

在 $X(z)$的封闭表示式中，若有多个极点，则左边序列的收敛区是以绝对值最小的极点为收敛半径的圆内。

4）双边序列

双边序列的收敛区是以右边序列收敛半径 R_{X_-} 为内径，以左边序列收敛半径 R_{X_+} 为外径的一环形区：$R_{X_-}<|z|<R_{X_+}$；而当 $R_{X_+}<R_{X_-}$ 时，$X(z)$的双边 $\mathscr{Z}$ 变换不存在。

2. 常用序列 $\mathscr{Z}$ 变换

常用序列 $\mathscr{Z}$ 变换如表 6 - 1 所示。

表 6-1　常用序列 $\mathscr{Z}$ 变换表

序　号	原序列	z 域　值
1	$\delta(n)$	1
2	$u(n)$	$\frac{z}{z-1}$，　$\|z\|>1$
3	$R_N(n)$	$\frac{1-z^{-N}}{1-z^{-1}}$，　$\|z\|>0$
4	$a^n u(n)$	$\frac{z}{z-a}$，　$\|z\|>\|a\|$
5	$-a^n u(-n-1)$	$\frac{z}{z-a}$，　$\|z\|<\|a\|$
6	$nu(n)$	$\frac{z}{(z-1)^2}$，　$\|z\|>1$
7	$na^n u(n)$	$\frac{az}{(z-a)^2}$，　$\|z\|>\|a\|$
8	$\cos(\theta_0 n)u(n)$	$\frac{z(z-\cos\theta_0)}{z^2-2z\cos\theta_0+1}$，　$\|z\|>1$
9	$\sin(\theta_0 n)u(n)$	$\frac{z\sin\theta_0}{z^2-2z\cos\theta_0+1}$，　$\|z\|>1$
10	$\frac{n(n-1)}{2!}u(n)$	$\frac{z}{(z-1)^3}$，　$\|z\|>1$
11	$\frac{n(n-1)(n-2)\cdots(n-m+1)}{m!}u(n)$	$\frac{z}{(z-1)^{m+1}}$，　$\|z\|>1$
12	$(n+1)a^n u(n)$	$\frac{z^2}{(z-a)^2}$，　$\|z\|>\|a\|$
13	$\frac{(n+1)(n+2)}{2!}a^n u(n)$	$\frac{z^3}{(z-a)^3}$，　$\|z\|>\|a\|$
14	$\frac{(n+1)(n+2)(n+3)\cdots(n+m)}{m!}a^n u(n)$	$\frac{z^{m+1}}{(z-a)^{m+1}}$，　$\|z\|>\|a\|$
15	$-(n+1)a^n u(-n-1)$	$\frac{z^2}{(z-a)^2}$，　$\|z\|<\|a\|$
16	$-\frac{(n+1)(n+2)}{2!}a^n u(-n-1)$	$\frac{z^3}{(z-a)^3}$，　$\|z\|<\|a\|$
17	$\sin(\theta_0 n)u(-n-1)$	$-\frac{z\sin\theta_0}{z^2-2z\cos\theta_0+1}$，　$\|z\|<1$
18	$\cos(\theta_0 n)u(-n-1)$	$-\frac{z(z-\cos\theta_0)}{z^2-2z\cos\theta_0+1}$，　$\|z\|<1$

6.2.3 $\mathscr{Z}$变换的性质与定理

$\mathscr{Z}$变换的性质与定理如表 6－2 所示。

表 6－2 $\mathscr{Z}$变换的性质与定理

序号	名　称	时　域	复　频　域
1	线性	$ax(n)+by(n)$	$aX(z)+bY(z)$
2	双边移序	$x(n+m)$	$z^m X(z)$
3	单边移序	$x(n+m)u(n)$ $x(n-m)u(n)$	$z^m\left[X(z)-\sum_{k=0}^{m-1}x(k)z^{-k}\right]$ $z^{-m}\left[X(z)+\sum_{k=-m}^{-1}x(k)z^{-k}\right]$
4	指数序列加权	$a^n x(n)$	$X(a^{-1}z)$
5	z 域微分	$nx(n)$	$-z\dfrac{\mathrm{d}X(z)}{\mathrm{d}z}$
6	共轭序列	$x^*(n)$	$X^*(z^*)$
7	初值定理	$x(0)=\lim\limits_{z\to\infty}X(z)$	
8	终值定理	$\lim\limits_{n\to\infty}x(n)=\lim\limits_{z\to 1}(z-1)X(z)$	
9	时域卷积定理	$x(n)*y(n)$	$X(z)Y(z)$
10	频域卷积定理	$x(n)y(n)$	$\dfrac{1}{2\pi \mathrm{j}}\oint_c X(v)Y\left(\dfrac{z}{v}\right)v^{-1}\,\mathrm{d}v$

6.2.4 逆 $\mathscr{Z}$变换

1. 留数法

设 z_k 为 $X(z)z^{n-1}$的极点，具对应的留数计算方法如下：

(1) z_k 为 $X(z)z^{n-1}$的单极点：

$$\mathrm{Res}[X(z)z^{n-1},z_k]=(z-z_k)X(z)z^{n-1}\big|_{z=z_k}$$

(2) z_k 为 $X(z)z^{n-1}$的 i 阶重极点：

$$\mathrm{Res}[X(z)z^{n-1},z_k]=\frac{1}{(i-1)!}\cdot\frac{\mathrm{d}^{i-1}}{\mathrm{d}z^{i-1}}[(z-z_k)^i X(z)z^{n-1}]\bigg|_{z=z_k}$$

2. 幂级数法

将 $X(z)$展开，$X(z)=\cdots+x(-1)z+x(0)+x(1)z^{-1}+\cdots$，其系数就是 $x(n)$。

特别的，对单边的左序列或右序列，当 $X(z)$为有理函数时，幂级数法也称长除法。在用长除法之前，首先要确定 $x(n)$是左序列还是右序列，由此决定分母多项式是按升幂还是按降幂排列。

3. 部分分式法

$X(z)$一般是 z 的有理函数，可表示为有理分式形式。最基本的分式及所对应的序列为

$$\frac{1}{1-d_k z^{-1}}=\frac{z}{z-d_k}\leftrightarrow\begin{cases}d_k^n u(n), & |z|>|d_k|\\ -d_k^n u(-n-1), & |z|<|d_k|\end{cases}$$

通常 $X(z)$的表示式为

$$X(z)=\frac{N(z)}{D(z)}=\frac{b_0+b_1 z+\cdots+b_{M-1}z^{M-1}+b_M z^M}{a_0+a_1 z+\cdots+a_{N-1}z^{N-1}+a_N z^N}$$

设 $M\leqslant N$，且 $X(z)$均为单极点，$X(z)$可展开为

$$\frac{X(z)}{z}=\frac{A_0}{z}+\sum_{k=1}^{N}\frac{A_k}{z-d_k}$$

式中

$$A_k=(z-d_k)\frac{X(z)}{z}\bigg|_{z=d_k}\qquad k=1,\cdots,N$$

$$A_0=X(z)\Big|_{z=0}=\frac{b_0}{a_0}$$

若 $X(z)$在 $z=d_1$ 有一 s 阶的重极点，其余为单极点。$X(z)$可展开为

$$X(z)=\sum_{k=1}^{s}\frac{B_k z}{(z-d_1)^k}+A_0+\sum_{k=s+1}^{N}\frac{A_k z}{z-d_k}$$

其中，A_0、A_k 计算同前，B_k 为

$$B_k=\frac{1}{(s-k)!}\cdot\left[\frac{d^{s-k}}{dz^{s-k}}(z-z_1)^s\frac{X(z)}{z}\right]\bigg|_{z=d_1}$$

6.2.5 离散系统的复频域分析

1. 利用 $\mathscr{Z}$ 变换求解差分方程

N 阶 LTI 离散系统的差分方程 $\sum_{k=0}^{N}a_k y(n-k)=\sum_{r=0}^{M}b_r x(n-r)$，利用单边 $\mathscr{Z}$ 变换的位移性，得到

$$\sum_{k=0}^{N}a_k z^{-k}\left[Y(z)+\sum_{l=-k}^{-1}y(l)z^{-l}\right]=\sum_{r=0}^{M}b_r z^{-r}X(z)$$

式中，$y(l)$是初始条件。

$$y(n)=y_{zi}(n)+y_{zs}(n)=\mathscr{Z}^{-1}\left\{\frac{\sum_{r=0}^{M}b_r z^{-r}X(z)-\sum_{k=0}^{N}\left[a_k z^{-k}\sum_{l=-k}^{-1}y(l)z^{-l}\right]}{\sum_{k=0}^{N}a_k z^{-k}}\right\}$$

2. $\mathscr{Z}$ 变换与拉普拉斯(傅里叶)变换的关系

采样序列 $x_s(t)$的拉普拉斯变换 $X_s(s)$及其 $\mathscr{Z}$ 变换 $X(z)$与连续信号 $x(t)$拉氏变换 $X(s)$的关系为

$$X(z)\Big|_{z=e^{sT}}=\frac{1}{T}\sum_{m=-\infty}^{\infty}X(s-j\omega_s m)=\frac{1}{T}\sum_{m=-\infty}^{\infty}X\left(s-j\frac{2\pi}{T}m\right)$$

采样序列 $x_s(t)$ 的拉氏变换 $X_s(s)$ 及其 $\mathscr{Z}$ 变换 $X(z)$ 与连续信号 $x(t)$ 傅氏变换 $X(j\omega)$ 的关系为

$$X(z)\Big|_{z=e^{j\omega T}} = X_s(s)\Big|_{s=j\omega} \frac{1}{T}\sum_{m=-\infty}^{\infty} X(j\omega - j\omega_s m) = \frac{1}{T}\sum_{m=-\infty}^{\infty} X\left(j\omega - j\frac{2\pi}{T}m\right)$$

6.2.6 离散序列的傅里叶变换

1. 序列傅里叶变换的定义

$$\mathrm{DTFT}[x(n)] = X(e^{j\theta}) = \sum_{n=-\infty}^{\infty} x(n)e^{-jn\theta}$$

$$\mathrm{IDTFT}[X(e^{j\theta})] = x(n) = \frac{1}{2\pi}\int_{-\pi}^{\pi} X(e^{j\theta})e^{jn\theta}\,d\theta$$

2. 序列傅里叶变换的性质

序列傅里叶变换如表 6－3 所示。

表 6－3　序列傅里叶变换性质与定理

序号	性质名称	时　域	复　频　域
1	线性	$ax(n)+by(n)$	$aX(e^{j\theta})+bY(e^{j\theta})$
2	时移	$x(n-n_0)$	$e^{-j\theta n_0}X(e^{j\theta})$
3	频移	$e^{jn\theta_0}x(n)$	$X[e^{j(\theta-\theta_0)}]$
4	频域微分	$nx(n)$	$j\frac{d}{d\theta}X(e^{j\theta})$
5	时域卷积定理	$x(n)*y(n)$	$X(c^{j\theta})Y(e^{j\theta})$
6	频域卷积定理	$x(n)y(n)$	$\frac{1}{2\pi}X(e^{j\theta})*Y(e^{j\theta})$
7	帕斯瓦尔定理	$\sum_{n=-\infty}^{\infty}\mid x(n)\mid^2 = \frac{1}{2\pi}\int_{-\pi}^{\pi}\mid X(e^{j\theta})\mid^2\,d\theta$	

6.2.7 系统函数与系统特性

1. 系统函数定义

$$H(z) = \frac{Y(z)}{X(z)}$$

系统函数是系统单位脉冲响应 $h(n)$ 的 $\mathscr{Z}$ 变换，有

$$H(z) = \mathscr{Z}[h(n)]$$

$$h(n) = \mathscr{Z}^{-1}[H(z)]$$

N 阶 LTI 离散系统的差分方程通常为

$$y(n) + \sum_{k=1}^{N} a_k y(n-k) = \sum_{k=0}^{N} b_k x(n-k)$$

其系统函数为

$$H(z)=\frac{Y(z)}{X(z)}=\frac{\sum_{k=0}^{N}b_k z^{-k}}{1+\sum_{k=1}^{N}a_k z^{-k}}=\frac{A\prod_{k=1}^{N}(1-c_k z^{-1})}{\prod_{k=1}^{N}(1-d_k z^{-1})}$$

式中，$\{c_k\}$是 $H(z)$的零点；$\{d_k\}$是 $H(z)$的极点。

当离散系统的系统函数有原点以外的任意极点时(即上式中有 $d_k\neq 0$ 时)，对应的单位脉冲响应 $h(n)$的时宽为无限，这样的系统称为无限冲激响应系统，简称 IIR 系统；当离散系统的系统函数只有原点处极点时(即上式中所有 $d_k=0$ 时)，对应的单位脉冲响应 $h(n)$的时宽有限，这样的系统称为有限冲激响应系统，简称 FIR 系统。FIR 系统函数一般表示为

$$H(z)=\sum_{n=0}^{N-1}h(n)z^{-n}=\prod_{k=1}^{N}(1-c_k z^{-1})$$

2. $H(z)$的零、极点分布与时域特性

系统函数 $H(z)$的极点与 $h_k(n)$模式的示意图如图 6－2 所示。

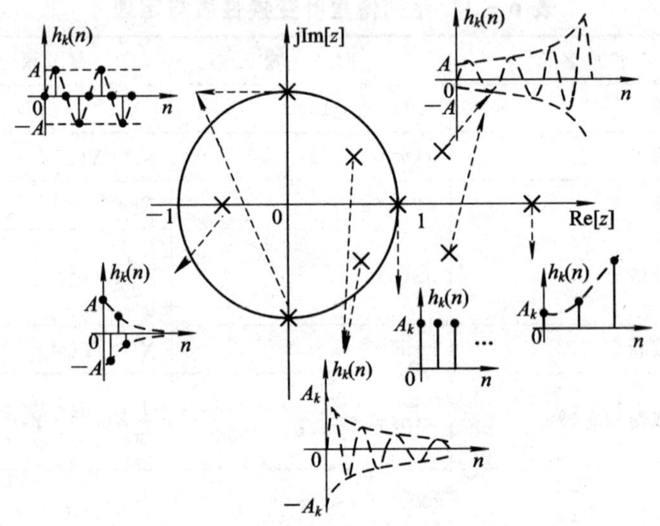

图 6－2 $H(z)$的极点与 $h_k(n)$模式的示意图

3. 系统的因果稳定性

1) 因果系统

若 $n<0$ 时，$h(n)=0$；或 $H(z)$的收敛区为 $R_{H_-}<|z|\leqslant\infty$，为因果系统。

2) 稳定系统

若 $\sum_{n=-\infty}^{\infty}|h(n)|<\infty$，或 $H(z)$的收敛区包含单位圆时，为稳定系统。当 $H(z)$的单位圆上有一阶极点时，为临界稳定系统。当 $H(z)$的收敛区不包含单位圆时为非稳定系统。

3) 因果稳定系统

当 $H(z)$的收敛区为 $R_{H_-}<|z|\leqslant\infty$，且 $R_{H_-}<1$ 时，系统是因果稳定系统。

4. $H(z)$的零、极点与系统频响

系统频响 $H(e^{j\theta})$与零、极点的关系：

(1) 在某个极点 d_k 附近，振幅特性 $|H(e^{j\theta})|$ 有可能形成峰值，d_k 越靠近单位圆峰值越明显，d_k 在单位圆上 $|H(e^{j\theta})|\to\infty$ 时出现谐振。

(2) 在某个零点 c_k 附近，振幅特性 $|H(e^{j\theta})|$ 有可能形成谷点，c_k 越靠近单位圆谷点越明显，c_k 在单位圆上 $|H(e^{j\theta})|=0$。

(3) 原点处的零、极点对振幅特性 $|H(e^{j\theta})|$ 无影响，只有一线性相位分量。

(4) 在零、极点附近相位变化较快(与实轴夹角有 $\pm\pi$ 的变化)。

6.2.8 离散系统的模拟与信号流图

1. IIR 系统的直接(卡尔曼)形式

N 阶离散系统的系统函数为

$$H(z)=\frac{Y(z)}{X(z)}=\frac{\sum_{k=0}^{M}b_kz^{-k}}{1+\sum_{k=1}^{N}a_kz^{-k}}$$

上式对应 IIR 系统的直接(卡尔曼)形式，$M=N$ 的流图形式如图 6-3 所示。

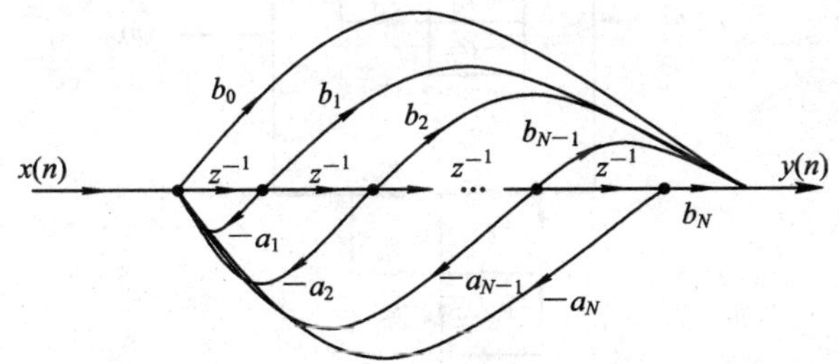

图 6-3 IIR 系统的直接Ⅰ型(1)

另外两种 IIR 系统的直接形式分别如图 6-4、6-5 所示。

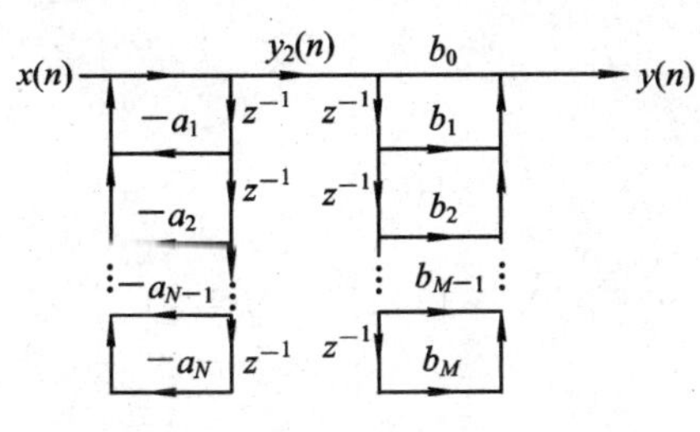

图 6-4 IIR 系统的直接Ⅰ型(2)

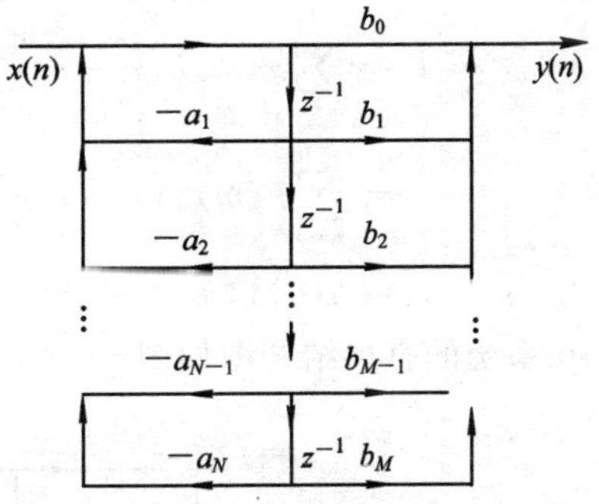

图 6-5 IIR 系统的直接Ⅱ型

2. IIR 系统的级联形式

$$H(z)=b_0\prod_{k=1}^{\left[\left(\frac{N+1}{2}\right)\right]}\frac{1+\beta_{1k}z^{-1}+\beta_{2k}z^{-2}}{1+\alpha_{1k}z^{-1}+\alpha_{2k}z^{-2}}=b_0\prod_{k=1}^{\left[\left(\frac{N+1}{2}\right)\right]}H_k(z)$$

式中，加方括号表示对 $\frac{N+1}{2}$ 取整。IIR 系统的级联形式如图 6-6 所示。

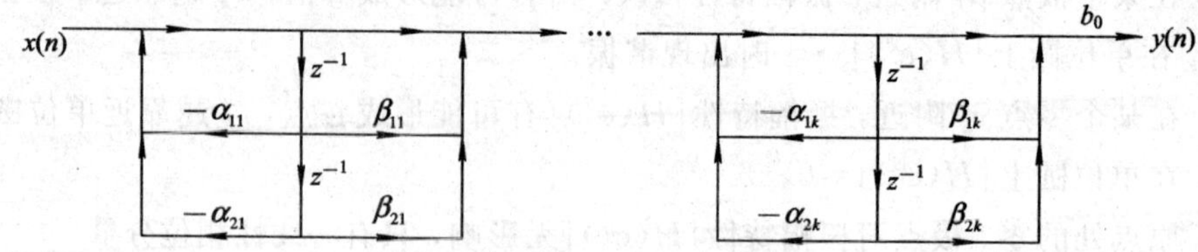

图 6-6 离散系统级联形式

3. IIR 系统的并联形式

$$H(z)=\sum_{k=1}^{\left[\left(\frac{N+1}{2}\right)\right]}\frac{\gamma_{0k}+\gamma_{1k}z^{-1}}{1+\alpha_{1k}z^{-1}+\alpha_{2k}z^{-2}}+\sum_{k=0}^{M-N}C_k z^{-k}$$

当 $M<N$ 时，没有上式中的第二项和式。

$M=N$ 时的并联结构如图 6-7 所示。

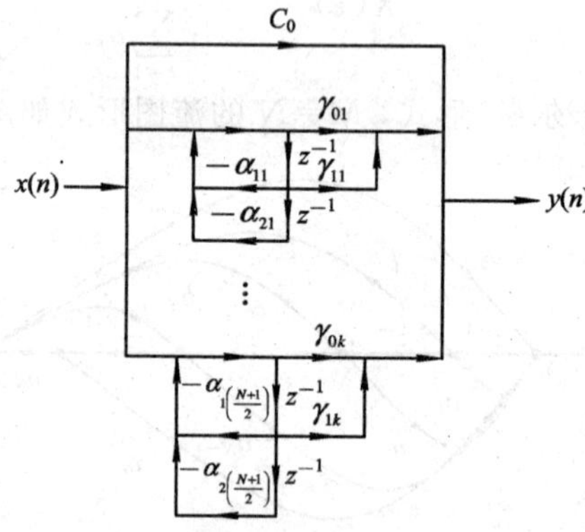

图 6-7 $M=N$ 时系统的并联结构图

4. FIR 系统的直接形式(横截型、卷积型)

$$\begin{aligned}y(n)&=\sum_{m=0}^{N-1}x(m)h(n-m)\\&=\sum_{m=0}^{N-1}h(m)x(n-m)\\&=h(0)x(n)+h(1)x(n-1)+\cdots+h(N-1)x(n-N+1)\end{aligned}$$

FIR 系统的直接结构图如图 6-8 所示。

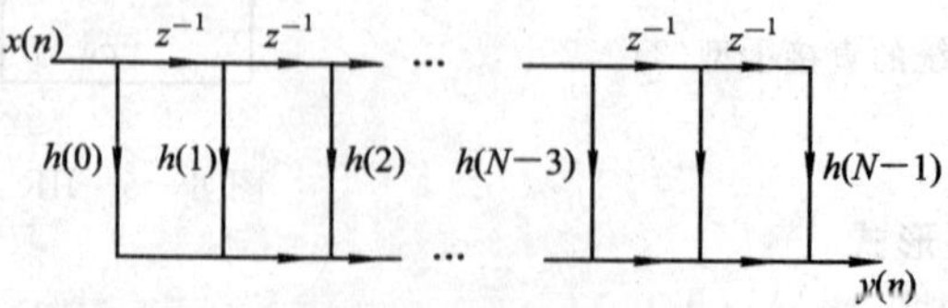

图 6-8 FIR 系统的直接结构图

另一种 FIR 系统的直接结构形式如图 6-9 所示。

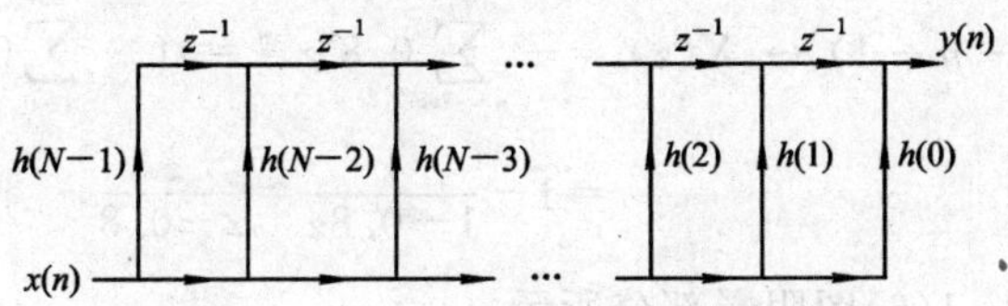

图 6-9 另一种 FIR 系统的直接结构图

5. FIR 系统的级联形式

$$H(z) = A\prod_{k=1}^{[N/2]}(\beta_{0k} + \beta_{1k}z^{-1} + \beta_{2k}z^{-2})$$

上述 FIR 系统的级联结构如图 6-10 所示。

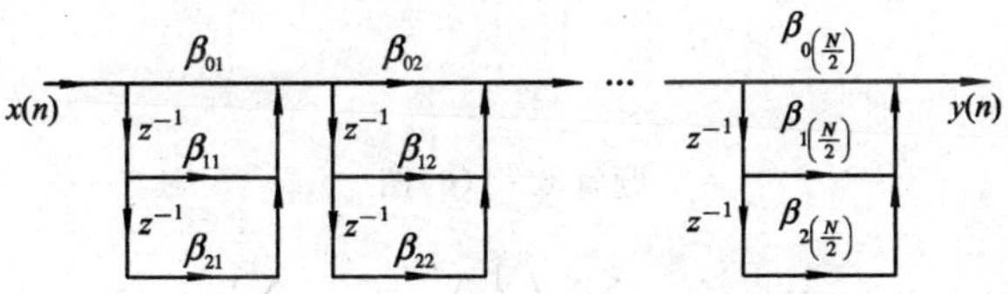

图 6-10 FIR 系统的级联结构形式图

6.3 习题解答

6-1 求下列序列的 $\mathscr{Z}$ 变换及收敛域。

(1) $\delta(n)$； (2) $\delta(n-2)$； (3) $\delta(n+3)$；

(4) $\delta(n-n_0)$； (5) $0.8^n u(n)$； (6) $-0.8^n u(-n-1)$；

(7) $\left(\frac{1}{4}\right)^n u(-n)$； (8) $0.8^n[u(n)-u(n-10)]$。

解 (1) $\delta(n) \leftrightarrow X(z)=1$，整个 z 平面；

(2) $\delta(n-2) \leftrightarrow X(z)=z^{-2}$，$|z|>0$；

(3) $\delta(n+3) \leftrightarrow X(z)=z^3$，$0\leqslant|z|<\infty$；

(4) $\delta(n-n_0) \leftrightarrow X(z)=z^{-n_0}$，$\begin{matrix} n_0>0, & 0<|z|\leqslant\infty \\ n_0<0, & 0\leqslant|z|<\infty \end{matrix}$；

(5) $0.8^n u(n) \leftrightarrow X(z)=\dfrac{z}{z-0.8}$，$|z|>0.8$。

其收敛域如题解 6-1(5)图阴影部分所示。

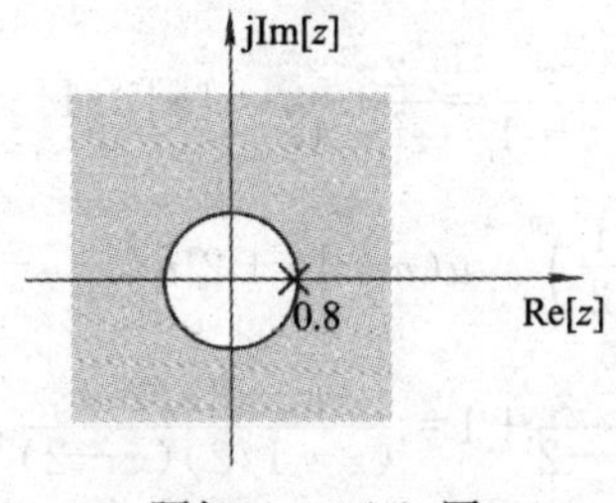

题解 6-1(5) 图

(6) $-0.8^n u(-n-1) \leftrightarrow X(z) = -\sum_{n=-\infty}^{-1} 0.8^n z^{-n} = 1 - \sum_{n=0}^{\infty} 0.8^{-n} z^n$

$$= 1 - \frac{1}{1-0.8z} = \frac{z}{z-0.8}, \quad |z| < 0.8$$

其收敛域如题解 6－1(6)图阴影部分所示。

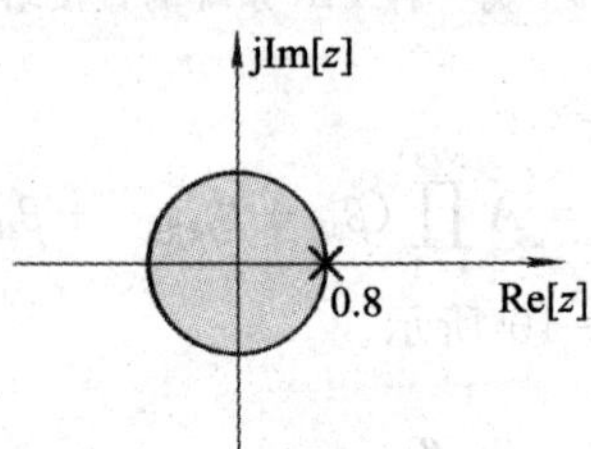

题解 6－1(6)图

(7) $\left(\frac{1}{4}\right)^n u(-n) \leftrightarrow X(z) = \sum_{n=-\infty}^{0} \left(\frac{1}{4}\right)^n z^{-n} = \sum_{n=0}^{\infty} (4z)^n$

$$= \frac{1}{1-4z}, \quad |z| < \frac{1}{4}$$

(8) $0.8^n[u(n) - u(n-10)] \leftrightarrow X(z) = \sum_{n=0}^{9} 0.8^n z^{-n} = \frac{1-(0.8z^{-1})^{10}}{1-0.8z^{-1}}$

$$= \frac{z^{10} - 0.8^{10}}{z^{11}(z-0.8)}, \quad |z| > 0$$

6－2 试计算下列离散信号的 $\mathscr{Z}$ 变换，并标明收敛区。

(1) $x(n) = 0.5^n u(n) + \delta(n)$；

(2) $x(n) = 2^n u(n) + \left(\frac{1}{3}\right)^n u(n)$；

(3) $x(n) = u(n) + (-1)^n u(n)$；

(4) $x(n) = \left(\frac{1}{2}\right)^n u(n-1) + 2^n u(-n)$；

(5) $x(n) = \begin{cases} 1, & |n| \leqslant N \\ 0, & |n| > N \end{cases}$；

(6) $x(n) = nu(n)$。

解 (1) $X(z) = 1 + \frac{z}{z-0.5} = \frac{2z-0.5}{z-0.5}, \quad |z| > 0.5$

(2) $X(z) = \frac{z}{z-2} + \frac{z}{z-1/3} = \frac{2z^2 - 7z/3}{(z-2)(z-1/3)} = \frac{6z^2-7z}{3z^2-7z+2}, \quad |z| > 2$

(3) $X(z) = \frac{z}{z-1} + \frac{z}{z+1} = \frac{2z^2}{z^2-1}, \quad |z| > 1$

(4) $x(n) = \left(\frac{1}{2}\right)\left(\frac{1}{2}\right)^{n-1} u(n-1) + 2^n u(-n-1) + \delta(n)$

$$X(z) = \frac{1/2}{z-1/2} + \frac{-z}{z-2} + 1 = \frac{-3z/2}{(z-1/2)(z-2)}, \quad 0.5 < |z| < 2$$

(5) $X(z)=\sum_{n=-N}^{N}z^{-n}=z^{N}+z^{N-1}+\cdots+z^{-N+1}+z^{-N}$

$$=z^{N}(1+z^{-1}+\cdots+z^{-2N+1}+z^{-2N})$$

$$=z^{N}\frac{1-z^{-2N+1}}{1-z^{-1}}$$

$$=\frac{z^{N}-z^{-(N+1)}}{1-z^{-1}}$$

(6) $X(z)=\frac{z}{(z-1)^{2}}$，$|z|>1$

6-3 试计算下列离散信号的双边$\mathscr{Z}$变换，并标明收敛区。

(1) $x(n)=\sum_{m=0}^{\infty}\delta(n-m)$；

(2) $x(n)=\left(\frac{1}{3}\right)^{n}u(-n)$；

(3) $x(n)=2^{n}u(-n)-\left(\frac{1}{3}\right)^{n}u(n)$；

(4) $x(n)=0.5^{n}u(-n)+0.5^{n-1}u(n-1)$；

(5) $x(n)=\cos(3n)u(-n)$。

解 (1)
$$x(n)=\sum_{m=0}^{\infty}\delta(n-m)=u(n)$$

$$X(z)=\frac{z}{z-1},\ |z|>1$$

(2) $x(n)=\left(\frac{1}{3}\right)^{n}u(-n)=\left(\frac{1}{3}\right)^{n}u(-n-1)+\delta(n)$

$$X(z)=\frac{-z}{z-1/3}+1=\frac{-1/3}{z-1/3}=\frac{1}{1-3z},\ |z|<\frac{1}{3}$$

(3) $x(n)=2^{n}u(-n)-\left(\frac{1}{3}\right)^{n}u(n)=2^{n}u(-n-1)+\delta(n)-\left(\frac{1}{3}\right)^{n}u(n)$

$$X(z)=\frac{-z}{z-2}+1-\frac{z}{z-1/3}=\frac{-2}{z-2}-\frac{z}{z-1/3}=\frac{-z^{2}+2/3}{(z-2)(z-1/3)},\quad \frac{1}{3}<|z|<2$$

(4) 不存在双边$\mathscr{Z}$变换

(5) 因为

$$u(-n)\leftrightarrow\frac{-1}{z-1},\quad |z|<1$$

所以

$$x(n)=\cos(3n)u(-n)=\frac{1}{2}(e^{j3n}+e^{-j3n})u(-n)$$

$$X(z)=\frac{-1}{e^{j3}z-1}+\frac{-1}{e^{-j3}z-1}=\frac{1-z\cos 3}{z^{2}-2z\cos 3+1},\quad |z|<1$$

6-4 试计算下列离散信号的$\mathscr{Z}$变换，并标明收敛区。

(1) $x(n)=\left(\frac{1}{2}\right)^{n}[u(n)-u(n-10)]$；

(2) $x(n)=\left(\frac{1}{2}\right)^n u(n)+\left(\frac{1}{3}\right)^n u(n)$。

解 (1)
$$\begin{aligned}X(z)&=\sum_{n=-\infty}^{\infty}\left(\frac{1}{2}\right)^n[u(n)-u(n-10)]z^{-n}\\&=\sum_{n=0}^{9}\left(\frac{1}{2}\right)^n z^{-n}=\sum_{n=0}^{9}2^{-n}z^{-n}\\&=\frac{1-(2z)^{-10}}{1-(2z)^{-1}}=\frac{2z-(2z)^{-9}}{2z-1},\quad 0<|z|\leqslant\infty\end{aligned}$$

(2) 方法 1 $X(z)=\frac{z}{z-1/2}+\frac{z}{z-1/3}=\frac{2z^2-5/6z}{(z-1/2)(z-1/3)}=\frac{12z^2-5z}{6z^2-5z+1}$

方法 2
$$\begin{aligned}X(z)&=\sum_{n=-\infty}^{\infty}\left[\left(\frac{1}{2}\right)^n u(n)+\left(\frac{1}{3}\right)^n u(n)\right]z^{-n}\\&=\sum_{n=0}^{\infty}\left(\frac{1}{2z}\right)^n+\sum_{n=0}^{\infty}\left(\frac{1}{3z}\right)^n\\&=\frac{1}{1-\left(\frac{1}{2z}\right)}+\frac{1}{1-\left(\frac{1}{3z}\right)}\\&=\frac{2z}{2z-1}+\frac{3z}{3z-1}\\&=\frac{z(12z-5)}{(2z-1)(3z-1)}=\frac{12z^2-5z}{6z^2-5z+1},\quad |z|>0.5\end{aligned}$$

6-5 试计算双边序列$\left(\frac{1}{2}\right)^{|n|}$的$\mathscr{Z}$变换，并标明收敛区。

解 方法 1

$$x(n)=\left(\frac{1}{2}\right)^n u(n)+\left(\frac{1}{2}\right)^{-n}u(-n-1)=\left(\frac{1}{2}\right)^n u(n)+2^n u(-n-1)$$

$$\leftrightarrow\frac{z}{z-1/2}-\frac{z}{z-2}=\frac{-1.5z}{(z-1/2)(z-2)},\quad 0.5<|z|<2$$

方法 2

$$\begin{aligned}X(z)&=\sum_{n=-\infty}^{\infty}\left[\left(\frac{1}{2}\right)^{-n}u(-n-1)+\left(\frac{1}{2}\right)^n u(n)\right]z^{-n}\\&=\sum_{n=-\infty}^{\infty}\left(\frac{1}{2}\right)^{-n}u(-n-1)z^{-n}+\sum_{n=-\infty}^{\infty}\left(\frac{1}{2}\right)^n u(n)z^{-n}\\&=\sum_{n=-\infty}^{-1}\left(\frac{1}{2}\right)^{-n}z^{-n}+\sum_{n=0}^{\infty}\left(\frac{1}{2}\right)^n z^{-n}\\&=\sum_{n=1}^{\infty}\left(\frac{1}{2}\right)^n z^n+\sum_{n=0}^{\infty}\left(\frac{1}{2}\right)^n z^{-n}\\&=\frac{z/2}{1-(z/2)}+\frac{1}{1-(1/2z)}\\&=\frac{z}{2-z}+\frac{2z}{2z-1}\\&=\frac{-1.5z}{(z-2)(z-0.5)},\quad 0.5<|z|<2\end{aligned}$$

6-6 选择题：

(1) 双边序列 $x(n)=a^{|n|}$ 存在 $\mathscr{Z}$ 变换的条件是(　　)，其中 a 为常数。

A) $a>1$　　B) $a\geqslant 1$　　C) $a<1$　　D) $a\leqslant 1$

(2) 已知 $x(n)\leftrightarrow X(z)$，$(R_-<|z|<R_+)$，当 $a>0$ 时，$y(n)=a^{-n}x(n)$ 的 $\mathscr{Z}$ 变换 $Y(z)$ 为(　　)，其收敛区为(　　)。

A) $X(az)$　　B) $X\left(\dfrac{z}{a}\right)$

C) $\dfrac{R_-}{a}<|z|<\dfrac{R_+}{a}$　　D) $aR_-<|z|<aR_+$

(3) $\mathscr{Z}$ 变换具有位移性质。当序列发生位移时，其 $\mathscr{Z}$ 变换收敛区的规律是(　　)。

A) 序列左移收敛区扩大，右移收敛区缩小；

B) 序列右移收敛区扩大，左移收敛区缩小；

C) 无论左移还是右移收敛区均不变；

D) 视序列的具体情况而定。

解　(1)
$$x(n)=a^{|n|}=\begin{cases}a^n, & n\geqslant 0\\ a^{-n}, & n<0\end{cases}$$

只有 $\lim\limits_{n\to\infty}x(n)=\lim\limits_{n\to\infty}a^n=0$，以及 $\lim\limits_{n\to-\infty}x(n)=\lim\limits_{n\to\infty}a^{-n}=0$，双向序列 $x(n)=a^{|n|}$ 存在 $\mathscr{Z}$ 变换，即答案为 C)$(a<1)$。

(2)
$$x(n)\leftrightarrow X(z),\quad R_-<|z|<R_+$$

则

$$y(n)=a^{-n}x(n)\leftrightarrow Y(z)=X(az)$$

$$R_-<|az|<R_+,\qquad \frac{R_-}{a}<|z|<\frac{R_+}{a}$$

所以答案为 A)、C)。

(3) 一般序列无论是左移还是右移，收敛区均不变；但有特例，如 $\delta(n)$、$\delta(n-1)$、$\delta(n+1)$ 收敛区就不同，所以答案是 D)。

6-7 填空题：

(1) 已知 $x(n)\leftrightarrow X(z)$，$|z|>R_-$，则 $3^{-n}x(n)\leftrightarrow$(　　)。

(2) $x(-n)\leftrightarrow$(　　)。

(3) 已知 $X(z)=\dfrac{z^6+3z^4+5z^2+7}{(z-2)^3(z-1)^2(z-3)}$，$|z|>3$，则

$$x(0)=(\quad),\ x(\infty)=(\quad)$$

(4) 已知 $x(n)u(n)\leftrightarrow X(z)$，$|z|>R_-$，则

$$x(n+2)u(n)\leftrightarrow(\quad),\ x(n-2)u(n)\leftrightarrow(\quad)$$

(5) 已知 $x(n)u(n)\leftrightarrow X(z)$，$|z|>R_-$，则 $y(n)=n^2x(n)u(n)$ 的 $\mathscr{Z}$ 变换为

$$Y(z)=(\qquad\qquad)$$

解　(1) 利用指数序列加权性，得

$$3^{-n}x(n)\leftrightarrow X\left(\frac{z}{3}\right),\qquad |z|>3R_-$$

(2) $x(-n) \leftrightarrow X\left(\frac{1}{z}\right)$， $|z|<\frac{1}{R_-}$

(3) $x(0)=\lim\limits_{z\to\infty}X(z)=\frac{z^6+3z^4+5z^2+7}{(z-2)^3(z-1)^2(z-3)}=1$

$$x(\infty)=\lim_{z\to 1}(z-1)X(z)=(z-1)\frac{z^6+3z^4+5z^2+7}{(z-2)^3(z-1)^2(z-3)}=\infty$$

(4) $z^2[X(z)-x(0)-z^{-1}x(1)]$， $|z|>R_-$

$z^{-2}[X(z)+x(-1)z+x(-2)z^2]$， $|z|>R_-$

(5) 利用两次 z 域微分性，得

$$nx(n)u(n)\leftrightarrow -zX'(z), \quad |z|>R_-$$

则

$$y(n)=n^2x(n)u(n)\leftrightarrow Y(z)=-z[-zX'(z)]'=zX'(z)+z^2X''(z), \quad |z|>R_-$$

6-8 试计算下列各序列的 $\mathscr{Z}$ 变换：

(1) $x_1(n)=\left(\frac{1}{3}\right)^n u(n-2)$；

(2) $x_2(n)=5^n[u(n)-u(n-5)]$；

(3) $x_3(n)=3^n u(-n+2)$；

(4) $x_4(n)=(n-a^n)^2 u(n)$。

解 (1) $x_1(n)=\left(\frac{1}{3}\right)^n u(n-2)=\left(\frac{1}{3}\right)^2\left(\frac{1}{3}\right)^{n-2}u(n-2)$

因为

$$\left(\frac{1}{3}\right)^n u(n) \leftrightarrow \frac{z}{z-1/3}$$

利用移位特性得

$$X_1(z)=\frac{1/9}{z(z-1/3)}, \quad |z|>\frac{1}{3}$$

(2)

$$X_2(z)=\sum_{n=0}^{4}5^n z^{-n}=\frac{1-(5z^{-1})^5}{1-5z^{-1}}=\frac{z}{z-5}[1-(5z^{-1})^5], \quad |z|>0$$

(3) 方法 1 因为

$$3^n u(-n)=\left(\frac{1}{3}\right)^{-n}u(-n)=\left(\frac{1}{3}\right)^{-n}u(-n-1)+\delta(n)\leftrightarrow\frac{-z}{z-3}+1=\frac{-3}{z-3}$$

则 $x_3(n)=3^n u(-n+2)=9\left(\frac{1}{3}\right)^{-n+2}u(-n+2)$

$$\leftrightarrow X_3(z)=9\,\frac{-3}{z-3}z^{-2}=\frac{-27}{z^2(z-3)}$$

方法 2

$$x_3(n)=3^n u(-n+2)=3^n u(-n-1)+3^n\delta(n)+3^n\delta(n-1)+3^n\delta(n-2)$$

$$X_3(z)=\frac{-z}{z-3}+1+3z^{-1}+9z^{-2}=\frac{-z+z-3+3z^{-1}(z-3)+9z^{-2}(z-3)}{z-3}$$

$$=\frac{-27}{z^2(z-3)},\quad 0<|z|<3$$

方法 3

$$3^n u(-n-1)+3^n\delta(n)+3^n\delta(n-1)+3^n\delta(n-2)\leftrightarrow\frac{-z}{z-3}+1+3z^{-1}+9z^{-2}$$

$$=\frac{-z+z-3+3z^{-1}(z-3)+9z^{-2}(z-3)}{z-3}=\frac{-27}{z^2(z-3)}$$

(4)
$$x(n)=(n-a^n)^2u(n)=(n^2-2na^n+a^{2n})u(n)$$

$$X(z)=\frac{z(z+1)}{(z-1)^3}-2a\frac{z}{(z-a)^2}+\frac{z}{z-a^2},\quad |z|>\max[1,a,a^2]$$

6－9 已知 $x(n)u(n)\leftrightarrow X(z)$，$|z|>R_-$，试计算下列信号的 $\mathscr{Z}$ 变换并标明收敛区。

(1) $y(n)=a^{-n}\cos(\theta_0 n)x(n)u(n)$；

(2) $y(n)=a^{-n}\sin(\theta_0 n)x(n)u(n)$。

解 (1) $x(n)u(n)\leftrightarrow X(z)$，　$|z|>R_-$

$$a^{-n}x(n)u(n)\leftrightarrow X(az),\quad |z|>\frac{R_-}{|a|}$$

$$y(n)=a^{-n}\cos(\theta_0 n)x(n)u(n)=\frac{1}{2}(e^{j\theta_0 n}+e^{-j\theta_0 n})a^{-n}x(n)u(n)$$

$$=\frac{1}{2}e^{j\theta_0 n}a^{-n}x(n)u(n)+\frac{1}{2}e^{-j\theta_0 n}a^{-n}x(n)u(n)$$

$$Y(z)=\frac{1}{2}[X(ae^{-j\theta_0}z)+X(ae^{j\theta_0}z)],\quad |z|>\frac{R_-}{|a|}$$

(2) $x(n)u(n)\leftrightarrow X(z)$，　$|z|>R_-$

$$a^{-n}x(n)u(n)\leftrightarrow X(az),\quad |z|>\frac{R_-}{|a|}$$

$$y(n)=a^{-n}\sin(\theta_0 n)x(n)u(n)=\frac{1}{j2}(e^{j\theta_0 n}-e^{-j\theta_0 n})a^{-n}x(n)u(n)$$

$$=\frac{1}{j2}e^{j\theta_0 n}a^{-n}x(n)u(n)-\frac{1}{j2}e^{-j\theta_0 n}a^{-n}x(n)u(n)$$

$$Y(z)=\frac{1}{j2}[X(ae^{-j\theta_0}z)-X(ae^{j\theta_0}z)],\quad |z|>\frac{R_-}{|a|}$$

6－10 求下列 $X(z)$ 函数对应的时域序列 $x(n)$：

(1) $X(z)=1$，　$|z|\leqslant\infty$；　　(2) $X(z)=z^3$，　$|z|<\infty$；

(3) $X(z)=z^{-1}$，　$0<|z|\leqslant\infty$；　　(4) $X(z)=-2z^{-2}+2z+1$，　$0<|z|<\infty$；

(5) $X(z)=\dfrac{1}{1-az^{-1}}$，　$|z|>a$；　　(6) $X(z)=\dfrac{1}{1-az^{-1}}$，　$|z|<a$。

解 (1) $x(n)=\delta(n)$；

(2) $x(n)=\delta(n+3)$；

(3) $x(n)=\delta(n-1)$；

(4) $x(n)=\delta(n)+2\delta(n+1)-2\delta(n-2)$；

(5) $x(n)=a^n u(n)$；

(6) $x(n)=-a^n u(-n-1)$。

6-11 试计算下列 $X(z)$ 函数的 $\mathscr{Z}$ 反变换 $x(n)$：

(1) $X(z)=\dfrac{1}{1+\frac{1}{2}z^{-1}}$， $|z|>\dfrac{1}{2}$；

(2) $X(z)=\dfrac{1-az^{-1}}{z^{-1}-a}$， $|z|>\dfrac{1}{|a|}$；

(3) $X(z)=\dfrac{z^3+2z^2+1}{z(z^2-1.5z+0.5)}$， $|z|>1$；

(4) $X(z)=\dfrac{z^2}{(z-1)^2(z-2)^2}$， $|z|>2$；

(5) $X(z)=\dfrac{1-\frac{1}{2}z^{-1}}{1+\frac{3}{4}z^{-1}+\frac{1}{8}z^{-2}}$， $|z|>\dfrac{1}{2}$；

(6) $X(z)=\dfrac{1+z^{-1}}{1-2z^{-1}\cos\theta_0+z^{-2}}$， $|z|>1$；

(7) $X(z)=\dfrac{1}{1-\frac{1}{3}z^{-1}}$， $|z|>\dfrac{1}{3}$；

(8) $X(z)=\dfrac{z}{z^2-5z+4}$， $1<|z|<4$；

(9) $X(z)=\dfrac{z}{z^2+4}$， $0<|z|<2$；

(10) $X(z)=\dfrac{2z+3}{z^2-4z+3}$， $1<|z|<3$。

解 (1) $x(n)=\left(-\dfrac{1}{2}\right)^n u(n)$

(2) 方法 1

$$X(z)=\frac{1-az^{-1}}{z^{-1}-a}=-\frac{1}{a-z^{-1}}+\frac{az^{-1}}{a-z^{-1}}$$

$$=-\frac{1}{a}\frac{1}{1-(1/a)z^{-1}}+\frac{1}{a}\frac{az^{-1}}{1-(1/a)z^{-1}}$$

$$x(n)=-\frac{1}{a}\left(\frac{1}{a}\right)^n u(n)+\left(\frac{1}{a}\right)^{n-1}u(n-1)$$

$$=-\left(\frac{1}{a}\right)^{n+1}u(n)+a\left(\frac{1}{a}\right)^n u(n-1)$$

方法 2
$$X(z)=\frac{z-a}{1-az}=\frac{z-a}{a(1/a-z)}=\frac{1}{a}\frac{-z}{z-1/a}+\frac{1}{z-1/a}$$

$$\leftrightarrow -\frac{1}{a}\left(\frac{1}{a}\right)^{n}u(n)+\left(\frac{1}{a}\right)^{n-1}u(n-1)$$

$$=-a^{-(n+1)}u(n)+a^{-n+1}u(n-1)$$

方法 3
$$X(z)=-a+\frac{1-a^2}{z^{-1}-a}=-a+\frac{a^2-1}{a\left(1-\frac{1}{a}z^{-1}\right)}$$

$$\leftrightarrow -a\delta(n)+\frac{a^2-1}{a}\left(\frac{1}{a}\right)^{n}u(n)$$

(3) 方法 1

$$X(z)=\frac{z^3+2z^2+1}{z(z^2-1.5z+0.5)}$$

$$=\frac{1+2z^{-1}+z^{-3}}{1-1.5z^{-1}+0.5z^{-2}}$$

$$=6+2z^{-1}+\frac{9z^{-1}+5}{(1-z^{-1})(1-0.5z^{-1})}$$

$$=6+2z^{-1}+\frac{8}{(1-z^{-1})}-\frac{13}{(1-0.5z^{-1})}$$

$$x(n)=6\delta(n)+2\delta(n-1)+[8-13(0.5)^n]u(n)$$

方法 2

$$\frac{X(z)}{z}=\frac{z^3+2z^2+1}{z^2(z^2-1.5z+0.5)}=\frac{A_1}{z^2}+\frac{A_2}{z}+\frac{A_3}{z-1}+\frac{A_4}{z-0.5}$$

$$A_1=\left.\frac{z^3+2z^2+1}{z^2-1.5z+0.5}\right|_{z=0}=2$$

$$A_2=\frac{\mathrm{d}}{\mathrm{d}z}\left[\frac{z^3+2z^2+1}{z^2-1.5z+0.5}\right]\Bigg|_{z=0}$$

$$=\left.\frac{(3z^2+4z)(z^2-1.5z+0.5)-(z^3+2z^2+1)(2z-1.5)}{(z^2-1.5z+0.5)^2}\right|_{z=0}$$

$$=6$$

$$A_3=\left.\frac{z^3+2z^2+1}{z^2(z-0.5)}\right|_{z=1}=\frac{4}{0.5}=8$$

$$A_4=\left.\frac{z^3+2z^2+1}{z^2(z-1)}\right|_{z=0.5}=\frac{0.125+0.5+1}{-0.125}=-13$$

$$X(z)=2z^{-1}+6+\frac{8z}{z-1}-\frac{13z}{z-0.5}$$

$$x(n)=6\delta(n)+2\delta(n-1)+[8-13(0.5)^n]u(n)$$

(4) $X(z)=\dfrac{z^2}{(z-1)^2(z-2)^2}$

$$\frac{X(z)}{z}=\frac{z}{(z-1)^2(z-2)^2}=\frac{A_1}{(z-1)^2}+\frac{A_2}{z-1}+\frac{A_3}{(z-2)^2}+\frac{A_4}{z-2}$$

$$A_1=\left.\frac{z}{(z-2)^2}\right|_{z=1}=1$$

$$A_2=\frac{\mathrm{d}}{\mathrm{d}z}\left[\frac{z}{(z-2)^2}\right]\bigg|_{z=1}=\left.\frac{(z^2-4z+4)-z(2z-4)}{(z^2-4z+4)^2}\right|_{z=1}=\frac{1+2}{1}=3$$

$$A_3=\left.\frac{z}{(z-1)^2}\right|_{z=2}=2$$

$$A_4=\frac{\mathrm{d}}{\mathrm{d}z}\left[\frac{z}{(z-1)^2}\right]\bigg|_{z=2}=\left.\frac{(z^2-2z+1)-z(2z-2)}{(z^2-2z+1)^2}\right|_{z=2}=\frac{1-4}{1}=-3$$

$$X(z)=\frac{z}{(z-1)^2}+\frac{3z}{z-1}+\frac{2z}{(z-2)^2}+\frac{-3z}{z-2}$$

$$x(n)=(n+3)u(n)+(n-3)2^n u(n)$$

(5) $$X(z)=\frac{1-\frac{1}{2}z^{-1}}{1+\frac{3}{4}z^{-1}+\frac{1}{8}z^{-2}}=\frac{1-\frac{1}{2}z^{-1}}{\left(1+\frac{1}{2}z^{-1}\right)\left(1+\frac{1}{4}z^{-1}\right)}$$

$$=\frac{A_1}{1+\frac{1}{2}z^{-1}}+\frac{A_2}{1+\frac{1}{4}z^{-1}}$$

$$A_1=\left.\frac{1-\frac{1}{2}z^{-1}}{1+\frac{1}{4}z^{-1}}\right|_{z^{-1}=-2}=\frac{2}{1/2}=4$$

$$A_2=\left.\frac{1-\frac{1}{2}z^{-1}}{1+\frac{1}{2}z^{-1}}\right|_{z^{-1}=-4}=\frac{3}{-1}=-3$$

$$x(n)=4\left(-\frac{1}{2}\right)^n u(n)-3\left(-\frac{1}{4}\right)^n u(n)$$

(6) 方法 1 $$X(z)=\frac{1+z^{-1}}{1-2z^{-1}\cos\theta_0+z^{-2}}=\frac{1}{\sin\theta_0}\cdot\frac{(1+z^{-1})\sin\theta_0}{1-2z^{-1}\cos\theta_0+z^{-2}}$$

$$x(n)=\frac{1}{\sin\theta_0}[\sin((n+1)\theta_0)u(n+1)+\sin(\theta_0 n)u(n)]$$

方法 2 $$\frac{z^2+z}{z^2-2z\cos\theta_0+1}=\frac{z(z-\cos\theta_0)}{z^2-2z\cos\theta_0+1}+\frac{(1+\cos\theta_0)z}{z^2-2z\cos\theta_0+1}$$

$$x(n)=\cos(\theta_0 n)u(n)+\frac{1+\cos\theta_0}{\sin\theta_0}\sin(n\theta_0)u(n)$$

(7) $$X(z)=\frac{1}{1-\frac{1}{3}z^{-1}}$$

$$x(n)=\left(\frac{1}{3}\right)^n u(n)$$

(8) $X(z)=\dfrac{z}{z^2-5z+4}=\dfrac{z}{(z-1)(z-4)}$， $1<|z|<4$

$$\frac{X(z)}{z}=\frac{A_1}{z-1}+\frac{A_2}{z-4}$$

$$A_1=\left.\frac{1}{z-4}\right|_{z=1}=-\frac{1}{3},\ A_2=\left.\frac{1}{z-1}\right|_{z=4}=\frac{1}{3}$$

$$x(n)=-\frac{1}{3}u(n)-\frac{1}{3}(4)^n u(-n-1)$$

(9) 方法 1　$X(z)=\dfrac{z}{z^2+4}=\dfrac{z}{(z+\mathrm{j}2)(z-\mathrm{j}2)}$， $0<|z|<2$

$$\frac{X(z)}{z}=\frac{A_1}{z-\mathrm{j}2}+\frac{A_2}{z+\mathrm{j}2}$$

$$A_1=\left.\frac{1}{z+\mathrm{j}2}\right|_{z=\mathrm{j}2}=\frac{1}{\mathrm{j}4},\ A_2=\left.\frac{1}{z-\mathrm{j}2}\right|_{z=-\mathrm{j}2}=-\frac{1}{\mathrm{j}4}$$

$$\begin{aligned}x(n)&=-\frac{1}{4\mathrm{j}}(\mathrm{j}2)^n u(-n-1)+\frac{1}{4\mathrm{j}}(-\mathrm{j}2)^n u(-n-1)\\&=-\frac{1}{4\mathrm{j}}(\mathrm{e}^{\mathrm{j}\frac{\pi n}{2}}-\mathrm{e}^{-\mathrm{j}\frac{\pi n}{2}})(2)^n u(-n-1)\\&=-\frac{1}{2}(2)^n\sin\left(\frac{\pi n}{2}\right)u(-n-1)\end{aligned}$$

方法 2　令 $\theta_0=\dfrac{\pi}{2}$，利用 $\sin(\theta_0 n)u(-n-1)$公式：

$$\frac{z}{z^2+1}\leftrightarrow-\sin\left(\frac{n\pi}{2}\right)u(-n-1)$$

用指数序列加权性，得

$$\frac{z}{z^2+4}=\frac{z/2}{2\left(\frac{z^2}{4}+1\right)}\leftrightarrow-\frac{1}{2}2^n\sin\left(\frac{n\pi}{2}\right)u(-n-1)$$

(10) 方法 1　$X(z)=\dfrac{2z+3}{z^2-4z+3}$，　$1<|z|<3$

$$\frac{X(z)}{z}=\frac{2z+3}{z(z^2-4z+3)}=\frac{A_1}{z}+\frac{A_2}{z-1}+\frac{A_3}{z-3}$$

$$A_1=\left.\frac{2z+3}{(z-1)(z-3)}\right|_{z=0}=\frac{3}{3}=1$$

$$A_2=\left.\frac{2z+3}{z(z-3)}\right|_{z=1}=\frac{5}{-2}=-2.5$$

$$A_3=\left.\frac{2z+3}{z(z-1)}\right|_{z=3}=\frac{9}{6}=1.5$$

$$X(z)=1+\frac{-2.5z}{z-1}+\frac{1.5z}{z-3}$$

$$x(n)=\delta(n)-2.5u(n)-1.5(3)^n u(-n-1)$$

方法 2 $\frac{2z+3}{(z-3)(z-1)}=\frac{4.5}{z-3}-\frac{2.5}{z-1}\leftrightarrow-\frac{9}{2}3^{n-1}u[-(n-1)-1]-\frac{5}{2}u(n-1)$

$$=-\frac{3}{2}(3)^n u(-n)-2.5u(n-1)$$

6-12 利用三种方法求下列 $X(z)$ 函数的 $\mathscr{Z}$ 反变换 $x(n)$。

$$X(z)=\frac{10z}{(z-1)(z-2)},\quad |z|>2$$

解 方法 1

$$X(z)=\frac{10z}{(z-1)(z-2)}=\frac{10z}{z-2}-\frac{10z}{z-1}$$

$$x(n)=10(2^n-1)u(n)x(n)=10(2^n-1)u(n)$$

方法 2

$$\begin{array}{r|l} & 10z^{-1}+30z^{-2}+70z^{-3}+150z^{-4} \\ \hline z^2-3z+2 & 10z \\ & 10z-30+20z^{-1} \\ \hline & 30-20z^{-1} \\ & 30-90z^{-1}+60z^{-2} \\ \hline & 70z^{-1}-60z^{-2} \\ & 70z^{-1}-210z^{-2}+140z^{-3} \\ \hline & 150z^{-2}-140z^{-3} \\ & \vdots \end{array}$$

$$x(1)=10,\ x(2)=30,\ x(3)=70,\ x(4)=150,\ \cdots$$

方法 3 因为 $|z|>2$，是右边序列，所以

$$x(n)=\mathrm{Res}_1[X(z)z^{n-1},1]+\mathrm{Res}_2[X(z)z^{n-1},2]=\left.\frac{10z^n}{z-2}\right|_{z=1}+\left.\frac{10z^n}{z-1}\right|_{z=2}$$

$$=(-10+10\cdot 2^n)u(n)=10(2^n-1)u(n)$$

6-13 试计算下列 $X(z)$ 函数的 $\mathscr{Z}$ 反变换 $x(n)$：

(1) $X(z)=\frac{10}{(1-0.5z^{-1})(1-0.25z^{-1})}$，$|z|>0.5$；

(2) $X(z)=\frac{10z^2}{(z-1)(z+1)}$，$|z|>1$。

解 (1) $X(z)=\frac{10}{(1-0.5z^{-1})(1-0.25z^{-1})}$

$$=\frac{A_1}{1-0.5z^{-1}}+\frac{A_2}{1-0.25z^{-1}},\quad |z|>0.5$$

$$A_1=\left.\frac{10}{1-0.25z^{-1}}\right|_{z^{-1}=2}=\frac{10}{0.5}=20$$

$$A_2=\frac{10}{1-0.5z^{-1}}\bigg|_{z^{-1}=4}=\frac{10}{-1}=-10$$

$$x(n)=[20(0.5)^n-10(0.25)^n]u(n)$$

(2) $$X(z)=\frac{10z^2}{(z-1)(z+1)}=\frac{10}{(1-z^{-1})(1+z^{-1})}$$

$$=\frac{A_1}{1+z^{-1}}+\frac{A_2}{1-z^{-1}},\quad |z|>1$$

$$A_1=\frac{10}{1-z^{-1}}\bigg|_{z^{-1}=-1}=\frac{10}{2}=5$$

$$A_2=\frac{10}{1+z^{-1}}\bigg|_{z^{-1}=1}=\frac{10}{2}=5$$

$$x(n)=5[1+(-1)^n]u(n)$$

6-14 试计算下列 $X(z)$ 函数的 $\mathscr{Z}$ 反变换 $x(n)$：

(1) $X(z)=\dfrac{z^{-1}}{(1-6z^{-1})^2}$， $|z|>6$；

(2) $X(z)=\dfrac{z^{-2}}{1+z^{-2}}$， $|z|>1$。

解 (1) $$X(z)=\frac{z^{-1}}{(1-6z^{-1})^2}$$

$$\frac{z^{-1}}{(1-z^{-1})^2}\leftrightarrow nu(n),\quad \frac{6z^{-1}}{(1-6z^{-1})^2}\leftrightarrow 6^n nu(n)$$

$$X(z)=\frac{1}{6}\ \frac{6z^{-1}}{(1-6z^{-1})^2}$$

$$x(n)=n6^{n-1}u(n)$$

(2) 方法 1 $$X(z)=\frac{z^{-2}}{1+z^{-2}}=\frac{1}{z^2+1}=\frac{\sin\frac{\pi}{2}}{z^2-2z\cos\frac{\pi}{2}+1}$$

$$x(n)=\sin\frac{\pi}{2}(n-1)u(n-1)$$

$$=\left[\sin\left(\frac{n\pi}{2}\right)\cos\left(\frac{\pi}{2}\right)-\cos\left(\frac{n\pi}{2}\right)\sin\left(\frac{\pi}{2}\right)\right]u(n-1)$$

$$=-\cos\left(\frac{n\pi}{2}\right)u(n-1)$$

$$=\delta(n)-\cos\left(\frac{n\pi}{2}\right)u(n)$$

方法 2 $$X(z)=\frac{1}{z^2+1}=1-\frac{z[z-\cos(\pi/2)]}{z^2-2z\cos(\pi/2)+1}$$

$$x(n)=\delta(n)-\cos(\pi n/2)$$

6-15 已知因果序列的$\mathscr{Z}$变换函数表达式 $X(z)$如下，试计算该序列的初值 $x(0)$及终值 $x(\infty)$。

(1) $X(z)=\dfrac{1+z^{-1}+z^{-2}}{(1+z^{-1})(1-2z^{-1})}$；

(2) $X(z)=\dfrac{z^2}{z^2-1.5z+0.5}$；

(3) $X(z)=\dfrac{z}{z^2-1/4}$；

(4) $X(z)=\dfrac{z^3+3z^2+4z+1}{(z-1)(z-0.5)(z-v_1)(z-v_1^*)}$，$v_1=\dfrac{1}{\sqrt{2}}\mathrm{e}^{-\mathrm{j}\frac{\pi}{2}}$。

解 (1) $x(0)=\lim\limits_{z\to\infty}X(z)=\lim\limits_{z\to\infty}\dfrac{z^2+z+1}{(z+1)(z-2)}=1$

$$x(\infty)=\lim_{z\to 1}(z-1)X(z)=\lim_{z\to 1}(z-1)\frac{z^2+z+1}{(z+1)(z-2)}=0$$

(2) $x(0)=\lim\limits_{z\to\infty}X(z)=\lim\limits_{z\to\infty}\dfrac{z^2}{z^2-1.5z+0.5}=1$

$$x(\infty)=\lim_{z\to 1}(z-1)X(z)=\lim_{z\to 1}(z-1)\frac{z^2}{(z-1)(z-0.5)}=2$$

(3) $x(0)=\lim\limits_{z\to\infty}X(z)=\lim\limits_{z\to\infty}\dfrac{z}{z^2-1/4}=0$

$$x(\infty)=\lim_{z\to 1}(z-1)X(z)=\lim_{z\to 1}(z-1)\frac{z^2}{z^2-1/4}=0$$

(4) $x(0)=\lim\limits_{z\to\infty}X(z)=\lim\limits_{z\to\infty}\dfrac{z^3+3z^2+4z+1}{(z-1)(z-0.5)(z-v_1)(z-v_1^*)}=0$

$$x(\infty)=\lim_{z\to 1}(z-1)X(z)=\lim_{z\to 1}(z-1)\frac{z^3+3z^2+4z+1}{(z-1)(z-0.5)(z-v_1)(z-v_1^*)}$$

$$=\frac{1+3+4+1}{(1-0.5)\left(1-\frac{1}{\sqrt{2}}\mathrm{e}^{-\mathrm{j}\frac{\pi}{2}}\right)\left(z-\frac{1}{\sqrt{2}}\mathrm{e}^{\mathrm{j}\frac{\pi}{2}}\right)}=\frac{9}{0.5\left(1+\frac{\mathrm{j}}{\sqrt{2}}\right)\left(z-\frac{\mathrm{j}}{\sqrt{2}}\right)}$$

$$=\frac{9}{0.5\left(1+\frac{1}{2}\right)}=12$$

6-16 已知 $x(n)\leftrightarrow X(z)$，$|z|>R_-$，且 $R_-<1$，试计算序列 $y(n)=\sum\limits_{m=-\infty}^{n}x(n)$ 的$\mathscr{Z}$变换 $Y(z)$并标明收敛区。

解 因为

$$y(n)=\sum_{m=-\infty}^{n}x(m)=x(n)+x(n-1)+x(n-2)+\cdots$$
$$=x(n)*[\delta(n)+\delta(n-1)+\delta(n-2)+\cdots]=x(n)*u(n)$$

所以 $$Y(z)=\frac{z}{z-1}X(z),\quad |z|>1$$

6-17 题 6-17(a)图所示的级联系统中，已知 $h_1(n)$ 的波形如题 6-17(b)图所示，试画出 $h_2(n)$ 的波形。

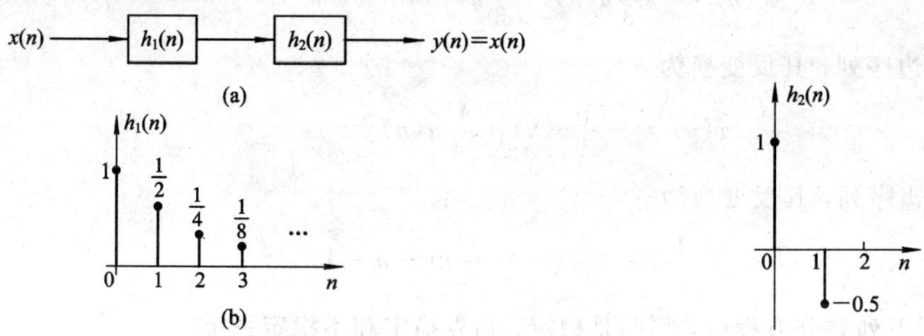

题 6-17 图　　　　题解 6-17 图

解 $$h_1(n)=\left(\frac{1}{2}\right)^n u(n)\leftrightarrow H_1(z)=\frac{z}{z-0.5}$$

若 $y(n)=x(n)$，则

$$H_1(z)H_2(z)=1,\quad H_2(z)=\frac{1}{H_1(z)}=1-\frac{z^{-1}}{2}$$

$$h_2(n)=\delta(n)-\frac{\delta(n-1)}{2}$$

$h_2(n)$ 的波形如题解 6-17 图所示。

6-18 若当 $n<0$ 时，$x(n)=0$；而当 $n\geqslant 0$ 时，$x(n)=x(n+N)$，其中 N 为整数。试证明：

$$X(z)=\frac{z^N}{z^N-1}\sum_{n=0}^{N-1}x(n)z^{-n},\quad |z|>1$$

证 令

$$x_1(n)=\begin{cases}x(n), & 0\leqslant n\leqslant N-1\\ 0, & \text{其它}\end{cases}\leftrightarrow X_1(z)=\sum_{n=0}^{N-1}x(n)z^{-n}$$

则

$$x(n)=x_1(n)+x_1(n-N)+x_1(n-2N)+\cdots$$

对上式取 $\mathscr{Z}$ 变换为

$$\begin{aligned}X(z)&=X_1(z)+z^{-N}X_1(z)+z^{-2N}X_1(z)+\cdots\\&=(1+z^{-N}+z^{-2N}+\cdots)X_1(z)\\&=\frac{1}{1-z^{-N}}X_1(z)\\&=\frac{z^N}{z^N-1}X_1(z)\end{aligned}$$

6-19 当 $X(z)=\dfrac{z}{(z-1)(z-4)}$ 时，试计算 $X(z)$ 的所有可能的 $\mathscr{Z}$ 反变换（取不同的收敛区）。

解
$$X(z)=\frac{1}{3}\left(\frac{z}{z-4}-\frac{z}{z-1}\right)$$

$1<|z|<4$ 是双边序列，其反变换为

$$x(n)=-\frac{1}{3}u(n)-\frac{4^n}{3}u(-n-1)$$

$|z|>4$ 是右边序列，其反变换为

$$x(n)=-\frac{1}{3}u(n)+\frac{4^n}{3}u(n)$$

$|z|<1$ 是左边序列，其反变换为

$$x(n)=\frac{1}{3}u(-n-1)-\frac{4^n}{3}u(-n-1)$$

6-20 判断下列差分方程中，哪些是稳定、临界稳定和不稳定系统。

(1) $y(n+2)-0.3y(n+1)-0.1y(n)=x(n+1)$；

(2) $y(n)-0.8y(n-1)-0.2y(n-2)=x(n)+0.3x(n-1)-0.1x(n-2)$；

(3) $y(n+1)+2.5y(n)+y(n-1)=x(n)$。

解 (1)
$$y(n+2)-0.3y(n+1)-0.1y(n)=x(n+1)$$
$$(z^2-0.3z-0.1)Y(z)=zX(z)$$
$$H(z)=\frac{Y(z)}{X(z)}=\frac{z}{z^2-0.3z-0.1}=\frac{z}{(z-0.5)(z+0.2)}$$

系统函数的极点在单位圆内，是稳定系统。

(2) $y(n)-0.8y(n-1)-0.2y(n-2)=x(n)+0.3x(n-1)-0.1x(n-2)$
$$(1-0.8z^{-1}-0.2z^{-2})Y(z)=(1+0.3z^{-1}-0.1z^{-2})X(z)$$
$$H(z)=\frac{Y(z)}{X(z)}=\frac{1+0.3z^{-1}-0.1z^{-2}}{1-0.8z^{-1}-0.2z^{-2}}=\frac{1+0.3z^{-1}-0.1z^{-2}}{(1-z^{-1})(1+0.2z^{-1})}$$

系统函数有单位圆上的极点，是临界稳定。

(3)
$$y(n+1)+2.5y(n)+y(n-1)=x(n)$$
$$(z+2.5+z^{-1})Y(z)=X(z)$$
$$H(z)=\frac{Y(z)}{X(z)}=\frac{1}{z+2.5+z^{-1}}=\frac{z}{z^2+2.5z+1}=\frac{z}{(z+2)(z+0.5)}$$

系统函数有单位圆外的极点，是不稳定系统。

6-21 试用数字加法器、乘法器和延迟器模拟因果离散系统。

(1) $H(z)=\dfrac{z(z+2)}{(z-0.3)(z-0.4)(z-0.6)}$；

(2) $H(z)=\dfrac{2z+1}{z(z+1)(z-0.5)^2}$；

(3) $H(z)=\dfrac{z^3}{z^3-z^2-0.01z+0.1}$。

解 (1) $H(z)=\dfrac{z(z+2)}{(z-0.3)(z-0.4)(z-0.6)}=\dfrac{z^2+2z}{z^3-1.3z^2+0.54z-0.072}$

其因果离散系统如题解 6-21(1)图所示。

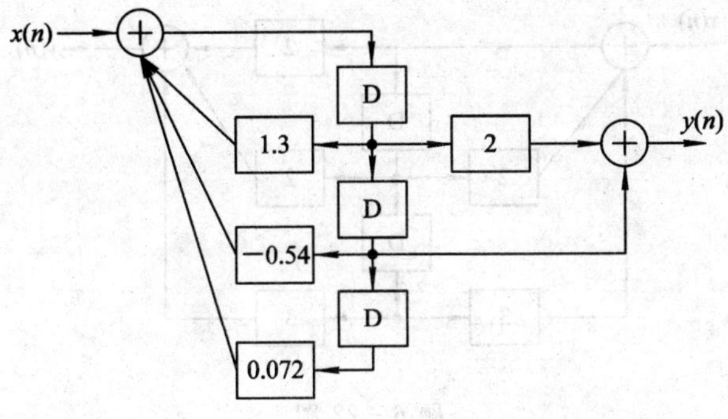

题解 6 - 21(1)图

(2) $H(z)=\dfrac{2z+1}{z(z+1)(z-0.5)^2}=\dfrac{2z+1}{z^4-0.75z^2+0.25z}=\dfrac{2z^{-3}+z^{-4}}{1-0.75z^{-2}+0.25z^{-3}}$

其因果离散系统如题解 6 - 21(2)图所示。

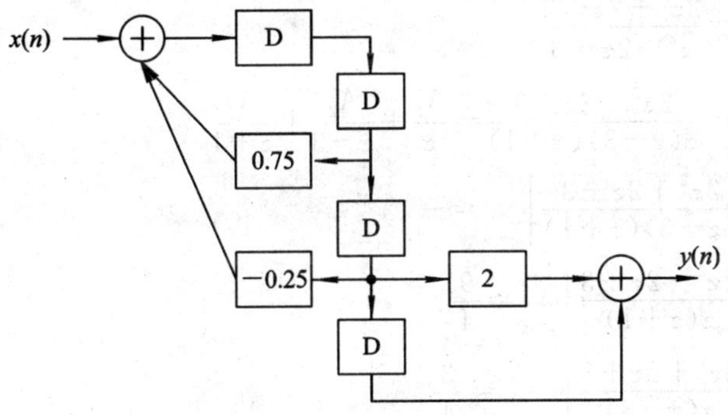

题解 6 - 21(2)图

(3) $H(z)=\dfrac{z^3}{z^3-z^2-0.01z+0.1}=\dfrac{1}{1-z^{-1}-0.01z^{-2}+0.1z^{-3}}$

其因果离散系统如题解 6 - 21(3)图所示。

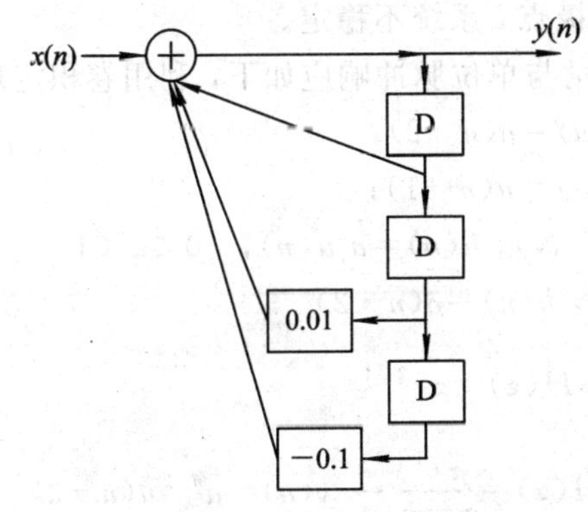

题解 6 - 21(3)图

6 - 22 如题 6 - 22 图所示的离散系统，图中 D 为单位延时器。

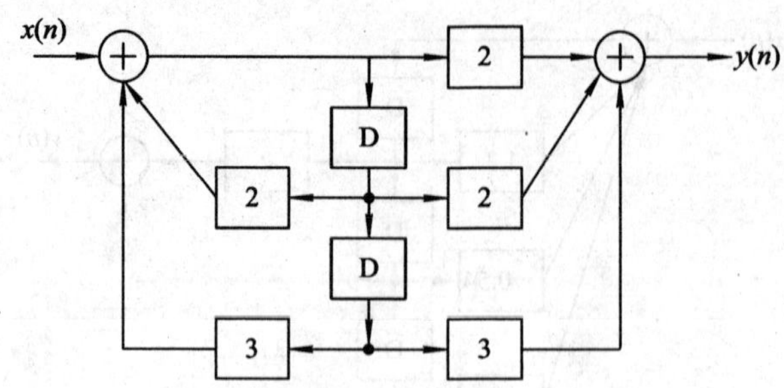

题 6 - 22 图

(1) 试计算其系统函数 $H(z)$；

(2) 试计算其单位数字脉冲响应 $h(n)$；

(3) 试写出其差分方程；

(4) 试判断系统的稳定性。

解 (1) $H(z)=\dfrac{2z^2+2z+3}{z^2-2z-3}$

(2) $\dfrac{H(z)}{z}=\dfrac{2z^2+2z+3}{z(z-3)(z+1)}=\dfrac{A_1}{z}+\dfrac{A_2}{z-3}+\dfrac{A_3}{z+1}$

$$A_1=\frac{2z^2+2z+3}{(z-3)(z+1)}\bigg|_{z=0}=-1$$

$$A_2=\frac{2z^2+2z+3}{z(z+1)}\bigg|_{z=3}=\frac{9}{4}$$

$$A_3=\frac{2z^2+2z+3}{z(z-3)}\bigg|_{z=-1}=\frac{3}{4}$$

$$H(z)=\frac{2z^2+2z+3}{z(z-3)(z+1)}=-1+\frac{9z/4}{z-3}+\frac{3z/4}{z+1}$$

$$h(n)=-\delta(n)+\frac{9}{4}3^nu(n)+\frac{3}{4}(-1)^nu(n)$$

(3) $y(n)-2y(n-1)-3y(n-2)=2x(n)+2x(n-1)+3x(n-2)$

(4) 有单位圆外的极点，系统不稳定。

6 - 23 已知系统的激励与单位脉冲响应如下，利用卷积定理求系统的零状态响应。

(1) $x(n)=a^nu(n)$，$h(n)=\delta(n-2)$；

(2) $x(n)=a^nu(n)$，$h(n)=u(n-1)$；

(3) $x(n)=u(n)-u(n-N)$，$h(n)=a^nu(n)$，　$0<a<1$。

解 (1) $x(n)=a^nu(n)$，$h(n)=\delta(n-2)$

$$X(z)=\frac{z}{z-a},\ H(z)=z^{-2}$$

$$Y(z)=X(z)H(z)=\frac{z^{-1}}{z-a}\leftrightarrow y(n)=a^{n-2}u(n-2)$$

(2) $x(n)=a^nu(n)$，$h(n)=u(n-1)$

$$X(z)=\frac{z}{z-a},\ H(z)=\frac{1}{z-1}$$

$$Y(z)=X(z)H(z)=\frac{z}{(z-a)(z-1)}=\frac{1}{1-a}\left(\frac{1}{z-1}-\frac{1}{z-a}\right)$$

$$y(n)=\frac{1}{1-a}(1-a^n)u(n)$$

(3) $x(n)=u(n)-u(n-N)$，$h(n)=a^n u(n)$，$0<a<1$

$$X(z)=\frac{z-z^{-N+1}}{z-1}，H(z)=\frac{z}{z-a}$$

$$Y(z)=X(z)H(z)=\frac{(z-z^{-N+1})z}{(z-a)(z-1)}=\frac{1}{1-a}\left[\frac{z-z^{-N+1}}{z-1}-\frac{a(z-z^{-N+1})}{z-a}\right]$$

$$y(n)=\frac{1}{1-a}(1-a^{n+1})u(n)-\frac{1}{1-a}(1-a^{n+1-N})u(n-N)$$

6－24 用$\mathscr{Z}$变换解下列差分方程：

(1) $y(n+2)+y(n+1)+y(n)=u(n)$，$y(0)=1$，$y(1)=2$；

(2) $y(n)+0.1y(n-1)-0.02y(n-2)=10u(n)$，$y(-1)=4$，$y(-2)=6$；

(3) $y(n)-0.9y(n-1)=0.05u(n)$，$y(-1)=0$；

(4) $y(n)-0.9y(n-1)=0.05u(n)$，$y(-1)=1$；

(5) $y(n)+5y(n-1)=nu(n)$，$y(-1)=0$；

(6) $y(n)+2y(n-1)=(n-2)u(n)$，$y(0)=1$。

解　(1) 对差分方程两边取$\mathscr{Z}$变换，有

$$[z^2Y(z)-z^2y(0)-zy(1)]+[zY(z)-zy(0)]+Y(z)=X(z)$$

$$[z^2+z+1]Y(z)=X(z)+z^2+2z+z=\frac{z}{z-1}+z^2+3z$$

$$Y(z)=\frac{1}{z^2+z+1}\ \frac{z^3+2z^2-2z}{z-1}=\frac{z(z^2+2z-2)}{(z^2+z+1)(z-1)}$$

$$\frac{Y(z)}{z}=\frac{(z^2+2z-2)}{(z^2+z+1)(z-1)}=\frac{A_1}{z-1}+\frac{A_2z+A_3}{z^2+z+1}$$

$$=\frac{1/3}{z-1}+\frac{(2/3)z+7/3}{z^2+z+1}$$

由 $2\cos\theta_0=-1$，解出 $\theta_0=\frac{2\pi}{3}$。

$$Y(z)=\frac{z/3}{z-1}+\frac{(2/3)z(z-\cos\theta_0)+(7/3+2\cos\theta_0/3)z}{z^2+2\cos\theta_0 z+1}$$

$$=\frac{z/3}{z-1}+\frac{(2/3)z(z-\cos\theta_0)+2z}{z^2+2\cos\theta_0 z+1}$$

$$=\frac{z/3}{z-1}+\frac{(2/3)z(z-\cos\theta_0)+4\sin\theta_0 z/\sqrt{3}}{z^2+2\cos\theta_0 z+1}$$

$$y(n)=\left(\frac{1}{3}+\frac{2}{3}\cos\frac{2n\pi}{3}+\frac{4}{\sqrt{3}}\sin\frac{2n\pi}{3}\right)u(n)$$

其中，$\sin\frac{2\pi}{3}=\frac{\sqrt{3}}{2}$。

(2) 对差分方程两边取$\mathscr{Z}$变换，有

$$Y(z)+0.1[z^{-1}Y(z)+y(-1)]-0.02[z^{-2}Y(z)+z^{-1}y(-1)+y(-2)]=10X(z)$$

$$Y(z)(1+0.1z^{-1}-0.02z^{-2})=10\frac{z}{z-1}-0.4+0.08z^{-1}+0.12$$

$$=\frac{10}{1-z^{-1}}-0.28+0.08z^{-1}$$

$$Y(z)(1+0.1z^{-1}-0.02z^{-2})=\frac{9.72+0.36z^{-1}-0.08z^{-2}}{1-z^{-1}}$$

$$Y(z)=\frac{9.72+0.36z^{-1}-0.08z^{-2}}{(1-z^{-1})(1-0.1z^{-1})(1+0.2z^{-1})}=\frac{A_1}{1-z^{-1}}+\frac{A_2}{1-0.1z^{-1}}+\frac{A_3}{1+0.2z^{-1}}$$

$$A_1=\frac{9.72+0.36z^{-1}-0.08z^{-2}}{(1-0.1z^{-1})(1+0.2z^{-1})}\bigg|_{z^{-1}=1}=\frac{9.72+0.36-0.08}{0.9\times1.2}=9.26$$

$$A_2=\frac{9.72+0.36z^{-1}-0.08z^{-2}}{(1-z^{-1})(1+0.2z^{-1})}\bigg|_{z^{-1}=10}=\frac{9.72+3.6-8}{-9\times3}=-0.197$$

$$A_3=\frac{9.72+0.36z^{-1}-0.08z^{-2}}{(1-z^{-1})(1-0.1z^{-1})}\bigg|_{z^{-1}=-5}=\frac{9.72-1.8-2}{6\times1.5}=0.66$$

$$y(n)=[9.26+0.66(-0.2)^n-0.197(0.1)^n]u(n)$$

6-24(2)题求解及作图的 MATLAB 程序如下：

```
clear;
nf=30;np=0;ns=0;
n=[0:30];b=[1,0,0];a=[1,0.1, -0.02];x=10. * stepseq(np,ns,nf);
Y=[4, 6];        %初始条件
xic=filtic(b,a,Y)
y=filter(b,a,x,xic)
subplot(2,1,1); stem(n,x); axis([-1 10 -0.01 10.1]); ylabel('x(n)');
line([-1,10],[0,0]);line([0,0], [-0.01,10.1]);
  title('输入序列');
subplot(2,1,2);stem(n,y); axis([-1 10 -0.01 10]);
ylabel('y2(n)'); xlabel('n');
  title('输出序列'),
line([-1,10],[0,0]);
  line([0,0] , [-0.01,10]);
```

6-24(2)题的输入输出波形如题解 6-24(2)图所示。

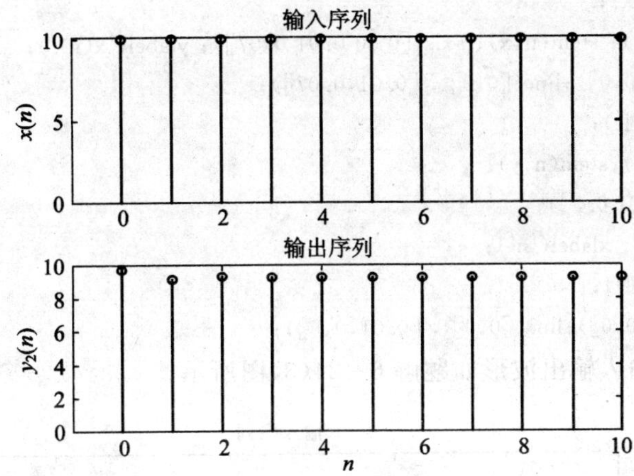

题解 6-24(2)图

(3) 方法1 对差分方程两边取 $\mathscr{Z}$ 变换，有

$$Y(z)-0.9z^{-1}Y(z)=0.05\frac{z}{z-1}$$

$$(1-0.9z^{-1})Y(z)=\frac{0.05z}{z-1}$$

$$Y(z)=\frac{0.05z^2}{(z-1)(z-0.9)}=\frac{0.5z}{z-1}-\frac{0.45z}{z-0.9}$$

$$y(n)=[0.5-0.45(0.9)^n]u(n)$$

方法2 激励在 $t=0$ 时接入，且 $y(-1)=0$，所以起始为零状态，其解为零状态响应。由迭代法 $y(0)-0.9y(-1)=0.05$，得 $y(0)=0.05$。

① 齐次解

$$(E-0.9)y(n)=0,\quad y_c(n)=C(0.9)^n$$

② 特解

$$y_p(n)=D$$

代入原方程

$$D-0.9D=0.05\quad 得\quad D=0.5$$

③ 完全解

$$y(n)=C(0.9)^n+0.5$$

由边界条件

$$y(0)=C(0.9)^0+0.5=0.05$$

解得 $C=-0.45$。所以零状态响应为

$$y_{zs}(n)=-0.45(0.9)^n+0.5,\quad n\geqslant 0$$

$$y(n)=[0.5-0.45(0.9)^n]u(n)$$

6-24(3)求解及作图的 MATLAB 程序如下：

```
clear;
nf=40;np=0;ns=0;
n=[0:40];b=[1,0];a=[1,-0.9];x=0.05.*stepseq(np,ns,nf);
```

```
y=filter(b,a,x);
subplot(2,1,1); stem(n,x); axis([0 30 0.01 0.07]); ylabel('x(n)');
line([0,30],[0,0]);line([0,0] , [0.01,0.07]);
title('输入序列');
subplot(2,1,2);stem(n,y);
axis([0 30 0.01 0.5]);
ylabel('y(n)'); xlabel('n');
title('输出序列');
line([0,30],[0,0]);line([0,0] , [0.01,0,5]);
```

6-24(3)题的输入输出波形如题解 6-24(3)图所示。

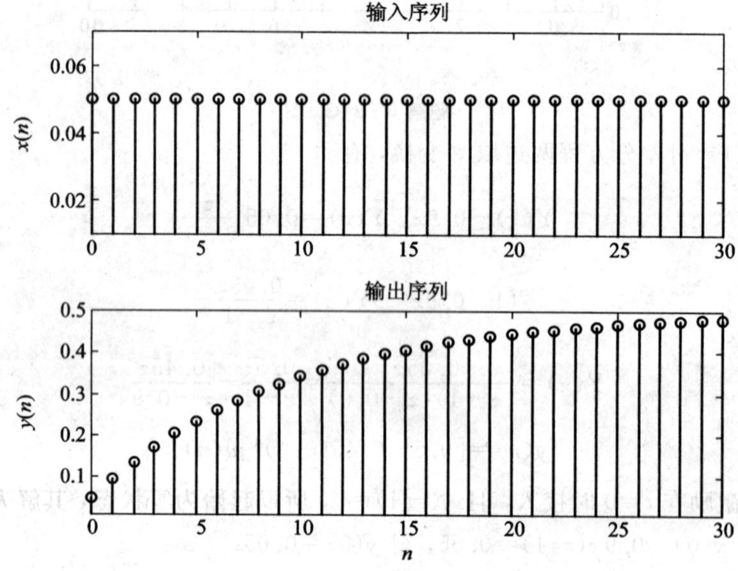

题解 6-24(3)图

(4) 方法 1

$$Y(z)-0.9[z^{-1}Y(z)+y(-1)]=0.05\frac{z}{z-1}$$

$$Y(z)(1-0.9z^{-1})-0.9=\frac{0.05z}{z-1}$$

$$Y(z)=\frac{0.05z^2}{(z-1)(z-0.9)}+\frac{0.9z}{z-0.9}$$

$$y(n)=[0.5-0.45(0.9)^n]u(n)+0.9(0.9)^n u(n)$$

$$=[0.5+0.45(0.9)^n]u(n)$$

方法 2　分别求零状态响应、零输入响应。

① 零状态响应同上

$$y(-1)=0,\ y_{zs}(n)=-0.45(0.9)^n+0.5,\quad n\geqslant 0$$

② 零输入响应

$$y(n)-0.9y(n-1)=0$$

$$y_{zi}(n)=C(0.9)^n,\quad y_{zi}(-1)=C(0.9)^{-1}=1,\ C=0.9$$

$$y_{zi}(n)=0.9(0.9)^n$$

全响应

$$y(n)=y_{zs}(n)+y_{zi}(n)=\underbrace{0.45(0.9)^n}_{\text{自然}}+\underbrace{0.5}_{\text{受迫}},\quad n\geqslant 0$$

方法 3

① 齐次解

$$y_c(n)=C(0.9)^n,\quad n\geqslant 0$$

② 特解

$$y_p(n)=D,\quad n\geqslant 0$$

代入原方程

$$D-0.9D=0.05 \quad 得 \quad D=0.5$$

③ 完全解

$$y(n)=C(0.9)^n+0.5$$

解出完全边界条件，由 $y(0)-0.9y(-1)=0.05$，解得

$$y(0)=0.95$$

代入完全解

$$y(0)=0.5+C=0.95,\ C=0.45$$

所以

$$y(n)=[0.5+0.45(0.9)^n]u(n)$$

6-24(4)求解及作图的 MATLAB 程序如下：

```
clear;
nf=40;np=0;ns=0;
n=[0:40];b=[1,0];a=[1, -0.9];x=0.05.*stepseq(np,ns,nf);
Y=[1];      %初始条件
y=filter(b,a,x,Y);
subplot(2,1,1); stem(n,x);
  axis([0 30 0.01 0.07]);
  ylabel('x(n)');
line([0,30],[0,0]);
  line([0,0] , [0.01,0.07]);
  title('输入序列');
subplot(2,1,2);stem(n,y); axis([0 30 0.01 1.1]);
ylabel('y(n)'); xlabel('n');
  title('输出序列');
line([0,30],[0,0]);
  line([0,0] , [0.01,1.1]);
```

6-24(4)题的输入输出波形如题解 6-24(4)图所示。

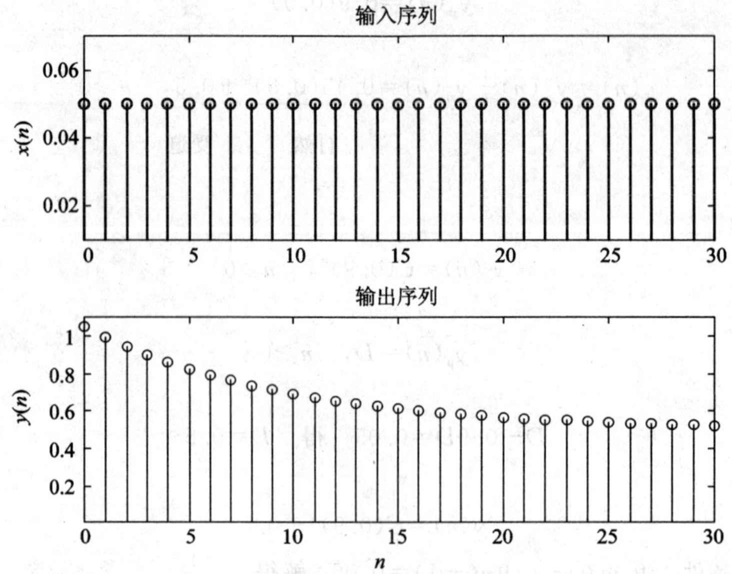

题解 6-24(4)图

(5) 方法 1　对方程两边取 $\mathscr{Z}$ 变换

$$Y(z)+5z^{-1}Y(z)=\frac{z}{(z^{-1})^2}$$

$$Y(z)=\frac{z^2}{(z-1)^2(z+5)}=\frac{1}{6}\frac{z}{(z-1)^2}+\frac{5}{36}\frac{z}{z-1}-\frac{5}{36}\frac{z}{z+5}$$

$$y(n)=\frac{1}{6}\left[n+\frac{5}{6}-\frac{5}{6}(-5)^n\right]u(n)$$

方法 2　将 $n=0$ 代入上式，由此得初始条件

$$y(0)+5y(-1)=0,\ y(0)=0$$

① 齐次解

$$y_c(n)=C(-5)^n,\quad n\geqslant 0$$

② 特解

$$y_p(n)=An+B,\quad n\geqslant 0$$

代入原方程

$$An+B+5A(n-1)+5B=n$$

比较方程两边同次项系数

$$A+5A=1,\ 6B=5A$$

解出

$$A=\frac{1}{6},\ B=\frac{5}{36}$$

③ 完全解

$$y(n)=C(-5)^n+\frac{n}{6}+\frac{5}{36}$$

代入初始条件 $y(0)=0$，解出 $C=-\frac{5}{36}$，最后得

$$y(n)=\left[\frac{n}{6}+\frac{5}{36}-\frac{5}{36}(-5)^n\right]u(n)$$

6-24(5)题求解及作图的 MATLAB 程序如下：

```
clear;
nf=20;np=0;ns=0;
n=[0:20];b=[1,0];a=[1, 5];x=n. * stepseq(np,ns,nf);
Y=[0];      %初始条件
y=filter(b,a,x,Y)
subplot(2,1,1); stem(n,x); axis([0 5 0.01 10]); ylabel('x(n)');
line([0,5],[0,0]);line([0,0] , [0.01,0.07]); title('输入序列');
subplot(2,1,2);stem(n,y); axis([0 5 -100 500]);
ylabel('y(n)'); xlabel('n'); title('输出序列');
line([0,5],[0,0]);line([0,0] , [-100,500]);
```

6-24(5)题的输入输出波形如题解 6-24(5)图所示。

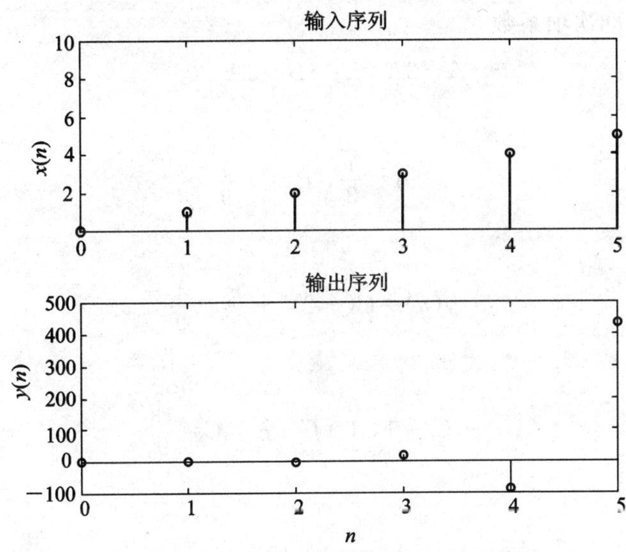

题解 6-24(5)图

(6) 方法 1　由 $y(0)+2y(-1)=-2$，解出

$$y(-1)=-1.5$$

再对方程两边取 $\mathscr{Z}$ 变换

$$Y(z)+2[z^{-1}Y(z)-1.5]=\frac{z}{(z-1)^2}-\frac{2z}{z-1}$$

$$(1+2z^{-1})Y(z)=\frac{z}{(z-1)^2}-\frac{2z}{z-1}+3$$

$$Y(z)=\frac{z^2}{(z-1)^2(z+2)}-\frac{2z^2}{(z-1)(z+2)}+\frac{3z}{z+2}$$

$$=\frac{3}{9}\frac{z}{(z-1)^2}+\frac{2}{9}\frac{z}{z-1}-\frac{2}{9}\frac{z}{z+2}-\frac{2}{3}\frac{z}{z-1}-\frac{4}{3}\frac{z}{z+2}+\frac{3z}{z+2}$$

$$=\frac{3}{9}\frac{z}{(z-1)^2}-\frac{4}{9}\frac{z}{z-1}+\frac{13}{9}\frac{z}{z+2}$$

所以

$$y(n)=\frac{1}{9}[3n-4+13(-2)^n]u(n)$$

方法 2

① 齐次解

$$y_c(n)=C(-2)^n,\quad n\geqslant 0$$

② 特解

$$y_p(n)=An+B,\quad n\geqslant 0$$

代入原方程

$$An+B+2A(n-1)+2B=n-2$$

比较方程两边同次项系数

$$A+2A=1,\ 3B=2A-2$$

解出

$$A=\frac{1}{3},\ B=-\frac{4}{9}$$

③ 完全解

$$y(n)=C(-2)^n+\frac{n}{3}-\frac{4}{9}$$

代入初始条件

$$y(0)=1,\ 1=C-\frac{4}{9},\ C=\frac{13}{9}$$

最后

$$y(n)=\frac{1}{9}[3n-4+13(-2)^n]u(n)$$

6－24(6)题求解及作图的 MATLAB 程序如下：

```
clear;
nf=20;np=0;ns=0;
n=[0:20];b=[1,0];a=[1, 2];
x=(n-1).*stepseq(np,ns,nf);
Y=[-1.5];      %初始条件;
y=filter(b,a,x,Y)
subplot(2,1,1); stem(n,x);
```

```
axis([0 6 0.01 6]);
ylabel('x(n)');
line([0,10],[0,0]);line([0,0] , [0.01,6]);
title('输入序列');
subplot(2,1,2);stem(n,y);
 axis([0 6 -160 90]);ylabel('y(n)');
xlabel('n'); title('输出序列');
line([0,6],[0,0]);line([0,0] , [-160,90]);
```

6-24(6)题的输入输出波形如题解 6-24(6)图所示。

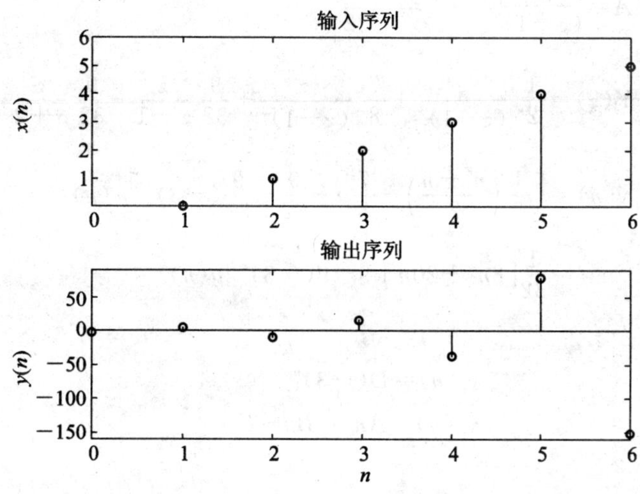

题解 6-24(6)图

6-25 已知一因果离散系统的差分方程为 $y(n)+3y(n-1)=x(n)$，求

(1) 系统的单位脉冲响应 $h(n)$；

(2) 若 $x(n)=(n+n^2)u(n)$，求响应 $y(n)$。

解 (1) $Y(z)(1+3z^{-1})=X(z)$

$$H(z)=\frac{Y(z)}{X(z)}=\frac{1}{1+3z^{-1}}$$

$$h(n)=(-3)^n u(n)$$

(2) 方法 1

$$X(z)=\frac{z}{(z-1)^2}+\frac{z(z+1)}{(z-1)^3}=\frac{2z^2}{(z-1)^3}$$

$$Y(z)=X(z)H(z)=\frac{z}{z+3}\ \frac{2z^2}{(z-1)^3}=z\ \frac{2z^2}{(z-1)^3(z+3)}$$

$$=z\left[\frac{B_3}{(z-1)^3}+\frac{B_2}{(z-1)^2}+\frac{B_1}{z-1}+\frac{A}{z+2}\right]$$

$$B_3=\frac{2z^2}{z+3}\bigg|_{z=1}=\frac{1}{2}$$

$$B_2=\frac{d}{dz}\left[\frac{2z^2}{z+3}\right]\bigg|_{z=1}=\frac{4z(z+3)-2z^2}{(z+3)^2}\bigg|_{z=1}=\frac{7}{8}$$

$$B_1=\frac{1}{2}\frac{d^2}{dz^2}\left(\frac{2z^2}{z+3}\right)\bigg|_{z=1}=\frac{1}{2}\frac{d}{dz}\frac{2z^2+12z}{(z+3)^2}\bigg|_{z=1}$$

$$=\frac{1}{2}\frac{(4z+12)(z+3)-2(2z^2+12z)}{(z+3)^3}\bigg|_{z=1}$$

$$=\frac{9}{32}$$

$$A=\frac{2z^2}{(z-1)^3}\bigg|_{z=-3}=-\frac{9}{32}$$

$$Y(z)=\frac{1}{2}\frac{z}{(z-1)^3}+\frac{7}{8}\frac{z}{(z-1)^2}+\frac{9}{32}\frac{z}{z-1}-\frac{9}{32}\frac{z}{z+2}$$

$$y(n)=\left[\frac{1}{2}\left(\frac{n^2-n}{2}\right)+\frac{7}{8}n+\frac{9}{32}-\frac{9}{32}(-3)^n\right]u(n)$$

$$=\frac{1}{32}[8n^2+20n+9-9(-3)^n]u(n)$$

方法 2

① 齐次通解 $\qquad y_c(n)=D(-3)^n$

② 特解 $\qquad y_p(n)=An^2+Bn+C$

代入原方程

$$An^2+Bn+C+3A(n-1)^2+3B(n-1)+3C=n^2+n$$
$$(A+3A)n^2+(B-6A+3B)n+(C+3A-3B+3C)=n^2+n$$

比较同次项系数

$$\begin{cases}4A=1\\4B-6A=1\\4C+3A-3B=0\end{cases}\quad \text{解出}\quad \begin{cases}A=1/4\\B=5/8\\C=9/32\end{cases}$$

③ 完全解

$$y(n)=y_p(n)+y_c(n)=\frac{1}{4}n^2+\frac{5}{8}n+\frac{9}{32}+D(-3)^n$$

因为是因果系统，$y(-1)=0$，由

$$y(0)+3y(-1)=x(0)=0$$

求得 $y(0)=0$，代入完全解

$$y(0)=\frac{9}{32}+D=0,\ D=-\frac{9}{32}$$

$$y(n)=\frac{1}{4}n^2+\frac{5}{8}n+\frac{9}{32}-\frac{9}{32}(-3)^n,\quad n\geqslant 0$$

方法 3　零状态响应

$$Y(z)=X(z)H(z)=\frac{2z^3}{(z-1)^3(z+3)}$$

极点 $z_1=-3$，$z_1=1$（三阶）。

$$y(n)=\mathrm{Res}_1+\mathrm{Res}_2$$

$$\mathrm{Res}_1=\frac{2z^3}{(z-1)^3}z^{n-1}\bigg|_{z=-3}=\frac{2z^{n+2}}{(z-1)^3}\bigg|_{z=-3}$$

$$=-\frac{1}{32}(-3)^{n+2}$$

$$=-\frac{9}{32}(-3)^n,\quad n\geqslant 0$$

$$\mathrm{Res}_2=\frac{1}{2}\frac{\mathrm{d}^2}{\mathrm{d}z^2}\left(\frac{2z^3}{z+3}z^{n-1}\right)\bigg|_{z=1}=\frac{\mathrm{d}^2}{\mathrm{d}z^2}\left(\frac{z^{n+2}}{z+3}\right)\bigg|_{z=1}$$

$$=\frac{\mathrm{d}}{\mathrm{d}z}\left[\frac{(n+2)z^{n+1}(z+3)-z^{n+2}}{(z+3)^2}\right]\bigg|_{z=1}$$

$$=\frac{\mathrm{d}}{\mathrm{d}z}\left[\frac{3(n+2)z^{n+1}+(n+1)z^{n+2}}{(z+3)^2}\right]\bigg|_{z=1}$$

$$=\frac{[3(n+2)(n+1)z^n+(n+1)(n+2)z^{n+1}](z+3)-2[3(n+2)z^{n+1}+(n+1)z^{n+2}]}{(z+3)^3}\bigg|_{z=1}$$

$$=\frac{[3(n+2)(n+1)+(n+1)(n+2)]\times 4-2\times[3(n+2)+(n+1)]}{4^3}$$

$$=\frac{16(n^2+3n+2)-2(4n+7)}{64}$$

$$=\frac{8n^2+20n+9}{32},\quad n\geqslant 0$$

零输入响应

$$y_{zi}(n)=C(-3)^n,\quad y(n)=y_{zs}(n)+y_{zi}(n)$$

由 $y(0)=0$，解出 $C=-\frac{9}{32}$。所以

$$y(n)=\frac{1}{4}n^2+\frac{5}{8}n+\frac{9}{32}-\frac{9}{32}(-3)^n,\quad n\geqslant 0$$

6-26 求下列序列的傅里叶变换 $X(\mathrm{e}^{\mathrm{j}\theta})$。

(1) $x(n)=\delta(n)$； (2) $x(n)=\delta(n-1)$；

(3) $x(n)=\delta(n+1)$； (4) $x(n)=\delta(n-n_0)$；

(5) $x(n)=0.5^n u(n)$； (6) $x(n)=u(n+3)-u(n-4)$。

解 (1) $\delta(n)\leftrightarrow X(\mathrm{e}^{\mathrm{j}\theta})=1$

(2) $\delta(n-1)\leftrightarrow X(\mathrm{e}^{\mathrm{j}\theta})=\mathrm{e}^{-\mathrm{j}\theta}$

(3) $\delta(n+1)\leftrightarrow X(\mathrm{e}^{\mathrm{j}\theta})=\mathrm{e}^{\mathrm{j}\theta}$

(4) $\delta(n-n_0)\leftrightarrow X(\mathrm{e}^{\mathrm{j}\theta})=\mathrm{e}^{-\mathrm{j}n_0\theta}$

(5) $0.5^n u(n)\leftrightarrow X(\mathrm{e}^{\mathrm{j}\theta})=\frac{\mathrm{e}^{\mathrm{j}\theta}}{\mathrm{e}^{\mathrm{j}\theta}-0.5}$

(6) 因为 $u(n+3)-u(n-4)=R_7(n+3)$

所以

$$X(e^{j\theta}) = \sum_{n=-\infty}^{\infty} R_7(n+3)e^{-jn\theta} = \sum_{n=-3}^{3} e^{-jn\theta} = e^{j3\theta}(1+e^{-j\theta}+e^{-j2\theta}+e^{-j3\theta}+\cdots+e^{-j6\theta})$$

$$= \frac{1-e^{-j7\theta}}{1-e^{-j\theta}}e^{j3\theta} = \frac{e^{-j7\theta/2}(e^{j7\theta/2}-e^{-j7\theta/2})}{e^{-j\theta/2}(e^{j7\theta}-e^{-j\theta/2})}e^{j3\theta} = \frac{\sin(7\theta/2)}{\sin(\theta/2)}$$

6-27 求如题 6-27 图所示梳状滤波器的差分方程、系统函数；零、极点图；单位脉冲响应；系统频响。用 MATLAB 验证 $N=6$ 时的结论。

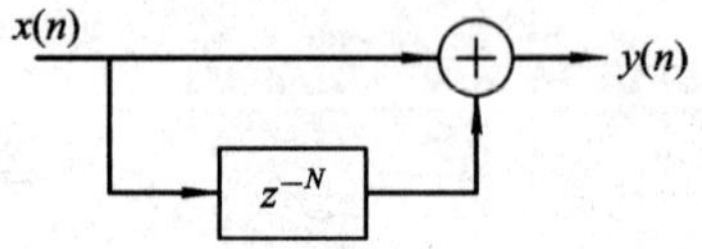

题 6-27 图

解 $x(n)+x(n-N)=y(n) \leftrightarrow (1+z^{-N})X(z)=Y(z)$

$$H_0(z)=1+z^{-N} \leftrightarrow h_0(t)=\delta(n)+\delta(n-N)$$

零点：$z_k=e^{j\frac{2\pi}{N}k}$，$k=0, 1, \cdots, N-1$

$$H_0(e^{j\theta})=1+e^{-j\theta N}=e^{-j\frac{N}{2}\theta}(e^{j\frac{N}{2}\theta}+e^{-j\frac{N}{2}\theta})=2e^{-j\frac{N}{2}\theta}\cos\frac{N\theta}{2}$$

$$|H_0(e^{j\theta})|=2\left|\cos\frac{N\theta}{2}\right|$$

6-27 题求解及作图的 MATLAB 程序如下：

```
clear;
num=[1,0,0,0,0,0,1]; den=[1];
 printsys(fliplr(num),fliplr(den),'1/z')
[h,n]= impz(num, den,20); x=stepseq(0,0,49);y=conv(h,x);
subplot(221);
stem(n,h);
ylabel('h(n)');
title(' 单位脉冲响应');
 subplot(223);
zplane(num, den);
title(' 零极点图');
 ylable('Imaginary Part');
 xlable('Real Part');
 [H,w]=freqz(num, den,1000,'whole');
 subplot(222);
plot(w/pi,abs(H));
ylabel('|H|');
title(' 幅频特性');
 subplot(224);
plot(w/pi,angle(H));
ylabel('ang[H]');
title('相频特性');
 xlabel('omega/pi');
```

6－27 题的单位脉冲响应、零极点、频响特性如题解 6－27 图所示。

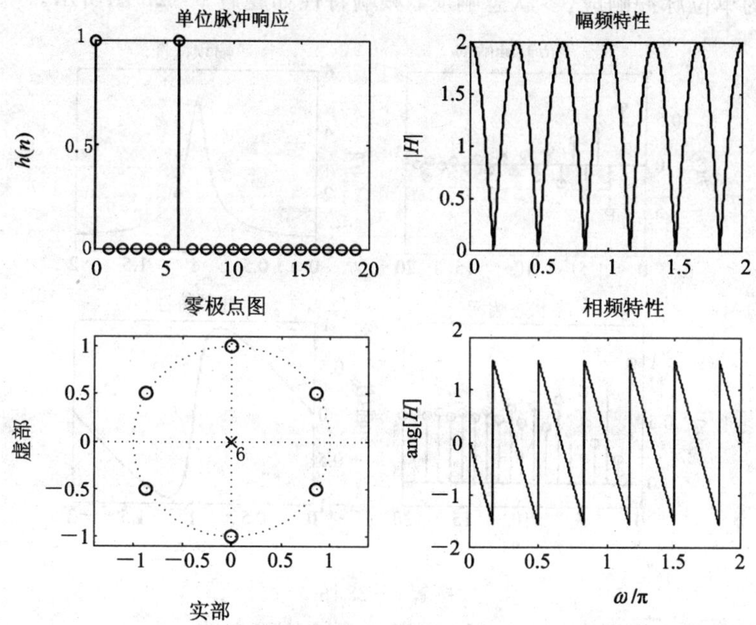

题解 6－27 图

6－28 如题 6－28 图所示离散系统（$0<a<1$），激励 $x(n)=u(n)$，求系统的响应并指出瞬态响应、稳态响应。

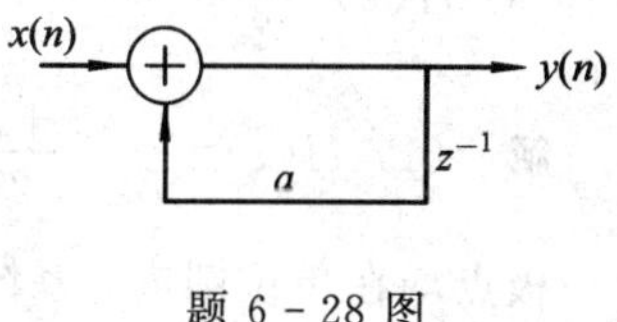

题 6－28 图

解 $y(n)=x(n)+ay(n-1)$

$$Y(z)-az^{-1}Y(z)=X(z)$$

$$Y(z)=\frac{X(z)}{1-az^{-1}}=\frac{1}{(1-az^{-1})(1-z^{-1})}$$

$$=\frac{1}{1-a}\cdot\frac{1}{1-az^{-1}}+\frac{a}{a-1}\cdot\frac{1}{1-z^{-1}}$$

$$y(n)=\underset{\text{瞬态响应}}{\frac{a}{a-1}a^{n}u(n)}-\underset{\text{稳态响应}}{\frac{1}{a-1}u(n)}$$

6－28 题求解及作图的 MATLAB 程序如下：

```
clear; a=0.8
num=[1];den=[1 0.8];
printsys(fliplr(num),fliplr(den),'1/z')
[h,n]= impz(num,den,20); x=stepseq(0,0,49);y=conv(h,x);
subplot(221);stem(n,h);ylabel('h(n)'); line([0,20],[0,0]);title(' 单位脉冲响应');
subplot(223);stem(y); ylabel('y(n)'); line([0,20],[0,0]); title(' 零状态响应');
axis([0 20 -0.2 1.3]); xlabel('n');
[H,w]=freqz(num,den,1000,'whole');
subplot(222); plot(w/pi,abs(H)); ylabel('|H|'); title(' 幅频特性');
subplot(224);plot(w/pi,angle(H));ylabel('ang[H]'); title('相频特性');
```

```
xlabel('omega/pi');
```

6-28 题的单位脉冲响应、零状态响应、频响特性如题解 6-28 图所示。

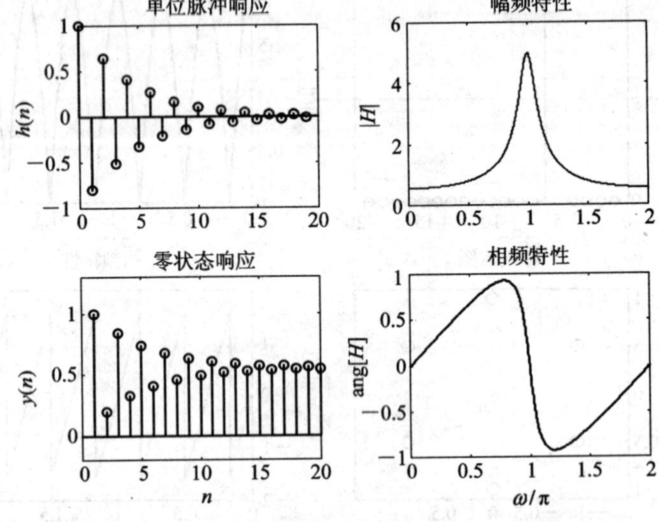

题解 6-28 图

6-29 因果系统的系统函数如下，判断各系统的稳定性。

(1) $H(z)=\dfrac{z+2}{8z^2-2z-3}$；　(2) $H(z)=\dfrac{8(1-z^{-1}-z^{-2})}{2+5z^{-1}+2z^{-2}}$；

(3) $H(z)=\dfrac{2z-4}{2z^2+z-1}$；　(4) $H(z)=\dfrac{1+z^{-1}}{1-z^{-1}+z^{-2}}$。

解　(1) $H(z)=\dfrac{z+2}{8z^2-2z-3}=\dfrac{z+2}{8(z-0.75)(z+0.5)}$

极点均在单位圆内，系统稳定。

(2) $H(z)=\dfrac{8(1-z^{-1}-z^{-2})}{2+5z^{-1}+2z^{-2}}=\dfrac{4(1-z^{-1}-z^{-2})}{(1+2z^{-1})(1+0.5z^{-1})}$

有极点在单位圆外，系统不稳定。

(3) $H(z)=\dfrac{2z-4}{2z^2+z-1}=\dfrac{2z-4}{2(z+1)(z-0.5)}$

有极点在单位圆上，系统不稳定(临界)。

(4)　$H(z)=\dfrac{1+z^{-1}}{1-z^{-1}+z^{-2}}=\dfrac{1+z^{-1}}{[1-(0.5+\mathrm{j}0.866)z^{-1}][1-(0.5-\mathrm{j}0.866)z^{-1}]}$

$|0.5\pm\mathrm{j}0.866|=1$ 极点在单位圆上，系统不稳定(临界)。

6-29 题求解零极点及作图的 MATLAB 程序如下：

```
clear;b1=[0 1 2];a1=[8 -2 -3]; b2=[8 -8 -8];a2=[2 5 2];
b3=[0 2 -4];a3=[2 1 -1]; b4=[1 1 0];a4=[1 -1 1];
subplot(221); zplane(b1, a1); title(' 6-29(1)零极点图');
subplot(222); zplane(b2, a2); title(' 6-29(2)零极点图');
subplot(223); zplane(b3, a3); title(' 6-29(3)零极点图');
```

```
subplot(224); zplane(b4, a4); title(' 6-29(4)零极点图');
```

题 6-29(1)～(4)系统的零极点图如题解 6-29 图所示。

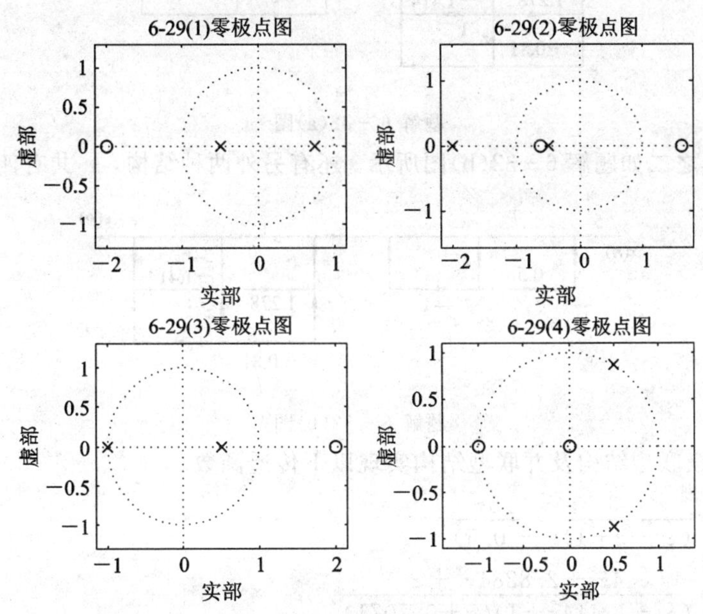

题解 6-29 图

6-30 已知某系统的系统函数 $H(z)=\dfrac{9.5z}{(z-0.5)(10-z)}$，分别求出收敛区为 $|z|>10$ 和 $0.5<|z|<10$ 时的系统单位脉冲响应，并判断系统的因果稳定性。

解 (1) $|z|>10$ 是右边序列，收敛区不含单位圆。系统单位脉冲响应为 $h(n)=(0.5^n-10^n)u(n)$，系统因果不稳定。

(2) $0.5<|z|<10$ 是双边序列，收敛区包含单位圆。系统单位脉冲响应为 $h(n)=0.5^n u(n)+10^n u(-n-1)$，系统非因果稳定。

6-31 已知系统函数 $H(z)=\dfrac{-5+2z^{-1}-0.5z^{-2}}{1+3z^{-1}+3z^{-2}+z^{-3}}$，分别用直接型及直接Ⅱ型结构实现。

解 直接型及直接Ⅱ型结构分别如题解 6-31(a)、(b)图所示。

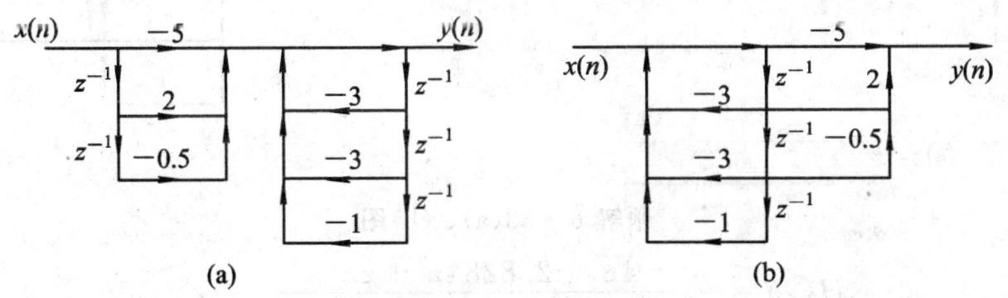

题解 6-31 图

6-32 用级联型结构实现以下传递函数，共能构成几种级联网络？

$$H(z)=\frac{5(1-z^{-1})(1-1.4142z^{-1}+z^{-2})}{(1-0.5z^{-1})(1-1.2728z^{-1}+0.81z^{-2})}$$

解 级联型结构之一如题解 6-32(a)图所示。

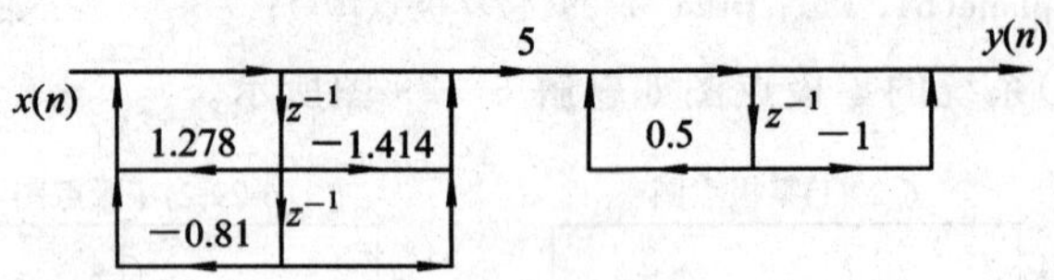

题解 6 - 32(a)图

级联型结构之二如题解 6 - 32(b)图所示。还有另外两种结构，一共有四种。

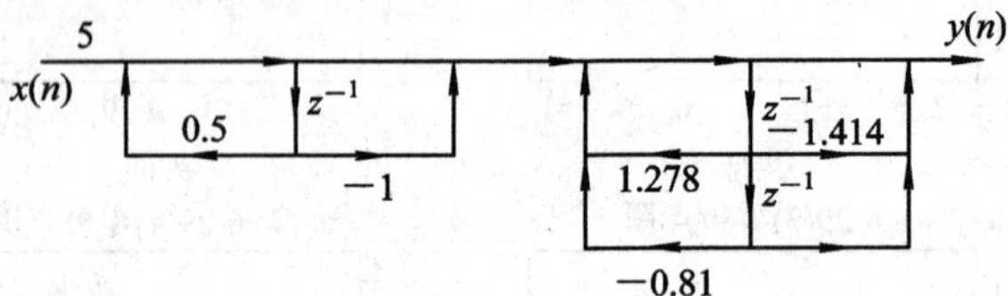

题解 6 - 32(b)图

6 - 33 用级联型结构及并联型结构实现以下传递函数。

(1) $H(z)=\dfrac{z^3-3.5z^2+2.5z}{(z^2-z+1)(z-0.5)}$;

(2) $H(z)=\dfrac{4z^3+2.8284z^2+z}{(z^2+1.414z+1)(z+0.7071)}$。

解 (1) $H(z)=\dfrac{z^3-3.5z^2+2.5z}{(z^2-z+1)(z-0.5)}=\dfrac{(2^2-2.5z)(z^{-1})}{(z^2-z+1)(z-0.5)}$

$$=\frac{\frac{4}{3}}{1-0.5z^{-1}}+\frac{-\frac{1}{3}-\frac{7}{3}z^{-1}}{1-z^{-1}+z^{-2}}$$

级联型结构及并联型结构如题解 6 - 33(a)、(b)图所示。

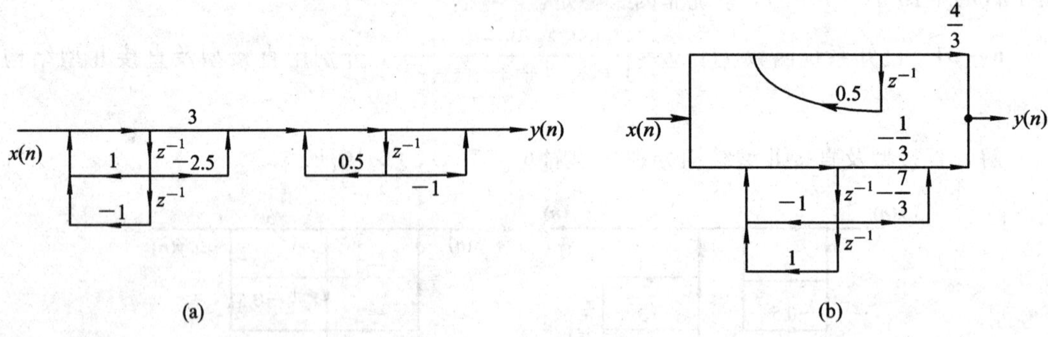

题解 6 - 33(a)、(b)图

(2) $$H(z)=\frac{4z^3+2.8284z^2+z}{(z^2+1.414z+1)(z+0.7071)}$$

$$=\frac{4+2.8284z^{-1}+z^{-2}}{(1+1.414z^{-1}+z^{-2})(1+0.7071z^{-1})}$$

$$=\frac{2-1.414z^{-1}}{1+1.414z^{-1}+z^{-2}}+\frac{2}{1+0.7071z^{-1}}$$

级联型结构及并联型结构如题解 6-33(c)、(d)图所示。

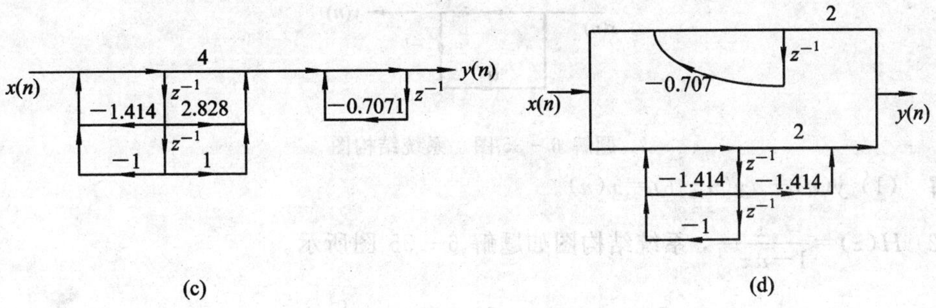

题解 6-33(c)、(d)图

6-34 设滤波器差分方程为 $y(n)=x(n)+\frac{1}{3}x(n-1)+\frac{3}{4}y(n-1)-\frac{1}{8}y(n-2)$，用直接Ⅰ型、Ⅱ型以及全部一阶的级联型、并联型结构实现它。

解
$$Y(z)=X(z)+\frac{1}{3}z^{-1}X(z)+\frac{3}{4}z^{-1}Y(z)-\frac{1}{8}z^{-2}Y(z)$$

$$Y(z)\left(1-\frac{3}{4}z^{-1}+\frac{1}{8}z^{-2}\right)=X(z)\left(1+\frac{1}{3}z^{-1}\right)$$

$$H(z)=\frac{Y(z)}{X(z)}=\frac{1+\frac{1}{3}z^{-1}}{1-\frac{3}{4}z^{-1}+\frac{1}{8}z^{-2}}=\frac{1+\frac{1}{3}z^{-1}}{\left(1-\frac{1}{2}z^{-1}\right)\left(1-\frac{1}{4}z^{-1}\right)}$$

$$=\frac{3/10}{1-\frac{1}{2}z^{-1}}+\frac{-7/3}{1-\frac{1}{4}z^{-1}}$$

直接Ⅰ型、Ⅱ型以及全部一阶的级联型、并联型结构如题解 6-34(a)、(b)、(c)、(d)图所示。

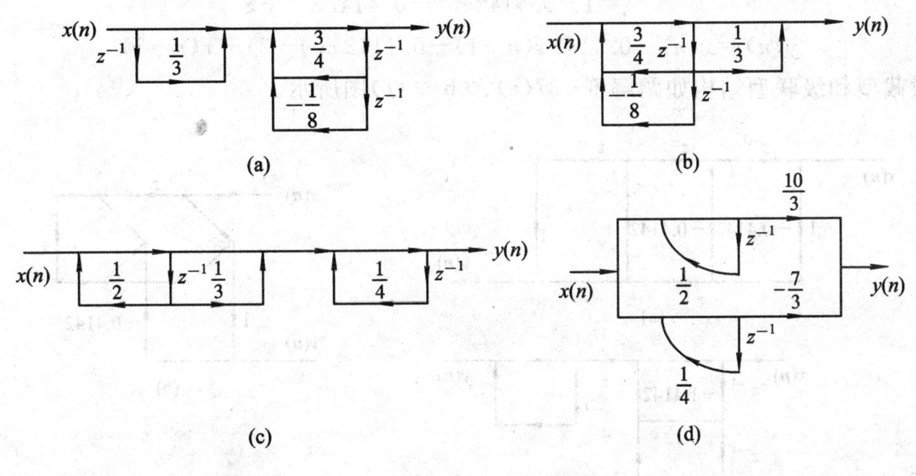

题解 6-34 图

6-35 已知系统函数 $H(z)=\frac{z}{z-a}$，试求：(1) 对应的差分方程；(2) 系统结构图；

(3) $a=0$、0.5、1 三种情况的系统频响(幅度、相位特性)。

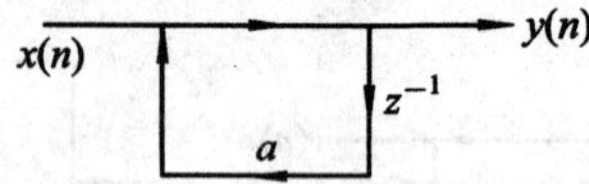

题解 6－35 图　系统结构图

解　(1) $y(n)-ay(n-1)=x(n)$。

(2) $H(z)=\dfrac{1}{1-az^{-1}}$，系统结构图如题解 6－35 图所示。

(3)
$$H_1(e^{j\theta})=1,\quad H_2(e^{j\theta})=\frac{e^{j\theta}}{e^{j\theta}-0.5},$$
$$H_3(e^{j\theta})=\frac{e^{j\theta}}{e^{j\theta}-1}$$

6－36　已知滤波器单位脉冲响应为 $h(n)=\begin{cases}0.2^n, & 0\leqslant n\leqslant 5\\ 0, & \text{其它}\end{cases}$，求横截型结构。

解
$$H(z)=1+0.2z^{-1}+0.2^2z^{-2}+0.2^3z^{-3}+0.2^4z^{-4}+0.2^5z^{-5}$$
横截型结构如题解 6－36 图所示。

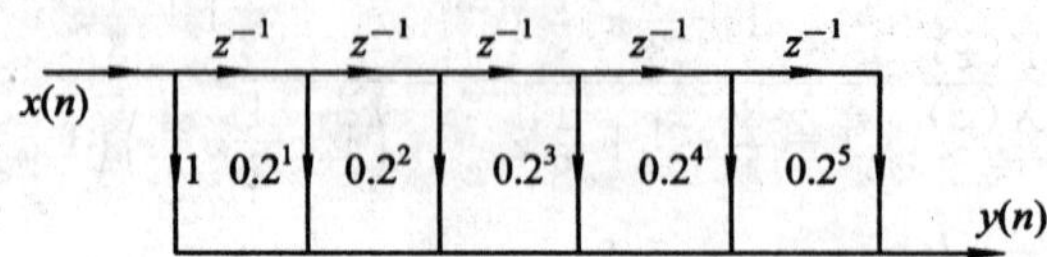

题解 6－36 图

6－37　用横截型和级联型结构实现传递函数 $H(z)=(1-1.4142z^{-1}+z^{-2})(1+z^{-1})$。

解
$$\begin{aligned}H(z)&=(1-1.4142z^{-1}+z^{-2})(1+z^{-1})\\&=1-0.4142z^{-1}-0.4142z^{-2}+z^{-3}\end{aligned}$$
$$y(n)=x(n)-0.4142x(n-1)-0.4142x(n-2)+x(n-3)$$
横截型和级联型结构如题解 6－37(a)、(b)、(c)图所示。

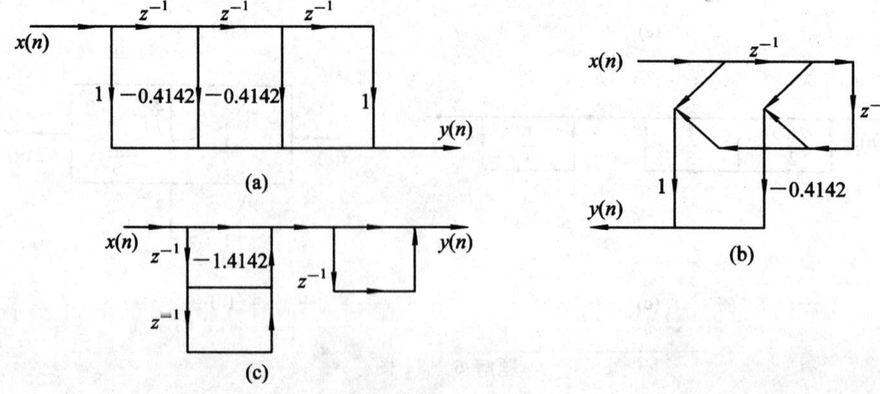

题解 6－37 图

6-38 试问用什么结构可以实现以下单位脉冲响应：

$$h(n)=\delta(n)-3\delta(n-3)+5\delta(n-7)$$

解 $H(z)=1-3z^{-3}+5z^{-7}$，可用横截形。

横截型结构如题解 6-38 图所示。

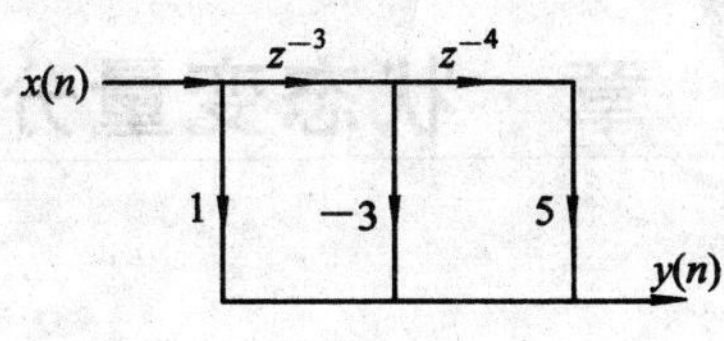

题解 6-38 图

第 7 章 状态变量分析法

7.1 本章知识结构

本章的知识结构如图 7－1 所示。

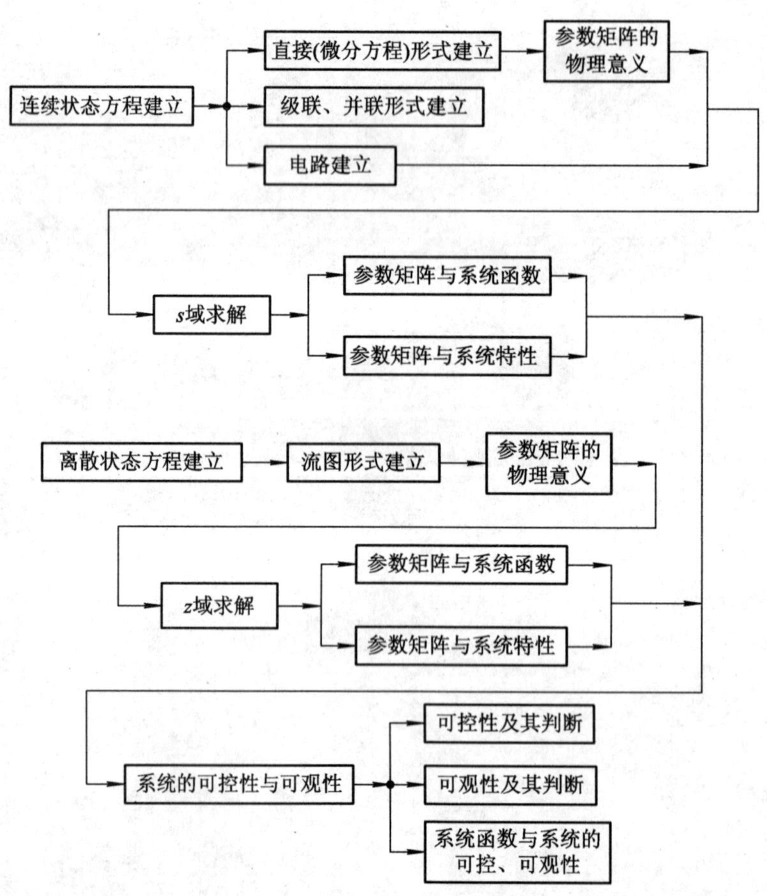

图 7－1 本章知识结构图

7.2 基本概念、重点与难点

7.2.1 连续系统状态方程与输出方程的建立

状态变量 状态变量表示系统的一组最少变量，若已知 $t=t_0$ 时的这组变量和 $t\geqslant t_0$ 时的输入，就可以由此计算出 $t\geqslant t_0$ 后的输出及系统内部任意节点的变量值。

状态矢量 描述系统的各状态变量可认为是矢量 $\boldsymbol{x}(t)$ 的各个分量的坐标，即 $[x_1 \quad x_2 \quad \cdots \quad x_n]^{\mathrm{T}}$ 是 n 维矢量的 n 个分量 x_1、x_2、…、x_n 的坐标。$\boldsymbol{x}(t)$ 是状态矢量。

状态空间 状态矢量 $\boldsymbol{x}(t)$ 所在的空间。

1. 由系统的直接(微分方程)形式信号流图建立状态方程

(1) 从右向左按顺序在积分器 p^{-1} 的输出端建立状态变量 x_i，p^{-1} 的输入端为 $\dot{x}_i=\dfrac{\mathrm{d}}{\mathrm{d}t}x_i$。由于 x_i 顺序相差 90°，因此也称其为相位状态变量。

(2) 列出积分器输入节点 $\dot{x}_i$ 与状态变量 x_i 和输入 $f(t)$ 的关系，并用矩阵表示。

(3) 列出输出信号 $y(t)$ 与状态变量 x_i 和输入 $f(t)$ 的关系，并用矩阵方程表示。

用矩阵矢量表示状态方程与输出方程的一般形式为

$$\begin{cases}\dot{\boldsymbol{x}}=\boldsymbol{A}\boldsymbol{x}+\boldsymbol{B}f\\ \boldsymbol{y}=\boldsymbol{C}\boldsymbol{x}+\boldsymbol{D}f\end{cases}$$

若

$$a_n\frac{\mathrm{d}^n}{\mathrm{d}t^n}y(t)+a_{n-1}\frac{\mathrm{d}^{n-1}}{\mathrm{d}t^{n-1}}y(t)+\cdots+a_1\frac{\mathrm{d}}{\mathrm{d}t}y(t)+a_0y(t)$$
$$=b_n\frac{\mathrm{d}^n}{\mathrm{d}t^n}f(t)+b_{n-1}\frac{\mathrm{d}^{n-1}}{\mathrm{d}t^{n-1}}f(t)+\cdots+b_1\frac{\mathrm{d}}{\mathrm{d}t}f(t)+b_0(t)$$

$$\boldsymbol{A}=\begin{bmatrix}0 & 1 & 0 & \cdots & 0\\ 0 & 0 & 1 & \cdots & 0\\ \vdots & \vdots & \vdots & & \vdots\\ 0 & 0 & 0 & \cdots & 1\\ -a_0 & -a_1 & \cdots & -a_{n-2} & -a_{n-1}\end{bmatrix},\ \boldsymbol{B}=\begin{bmatrix}0\\0\\ \vdots\\0\\1\end{bmatrix}$$

$$\boldsymbol{C}=[b_0-a_0b_n \quad b_1-a_1b_n \quad \cdots \quad b_{n-2}-a_{n-2}b_n \quad b_{n-1}-a_{n-1}b_n]$$

$$\boldsymbol{D}=b_n$$

若

$$a_n\frac{\mathrm{d}^n}{\mathrm{d}t^n}y(t)+a_{n-1}\frac{\mathrm{d}^{n-1}}{\mathrm{d}t^{n-1}}y(t)+\cdots+a_1\frac{\mathrm{d}}{\mathrm{d}t}y(t)+a_0y(t)=f(t)$$

$\boldsymbol{A}$ 与 $\boldsymbol{B}$ 矩阵与上式相同，而 $\boldsymbol{C}$ 与 $\boldsymbol{D}$ 矩阵分别为

$$\boldsymbol{C}=[1 \quad 0 \quad \cdots \quad 0 \quad 0] \qquad \boldsymbol{D}=0$$

若

$$a_n \frac{\mathrm{d}^n}{\mathrm{d}t^n}y(t)+a_{n-1}\frac{\mathrm{d}^{n-1}}{\mathrm{d}t^{n-1}}y(t)+\cdots+a_1\frac{\mathrm{d}}{\mathrm{d}t}y(t)+a_0y(t)$$

$$=b_m\frac{\mathrm{d}^m}{\mathrm{d}t^m}f(t)+\cdots+b_1\frac{\mathrm{d}}{\mathrm{d}t}f(t)+b_0f(t)$$

其对应的 $\boldsymbol{A}$ 与 $\boldsymbol{B}$ 矩阵与上式相同，而 $\boldsymbol{C}$ 与 $\boldsymbol{D}$ 矩阵分别为

$$\boldsymbol{C}=\begin{bmatrix}b_0 & b_1 & \cdots & b_m & 0 & \cdots & 0\end{bmatrix} \qquad \boldsymbol{D}=0$$

n 阶系统且为单输入单输出时，状态变量分析法一般可以用图 7-2 表示。

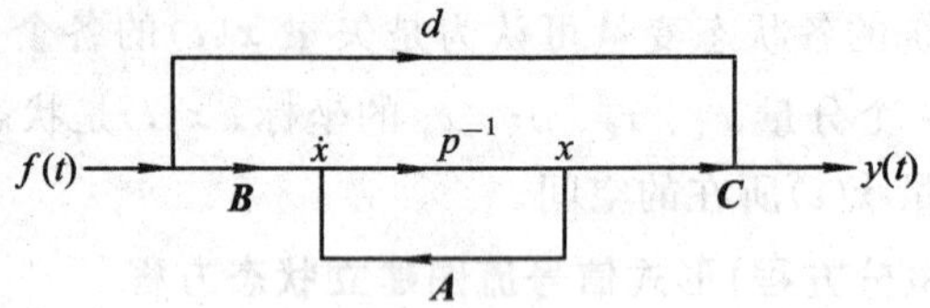

图 7-2 单输入单输出连续系统状态变量分析法

图中的系数矩阵的一般形式为

$$\boldsymbol{x}=\begin{bmatrix}x_1 & x_2 & \cdots & x_n\end{bmatrix}^{\mathrm{T}},\quad \boldsymbol{A}=\begin{bmatrix}a_{11} & a_{12} & \cdots & a_{1n}\\ a_{21} & a_{22} & \cdots & a_{2n}\\ \vdots & \vdots & & \vdots\\ a_{n1} & a_{n2} & \cdots & a_{nn}\end{bmatrix}$$

$$\boldsymbol{B}=\begin{bmatrix}b_1 & b_2 & \cdots & b_n\end{bmatrix}^{\mathrm{T}},\quad \boldsymbol{C}=\begin{bmatrix}c_1 & c_2 & \cdots & c_n\end{bmatrix} \qquad \boldsymbol{D}=d$$

2. 一般形式参数矩阵的物理意义

$\boldsymbol{A}$ 矩阵是状态矢量 $\boldsymbol{x}$ 到状态矢量 $\dot{\boldsymbol{x}}$ 所有反馈支路增益组成的矩阵，其中 a_{ij} 表示由第 j 个状态变量节点 x_j 到第 i 个状态变量 $\dot{x}_i$ 的支路增益。

$\boldsymbol{B}$ 矩阵是由输入 $f(t)$ 到状态矢量 $\dot{\boldsymbol{x}}$ 所有支路增益组成的矩阵，其中 b_i 表示由输入节点到第 i 个状态变量 $\dot{x}_i$ 的支路增益。

$\boldsymbol{C}$ 矩阵是状态矢量 $\dot{\boldsymbol{x}}$ 到输出节点所有支路增益组成的矩阵，其中 c_i 表示由状态变量 $x_i(t)$ 到输出节点所有的支路增益。

$\boldsymbol{D}$ 矩阵是输入输出之间的支路增益，在单输入单输出时，$\boldsymbol{D}=d$，表示输入节点直通输出节点的支路增益。

3. 由系统的级联或并联形式信号流图建立状态方程

(1) 级联形式（均为单极点）的 $\boldsymbol{A}$ 矩阵是三角阵，其对角元素为系统的特征根。

(2) 并联形式（均为单极点）的 $\boldsymbol{A}$ 矩阵是对角阵，这种形式也称规范形式。

4. 由电路建立状态方程

由电路建立状态方程，首先应选定状态变量，一般选电路中独立的电容电压 $u_{\mathrm{C}}(t)$ 与独立的电感电流 $i_{\mathrm{L}}(t)$ 为状态变量。状态变量的个数与系统的阶数相同，且等于独立动态元件的个数。状态变量确定后，利用 KVL 或 KCL 列出电路方程，经化简整理写出电路的状态方程。

7.2.2　连续时间系统状态方程的 s 域分析法

1. 由 s 域分析法求解状态方程

$$\boldsymbol{X}(s)=(s\boldsymbol{I}-\boldsymbol{A})^{-1}\boldsymbol{x}(0_-)+(s\boldsymbol{I}-\boldsymbol{A})^{-1}\boldsymbol{BF}(s)$$

$$\boldsymbol{Y}(s)=\boldsymbol{C}(s\boldsymbol{I}-\boldsymbol{A})^{-1}\boldsymbol{x}(0_-)+[\boldsymbol{C}(s\boldsymbol{I}-\boldsymbol{A})^{-1}\boldsymbol{B}+\boldsymbol{D}]\boldsymbol{F}(s)$$

式中，$\boldsymbol{I}$ 为 $n\times n$ 的单位对角矩阵 $\begin{bmatrix}1 & \cdots & 0\\ \vdots & & \vdots\\ 0 & \cdots & 1\end{bmatrix}$，$\boldsymbol{x}(0_-)=[x_1(0_-)\ \ x_2(0_-)\ \ \cdots\ \ x_n(0_-)]^{\mathrm{T}}$。

令 $\boldsymbol{\Phi}(s)=(s\boldsymbol{I}-\boldsymbol{A})^{-1}$，则响应的时域表示为

$$\boldsymbol{x}(t)=\mathscr{L}^{-1}[\boldsymbol{\Phi}(s)\boldsymbol{x}(0_-)+\boldsymbol{\Phi}(s)\boldsymbol{BF}(s)]$$

$$\boldsymbol{y}(t)=\underbrace{\boldsymbol{C}\mathscr{L}^{-1}[\boldsymbol{\Phi}(s)\boldsymbol{x}(0_-)]}_{\text{零输入响应}}+\underbrace{\boldsymbol{C}\mathscr{L}^{-1}[\boldsymbol{\Phi}(s)\boldsymbol{B}+\boldsymbol{D}]*\mathscr{L}^{-1}}_{\text{零状态响应}}\boldsymbol{F}(s)$$

$\boldsymbol{\Phi}(s)$是由系统的参数矩阵 $\boldsymbol{A}$ 决定的，也称为系统的状态转移(特征、过渡)矩阵。$\boldsymbol{\Phi}(s)$的拉普拉斯反变换对应的是矩阵指数函数，即

$$\mathrm{e}^{\boldsymbol{A}t}=\mathscr{L}^{-1}[\boldsymbol{\Phi}(s)]$$

2. 参数矩阵与系统函数

$$\boldsymbol{H}(s)=\boldsymbol{C}(s\boldsymbol{I}-\boldsymbol{A})^{-1}\boldsymbol{B}+d=\boldsymbol{C}\,\frac{\mathrm{adj}(s\boldsymbol{I}-\boldsymbol{A})}{\det(s\boldsymbol{I}-\boldsymbol{A})}\boldsymbol{B}+d$$

3. 参数矩阵与系统的特性

系统函数 $H(s)$的极点与 $\boldsymbol{A}$ 矩阵的关系为

$$A(s)=\det(s\boldsymbol{I}-\boldsymbol{A})$$

$\boldsymbol{A}$ 矩阵的特征值是 $H(s)$的极点，所以 $\boldsymbol{A}$ 矩阵的所有特征值的实部小于零，则系统稳定，否则不稳定。

7.2.3　离散系统状态方程与输出方程的建立

1. 由流图建立状态方程与输出方程的一般方法

(1) 从左到右按顺序在 z^{-1} 支路输出端建立状态变量 $w_i(n)$，z^{-1} 支路输入端为 $w_i(n+1)$。

(2) 列出延时支路输入节点 $w_i(n+1)$与状态变量$w_i(n)$和输入 $x(n)$的关系，并用矩阵方程表示。

(3) 列出输出信号 $y(n)$与状态变量 $w_i(n)$和输入 $x(n)$的关系，并用矩阵方程表示。

当系统是 N 阶(有 N 个单位延时支路)单输入单输出的情况时，一般状态变量分析法可以用图 7－3 表示。

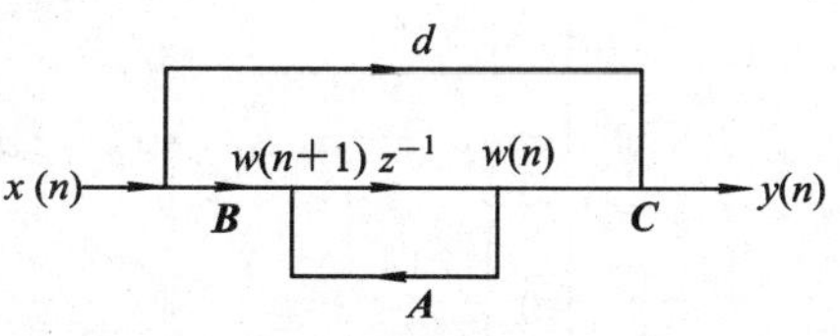

图 7－3　单输入单输出离散系统状态变量分析法

状态方程与输出方程用矩阵矢量一般表示为

$$\boldsymbol{w}(n+1)=\boldsymbol{Aw}(n)+\boldsymbol{Bx}(n)$$

$$\boldsymbol{y}(n)=\boldsymbol{Cw}(n)+d\boldsymbol{x}(n)$$

式中，

$$\boldsymbol{w}(n)=[w_1(n)\quad w_2(n)\quad \cdots\quad w_N(n)]^{\mathrm{T}}$$

$$\boldsymbol{A}=\begin{bmatrix} a_{11} & a_{12} & \cdots & a_{1N} \\ a_{21} & a_{22} & \cdots & a_{2N} \\ \vdots & \vdots & & \vdots \\ a_{N1} & a_{N2} & \cdots & a_{NN} \end{bmatrix}$$

$$\boldsymbol{B}=[b_1\quad b_2\quad \cdots\quad b_N]^{\mathrm{T}}$$

$$\boldsymbol{C}=[c_1\quad c_2\quad \cdots\quad c_N]$$

式中，$\boldsymbol{A}$ 是 $N\times N$ 的方阵，$\boldsymbol{B}$ 是 N 维列矩阵，$\boldsymbol{C}$ 是 N 维行矩阵，d 是单个常数。

2. 参数矩阵的物理意义

$\boldsymbol{A}$ 矩阵是状态矢量 $\boldsymbol{w}(n)$ 到状态矢量 $\boldsymbol{w}(n+1)$ 所有反馈支路增益组成的矩阵，其中 a_{ij} 表示由第 j 个状态变量节点 w_j 到第 i 个状态变量 $w_i(n+1)$ 的支路增益。

$\boldsymbol{B}$ 矩阵是由输入 $x(n)$ 到状态矢量 $\boldsymbol{w}(n+1)$ 所有支路增益组成的矩阵，其中 b_i 表示由输入节点到第 i 个状态变量 $w_i(n+1)$ 的支路增益。

$\boldsymbol{C}$ 矩阵是状态矢量 $\boldsymbol{w}(n)$ 到输出节点所有支路增益组成的矩阵，其中 c_i 表示由状态变量 $w_i(n)$ 到输出节点所有的支路增益。

$\boldsymbol{D}$ 矩阵是输入输出之间的支路增益，在单输入单输出时，$\boldsymbol{D}=d$，表示输入节点到输出节点的支路增益。

3. 由 IIR 系统差分方程(直接结构)建立状态方程与输出方程的方法

IIR 系统差分方程为

$$y(n)+\sum_{k=1}^{N}a_k y(n-k)=\sum_{k=0}^{M}b_k x(n-k)$$

状态方程与输出方程用矩阵矢量一般表示为

$$\boldsymbol{w}(n+1)=\boldsymbol{A}\boldsymbol{w}(n)+\boldsymbol{B}\boldsymbol{x}(n)$$

$$\boldsymbol{y}(n)=\boldsymbol{C}\boldsymbol{w}(n)+d\boldsymbol{x}(n)$$

状态变量按照从右至左的顺序排列，四个参数矩阵为

(1) $\boldsymbol{A}=\begin{bmatrix} 0 & 1 & 0 & \cdots & 0 \\ 0 & 0 & 1 & \cdots & 0 \\ \vdots & \vdots & \vdots & & \vdots \\ 0 & 0 & 0 & \cdots & 1 \\ -a_N & -a_{N-1} & \cdots & -a_2 & -a_1 \end{bmatrix}$；

(2) $\boldsymbol{B}=\begin{bmatrix} 0 \\ 0 \\ \vdots \\ 0 \\ 1 \end{bmatrix}$；

(3) $\boldsymbol{C}=[b_N-a_Nb_0\quad b_{N-1}-a_{N-1}b_0\quad \cdots\quad b_1-a_1b_0]$；

(4) $\boldsymbol{D}=b_0$

4. 由 FIR 系统函数(直接结构)建立状态方程与输出方程的方法

FIR 系统的系统函数为

$$H(z)=\sum_{i=0}^{N}h(i)z^{-i}$$

状态变量按照从左至右的顺序排列，四个参数矩阵为

(1) $\boldsymbol{A}=\begin{bmatrix}0 & 0 & 0 & 0 & 0\\ 0 & 1 & 0 & 0 & 0\\ 0 & 0 & 1 & 0 & 0\\ \vdots & \vdots & \vdots & \vdots & \vdots\\ 0 & \cdots & 0 & 1 & 0\end{bmatrix}$；

(2) $\boldsymbol{B}=\begin{bmatrix}1\\ 0\\ \vdots\\ 0\\ 0\end{bmatrix}$；

(3) $\boldsymbol{C}=[h(1)\quad h(2)\quad \cdots\quad h(N)]$；

(4) $\boldsymbol{D}=h(0)$。

7.2.4 离散系统状态方程的 z 域分析法

1. 由 z 域分析法求解状态方程

离散系统为单输入单输出时，系统的状态方程与输出方程为

$$\boldsymbol{w}(n)=\mathscr{Z}^{-1}[(z\boldsymbol{I}-\boldsymbol{A})^{-1}z]\boldsymbol{w}(0)+\mathscr{Z}^{-1}[(z\boldsymbol{I}-\boldsymbol{A})^{-1}\boldsymbol{B}]*\mathscr{Z}^{-1}[\boldsymbol{X}(z)]$$

$$\boldsymbol{y}(n)=\mathscr{Z}^{-1}[\boldsymbol{C}(z\boldsymbol{I}-\boldsymbol{A})^{-1}z]\boldsymbol{w}(0)+\mathscr{Z}^{-1}[\boldsymbol{C}(z\boldsymbol{I}-\boldsymbol{A})\boldsymbol{B}+\boldsymbol{D}]*\mathscr{Z}^{-1}[\boldsymbol{X}(z)]$$

定义系统的状态特征(转移)矩阵为

$$\boldsymbol{\Phi}(z)=(z\boldsymbol{I}-\boldsymbol{A})^{-1}z=(\boldsymbol{I}-z^{-1}\boldsymbol{A})^{-1}$$

则 $\boldsymbol{\Phi}(z)$的 $\mathscr{Z}$ 反变换对应的是矩阵指数函数，即

$$\boldsymbol{A}^n=\mathscr{Z}^{-1}[\boldsymbol{\Phi}(z)]$$

或

$$\boldsymbol{A}^{n-1}u(n-1)=\mathscr{Z}^{-1}[(z\boldsymbol{I}-\boldsymbol{A})^{-1}]$$

2. 参数矩阵与系统函数

系统函数

$$H(z)=\frac{Y(z)}{X(z)}=\boldsymbol{C}[z\boldsymbol{I}-\boldsymbol{A}]^{-1}\boldsymbol{B}+d$$

式中，$\boldsymbol{I}$ 是 $N\times N$ 阶单位矩阵。

3. 参数矩阵与系统的特性

系统函数 $H(z)$的极点与 $\boldsymbol{A}$ 矩阵的关系为

$$\boldsymbol{A}(z)=\det[z\boldsymbol{I}-\boldsymbol{A}]$$

$\boldsymbol{A}$ 矩阵的特征值就是 $H(z)$的极点。由稳定系统定义可知，$\boldsymbol{A}$ 矩阵的所有特征值的模小

于 1，系统因果稳定，否则不稳定。

7.2.5　系统的可控性与可观测性

1. 系统的可控性及其判别法

1）可控性定义

若给定系统的任意初始状态，通过输入量(控制矢量)的作用，能在有限时间内将系统所有状态引向(转移至)状态空间的原点(零状态)，则该系统是完全可控的；如果只能使部分状态变量做到，则该系统是不完全可控的。

2）判别法(适用连续、离散系统)

(1) 当 $\boldsymbol{A}$ 矩阵是对角阵时，$\boldsymbol{B}$ 矩阵有零元素，则系统是不完全可控的。

(2) n 阶 LTI 系统是完全可控的充要条件是可控性判别矩阵 $\boldsymbol{M}$ 满秩，即系统的状态方程为

$$\boldsymbol{x}=\boldsymbol{A}\boldsymbol{x}+\boldsymbol{B}f$$

则

$$\mathrm{rank}\boldsymbol{M}=n$$

其中，$\boldsymbol{M}=(\boldsymbol{B}\vdots\boldsymbol{A}\boldsymbol{B}\vdots\boldsymbol{A}^2\boldsymbol{B}\vdots\cdots\vdots\boldsymbol{A}^{n-1}\boldsymbol{B})$。

2. 系统的可观性及其判别法

1）可观性定义

若给定系统的控制后，能在有限时间内由系统输出惟一确定系统的所有初始状态，则该系统是完全可观的；如果只能确定部分初始状态，则该系统是不完全可观的。

2）判别法(适用连续、离散系统)

(1) 当 $\boldsymbol{A}$ 矩阵是对角阵时，$\boldsymbol{C}$ 矩阵有零元素系统是不完全可观的。

(2) n 阶 LTI 系统是完全可观的充要条件是可观性判别矩阵 $\boldsymbol{N}$ 满秩，即系统的输出方程为

$$\boldsymbol{y}=\boldsymbol{C}\boldsymbol{x}+\boldsymbol{D}f$$

则

$$\mathrm{rank}\boldsymbol{N}=n$$

其中，$\boldsymbol{N}=(\boldsymbol{C}\vdots\boldsymbol{C}\boldsymbol{A}\vdots\boldsymbol{C}\boldsymbol{A}^2\vdots\cdots\vdots\boldsymbol{C}\boldsymbol{A}^{n-1})^{\mathrm{T}}$。

3. 系统函数与系统的可控性和可观性

系统传递函数 $H(s)$ 与状态参数矩阵的关系为

$$H(s)=\boldsymbol{C}(s\boldsymbol{I}-\boldsymbol{A})^{-1}\boldsymbol{B}+d$$

若 $\boldsymbol{A}$ 参数矩阵为对角阵，此时 $\boldsymbol{B}$ 矩阵的零元素对应不可控的状态变量，$\boldsymbol{C}$ 矩阵的零元素对应不可观的状态变量；否则要将原状态方程矩阵变换为规范化矩阵(即对角阵)。为由特征矢量求出其对角化的变换矩阵，可设新的状态变量为 $\hat{\boldsymbol{w}}$，则系统的对角化方程为

$$\hat{\boldsymbol{w}}=\boldsymbol{P}\boldsymbol{A}\boldsymbol{P}^{-1}\boldsymbol{w}+\boldsymbol{P}\boldsymbol{B}f=\hat{\boldsymbol{A}}\boldsymbol{w}+\hat{\boldsymbol{B}}f$$

$$y=\boldsymbol{C}\boldsymbol{P}^{-1}\boldsymbol{x}=\hat{\boldsymbol{C}}\boldsymbol{w}$$

7.3 习题解答

7-1 已知各系统的流图如题7-1(a)、(b)、(c)图所示，状态变量 x_1、x_2 已标在图中。试求各系统的状态方程与输出方程。

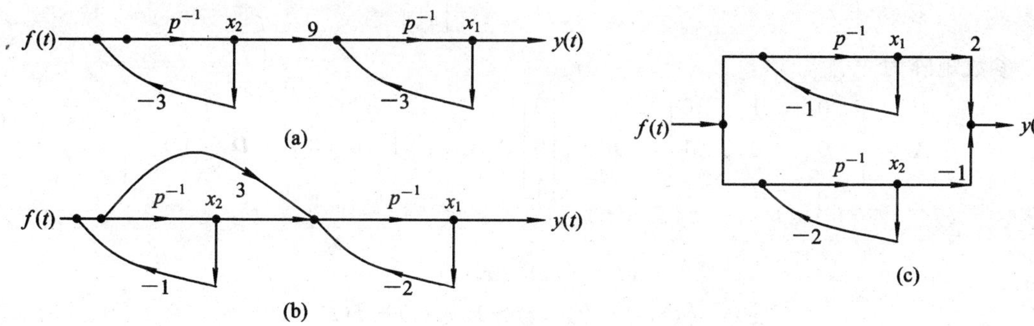

题7-1图

解 图(a)：
$$\dot{x}_1(t)=-3x_1(t)+9x_2(t)$$
$$\dot{x}_2(t)=-3x_2(t)+f(t)$$
$$y(t)=x_1(t)$$
$$\boldsymbol{A}=\begin{bmatrix}-3 & 9\\ 0 & -3\end{bmatrix},\quad \boldsymbol{B}=\begin{bmatrix}0\\ 1\end{bmatrix},\quad \boldsymbol{C}=[1\quad 0],\quad \boldsymbol{D}=[0]$$

图(b)：
$$\dot{x}_1(t)=-2x_1(t)+x_2(t)+3\dot{x}_2(t)=-2x_1(t)-2x_2(t)+3f(t)$$
$$\dot{x}_2(t)=-x_2(t)+f(t)$$
$$y(t)=x_1(t)$$
$$\boldsymbol{A}=\begin{bmatrix}-2 & -2\\ 0 & -1\end{bmatrix},\quad \boldsymbol{B}=\begin{bmatrix}3\\ 1\end{bmatrix},\quad \boldsymbol{C}=[1\quad 0],\quad \boldsymbol{D}=[0]$$

图(c)：
$$\dot{x}_1(t)=-x_1(t)+f(t)$$
$$\dot{x}_2(t)=-2x_2(t)+f(t)$$
$$y(t)=2x_1(t)-x_2(t)$$
$$\boldsymbol{A}=\begin{bmatrix}-1 & 0\\ 0 & -2\end{bmatrix},\quad \boldsymbol{B}=\begin{bmatrix}1\\ 1\end{bmatrix},\quad \boldsymbol{C}=[2\quad -1],\quad \boldsymbol{D}=[0]$$

7-2 试写出下列微分方程所描述系统的状态方程和输出方程。

(1) $y'''(t)+5y''(t)+7y'(t)+3y(t)=f(t)$；

(2) $y''(t)+10y'(t)+2y(t)=f(t)$；

(3) $y''(t)+5y'(t)+4y(t)=f'(t)+3f(t)$。

解 (1) 令

$$\dot{x}_1=y'(t)=x_2(t),\ \dot{x}_2=y''(t)=x_3(t)$$
$$\dot{x}_3=y'''(t)=-3x_1-7x_2-5x_3+f$$
$$y(t)=x_1(t)$$

矩阵形式为

$$\begin{bmatrix}\dot{x}_1\\ \dot{x}_2\\ \dot{x}_3\end{bmatrix}=\begin{bmatrix}0 & 1 & 0\\ 0 & 0 & 1\\ -3 & -7 & -5\end{bmatrix}\begin{bmatrix}x_1\\ x_2\\ x_3\end{bmatrix}+\begin{bmatrix}0\\ 0\\ 1\end{bmatrix}f$$

$$y(t)=\begin{bmatrix}1 & 0 & 0\end{bmatrix}\begin{bmatrix}x_1\\ x_2\\ x_3\end{bmatrix}$$

参数矩阵为

$$\boldsymbol{A}=\begin{bmatrix}0 & 1 & 0\\ 0 & 0 & 1\\ -3 & -7 & -5\end{bmatrix},\quad \boldsymbol{B}=\begin{bmatrix}0\\ 0\\ 1\end{bmatrix},\quad \boldsymbol{C}=\begin{bmatrix}1 & 0 & 0\end{bmatrix},\quad \boldsymbol{D}=\begin{bmatrix}0\end{bmatrix}$$

(2) 令

$$\dot{x}_1=y'(t)=x_2(t)$$
$$\dot{x}_2=y''(t)=-2x_1(t)-10x_2(t)+f(t)$$
$$y(t)=x_1(t)$$

矩阵形式为

$$\begin{bmatrix}\dot{x}_1(t)\\ \dot{x}_2(t)\end{bmatrix}=\begin{bmatrix}0 & 1\\ -2 & -10\end{bmatrix}\begin{bmatrix}x_1(t)\\ x_2(t)\end{bmatrix}+\begin{bmatrix}0\\ 1\end{bmatrix}f(t)$$

$$y(t)=\begin{bmatrix}1 & 0\end{bmatrix}\begin{bmatrix}x_1\\ x_2\end{bmatrix}$$

参数矩阵为

$$\boldsymbol{A}=\begin{bmatrix}0 & 1\\ -2 & -10\end{bmatrix},\quad \boldsymbol{B}=\begin{bmatrix}0\\ 1\end{bmatrix},\quad \boldsymbol{C}=\begin{bmatrix}1 & 0\end{bmatrix},\quad \boldsymbol{D}=\begin{bmatrix}0\end{bmatrix}$$

(3) 令

$$\dot{x}_1=y'(t)=x_2(t)$$
$$\dot{x}_2=y''(t)=-4x_1(t)-5x_2(t)+f(t)$$
$$y(t)=x_2(t)+3x_1(t)$$

矩阵形式为

$$\begin{bmatrix}\dot{x}_1(t)\\ \dot{x}_2(t)\end{bmatrix}=\begin{bmatrix}0 & 1\\ -4 & -5\end{bmatrix}\begin{bmatrix}x_1(t)\\ x_2(t)\end{bmatrix}+\begin{bmatrix}0\\ 1\end{bmatrix}f(t)$$

$$y(t)=\begin{bmatrix}3 & 1\end{bmatrix}\begin{bmatrix}x_1\\ x_2\end{bmatrix}$$

参数矩阵为

$$\boldsymbol{A}=\begin{bmatrix}0 & 1\\ -4 & -5\end{bmatrix},\quad \boldsymbol{B}=\begin{bmatrix}0\\ 1\end{bmatrix},\quad \boldsymbol{C}=\begin{bmatrix}3 & 1\end{bmatrix},\quad \boldsymbol{D}=\begin{bmatrix}0\end{bmatrix}$$

7-3 已知某单输入单输出连续系统的转移函数为

$$H(s)=\frac{2s+9}{s^2+4s+29}$$

试写出该系统的状态方程和输出方程(选择相位状态变量)。

解 系统对应的微分方程为

$$y''(t)+4y'(t)+29y(t)=2f'(t)+9f(t)$$

令

$$\dot{x}_1=y'(t)=x_2(t)$$

$$\dot{x}_2=y''(t)=-29x_1(t)-4x_2(t)+f(t)$$

$$y(t)=b_1x_2+b_0x_1=9x_1+2x_2$$

矩阵形式为

$$\begin{bmatrix}\dot{x}_1(t)\\ \dot{x}_2(t)\end{bmatrix}=\begin{bmatrix}0 & 1\\ -29 & -4\end{bmatrix}\begin{bmatrix}x_1(t)\\ x_2(t)\end{bmatrix}+\begin{bmatrix}0\\ 1\end{bmatrix}f(t)$$

$$y(t)=[9\quad 2]\begin{bmatrix}x_1\\ x_2\end{bmatrix}$$

参数矩阵为

$$\boldsymbol{A}=\begin{bmatrix}0 & 1\\ -29 & -4\end{bmatrix},\quad \boldsymbol{B}=\begin{bmatrix}0\\ 1\end{bmatrix},\quad \boldsymbol{C}=[9\quad 2],\quad \boldsymbol{D}=[0]$$

7-4 已知某单输入单输出连续系统的转移算子

$$H(p)-\frac{1}{(p+1)(p+2)}$$

试写出该系统的状态方程和输出方程，使 **A** 矩阵具有对角形式并绘出系统的流图。

解 使 **A** 矩阵具有对角形式的系统转移算子函数为

$$H(p)=\frac{1}{(p+1)(p+2)}=\frac{1}{p+1}-\frac{1}{p+2}$$

系统的流图及状态变量设置如题解 7-4 图所示。

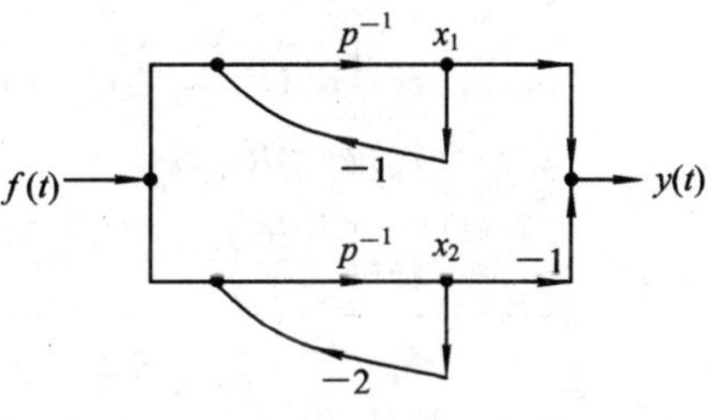

题解 7-4 图

令

$$\dot{x}_1=-x_1(t)+f(t)$$

$$\dot{x}_2=-2x_2(t)+f(t)$$

$$y(t)=x_2(t)+x_1(t)$$

矩阵形式为

$$\begin{bmatrix}\dot{x}_1(t)\\ \dot{x}_2(t)\end{bmatrix}=\begin{bmatrix}-1 & 0\\ 0 & -2\end{bmatrix}\begin{bmatrix}x_1(t)\\ x_2(t)\end{bmatrix}+\begin{bmatrix}1\\ 1\end{bmatrix}f(t)$$

$$y(t)=[1\quad 1]\begin{bmatrix}x_1\\ x_2\end{bmatrix}$$

参数矩阵为

$$\boldsymbol{A}=\begin{bmatrix}-1 & 0\\ 0 & -2\end{bmatrix},\quad \boldsymbol{B}=\begin{bmatrix}1\\ 1\end{bmatrix},\quad \boldsymbol{C}=[1\quad 1],\quad \boldsymbol{D}=[0]$$

7-5 电路如题 7-5 图所示，若以 $v_C(t)$、$i_L(t)$为状态变量，$v_2(t)$为输出变量，试列出系统的状态方程和输出方程。

解

$$L\frac{\mathrm{d}}{\mathrm{d}t}i_L(t)+v_C(t)=v_1(t)$$

$$\dot{i}_{\mathrm{L}}(t)=\frac{\mathrm{d}}{\mathrm{d}t}i_{\mathrm{L}}(t)=-\frac{1}{L}v_{\mathrm{C}}(t)+\frac{1}{L}v_1(t)$$

$$v_{\mathrm{C}}(t)=\frac{1}{C}\int\left[i_{\mathrm{L}}(t)-\frac{v_2(t)}{R}\right]\mathrm{d}t$$

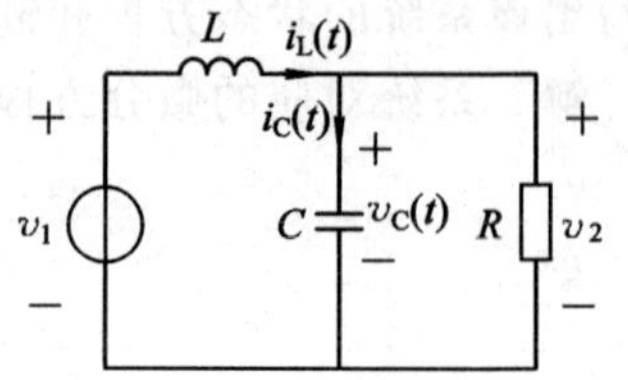

因为 $v_{\mathrm{C}}(t)=v_2(t)$

$$\dot{v}_{\mathrm{C}}(t)=\frac{\mathrm{d}}{\mathrm{d}t}v_{\mathrm{C}}(t)=\frac{1}{C}i_{\mathrm{L}}(t)-\frac{1}{CR}v_{\mathrm{C}}(t)$$

$$\begin{bmatrix}\dot{i}_{\mathrm{L}}(t)\\ \dot{v}_{\mathrm{C}}(t)\end{bmatrix}=\begin{bmatrix}0 & -1/L\\ 1/C & -1/CR\end{bmatrix}\begin{bmatrix}i_{\mathrm{L}}(t)\\ v_{\mathrm{C}}(t)\end{bmatrix}+\begin{bmatrix}1/L\\ 0\end{bmatrix}v_1(t)$$

$$v_2(t)=[0\quad 1]\begin{bmatrix}i_{\mathrm{L}}(t)\\ v_{\mathrm{C}}(t)\end{bmatrix}$$

题 7－5 图

7－6 电路如题 7－6 图所示，若以 $v_{\mathrm{C}}(t)$、$i_{\mathrm{L}}(t)$为状态变量，$y(t)$为输出，试列出系统的状态方程和输出方程。

解 $v_{\mathrm{L}}(t)+v_{\mathrm{R}}(t)=v_{\mathrm{C}}(t)$

$$L\frac{\mathrm{d}}{\mathrm{d}t}i_{\mathrm{L}}(t)+Ri_{\mathrm{L}}(t)=v_{\mathrm{C}}(t)$$

$$\frac{\mathrm{d}}{\mathrm{d}t}i_{\mathrm{L}}(t)=-\frac{R}{L}i_{\mathrm{L}}(t)+\frac{1}{L}v_{\mathrm{C}}(t)$$

$$v_{\mathrm{C}}(t)=\frac{1}{C}\int[i_{\mathrm{s}}(t)-i_{\mathrm{L}}(t)]\,\mathrm{d}t$$

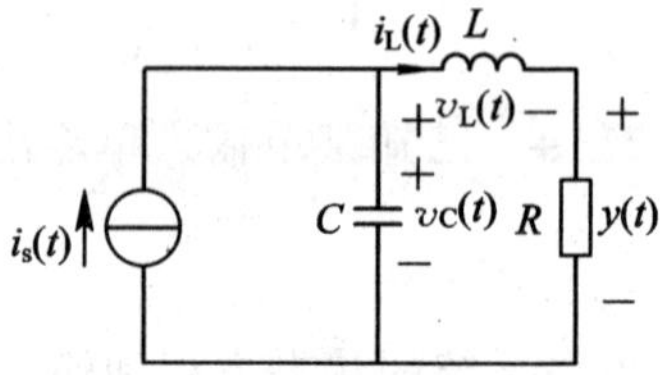

$$\dot{v}_{\mathrm{C}}(t)=\frac{\mathrm{d}}{\mathrm{d}t}v_{\mathrm{C}}(t)=\frac{1}{C}i_{\mathrm{s}}(t)-\frac{1}{C}i_{\mathrm{L}}(t)$$

$$y(t)=v_{\mathrm{R}}(t)=Ri_{\mathrm{L}}(t)$$

$$\begin{bmatrix}\dot{i}_{\mathrm{L}}(t)\\ \dot{v}_{\mathrm{C}}(t)\end{bmatrix}=\begin{bmatrix}-R/L & 1/L\\ -1/C & 0\end{bmatrix}\begin{bmatrix}i_{\mathrm{L}}(t)\\ v_{\mathrm{C}}(t)\end{bmatrix}+\begin{bmatrix}0\\ 1/C\end{bmatrix}i_{\mathrm{s}}(t)$$

$$y(t)=[R\quad 0]\begin{bmatrix}i_{\mathrm{L}}(t)\\ v_{\mathrm{C}}(t)\end{bmatrix}$$

题 7－6 图

7－7 电路如题 7－7 图所示，若以 $v_{\mathrm{C}}(t)$、$i_{\mathrm{L}}(t)$为状态变量，$f(t)$为输入，$y(t)$为输出变量，试列出系统的状态方程和输出方程。

解 $2\frac{\mathrm{d}}{\mathrm{d}t}i_{\mathrm{L}}(t)+2i_{\mathrm{L}}(t)=v_{\mathrm{C}}(t)$

$$\frac{\mathrm{d}}{\mathrm{d}t}i_{\mathrm{L}}(t)=-i_{\mathrm{L}}(t)+\frac{1}{2}v_{\mathrm{C}}(t)$$

$$v_{\mathrm{C}}(t)=\frac{1}{C}\int\left[f(t)-i_{\mathrm{L}}(t)-\frac{v_{\mathrm{C}}(t)}{2}\right]\mathrm{d}t=2\int\left[f(t)-i_{\mathrm{L}}(t)-\frac{v_{\mathrm{C}}(t)}{2}\right]\mathrm{d}t$$

$$\dot{v}_{\mathrm{C}}(t)=2f(t)-2i_{\mathrm{L}}(t)-v_{\mathrm{C}}(t)$$

$$y(t)=v_{\mathrm{L}}(t)=-2i_{\mathrm{L}}(t)+v_{\mathrm{C}}(t)$$

$$\begin{bmatrix}\dot{i}_{\mathrm{L}}(t)\\ \dot{v}_{\mathrm{C}}(t)\end{bmatrix}=\begin{bmatrix}-1 & \frac{1}{2}\\ -2 & -1\end{bmatrix}\begin{bmatrix}i_{\mathrm{L}}(t)\\ v_{\mathrm{C}}(t)\end{bmatrix}+\begin{bmatrix}0\\ 2\end{bmatrix}f(t)$$

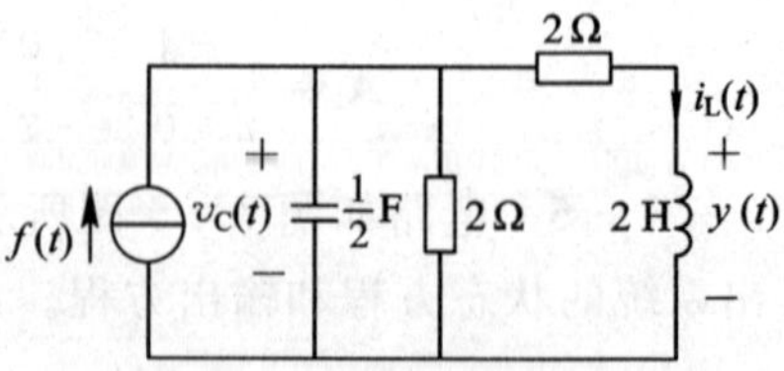

题 7－7 图

$$y(t)=[-2\quad 1]\begin{bmatrix}i_L(t)\\v_C(t)\end{bmatrix}$$

$$\boldsymbol{A}=\begin{bmatrix}-1 & \frac{1}{2}\\-2 & -1\end{bmatrix},\quad \boldsymbol{B}=\begin{bmatrix}0\\2\end{bmatrix},\quad \boldsymbol{C}=[-2\quad 1],\quad \boldsymbol{D}=[0]$$

7-8 如题 7-8 图所示电路，若以 v_{C1}、v_{C2} 为状态变量，以 v_{C2} 为输出，试写出状态方程与输出方程。其中 $R_0=R_1=R_2=1\ \Omega$，$C_1=C_2=1$ F。

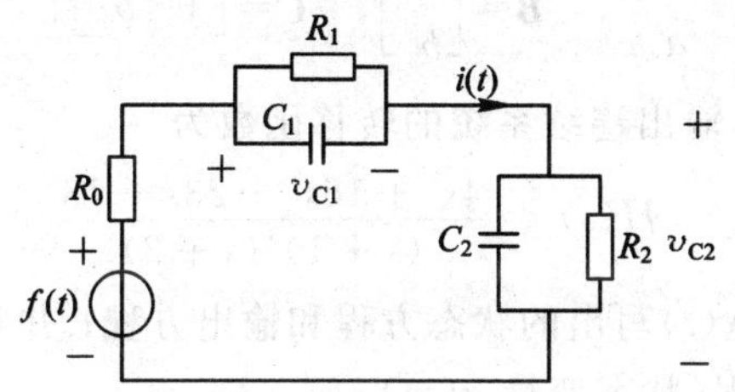

题 7-8 图

解 $i(t)=\dfrac{f(t)-v_{C1}-v_{C2}}{R_0}=f(t)-v_{C1}-v_{C2}$

$$v_{C1}=\frac{1}{C_1}\int i_{C1}\ \mathrm{d}t=\int(i-i_{R1})\ \mathrm{d}t=\int[f(t)-v_{C1}-v_{C2}-v_{C1}]\ \mathrm{d}t$$

$$\dot{v}_{C1}=f(t)-2v_{C1}-v_{C2}$$

$$v_{C2}=\frac{1}{C_2}\int i_{C2}\ \mathrm{d}t=\int(i-i_{R2})\ \mathrm{d}t=\int[f(t)-v_{C1}-v_{C2}-v_{C2}]\ \mathrm{d}t$$

$$\dot{v}_{C2}=f(t)-v_{C1}-2v_{C2}$$

$$y(t)=v_{C2}$$

矩阵形式为

$$\begin{bmatrix}\dot{v}_{C1}(t)\\\dot{v}_{C2}(t)\end{bmatrix}=\begin{bmatrix}-2 & -1\\-1 & -1\end{bmatrix}\begin{bmatrix}v_{C1}(t)\\v_{C2}(t)\end{bmatrix}+\begin{bmatrix}1\\1\end{bmatrix}f(t)$$

$$y(t)=[0\quad 1]\begin{bmatrix}v_{C1}(t)\\v_{C2}(t)\end{bmatrix}$$

即

$$\boldsymbol{A}=\begin{bmatrix}-2 & -1\\-1 & -2\end{bmatrix},\quad \boldsymbol{B}=\begin{bmatrix}1\\1\end{bmatrix},\quad \boldsymbol{C}=[0\quad 1],\quad \boldsymbol{D}=0$$

7-9 试列出题 7-9 图所描述系统的状态方程和输出方程，状态变量 x_1、x_2 已标在图中。

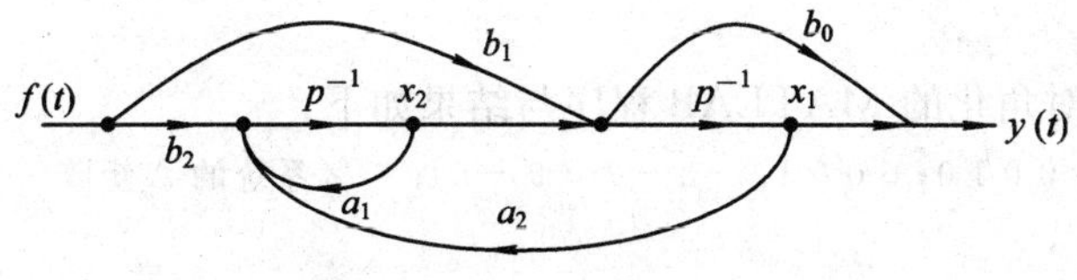

题 7-9 图

解 $\dot{x}_1=x_2(t)+b_1f(t)$， $\dot{x}_2=a_2x_1(t)+a_1x_2(t)+b_2f(t)$

$$y(t)=x_1(t)+b_0\dot{x}_1(t)=x_1(t)+b_0[x_2(t)+b_1f(t)]=x_1(t)+b_0x_2(t)+b_0b_1f(t)$$

$$\begin{bmatrix}\dot{x}_1(t)\\ \dot{x}_2(t)\end{bmatrix}=\begin{bmatrix}0 & 1\\ a_1 & a_2\end{bmatrix}\begin{bmatrix}x_1(t)\\ x_2(t)\end{bmatrix}+\begin{bmatrix}b_1\\ b_2\end{bmatrix}f(t)$$

$$y(t)=[1 \quad b_0]\begin{bmatrix}x_1\\ x_2\end{bmatrix}+b_0b_1f(t)$$

$$\boldsymbol{A}=\begin{bmatrix}0 & 1\\ a_1 & a_2\end{bmatrix},\quad \boldsymbol{B}=\begin{bmatrix}b_1\\ b_2\end{bmatrix},\quad \boldsymbol{C}=[1 \quad b_0],\quad \boldsymbol{D}=b_0b_1$$

7-10 已知单输入单输出连续系统的转移函数为

$$H(s)=\frac{4s^3+16s^2+23s+13}{(s+1)^3(s+2)}$$

试分别选择相位状态变量 $\boldsymbol{x}(t)$写出的状态方程和输出方程；并利用 MATLAB 写出对角线矩阵的状态方程和输出方程(状态变量 $\boldsymbol{g}(t)$)。

解 $$H(s)=\frac{4s^3+16s^2+23s+13}{(s+1)^3(s+2)}=\frac{4s^3+16s^2+23s+13}{s^4+5s^3+9s^2+7s+2}$$

$$\begin{bmatrix}\dot{x}_1(t)\\ \dot{x}_2(t)\\ \dot{x}_3(t)\\ \dot{x}_4(t)\end{bmatrix}=\begin{bmatrix}0 & 1 & 0 & 0\\ 0 & 0 & 1 & 0\\ 0 & 0 & 0 & 1\\ -2 & -7 & -9 & -5\end{bmatrix}\begin{bmatrix}x_1(t)\\ x_2(t)\\ x_3(t)\\ x_4(t)\end{bmatrix}+\begin{bmatrix}0\\ 0\\ 0\\ 1\end{bmatrix}f(t)$$

$$y(t)=[13 \quad 23 \quad 16 \quad 4]\begin{bmatrix}x_1(t)\\ x_2(t)\\ x_3(t)\\ x_4(t)\end{bmatrix}$$

$$\begin{bmatrix}g_1(t)\\ g_2(t)\\ g_3(t)\\ g_4(t)\end{bmatrix}=\begin{bmatrix}-2 & 0 & 0 & 0\\ 0 & -1 & 0 & 0\\ 0 & 0 & -1 & 0\\ 0 & 0 & 0 & -1\end{bmatrix}\begin{bmatrix}g_1(t)\\ g_2(t)\\ g_3(t)\\ g_4(t)\end{bmatrix}+\begin{bmatrix}0\\ 3.1817-\mathrm{j}0.7874\\ 3.1817+\mathrm{j}0.7874\\ 3.2829\end{bmatrix}f(t)$$

$$y(t)=[-0.1085 \quad -0.6931+\mathrm{j}0.7208 \quad -0.6931-\mathrm{j}0.7208 \quad 1]\begin{bmatrix}g_1(t)\\ g_2(t)\\ g_3(t)\\ g_4(t)\end{bmatrix}$$

本题系统函数对角化的 MATLAB 程序与结果如下.

```
A=[0 1 0 0; 0 0 1 0; 0 0 0 1; -2 -7 -9 -5];    %系统的 A 矩阵
B=[0 0 0 1]';
C=[13 23 16 4];
[P1, A1]=eig(A)        % P1 为将原 A 矩阵变换为对角化的 A1 的变换矩阵
```

```
P=inv(P1);              % P1 的逆阵运算
B1=P*B                  % B1 为对角化的 B 矩阵
C1=C*P1                 % C1 为对角化的 C 矩阵
```

答案：

```
A1=
   -2.0000          0                    0                   0
        0    -1.0000+0.0000i             0                   0
        0           0            -1.0000-0.0000i             0
        0           0                    0              -1.0000
B1=-0.0000+0.0000i
    3.1871-0.7874i
    3.1871+0.7874i
    3.2829-0.0000i
C1=-0.1085    -0.6931+0.7208i    -0.6931-0.7208i    1.0000
```

7-11 已知系统状态方程的系数矩阵 $\boldsymbol{A}$ 分别为

(1) $\begin{bmatrix}-1 & 1\\ 0 & -2\end{bmatrix}$；(2) $\begin{bmatrix}0 & 2\\ -1 & -2\end{bmatrix}$；(3) $\begin{bmatrix}2 & 0 & 0\\ 0 & 1 & 0\\ 0 & 0 & 3\end{bmatrix}$。

试分别求系统的状态转移矩阵 $\boldsymbol{\Phi}(t)$ 和矩阵指数函数 $\mathrm{e}^{\boldsymbol{A}t}$。

解 (1)

$$s\boldsymbol{I}-\boldsymbol{A}=s\begin{bmatrix}1 & 0\\ 0 & 1\end{bmatrix}-\begin{bmatrix}-1 & 1\\ 0 & -2\end{bmatrix}=\begin{bmatrix}s+1 & -1\\ 0 & s+2\end{bmatrix}$$

其行列式 det 与伴随矩阵 adj 分别为

$$\det(s\boldsymbol{I}-\boldsymbol{A})=\begin{vmatrix}s+1 & 1\\ 0 & s+2\end{vmatrix}=(s+1)(s+2)=s^2+3s+2$$

$$\mathrm{adj}(s\boldsymbol{I}-\boldsymbol{A})=\begin{bmatrix}s+2 & 1\\ 0 & s+1\end{bmatrix}$$

$$\boldsymbol{\Phi}(s)=(s\boldsymbol{I}-\boldsymbol{A})^{-1}=\frac{\mathrm{adj}(s\boldsymbol{I}-\boldsymbol{A})}{\det(s\boldsymbol{I}-\boldsymbol{A})}=\frac{1}{(s+1)(s+2)}\begin{bmatrix}s+2 & 1\\ 0 & s+1\end{bmatrix}=\begin{bmatrix}\dfrac{1}{s+1} & \dfrac{1}{s^2+3s+2}\\ 0 & \dfrac{1}{s+2}\end{bmatrix}$$

$$\mathrm{e}^{\boldsymbol{A}t}=\mathscr{L}^{-1}[\boldsymbol{\Phi}(s)]=\begin{bmatrix}\mathrm{e}^{-t}u(t) & (\mathrm{e}^{-t}-\mathrm{e}^{-2t})u(t)\\ 0 & \mathrm{e}^{-2t}u(t)\end{bmatrix}$$

(2)

$$s\boldsymbol{I}-\boldsymbol{A}=s\begin{bmatrix}1 & 0\\ 0 & 1\end{bmatrix}-\begin{bmatrix}0 & 2\\ -1 & -2\end{bmatrix}=\begin{bmatrix}s & -2\\ 1 & s+2\end{bmatrix}$$

其行列式 det 与伴随矩阵 adj 分别为

$$\det(s\boldsymbol{I}-\boldsymbol{A})=\begin{vmatrix} s & -2 \\ 1 & s+2 \end{vmatrix}=s(s+2)+2=s^2+2s+2$$

$$\mathrm{adj}(s\boldsymbol{I}-\boldsymbol{A})=\begin{bmatrix} s+2 & 2 \\ -1 & s \end{bmatrix}$$

$$\boldsymbol{\Phi}(s)=(s\boldsymbol{I}-\boldsymbol{A})^{-1}=\frac{\mathrm{adj}(s\boldsymbol{I}-\boldsymbol{A})}{\det(s\boldsymbol{I}-\boldsymbol{A})}=\begin{bmatrix} \dfrac{s+2}{s^2+2s+2} & \dfrac{2}{s^2+2s+2} \\ \dfrac{-1}{s^2+2s+2} & \dfrac{s}{s^2+2s+2} \end{bmatrix}$$

$$\mathrm{e}^{\boldsymbol{A}t}=\begin{bmatrix} \mathrm{e}^{-t}(\cos t+\sin t)u(t) & 2\mathrm{e}^{-t}\sin t\, u(t) \\ -\mathrm{e}^{-t}\sin t\, u(t) & \mathrm{e}^{-t}(\cos t-\sin t)u(t) \end{bmatrix}$$

(3)

$$s\boldsymbol{I}-\boldsymbol{A}=s\begin{bmatrix} 1 & 0 & 0 \\ 0 & 1 & 0 \\ 0 & 0 & 1 \end{bmatrix}-\begin{bmatrix} 2 & 0 & 0 \\ 0 & 1 & 0 \\ 0 & 0 & 3 \end{bmatrix}=\begin{bmatrix} s-2 & 0 & 0 \\ 0 & s-1 & 0 \\ 0 & 0 & s-3 \end{bmatrix}$$

其行列式 det 与伴随矩阵 adj 分别为

$$\det(s\boldsymbol{I}-\boldsymbol{A})=\begin{vmatrix} s-2 & 0 & 0 \\ 0 & s-1 & 0 \\ 0 & 0 & s-3 \end{vmatrix}=(s-1)(s-2)(s-3)$$

$$\mathrm{adj}(s\boldsymbol{I}-\boldsymbol{A})=\begin{bmatrix} s-2 & 0 & 0 \\ 0 & s-1 & 0 \\ 0 & 0 & s-3 \end{bmatrix}$$

$$=\begin{bmatrix} (s-1)(s-3) & 0 & 0 \\ 0 & (s-2)(s-3) & 0 \\ 0 & 0 & (s-1)(s-2) \end{bmatrix}$$

$$\boldsymbol{\Phi}(s)=\begin{bmatrix} \dfrac{1}{s-2} & 0 & 0 \\ 0 & \dfrac{1}{s-1} & 0 \\ 0 & 0 & \dfrac{1}{s-3} \end{bmatrix}$$

$$\mathrm{e}^{\boldsymbol{A}t}=\begin{bmatrix} \mathrm{e}^{2t}u(t) & 0 & 0 \\ 0 & \mathrm{e}^{t}u(t) & 0 \\ 0 & 0 & \mathrm{e}^{3t}u(t) \end{bmatrix}$$

7-12 已知系统的 $\boldsymbol{A}$ 矩阵为

$$\boldsymbol{A}=\begin{bmatrix} 0 & 1 & 0 \\ 0 & 0 & 1 \\ 0 & 0 & 0 \end{bmatrix}$$

试证明

$$\mathrm{e}^{At}=\begin{bmatrix}1 & t & \frac{1}{2}t^2\\0 & 1 & t\\0 & 0 & 1\end{bmatrix}u(t)$$

解 $$s\boldsymbol{I}-\boldsymbol{A}=s\begin{bmatrix}1 & 0 & 0\\0 & 1 & 0\\0 & 0 & 1\end{bmatrix}-\begin{bmatrix}0 & 1 & 0\\0 & 0 & 1\\0 & 0 & 0\end{bmatrix}=\begin{bmatrix}s & -1 & 0\\0 & s & -1\\0 & 0 & s\end{bmatrix}$$

其行列式 det 与伴随矩阵 adj 分别为

$$\det(s\boldsymbol{I}-\boldsymbol{A})=\begin{vmatrix}s & -1 & 0\\0 & s & -1\\0 & 0 & s\end{vmatrix}=s^3$$

$$\mathrm{adj}(s\boldsymbol{I}-\boldsymbol{A})=\begin{bmatrix}s & -1 & 0\\0 & s & -1\\0 & 0 & s\end{bmatrix}=\begin{bmatrix}s^2 & s & 1\\0 & s^2 & s\\0 & 0 & s^2\end{bmatrix}$$

$$\boldsymbol{\Phi}(s)=\begin{bmatrix}\frac{1}{s} & \frac{1}{s^2} & \frac{1}{s^3}\\0 & \frac{1}{s} & \frac{1}{s^2}\\0 & 0 & \frac{1}{s}\end{bmatrix},\qquad \mathrm{e}^{At}=\begin{bmatrix}1 & t & \frac{1}{2}t^2\\0 & 1 & t\\0 & 0 & 1\end{bmatrix}u(t)$$

7－13 已知系统状态方程为

$$\begin{bmatrix}\dot{x}_1(t)\\\dot{x}_2(t)\end{bmatrix}=\begin{bmatrix}0 & 2\\-1 & -3\end{bmatrix}\begin{bmatrix}x_1(t)\\x_2(t)\end{bmatrix}+\begin{bmatrix}1\\2\end{bmatrix}f(t)$$

$$y(t)=\begin{bmatrix}1 & 0\end{bmatrix}\begin{bmatrix}x_1(t)\\x_2(t)\end{bmatrix}$$

设输入 $f(t)\equiv0$，初始状态 $\begin{bmatrix}x_1(0_-)\\x_2(0_-)\end{bmatrix}=\begin{bmatrix}2\\1\end{bmatrix}$，试计算该系统的状态变量 $\begin{bmatrix}x_1(t)\\x_2(t)\end{bmatrix}$。

解 因为 $f(t)\equiv0$，所以

$$\boldsymbol{X}(s)=(s\boldsymbol{I}-\boldsymbol{A})^{-1}\boldsymbol{x}(0_-)$$

$$s\boldsymbol{I}-\boldsymbol{A}=s\begin{bmatrix}1 & 0\\0 & 1\end{bmatrix}-\begin{bmatrix}0 & 2\\-1 & -3\end{bmatrix}=\begin{bmatrix}s & -2\\1 & s+3\end{bmatrix}$$

其行列式 det 与伴随矩阵 adj 分别为

$$\det(s\boldsymbol{I}-\boldsymbol{A})=\begin{vmatrix}s & -2\\1 & s+3\end{vmatrix}=(s+1)(s+2)=s^2+3s+2$$

$$\mathrm{adj}(s\boldsymbol{I}-\boldsymbol{A})=\begin{bmatrix}s+3 & 2\\-1 & s\end{bmatrix}$$

$$\boldsymbol{\Phi}(s)=(s\boldsymbol{I}-\boldsymbol{A})^{-1}=\frac{\mathrm{adj}(s\boldsymbol{I}-\boldsymbol{A})}{\det(s\boldsymbol{I}-\boldsymbol{A})}=\frac{1}{(s+1)(s+2)}\begin{bmatrix}s+3 & 2\\ -1 & s\end{bmatrix}$$

$$=\begin{bmatrix}\dfrac{s+3}{(s+1)(s+2)} & \dfrac{2}{(s+1)(s+2)}\\ \dfrac{-1}{(s+1)(s+2)} & \dfrac{s}{(s+1)(s+2)}\end{bmatrix}$$

$$\boldsymbol{X}(s)=(s\boldsymbol{I}-\boldsymbol{A})^{-1}\boldsymbol{x}(0_-)=\begin{bmatrix}\dfrac{s+3}{(s+1)(s+2)} & \dfrac{2}{(s+1)(s+2)}\\ \dfrac{-1}{(s+1)(s+2)} & \dfrac{s}{(s+1)(s+2)}\end{bmatrix}\begin{bmatrix}2\\1\end{bmatrix}$$

$$=\begin{bmatrix}\dfrac{2(s+3)+2}{(s+1)(s+2)}\\ \dfrac{-2+s}{(s+1)(s+2)}\end{bmatrix}=\begin{bmatrix}\dfrac{6}{s+1}+\dfrac{-4}{s+2}\\ \dfrac{-3}{s+1}+\dfrac{4}{s+2}\end{bmatrix}$$

状态变量

$$\boldsymbol{x}(t)=\mathscr{L}^{-1}[\boldsymbol{X}(s)]\begin{bmatrix}x_1(t)\\x_2(t)\end{bmatrix}=\begin{bmatrix}(6\mathrm{e}^{-t}-4\mathrm{e}^{-2t})u(t)\\(-3\mathrm{e}^{-t}+4\mathrm{e}^{-2t})u(t)\end{bmatrix}$$

7-14 若 LTI 连续系统的状态方程、输出方程分别为

$$\begin{bmatrix}\dot{x}_1(t)\\ \dot{x}_2(t)\end{bmatrix}=\begin{bmatrix}-2 & 1\\ 0 & -1\end{bmatrix}\begin{bmatrix}x_1(t)\\x_2(t)\end{bmatrix}+\begin{bmatrix}1\\0\end{bmatrix}f(t)$$

$$y(t)=[1\quad 0]\begin{bmatrix}x_1(t)\\x_2(t)\end{bmatrix}$$

设初始状态 $\begin{bmatrix}x_1(0_-)\\x_2(0_-)\end{bmatrix}=\begin{bmatrix}1\\1\end{bmatrix}$，输入 $f(t)=u(t)$，

(1) 试求系统的转移函数 $H(s)$；

(2) 试求系统的单位冲激响应 $h(t)$；

(3) 试求系统的响应 $y(t)$。

解 (1) $H(s)=\boldsymbol{C}(s\boldsymbol{I}-\boldsymbol{A})^{-1}\boldsymbol{B}+d$

$$s\boldsymbol{I}-\boldsymbol{A}=s\begin{bmatrix}1 & 0\\0 & 1\end{bmatrix}-\begin{bmatrix}-2 & 1\\ 0 & -1\end{bmatrix}=\begin{bmatrix}s+2 & -1\\ 0 & s+1\end{bmatrix}$$

其行列式 det 与伴随矩阵 adj 分别为

$$\det(s\boldsymbol{I}-\boldsymbol{A})=\begin{vmatrix}s+2 & -1\\ 0 & s+1\end{vmatrix}=(s+1)(s+2)=s^2+3s+2$$

$$\mathrm{adj}(s\boldsymbol{I}-\boldsymbol{A})=\begin{bmatrix}s+1 & 1\\ 0 & s+2\end{bmatrix}$$

$$\boldsymbol{\Phi}(s)=(s\boldsymbol{I}-\boldsymbol{A})^{-1}=\frac{\mathrm{adj}(s\boldsymbol{I}-\boldsymbol{A})}{\det(s\boldsymbol{I}-\boldsymbol{A})}=\frac{1}{(s+1)(s+2)}\begin{bmatrix}s+1 & 1\\ 0 & s+2\end{bmatrix}$$

$$=\begin{bmatrix}\dfrac{1}{s+2} & \dfrac{1}{(s+1)(s+2)}\\ 0 & \dfrac{1}{s+1}\end{bmatrix}$$

$$\boldsymbol{H}(s)=\boldsymbol{C}(s\boldsymbol{I}-\boldsymbol{A})^{-1}\boldsymbol{B}+d=[1\quad 0]\begin{bmatrix}\dfrac{1}{s+2} & \dfrac{1}{(s+1)(s+2)}\\ 0 & \dfrac{1}{s+1}\end{bmatrix}\begin{bmatrix}1\\0\end{bmatrix}$$

$$=[1\quad 0]\begin{bmatrix}\dfrac{1}{s+2}\\ 0\end{bmatrix}=\frac{1}{s+2}$$

$$H(s)=\frac{1}{s+2}$$

(2) $$h(t)=\mathrm{e}^{-2t}u(t)$$

(3) $$\boldsymbol{Y}_{zs}(s)=\boldsymbol{C}(s\boldsymbol{I}-\boldsymbol{A})^{-1}\boldsymbol{B}\boldsymbol{F}(s)=H(s)F(s)=\frac{1}{s(s+2)}=\frac{1}{2}\left(\frac{1}{s}-\frac{1}{s+2}\right)$$

$$y_{zs}(t)=\frac{1}{2}(1-\mathrm{e}^{-2t})u(t)$$

$$\boldsymbol{Y}_{zi}(s)=\boldsymbol{C}[\boldsymbol{\Phi}(s)\boldsymbol{x}(0_-)]=[1\quad 0]\begin{bmatrix}\dfrac{1}{s+2} & \dfrac{1}{(s+1)(s+2)}\\ 0 & \dfrac{1}{s+1}\end{bmatrix}\begin{bmatrix}1\\1\end{bmatrix}$$

$$=[1\quad 0]\begin{bmatrix}\dfrac{1}{s+2}+\dfrac{1}{(s+1)(s+2)}\\ \dfrac{1}{s+1}\end{bmatrix}$$

$$=[1\quad 0]\begin{bmatrix}\dfrac{1}{s+2}+\dfrac{1}{(s+1)(s+2)}\\ \dfrac{1}{s+1}\end{bmatrix}=\frac{1}{s+1}$$

$$y_{zi}(t)=\mathrm{e}^{-t}u(t)$$

$$y(t)=y_{zs}(t)+y_{zi}(t)=\left[\mathrm{e}^{-t}+\frac{1}{2}(1-\mathrm{e}^{-2t})\right]u(t)$$

7-15 已知系统的系数矩阵为

$$\boldsymbol{A}=\begin{bmatrix}-1 & 0 & 0\\ 0 & -3 & 0\\ 0 & 0 & -2\end{bmatrix},\quad \boldsymbol{B}=\begin{bmatrix}1\\1\\1\end{bmatrix},\quad \boldsymbol{C}=[1\quad 3\quad 1],\quad \boldsymbol{D}=0$$

且系统的输入 $f(t)=u(t)$，初始状态 $[x_1(0_-)\quad x_2(0_-)\quad x_3(0_-)]=[1\quad 2\quad 1]$，试计算 $y(t)$ 并标出其零输入响应分量 $y_{zi}(t)$ 和零状态响应分量 $y_{zs}(t)$。

解 $H(s)=\boldsymbol{C}(s\boldsymbol{I}-\boldsymbol{A})^{-1}\boldsymbol{B}+\boldsymbol{D}$

$$s\boldsymbol{I}-\boldsymbol{A}=s\begin{bmatrix}1&0&0\\0&1&0\\0&0&1\end{bmatrix}-\begin{bmatrix}-1&0&0\\0&-3&0\\0&0&-2\end{bmatrix}=\begin{bmatrix}s+1&0&0\\0&s+3&0\\0&0&s+2\end{bmatrix}$$

其行列式 det 与伴随矩阵 adj 分别为

$$\det(s\boldsymbol{I}-\boldsymbol{A})=\begin{vmatrix}s+1&0&0\\0&s+3&0\\0&0&s+2\end{vmatrix}=(s+1)(s+2)(s+3)$$

$$\text{adj}(s\boldsymbol{I}-\boldsymbol{A})=\begin{bmatrix}s+1&0&0\\0&s+3&0\\0&0&s+2\end{bmatrix}=\begin{bmatrix}(s+2)(s+3)&0&0\\0&(s+1)(s+2)&0\\0&0&(s+1)(s+3)\end{bmatrix}$$

$$\boldsymbol{\Phi}(s)=(s\boldsymbol{I}-\boldsymbol{A})^{-1}=\frac{\text{adj}(s\boldsymbol{I}-\boldsymbol{A})}{\det(s\boldsymbol{I}-\boldsymbol{A})}$$

$$=\frac{1}{(s+1)(s+2)(s+3)}\cdot\begin{bmatrix}(s+2)(s+3)&0&0\\0&(s+1)(s+2)&0\\0&0&(s+1)(s+3)\end{bmatrix}$$

$$=\begin{bmatrix}\frac{1}{s+1}&0&0\\0&\frac{1}{s+3}&0\\0&0&\frac{1}{s+2}\end{bmatrix}$$

$$H(s)=\boldsymbol{C}(s\boldsymbol{I}-\boldsymbol{A})^{-1}\boldsymbol{B}=[1\quad 3\quad 1]\begin{bmatrix}\frac{1}{s+1}&0&0\\0&\frac{1}{s+3}&0\\0&0&\frac{1}{s+2}\end{bmatrix}\begin{bmatrix}1\\1\\1\end{bmatrix}$$

$$=[1\quad 3\quad 1]\begin{bmatrix}\frac{1}{s+1}\\\frac{1}{s+3}\\\frac{1}{s+2}\end{bmatrix}=\frac{1}{s+1}+\frac{3}{s+3}+\frac{1}{s+2}=\frac{5s^2+18s+15}{(s+1)(s+2)(s+3)}$$

$$Y_{zs}(s)=\boldsymbol{C}(s\boldsymbol{I}-\boldsymbol{A})^{-1}\boldsymbol{B}\boldsymbol{F}(s)=H(s)F(s)=\frac{5s^2+18s+15}{s(s+1)(s+2)(s+3)}$$

$$A_1=\frac{5s^2+18s+15}{(s+1)(s+2)(s+3)}\bigg|_{s=0}=\frac{15}{6}=\frac{5}{2}$$

$$A_2=\frac{5s^2+18s+15}{s(s+2)(s+3)}\bigg|_{s=-1}=\frac{20-18}{-2}=-1$$

$$A_3=\frac{5s^2+18s+15}{s(s+1)(s+3)}\bigg|_{s=-2}=\frac{20-36+15}{2}=-\frac{1}{2}$$

$$A_4=\frac{5s^2+18s+15}{s(s+1)(s+2)}\bigg|_{s=-3}=\frac{45-54+15}{-6}=-1$$

$$Y_{zs}(s)=\frac{5/2}{s}-\frac{1}{s+1}-\frac{1/2}{s+2}-\frac{1}{s+3}$$

$$y_{zs}(t)=\left(\frac{5}{2}-e^{-t}-\frac{1}{2}e^{-2t}-e^{-3t}\right)u(t)$$

$$Y_{zi}(s)=\boldsymbol{C}[\boldsymbol{\Phi}(s)\boldsymbol{x}(0_-)]=[1\quad 3\quad 1]\begin{bmatrix}\frac{1}{s+1} & 0 & 0\\ 0 & \frac{1}{s+3} & 0\\ 0 & 0 & \frac{1}{s+2}\end{bmatrix}\begin{bmatrix}1\\2\\1\end{bmatrix}$$

$$=[1\quad 3\quad 1]\begin{bmatrix}\frac{1}{s+1}\\ \frac{2}{s+3}\\ \frac{1}{s+2}\end{bmatrix}=\frac{1}{s+1}+\frac{6}{s+3}+\frac{1}{s+2}$$

$$y_{zi}(t)=e^{-t}+6e^{-3t}+e^{-2t},\quad t\geqslant 0$$

$$y(t)=y_{zs}(t)+y_{zi}(t)=\left(\frac{5}{2}+\frac{1}{2}e^{-2t}+5e^{-3t}\right)u(t)$$

7-16 已知系统的系数矩阵为

$$\boldsymbol{A}=\begin{bmatrix}-1 & 1\\ -1 & -1\end{bmatrix},\quad \boldsymbol{B}=\begin{bmatrix}0\\1\end{bmatrix},\quad \boldsymbol{C}=[1\quad 1],\quad \boldsymbol{D}=1$$

且系统的输入 $f(t)=u(t)$，初始状态 $\begin{bmatrix}x_1(0_-)\\ x_2(0_-)\end{bmatrix}=\begin{bmatrix}2\\1\end{bmatrix}$，试求该系统的响应 $y(t)$，并标出其零输入响应分量 $y_{zi}(t)$ 和零状态响应分量 $y_{zs}(t)$。

解

$$\boldsymbol{H}(s)=\boldsymbol{C}(s\boldsymbol{I}-\boldsymbol{A})^{-1}\boldsymbol{B}+\boldsymbol{D}$$

$$s\boldsymbol{I}-\boldsymbol{A}=s\begin{bmatrix}1 & 0\\ 0 & 1\end{bmatrix}-\begin{bmatrix}-1 & 1\\ -1 & -1\end{bmatrix}=\begin{bmatrix}s+1 & -1\\ 1 & s+1\end{bmatrix}$$

其行列式 det 与伴随矩阵 adj 分别为

$$\det(s\boldsymbol{I}-\boldsymbol{A})=\begin{vmatrix} s+1 & -1 \\ 1 & s+1 \end{vmatrix}=(s+1)^2+1=s^2+2s+2$$

$$\mathrm{adj}(s\boldsymbol{I}-\boldsymbol{A})=\begin{bmatrix} s+1 & 1 \\ -1 & s+1 \end{bmatrix}$$

$$\boldsymbol{\Phi}(s)=(s\boldsymbol{I}-\boldsymbol{A})^{-1}=\frac{\mathrm{adj}(s\boldsymbol{I}-\boldsymbol{A})}{\det(s\boldsymbol{I}-\boldsymbol{A})}=\frac{1}{(s+1)^2+1}\begin{bmatrix} s+1 & 1 \\ -1 & s+1 \end{bmatrix}$$

$$=\begin{bmatrix} \frac{s+1}{(s+1)^2+1} & \frac{1}{(s+1)^2+1} \\ \frac{-1}{(s+1)^2+1} & \frac{s+1}{(s+1)^2+1} \end{bmatrix}$$

$$\boldsymbol{H}(s)=\boldsymbol{C}(s\boldsymbol{I}-\boldsymbol{A})^{-1}\boldsymbol{B}+\boldsymbol{D}=[1\quad 1]\begin{bmatrix} \frac{s+1}{(s+1)^2+1} & \frac{1}{(s+1)^2+1} \\ \frac{-1}{(s+1)^2+1} & \frac{s+1}{(s+1)^2+1} \end{bmatrix}\begin{bmatrix} 0 \\ 1 \end{bmatrix}+1$$

$$=[1\quad 1]\begin{bmatrix} \frac{1}{(s+1)^2+1} \\ \frac{s+1}{(s+1)^2+1} \end{bmatrix}+1=\frac{s+2}{(s+1)^2+1}+1$$

$$=\frac{s^2+3s+4}{(s+1)^2+1}$$

$$Y_{zs}(s)=[\boldsymbol{C}(s\boldsymbol{I}-\boldsymbol{A})^{-1}\boldsymbol{B}+\boldsymbol{D}]\boldsymbol{F}(s)=H(s)F(s)=\frac{s^2+3s+4}{s[(s+1)^2+1]}$$

$$=\frac{2}{s}-\frac{s+1}{(s+1)^2+1}$$

$$y_{zs}(t)=(1-\mathrm{e}^{-t}\cos t)u(t)$$

$$Y_{zi}(s)=\boldsymbol{C}[\boldsymbol{\Phi}(s)\boldsymbol{x}(0_-)]=[1\quad 1]\begin{bmatrix} \frac{s+1}{(s+1)^2+1} & \frac{1}{(s+1)^2+1} \\ \frac{-1}{(s+1)^2+1} & \frac{s+1}{(s+1)^2+1} \end{bmatrix}\begin{bmatrix} 2 \\ 1 \end{bmatrix}$$

$$=[1\quad 1]\begin{bmatrix} \frac{2(s+1)+1}{(s+1)^2+1} \\ \frac{-2+s+1}{(s+1)^2+1} \end{bmatrix}=\frac{2s+3+s-1}{(s+1)^2+1}=\frac{3s+2}{(s+1)^2+1}=\frac{3(s+1)-1}{(s+1)^2+1}$$

$$y_{zi}(t)=\mathrm{e}^{-t}(3\cos t-\sin t),\ t\geqslant 0$$

$$y(t)=y_{zi}(t)+y_{zs}(t)=1+\mathrm{e}^{-t}(2\cos t-\sin t)u(t)$$

7-17 试写出下列差分方程所描述系统的状态方程和输出方程。

(1) $y(n+2)+3y(n+1)+2y(n)=x(n)$；

(2) $y(n+2)+2y(n+1)+y(n)=x(n+2)$。

解 (1) $a_0=1$, $a_1=3$, $a_2=2$, $b_2=1$, $b_1=0$, $b_0=0$

$$\begin{bmatrix} w_1(n+1) \\ w_2(n+1) \end{bmatrix}=\begin{bmatrix} 0 & 1 \\ -a_2 & -a_1 \end{bmatrix}\begin{bmatrix} w_1(n) \\ w_2(n) \end{bmatrix}+\begin{bmatrix} 0 \\ 1 \end{bmatrix}x(n)$$

$$=\begin{bmatrix} 0 & 1 \\ -2 & -3 \end{bmatrix}\begin{bmatrix} w_1(n) \\ w_2(n) \end{bmatrix}+\begin{bmatrix} 0 \\ 1 \end{bmatrix}x(n)$$

$$y(n)=[b_2-a_2b_0 \quad b_1-a_1b_0]\begin{bmatrix} w_1(n) \\ w_2(n) \end{bmatrix}+b_0x(n)$$

$$=[1 \quad 0]\begin{bmatrix} w_1(n) \\ w_2(n) \end{bmatrix}$$

$$\boldsymbol{A}=\begin{bmatrix} 0 & 1 \\ -2 & -3 \end{bmatrix},\quad \boldsymbol{B}=\begin{bmatrix} 0 \\ 1 \end{bmatrix},\quad \boldsymbol{C}=[1 \quad 0],\quad \boldsymbol{D}=[0]$$

(2) $H(z)=\dfrac{z^2}{z^2+2z+1}=\dfrac{1}{1+2z^{-1}+z^{-2}}$

$a_2=1$, $a_1=2$, $a_0=1$, $b_0=1$, $b_2=b_1=0$

$$\begin{bmatrix} w_1(n+1) \\ w_2(n+1) \end{bmatrix}=\begin{bmatrix} 0 & 1 \\ -a_2 & -a_1 \end{bmatrix}\begin{bmatrix} w_1(n) \\ w_2(n) \end{bmatrix}+\begin{bmatrix} 0 \\ 1 \end{bmatrix}x(n)$$

$$=\begin{bmatrix} 0 & 1 \\ -1 & -2 \end{bmatrix}\begin{bmatrix} w_1(n) \\ w_2(n) \end{bmatrix}+\begin{bmatrix} 0 \\ 1 \end{bmatrix}x(n)$$

$$y(n)=[b_2-a_2b_0 \quad b_1-a_1b_0]\begin{bmatrix} w_1(n) \\ w_2(n) \end{bmatrix}+b_0x(n)$$

$$=[-1 \quad -2]\begin{bmatrix} w_1(n) \\ w_2(n) \end{bmatrix}+x(n)$$

$$\boldsymbol{A}=\begin{bmatrix} 0 & 1 \\ -1 & -2 \end{bmatrix},\quad \boldsymbol{B}=\begin{bmatrix} 0 \\ 1 \end{bmatrix},\quad \boldsymbol{C}=[-1 \quad -2],\quad \boldsymbol{D}=1$$

7-18 已知离散系统的转移函数为

$$H(z)=\frac{z^2}{z^2-z-0.11}$$

试写出该系统的状态方程和输出方程。

解
$$H(z)=\frac{z^2}{z^2-z-0.11}=\frac{1}{1-z^{-1}-0.11z^{-2}}$$

$a_2=-0.11$, $a_1=-1$, $a_0=1$, $b_2=1$, $b_1=b_0=0$

$$\begin{bmatrix} w_1(n+1) \\ w_2(n+1) \end{bmatrix}=\begin{bmatrix} 0 & 1 \\ -a_2 & -a_1 \end{bmatrix}\begin{bmatrix} w_1(n) \\ w_2(n) \end{bmatrix}+\begin{bmatrix} 0 \\ 1 \end{bmatrix}x(n)$$

$$=\begin{bmatrix} 0 & 1 \\ 0.11 & 1 \end{bmatrix}\begin{bmatrix} w_1(n) \\ w_2(n) \end{bmatrix}+\begin{bmatrix} 0 \\ 1 \end{bmatrix}x(n)$$

$$y(n)=\begin{bmatrix}b_2-a_2b_0 & b_1-a_1b_0\end{bmatrix}\begin{bmatrix}w_1(n)\\w_2(n)\end{bmatrix}+b_0x(n)=\begin{bmatrix}1 & 0\end{bmatrix}\begin{bmatrix}w_1(n)\\w_2(n)\end{bmatrix}$$

7－19 写出如题 7－19 图所示(a)、(b)、(c)、(d)各流图的状态方程与输出方程。状态变量 $w_j(j=1,2,3)$已标在图中。

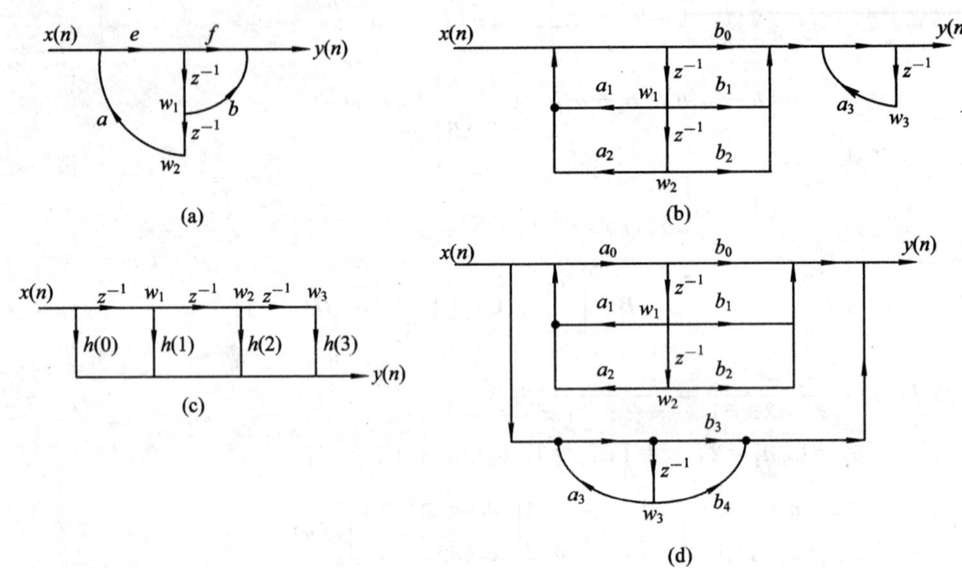

题 7－19 图

解 图(a)：

$$w_1(n+1)=e[aw_2(n)+x(n)]=eaw_2(n)+ex(n)$$

$$w_2(n+1)=w_1(n)$$

$$y(n)=fw_1(n+1)+bw_1(n)=f[eaw_2(n)+ex(n)]+bw_1(n)$$

$$=bw_1(n)+feaw_2(n)+fex(n)$$

状态方程为

$$\begin{bmatrix}w_1(n+1)\\w_2(n+1)\end{bmatrix}=\begin{bmatrix}0 & ae\\1 & 0\end{bmatrix}\begin{bmatrix}w_1(n)\\w_2(n)\end{bmatrix}+\begin{bmatrix}e\\0\end{bmatrix}x(n)$$

输出方程为

$$y(n)=\begin{bmatrix}b & aef\end{bmatrix}\begin{bmatrix}w_1(n)\\w_2(n)\end{bmatrix}+ef\cdot x(n)$$

图(b)：

$$w_1(n+1)=a_1w_1(n)+a_2w_2(n)+x(n)$$

$$w_2(n+1)=w_1(n)$$

$$w_3(n+1)=b_0w_1(n+1)+b_1w_1(n)+b_2w_2(n)+a_3w_3(n)$$

$$=b_0[a_1w_1(n)+a_2w_2(n)+x(n)]+b_1w_1(n)+b_2w_2(n)+a_3w_3(n)$$

$$=(b_0a_1+b_1)w_1(n)+(b_0a_2+b_2)w_2(n)+a_3w_3(n)+b_0x(n)$$

$$y(n)=w_3(n+1)=(b_0a_1+b_1)w_1(n)+(b_0a_2+b_2)w_2(n)+a_3w_3(n)+b_0x(n)$$

状态方程为

$$\begin{bmatrix} w_1(n+1) \\ w_2(n+1) \\ w_3(n+1) \end{bmatrix} = \begin{bmatrix} a_1 & a_2 & 0 \\ 1 & 0 & 0 \\ b_0a_1+b_1 & b_0a_2+b_2 & a_3 \end{bmatrix} \begin{bmatrix} w_1(n) \\ w_2(n) \\ w_3(n) \end{bmatrix} + \begin{bmatrix} 1 \\ 0 \\ b_0 \end{bmatrix} x(n)$$

输出方程为

$$y(n) = [b_0a_1+b_1 \quad b_0a_2+b_2 \quad a_3] \begin{bmatrix} w_1(n) \\ w_2(n) \\ w_3(n) \end{bmatrix} + b_0x(n)$$

图(c)：

$$w_1(n+1) = x(n)$$
$$w_2(n+1) = w_1(n)$$
$$w_3(n+1) = w_2(n)$$
$$y(n) = h(1)w_1(n) + h(2)w_2(n) + h(3)w_3(n) + h(0)x(n)$$

状态方程为

$$\begin{bmatrix} w_1(n+1) \\ w_2(n+1) \\ w_3(n+1) \end{bmatrix} = \begin{bmatrix} 0 & 0 & 0 \\ 1 & 0 & 0 \\ 0 & 1 & 0 \end{bmatrix} \begin{bmatrix} w_1(n) \\ w_2(n) \\ w_3(n) \end{bmatrix} + \begin{bmatrix} 1 \\ 0 \\ 0 \end{bmatrix} x(n)$$

输出方程为

$$y(n) = [h(1) \quad h(2) \quad h(3)] \begin{bmatrix} w_1(n) \\ w_2(n) \\ w_3(n) \end{bmatrix} + h(0)x(n)$$

图(d)：

$$\begin{aligned} & w_1(n+1) = a_1w_1(n) + a_2w_2(n) + x(n) \\ & w_2(n+1) = w_1(n) \\ & w_3(n+1) = x(n) + a_3w_3(n) \\ & y(n) = b_0w_1(n+1) + b_1w_1(n) + b_2w_2(n) + b_3w_3(n+1) + b_4w_3(n) \\ & \quad = b_0[a_1w_1(n) + a_2w_2(n) + x(n)] + b_1w_1(n) + b_2w_2(n) \\ & \qquad + b_3[x(n) + a_3w_3(n)] + b_4w_3(n) \\ & \quad = (b_0a_1+b_1)w_1(n) + (b_0a_2+b_2)w_2(n) \\ & \qquad + (b_3a_3+b_4)w_3(n) + (b_0+b_3)x(n) \end{aligned}$$

状态方程为

$$\begin{bmatrix} w_1(n+1) \\ w_2(n+1) \\ w_3(n+1) \end{bmatrix} = \begin{bmatrix} a_1 & a_2 & 0 \\ 1 & 0 & 0 \\ 0 & 0 & a_3 \end{bmatrix} \begin{bmatrix} w_1(n) \\ w_2(n) \\ w_3(n) \end{bmatrix} + \begin{bmatrix} 1 \\ 0 \\ 1 \end{bmatrix} x(n)$$

输出方程为

$$y(n) = [b_0a_1+b_1 \quad b_0a_2+b_2 \quad b_3a_3+b_4] \begin{bmatrix} w_1(n) \\ w_2(n) \\ w_3(n) \end{bmatrix} + (b_0+b_3)x(n)$$

7-20 写出如题 7-20 图所示流图的状态方程、输出方程、系统函数 $H(z)$。状态变量 $w_j(j=1,2)$已标在图中。

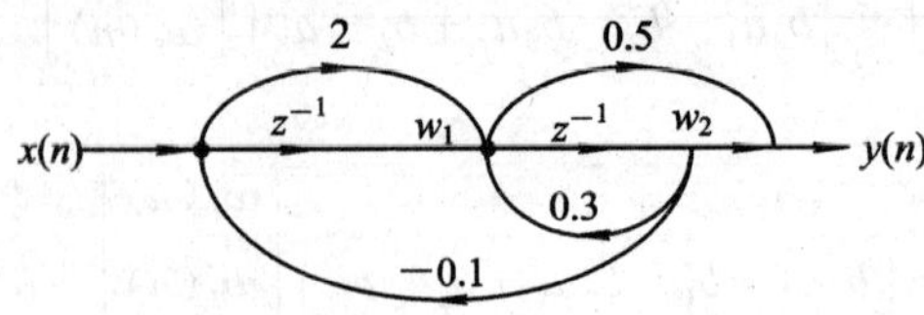

题 7-20 图

解 $w_1(n+1)=-0.1w_2(n)+x(n)$

$$\begin{aligned}w_2(n+1)&=w_1(n)+0.3w_2(n)+2w_1(n+1)\\&=w_1(n)+0.3w_2(n)+2[-0.1w_2(n)+x(n)]\\&=w_1(n)+0.1w_2(n)+2x(n)\end{aligned}$$

$$\begin{aligned}y(n)&=0.5w_2(n+1)+w_2(n)=0.5[w_1(n)+0.1w_2(n)+2x(n)]+w_2(n)\\&=0.5w_1(n)+1.05w_2(n)+x(n)\end{aligned}$$

状态方程为

$$\begin{bmatrix}w_1(n+1)\\w_2(n+1)\end{bmatrix}=\begin{bmatrix}0&-0.1\\1&0.1\end{bmatrix}\begin{bmatrix}w_1(n)\\w_2(n)\end{bmatrix}+\begin{bmatrix}1\\2\end{bmatrix}x(n)$$

输出方程为

$$y(n)=[0.5\quad 1.05]\begin{bmatrix}w_1(n)\\w_2(n)\end{bmatrix}+x(n)$$

求系统函数 $H(z)$的方法 1：

$$\boldsymbol{A}=\begin{bmatrix}0&-0.1\\1&0.1\end{bmatrix},\quad \boldsymbol{B}=\begin{bmatrix}1\\2\end{bmatrix},\quad \boldsymbol{C}=[0.5\quad 1.05]$$

$$[z\boldsymbol{I}-\boldsymbol{A}]=\begin{bmatrix}z&0.1\\-1&z-0.1\end{bmatrix}$$

$$[z\boldsymbol{I}-\boldsymbol{A}]^{-1}=\frac{1}{z(z-0.1)+0.1}\begin{bmatrix}z-0.1&-0.1\\1&z\end{bmatrix}$$

$$[z\boldsymbol{I}-\boldsymbol{A}]^{-1}\boldsymbol{B}=\frac{1}{z(z-0.1)+0.1}\begin{bmatrix}z-0.1&-0.1\\1&z\end{bmatrix}\begin{bmatrix}1\\2\end{bmatrix}=\frac{1}{z(z-0.1)+0.1}\begin{bmatrix}z-0.3\\1+2z\end{bmatrix}$$

$$\boldsymbol{C}[z\boldsymbol{I}-\boldsymbol{A}]^{-1}\boldsymbol{B}=[0.5\quad 1.05]\frac{1}{z(z-0.1)+0.1}\begin{bmatrix}z-0.3\\1+2z\end{bmatrix}$$

$$\boldsymbol{C}[z\boldsymbol{I}-\boldsymbol{A}]^{-1}\boldsymbol{B}X(z)=\frac{0.5(z-0.3)+1.05(1+2z)}{z(z-0.1)+0.1}X(z)=\frac{2.6z+0.9}{z(z-0.1)+0.1}X(z)$$

$$\boldsymbol{Y}(z)=\boldsymbol{C}[z\boldsymbol{I}-\boldsymbol{A}]^{-1}\boldsymbol{B}X(z)+X(z)=\frac{2.6z+0.9}{z(z-0.1)+0.1}X(z)+X(z)$$

$$Y(z)=\frac{2.6z+0.9+z^2-0.1z+0.1}{z(z-0.1)+0.1}X(z)$$

$$Y(z)=\frac{z^2+2.5z+1}{z(z-0.1)+0.1}X(z)$$

$$H(z)=\frac{z^2+2.5z+1}{z(z-0.1)+0.1}$$

求系统函数 $H(z)$的方法 2

由梅森公式

$$H(z)=\frac{\text{前向通路增益之和}}{1-\text{回路增益之和}}$$

前向通路四个：$z^{-1}\cdot z^{-1}$，$2z^{-1}$，$0.5z^{-1}$，$2\times 0.5=1$；

回路三个：$0.3z^{-1}$，$-0.1z^{-2}$，$-0.2z^{-1}$；

所以 $$H(z)=\frac{z^{-1}\cdot z^{-1}+2.5z^{-1}+1}{1-0.3z^{-1}+0.2z^{-1}+0.1z^{-2}}=\frac{z^2+2.5z+1}{z(z-0.1)+0.1}$$

7 - 21 已知格型网络如题 7 - 21 图所示，求各流图的状态方程、输出方程。

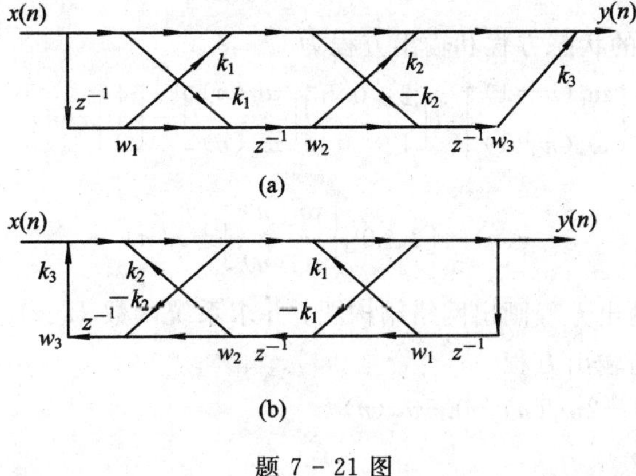

题 7 - 21 图

解 图(a)：

$$w_1(n+1)=x(n)$$
$$w_2(n+1)=w_1(n)-k_1x(n)$$
$$w_3(n+1)=w_2(n)-k_2[k_1w_1(n)+x(n)]$$
$$y(n)=x(n)+k_1w_1(n)+k_2w_2(n)+k_3w_3(n)$$

状态方程为

$$\begin{bmatrix}w_1(n+1)\\w_2(n+1)\\w_3(n+1)\end{bmatrix}=\begin{bmatrix}0&0&0\\1&0&0\\-k_1k_2&1&0\end{bmatrix}\begin{bmatrix}w_1(n)\\w_2(n)\\w_3(n)\end{bmatrix}+\begin{bmatrix}1\\-k_1\\-k_2\end{bmatrix}x(n)$$

输出方程为

$$y(n)=[k_1\quad k_2\quad k_3]\begin{bmatrix}w_1(n)\\w_2(n)\\w_3(n)\end{bmatrix}+x(n)$$

图(b)：

$$w_1(n+1)=y(n)=x(n)+k_1w_1(n)+k_2w_2(n)+k_3w_3(n)$$

$$\begin{aligned}w_2(n+1)&=w_1(n)-k_1[x(n)+k_1w_1(n)+k_2w_2(n)+k_3w_3(n)]\\&=(1-k_1^2)w_1(n)-k_1k_2w_2(n)-k_1k_3w_3(n)-k_1x(n)\end{aligned}$$

$$\begin{aligned}w_3(n+1)&=w_2(n)-k_2[x(n)+k_3w_3(n)+k_2w_2(n)]\\&=(1-k_2^2)w_2(n)-k_2k_3w_3(n)-k_2x(n)\end{aligned}$$

$$y(n)=x(n)+k_1w_1(n)+k_2w_2(n)+k_3w_3(n)$$

状态方程为

$$\begin{bmatrix}w_1(n+1)\\w_2(n+1)\\w_3(n+1)\end{bmatrix}=\begin{bmatrix}k_1&k_2&k_3\\1-k_1^2&-k_1k_2&-k_1k_3\\0&1-k_2^2&-k_2k_3\end{bmatrix}\begin{bmatrix}w_1(n)\\w_2(n)\\w_3(n)\end{bmatrix}+\begin{bmatrix}1\\-k_1\\-k_2\end{bmatrix}x(n)$$

输出方程为

$$y(n)=[k_1\quad k_2\quad k_3]\begin{bmatrix}w_1(n)\\w_2(n)\\w_3(n)\end{bmatrix}+x(n)$$

7-22 已知系统的状态方程和输出方程为

$$\begin{bmatrix}w_1(n+1)\\w_2(n+1)\end{bmatrix}=\begin{bmatrix}2&0.5\\1&0\end{bmatrix}\begin{bmatrix}w_1(n)\\w_2(n)\end{bmatrix}+\begin{bmatrix}4\\0\end{bmatrix}x(n)$$

$$y(n)=[1\quad 0]\begin{bmatrix}w_1(n)\\w_2(n)\end{bmatrix}+x(n)$$

试根据其状态方程与输出方程画出网络结构图，并求系统函数 $H(z)$。

解 由状态方程与输出方程

$w_1(n+1)=4x(n)+2w_1(n)+0.5w_2(n)$

$w_2(n+1)=w_1(n)$

$y(n)=w_1(n)+x(n)$

网络结构图如题解 7-22 图所示。

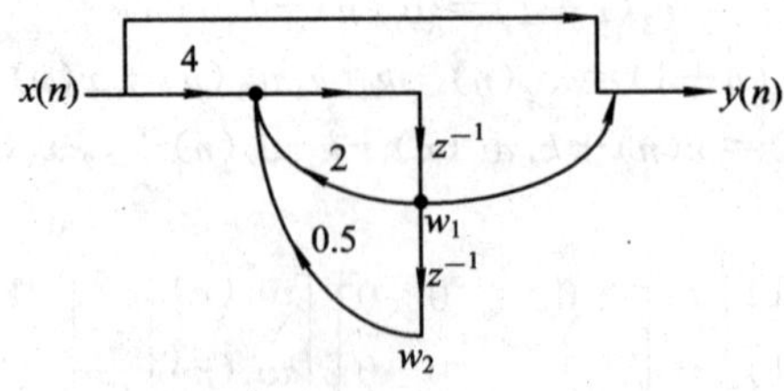

题解 7-22 图

求系统函数：

方法 1 $\quad \boldsymbol{A}=\begin{bmatrix}2&0.5\\1&0\end{bmatrix},\quad \boldsymbol{B}=\begin{bmatrix}4\\0\end{bmatrix}$

$$\boldsymbol{C}=[1 \quad 0], \qquad \boldsymbol{D}=1$$

$$[z\boldsymbol{I}-\boldsymbol{A}]=\begin{bmatrix} z-2 & -0.5 \\ -1 & z \end{bmatrix}, \quad [z\boldsymbol{I}-\boldsymbol{A}]^{-1}=\frac{1}{z(z-2)-0.5}\begin{bmatrix} z & 0.5 \\ 1 & z-2 \end{bmatrix}$$

$$[z\boldsymbol{I}-\boldsymbol{A}]^{-1}\boldsymbol{B}=\frac{1}{z(z-2)-0.5}\begin{bmatrix} z & 0.5 \\ 1 & z-2 \end{bmatrix}\begin{bmatrix} 4 \\ 0 \end{bmatrix}=\frac{1}{z(z-2)-0.5}\begin{bmatrix} 4z \\ 4 \end{bmatrix}$$

$$\boldsymbol{C}[z\boldsymbol{I}-\boldsymbol{A}]^{-1}\boldsymbol{B}=[1 \quad 0]\frac{1}{z(z-2)-0.5}\begin{bmatrix} 4z \\ 4 \end{bmatrix}$$

$$\boldsymbol{C}[z\boldsymbol{I}-\boldsymbol{A}]^{-1}\boldsymbol{B}=\frac{4z}{z(z-2)-0.5}$$

$$\boldsymbol{H}(z)=\boldsymbol{C}[z\boldsymbol{I}-\boldsymbol{A}]^{-1}\boldsymbol{B}+\boldsymbol{D}=\frac{4z}{z(z-2)-0.5}+1$$

$$H(z)=\frac{4z+z^2-2z-0.5}{z(z-2)-0.5}=\frac{z^2+2z-0.5}{z^2-2z-0.5}=1+\frac{4z}{z^2-2z-0.5}$$

方法 2

由梅森公式

$$H(z)=\frac{\text{前向通路增益之和}}{1-\text{回路增益之和}}$$

直通通路一条；

前向通路一条：$4z^{-1}$；

回路两条：$2z^{-1}$，$0.5z^{-2}$。

所以

$$H(z)=1+\frac{4z^{-1}}{1-2z^{-1}-0.5z^{-2}}=1+\frac{4z}{z^2-2z-0.5}=\frac{z^2+2z-0.5}{z^2-2z-0.5}$$

7-23 某离散 LTI 系统的状态方程为

$$\begin{bmatrix} w_1(n+1) \\ w_2(n+1) \end{bmatrix}=\begin{bmatrix} \frac{1}{2} & \frac{1}{6} \\ 0 & \frac{1}{3} \end{bmatrix}\begin{bmatrix} w_1(n) \\ w_2(n) \end{bmatrix}+\begin{bmatrix} 0 \\ 1 \end{bmatrix}x(n)$$

试计算当初始状态$\begin{bmatrix} w_1(0) \\ w_2(0) \end{bmatrix}=\begin{bmatrix} 1 \\ 1 \end{bmatrix}$和输入 $x(n)=0$ 时，状态方程的解。

解 $\quad \boldsymbol{W}(z)=(z\boldsymbol{I}-\boldsymbol{A})^{-1}z\boldsymbol{w}(0)+(\boldsymbol{I}-\boldsymbol{A})^{-1}\boldsymbol{B}\boldsymbol{X}(z)=(z\boldsymbol{I}-\boldsymbol{A})^{-1}z\boldsymbol{w}(0)$

$$z\boldsymbol{I}-\boldsymbol{A}=z\begin{bmatrix} 1 & 0 \\ 0 & 1 \end{bmatrix}-\begin{bmatrix} \frac{1}{2} & \frac{1}{6} \\ 0 & \frac{1}{3} \end{bmatrix}=\begin{bmatrix} z-\frac{1}{2} & -\frac{1}{6} \\ 0 & z-\frac{1}{3} \end{bmatrix}$$

其行列式 det 与伴随矩阵 adj 分别为

$$\det(z\boldsymbol{I}-\boldsymbol{A})=\begin{vmatrix} z-\frac{1}{2} & -\frac{1}{6} \\ 0 & z-\frac{1}{3} \end{vmatrix}=\left(z-\frac{1}{2}\right)\left(z-\frac{1}{3}\right)$$

$$\operatorname{adj}(z\boldsymbol{I}-\boldsymbol{A})=\begin{bmatrix} z-\frac{1}{3} & \frac{1}{6} \\ 0 & z-\frac{1}{2} \end{bmatrix}$$

$$\boldsymbol{\Phi}(z)=(z\boldsymbol{I}-\boldsymbol{A})^{-1}=\frac{\operatorname{adj}(z\boldsymbol{I}-\boldsymbol{A})}{\det(z\boldsymbol{I}-\boldsymbol{A})}$$

$$=\frac{1}{\left(z-\frac{1}{2}\right)\left(z-\frac{1}{3}\right)}\begin{bmatrix} z-\frac{1}{3} & \frac{1}{6} \\ 0 & z-\frac{1}{2} \end{bmatrix}$$

$$=\begin{bmatrix} \frac{1}{z-\frac{1}{2}} & \frac{1}{6\left(z-\frac{1}{2}\right)\left(z-\frac{1}{3}\right)} \\ 0 & \frac{1}{z-\frac{1}{3}} \end{bmatrix}$$

$$(z\boldsymbol{I}-\boldsymbol{A})^{-1}z\boldsymbol{w}(0)=\begin{bmatrix} \frac{1}{z-\frac{1}{2}} & \frac{1}{6\left(z-\frac{1}{2}\right)\left(z-\frac{1}{3}\right)} \\ 0 & \frac{1}{z-\frac{1}{3}} \end{bmatrix} z\begin{bmatrix} w_1(0) \\ w_2(0) \end{bmatrix}$$

$$=\begin{bmatrix} \frac{z}{z-\frac{1}{2}} & \frac{z}{6\left(z-\frac{1}{2}\right)\left(z-\frac{1}{3}\right)} \\ 0 & \frac{z}{z-\frac{1}{3}} \end{bmatrix}\begin{bmatrix} 1 \\ 1 \end{bmatrix}$$

$$=\begin{bmatrix} \frac{2z}{z-\frac{1}{2}}-\frac{z}{z-\frac{1}{3}} \\ \frac{z}{z-\frac{1}{3}} \end{bmatrix}$$

$$\boldsymbol{w}(n)=\begin{bmatrix} w_1(n) \\ w_2(n) \end{bmatrix}=\mathscr{L}^{-1}[\boldsymbol{W}(z)]=\mathscr{L}^{-1}[(z\boldsymbol{I}-\boldsymbol{A})^{-1}z\boldsymbol{w}(0)]$$

$$=\begin{bmatrix} 2\left(\frac{1}{2}\right)^n u(n)-\left(\frac{1}{3}\right)^n u(n) \\ \left(\frac{1}{3}\right)^n u(n) \end{bmatrix}$$

7－24 已知系统如题 7－24 图所示，

(1) 列出系统的状态方程和输出方程，并求系统函数 $H(z)$；

(2) 当输入为 $\delta(n)$时的 $w_1(n)$、$w_2(n)$和 $h(n)$。

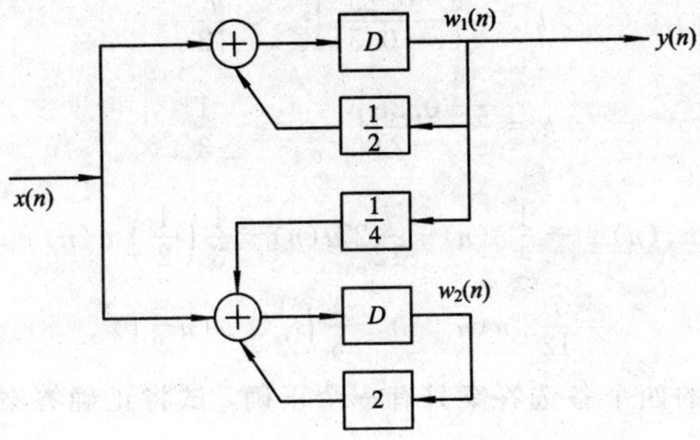

题 7-24 图

解 (1)
$$\begin{bmatrix} w_1(n+1) \\ w_2(n+1) \end{bmatrix} = \begin{bmatrix} 1/2 & 0 \\ 1/4 & 2 \end{bmatrix} \begin{bmatrix} w_1(n) \\ w_2(n) \end{bmatrix} + \begin{bmatrix} 1 \\ 1 \end{bmatrix} x(n)$$

$$y(n) = \begin{bmatrix} 1 & 0 \end{bmatrix} \begin{bmatrix} w_1(n) \\ w_2(n) \end{bmatrix}$$

此题系统函数的 MATLAB 程序及结果为

```
A=[0.5 0; 0.25 2];
B=[1 1]';
C=[1 0];
D=0;
[num, den]=ss2tf(A, B, C, D)
```

答案：

```
num=0    1    -2
den=1.0000    -2.5000    1.0000
```

$$H(z) = \frac{z^{-1} - 2z^{-2}}{1 - 2.5z^{-1} + z^{-2}} = \frac{z^{-1}}{1 - 0.5z^{-1}}$$

(2)
$$h(n) = \left(\frac{1}{2}\right)^{n-1} u(n-1) = w_1(n)$$

$$w_2(n+1) = \frac{1}{4} w_1(n) + 2w_2(n) + x(n)$$

$$zW_2(z) = \frac{1}{4} W_1(z) + 2W_2(z) + X(z)$$

$$(z-2)W_2(z) = \frac{1}{4} \frac{1}{z-0.5} + 1 = \frac{z-0.25}{z-0.5}$$

$$W_2(z) = \frac{z-0.25}{(z-0.5)(z-2)}$$

$$\frac{W_2(z)}{z} = \frac{z-0.25}{z(z-0.5)(z-2)} = \frac{k_0}{z} + \frac{k_1}{z-2} + \frac{k_2}{z-0.5}$$

$$k_0 = \frac{z-0.25}{(z-0.5)(z-2)}\bigg|_{z=0} = -\frac{1}{4}$$

$$k_1=\frac{z-0.25}{z(z-0.5)}\bigg|_{z=2}=\frac{7}{12}$$

$$k_2=\frac{z-0.25}{z(z-2)}\bigg|_{z=0.5}=-\frac{1}{3}$$

$$\begin{aligned}w_2(n)&=-\frac{1}{4}\delta(n)+\frac{7}{12}2^n u(n)-\frac{1}{3}\left(\frac{1}{2}\right)^n u(n)\\&=\frac{7}{12}2^n u(n-1)-\frac{1}{3}\left(\frac{1}{2}\right)^n u(n-1)\end{aligned}$$

7-25 下列各题的四个备选答案只有一个正确，试将正确答案的编号填入题中括号内。

(1) 一般来讲，具有三个输入、三个输出的二阶系统，其状态方程和输出方程中 $\boldsymbol{A}$ 是(　　)矩阵，$\boldsymbol{B}$ 是(　　)矩阵，$\boldsymbol{C}$ 是(　　)矩阵，$\boldsymbol{D}$ 是(　　)矩阵。

A) 3×3　　B) 2×2　　C) 3×2　　D) 2×3

(2) 已知某系统的状态方程和输出方程分别为

$$\begin{bmatrix}\dot{x}_1(t)\\\dot{x}_2(t)\end{bmatrix}=\begin{bmatrix}-1&1\\1&-2\end{bmatrix}\begin{bmatrix}x_1(t)\\x_2(t)\end{bmatrix}+\begin{bmatrix}0\\1\end{bmatrix}f(t)$$

$$y(t)=[1\quad 0]\begin{bmatrix}x_1(t)\\x_2(t)\end{bmatrix}+[0]f(t)$$

则系统的状态过渡矩阵 $\boldsymbol{\Phi}(s)=$(　　)，系统的转移函数矩阵 $\boldsymbol{H}(s)=$(　　)。

A) $\begin{bmatrix}\frac{s+2}{s^2+3s+1}&\frac{1}{s^2+3s+1}\\\frac{1}{s^2+3s+1}&\frac{s+1}{s^2+3s+1}\end{bmatrix}$　　B) $\begin{bmatrix}s+1&-1\\-1&s+2\end{bmatrix}$

C) $\begin{bmatrix}\frac{s+2}{s^2+3s+1}&\frac{s^2+3s+2}{s^2+3s+1}\end{bmatrix}$　　D) $\begin{bmatrix}\frac{s^2+3s+2}{s^2+3s+1}\end{bmatrix}$

(3) 已知单输入单输出系统的转移函数为

$$H(s)=\frac{b_m s^m+b_{m-1}s^{m-1}+\cdots+b_1 s+b_0}{s^n+a_{n-1}s^{n-1}+\cdots+a_1 s+a_0}$$

其中，$m<n$，则选择相位状态变量时，状态方程和输出方程中的 $\boldsymbol{A}=$(　　)，$\boldsymbol{C}=$(　　)。

A) $\begin{bmatrix}0\\0\\\vdots\\0\end{bmatrix}$　　B) $[b_0\quad b_1\quad\cdots\quad b_m\quad 0\quad\cdots\quad 0]$

C) $\begin{bmatrix}0&1&0&\cdots&0\\0&0&1&\cdots&0\\\vdots&\vdots&\vdots&&\vdots\\0&0&0&\cdots&1\\-a_0&-a_1&-a_2&\cdots&-a_{n-1}\end{bmatrix}$　　D) $[0]$

(4) 已知单输入单输出系统的转移函数 $H(s)=\sum_{j=1}^{n}\frac{k_j}{s-\lambda_j}$，则选择对角线状态变量时，状态方程 **A** 为(　　)，输出方程 **C** 为(　　)。

A) $\begin{bmatrix}1\\1\\\vdots\\1\end{bmatrix}$　　　　B) $\begin{bmatrix}k_1 & k_2 & \cdots & k_n\end{bmatrix}$

C) $\begin{bmatrix}\lambda_1 & 0 & \cdots & 0\\0 & \lambda_2 & \cdots & 0\\\vdots & 0 & \ddots & \vdots\\0 & \cdots & 0 & \lambda_n\end{bmatrix}$　　　　D) $[0]$

解　(1) B)、D)、C)、A)

(2) A)、D)

(3) C)、B)

(4) C)、B)

7－26　已知下列各系统的状态方程，试求各系统的特征根。

(1) $\begin{bmatrix}\dot{x}_1(t)\\\dot{x}_2(t)\end{bmatrix}=\begin{bmatrix}1 & 2\\2 & -2\end{bmatrix}\begin{bmatrix}x_1(t)\\x_2(t)\end{bmatrix}+\begin{bmatrix}1\\1\end{bmatrix}f(t)$；

(2) $\begin{bmatrix}\dot{x}_1(t)\\\dot{x}_2(t)\\\dot{x}_3(t)\end{bmatrix}=\begin{bmatrix}0 & 0 & 2\\2 & 0 & 2\\-1 & -1 & -1\end{bmatrix}\begin{bmatrix}x_1(t)\\x_2(t)\\x_3(t)\end{bmatrix}+\begin{bmatrix}1\\0\\1\end{bmatrix}f(t)$。

解　(1) 系统特征根的 MATLAB 程序为

```
A=[1 2; 2 -2]            %系统的 A 矩阵
r=eig(A)                 % r 为 A 矩阵特征值
```

答案：

```
r=2
  -3
```

所以，$\lambda_1=2$，$\lambda_2=-3$。

(2) 系统特征根的 MATLAB 程序为

```
A=[0 0 2; 2 0 2; -1 -1 -1]
r=eig(A)                 % r 为 A 矩阵特征值
```

答案：

```
r=
   -0.0000+2.0000i
   -0.0000-2.0000i
   -1.0000
```

所以，$\lambda_1=-1$，$\lambda_2=j2$，$\lambda_3=-j2$。

7－27　填空题

(1) 系统的初始状态$[x_1(0_-) \quad \cdots \quad x_n(0_-)]$，其实就是系统的(　　)中$t=0_-$时的一个点。

(2) 系统的状态转移矩阵$\boldsymbol{\Phi}(s)$完全由系统状态方程中的系数矩阵$\boldsymbol{A}$决定，其表达式为$\boldsymbol{\Phi}(s)=$(　　)。

(3) 系统的转移函数矩阵$\boldsymbol{H}(s)$完全由系统状态方程、输出方程的系数矩阵$\boldsymbol{A}$、$\boldsymbol{B}$、$\boldsymbol{C}$、$\boldsymbol{D}$决定，其表达式$\boldsymbol{H}(s)=$(　　)。

(4) 系统的矩阵指数函数$e^{\boldsymbol{A}t}u(t)$与系统的(　　)是一对拉普拉斯变换。

(5) 系统的可控性的充要条件是(　　)。

(6) 系统的可观性的充要条件是(　　)。

解

(1) 状态空间$\boldsymbol{x}(t)$

(2) $(s\boldsymbol{I}-\boldsymbol{A})^{-1}$

(3) $\boldsymbol{C}\boldsymbol{\Phi}(s)\boldsymbol{B}+\boldsymbol{D}=\boldsymbol{C}(s\boldsymbol{I}-\boldsymbol{A})^{-1}\boldsymbol{B}+\boldsymbol{D}$

(4) $\boldsymbol{\Phi}(s)$

(5) 矩阵$\boldsymbol{M}=(\boldsymbol{B} \vdots \boldsymbol{AB} \vdots \boldsymbol{A}^2\boldsymbol{B} \vdots \cdots \vdots \boldsymbol{A}^{n-1}\boldsymbol{B})$满秩(或 $\text{rank}\boldsymbol{M}=\boldsymbol{n}$)

(6) 矩阵$\boldsymbol{N}=(\boldsymbol{C} \vdots \boldsymbol{CA} \vdots \boldsymbol{CA}^2 \vdots \cdots \vdots \boldsymbol{CA}^{n-1})^{\mathrm{T}}$满秩(或 $\text{rank}\boldsymbol{N}=\boldsymbol{n}$)

7-28 已知系统的状态方程为

$$\begin{bmatrix}\omega_1(n+1)\\ \omega_2(n+1)\end{bmatrix}=\begin{bmatrix}-5 & -4\\ 0 & 1\end{bmatrix}\begin{bmatrix}\omega_1(n)\\ \omega_2(n)\end{bmatrix}+\begin{bmatrix}3\\ 0\end{bmatrix}x(n)$$

试判断系统的可控性。

解

$$\boldsymbol{AB}=\begin{bmatrix}-15\\ 0\end{bmatrix} \qquad \boldsymbol{M}=(\boldsymbol{B} \vdots \boldsymbol{AB} \vdots)=\begin{bmatrix}3 & -15\\ 0 & 0\end{bmatrix}$$

$$\text{rank}\boldsymbol{M}=1$$

故系统不可控。

7-29 若某系统的状态方程、输出方程分别为

$$\begin{bmatrix}\dot{x}_1(t)\\ \dot{x}_2(t)\\ \dot{x}_3(t)\end{bmatrix}=\begin{bmatrix}-3 & 0 & -1\\ 1 & 0 & 0\\ 1 & 1 & -1\end{bmatrix}\begin{bmatrix}x_1(t)\\ x_2(t)\\ x_3(t)\end{bmatrix}+\begin{bmatrix}1\\ 0\\ 0\end{bmatrix}f(t)$$

$$y(t)=[1 \quad 1 \quad 0][x_1(t) \quad x_2(t) \quad x_3(t)]^{\mathrm{T}}$$

试判断系统的可观(察)性及可控性。

解 本题的MATLAB程序为

```
A=[-3 0 -1; 1 0 0; 1 1 -1];      %7-29 的 A 矩阵
B=[1 0 0]';                      %7-29 的 B 矩阵
M=ctrb(A, B)                     %7-29 的可控性
C=[1 1 0];
N=obsv(A, C)                     %7-29 的可观性
```

答案：

```
M= 1  -3   8
   0   1  -3
   0   1  -3
N=  1   1   0
   -2   0  -1
    5  -1   3
```

即

$$M=\begin{bmatrix}1 & -3 & 8\\0 & 1 & -3\\0 & 1 & -3\end{bmatrix}\qquad \text{rank}\boldsymbol{M}=3\ \text{系统可控}$$

$$N=\begin{bmatrix}1 & 1 & 0\\-2 & 0 & -1\\5 & -1 & 3\end{bmatrix}\qquad \text{rank}\boldsymbol{N}=3\ \text{系统可观}$$

7-30 若某系统的状态方程、输出方程分别为

$$\begin{bmatrix}\dot{x}_1(t)\\\dot{x}_2(t)\\\dot{x}_3(t)\end{bmatrix}=\begin{bmatrix}-1 & 0 & 0\\0 & 0 & 0\\0 & 0 & -2\end{bmatrix}\begin{bmatrix}x_1(t)\\x_2(t)\\x_3(t)\end{bmatrix}+\begin{bmatrix}1\\0\\0\end{bmatrix}f(t)$$

$$y(t)=[1\quad 1\quad 0][x_1(t)\quad x_2(t)\quad x_3(t)]^{\mathrm{T}}$$

试判断系统的可观(察)性及可控性。

解 本题的 MATLAB 程序为

```
A=[-1 0 0; 0 0 0; 0 0 -2];     %7-30 的 A 矩阵
B=[1 0 0]';                    %7-30 的 B 矩阵
M=ctrb(A, B)                   %7-30 的可控性
C=[1 1 0];
N=obsv(A, C)                   %7-30 的可观性
```

答案:

```
M=  1  -1   1
    0   0   0
    0   0   0
N=  1   1   0
   -1   0   0
    1   0   0
```

即

$$M=\begin{bmatrix}1 & -1 & 0\\0 & 0 & 0\\2 & 4 & 8\end{bmatrix}\qquad \text{rank}\boldsymbol{M}=2\ \text{不完全可控}$$

$$N=\begin{bmatrix}1 & 1 & 0\\-1 & 0 & 0\\1 & 0 & 0\end{bmatrix}\qquad \text{rank}\boldsymbol{N}=2\ \text{不完全可观}$$

7-31 已知某 LTI 连续系统的参数矩阵如下所示，试判断系统的可观(察)性及可控性。

(1) $\boldsymbol{A}=\begin{bmatrix}1 & 3 & 2\\0 & 2 & 0\\0 & 1 & 3\end{bmatrix}$，$\boldsymbol{B}=\begin{bmatrix}2\\1\\-1\end{bmatrix}$，$\boldsymbol{C}=[1\quad 0\quad 0]$，$\boldsymbol{D}=0$

(2) $\boldsymbol{A}=\begin{bmatrix}-2 & 0 & 0\\0 & 1 & 0\\0 & 0 & 2\end{bmatrix}$，$\boldsymbol{B}=\begin{bmatrix}0\\1\\0\end{bmatrix}$，$\boldsymbol{C}=[0\quad 0\quad 1]$，$\boldsymbol{D}=0$

(3) $\boldsymbol{A}=\begin{bmatrix}-1 & 0 & 0\\0 & -2 & 0\\0 & 1 & -3\end{bmatrix}$，$\boldsymbol{B}=\begin{bmatrix}1\\1\\1\end{bmatrix}$，$\boldsymbol{C}=[1\quad 1\quad 2]$，$\boldsymbol{D}=0$

解 (1) 本题的 MATLAB 程序为

```
A=[1 3 2; 0 2 0; 0 1 3];          %7-31(1)的 A 矩阵
B=[2 1 -1]';                      %7-31(1)的 B 矩阵
M=ctrb(A, B)                      %7-31(1)的可控性
C=[1 0 0];
N=obsv(A, C)                      %7-31(1)的可观性
```

答案：

```
M=   2     3     5
     1     2     4
    -1    -2    -4
N=   1     0     0
     1     3     2
     1    11     8
```

即 $\text{rank}\boldsymbol{M}=2$ 不完全可控

$\text{rank}\boldsymbol{N}=3$ 完全可观

(2) 本题的 MATLAB 程序为

```
A=[-2 0 0; 0 1 0; 0 0 2];         %7-31(2)的 A 矩阵
B=[0 1 0]';                       %7-31(2)的 B 矩阵
M=ctrb(A, B)                      %7-31(2)的可控性
C=[0 0 1];
N=obsv(A, C)                      %7-31(2)的可观性
```

答案：

```
M=0    0    0
  1    1    1
  0    0    0
N=0    0    1
  0    0    2
  0    0    4
```

即　　$\text{rank}\boldsymbol{M}=1$ 不完全可控

$\text{rank}\boldsymbol{N}=1$ 不完全可观

(3) 本题的 MATLAB 程序为

```
A=[-1 0 0; 0 -2 0; 0 0 -3];    %7-31(3)的A矩阵
B=[1 1 1]';                    %7-31(3)的B矩阵
M=ctrb(A, B)                   %7-31(3)的可控性
C=[1 1 2];
N=obsv(A, C)                   %7-31(3)的可观性
```

答案：

```
M=  1    -1    1
    1    -2    4
    1    -3    9
N=  1     1    2
   -1    -2   -6
    1     4   18
```

即　　$\text{rank}\boldsymbol{M}=3$ 完全可控

$\text{rank}\boldsymbol{N}=3$ 完全可观

7-32　已知某 LTI 连续系统的状态方程的参数矩阵如下：

$$\boldsymbol{A}=\begin{bmatrix}1 & 0 & 0 & 0\\ 0 & 2 & 0 & 0\\ -6 & -2 & 3 & 0\\ -3 & -2 & 0 & 4\end{bmatrix},\quad \boldsymbol{B}=\begin{bmatrix}1\\0\\3\\2\end{bmatrix},\quad \boldsymbol{C}=[-4\quad -3\quad 1\quad 1],\quad \boldsymbol{D}=0$$

试求：(1) 将 $\boldsymbol{A}$ 参数矩阵化为对角形式；

(2) 判断系统的可观性及可控性；

(3) 系统函数 $H(s)$。

解　本题对角化的 MATLAB 程序与结果如下：

```
A=[1 0 0 0; 0 2 0 0; -6 -2 3 0; -3 -2 0 4]; %系统的A矩阵
B=[1 0 3 2]';
C=[-4 -3 1 1];
D=[0]
[P1, A1]=eig(A)        %P1为变换逆矩阵，A1为对角化的矩阵
P=inv(P1);             %P1的逆阵运算
B1=P*B                 %B1为对角化的B矩阵
C1=C*P1                %C1为对角化的C矩阵
[num, den]=ss2tf(A1, B1, C1, D)
```

答案：

```
A1=3    0    0    0
   0    4    0    0
   0    0    1    0
   0    0    0    2
B1=0
```

```
      1.0000
      3.3166
      0
C1=1   1   0   0
num=
      0   1   -6   11   -6
den=
      1   -10   35   -50   24
```

$$H(s)=\frac{s^3-6s^2+11s-6}{s^4-10s^3+35s^2-50s+24}=\frac{(s-1)(s-2)(s-3)}{(s-1)(s-2)(s-3)(s-4)}=\frac{1}{s-4}$$

***B*1 及 *C*1 均有零元素，因此系统既不完全可观也不完全可控。**

附　录

附录 A　连续信号与系统时域分析测试题

A.1　测试题(一)

1. 画图(30 分)

(1) 画出 $f_1(t)=tu(t-1)-(t-1)u(t-2)$的波形。

(2) 画出 $f_2(t)=\text{sgn}(t+1)-\text{sgn}(t-1)$的波形。

(3) $f_3(t)$的波形如图 A.1-3 所示，画出 $y_3(t)=f(-2t+2)$的波形。

(4) 信号 $f_4(t)=tu(t+2)-tu(t-2)$，画出 $y_4(t)=\dfrac{\mathrm{d}}{\mathrm{d}t}f_4(t)$的波形。

(5) $f_5(t)$的波形如图 A.1-5 所示，画出 $y_5(t)=\int_{-\infty}^{t}f(\tau)\,\mathrm{d}\tau$ 的波形。

(6) 已知 $f_6(t)$如图 A.1-6 所示，画出 $y_6(t)=f(3t-6)$的波形。

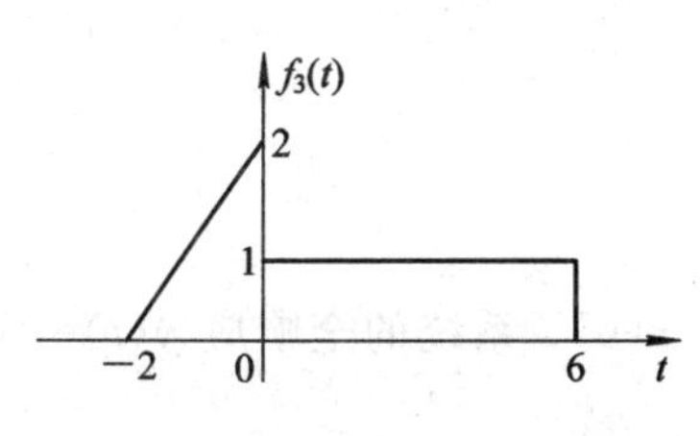

图 A.1-3

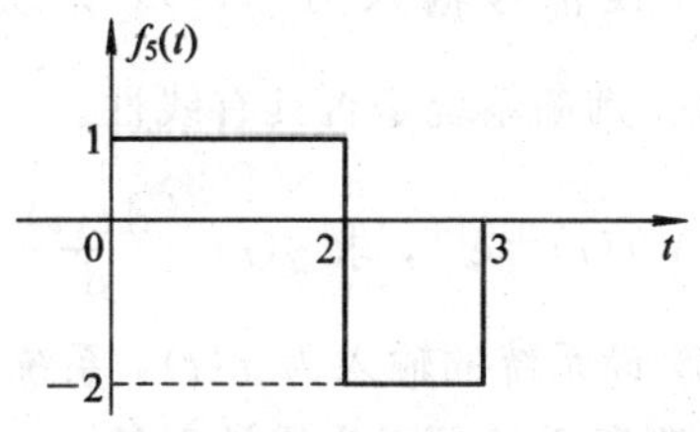

图 A.1-5

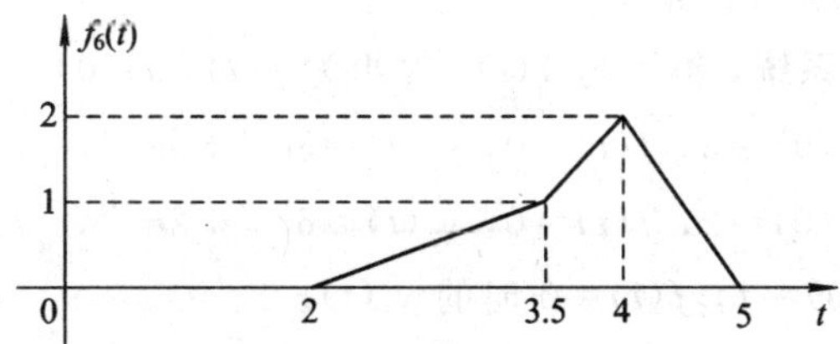

图 A.1-6

2. 选择题(30 分)

(7) 积分 $\int_{-1}^{1}(t^2-3t+1)\delta(t-2)\,\mathrm{d}t=$______。

A) 0　　B) 1　　C) 3　　D) 5　　E) 7

(8) 积分 $\int_{-1}^{5}\left(t^2-t+\cos\frac{\pi}{2}t\right)\delta(t-2)\ \mathrm{d}t=$________。

A) 0　　B) 1　　C) 3　　D) 5　　E) 7

(9) 积分 $\int_{-\infty}^{\infty}(t^3+4)\delta(1-t)\ \mathrm{d}t=$________。

A) -5　　B) -3　　C) 0　　D) 3　　E) 5

(10) 函数 $f(t)=\mathrm{e}^{-3t}\delta(t)$ 用加权冲激函数表示为________。

A) 0　　B) 3　　C) $\delta(t)$　　D) $2\delta(t)$　　E) $3\delta(t)$

(11) 积分 $\int_{-5}^{5}t^2\delta'(t+1)\ \mathrm{d}t=$________。

A) -2　　B) -1　　C) 0　　D) 1　　E) 2

(12) 积分 $\int_{-\infty}^{t}\mathrm{e}^{-2\tau}\delta'(\tau)\ \mathrm{d}\tau=$________。

A) $\delta(t)$　　B) $u(t)$　　C) $2u(t)$　　D) $\delta(t)+u(t)$　　E) $\delta(t)+2u(t)$

3. 分析计算题(40 分)

(13) 已知 $f(t)=a\sin\pi t+b\cos 2\pi t$，$f(t)$ 是周期信号吗？若是，求其周期 T。

(14) 设信号输入为 $e(t)$，输出 $y(t)=\int_{-\infty}^{3t}e(\tau)\ \mathrm{d}\tau$，判断系统是否具有线性及时不变性，说明理由。

(15) 设信号输入为 $f(t)$，输出 $y(t)=a+bf'(t)$，判断系统是否具有线性($a\neq 0$，$b\neq 0$)，说明理由。

(16) 设信号输入为 $f(t)$，系统初始状态为 $x(0)$，系统全响应 $y(t)=x^2(0)+\int_0^t f(\tau)\mathrm{d}\tau$，判断系统是否具有线性。

(17) $f(t)=\mathrm{e}^{|t|}$，求 $y(t)=\frac{\mathrm{d}f(t)}{\mathrm{d}t}$。

(18) 设系统的输入为 $f(t)$，系统的初始状态为 $x(0)$，系统的全响应 $y(t)=5x(0)+\lg f(t)$，判断系统是否为线性系统。

(19) 设系统的输入为 $f(t)$，系统的初始状态为 $x(0)$，系统的全响应 $y(t)=a+f(t-t_0)$，判断系统是否为线性系统。

(20) 某线性非时变系统，输入为 $f(t)$，输出为 $y(t)$，$x_1(0)$、$x_2(0)$ 为初始状态。

① 当 $x_1(0)=2$，$x_2(0)=3$，$f(t)=0$，$y_1(t)=3\mathrm{e}^{-t}+5\mathrm{e}^{-2t}$，　$t>0$

② 当 $x_1(0)=4$，$x_2(0)=2$，$f(t)=0$，$y_2(t)=6\mathrm{e}^{-t}+2\mathrm{e}^{-2t}$，　$t>0$

求：$x_1(0)=1$，$x_2(0)=1$，$f(t)=0$ 时的 $y_3(t)$。

A.2 测试题(二)

1. 选择题(20 分)

(1) 信号 $f_1(t)$ 和 $f_2(t)$ 的波形如图 A.2-1 所示，设 $f(t)=f_1(t)*f_2(t)$，则 $f(5)=$________。

A) 0　　B) 1　　C) 2　　D) 3　　E) 4

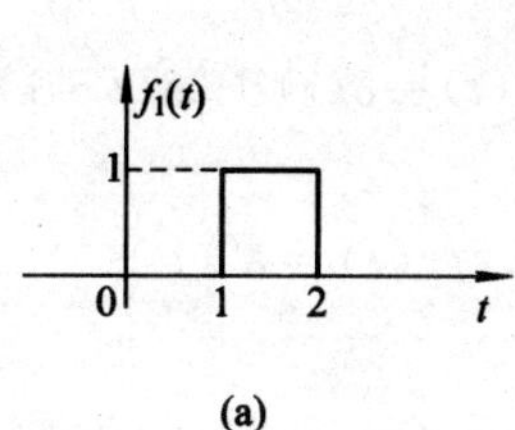

(a)

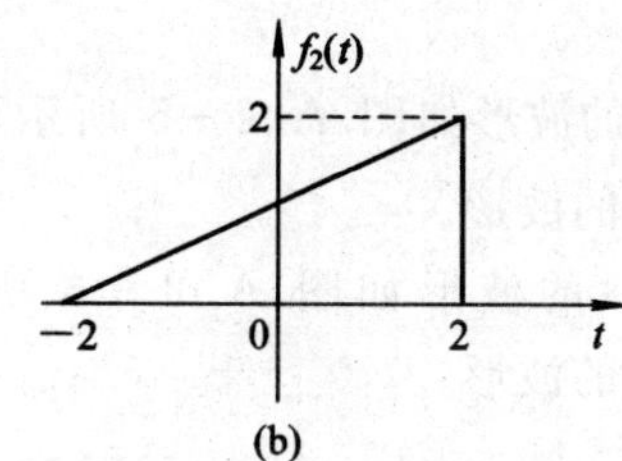

(b)

图 A.2-1

(2) 信号 $f_1(t)$ 和 $f_2(t)$ 的波形如图 A.2-2 所示，设 $f(t)=f_1(t)*f_2(t)$，则 $f(6)=$________。

A) 2　　B) 4　　C) 6　　D) 8　　E) 10

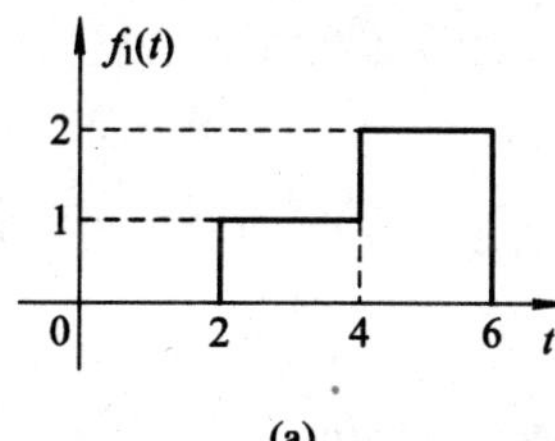

(a)

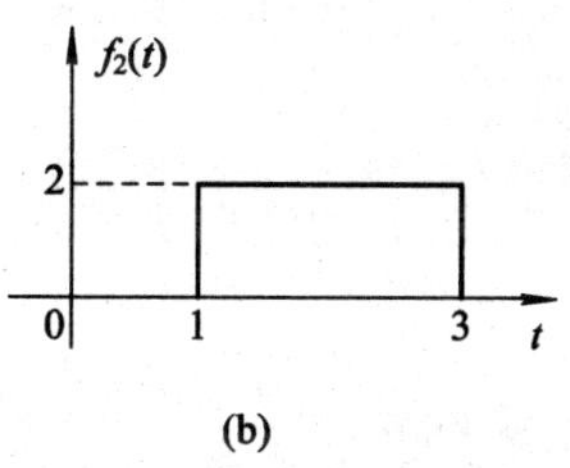

(b)

图 A.2-2

(3) 信号 $f_1(t)$ 和 $f_2(t)$ 的波形如图 A.2-3 所示，设 $y(t)=f_1(t)*f_2(t)$，则 $y(1)=$________。

A) 0　　B) 1　　C) 2　　D) 3　　E) 4

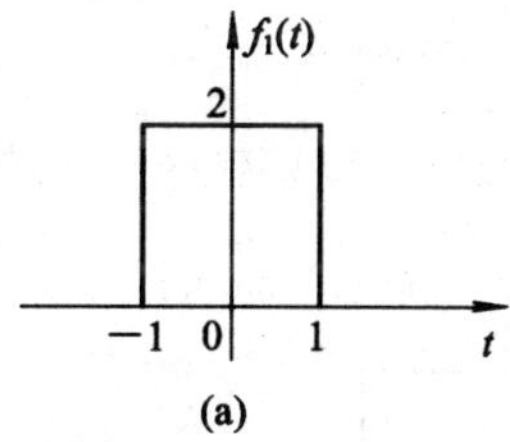

(a)

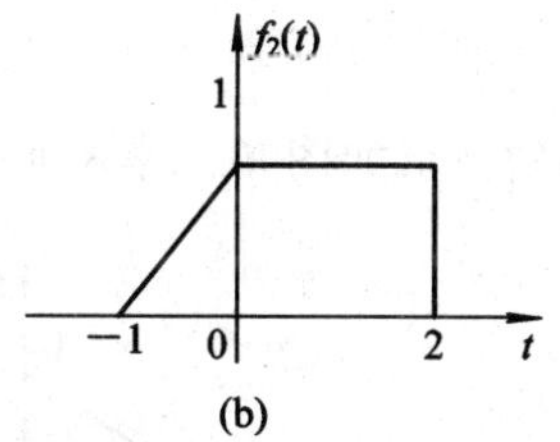

(b)

图 A.2-3

(4) 信号 $f_1(t)$ 和 $f_2(t)$ 的波形如图 A.2-4 所示，设 $y(t)=f_1(t)*f_2(t)$，则 $y(3)=$________。

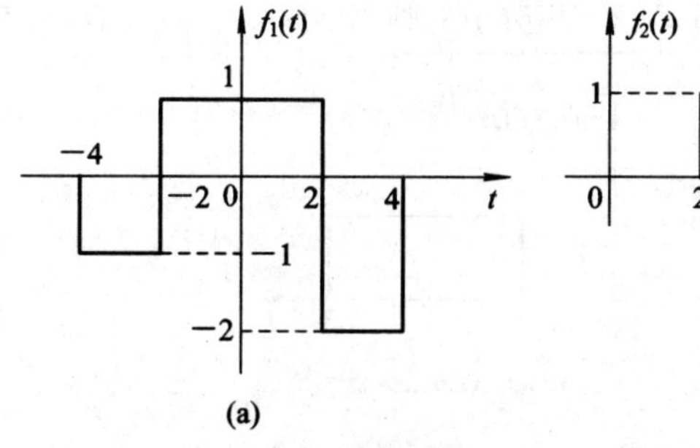

(a)　　(b)

图 A.2-4

A) -2　　B) -1　　C) 0　　D) 1　　E) 2

2. 画图(25分)

(5) 信号 $f_1(t)$的波形如图 A.2-5 所示，$f_2(t)=\delta(t)+2\delta(t-1)+\delta(t-2)$，画出 $y(t)=f_1(t)*f_2(t)$的波形。

(6) 信号 $f_1(t)$的波形如图 A.2-6 所示，$f_2(t)=\delta'(t+1)-\delta'(t-1)$，画出 $y(t)=f_1(t)*f_2(t)$的波形。

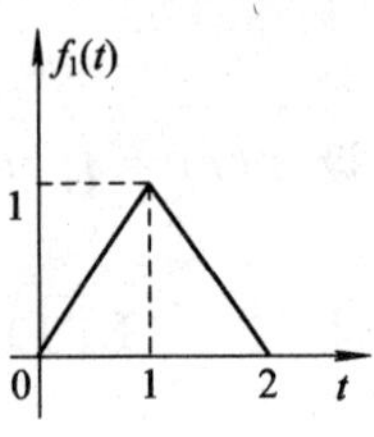

图 A.2-5

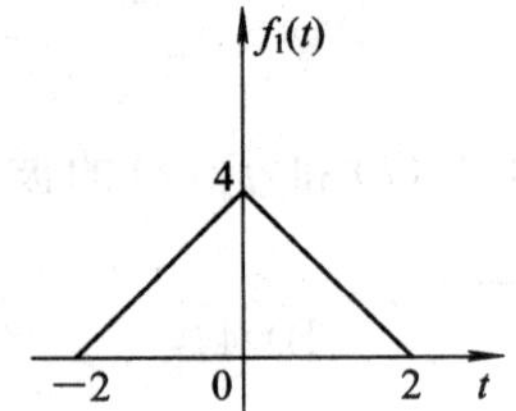

图 A.2-6

(7) 信号 $f_1(t)$和 $f_2(t)$的波形如图 A.2-7 所示，画出 $y(t)=f_1(t)*f_2(t)*\delta'(t)$的波形。

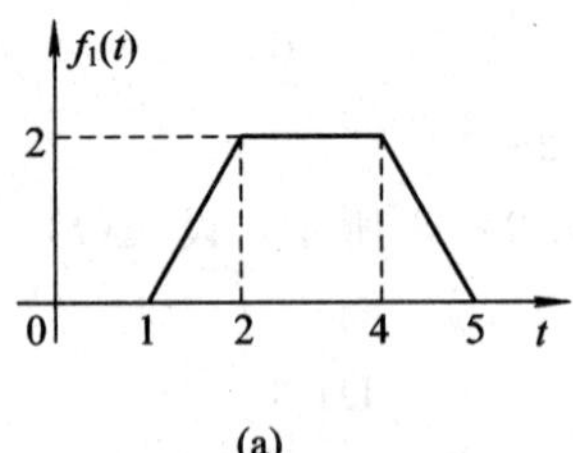

图 A.2-7

(8) 信号 $f(t)$的波形如图 A.2-8 所示，画出 $y(t)=f(2t+2)*\delta(t-3)$的波形。

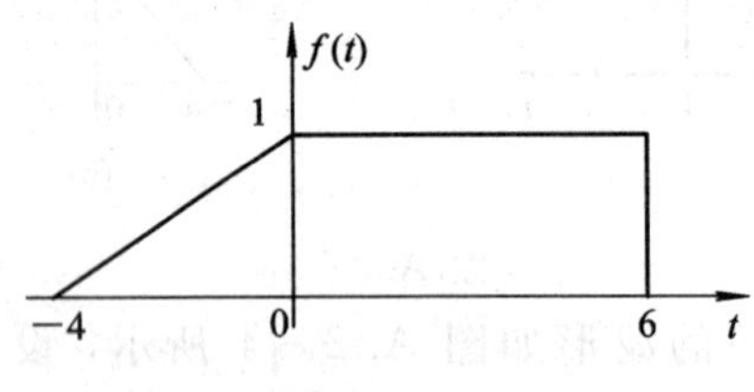

图 A.2-8

(9) 已知 $f_1(t)*f_2(t)$如图 A.2-9 所示，画出 $y(t)=\int_{-\infty}^{t} f_1(\tau)\,d\tau * f_2(t)$ 的波形。

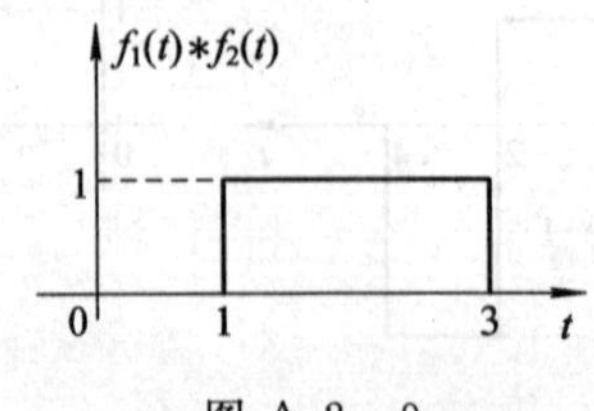

图 A.2-9

3. 填空题(30 分)

(10) 卷积计算 $e^{-5t}u(t)*u(t)=$____________。

(11) 卷积计算 $e^{-2t}*\delta(t-1)=$____________。

(12) 卷积计算 $e^{-2t}*\delta'(t)=$____________。

(13) 如图 A.2-13 所示的系统中，各子系统的冲激响应为 $h_1(t)=\delta(t-1)$，$h_2(t)=u(t)-u(t-1)$，则系统的冲激响应 $h(t)=$____________。

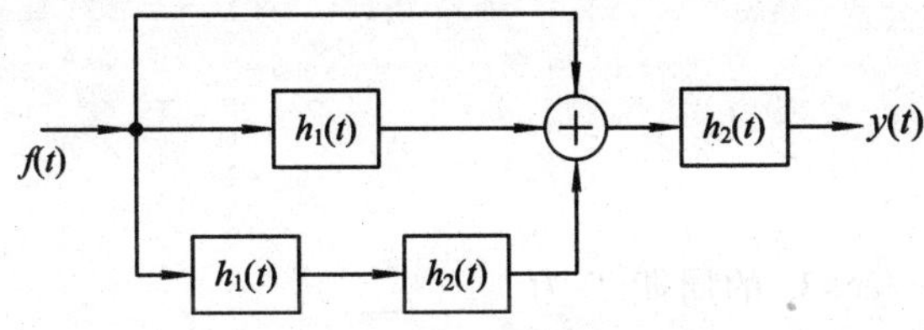

图 A.2-13

(14) 如图 A.2-14 所示的系统中，各子系统的冲激响应为 $h_1(t)=\delta(t-1)$，$h_2(t)=\int_{-\infty}^{t}\delta(\tau)\,d(\tau)$，则系统的冲激响应 $h(t)=$____________。

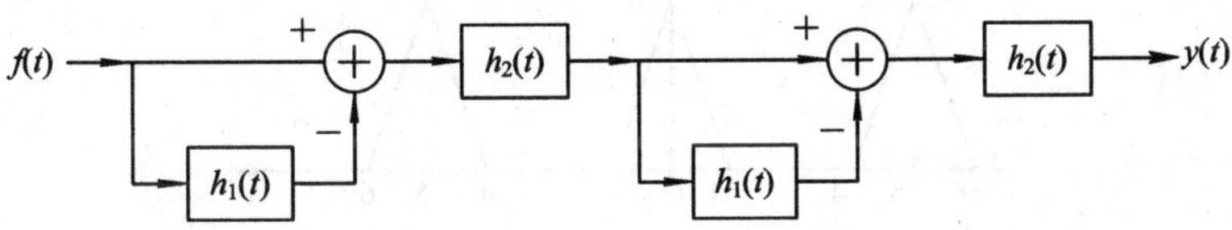

图 A.2-14

(15) 描述某系统的微分方程为 $y'(t)+y(t)=f'(t)+2f(t)$，其冲激响应 $h(t)=$____________。

4. 计算分析题(25 分)

(16) 线性系统的冲激响应 $h(t)=\sin\pi(t-2)u(t-2)$，输入 $f(t)=u(t-2)$，求该系统的零状态响应 $y_{zs}(t)$。

(17) 线性系统的冲激响应 $h(t)$如图 A.2-17 所示，输入 $f(t)=u(t-3)$，求该系统的零状态响应 $y_{zs}(t)$。

(18) 如图 A.2-18 所示电路，输入 $e(t)$为单位冲激 $\delta(t)$，用时域法求 $i(t)$。

(19) 电路如图 A.2-19 所示，初始状态为零，开关在 $t=0$ 时接通，$e(t)$为激励，输出响应为 $u_L(t)$，用时域法求冲激响应 $h(t)$。

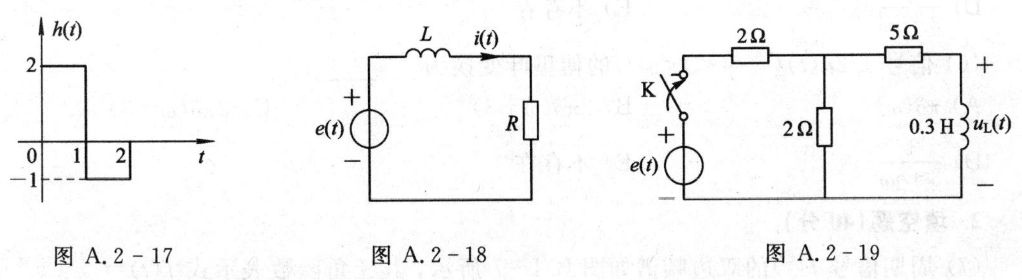

图 A.2-17　图 A.2-18　图 A.2-19

(20) 已知系统微分方程 $\frac{d^2y(t)}{dt^2}+2\frac{dy(t)}{dt}+2y(t)=2\frac{df(t)}{dt}+3f(t)$，$y(0_-)=0$，$y'(0_-)=1$，用时域法求系统的零输入响应 $y_{zi}(t)$。

附录B　连续信号与系统频域分析测试题

B.1　测试题(一)

1. 选择题(30分)

(1) 周期信号 $\sin t+\cos 3t$ 的周期 T 为________。

A) 1　　B) 2　　C) 4　　D) π　　E) 2π

(2) 如图 B.1-2 所示周期信号 $f(t)$，其傅里叶系数中 F_0 为________。

A) 0　　B) 2　　C) 4　　D) 6　　E) 8

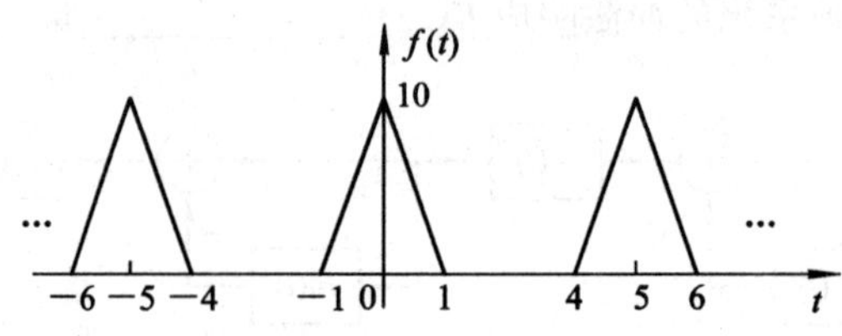

图 B.1-2

(3) 信号 $e^{-2t}u(t)$ 的傅里叶变换为________。

A) $\frac{1}{2+j\omega}$　　B) $\frac{j\omega}{2+j\omega}$　　C) $\frac{4+j\omega}{2+j\omega}$

D) $\pi\delta(\omega-2)+\frac{1}{j(\omega-2)}$　　E) $\pi\delta(\omega+2)+\frac{1}{j(\omega+2)}$

(4) 信号 $\delta(t)+2e^{-2t}u(t)$ 的傅里叶变换为________。

A) $\frac{1}{2+j\omega}$　　B) $\frac{j\omega}{2+j\omega}$　　C) $\frac{4+j\omega}{2+j\omega}$

D) $\pi\delta(\omega-2)+\frac{1}{j(\omega-2)}$　　E) $\pi\delta(\omega+2)+\frac{1}{j(\omega+2)}$

(5) 信号 $e^{-3t}(-\infty<t<\infty)$ 的傅里叶变换为________。

A) $\pi\delta(\omega)$　　B) $2\pi\delta(\omega+3)$　　C) $2\pi\delta(\omega-3)$

D) $\frac{1}{3+j\omega}$　　E) 不存在

(6) 信号 $1/2u(t)(-\infty<t<\infty)$ 的傅里叶变换为________。

A) $\pi\delta(\omega)$　　B) $2\pi\delta(\omega+3)$　　C) $2\pi\delta(\omega-3)$

D) $\frac{1}{3+j\omega}$　　E) 不存在

2. 填空题(40分)

(7) 周期信号 $f(t)$ 的双边频谱如图 B.1-7 所示，其三角函数表示式 $f(t)=$________。

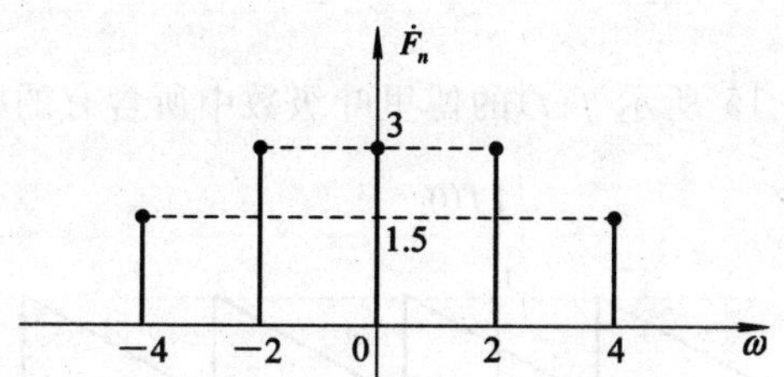

图 B.1-7

(8) 周期信号 $f(t)=1+\cos(t-30°)$，其复傅里叶系数 $\dot{F}_n=$________。

(9) 周期信号的复傅里叶系数 $\dot{F}_n=\begin{cases}\dfrac{1}{2}\mathrm{e}^{\mathrm{j}n\pi/6}, & n=0,\ \pm1,\ \pm2\\ 0, & \text{其余}\end{cases}$，其周期 $T=2\pi$，则该实信号 $f(t)=$__________。

(10) 如图 B.1-10 所示周期信号 $f(t)$的傅里叶系数 $F_n=$__________。

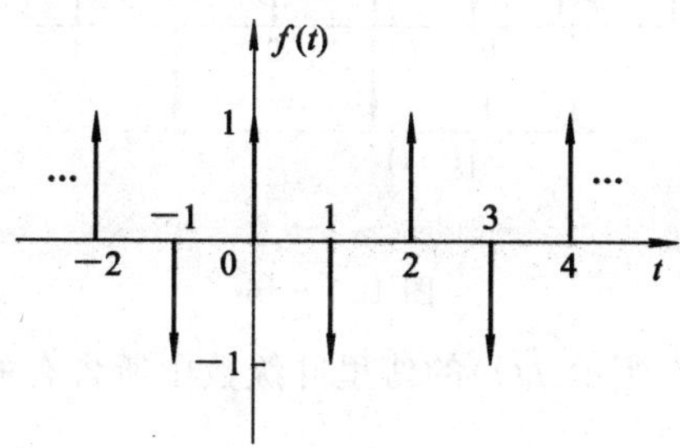

图 B.1-10

(11) 信号 $f(t)=\mathrm{e}^{2t}u(-t)-\mathrm{e}^{-2t}u(t)$的傅里叶变换 $F(\omega)=$________。

(12) 如图 B.1-12 所示周期信号 $f(t)$的傅里叶系数 $F_n=$________。

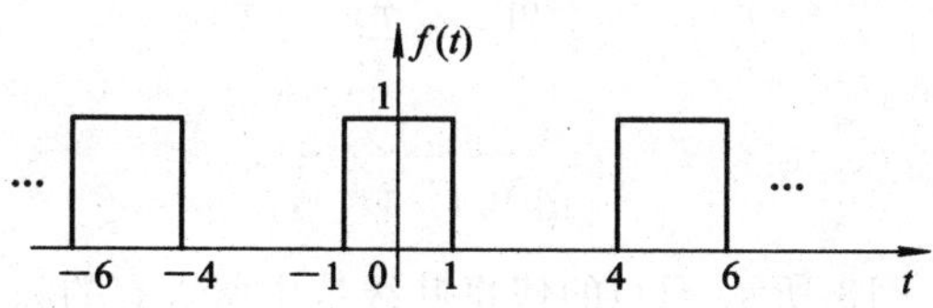

图 B.1-12

(13) 已知信号 $f(t)$的频谱函数 $F(\mathrm{j}\omega)$如图 B.1-13 所示，则 $f(0)=$__________。

(14) 已知信号 $f(t)$如图 B.1-14 所示，则其频谱函数 $F(\mathrm{j}\omega)$中 $F(0)=$__________。

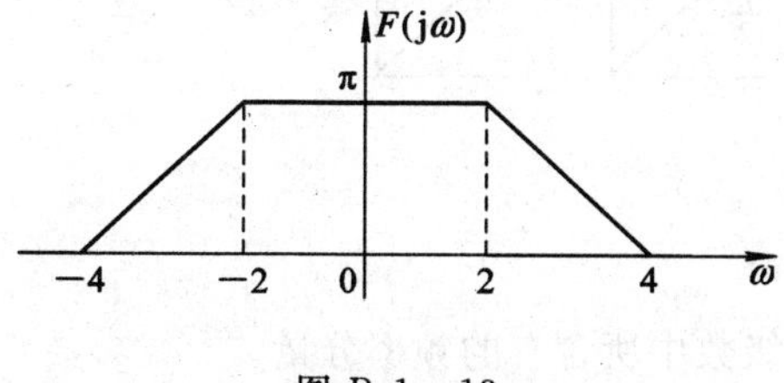

图 B.1-13

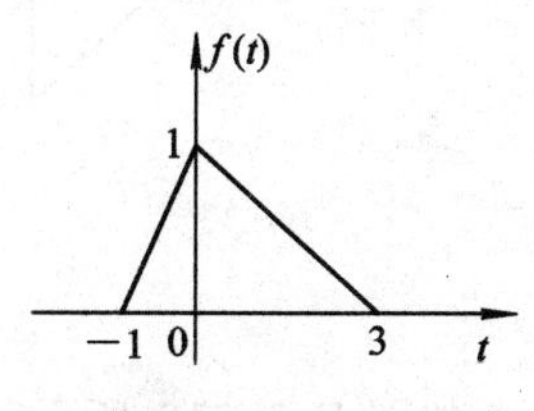

图 B.1-14

3. 分析计算(30 分)

(15) 判断如图 B.1－15 所示 $f(t)$的傅里叶级数中所含有的频率分量。

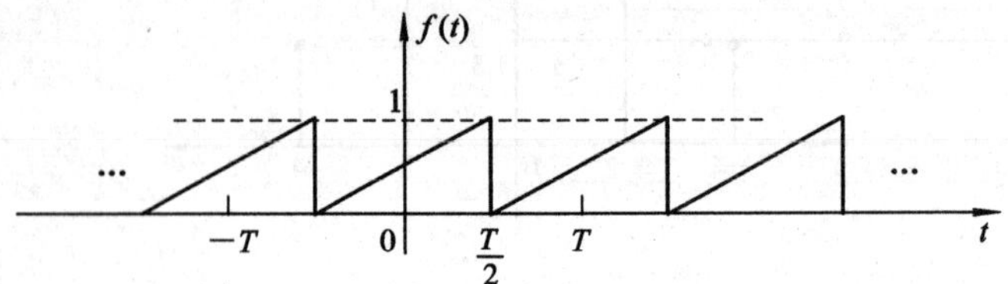

图 B.1－15

(16) 判断如图 B.1－16 所示 $f(t)$的傅里叶级数中所含有的频率分量。

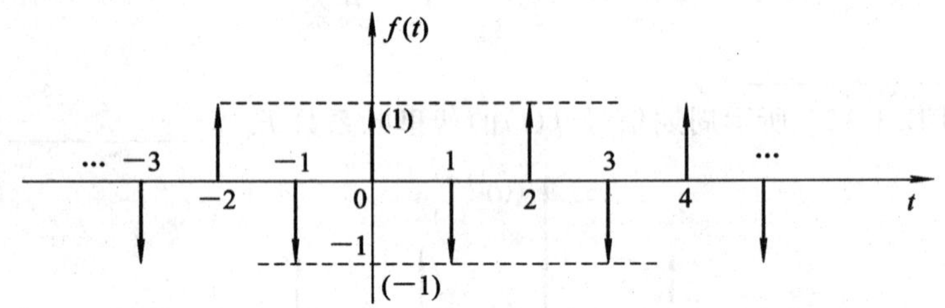

图 B.1－16

(17) 判断如图 B.1－17 所示 $f(t)$的傅里叶级数中所含有的频率分量。

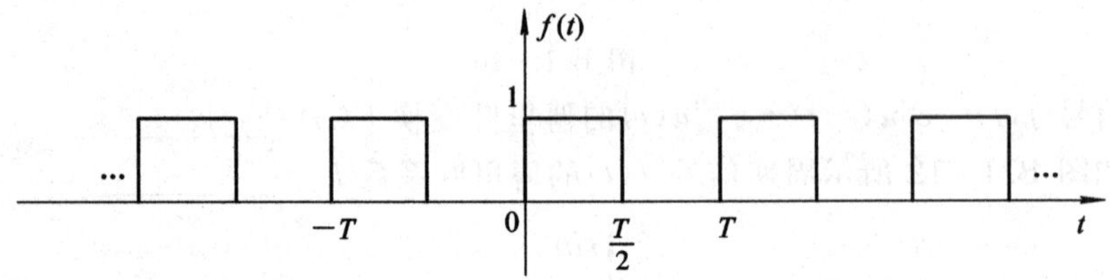

图 B.1－17

(18) 判断如图 B.1－18 所示 $f(t)$的傅里叶级数中所含有的频率分量。

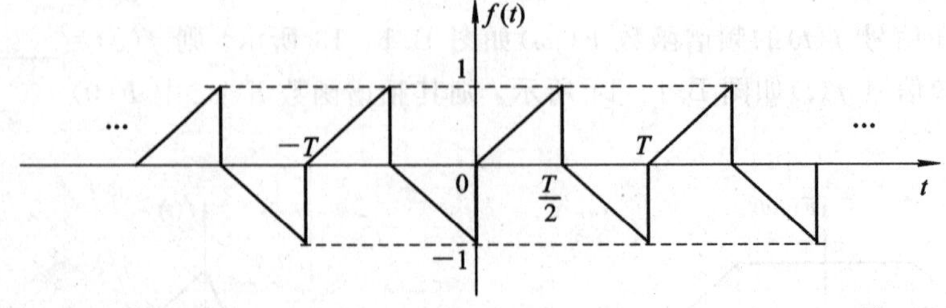

图 B.1－18

(19) 判断如图 B.1－19 所示 $f(t)$的傅里叶级数中所含有的频率分量。

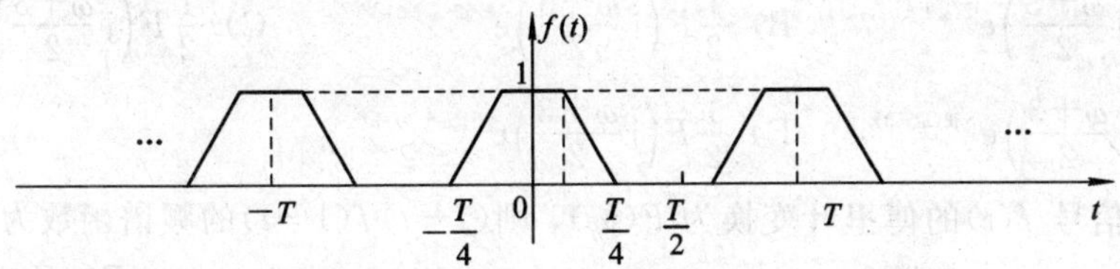

图 B.1 - 19

(20) 已知周期信号 0～$T/4$ 的波形如图 B.1 - 20 所示，信号只含余弦奇、偶次谐波，画出$-T$～T 的波形。

(21) 周期矩形脉冲信号 $f(t)$的频谱 $\dot{F}_n$ 如图 B.1 - 21 所示，若 $f_1(t)$为 $f(t)$脉冲宽度的一半，试画出 $f_1(t)$的频谱，并做出所有必要的标注。

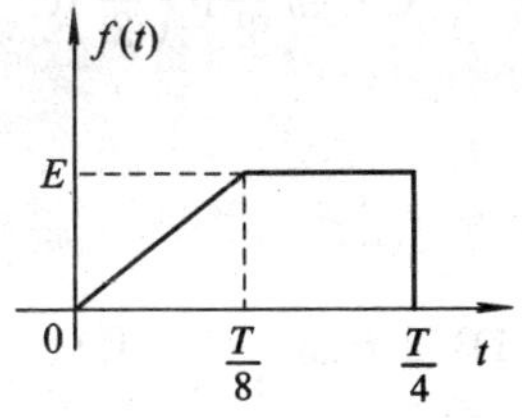

图 B.1 - 20

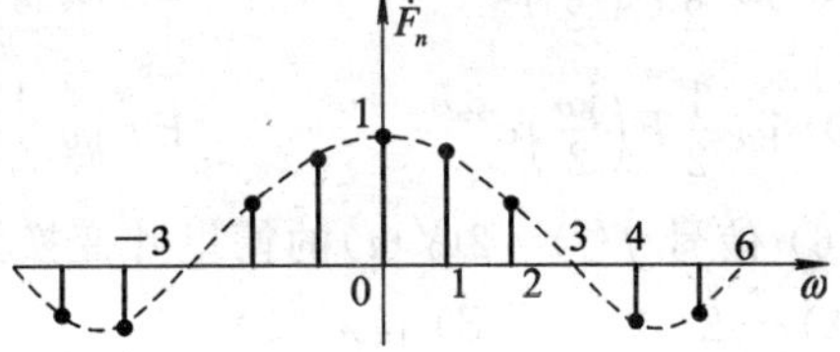

图 B.1 - 21

B.2 测试题(二)

1. 选择题(35 分)

(1) 信号 $e^{3t}(-\infty<t<\infty)$的傅里叶变换为________。

A) $\pi\delta(\omega)$　　B) $2\pi\delta(\omega+3)$　　C) $2\pi\delta(\omega-3)$

D) $\frac{1}{3+j\omega}$　　E) 不存在

(2) 如图 B.2 - 2(a)所示信号 $f(t)$的傅里叶变换 $F(j\omega)=R(\omega)+jX(\omega)$，则图 B.2 - 2(b)所示信号 $y(t)$的傅里叶变换 $Y(j\omega)$为________。

A) $R(\omega)$　　B) $jX(\omega)$　　C) $j2X(2\omega)$

D) $j2R\left(\frac{\omega}{2}\right)\sin\omega$　　E) $-2X(2\omega)\sin\omega$

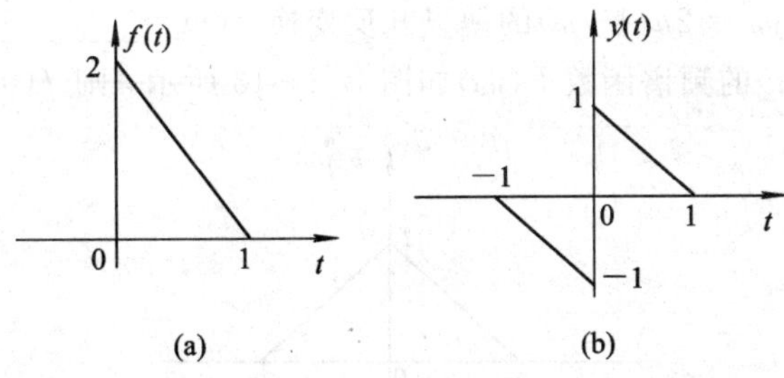

图 B.2 - 2

(3) 已知信号 $f(t)$的傅里叶变换为 $F(j\omega)$，则 $f(2t-4)e^{-j3t}$的频谱函数为______。

A) $\frac{1}{2}F\left(\mathrm{j}\,\frac{\omega+3}{2}\right)\mathrm{e}^{\mathrm{j}2(\omega+3)}$　　B) $\frac{1}{2}F\left(\mathrm{j}\,\frac{\omega+3}{2}\right)\mathrm{e}^{-\mathrm{j}2(\omega+3)}$　　C) $\frac{1}{2}F\left(\mathrm{j}\,\frac{\omega+3}{2}\right)\mathrm{e}^{\mathrm{j}2(\omega-3)}$

D) $\frac{1}{2}F\left(\mathrm{j}\,\frac{\omega+3}{2}\right)\mathrm{e}^{-\mathrm{j}2(\omega-3)}$　　E) $\frac{1}{2}F\left(\mathrm{j}\,\frac{\omega+3}{2}\right)\mathrm{e}^{-\mathrm{j}(\omega+3)/2}$

(4) 已知信号 $f(t)$的傅里叶变换为 $F(\mathrm{j}\omega)$，则$(1-t)f(1-t)$的频谱函数为________。

A) $2F(-\mathrm{j}\omega)\mathrm{e}^{-\mathrm{j}\omega}-\mathrm{j}\,\frac{\mathrm{d}F(-\mathrm{j}\omega)}{\mathrm{d}\omega}\mathrm{e}^{-\mathrm{j}\omega}$　　B) $2F(-\mathrm{j}\omega)\mathrm{e}^{-\mathrm{j}\omega}+\mathrm{j}\,\frac{\mathrm{d}F(-\mathrm{j}\omega)}{\mathrm{d}\omega}\mathrm{e}^{-\mathrm{j}\omega}$

C) $-\mathrm{j}\,\frac{\mathrm{d}F(-\mathrm{j}\omega)}{\mathrm{d}\omega}\mathrm{e}^{-\mathrm{j}\omega}$　　D) $\mathrm{j}\,\frac{\mathrm{d}F(-\mathrm{j}\omega)}{\mathrm{d}\omega}\mathrm{e}^{-\mathrm{j}\omega}$　　E) $\mathrm{j}\,\frac{\mathrm{d}F(-\mathrm{j}\omega)}{\mathrm{d}\omega}\mathrm{e}^{\mathrm{j}\omega}$

(5) 已知信号 $f(t)$的傅里叶变换为 $F(\mathrm{j}\omega)$，则$\frac{\mathrm{d}}{\mathrm{d}t}f(2t-3)$的频谱函数为________。

A) $\mathrm{j}\omega\,\frac{1}{2}F\left(\frac{\mathrm{j}\omega}{2}\right)\mathrm{e}^{-\mathrm{j}3\omega}$　　B) $\mathrm{j}\omega\,\frac{1}{2}F\left(\frac{\mathrm{j}\omega}{2}\right)\mathrm{e}^{\mathrm{j}3\omega}$　　C) $\mathrm{j}\omega\,\frac{1}{2}F\left(\frac{\mathrm{j}\omega}{2}\right)\mathrm{e}^{-\mathrm{j}3\omega/2}$

D) $\mathrm{j}\omega\,\frac{1}{2}F\left(\frac{\mathrm{j}\omega}{2}\right)\mathrm{e}^{\mathrm{j}3\omega/2}$　　E) $\mathrm{j}\omega\,\frac{1}{2}F\left(-\frac{\mathrm{j}\omega}{2}\right)\mathrm{e}^{-\mathrm{j}3\omega}$

(6) 信号 $f(t)=2t\delta'(t)$的傅里叶变换为________。

A) -2　　B) $\mathrm{j}(\omega-2)$　　C) $\mathrm{j}(\omega+2)$　　D) $2+\mathrm{j}\omega$　　E) $-2+\mathrm{j}\omega$

(7) 信号 $f(t)=(1-t)\frac{\mathrm{d}}{\mathrm{d}t}[\mathrm{e}^{-(t-1)}\delta(t-1)]$的傅里叶变换为________。

A) 1　　B) $1+\mathrm{j}\omega$　　C) $1-\mathrm{j}\omega$　　D) $\mathrm{e}^{\mathrm{j}\omega}$　　E) $\mathrm{e}^{-\mathrm{j}\omega}$

2. 填空题(40 分)

(8) 信号 $f(t)=\delta(t+1)-\delta(t-1)$的傅里叶变换 $F(\omega)=$____________。

(9) 如图 B.2－9 所示信号 $f(t)$的傅里叶变换 $F(\omega)=$____________。

(10) 如图 B.2－10 所示信号 $f(t)$的傅里叶变换 $F(\omega)=$____________。

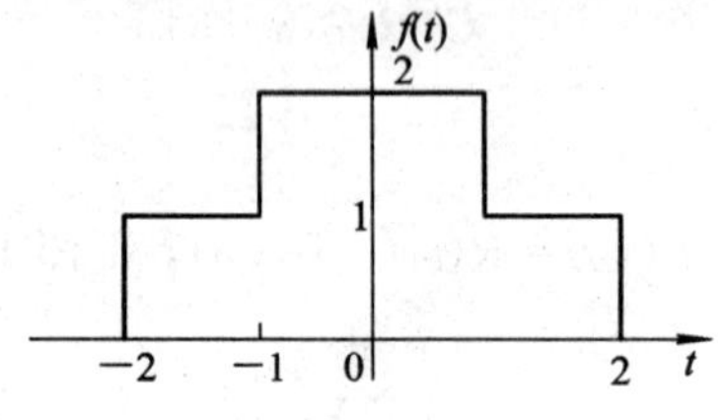

图 B.2－9

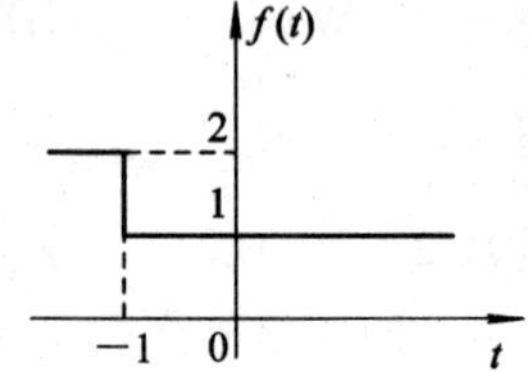

图 B.2－10

(11) 频谱函数 $F(\mathrm{j}\omega)=\delta(\omega+1)$的傅里叶反变换 $f(t)=$____________。

(12) 频谱函数 $F(\mathrm{j}\omega)=2u(1-\omega)$的傅里叶反变换 $f(t)=$____________。

(13) 已知信号 $f(t)$的频谱函数 $F(\mathrm{j}\omega)$如图 B.2－13 所示，则 $f(0)=$____________。

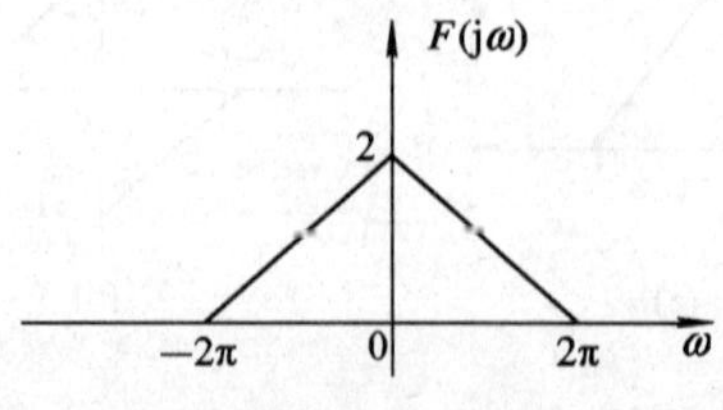

图 B.2－13

(14) 已知信号 $f(t)$ 的频谱函数 $F(\mathrm{j}\omega)=4\ \mathrm{Sa}(2\omega)\ \cos\omega$，则 $f(0)=$ ______________。

(15) 已知信号 $f(t)$ 如图 B.2－15 所示，则其频谱函数 $F(\mathrm{j}\omega)$ 中 $F(0)=$ __________。

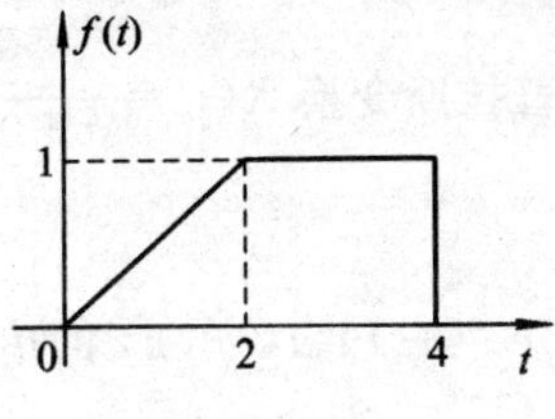

图 B.2－15

3. 分析计算(25 分)

(16) 求如图 B.2－16 所示信号 $f(t)$ 的傅里叶变换 $F(\mathrm{j}\omega)$，并画出其频谱图。

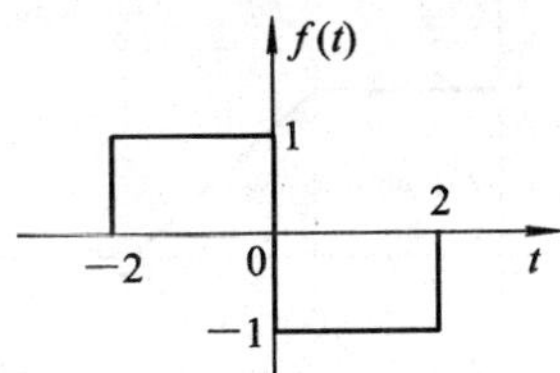

图 B.2－16

(17) 已知 $f(t)\leftrightarrow F(\mathrm{j}\omega)$，$f(t)$ 与 $f_1(t)$ 有如图 B.2－17 所示的关系，求 $F_1(\mathrm{j}\omega)$。

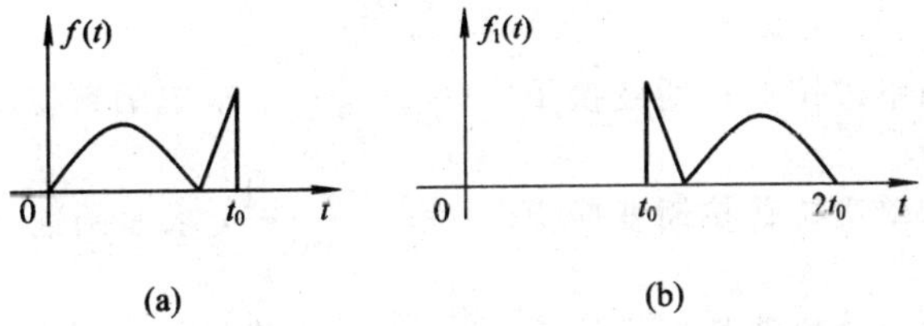

图 B.2－17

(18) $f(t)=\begin{cases}\mathrm{e}^{-(t-1)}, & 0\leqslant t\leqslant 1\\ 0, & 其它\end{cases}$，求 $f_1(t)=f(t)-f(-t)$ 的傅里叶变换 $F_1(\mathrm{j}\omega)$。

(19) 已知信号 $f(t)$ 的频谱函数 $F(\mathrm{j}\omega)=\sum\limits_{n=1}^{2}2\dfrac{\sin\omega}{\omega}\mathrm{e}^{-\mathrm{j}n\omega}$，求 $f(t)$。

附录 C　连续信号与系统复频域分析测试题

C.1　测试题(一)

1. 求下列函数的单边拉普拉斯变换(共 50 分)

(1) (5 分)求函数 $f(t)=\cos^2\omega t$ 的单边拉普拉斯变换 $F(s)$。

(2) (5 分)求函数 $f(t)=\delta(t)-2\mathrm{e}^{-2t}u(t)$ 的单边拉普拉斯变换 $F(s)$。

(3) (6 分)求函数 $f(t)=\frac{d^2}{dt^2}[\cos t u(t)]$的单边拉普拉斯变换 $F(s)$。

(4) (6 分)求函数 $f(t)=(1+t)[u(t+1)-u(t-1)]$的单边拉普拉斯变换 $F(s)$。

(5) (8 分)信号 $x(t)$的单边拉普拉斯变换 $X(s)=\frac{2}{s^2+2s+4}$，求信号 $y(t)=e^{-t}x\left(\frac{t}{2}\right)$的单边拉普拉斯变换 $Y(s)$。

(6) (8 分)求函数 $f(t)=\sum_{n=0}^{\infty}e^{-t}(-1)^n u(t-n)$ 的单边拉普拉斯变换 $F(s)$。

(7) (6 分)求函数 $f(t)=\sin\left(\pi t+\frac{\pi}{4}\right)$的单边拉普拉斯变换 $F(s)$。

(8) (6 分)求如图 C.1-8 所示信号 $f(t)$的单边拉普拉斯变换 $F(s)$。

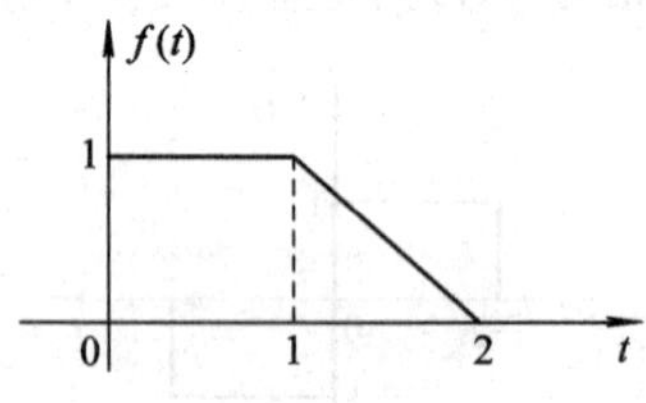

图 C.1-8

2. 求下列象函数的单边拉普拉斯反变换(共 50 分)

(9) (6 分)已知单边拉普拉斯变换 $F(s)=\frac{se^{-s}}{s-1}$，求原函数 $f(t)$。

(10) (6 分)已知单边拉普拉斯变换 $F(s)=\frac{1-e^{-2s}}{s^2}$，求原函数 $f(t)$。

(11) (6 分)已知单边拉普拉斯变换 $F(s)=\frac{s^3+s^2+1}{s^2+s}$，求原函数 $f(t)$。

(12) (6 分)已知单边拉普拉斯变换 $F(s)=\frac{e^{-2s}}{s^2-1}$，求原函数 $f(t)$。

(13) (6 分)已知单边拉普拉斯变换 $F(s)=\frac{(s+1)e^{-2s}}{s^2+2s+2}$，求原函数 $f(t)$。

(14) (8 分)已知单边拉普拉斯变换 $F(s)=\frac{(1-e^{-2s})^3}{s}$，求原函数 $f(t)$，并绘出波形图。

(15) (6 分)已知单边拉普拉斯变换 $F(s)=\frac{s+3}{(s+1)^3(s+2)}$，求原函数 $f(t)$。

(16) (6 分)已知单边拉普拉斯变换 $F(s)=\frac{s+2}{s(s^2+4)}$，求原函数 $f(t)$。

C.2 测试题(二)

(1) (8 分)描述系统输入 $f(t)$与输出 $y(t)$关系的系统函数 $H(s)=\frac{1}{s^2+1}$，已知 $y(0_-)=2$，$y'(0_-)=0$，求其零输入响应 $y_{zi}(t)$。

(2) (8 分)已知一线性无初始储能系统的输入 $f(t)$与输出 $y(t)$波形如图 C.2-2 所示，

求系统的冲激响应 $h(t)$。

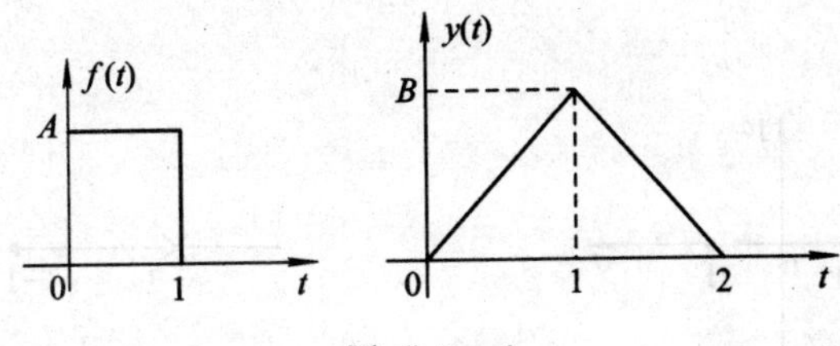

图 C.2－2

(3) (10 分)互感电路如图 C.2－3 所示，输入为 $v_1(t)$，输出为 $v_2(t)$，求系统传输函数 $H(s)=\dfrac{V_2(s)}{V_1(s)}$。

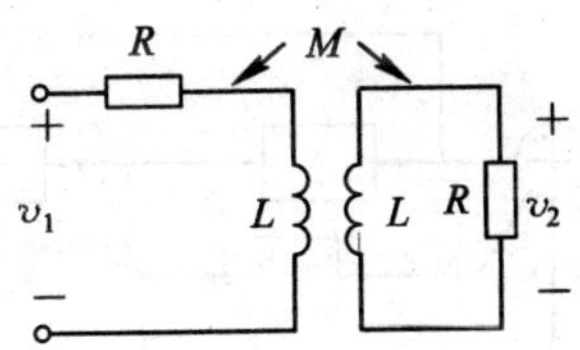

图 C.2－3

(4) (10 分)某电压放大器电路如图 C.2－4 所示，输入端阻抗为无穷大，输出端阻抗为零。电压放大倍数 $A=-10$，输入为 $v_1(t)$，输出为 $v_2(t)$，求系统传输函数 $H(s)=\dfrac{V_2(s)}{V_1(s)}$。

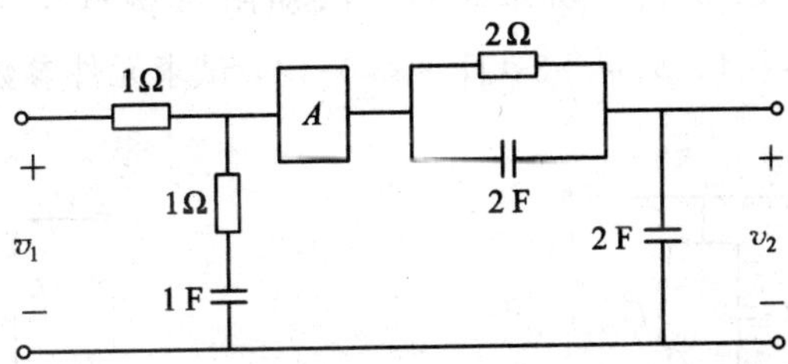

图 C.2－4

(5) (10 分)已知一反馈电路如图 C.2－5 所示，其中 $kv_2(t)$ 是受控电压源，输入为 $v_1(t)$，输出为 $v_0(t)$，求系统传输函数 $H(s)=\dfrac{V_0(s)}{V_1(s)}$。

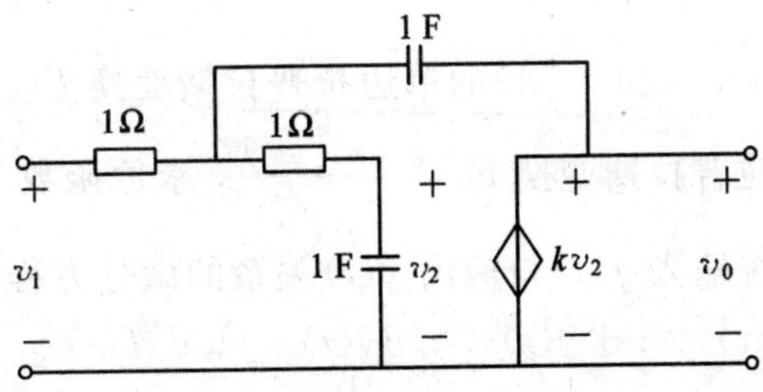

图 C.2－5

(6) (10 分)系统函数 $H(s)$ 的零极点分布如图 C.2－6 所示，已知其冲激响应的初值 $h(0_+)=2$，求系统函数 $H(s)$。

(7) (10 分)已知系统函数的零极点分布如图 C.2－7 所示，粗略绘出系统幅频与相频特性曲线。

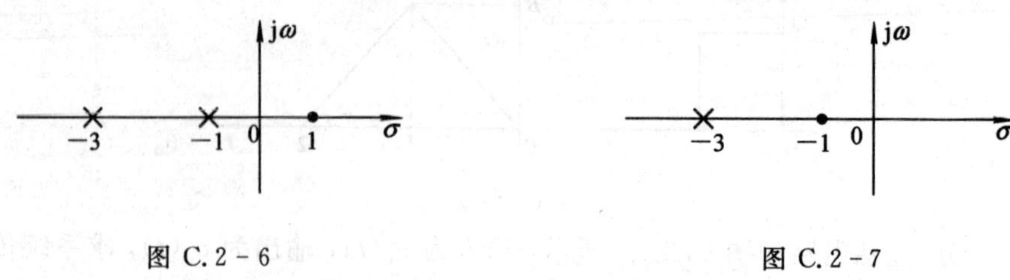

图 C.2－6　　　　图 C.2－7

(8) (10 分)已知系统模拟图如图 C.2－8 所示，求 $\omega=\sqrt{3}$ rad/s 时的 $H(\mathrm{j}\omega)$。

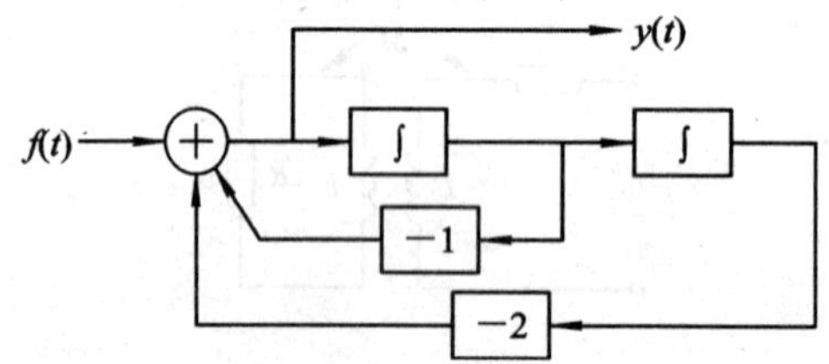

图 C.2－8

(9) (12 分)如图 C.2－9 所示系统，输入为 $v_1(t)$，输出为 $v_2(t)$，$L_1=2$ H，$L_2=8$ H，$C_1=2$ F，$C_2=8$ F。求系统函数的零极点分布图，并粗略绘出系统的频响特性。

(10) (12 分)如图 C.2－10 所示系统，已知阻抗函数 $z(s)$ 的零点为 $z_1=\mathrm{j}\sqrt{3}$，$z_2=-\mathrm{j}\sqrt{3}$；极点为 $p_1=-1$，$p_2=-3$，且 $z(\infty)=4$，试求元件参数 R、L、C。

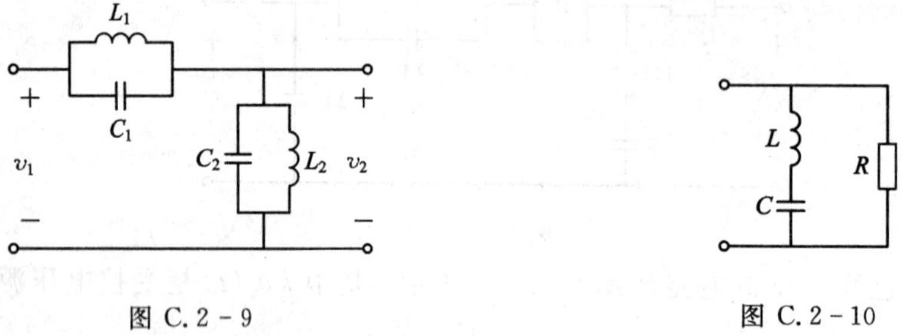

图 C.2－9　　　　图 C.2－10

C.3　测试题(三)

(1) (5 分)求函数 $f(t)=\mathrm{sgn}(t-1)$ 的单边拉普拉斯变换 $F(s)$。

(2) (5 分)已知单边拉普拉斯变换 $F(s)=\dfrac{\mathrm{e}^{-s}+1}{s^2}$，求原函数 $f(t)$。

(3) (5 分)若描述系统输入 $f(t)$ 与输出 $y(t)$ 关系的微分方程为

$$\frac{\mathrm{d}^3y(t)}{\mathrm{d}t^3}+4\frac{\mathrm{d}^2y(t)}{\mathrm{d}t^2}+3\frac{\mathrm{d}y(t)}{\mathrm{d}t}=2\frac{\mathrm{d}^2f(t)}{\mathrm{d}t^2}-f(t)$$

求其系统函数 $H(s)$。

(4) (5 分)如图 C.3－4 所示的系统中，各子系统的冲激响应为 $h_1(t)=\delta(t-1)$，$h_2(t)=u(t)-u(t-3)$，试求总的系统函数 $H(s)$。

(5) (5 分)如图 C.3－5 所示电路系统，输入为 $i_s(t)$，输出为 $v_R(t)$，试求系统函数 $H(s)$。

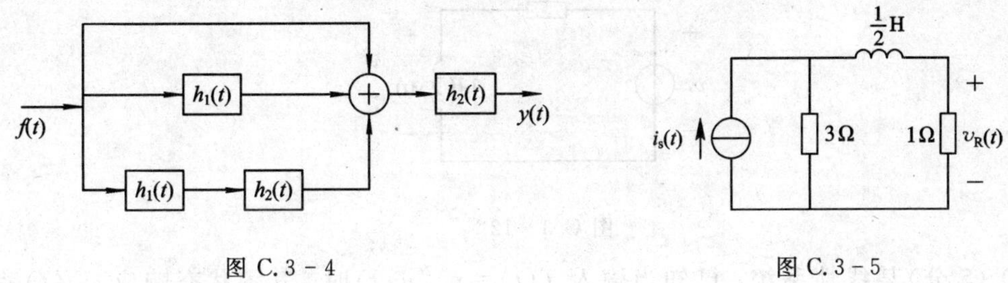

图 C.3－4　　　　图 C.3－5

(6) (5 分)如图 C.3－6 所示电路系统，输入为 $v_1(t)$，输出为 $i_C(t)$，试求系统函数 $H(s)$。

(7) (5 分)系统函数 $H(s)$的零极点分布如图 C.3－7 所示，已知其冲激响应的初值 $h(0_+)=-2$，试写出 $H(s)$的表示式。

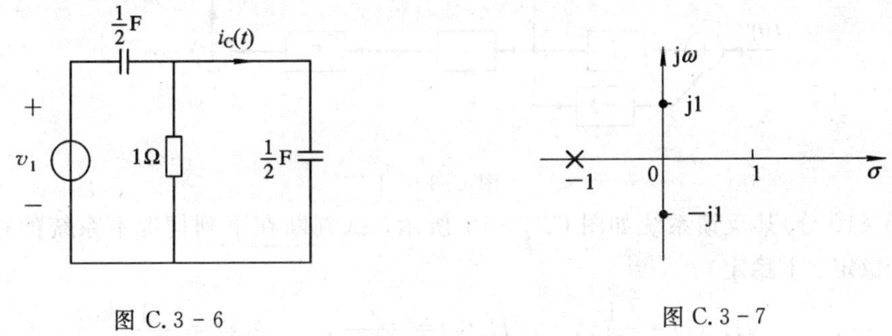

图 C.3－6　　　　图 C.3－7

(8) (5 分)如图 C.3－8 所示电路系统，输入为 $i_s(t)$，输出为 $y(t)$，已知 $u_C(0_-)=3$ V，试求系统的零输入响应。

(9) (5 分)如图 C.3－9 所示电路系统，输入 $v_1(t)=e^{-t}u(t)$ V，输出为 $y(t)$，试求系统的零状态响应。

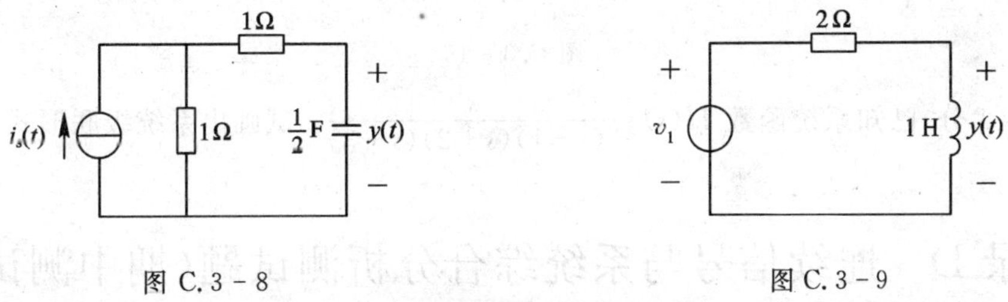

图 C.3－8　　　　图 C.3－9

(10) (5 分)若线性系统的系统函数 $H(s)=\dfrac{Y(s)}{F(s)}=\dfrac{s}{s+1}$，其零状态响应 $y(t)=(1-e^{-t})\cdot u(t)$，试求输入信号 $f(t)$。

(11) (5 分)若线性系统的冲激响应 $h(t)=\dfrac{1}{2}\delta(t)+e^{-2t}\cdot u(t)$，其零状态响应 $y(t)=[1+(3t+1)e^{-2t}]\cdot u(t)$，试求输入信号 $f(t)$。

(12) (5 分)如图 C.3－12 所示电路，已知初始条件 $i_L(0_-)=-1$ A，$v_1(t)=u(t)$，求电感电压 $y(t)$的全响应。

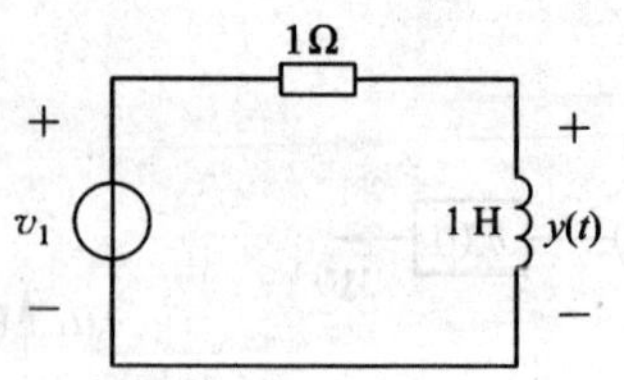

图 C.3－12

(13) (5 分)某线性系统，已知当输入 $f(t)=e^{-2t}u(t)$时，其零状态响应 $y_{zs}(t)=(1-2e^{-t}+e^{-2t})\cdot u(t)$。求当输入$f(t)=e^{-t}u(t)$ 时的系统零状态响应 $y(t)$。

(14) (10 分)已知系统的模拟图如图 C.3－14 所示，若 $f(t)=e^{-t}u(t)$，初始条件 $y(0)=2$，$y'(0)=1$，试求系统的全响应 $y(t)$。

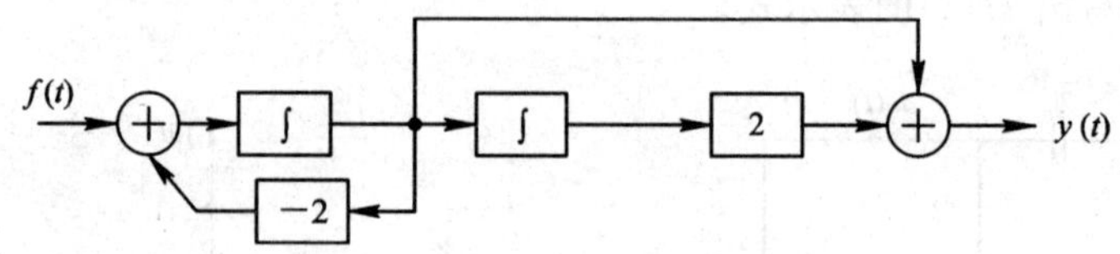

图 C.3－14

(15) (10 分)某反馈系统如图 C.3－15 所示，试判断在下列情况下系统的稳定性(稳定、临界稳定、不稳定)。

$$H_1(s)=\frac{1}{s+2},\qquad H_2(s)=\frac{5}{s+10},\qquad \beta(s)=\frac{-1}{s+1}$$

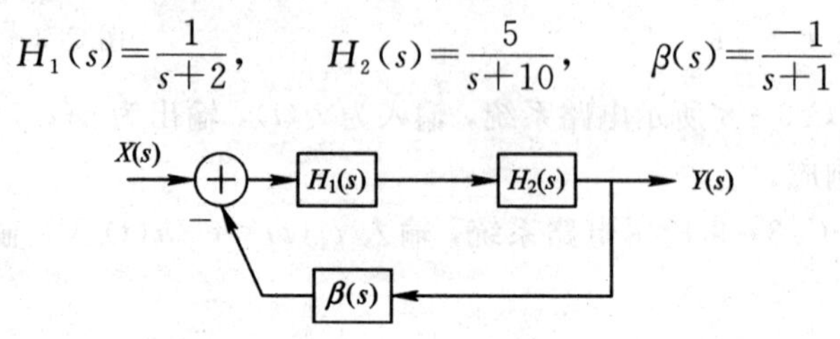

图 C.3－15

(16) (5 分)已知系统函数 $H(s)=\dfrac{s^3}{(s+1)(s+2)(s+3)}$，试画出系统级联形式模拟图。

附录 D　连续信号与系统综合分析测试题(期中测试)

D.1　测试题(一)

1. 计算作图(20 分)

(1) 已知 $f_1(t)=u(t+1)-u(t-1)$，$f_2(t)=\delta(t+5)+\delta(t-5)$，$f_3(t)=\delta\left(t+\frac{1}{2}\right)+\delta\left(t-\frac{1}{2}\right)$，求 $y(t)=f_1(t)*f_2(t)*f_3(t)$，并绘图。

(2) 已知线性非时变系统的初始状态为零，其输入 $f(t)$ 与响应 $y(t)$ 如图 D.1-2 所示，当输入为 $f_1(t)$ 时，画出响应 $y_1(t)$ 的波形。

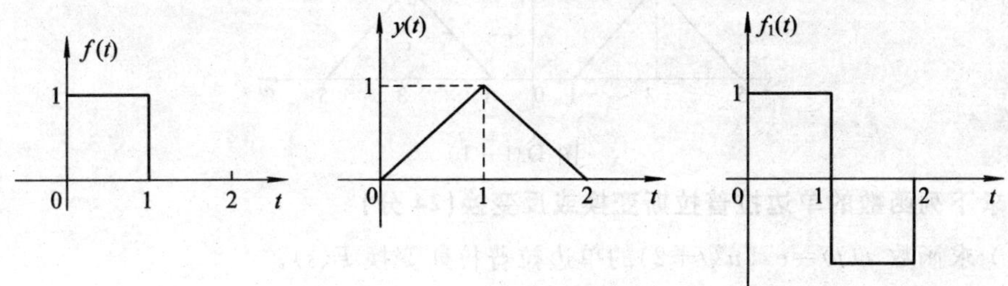

图 D.1-2

(3) 已知信号 $f(t)$ 的频谱函数 $F(j\omega)=\dfrac{4\ \sin 4\omega}{\omega}\cos 2\omega$，求 $f(t)$ 并作图。

(4) 已知信号 $f_1(t)$、$f_2(t)$ 如图 D.1-4 所示，求其互相关函数 $R_{12}(\tau)$，并作图。

(5) 已知 $f(t)$ 的频谱函数 $F(j\omega)$ 如图 D.1-5 所示，求 $f_1(t)=f_2(t)$ 的傅里叶变换 $F_1(j\omega)$，并作频谱图。

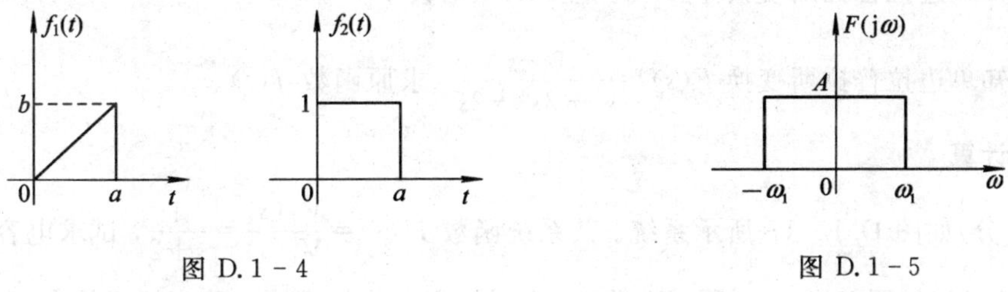

图 D.1-4　　　　　　图 D.1-5

2. 选择填空(20 分)

(6) 已知信号 $f(t)$ 的傅里叶变换为 $F(j\omega)$，则 $f(2t-3)$ 的频谱函数为________。

A) $\dfrac{1}{2}F(\omega)e^{-j3\omega}$　　B) $\dfrac{1}{2}F\left(\dfrac{\omega}{2}\right)e^{-j3\omega}$　　C) $\dfrac{1}{2}F(\omega)e^{j3\omega}$

D) $\dfrac{1}{2}F(\omega)e^{j3\omega/2}$　　E) $\dfrac{1}{2}F(\omega)e^{-j3\omega/2}$

(7) 信号 $f(t)=e^{-3t}u(t-1)$ 的傅里叶变换为________。

A) $\dfrac{1}{3+j\omega}e^{-j\omega}$　　B) $\dfrac{1}{3+j\omega}e^{3}$　　C) $\dfrac{1}{3+j\omega}e^{-(3+j\omega)}$

D) $\pi\delta(\omega+3)+\dfrac{1}{3+j\omega}e^{-j\omega}$　　E) $\pi\delta(\omega+3)+\dfrac{1}{j(\omega+3)}e^{-j(\omega+3)}$

8. 信号 $f(t)=(1+t)\dfrac{d}{dt}[\cos\pi t\,\delta(t+1)]$ 的傅里叶变换为________。

A) 1　　B) $1+j\omega$　　C) $1-j\omega$　　D) $e^{j\omega}$　　E) $e^{-j\omega}$

(9) 信号 $f(t)=\dfrac{\cos 3t}{t}$ 的傅里叶变换 $F(\omega)=$________。

(10) 某线性非时变系统的频率响应 $H(j\omega)$ 如图 D.1-10 所示，若激励 $f(t)=1+\cos t+\dfrac{1}{2}\cos 2t+\dfrac{1}{3}\cos 3t$，系统的响应 $y(t)=$________。

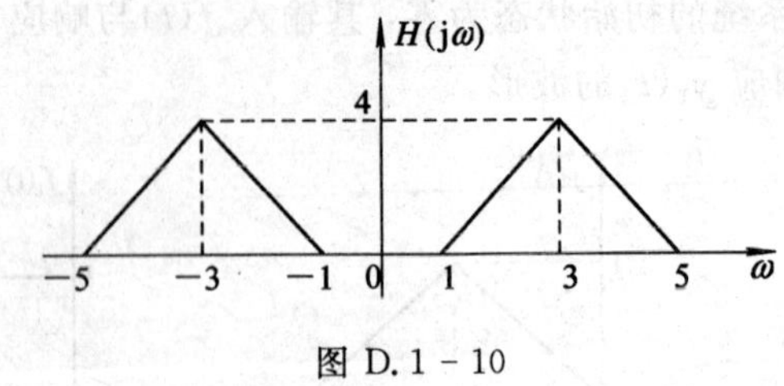

图 D.1－10

3．求下列函数的单边拉普拉斯变换或反变换(24 分)

(11) 求函数 $f(t)=\mathrm{e}^{-3t}u(t+2)$的单边拉普拉斯变换 $F(s)$。

(12) 求函数 $f(t)=\frac{1}{2}u\left(\frac{1}{2}t-1\right)$的单边拉普拉斯变换 $F(s)$。

(13) 求函数 $f(t)=\int_{0}^{t-1}u(\tau)\,\mathrm{d}\tau$ 的单边拉普拉斯变换 $F(s)$。

(14) 信号 $f(t)$的单边拉普拉斯变换为 $F(s)=\frac{1}{s^2+s+1}$，求信号 $y(t)=f(2t-6)$的单边拉普拉斯变换 $Y(s)$。

(15) 已知单边拉普拉斯变换 $F(s)=\frac{\mathrm{e}^{-2s}}{s^2}$，求原函数 $f(t)$。

(16) 已知单边拉普拉斯变换 $F(s)=\frac{2-s}{s^3+3s^2+2s}$，求原函数 $f(t)$。

4．分析计算

(17) (8 分)如图 D.1－17 所示系统。其系统函数 $H(s)=\frac{V_2(s)}{V_1(s)}=\frac{1}{s+2}$，试求电容 C。

(18) (12 分) 如图 D.1－18 所示电路，已知在 $t<0$ 时电路处于稳态。开关在 $t=0$ 时瞬间断开，试求换路后的输出电压 $y(t)$。

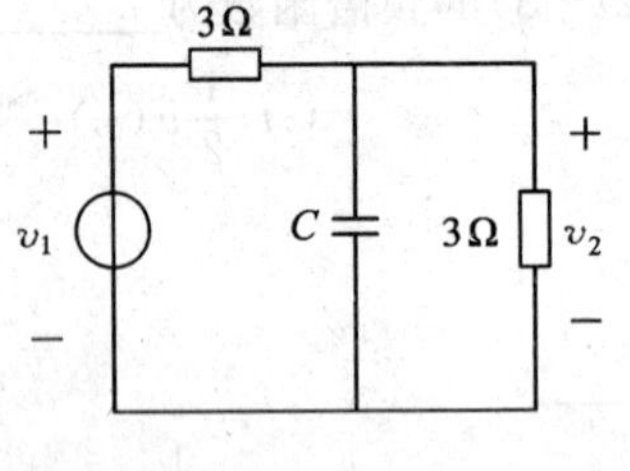

图 D.1－17

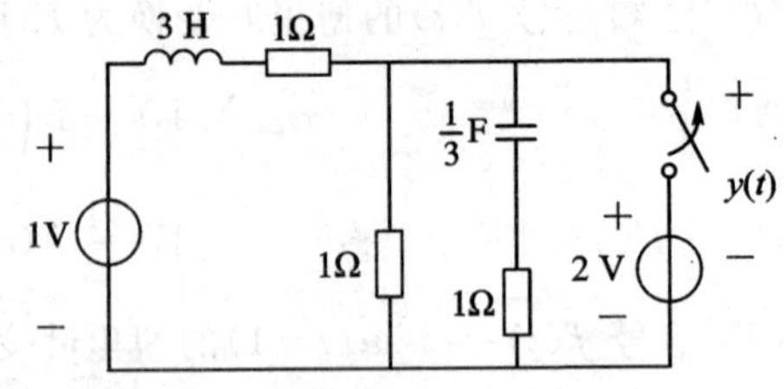

图 D.1－18

(19) (8 分)电路如图 D.1－19 所示，输入为 $v_1(t)$，输出为 $v_2(t)$，求系统传输函数 $H(s)$。

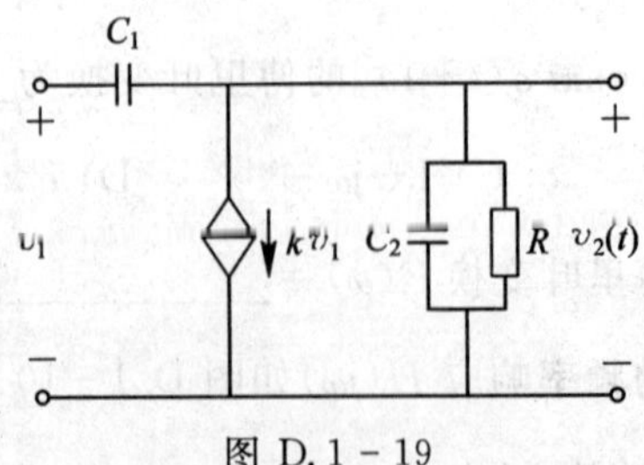

图 D.1－19

(20) (8 分)已知系统的微分方程 $\frac{\mathrm{d}^3 y(t)}{\mathrm{d}t^3}+7\frac{\mathrm{d}^2 y(t)}{\mathrm{d}t^2}+12\frac{\mathrm{d}y(t)}{\mathrm{d}t}=2\frac{\mathrm{d}f(t)}{\mathrm{d}t}+12f(t)$，试绘出直接形式的系统模拟图。

D.2 测试题(二)

1. (20 分) 计算与作图

(1) 某线性系统的阶跃响应 $g(t)=(2\mathrm{e}^{-2t}-1)u(t)$，用时域法求输入如图 D.2-1 所示 $f(t)$时的零状态响应 $y(t)$。

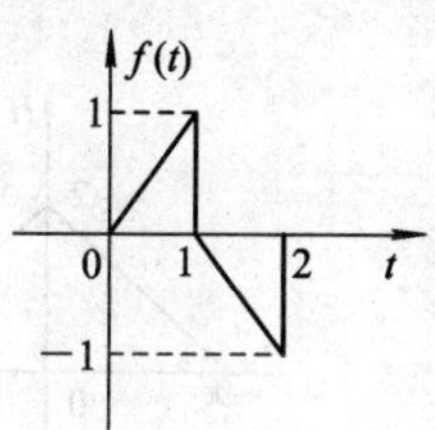

图 D.2-1

(2) 计算 $\int_{-\infty}^{\infty}(t^2+4)\delta(1-t)\mathrm{d}t$ 。

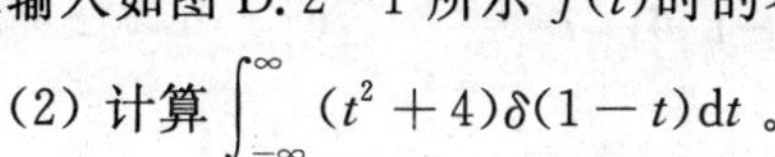

(3) 已知 $f(t)$的自相关函数 $R(\tau)=0.5^{-|\tau|}$，求 $f(t)$的能量谱密度函数 $\mathscr{E}(\omega)$，并作图。

(4) 已知信号 $f(t)$的频谱函数 $F(\mathrm{j}\omega)=\sum_{n=0}^{1}\frac{2\sin\pi\omega}{\omega}\mathrm{e}^{\mathrm{j}n\pi\omega}$，求 $f(t)$。

(5) 已知 $f(t)$的频谱函数 $F(\mathrm{j}\omega)$如图 D.2-5 所示，求 $f_1(t)=f(t)\cos\omega_0 t$ 的傅里叶变换 $F_1(\mathrm{j}\omega)$，并作频谱图，其中，$\omega_0>\omega_1$。

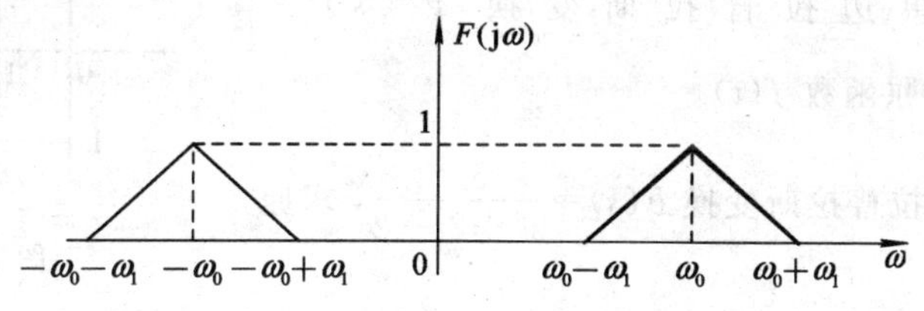

图 D.2-5

2. (20 分)选择或填空

(6) 已知信号 $f(t)$的傅里叶变换为 $F(\mathrm{j}\omega)$，则$(2t-3)f(2t-3)$的频谱函数为____。

A) $\mathrm{j}\mathrm{e}^{-\mathrm{j}3\omega/2}\frac{\mathrm{d}F(\mathrm{j}\omega/2)}{\mathrm{d}\omega}$　　B) $\mathrm{j}\mathrm{e}^{-\mathrm{j}3\omega/2}\frac{\mathrm{d}F(\mathrm{j}\omega/2)}{\mathrm{d}\omega}-3F\left(\frac{\mathrm{j}\omega}{2}\right)\mathrm{e}^{-\mathrm{j}3\omega/2}$

C) $-\mathrm{j}\mathrm{e}^{-\mathrm{j}3\omega/2}\frac{\mathrm{d}F(\mathrm{j}\omega/2)}{\mathrm{d}\omega}$　　D) $\mathrm{j}\mathrm{e}^{\mathrm{j}3\omega/2}\frac{\mathrm{d}F(\mathrm{j}\omega/2)}{\mathrm{d}\omega}$

E) $\frac{\mathrm{j}}{2}\mathrm{e}^{-\mathrm{j}3\omega/2}\frac{\mathrm{d}F(\mathrm{j}\omega/2)}{\mathrm{d}\omega}$

(7) 信号 $f(t)=\mathrm{sgn}(t-3)$的傅里叶变换为________。

A) $\frac{2}{-3+\mathrm{j}\omega}$　　B) $\frac{2}{\mathrm{j}(\omega-3)}$　　C) $\frac{2}{\mathrm{j}(\omega+3)}$　　D) $\frac{2}{\mathrm{j}\omega}\mathrm{e}^{-\mathrm{j}3\omega}$　　(E) $\frac{2}{\mathrm{j}\omega}\mathrm{e}^{\mathrm{j}3\omega}$

(8) 信号 $f(t)=t\mathrm{e}^{-2t}u(t)$的傅里叶变换为________。

A) $\frac{1}{(2+\mathrm{j}\omega)^2}$　　B) $\frac{-1}{(2+\mathrm{j}\omega)^2}$　　C) $\frac{\mathrm{j}}{(2+\mathrm{j}\omega)^2}$　　D) $\frac{-1}{(2-\mathrm{j}\omega)^2}$　　E) $\frac{\mathrm{j}}{(2-\mathrm{j}\omega)^2}$

(9) 某线性非时变系统的频率响应 $H(\mathrm{j}\omega)$如图 D.2-9 所示，若激励 $f(t)=\delta_{\mathrm{T}}(t)=\sum_{n=-\infty}^{\infty}\delta(t-nT)$ (其中 $T=2$ s)，则系统的响应 $y(t)=$________。

(10) 已知 $f_1(t)$、$f_2(t)$如图 D.2-10 所示，填上合适的积分限及积分条件。

$$\begin{cases}\int_{\_\_\_}^{\_\_\_} E(t-\tau+2)\,\mathrm{d}\tau, & \_\_\_<t<0\\ \int_{\_\_\_}^{\_\_\_} E(\tau+2)\,\mathrm{d}\tau, & 0<t<\_\_\_\end{cases}$$

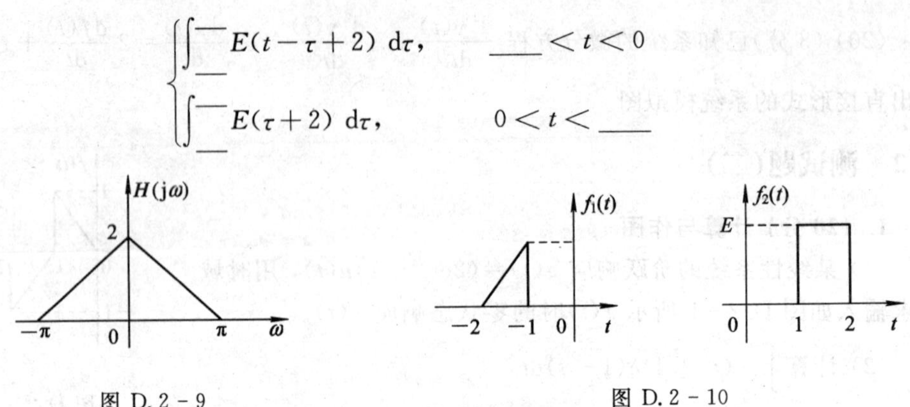

图 D.2 - 9　　　　图 D.2 - 10

3. (24 分) 求下列函数的拉普拉斯变换或反变换

(11) 求函数 $f(t)=u(2t-1)$的单边拉普拉斯变换 $F(s)$。

(12) 求函数 $f(t)=(2-t)\mathrm{e}^{-(t-1)}u(t-1)$的单边拉普拉斯变换 $F(s)$。

(13) 求如图 D.2 - 13 所示信号 $f(t)$的单边拉普拉斯变换 $F(s)$。

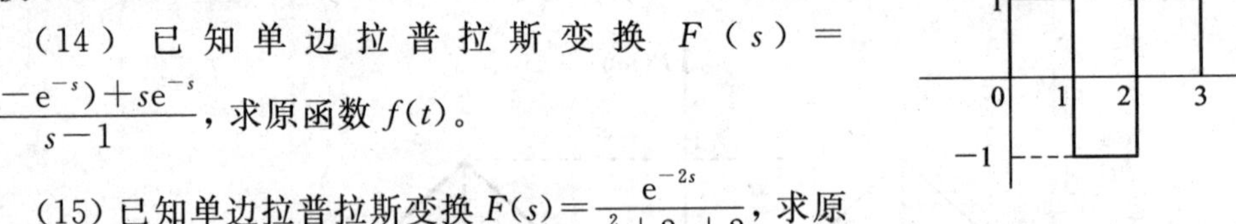

图 D.2 - 13

(14) 已知单边拉普拉斯变换 $F(s)=\dfrac{(1-\mathrm{e}^{-s})+s\mathrm{e}^{-s}}{s-1}$，求原函数 $f(t)$。

(15) 已知单边拉普拉斯变换 $F(s)=\dfrac{\mathrm{e}^{-2s}}{s^2+2s+2}$，求原函数 $f(t)$。

(16) 已知单边拉普拉斯变换 $F(s)=\dfrac{1}{(s^2+1)(1-\mathrm{e}^{-\pi s})}$，求原函数 $f(t)$。

4. 分析与计算

(17) (12 分) 如图 D.2 - 17 所示电路，已知在 $t<0$ 时电路处于稳态。开关 K_1 和 K_2 在 $t=0$ 时瞬间断开，试求换路后的输出电压 $y(t)$及电流 $i(t)$。

(18) (8 分) 电路如图 D.2 - 18 所示，输入为 $v_1(t)$，输出为 $v_2(t)$，求系统传输函数 $H(s)=\dfrac{V_2(s)}{V_1(s)}$。其中 $R=1\ \Omega$，$C=1\ \mathrm{F}$。

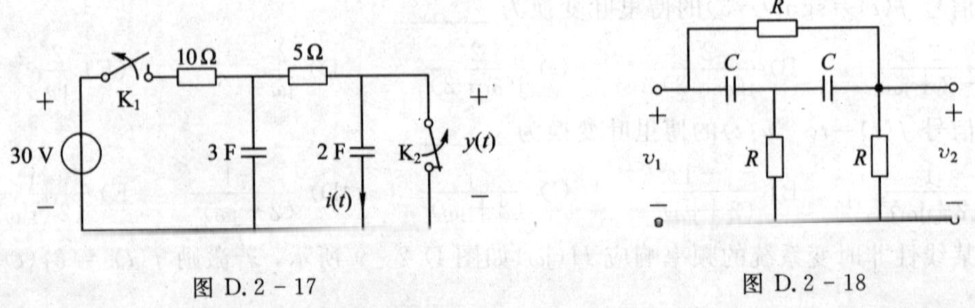

图 D.2 - 17　　　　图 D.2 - 18

(19) (6 分) 已知系统函数如图 D.2 - 19 所示，输入 $f(t)=\cos 30t+2\sin 20t$，求系统的输出响应 $y(t)$，并判断是否失真，若有失真是何种失真？

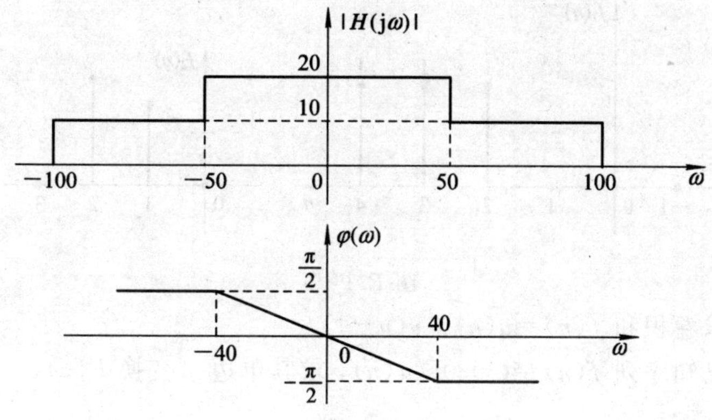

图 D.2－19

(20)（10 分）如图 D.2－20 所示的系统，设放大器的输入阻抗为无穷大，输出阻抗为零，试确定使系统工作稳定时增益 A 的取值范围。

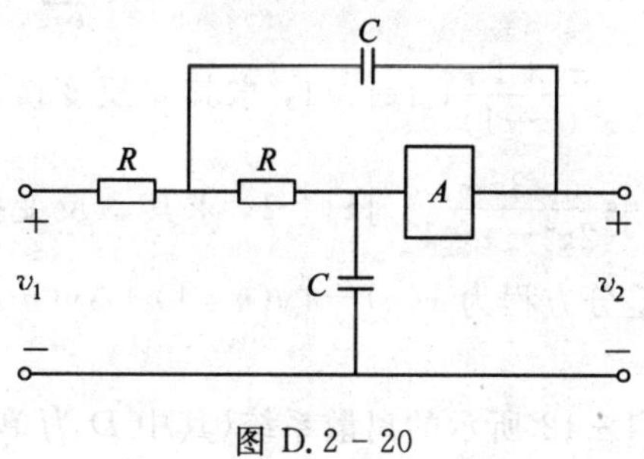

图 D.2－20

附录 E　离散信号与系统分析、$\mathscr{Z}$变换与状态变量分析法测试题

E.1　测试题(一)

(1)（5 分）序列 $x(n)$的波形如图 E.1－1 所示，画出 $x(n)-x(-n)$的波形。

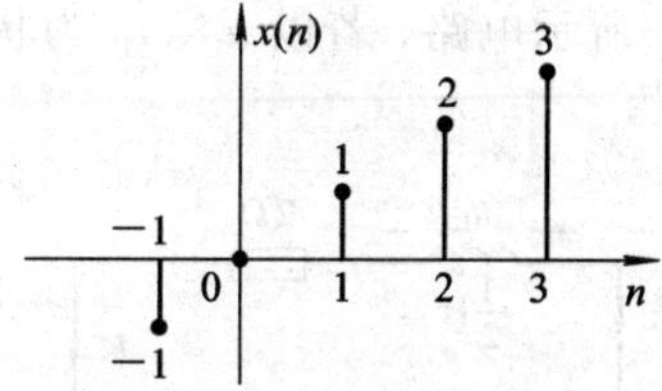

图 E.1－1

(2)（5 分）求序列的卷积和 $a^n u(n) * \delta(n-1)$。

(3)（5 分）$f_1(n)$与 $f_2(n)$如图 E.1－3 所示，$f(n)=f_1(n) * f_2(n)$，求 $f(5)$。

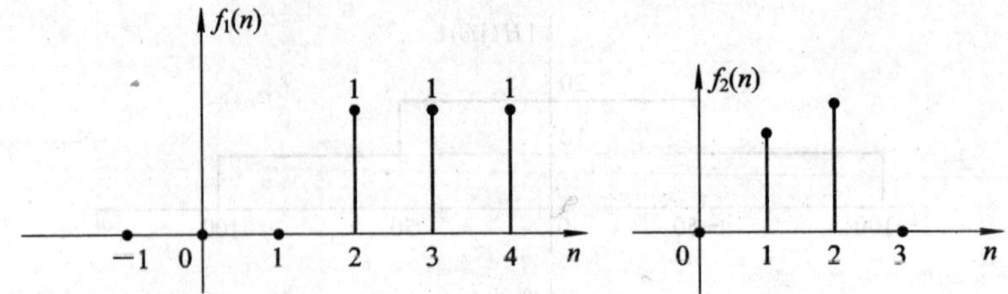

图 E.1-3

(4) (5 分) 求卷积和 $f(n)=u(n)*u(n-1)$。

(5) (5 分) 已知序列 $f(n)=(-3)^{-n}u(n)$，求其单边 $\mathscr{Z}$ 变换 $F(z)$。

(6) (5 分) 已知序列 $f(n)=\sum_{k=0}^{n}(1)^{k}$，求其单边 $\mathscr{Z}$ 变换 $F(z)$。

(7) (5 分) 已知序列 $f(n)=\cos(n\pi/2)u(n)$，求其单边 $\mathscr{Z}$ 变换 $F(z)$。

(8) (5 分) 已知单边序列 $x(n)$ 的 $\mathscr{Z}$ 变换，求 $f(n)=\sum_{k=0}^{n-1}x(k)$ 的单边 $\mathscr{Z}$ 变换 $F(z)$。

(9) (5 分) 已知 $F(z)=\dfrac{z^{4}+1}{z^{3}(z+1)}$，$|z|>1$，求其 $\mathscr{Z}$ 反变换。

(10) (5 分) 已知 $F(z)=\dfrac{3z}{2z^{2}-z-1}$，$|z|>1$，求其 $\mathscr{Z}$ 反变换。

(11) (5 分) 某系统的差分方程为 $y(n)-4y(n-1)+3y(n-2)=x(n-1)+2x(n-2)$，求其系统函数。

(12) (5 分) 求如图 E.1-12 所示的离散系统(其中 D 为单位延时)的系统函数。

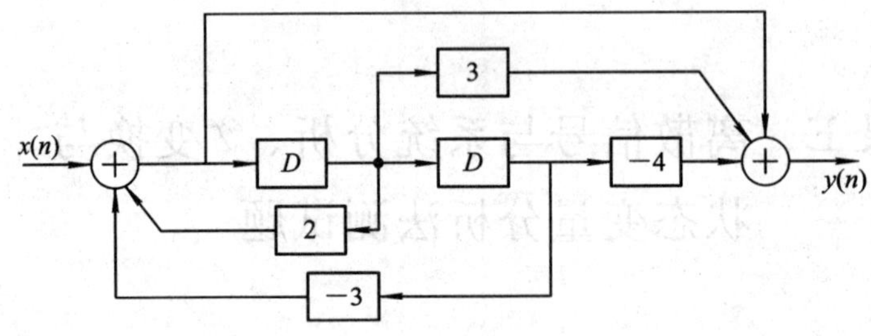

图 E.1-12

(13) (10 分) 已知离散系统的差分方程 $2y(n)+y(n-1)-y(n-2)=3x(n-1)$，输入 $x(n)=3(-1)^{n}u(n)$，求其零状态响应。

(14) (10 分) 如图 E.1-14 所示电路，若以 u_C、i_L 为状态变量，以 i_C、u_L 为输出，写出其状态方程与输出方程。

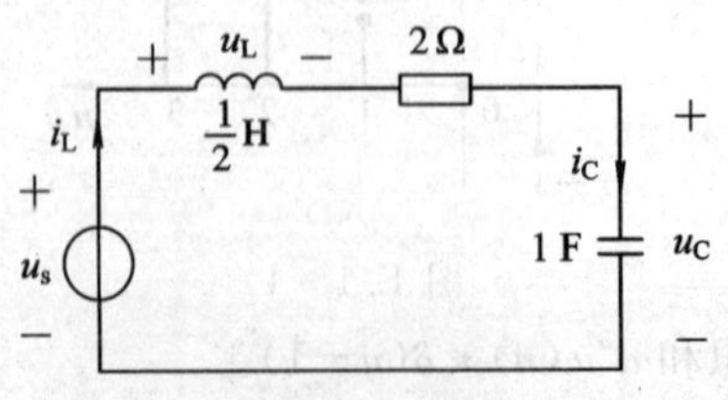

图 E.1-14

(15)(10分)图 E.1-15 所示为离散系统的 z 域框图，写出其状态方程与输出方程。

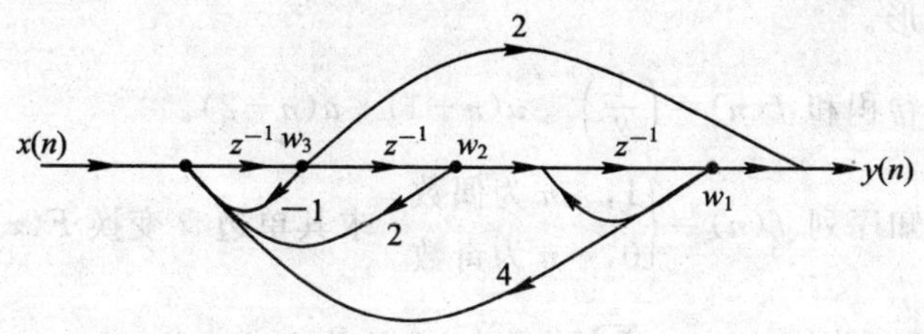

图 E.1-15

(16)(10分)某连续系统的状态方程为

$$\begin{bmatrix}\dot{x}_1(t)\\ \dot{x}_2(t)\end{bmatrix}=\begin{bmatrix}1 & 2\\ 2 & -2\end{bmatrix}\begin{bmatrix}x_1(t)\\ x_2(t)\end{bmatrix}+\begin{bmatrix}1\\ 1\end{bmatrix}f(t)$$

求它的特征根，并判断系统的稳定性。

E.2 测试题(二)

(1)(5分)画出序列 $f(n)=(n-1)u(n)-(n-2)u(n-2)$ 的波形。

(2)(5分)序列 $f(n)$ 的波形如图 E.2-2 所示，画出 $f(2n+1)$ 的波形。

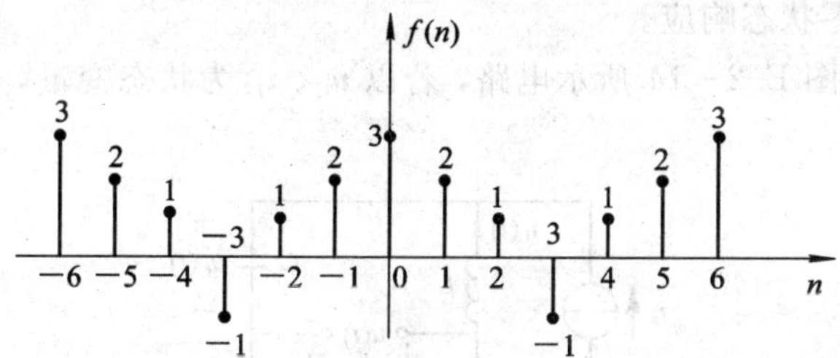

图 E.2-2

(3)(5分)$f_1(n)$ 与 $f_2(n)$ 如图 E.2-3 所示，$f(n)=f_1(n)*f_2(n)$，求 $f(3)$。

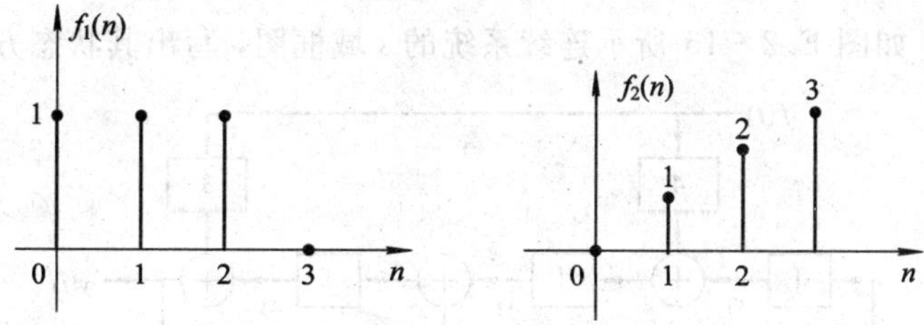

图 E.2-3

(4)(5分)$f_1(n)$ 与 $f_2(n)$ 如图 E.2-4 所示，$f(n)=f_1(n)*f_2(n)$，求 $f(4)$。

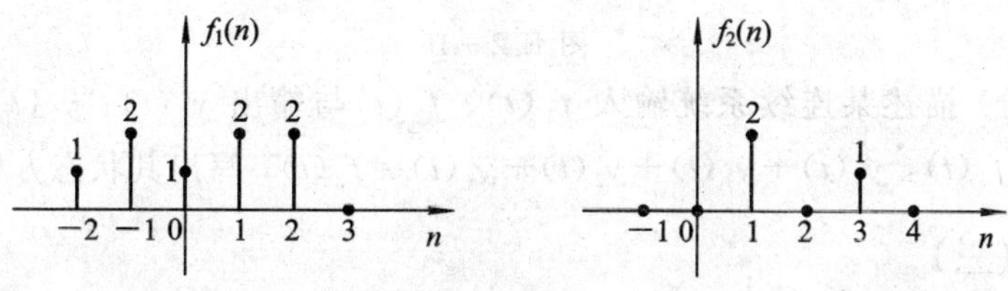

图 E.2-4

(5) (5 分) 已知 $f_1(n)=\delta(n+3)-\delta(n-3)$，$f_2(n)=\delta(n+1)-\delta(n-1)$，画出 $y(n)=f_1(n)*f_2(n)$的波形。

(6) (5 分) 求卷积和 $f(n)=\left(\frac{1}{2}\right)^{n+2}u(n+1)*u(n-2)$。

(7) (5 分) 已知序列 $f(n)=\begin{cases}1, & n\text{ 为偶数}\\ 0, & n\text{ 为奇数}\end{cases}$，求其单边 $\mathscr{Z}$变换 $F(z)$。

(8) (5 分) 已知序列 $f(n)=\sum\limits_{k=0}^{n}(-1)^k$，求其单边 $\mathscr{Z}$变换 $F(z)$。

(9) (5 分) 已知序列 $f(n)=\sin\left(\frac{n\pi}{2}\right)u(n)$，求其单边 $\mathscr{Z}$变换 $F(z)$。

(10) (5 分) 已知 $F(z)=\frac{z^4+1}{z^3(z-1)}$，$|z|>0$，求其 $\mathscr{Z}$反变换。

(11) (5 分) 已知 $F(z)=\frac{2}{z^2-1}$，$|z|>1$，求其 $\mathscr{Z}$反变换。

(12) (5 分) 某系统的差分方程为 $y(n)+2y(n-1)-3y(n-2)=x(n)+2x(n-2)$，求其系统函数。

(13) (10 分) 已知离散系统的差分方程 $y(n)+y(n-1)-2y(n-2)=3x(n-1)$，输入 $x(n)=3u(n)$，求其零状态响应。

(14) (10 分) 如图 E. 2 - 14 所示电路，若以 u_C、i_L 为状态变量，以 u 为输出，写出其状态方程与输出方程。

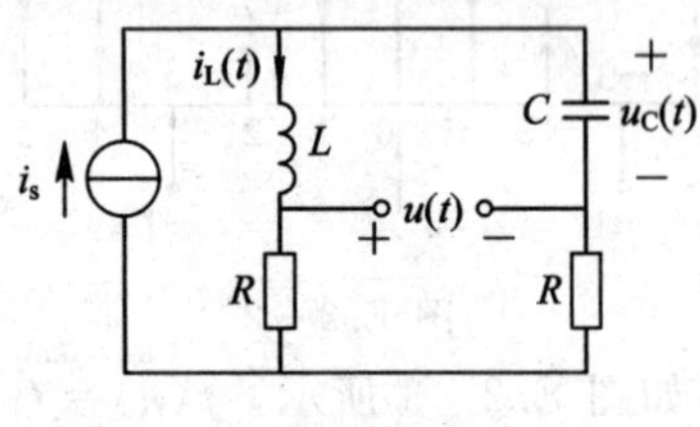

图 E. 2 - 14

(15) (10 分) 如图 E. 2 - 15 所示连续系统的 s 域框图，写出其状态方程与输出方程。

图 E. 2 - 15

(16) (10 分) 描述某连续系统输入 $f_1(t)$、$f_2(t)$与输出 $y_1(t)$、$y_2(t)$的微分方程为 $y_1'(t)+y_2(t)=f_1(t)$，$y_2''(t)+y_1'(t)+y_2'(t)+y_1(t)=f_2(t)$，写出其状态方程与输出方程。

E. 3 测试题(三)

(1) (5 分) 序列 $f(n)$的波形如图 E. 3 - 1 所示，画出 $f(3n)$的波形。

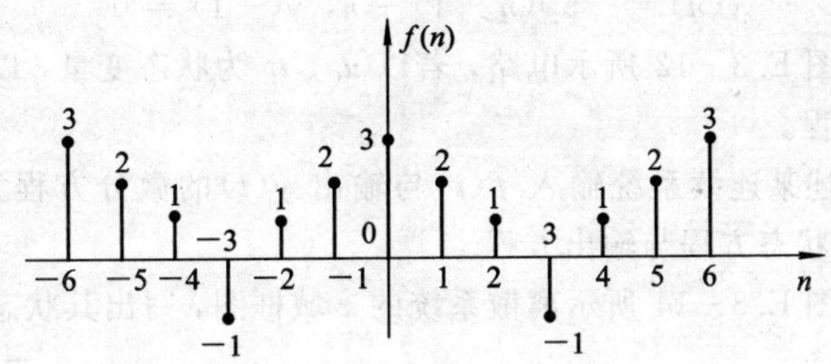

图 E.3-1

(2)（5 分）$f_1(n)$与 $f_2(n)$如图 E.3-2 所示，$f(n)=f_1(n)*f_2(n)$，求 $f(6)$。

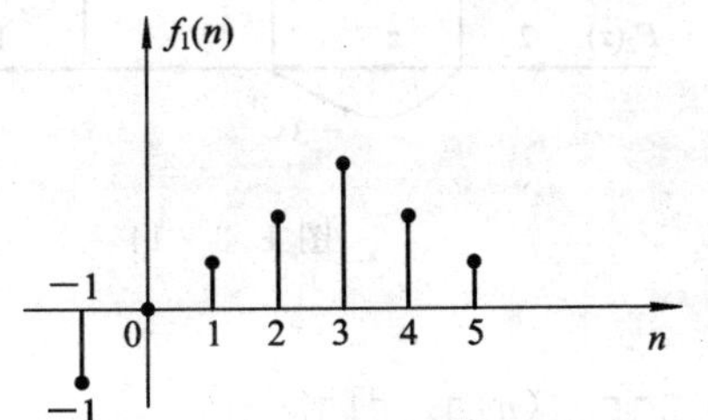

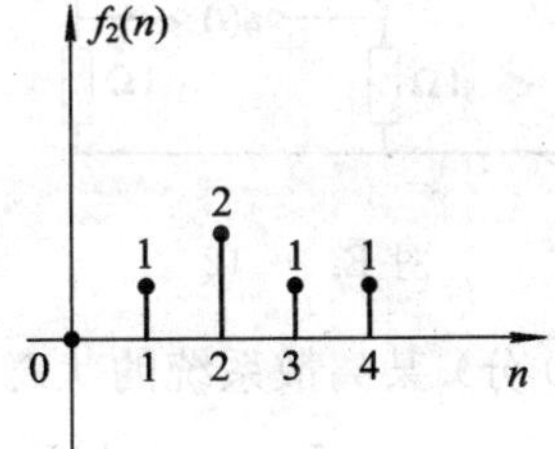

图 E.3-2

(3)（5 分）求卷积和 $f(n)=\left(\frac{1}{3}\right)^{n+1}u(n)*u(n-1)$。

(4)（5 分）已知序列 $f(n)=0.5[1+(-1)^n]u(n)$，求其单边 $\mathscr{Z}$ 变换 $F(z)$。

(5)（5 分）已知序列 $f(n)=\sum_{k=0}^{n-1}(1)^k$，求其单边 $\mathscr{Z}$ 变换 $F(z)$。

(6)（5 分）已知单边序列 $x(n)$的 $\mathscr{Z}$ 变换，求 $f(n)=\sum_{k=0}^{n}kx(k)$ 的单边 $\mathscr{Z}$ 变换 $F(z)$。

(7)（5 分）已知序列 $f(n)=\sum_{k=0}^{\infty}(-2)^k u(n-k)$，求其单边 $\mathscr{Z}$ 变换 $F(z)$。

(8)（5 分）已知 $F(z)=\frac{2z}{z^2-1}$，$|z|>1$，求其 $\mathscr{Z}$ 反变换。

(9)（5 分）已知 $F(z)=\frac{3z^2}{2z^2-z-1}$，$|z|>1$，求其 $\mathscr{Z}$ 反变换。

(10)（5 分）求如图 E.3-10 所示的离散系统(其中 D 为单位延时)的系统函数。

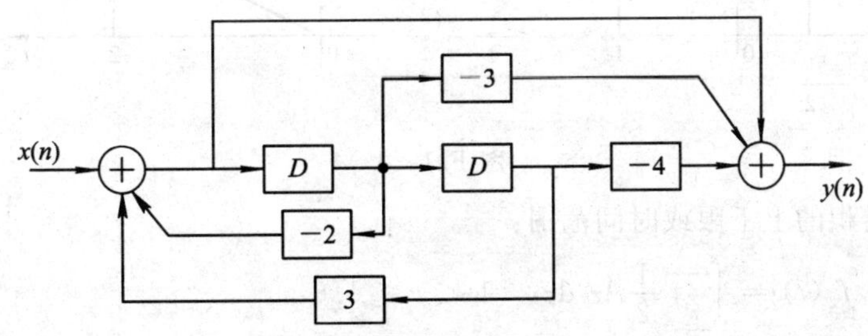

图 E.3-10

(11)（10 分）已知某系统的差分方程及初始条件如下，求系统的完全响应。

$$y(n) = -5y(n-1) + n,\ y(-1) = 0$$

(12) (10 分) 如图 E. 3 - 12 所示电路，若以 u_C、i_L 为状态变量，以 i、u 为输出，写出其状态方程与输出方程。

(13) (10 分) 描述某连续系统输入 $f(t)$ 与输出 $y(t)$ 的微分方程为 $y''(t)+4y'(t)+3y(t)=f(t)$，写出其状态方程与输出方程。

(14) (10 分) 如图 E. 3 - 14 所示离散系统的 z 域框图，写出其状态方程与输出方程。

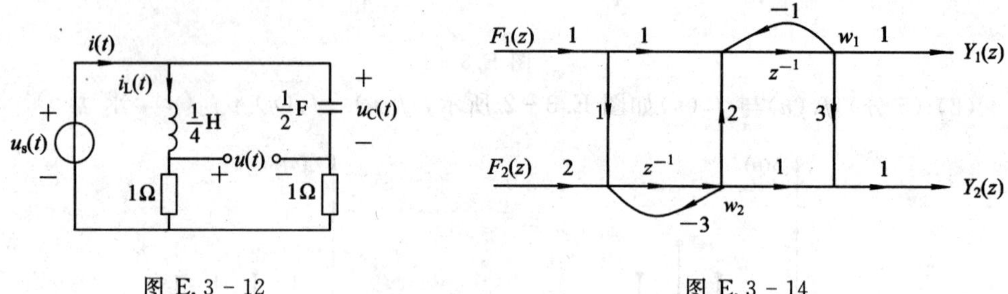

图 E. 3 - 12　　　　图 E. 3 - 14

(15) (10 分) 某离散系统的状态方程为

$$\begin{bmatrix} w_1(n+1) \\ w_2(n+1) \end{bmatrix} = \begin{bmatrix} 0 & 0.5 \\ 1 & 0.5 \end{bmatrix} \begin{bmatrix} w_1(n) \\ w_2(n) \end{bmatrix} + \begin{bmatrix} 1 \\ 1 \end{bmatrix} f(n)$$

求它的特征根，并判断系统的稳定性。

附录 F　信号与系统模拟试题(期末考试)

本试卷中拉普拉斯变换、$\mathscr{Z}$变换均为单边变换。

F. 1　模拟试卷(一)

1. (10 分)填空

已知 $f_1(t)$、$f_2(t)$ 的波形如图 F. 1 - 1 所示。

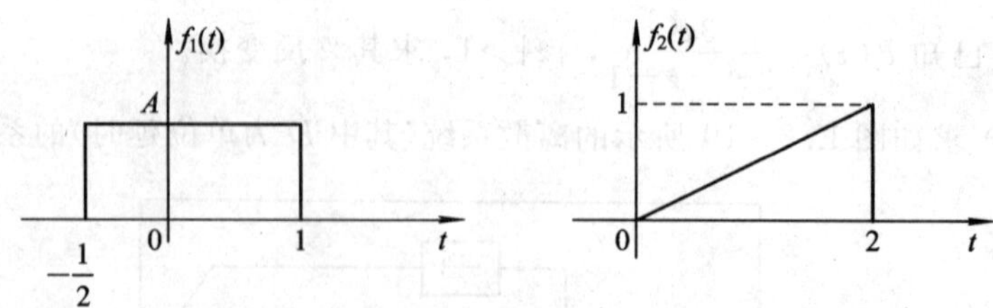

图 F. 1 - 1

确定以下卷积的上下限或时间范围：

(1) $f_1(t) * f_2(t) = \int_{\_\_}^{\_\_} \frac{1}{2}A\tau\ \mathrm{d}\tau,\quad 1 < t \leqslant 1.5$

(2) $f_1(t) * f_2(t) = \int_{0}^{t+1/2} \frac{1}{2}A\tau\ \mathrm{d}\tau,\quad \_\_\_ < t \leqslant \_\_\_$

(3) $f_1(t)*f_2(t)=\int_{-1/2}^{t}\frac{1}{2}A(t-\tau)\,\mathrm{d}\tau$，　$\_\_\_<t\leqslant\_\_\_$

2. (20分) 求下列函数的正、反变换

(4) 已知 $f(t)\leftrightarrow F(\omega)$，且 $f_1(t)$、$f_2(t)$如图 F.1-4 所示，求 $F_2(\omega)$。

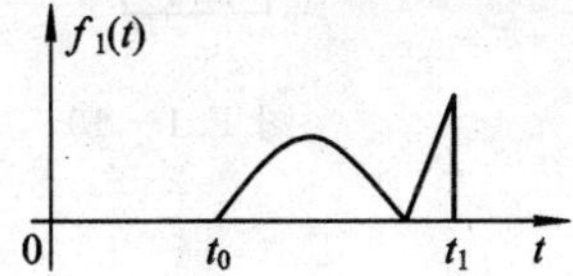

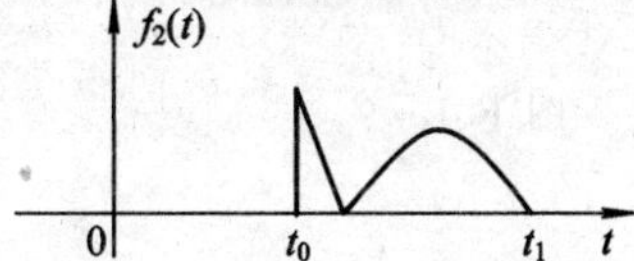

图 F.1-4

(5) 已知 $f_3(t)$如图 F.1-5 所示，求 $F_3(s)$。

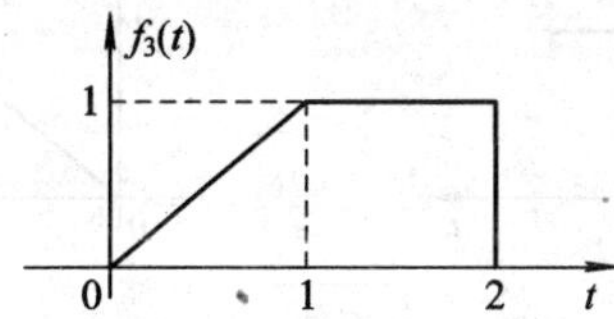

图 F.1-5

(6) 已知 $F_4(s)=\frac{\mathrm{e}^{-(s-2)}}{(s-2)^2+4}$，求 $f_4(t)$。

3. (20分)

(7) 已知系统框图如图 F.1-7 所示。

(a) 求系统函数 $H(\mathrm{j}\omega)$；

(b) 分别作出 $H(\mathrm{j}\omega)$的振幅、相位频谱图(标出特殊点值)。

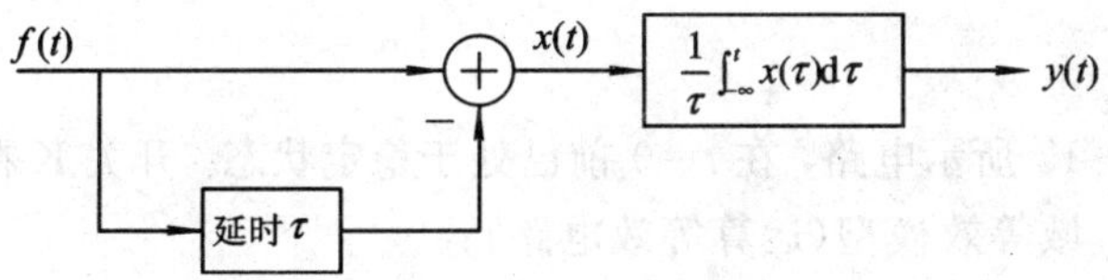

图 F.1-7

(8) 已知某离散系统，当输入为 $x_1(n)=u(n)$时，系统的零状态响应 $y_{1zs}(n)=2(1-0.5^n)u(n)$，求 $x_2(n)=0.5^n u(n)$时的零状态响应 $y_{2zs}(n)$。

4. (20分)

(9) 已知系统如图 F.1-9 所示，输入为 $f(t)$，输出为 $y(t)$。

(a) 求系统函数 $H(s)$；

(b) 画出该系统模拟图。

(10) 系统框图如图 F.1-10 所示。

(a) 求系统函数 $H(s)=\frac{Y(s)}{F(s)}$；

(b) 确定使系统稳定的 k 值范围。

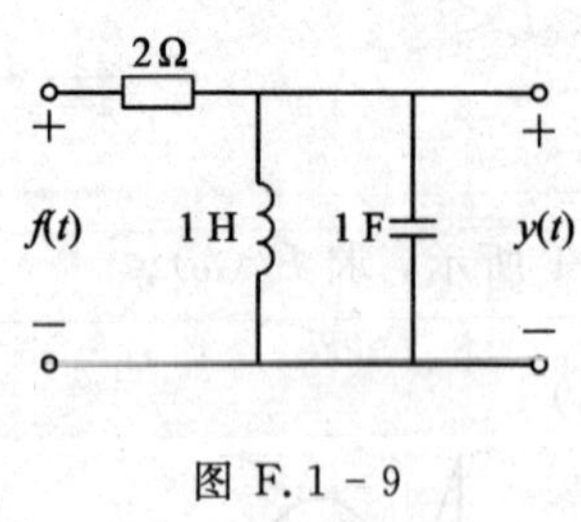

图 F.1-9

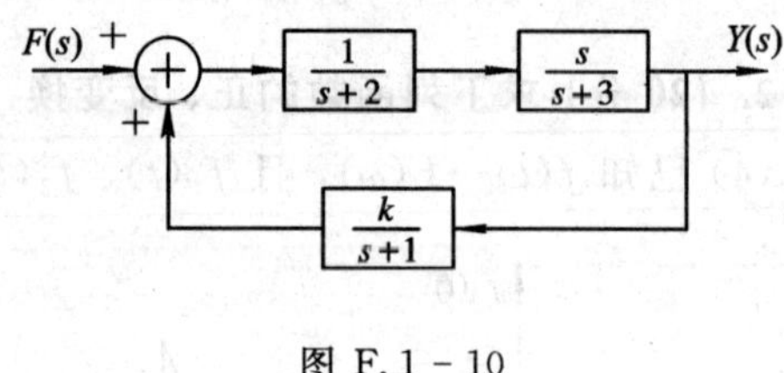

图 F.1-10

5.（10 分）

(11) 已知某线性时不变系统在零状态条件下的输入 $f_1(t)$ 与输出 $y_1(t)$ 的波形如图 F.1-11 所示，试求输入为 $f_2(t)$ 时的输出 $y_2(t)$，并作图。

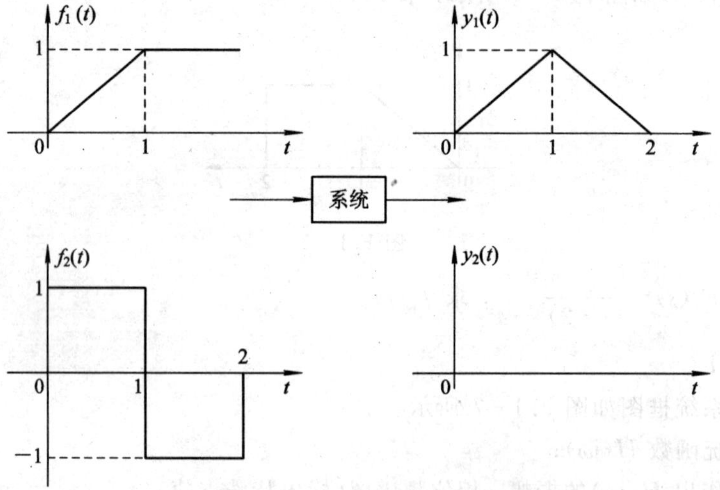

图 F.1-11

6.（20 分）

(12) 如图 F.1-12 所示电路，在 $t=0$ 前已处于稳定状态。开关 K 在 $t=0$ 时闭合。求：

(a) $t>0$ 时的 s 域等效模型（运算等效电路）；

(b) 计算 $t>0$ 时的电路完全响应 $y(t)$。

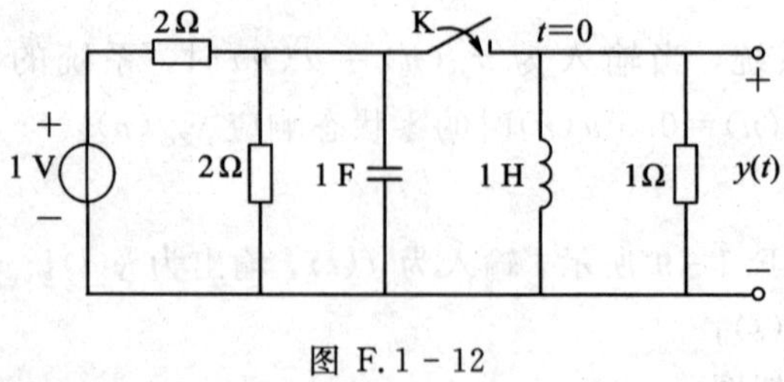

图 F.1-12

F.2 模拟试卷(二)

1.（每小题 5 分共 10 分）

(1) 已知 $f(1-2t)$ 的波形如图 F.2-1 所示，求：

(a) 写出 $f(1-2t)$的表示式；

(b) 画出 $f(t)$的波形。

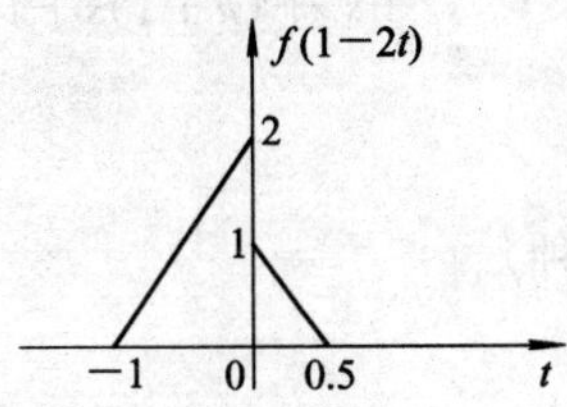

图 F.2-1

(2) 已知 $h_1(n)=g_5(n)$，$h_2(n)=0.25^n u(n)$，$x(n)=\delta(n)-\delta(n-1)$，求 $y(n)=h_1(n)*h_2(n)*x(n)$。

2.（每小题 8 分，共 16 分）

(3) 已知 $f_1(t)=(t^3-2e^{-2t}+1)u(t)$，求 $F_1(s)$。

(4) 已知 $F_2(s)=\dfrac{e^{-s}}{1+e^{-s}}$，求 $f_2(t)$并作图。

3.（共 30 分）

(5)(18 分) 已知信号 $f(t)$的频谱 $F(j\omega)$如图 F.2-5 所示。

(a) 画出 $f_1(t)=f\left(-\dfrac{t}{2}+3\right)$的频谱图；

(b) 画出 $f_2(t)=f(t)\ \sin 4\pi t$ 的频谱图。

(c) 如果 $f(t)$通过如图 F.2-5′所示系统，为了不失真地恢复 $f(t)$，理想采样频率 ω_s 为多少？理想低通滤波器的截止频率 ω_c 为多少？

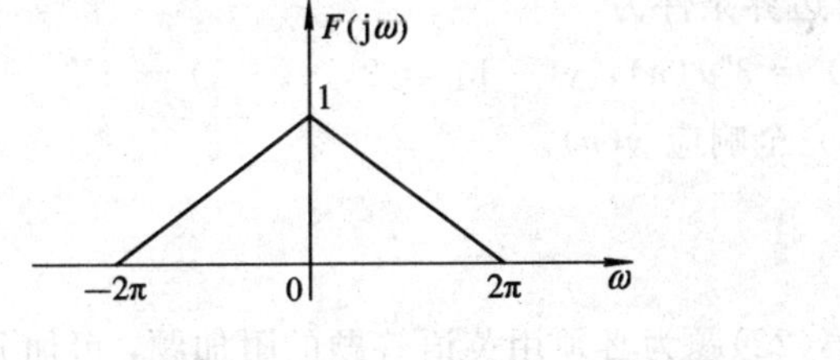

图 F.2-5

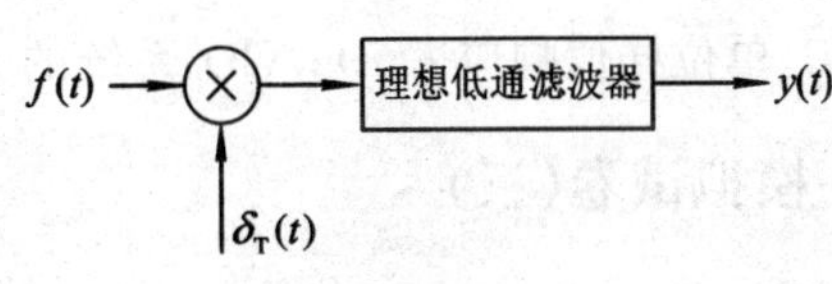

图 F.2-5′

(6)(12 分)信号 $x(t)=2e^{-5t}u(t)$，

(a) 求自相关函数 $R(\tau)$；

(b) 当信号通过如图 F.2-6 所示截止频率为 $\omega_c=1$ 的理想低通滤波器后，求响应$y(t)$的能量谱 $\mathscr{E}(\omega)$。

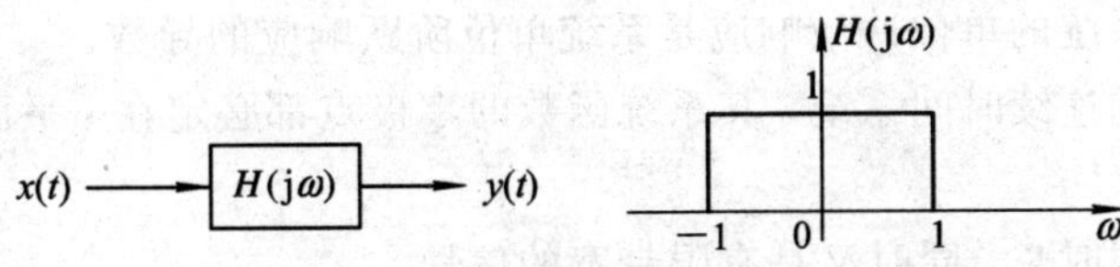

图 F.2-6

4. (12 分)

(7) 已知系统的传输函数 $H(s)=\frac{s}{s^3+s^2+(k+1)s+1}$，求：

(a) 使系统稳定的 k 值范围；

(b) $k=0$ 时的 $h(t)$；

(c) 画出系统模拟图(任意一种)。

5. (16 分)

(8) 如图 F.2-8 所示电路，$t<0$ 时系统已处于稳态，$t=0$ 时开关 K 打开，已知 $E=1$ V，$R_1=1\ \Omega$，$R_2=3\ \Omega$，$R_3=1\ \Omega$，$L=1$ H，$C=\frac{1}{4}$ F，求：

(a) 开关 K 打开后，s 域的等效电路；

(b) $t\geqslant 0$ 时，$u_L(t)$的完全响应。

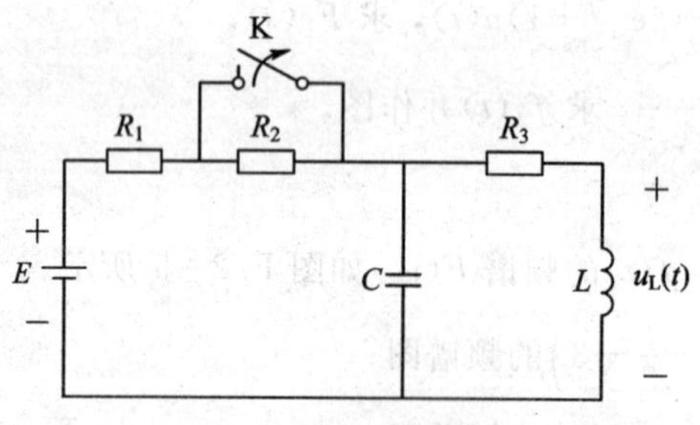

图 F.2-8

6. (16 分)

(9) 已知离散时间系统的差分方程及边界条件为

$$y(n)-3y(n-1)+2y(n-2)=3^n u(n),\ y(-1)=2,\ y(-2)=1$$

求：(a) 单位样值响应 $h(n)$；(b) 系统的完全响应 $y(n)$。

F.3 模拟试卷(三)

说明：第(1)～(22)题总分 100 分，第(22)题为必须用英语答题的附加题，可加分。

1. 判断题(每小题 2 分，共 12 分)

(1) 任意信号都可以分解为一个奇信号与一个偶信号之和。 (　　)

(2) 若信号 $f(t)=-f(t\pm T/2)$，则为周期半波反对称函数，其傅里叶级数只有偶次谐波。 (　　)

(3) 连续时间系统的单位冲激响应是系统单位阶跃响应的导数。 (　　)

(4) 一个稳定的连续时间系统，其系统函数的零极点都必定在 s 平面上的左半平面。 (　　)

(5) 不存在有限时长，同时又是有限带宽的信号。 (　　)

(6) 无失真传输系统要求系统的幅频特性为常数，但相位特性可以是任意的。 (　　)

2. 选择题(每小题 2 分，共 10 分)

(7) 系统的冲激响应与________。

A) 输入激励信号有关　　B) 系统结构有关

C) 冲激响应强度有关　　D) 产生冲激的时刻有关

(8) 线性系统响应的分解特性满足________。

A) 一般情况下，零状态响应与系统特性无关

B) 若系统的激励信号为零，则系统的零输入响应与强迫响应相等

C) 若系统的初始状态为零，则系统的零输入响应与自然响应相等

D) 若系统的零状态响应为零，则强迫响应也为零

E) 若系统的初始状态为零，则零状态响应与强迫响应相等

(9) 一个线性时不变系统对信号 $\delta(t-\tau)$ 的响应为 $y(t)=u(t)-u(t-\tau)$，τ 为时间常数，则该系统是________。

A) 时不变因果系统　　B) 时不变非因果系统

C) 时变因果系统　　D) 时变非因果系统

(10) 已知连续时间系统的系统函数 $H(s)=\dfrac{s}{s^2+3s+2}$，其幅频特性响应所属类型为________。

A) 低通　　B) 高通

C) 带通　　D) 带阻

(11) 已知周期信号 $f(t)$ 的波形如图 F.3-11 所示，将 $f(t)$ 通过截止频率 $\omega_c=4\pi$ rad/s 的理想低通滤波器后，输出的频率成分是______。

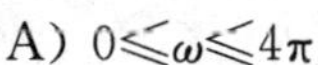

A) $0\leqslant\omega\leqslant4\pi$　　B) $-4\pi\leqslant\omega\leqslant4\pi$

C) $\omega=\pm\pi,\ \pm3\pi$　　D) $\omega=0,\ \pm2\pi,\ \pm4\pi$

E) $\omega=\pi,\ 3\pi,\ 0\leqslant\omega\leqslant4\pi$　F) $\omega=0,\ 2\pi,\ 4\pi$

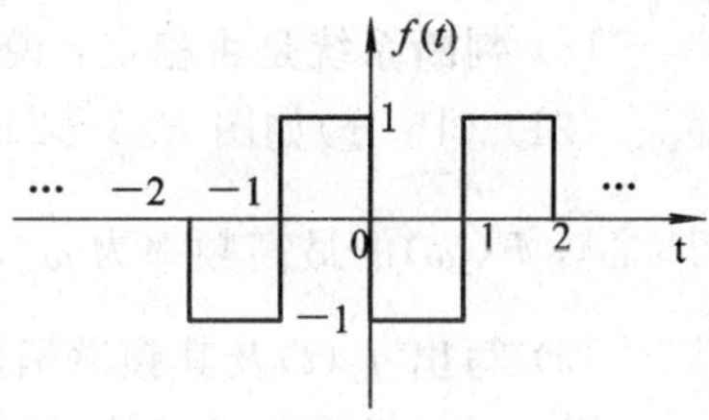

图 F.3-11

3. 计算与综合分析题

(12)(4 分) 计算 $\int_0^\infty \delta(t+1)\ \sin t\,\mathrm{e}^{-t}\mathrm{d}t$

(13)(4 分) 已知 $f(1-2t)$ 的波形如图 F.3-13 所示，画出 $f(t)$ 的波形图。

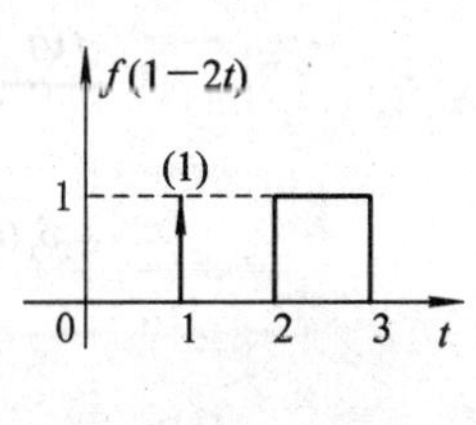

图 F.3-13

(14) (6 分) 求 $f(t)=g_\tau(t)*[\delta(t-t_0)+\delta(t+t_0)]$ 的频谱图，其中门函数

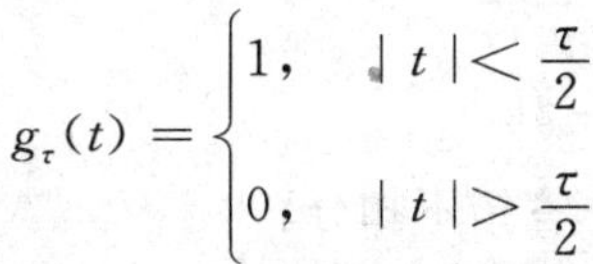

$$g_\tau(t)=\begin{cases}1, & |t|<\dfrac{\tau}{2}\\[2mm] 0, & |t|>\dfrac{\tau}{2}\end{cases}$$

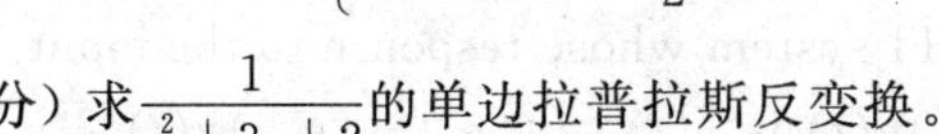

(15) (6 分) 求 $\dfrac{1}{s^2+3s+2}$ 的单边拉普拉斯反变换。

(16) (8 分) 求 $\left[\dfrac{\sin2\pi(t-2)}{2\pi(t-2)}\right]^2$ 的频谱函数。

(17)（6 分）$f(t)$的单边拉普拉斯变换 $F(s)=\dfrac{1}{s^2+2s-5}$，求函数 $y(t)=\mathrm{e}^{-2t}f(3t)$的单边拉普拉斯变换。

(18)（4 分）设系统函数 $H(s)=\dfrac{5s+5}{s^3+7s^2+10s}$，画出系统的信号流图。

(19)（10 分）已知某线性时不变系统在零状态条件下的输入 $f(t)$与输出 $y(t)$的波形如图 F.3－19 所示，试求单位冲激响应 $h(t)$，并作图。

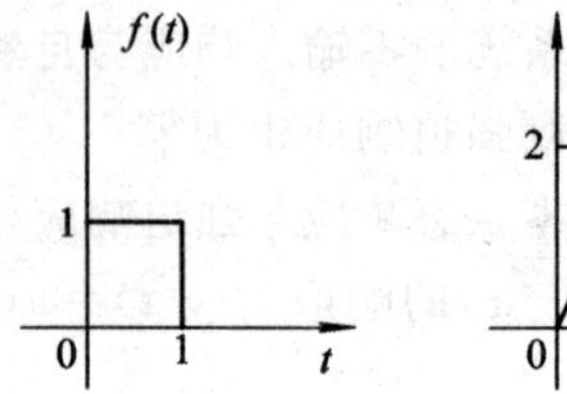

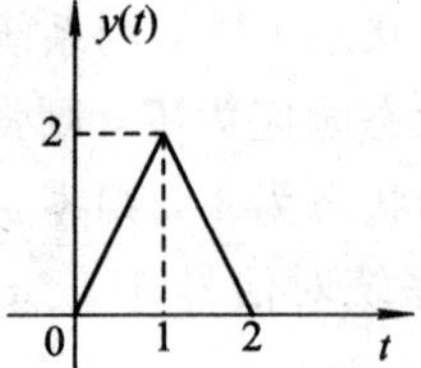

图 F.3－19

(20)（15 分）如图 F.3－20 所示电路，在 $t=0$ 以前已处于稳定状态。开关在 $t=0$ 时，由"1"扳到"2"。

(a) 求系统的单位冲激响应 $h(t)$；

(b) 当 $f(t)=\mathrm{e}^{-t}u(t)$时，计算系统的全响应 $y(t)$；

(c) 判断系统是否稳定，说明理由。

图 F.3－20

(21)（15 分）如图 F.3－21 所示系统，已知激励信号 $f(t)$是带限信号，频谱函数为 $F(\mathrm{j}\omega)$，$F(\mathrm{j}\omega)$的最高频率为 ω_m，$\delta_T(t)=\sum_{n=-\infty}^{\infty}\delta(t-nT)$。求：

(a) 写出 $f_s(t)$及其频谱函数 $F_s(\mathrm{j}\omega)$的函数表达式；

(b) $y(t)$及其频谱函数 $Y(\mathrm{j}\omega)$的函数表达式；

(c) 为了保证输出 $y(t)$中包含 $f(t)$的全部信息，确定 ω_m 与 T 的关系；

(d) 要恢复 $f(t)$，确定 $y(t)$应通过的滤波器系统函数 $H(\mathrm{j}\omega)$。

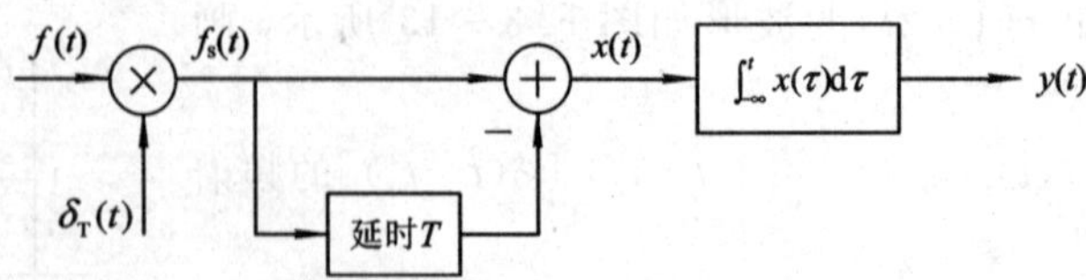

图 F.3－21

以下为选作题，须用英语解答。答对加分，答错不扣分。

(22) (10 points) Consider an LTI system whose response to the input

$$f(t)=(\mathrm{e}^{-t}+\mathrm{e}^{-3t})u(t) \text{ is } y(t)=(2\mathrm{e}^{-t}-2\mathrm{e}^{-4t})u(t)$$

(a) Find the frequency response of this system.

(b) Determine the system impupulse respone.

(c) Find the differential equation relating the input and output and construct a realization of this system using integrators, adders, and coefficient multipliers.

附录G　信号与系统考研试题

G.1　考研试卷(一)

一、(本题共11小题，每小题8分，满分88分)

1. 已知 $f_1(t)$、$f_2(t)$如图G.1-1所示，$f(t)=f_1(t)*f_2(t)$，

(1) 求 $3<t<6$ 时的 $f(t)$；

(2) 绘出 $f(t)$图。

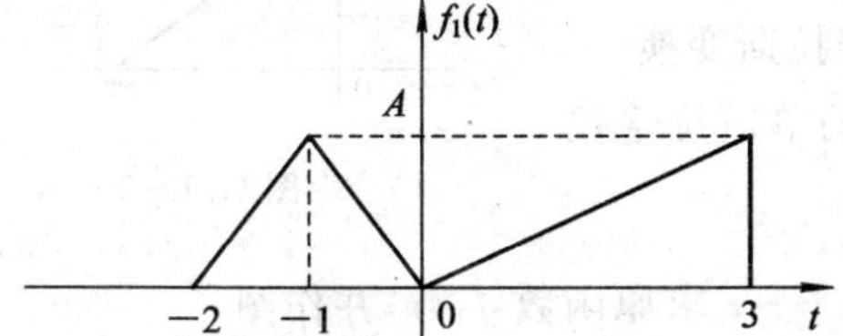

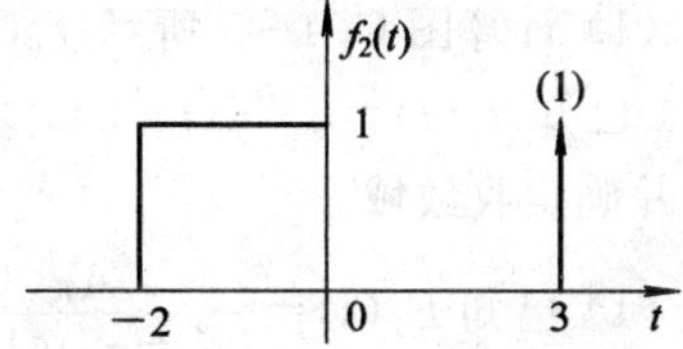

图G.1-1

2. 如图G.1-2(a)所示三个LTI因果离散时间子系统级联，已知：$h_2(n)=u(n)-u(n-2)$，整个系统的单位脉冲响应如图G.1-2(b)所示。

(1) 求 $h_1(n)$；

(2) 若 $x(n)=\delta(n)-\delta(n-1)$，求输出 $y(n)$，并画出 $y(n)$波形图。

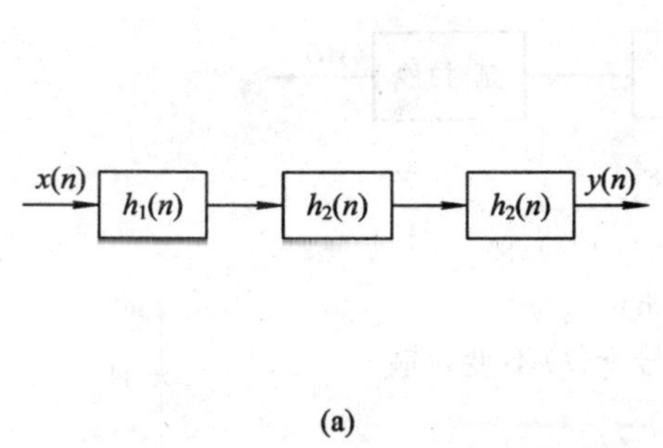

(a)

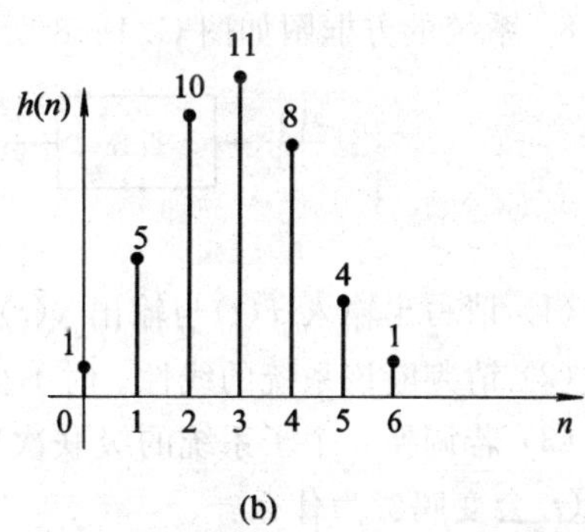

(b)

图G.1-2

3. 信号 $f(t)$的波形如图G.1-3所示，可将其分解成如下形式：

$$f(t)=f_1(t)u(t-t_1)+f_2(t)u(t-t_2)+f_3(t)u(t-t_3)+\cdots$$

试写出(1) t_1、t_2、t_3…的值；

(2) $f_1(t)$、$f_2(t)$、$f_3(t)$……最简单的数学表达式。

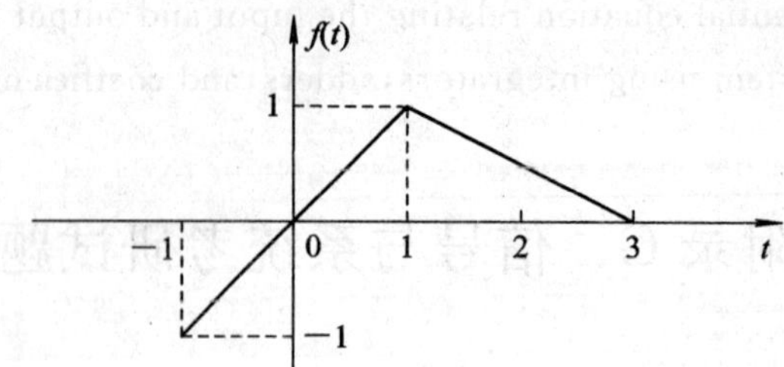

图 G.1-3

4. 已知周期信号 $f(t)=-1-2\cos\left(t-\frac{\pi}{3}\right)+3\sin\left(2t+\frac{\pi}{3}\right)$

(1) 画出三角形式振幅谱和相位谱；

(2) 画出指数形式振幅谱和相位谱；

(3) 画出频谱密度形式振幅谱和相位谱；

(4) 确定其功率，并绘出其功率谱。

5. (1) 计算图 G.1-5 所示 $f_1(t)$的拉普拉斯变换。

(2) 已知 $f_2(t)=e^{-2t}u(t+3)$，求 $f_2(t)$的单边拉普拉斯变换并确定收敛域。

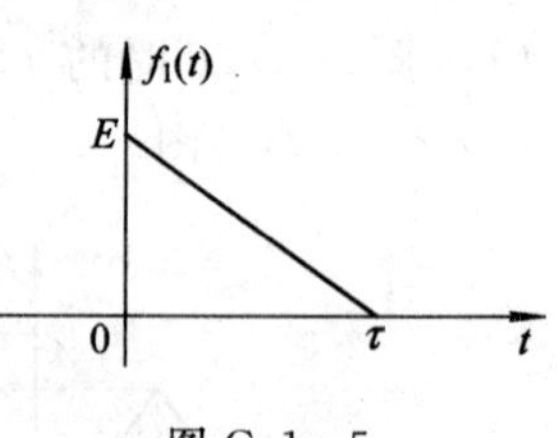

图 G.1-5

6. (1) 已知 $F_1(s)=\dfrac{A\pi(1+e^{-s})}{(s^2+\pi^2)(1+e^{-s}+e^{-2s})}$，求原函数 $f_1(t)$并作图。

(2) 已知 $F_2(s)=\dfrac{s^3+2e^{-s}}{s^3+3s^2+2s}$，求原函数 $f_2(t)$。

7. 已知 $F(\omega)=\mathscr{F}[f(t)]$，

(1) 求 $f_1(t)=\dfrac{d}{dt}f(2t-1)$的傅里叶变换；

(2) 请用 $f(t)$表示 $F(\omega)\cdot\text{sgn}(\omega)$的傅里叶反变换。

8. 系统的方框图如图 G.1-8 所示。

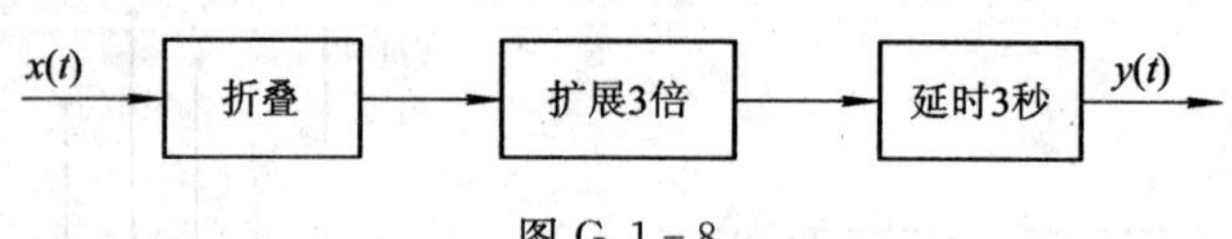

图 G.1-8

(1) 请写出输入 $x(t)$与输出 $y(t)$的关系式；

(2) 请判断该系统的线性、时不变性及因果性；

(3) 若调换 3 个子系统的级联次序，输入信号 $x(t)$不变，输出 $y(t)$会变吗？为什么？

9. 图 G.1-9 所示为某系统的零极点图，且 $h(0_+)=4$。

(1) 计算单位冲激响应；

(2) 试粗略画出系统振幅频响图。

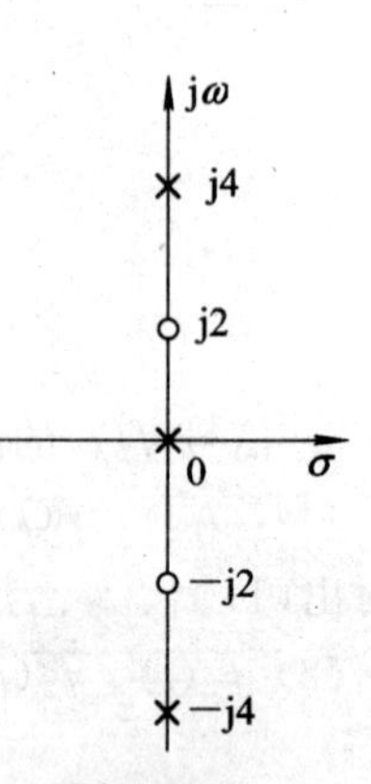

图 G.1-9

10. (8 分)已知信号 $f(t)$ 如图 G.1-10 所示，求其自相关函数 $R(\tau)$及能量谱密度函数 $\mathscr{E}(\omega)$，并画 $R(\tau)$、$\mathscr{E}(\omega)$图。

11. LTI 系统如图 G.1-11 所示。

(1) 求系统函数；

(2) 求使系统稳定的β值。

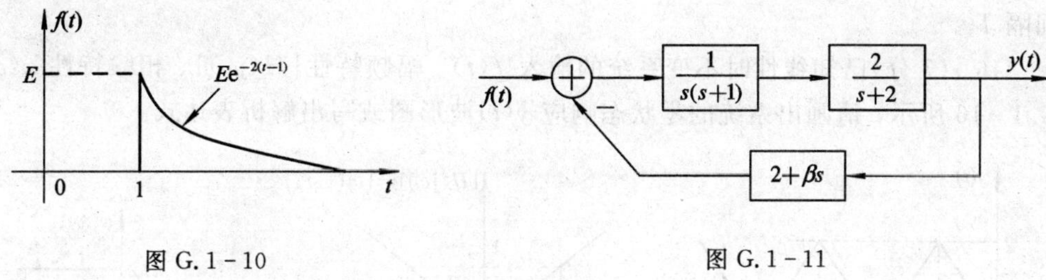

图 G.1-10　　　　　　　　　　图 G.1-11

二、(本题共 2 小题，每小题 12 分，满分 24 分)

12. 一个 LTI 连续时间系统在输入信号为 $f_1(t)=(\mathrm{e}^{-t}+\mathrm{e}^{-3t})u(t)$时，输出为 $y_1(t)=(2\mathrm{e}^{-t}-\mathrm{e}^{-4t})u(t)$。

(1) 求系统函数 $H(s)$；

(2) 画出系统的零极点图；

(3) 确定系统的单位阶跃响应；

(4) 当输入信号为 $f_2(t)=\mathrm{e}^{-t}u(t)$时，求系统响应 $y_2(t)$；

(5) 画出系统模拟图。

13. 如图 G.1-13 所示电路，已知在 $t<0$ 时电路处于稳态，开关 K 在 $t=0$ 时瞬间断开。

(1) 画出换路后 s 域等效电路；

(2) 求电感电压 $v_L(t)$。

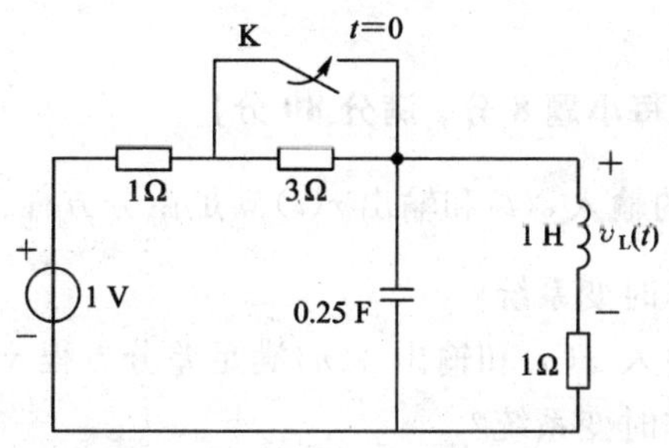

图 G.1-13

三、(本题共 4 小题，满分 38 分)

14. (10 分)图 G.1-14(a)所示的系统中 $f_1(t)=\cos t$，$f_2(t)=\cos 9t$，$H(\mathrm{j}\omega)$曲线是图 G.1-14(b)所示的带通滤波器，试求 $y(t)$。

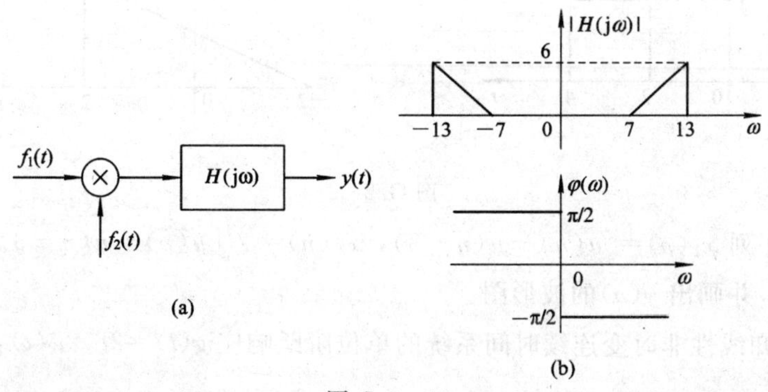

图 G.1-14

15. (7 分)已知信号 $f(t)=\mathrm{Sa}(2\omega_0 t)\cos\omega_0 t$，其中 $\omega_0=2000\ \mathrm{rad/s}$，求其奈奎斯特采样间隔 T_s。

16. (7 分)已知线性时不变系统的输入 $f(t)$、幅频特性 $|H(j\omega)|$、相频特性 $\varphi(\omega)$ 如图 G.1-16 所示，请画出系统的零状态响应 $y(t)$ 波形图或写出解析表达式。

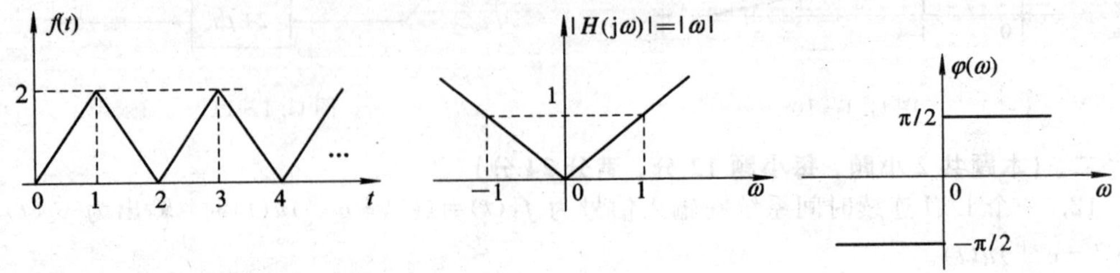

图 G.1-16

17. (14 分)已知二阶离散系统的激励 $x(n)=2^n u(n)$，初始状态 $y(-1)=0$，$y(-2)=1/2$ 时，系统的全响应为 $y(n)=\left[\frac{2}{3}(-1)^n-(-2)^n+\frac{1}{3}2^n\right]u(n)$。

(1) 写出系统的差分方程，并画出该系统的运算结构图；

(2) 求系统的单位阶跃响应 $g(n)$；

(3) 判断系统的稳定性。

G.2 考研试卷(二)

一、(本题共 10 小题，每小题 8 分，满分 80 分)

1. (1) 连续时间系统的输入 $e(t)$ 和输出 $r(t)$ 满足微分方程 $\frac{\mathrm{d}r(t)}{\mathrm{d}t}+t\cdot r(t)=e(t)$，判断该系统是否线性？是否为非时变系统？

(2) 离散时间系统的输入 $x(n)$ 和输出 $y(n)$ 满足差分方程 $y(n)=x(n)x(n-1)$，判断该系统是否线性？是否为非时变系统？

2. (1) 已知信号 $f_1(t)$ 和 $f_2(t)$ 的波形如图 G.2-2 所示，设 $f(t)=f_1(t)*f_2(t)$，求 $f(3)$。

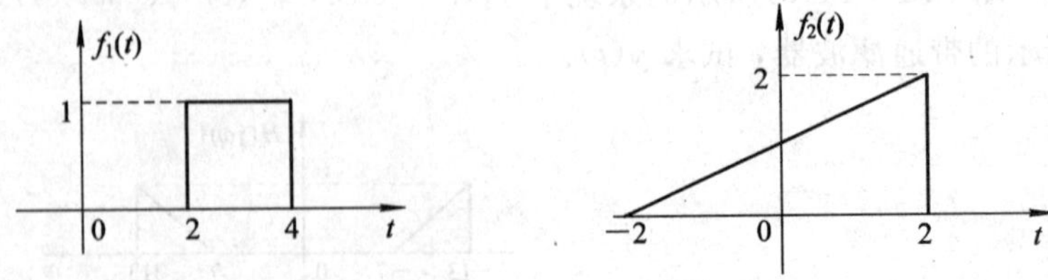

图 G.2-2

(2) 已知序列 $x_1(n)=u(n)-u(n-3)$，$x_2(n)=2^n[u(n)-u(n-3)]$，求 $y(n)=x_1(n)*x_2(n)$，并画出 $y(n)$ 的波形图。

3. (1) 已知线性非时变连续时间系统的单位阶跃响应 $g(t)=2\mathrm{e}^{-2t}u(t)$，求系统的单位冲激响应 $h(t)$。

(2) 已知线性非移变离散时间系统的单位阶跃响应 $g(n)=2\mathrm{e}^{-2n}u(n)$，求系统的单位脉冲响应 $h(n)$。

4. 设 $\frac{\mathrm{d}^3}{\mathrm{d}t^3}r(t)+4\frac{\mathrm{d}^2}{\mathrm{d}t^2}r(t)+5\frac{\mathrm{d}}{\mathrm{d}t}r(t)+2r(t)=\frac{\mathrm{d}^2}{\mathrm{d}t^2}e(t)+2\frac{\mathrm{d}}{\mathrm{d}t}e(t)+e(t)$ 为某连续时间系统的微分方程。(1)求单位冲激响应 $h(t)$ 的一般形式；(2)求零输入响应 $r_{zi}(t)$ 的一般形式。

5. 周期为 T 的信号其三角形式傅里叶级数为

$$f(t)=\frac{2E}{\pi}\left[\cos(\omega_0 t)-\frac{1}{3}\cos(3\omega_0 t)+\frac{1}{5}\cos(5\omega_0 t)-\cdots\right],\left(\text{其中 }\omega=\frac{2\pi}{T}\right)$$

(1) 判别这个信号的对称性和谐波性。

(2) 计算这个信号的功率(前三项)，并绘出其功率谱(前三项)。

6. (1) 若 $f_1(t)\leftrightarrow F_1(\omega)$，求 $f_2(t)=f_1(-2t+5)$ 的傅里叶变换 $F_2(\omega)$。

(2) 已知 $y(t)=f(t)*h(t)$ 和 $g(t)=f(3t)*h(3t)$，且 $f(t)\leftrightarrow F(\omega)$，$h(t)\leftrightarrow H(\omega)$。证明 $g(t)=Ay(Bt)$，并求出 A 和 B 的值。

7. (1) 求信号 $f(t)=\mathrm{e}^{-(t+a)}\cos\omega t\,u(t+a)$ 的单边拉普拉斯变换 $F(s)(a>0)$。

(2) 求 $F(s)=\frac{2(s^2+3)}{(s+2)(s^2+2s+5)}$ 的原函数 $f(t)$。

8. (1) 求序列 $x(n)=(1/2)^n u(n-1)+2^n u(-n)$ 的双边 $\mathscr{Z}$ 变换 $X(z)$，并标明收敛区。

(2) 已知 $X(z)=\frac{1-az^{-1}}{z^{-1}-a}$，$|z|>\frac{1}{|a|}$，求序列 $x(n)$。

9. 已知信号 $f(t)=u(t-1)-u(t-2)$，求

(1) 自相关函数 $R(\tau)$ 并作图；

(2) 能量谱密度函数 $\mathscr{E}(\omega)$ 并作图。

10. 某线性非时变连续时间系统，已知当输入为 $f(t)$ 时的响应为 $(\mathrm{e}^{-t}+2\cos\pi t)u(t)$；当输入为 $2f(t)$ 时的响应为 $3\cos(\pi t)u(t)$。求：

(1) 系统的零输入响应 $y_{zi}(t)$ 及其输入为 $f(t)$ 时的零状态响应 $y_{zs}(t)$。

(2) 输入为 $f(t)+f(t-1)$ 时的全响应。

二、(本题共 7 小题，每小题 10 分，满分 70 分)

11. 设连续时间信号 $f(t)=\frac{\sin^2(20\pi t)}{(\pi t)^2}$，若对 $f(t)$ 进行理想抽样，抽样后的信号用 $f_s(t)$ 表示。

(1) 为使抽样后的信号不失真，求其奈奎斯特抽样频率 f_s。

(2) 若以奈奎斯特频率抽样，作图表示 $f_s(t)$ 的频谱函数 $F_s(\mathrm{j}\omega)$。

12. 如图 G.2-12 所示电路，元件参数及初始条件如图所示，其中 $e(t)=10u(t)$ V。

(1) 画出 s 域等效电路；

(2) 求响应电压 $v(t)$。

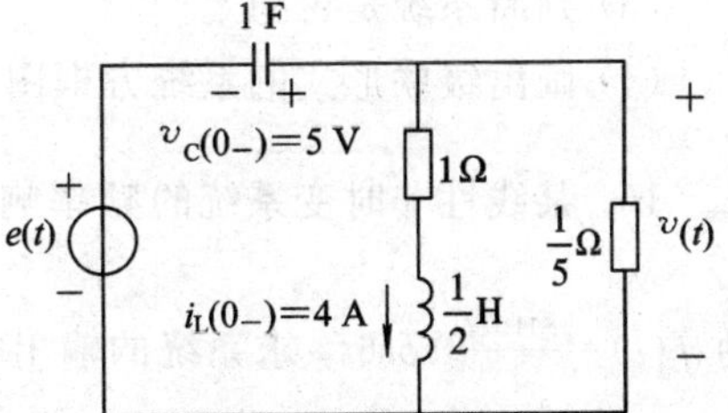

图 G.2-12

13. 已知某系统的频响特性 $H(\mathrm{j}\omega)$ 及激励信号的频谱 $F(\mathrm{j}\omega)$ 如图 G.2-13 所示。

(1) 画出 $y(t)$ 的频谱 $Y(\mathrm{j}\omega)$，并写出 $Y(\mathrm{j}\omega)$ 的表示式；

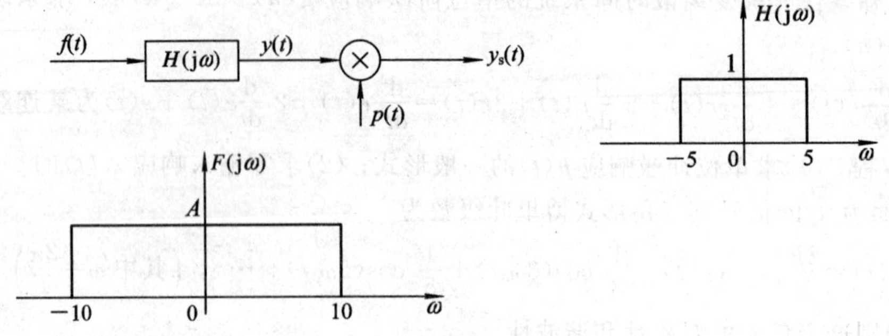

图 G.2－13

(2) 若 $p_1(t)=\cos 200t$，画出 $y_s(t)$ 的频谱 $Y_{s1}(j\omega)$；

(3) 若 $p_2(t)=\sum_{n=-\infty}^{\infty}\delta\left(t-\frac{n\pi}{20}\right)$，画出 $y_s(t)$ 的频谱 $Y_{s2}(j\omega)$，并写出 $Y_{s2}(j\omega)$ 的表示式。

14. 如图 G.2－14 所示系统，各子系统的单位冲激响应标于方框中。

(1) 求使系统稳定的 k 值的范围；

(2) 画出 $k=2$ 时的零极点图；

(3) 求 $k=2$ 时的单位冲激响应 $h(t)$；

(4) 求当 $k=2$，$f(t)=e^{-2t}u(t)$ 时的零状态响应 $y(t)$。

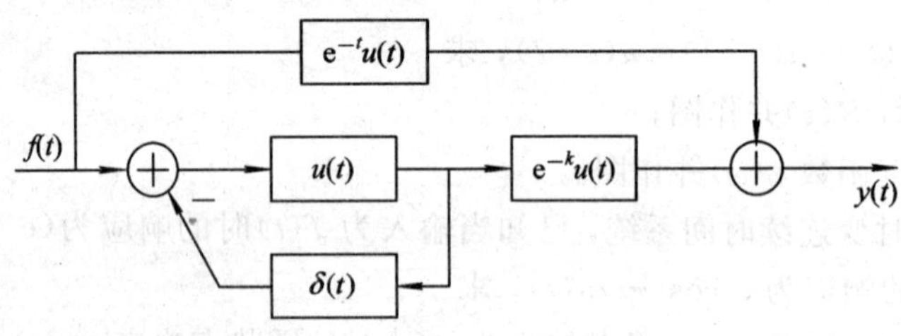

图 G.2－14

15. 已知因果系统的差分方程为

$$y(n)-1.5y(n-1)+0.5y(n-2)=x(n-1)$$

(1) 求系统函数 $H(z)$；

(2) 求系统的冲激响应 $h(n)$；

(3) 判断系统是否稳定；

(4) 画出级联形式的系统方框图。

16. 某线性非时变系统的频率响应 $H(j\omega)=\begin{cases}e^{-j3\omega}, & |\omega|<6 \text{ rad/s} \\ 0, & |\omega|>6 \text{ rad/s}\end{cases}$，若系统的输入激励 $f(t)=\frac{\sin 4t}{t}\cos 6t$，求系统的输出响应 $y(t)$，画出 $Y(\omega)$ 的幅度频谱图。

17. 若信号 $f(t)$ 通过某线性系统，其输出响应为：$y(t)=a^{-1/2}\int_{-\infty}^{\infty}f(x)g\left(\frac{x-t}{a}\right)dx$，参数 a 是不等于零的常数，且已知 $g(t)$ 的傅里叶变换为 $G(j\omega)$。

(1) 求该系统的频响函数 $H(j\omega)$；

(2) 若 $g(t)=\dfrac{\sin(\pi t)\ \cos(3\pi t)}{\pi\sqrt{\pi}\cdot t}$，求 $h(t)$、$H(\mathrm{j}\omega)$；

(3) 画出 $G(\mathrm{j}\omega)$、$H(\mathrm{j}\omega)$，该线性系统具有何种功能？

(4) 讨论 $H(\mathrm{j}\omega)$ 随参数 a 变化的规律。

G.3　考研试卷（三）

一、选择题(本题共 10 小题，每小题 4 分，满分 40 分)

1. 函数 $\dfrac{\mathrm{d}}{\mathrm{d}t}[\mathrm{e}^{-2t}\delta(t)]=$______。

A) $-2\delta(t)$　　B) $-2\delta'(t)$　　C) $\delta(t)$　　D) $\delta'(t)$　　E) $\delta'(t)-2\delta(t)$

2. 信号 $f_1(t)$和 $f_2(t)$的波形如图 G.3－2 所示，设 $f(t)=f_1(t)*f_2(t)$，则 $f(5)=$______。

A) 0　　B) 1　　C) 2　　D) 3　　E) 4

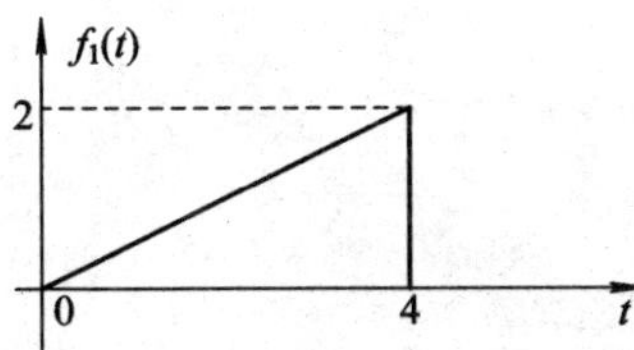

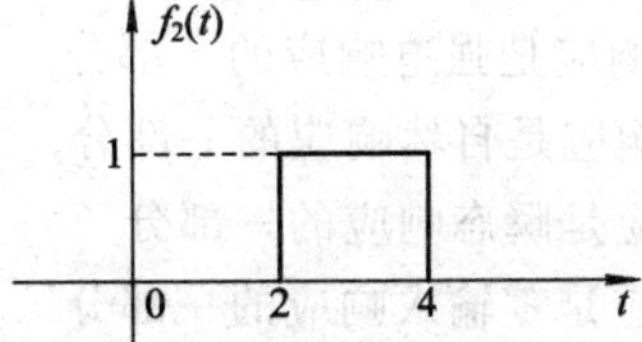

图 G.3－2

3. $f_1(n)$与 $f_2(n)$如图 G.3－3 所示，$f(n)=f_1(n)*f_2(n)$，则 $f(2)=$______。

A) 1　　B) 2　　C) 3　　D) 4　　E) 5

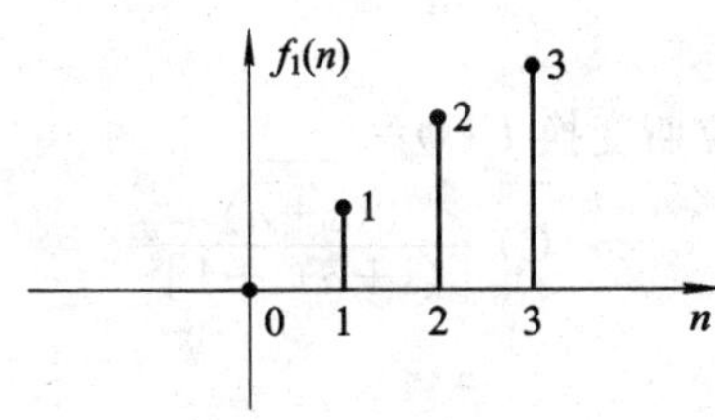

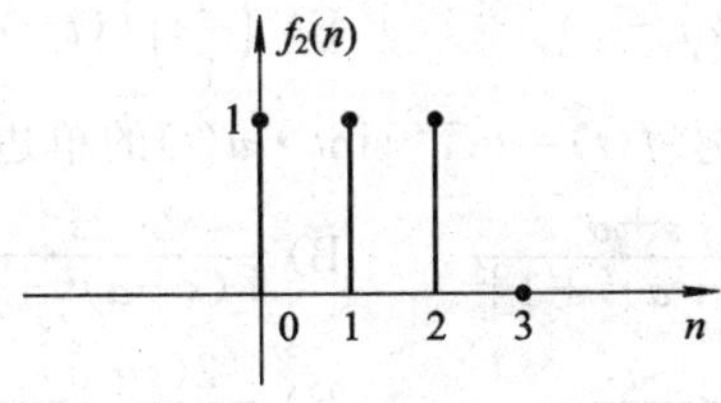

图 G.3－3

4. 如图 G.3－4 所示周期信号 $f(t)$，其傅里叶系数中 $F_0=$______。

A) 0　　B) 2　　C) 4　　D) 6　　E) 8

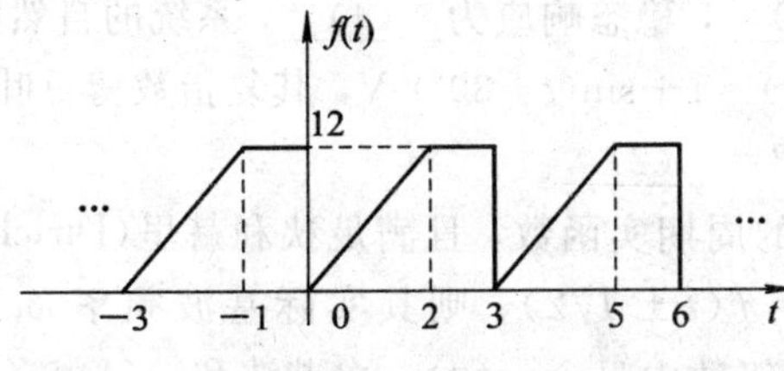

图 G.3－4

5. 信号 $\mathrm{e}^{\mathrm{j}3t}(-\infty<t<\infty)$的傅里叶变换为______。

A) $\pi\delta(\omega)$　　B) $2\pi\delta(\omega+3)$　　C) $2\pi\delta(\omega-3)$　D) $\dfrac{1}{3+j\omega}$　　E) 不存在

6. 已知信号 $f(t)$的傅里叶变换为 $F(j\omega)$，则 $\int_{-\infty}^{t} f(2\tau-2)d\tau$ 的频谱函数为为______。

A) $\dfrac{1}{j2\omega}F\left(\dfrac{j\omega}{2}\right)e^{-j\omega}$　　B) $\dfrac{1}{j2\omega}F\left(\dfrac{j\omega}{2}\right)e^{j\omega}$

C) $\dfrac{1}{j2\omega}F\left(\dfrac{j\omega}{2}\right)e^{-j\omega}+\pi F(0)\delta(\omega)$　　D) $\dfrac{1}{j2\omega}F\left(\dfrac{j\omega}{2}\right)e^{-j\omega}+\dfrac{\pi}{2}F(0)\delta(\omega)$

E) $\dfrac{1}{j2\omega}F\left(\dfrac{j\omega}{2}\right)e^{j\omega}+\dfrac{\pi}{2}F(0)\delta(\omega)$

7. 已知某实信号 $f(t)$的能量谱密度函数为 $\mathscr{E}(\omega)$，则 $f(-t-t_0)$ 的功率谱密度函数为______。

A) $\mathscr{E}(\omega)e^{-j\omega t_0}$　　B) $\mathscr{E}(\omega)$

C) $\mathscr{E}(-\omega)e^{j\omega t_0}$　　D) $\mathscr{E}(-\omega)e^{-j\omega t_0}$　　E) $\mathscr{E}(\omega)e^{j\omega t_0}$

8. 下列说法正确的是______。

A) 零状态响应是强迫响应的一部分

B) 零输入响应是自然响应的一部分

C) 强迫响应是瞬态响应的一部分

D) 自然响应是零输入响应的一部分

E) 瞬态响应是强迫响应的一部分

9. $\delta(at)*f(t-t_0)=$______。

A) $af(t-t_0)$　　B) $\left(\dfrac{1}{a}\right)f\left(t-\dfrac{t_0}{a}\right)$　　C) $\left(\dfrac{1}{a}\right)f(t-t_0)$

D) $af(at-t_0)$　　E) $\left(\dfrac{1}{a}\right)f(t-at_0)$

10. 信号 $f(t)=te^{-at}\sin t\cdot u(t)$的单边拉普拉斯变换 $F(s)=$______。

A) $\dfrac{s+a}{[(s+a)^2+1]^2}$　　B) $\dfrac{2s}{[(s+a)^2+1]^2}$　　C) $\dfrac{2(s+a)}{[(s+a)^2+1]^2}$

D) $\dfrac{a}{[(s+a)^2+1]^2}$　　E) $\dfrac{2(s+a)}{(s+a)^2+1}$

二、填空题(本题共 5 小题，每小题 6 分，满分 30 分)

11. 已知线性非时变连续时间系统的零输入响应为 $e^{-t}(2\cos 2t+\sin 2t)u(t)$，零状态响应为$(1+e^{-2t}-e^{-t}\cos 2t+e^{-t}\sin 2t)u(t)$。则该系统的自然响应为__(1)__，受迫响应为__(2)__，瞬态响应为__(3)__，稳态响应为__(4)__，系统的自然频率为__(5)__。

12. 周期电压信号 $f(t)=1+\sin(t+30°)$ V，其复指数傅里叶系数 $F_n=$__(1)__；通过1欧姆电阻所消耗的功率 $P=$__(2)__。

13. $f(t)$是周期为 T 的周期实函数，且满足狄利赫里(Dirichlet)条件，则其频谱为离散谱。若 $f(t)=f(-t)=f(t\pm T/2)$，则其实际基波频率 $\omega_1=$__(1)__，谱线间隔为__(2)__；在 $f(t)$的傅里叶级数中只含__(3)__次谐波和__(4)__分量。

14. 若线性非时变连续时间系统的系统函数 $H(s)$的全部极点位于 s 平面的左半平面，则系统__(1)__；若有极点位于 s 平面的右半平面，则系统__(2)__；若 $H(s)$的全部零、极

点位于 s 平面的左半平面，则称 $H(s)$为<u>　(3)　</u>；若 $H(s)$位于左半平面的全部极点和位于右半平面的全部零点关于虚轴互成镜像，则称 $H(s)$为<u>　(4)　</u>。

15. 分别对下列信号进行理想抽样，为使各抽样信号的频谱不产生混叠，分别求它们各自的奈奎斯特角频率为(1)______；(2)______；(3)______。

(1) $\frac{\sin 20t}{20t}+\frac{\sin 30t}{30t}$；　(2) $\frac{\sin 20t}{20t}\cdot\frac{\sin 30t}{30t}$；　(3) $\frac{\sin 20t}{20t}*\frac{\sin 30t}{30t}$

三、(本题共 2 小题，每小题 8 分，满分 16 分)

16. 若 $f(t)\leftrightarrow F(s)$，$F(s)=\frac{1-e^{-s}}{s(1+e^{-s})}$，求 $f(t)$，并绘图。

17. 假设某系统的特征方程为 $s^3+5s^2+10s+(5k+10)=0$，求实系统稳定的 k 值范围。

四、(本题共 4 小题，每小题 10 分，满分 40 分)

18. 如图 G.3-18(a)所示是由三个子系统组成的大系统，已知大系统的 $h(t)$及子系统 $h_1(t)$、$h_2(t)$分别如图 G.3-18(b)、(c)、(d)所示。

求：(1) 子系统的冲激响应 $h_3(t)$；

(2) 绘 $h_3(t)$的波形图。

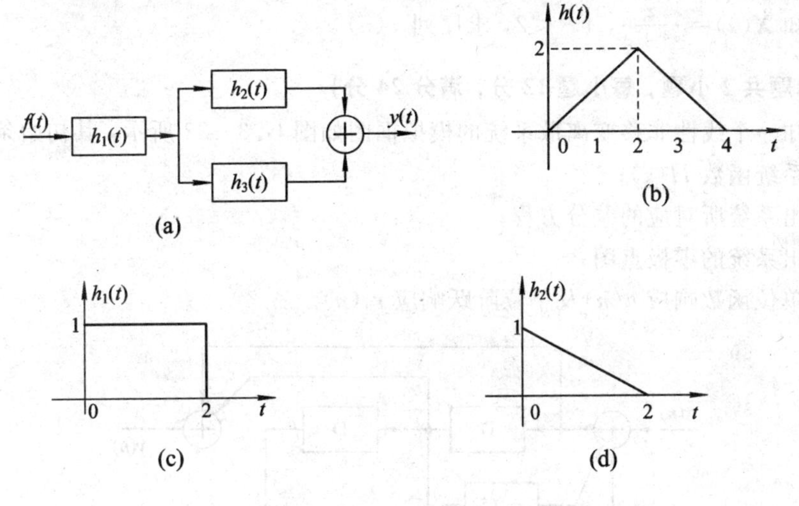

图 G.3-18

19. 已知信号 $x(t)$的傅里叶变换 $X(\omega)=\begin{cases}1, & |\omega|<1\\ 0, & |\omega|>1\end{cases}$，

(1) 求 $y(t)=\frac{d^2x(t)}{dt^2}$的傅里叶变换；

(2) 计算 $\int_{-\infty}^{\infty}y^2(t)dt$ 的值。

20. 图 G.3-20(a)所示系统由两个子系统级联组成。已知第一个子系统的转移函数 $H_1(\omega)=|H_1(\omega)|e^{j\varphi_1(\omega)}$ 如图 G.3-20(b)所示。第二个子系统的单位冲激响应 $h_2(t)=\frac{\omega_2}{\pi}\frac{\sin\omega_2 t}{\omega_2 t}$，其中 $\omega_1=6\pi$，$\omega_2=10\pi$。

(1) 绘出该系统的转移函数 $H(\mathrm{j}\omega)$；

(2) 求该系统的单位冲激响应 $h(t)$。

(3) 通过此例给你什么启示？

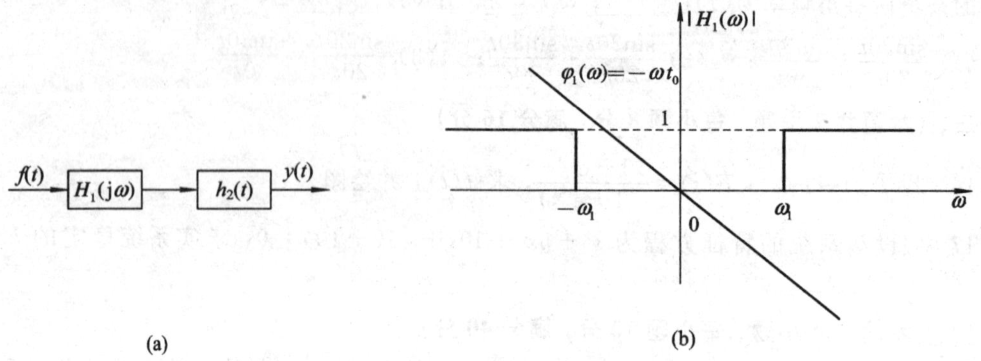

图 G.3－20

21. (1) 求序列 $x(n)=\begin{cases}1, & |n|\leqslant N\\ 0, & |n|>N\end{cases}$ 的 $\mathscr{Z}$ 变换，并标明收敛区。

(2) 已知 $X(z)=\dfrac{z}{z^2+4}$，$|z|<2$，求序列 $x(n)$。

五、(本题共 2 小题，每小题 12 分，满分 24 分)

22. 已知一个线性非移变离散系统的模拟框图如图 G.3－22 所示，其初始条件为零。

(1) 求系统函数 $H(z)$；

(2) 写出系统所对应的差分方程；

(3) 画出系统的零极点图；

(4) 求单位函数响应 $h(n)$ 及单位阶跃响应 $r_{\mathrm{u}}(n)$。

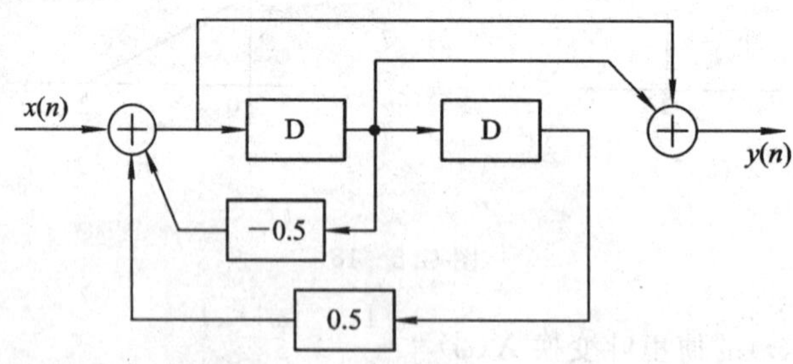

图 G.3－22

23. 如图 G.3－23 所示电路，$t<0$ 时开关处于"1"且电路已处于稳定状态。当 $t=0$ 时掷向"2"。

(1) 求电容 C 及电感 L 上的初值；

(2) 作出 $t>0$ 时 s 域的运算等效电路；

(3) 求 $t>0$ 时电容上的电压 $v_{\mathrm{C}}(t)$。

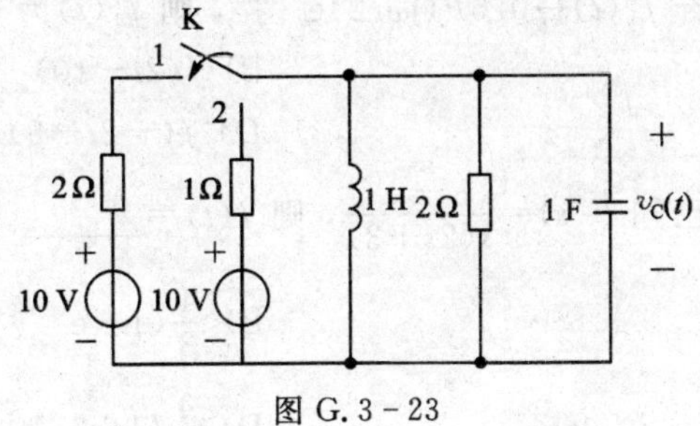

图 G. 3 - 23

G. 4　考研试卷（四）

一、选择题（本题共 10 小题，每小题 4 分，满分 40 分）

1. 信号 $f(5-3t)$是______。

A) $f(3t)$右移 5　　B) $f(3t)$左移 5/3

C) $f(-3t)$左移 5　　D) $f(-3t)$右移 5/3

2. 某系统的输入信号为 $f(t)$，输出信号为 $y(t)=f(3t)$，则该系统是______。

A) 线性、非时变、非因果系统　　B) 线性、时变、非因果系统

C) 非线性、非时变、因果系统　　D) 非线性、时变、因果系统

3. 信号 $f_1(t)$和 $f_2(t)$的波形如图 G. 4 - 3 所示，设 $y(t)=f_1(t)*f_2(t)$，则 $y(5)=$

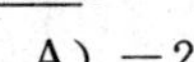______。

A) −2　　B) −1　　C) 0　　D) 1　　E) 2

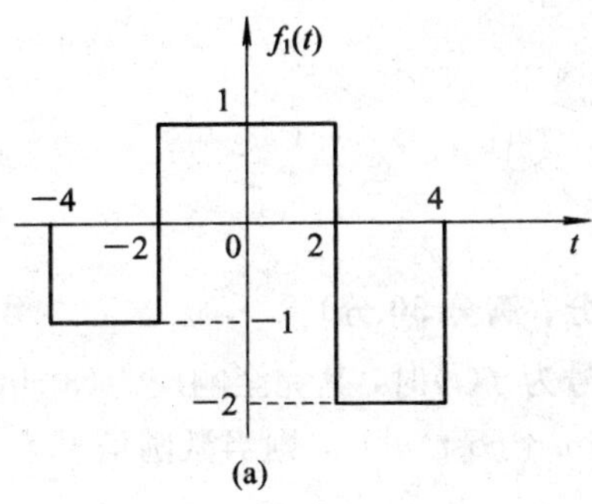

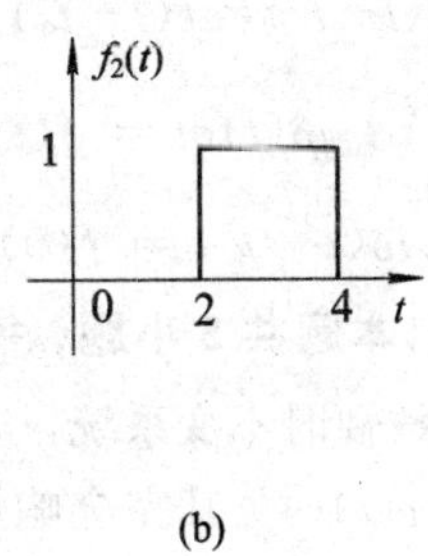

图 G. 4 - 3

4. 如图 G. 4 - 4 所示信号 $f(t)$的傅里叶变换 $F(j\omega)=$______。

A) $j\dfrac{4\sin^2\left(\dfrac{\omega}{2}\right)}{\omega}$　　B) $j\dfrac{4\sin^2\omega}{\omega}$　　C) $j\dfrac{4\sin^2 2\omega}{\omega}$　　D) $j\dfrac{4\sin\omega\sin 2\omega}{\omega}$

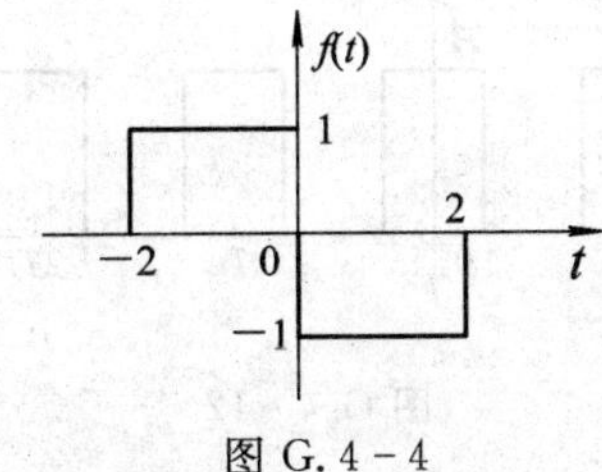

图 G. 4 - 4

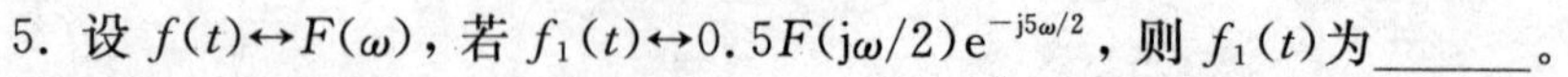

5. 设 $f(t)\leftrightarrow F(\omega)$，若 $f_1(t)\leftrightarrow 0.5F(\mathrm{j}\omega/2)\mathrm{e}^{-\mathrm{j}5\omega/2}$，则 $f_1(t)$为______。

A) $f(-2t+5)$　　B) $f(2t-10)$

C) $f(2t-5)$　　D) $f(-2t-5)$

6. 若 $f(t)\leftrightarrow F(s)$，已知 $F(s)=\dfrac{4}{s(2s+3)}$，则 $f(t)=$______。

A) $\dfrac{4}{3}(1-\mathrm{e}^{3t/2})u(t)$　　B) $\dfrac{4}{3}(1-\mathrm{e}^{-3t/2})u(t)$

C) $\dfrac{4}{3}(1+\mathrm{e}^{3t/2})u(t)$　　D) $\dfrac{4}{3}(1+\mathrm{e}^{-3t/2})u(t)$

7. 一个线性时不变系统，它的系统函数 $H(z)=\dfrac{1}{1-2az^{-1}}$，如果该系统是稳定的，则______。

A) $|a|<\dfrac{1}{2}$　　B) $|a|\leqslant\dfrac{1}{2}$　　C) $|a|>\dfrac{1}{2}$　　D) $|a|\geqslant\dfrac{1}{2}$

8. 周期信号 $\sin 9t+\cos 27t$ 的周期 $T=$______。

A) π　　B) $\dfrac{3\pi}{2}$　　C) 2π　　D) $\dfrac{2\pi}{3}$

9. 离散信号 $x(n)=\sin\left(\dfrac{2\pi}{7}n-\dfrac{6}{5}\pi\right)$的周期 $T=$______。

A) 14　　B) 16　　C) 32　　D) 28

10. 下列各表达式中错误的是______。

A) $f(t)\delta(t)=f(0)\delta(t)$

B) $f(t)*\delta(t-t_0)=f(t-t_0)$

C) $\int_{-\infty}^{+\infty}f(t-t_0)\delta(t)\mathrm{d}t=f(t_0)$

D) $f(t-t_0)\delta(t-t_0)=f(0)\delta(t-t_0)$

二、填空题(本题共 5 小题，每小题 6 分，满分 30 分)

11. 已知一线性时不变系统，当激励信号为 $f(t)$时，其完全响应为$(3\sin t-2\cos t)u(t)$；当激励信号为 $2f(t)$时，其完全响应为$(5\sin t+\cos t)u(t)$，则当激励信号为 $3f(t)$时，其零输入响应为__(1)__，完全响应为__(2)__。

12. 周期矩形脉冲信号 $f(t)$如图 G.4-12 所示，其幅度为 A，脉冲宽度 $\tau=1\ \mu\mathrm{s}$，重复周期 $T=100\ \mu\mathrm{s}$。则信号的频带宽度 $B=$__(1)__ Hz；基波频率 $F=$__(2)__ Hz。若保持脉冲宽度不变，T 改为 1 ms，则信号的频带宽度 $B=$__(3)__ Hz；基波频率 $F=$__(4)__ Hz。

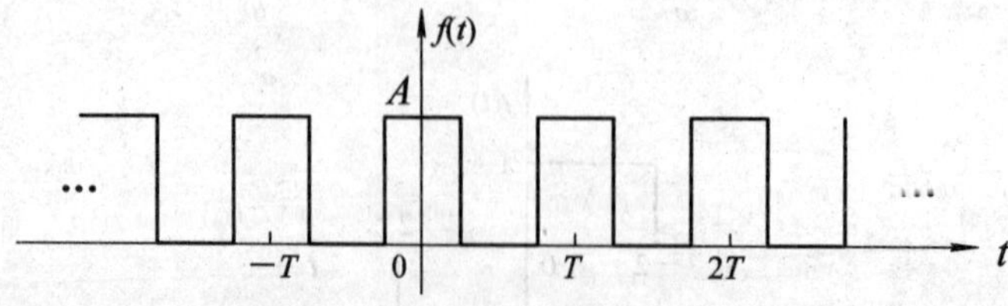

图 G.4-12

13. 设 $f(t)$是一个奈奎斯特角频率为 ω_0 的信号，$f(t)\ \cos\omega_0 t$ 的奈奎斯特角频率为

___(1)___。若信号 $f(t)$ 的最高频率 $f_{\max}=2\ \mathrm{kHz}$，则信号 $f(3t)\cdot f(5t)$ 的奈奎斯特抽样率 $f_s=$ ___(2)___。

14. 已知线性非时变连续时间系统的零输入响应为 $e^{-t}(2\cos 2t+\sin 2t)u(t)$，零状态响应为 $(1+e^{-2t}-e^{-t}\cos 2t+e^{-t}\sin 2t)u(t)$，则该系统的自然响应为___(1)___，受迫响应为___(2)___，瞬态响应为___(3)___，稳态响应为___(5)___，系统的自然频率为___(6)___。

15. 已知一阶连续时间系统的系统函数 $H(s)=\dfrac{1}{s+1}e^{-2s}$，以 $f(t)$ 表示激励，$y(t)$ 表示响应，则 $f(t)$ 与 $y(t)$ 满足微分方程___(1)___；如果要求信号 $f(t)$ 通过系统后不产生失真，可在该系统上再级联一个系统 $H_1(s)$，则 $H_1(s)=$ ___(2)___。

三、(本题共 2 小题，每小题 8 分，满分 16 分)

16. 设 $f_1(t)$ 是时间连续周期信号，基波频率为 ω_1，指数形式的傅里叶系数为 F_{1n}，已知 $f_2(t)=f_1(3t-1)$。求：

(1) $f_2(t)$ 的基波频率 ω_2 与 ω_1 的关系；

(2) $f_2(t)$ 的傅里叶系数 F_{2n} 与 F_{1n} 的关系。

17. 已知信号 $x(t)$ 的傅里叶变换为 $X(\omega)$，且 $\ln|X(\omega)|=-|\omega|$，$x(t)$ 是实偶函数，求 $x(t)$。

四、(本题共 4 小题，每小题 10 分，满分 40 分)

18. (1) 已知如图 G.4-18(1)(a)所示信号 $f(t)$ 的频谱函数为 $F(\omega)=R(\omega)+jX(\omega)$，试用 $f(t)$ 的频谱函数来表示图 G.4-18(1)(b)所示信号 $y(t)$ 的频谱函数 $Y(\omega)$。

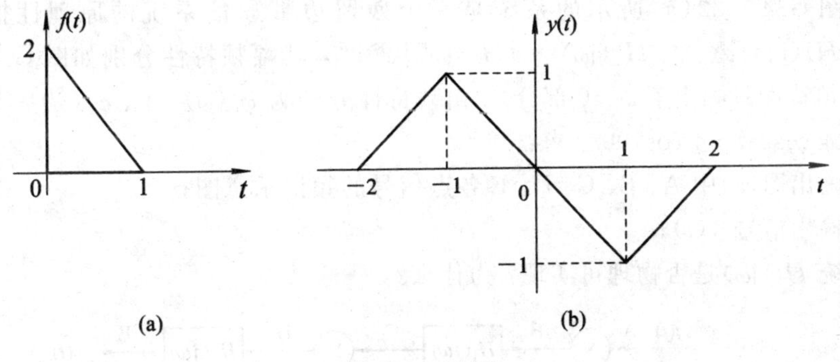

图 G.4-18(1)

(2) 某线性时不变系统，已知激励 $f_1(t)$ 波形如图 G.4-18(2)(a)所示，则其零状态响应 $y_1(t)$ 波形如图 G.4-18(2)(b)所示，试求当激励 $f_2(t)$ 波形如图 G.4-18(2)(c)所示时，系统的零状态响应 $y_2(t)$ 波形。

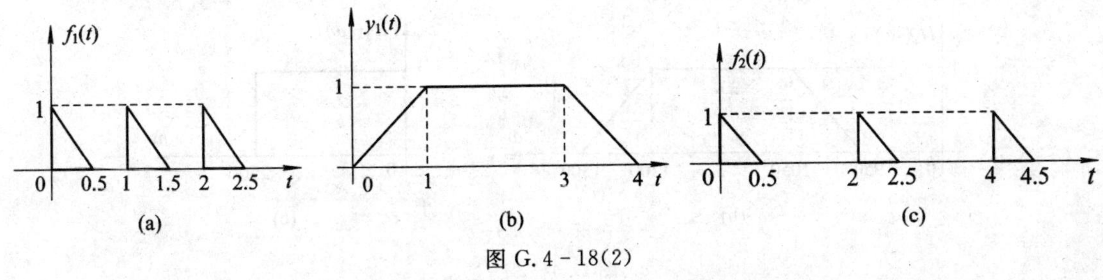

图 G.4-18(2)

19. (1) 已知 $x_1(n)=2^n u(n-3)$，试求 $\mathscr{Z}$ 变换 $X_1(z)$。

(2) 已知 $x_2(n)\leftrightarrow X_2(z)=\dfrac{z}{z^2-4z+3}$，试求序列 $x_2(n)$。

20. 因果信号 $f(t)$ 的单边拉普拉斯变换 $F(s)=\dfrac{1}{s^2+s-1}$，试求 $f_1(t)=\int_0^{t-2} f(x)\mathrm{e}^x\,\mathrm{d}x$ 的单边拉普拉斯变换。

21. 如图 G.4－21 所示电路，已知开关打开前电路已处于稳态，$t=0$ 时刻，开关 K 打开，输出为电容两端的电压 $v_C(t)$，试求：

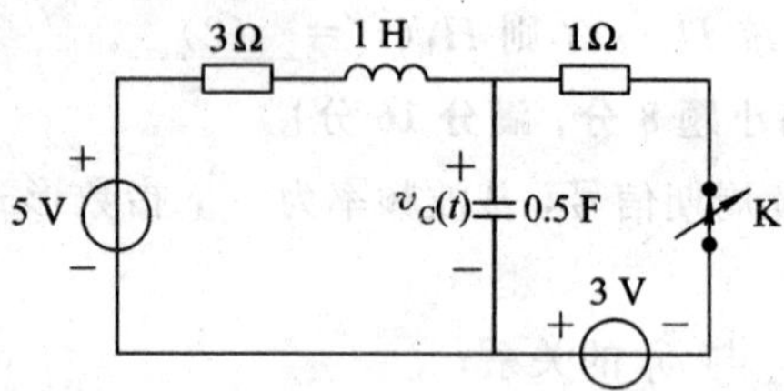

图 G.4－21

(1) $i_L(0_-)$ 和 $v_C(0_-)$；

(2) 画出该电路 $t>0$ 时 s 域等效电路；

(3) 求 $t>0$ 时，电容两端的电压 $v_C(t)$。

五、(本题共 2 小题，每小题 12 分，满分 24 分)

22. 如图 G.4－22(a)所示的系统是一个残留边带通信系统的原理性框图，已知 $H_1(\mathrm{j}\omega)=|H_1(\mathrm{j}\omega)|\mathrm{e}^{\mathrm{j}\varphi_1(\omega)}$、$H_2(\mathrm{j}\omega)=|H_2(\mathrm{j}\omega)|\mathrm{e}^{\mathrm{j}\varphi_2(\omega)}$，其幅频特性分别如图 G.4－22(b)、(c)所示(幅频特性只画出了 $\omega\geqslant 0$ 部分)，相频特性分别为 $\varphi_1(\omega)=0$、$\varphi_2(\omega)=-2\omega$，输入信号 $f(t)=4\cos 25t+4\cos 100t$。求：

(1) 请画出图(a)中 A、B、C、D、E 各点信号的频谱示意图；

(2) 求输出信号 $y(t)$；

(3) 系统 $H_1(\mathrm{j}\omega)$ 是否物理可实现？为什么？

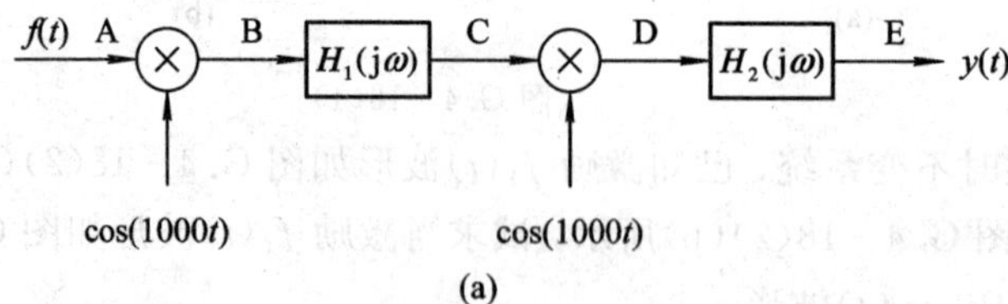

(a)

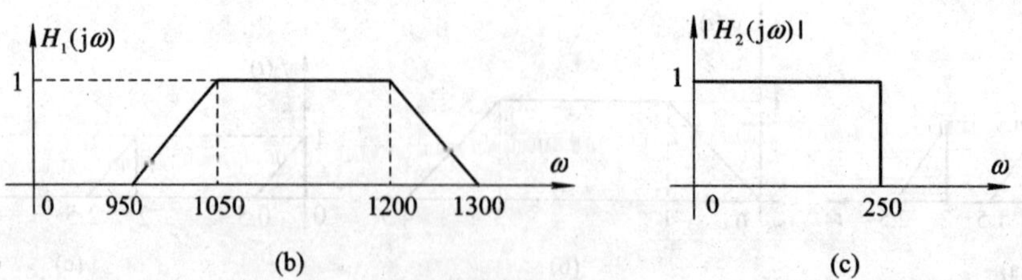

(b) (c)

图 G.4－22

23. 因果离散时间系统的方框图如图 G.4－23 所示。

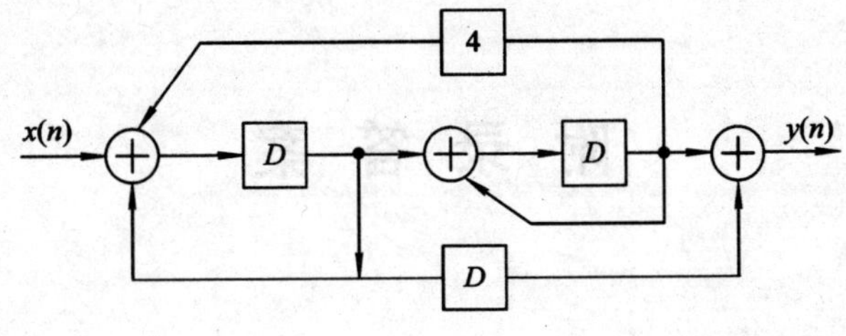

图 G.4－23

(1) 求系统函数 $H(z)$；

(2) 求单位脉冲响应 $h(n)$；

(3) 当激励信号 $x(n)=\left(\frac{1}{2}\right)^n u(n)$时，求系统的零状态响应 $y(n)$；

(4) 作出该系统的直接型模拟图；

(5) 判断系统是否稳定并说明理由。

附录答案

附录 A 连续信号与系统时域分析测试题答案

A.1 测试题(一)

1. 画图(30 分)

(1) 波形如题解 A.1－1 图所示。

(2) 波形如题解 A.1－2 图所示。

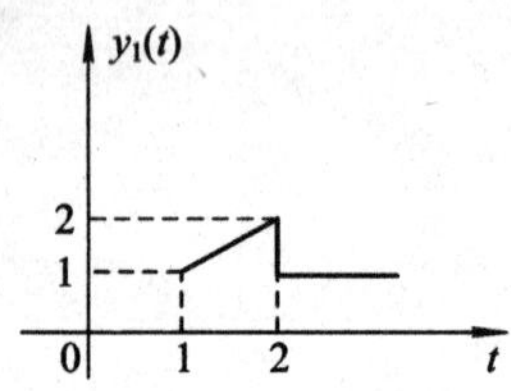

题解 A.1－1 图

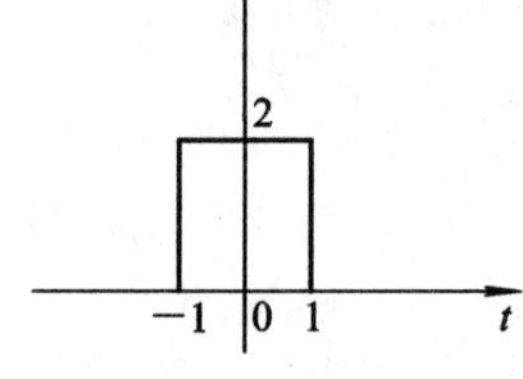

题解 A.1－2 图

(3) 波形如题解 A.1－3 图所示。

(4) 波形如题解 A.1－4 图所示。

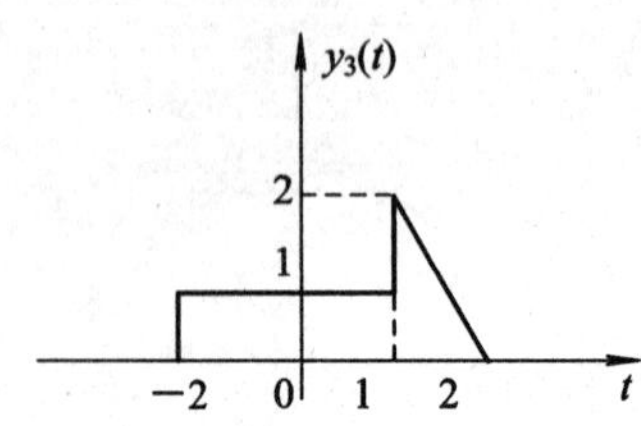

题解 A.1－3 图

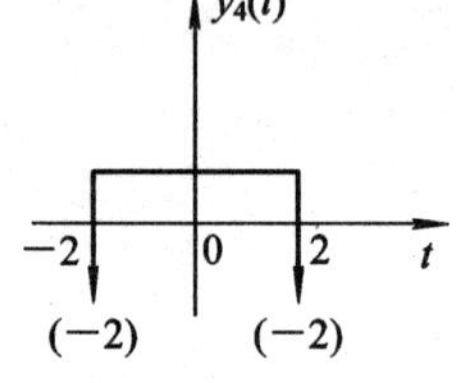

题解 A.1－4 图

(5) 波形如题解 A.1－5 图所示。

(6) 波形如题解 A.1－6 图所示。

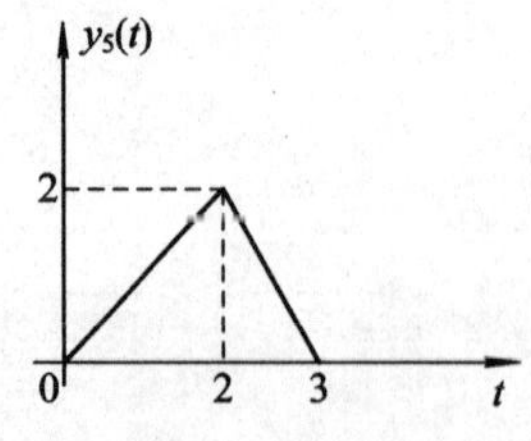

题解 A.1－5 图

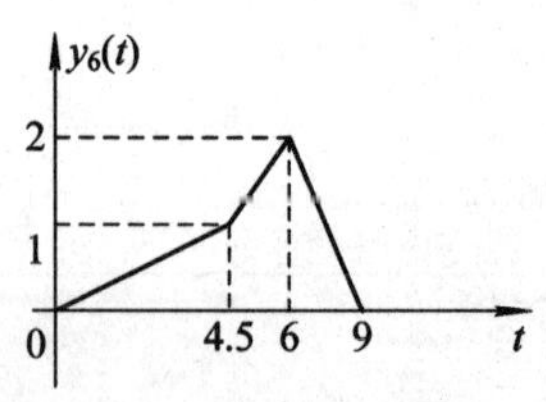

题解 A.1－6 图

2. 选择题(30 分)

(7) A)　(8) B)　(9) E)　(10) C)　(11) E)　(12) E)

3. 分析计算题(40 分)

(13) $f(t)$是周期信号，周期 $T=2$。

(14) 是线性时变系统。

(15) 非线性。

(16) 非线性系统。

(17) $y(t)=-e^{-t}u(-t)+e^{t}u(t)$

(18) 非线性系统。

(19) 非线性系统。

(20) $y_3(t)=1.5(e^{-t}+e^{-2t})\qquad t>0$

A.2 测试题(二)

1. 选择题(20 分)

(1) A)　(2) C)　(3) E)　(4) E)

2. 画图(25 分)

(5) $y(t)=f_1(t)*f_2(t)$的波形如题解 A.2-5 图所示。

(6) $y(t)=f_1(t)*[\delta'(t+1)-\delta'(t-1)]=f_1'(t+1)-f_1'(t-1)$，其波形如题解A.2-6图所示。

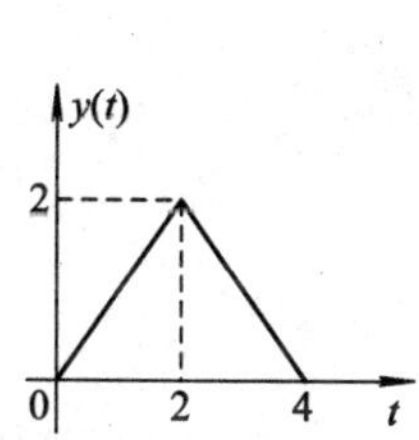

题解 A.2-5 图

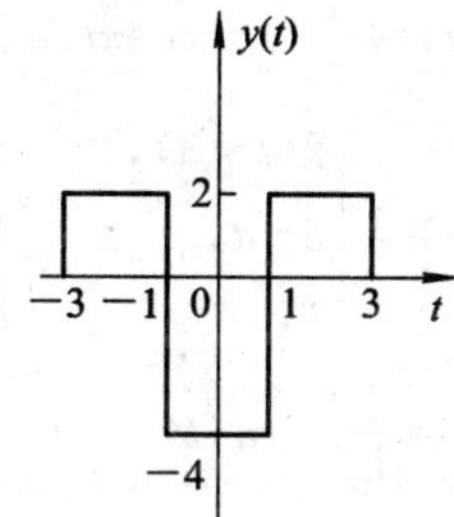

题解 A.2-6 图

(7) $y(t)=f_1(t)-f_1(t-1)$，其波形如题解 A.2-7 图所示。

(8) $y(t)=f(2t+2)*\delta(t-3)=f[2(t-3)+2]=f(2t-4)$，其波形如题解 A.2-8 图所示。

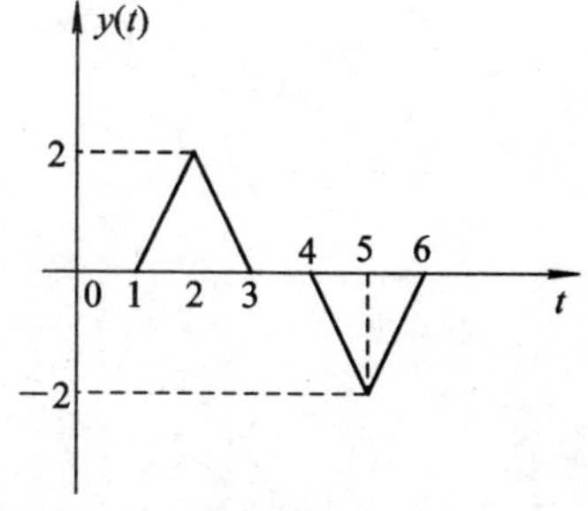

题解 A.2-7 图

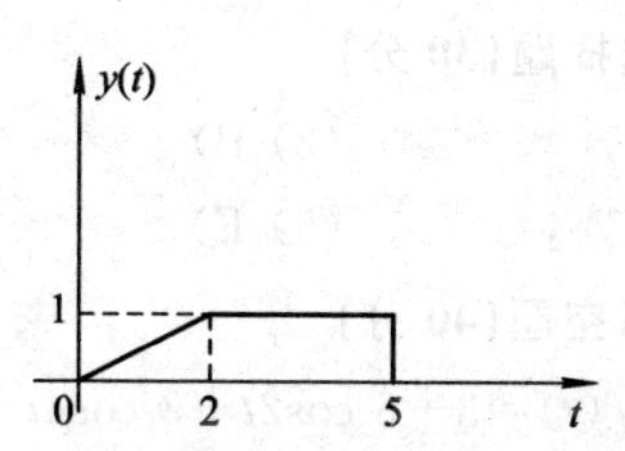

题解 A.2-8 图

(9) $y(t)=\begin{cases} t-1, & 1<t<3 \\ 2, & t>3 \\ 0, & \text{其它} \end{cases}$，其波形如题解 A.2-9 图所示。

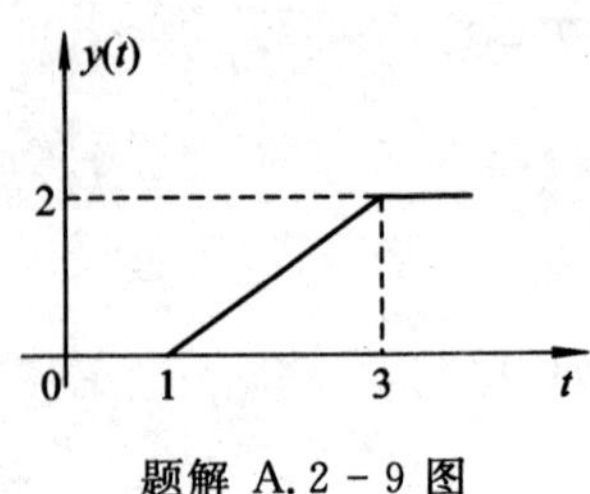

题解 A.2-9 图

3. 填空题(30 分)

(10) $\frac{1}{5}(1-e^{-5t})u(t)$

(11) $e^{-2(t-1)}$

(12) $-2e^{-2t}$

(13) $h(t)=u(t)-u(t-2)+(t-1)[u(t-1)-u(t-2)]+(3-t)[u(t-2)-u(t-3)]$

(14) $h(t)=tu(t)-2(t-1)u(t-1)+(t-2)u(t-2)$

(15) $h(t)=\delta(t)+e^{-t}u(t)$

4. 计算分析题(25 分)

(16) $y_{zs}(t)=\frac{1}{\pi}(1-\cos\pi t)u(t-4)$

(17) $y_{zs}(t)=\begin{cases} 2(t-3), & 3<t<4 \\ 6-t, & 4<t<5 \\ 1, & t>5 \end{cases}$

(18) $i(t)=\frac{1}{L}e^{-\frac{Rt}{L}}u(t)$

(19) $h(t)=0.5\delta(t)-10e^{-20t}u(t)$

(20) $y_{zi}(t)=e^{-t}\sin tu(t)$

附录 B 连续信号与系统频域分析测试题答案

B.1 测试题(一)

1. 选择题(30 分)

(1) E)　　(2) B)　　(3) A)

(4) C)　　(5) E)　　(6) A)

2. 填空题(40 分)

(7) $f(t)=3+6\cos2t+3\cos4t$

(8) $F_0=1$；$F_1=\frac{1}{2}e^{-j30^\circ}$；$F_{-1}=\frac{1}{2}e^{j30^\circ}$，其余为零。

(9) $f(t)=\frac{1}{2}+\cos\left(t+\frac{\pi}{6}\right)+\cos\left(2t+\frac{\pi}{3}\right)$

(10) $F_n=\frac{1-\cos n\pi}{2}\qquad n=0, \pm1, \pm2, \cdots$

(11) $F(\omega)=\frac{\mathrm{j}2\omega}{4+\omega^2}$

(12) $F_n=\frac{\sin(2n\pi/5)}{n\pi}\qquad n=0, \pm1, \pm2, \cdots$

(13) $f(0)=3$

(14) $F(0)=2$

3. 分析计算(30 分)

(15) 直流、正弦项。

(16) 余弦的奇次谐波。

(17) 直流、正弦的奇次谐波。

(18) 正、余弦的奇次谐波。

(19) 直流、余弦的奇次谐波。

(20) $-T\sim T$ 的波形如题解 B.1-20 图所示。

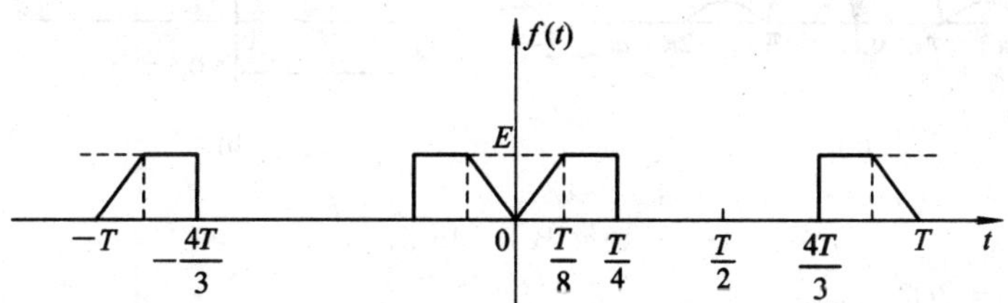

题解 B.1-20 图

(21) $f_1(t)$的频谱如题解 B.1-21 图所示。

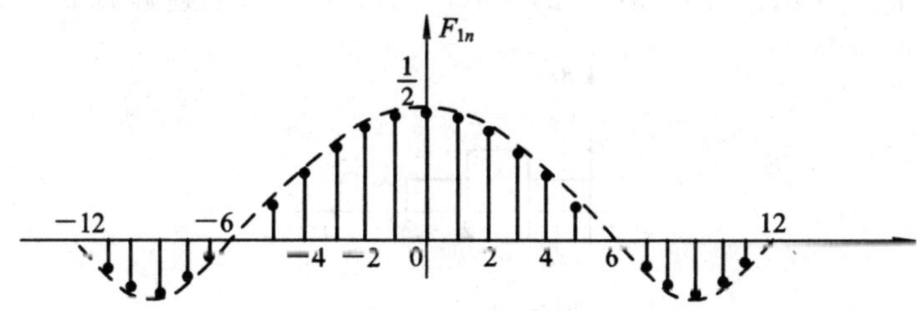

题解 B.1-21 图

B.2 测试题(二)

1. 选择题(35 分)

(1) E)　(2) B)　(3) B)　(4) C)

(5) C)　(6) A)　(7) E)

2. 填空题(40 分)

(8) $F(\omega)=\mathrm{j}2\sin\omega$

(9) $F(\omega)=4\mathrm{Sa}(2\omega)+2\mathrm{Sa}(\omega)=2\mathrm{Sa}(\omega)(1+2\cos\omega)$

(10) $F(\omega)=3\pi\delta(\omega)-\dfrac{1}{\mathrm{j}\omega}\mathrm{e}^{\mathrm{j}\omega}$

(11) $f(t)=\dfrac{1}{2\pi}\mathrm{e}^{-\mathrm{j}t}$

(12) $f(t)=\dfrac{1}{\mathrm{j}\pi t}\mathrm{e}^{\mathrm{j}t}+\delta(t)$

(13) $f(0)=2$

(14) $f(0)=1$

(15) $F(0)=3$

3. 分析计算(25 分)

(16) $F(\mathrm{j}\omega)=\mathrm{j}4\sin\omega\cdot\mathrm{Sa}(\omega)=4|\sin\omega\cdot\mathrm{Sa}(\omega)|\mathrm{e}^{\mathrm{j}(\pi/2)\mathrm{sgn}\omega}$，其频谱图如题解 B.2-16 图所示。

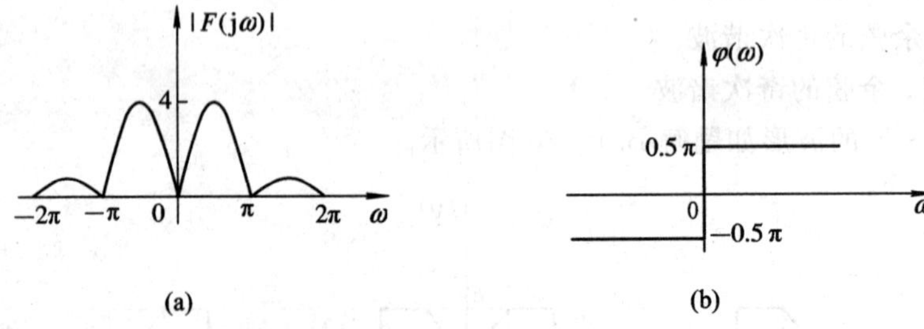

题解 B.2-16 图

(17) $F_1(\mathrm{j}\omega)=F(-\mathrm{j}\omega)\mathrm{e}^{-\mathrm{j}2\omega t_0}$

(18) $F_1(\mathrm{j}\omega)=\mathrm{j}\dfrac{2(\sin\omega+\omega\cos\omega-e\omega)}{1+\omega^2}$

(19) $f(t)=u(t)+u(t-1)-u(t-2)-u(t-3)$，其波形如题解 B.2-19 图所示。

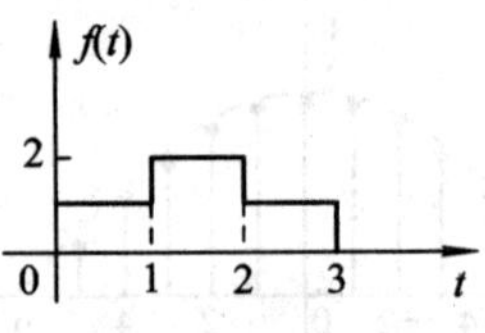

题解 B.2-19 图

附录 C 连续信号与系统复频域分析测试题答案

C.1 测试题(一)

1. 求下列函数的单边拉普拉斯变换

(1) $F(s)=\dfrac{s^2+2\omega^2}{s(s^2+4\omega^2)}$ 或 $\dfrac{1}{2s}+\dfrac{1}{2}\cdot\dfrac{s}{s^2+\omega^2}$

(2) $F(s)=\frac{s}{s+2}$

(3) $F(s)=\frac{s^3}{s^2+1}$

(4) $F(s)=\frac{s+1-(1+2s)\mathrm{e}^{-s}}{s^2}$

(5) $Y(s)=\frac{1}{s^2+3s+3}$

(6) $F(s)=\frac{1}{(s+1)[1+\mathrm{e}^{-(s+1)}]}$

(7) $F(s)=\frac{\sqrt{2}}{2}\frac{s+\pi}{s^2+\pi^2}$

(8) $F(s)=\frac{1}{s^2}(s-\mathrm{e}^{-s}+\mathrm{e}^{-2s})$

2. 求下列象函数的单边拉普拉斯反变换

(9) $f(t)=\delta(t-1)+\mathrm{e}^{t-1}u(t-1)$

(10) $f(t)=tu(t)-(t-2)u(t-2)$

(11) $f(t)=\delta'(t)+(1-\mathrm{e}^{-t})u(t)$

(12) $f(t)=\sinh\,(t-2)u(t-2)$

(13) $f(t)=\mathrm{e}^{-(t-2)}\cos(t-2)u(t-2)$

(14) $f(t)=u(t)-3u(t-3)+3u(t-4)-u(t-6)$

(15) $f(t)=[\mathrm{e}^{-t}(t^2-t+1)-\mathrm{e}^{-2t}]u(t)$

(16) $f(t)=\frac{1}{2}(1+\sin 2t-\cos 2t)u(t)$

C.2 测试题(二)

(1) $y_{zi}(t)=2\cos t\,u(t)$

(2) $h(t)=\frac{B}{A}[u(t)-u(t-1)]$

(3) $H(s)=\frac{V_2(s)}{V_1(s)}=\frac{sMR}{(R+sL)^2-(sM)^2}$

(4) $H(s)=\frac{V_2(s)}{V_1(s)}=-\frac{5\left(s+\frac{1}{4}\right)(s+1)}{2\left(s+\frac{1}{2}\right)\left(s+\frac{1}{8}\right)}$

(5) $H(s)=\frac{V_0(s)}{V_1(s)}=\frac{k}{s^2+(3-k)s+1}$

(6) $H(s)=\frac{2(s-1)}{(s+1)(s+3)}$

(7) 其系统幅频与相频特性曲线如题解 C.2－7 图所示。

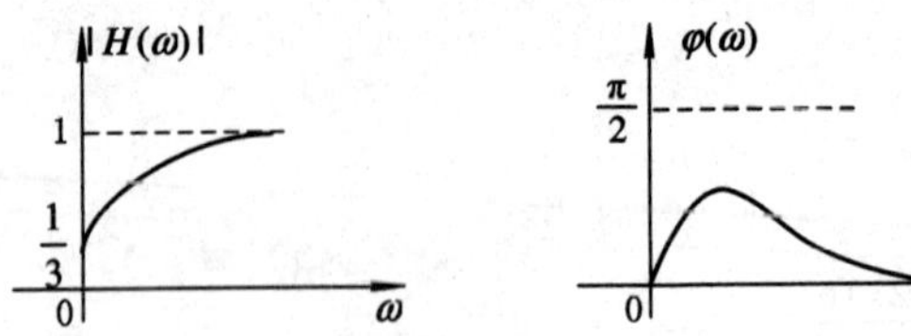

题解 C.2－7 图

(8) $H(\mathrm{j}\omega)=1.5\angle 60^\circ$

(9) $H(s)=\frac{1}{5}\cdot\frac{s^2+1/4}{s^2+1/16}$

零点：$z_1=\mathrm{j}\,\frac{1}{2}$，$z_2=-\mathrm{j}\,\frac{1}{2}$，

极点：$p_1=\mathrm{j}\,\frac{1}{4}$，$p_2=-\mathrm{j}\,\frac{1}{4}$

其系统函数的零极点如题解 C.2－9(a)图所示。其系统的频响特性如题解 C.2－9(b)图所示。

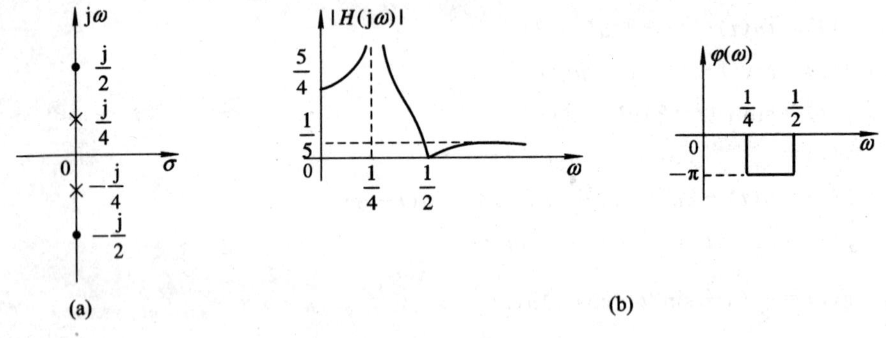

题解 C.2－9 图

(10) $R=4\ \Omega$，$L=1\ \mathrm{H}$，$C=\frac{1}{3}\mathrm{F}$

C.3 测试题(三)

(1) $F(s)=\frac{2\mathrm{e}^{-s}-1}{s}$

(2) $f(t)=tu(t)+(t-1)u(t-1)$

(3) $H(s)=\frac{2s^2-1}{s^3+4s^2+3s}$

(4) $H(s)=\frac{(1+\mathrm{e}^{-s}+\mathrm{e}^{-2s})(1-\mathrm{e}^{-3s})}{s}$

(5) $H(s)=\frac{6}{s+8}$

(6) $H(s)=\frac{2}{s+1}$

(7) $H(s)=\frac{s^2+1}{(s+1)^2}$

(8) $y_{zi}(t)=3e^{-t}u(t)$

(9) $y_{zs}(t)=(2e^{-t}-e^{-2t})u(t)$

(10) $f(t)=tu(t)$

(11) $f(t)=(1+3e^{-2t})u(t)$

(12) $y(t)=2e^{-t}\cdot u(t)$

(13) $y(t)=2[1-(t+1)e^{-t}]u(t)$

(14) $y(t)=\left(\frac{7}{2}-e^{-t}-\frac{1}{2}e^{-2t}\right)u(t)$

(15) 系统稳定。

(16) 系统的级联形式模拟图如题解 C.3-16 图所示。

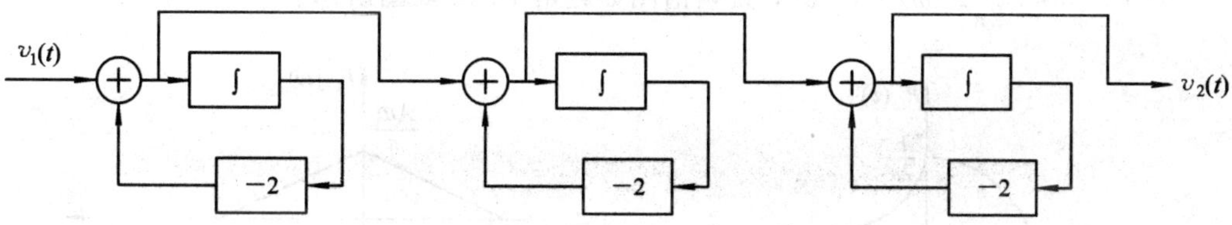

题解 C.3-16 图

附录 D 连续信号与系统综合分析测试题(期中测试)答案

D.1 测试题(一)

1. 计算作图(20 分)

(1) $y(t)=f_1(t)*f_2(t)*f_3(t)$图形如题解 D.1-1 图所示。

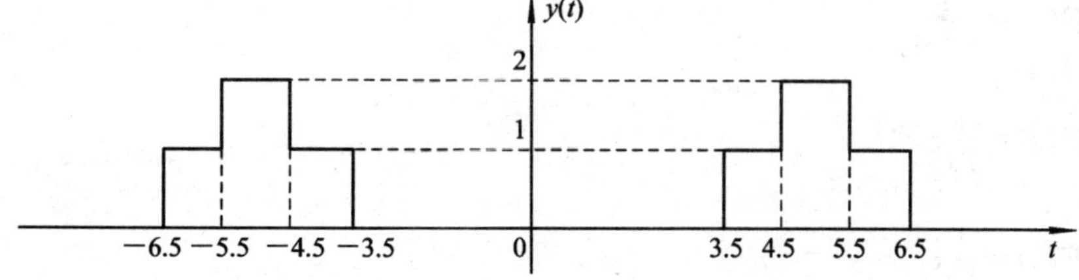

题解 D.1-1 图

(2) $y_1(t)=y(t)-y(t-1)$的波形如题解 D.1-2 图所示。

(3) $f(t)=u(t+6)+u(t+2)-u(t-2)-u(t-6)$的波形如题解 D.1-3 图所示。

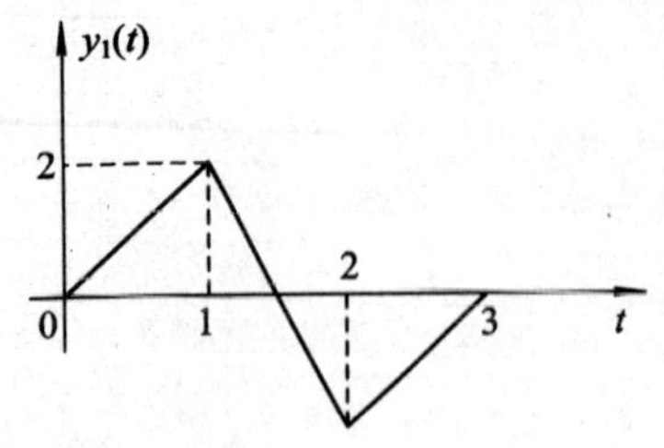

题解 D.1－2图

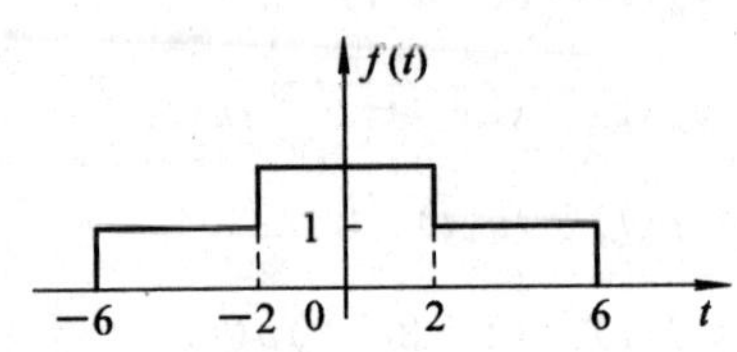

题解 D.1－3图

(4) $R_{12}(\tau)=\begin{cases}\dfrac{b}{2a}(a^2-\tau^2), & -a<\tau<0\\ \dfrac{b}{2a}(a-\tau)^2, & 0<\tau<a\\ 其它,\end{cases}$ ，其波形如题解 D.1－4图所示。

(5) $F_1(\mathrm{j}\omega)=\dfrac{1}{2\pi}F(\omega)*F(\omega)$，其频谱图如题解 D.1－5图所示。

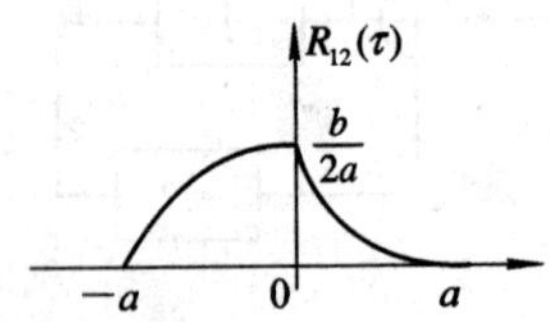

题解 D.1－4图

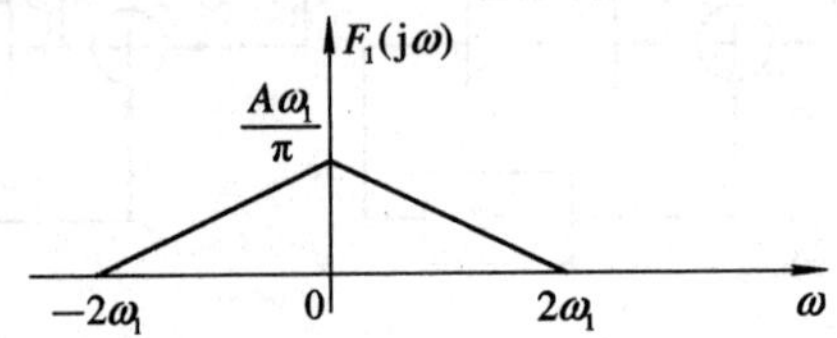

题解 D.1－5图

2. 选择填空(20分)

(6) E)　　　　(7) C)　　　　(8) D)

(9) $F(\omega)=-\mathrm{j}\,\dfrac{\pi}{2}[\mathrm{sgn}(\omega+3)+\mathrm{sgn}(\omega-3)]$

(10) $y(t)=\cos 2t+\dfrac{4}{3}\cos 3t$

3. 求下列函数的单边拉普拉斯变换或反变换(24分)

(11) $F(s)=\dfrac{1}{s+3}$

(12) $F(s)=\dfrac{1}{2s}\mathrm{e}^{-2s}$

(13) $F(s)=\dfrac{1}{s^2}\mathrm{e}^{-s}$

(14) $Y(s)=\dfrac{2\mathrm{e}^{-3s}}{s^2+2s+4}$

(15) $f(t)=(t-2)u(t-2)$

(16) $f(t)=(1-3\mathrm{e}^{-t}+2\mathrm{e}^{-2t})u(t)$

4. 分析计算

(17) $C=\frac{1}{3}$ F

(18) $y_2(t)=\left(\frac{1}{2}-2te^{-t}\right)u(t)$

(19) $H(s)=\frac{V_2(s)}{V_1(s)}=\frac{R(sC_1-k)}{sR(C_1+C_2)+1}$

(20) $H(s)=\frac{2s+12}{s^3+7s^2+12s}$，该系统的直接形式模拟图如题解 D.1 - 20 图所示。

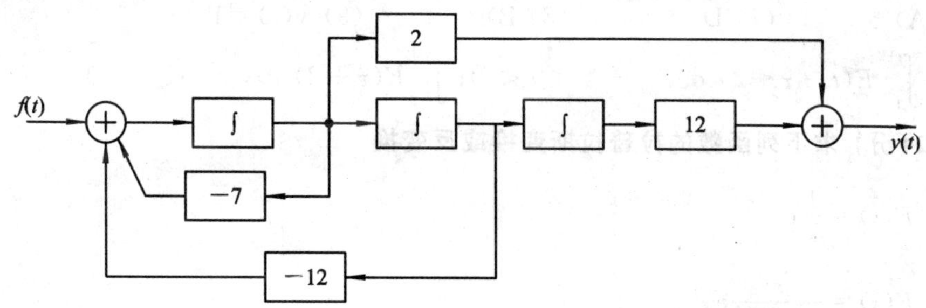

题解 D.1 - 20 图

D.2 测试题(二)

1. (20 分)计算与作图

(1) $y(t)=(1-e^{-2t}-t)u(t)-(3-2t)u(t-1)+[2-t+e^{-2(t-2)}]u(t)$

(2) 5

(3) $\mathscr{E}(\omega)=\frac{1}{1+\omega^2}$，能量谱密度函数波形如题解 D.2 - 3 图所示。

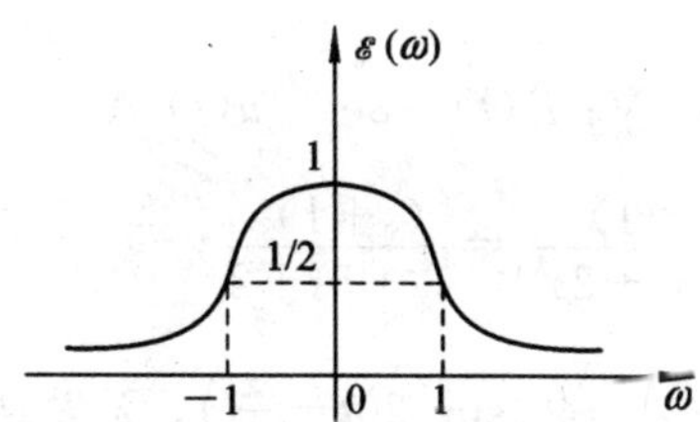

题解 D.2 - 3 图

(4) $f(t)=u(t+2\pi)+u(t+\pi)-u(t)-u(t-\pi)$

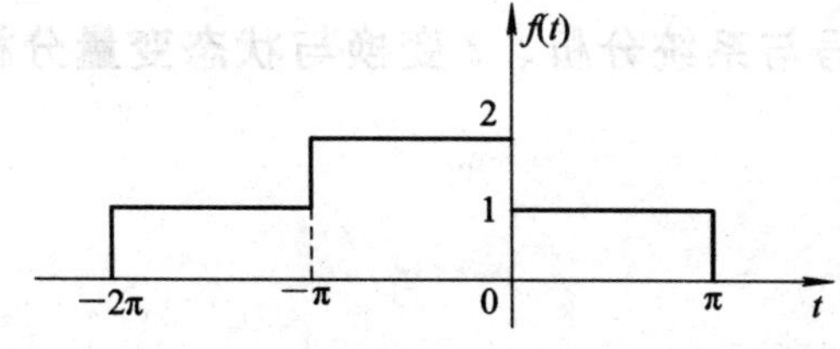

题解 D.2 - 4 图

(5) $F_1(j\omega)=0.5[F(\omega+\omega_0)+F(\omega-\omega_0)]$，其频谱图如题解 D.2-5 图所示。

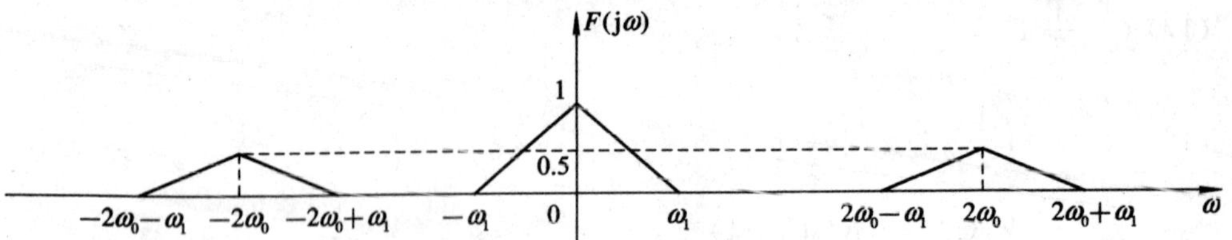

题解 D.2-5 图

2. (20 分)选择或填空

(6) A)　　(7) D)　　(8) B)　　(9) $y(t)=1$

(10) $\int_1^{t+2} E(t-\tau+2)\,d\tau$，　$-1<t<0$；$\int_{-2}^{-1} E(\tau+2)\,d\tau$，　$0<t<1$

3. (24 分) 求下列函数的拉普拉斯变换或反变换

(11) $F(s)=\dfrac{1}{s}e^{-s/2}$

(12) $F(s)=\dfrac{s}{(s+1)^2}e^{-s}$

(13) $F(s)=\dfrac{1}{s}(1-e^{-s})^3$

(14) $f(t)=\delta(t-1)+e^t u(t)$

(15) $f(t)=e^{-(t-2)}\sin(t-2)\cdot u(t-2)$

(16) $f(t)=\sum\limits_{n=0}^{\infty}\sin(t-n\pi)u(t-n\pi)$

4. 分析与计算

(17) $y(t)=6(1-e^{-t/6})u(t)$ V；$i_2(t)=2e^{-t/6}u(t)$ A

(18) $H(s)=\dfrac{V_2(s)}{V_1(s)}=\dfrac{s^2(s+1)^2}{s^4+5s^3+2s^2}=\dfrac{(s+1)^2}{s^2+5s+2}$

(19) $y(t)=20\cos\left(30t-\dfrac{3\pi}{8}\right)+40\sin\left(20t-\dfrac{\pi}{4}\right)$，无失真。

(20) $A<3$

附录 E　离散信号与系统分析、$\mathscr{Z}$ 变换与状态变量分析法测试题答案

E.1　测试题(一)

(1) 如题解 E.1-1 图所示。

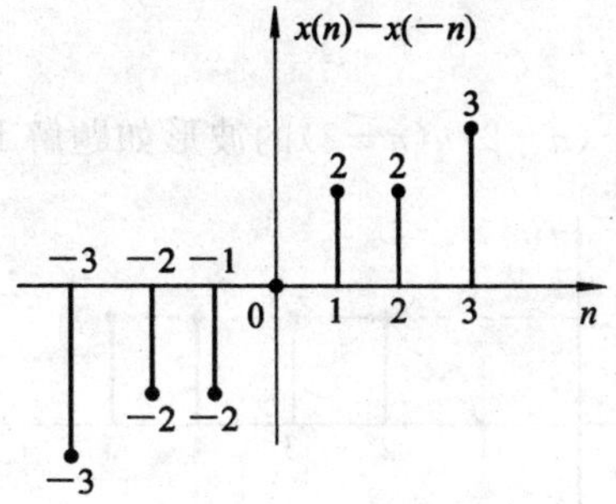

题解 E.1-1 图

(2) $a^{n-1}u(n-1)$

(3) $f(5)=5$

(4) $f(n)=nu(n)$

(5) $F(z)=\dfrac{3z}{3z+1}$，$|z|>\dfrac{1}{3}$

(6) $F(z)=\dfrac{z^2}{z^2-1}$，$|z|>1$

(7) $F(z)=\dfrac{z^2}{z^2+1}$，$|z|>1$

(8) $F(z)=\dfrac{X(z)}{z-1}$

(9) $f(n)=(-1)^n[u(n)+n(n-4)]$

(10) $f(n)=[1-(-1/2)^n]u(n)$

(11) $H(z)=\dfrac{z^{-1}+2z^{-2}}{1-4z^{-1}+3z^{-2}}$

(12) $H(z)=\dfrac{z^2+3z-4}{z^2-2z+3}$

(13) $y(n)=[3n(-1)^n-(-1)^n+(1/2)^n]u(n)$

(14) $\begin{cases} i_L'(t)=-4i_C(t)-2u_C(t)+2u_s(t) \\ u_C'(t)=i_L(t) \end{cases}$

$\begin{cases} u_L(t)=-u_C(t)-2i_C(t)+u_s(t) \\ i_C(t)=i_L(t) \end{cases}$

(15) $\begin{cases} w_1(n+1)=3w_1(n)+w_2(n) \\ w_2(n+1)=w_3(n) \\ w_3(n+1)=4w_1(n)+2w_2(n)-2w_3(n)+x(n) \end{cases}$

$y(n)=w_1(n)+2w_2(n)$

(16) $\lambda_1=2$，$\lambda_2=-3$，系统不稳定。

E.2 测试题(二)

(1) $f(n)=(n-1)u(n)-(n-2)u(n-2)$的波形如题解 E.2-1 图所示。

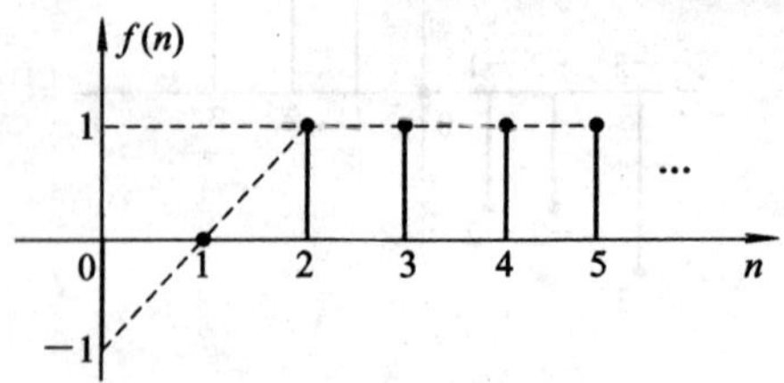

题解 E.2-1 图

(2) $f(2n+1)$的波形如题解 E.2-2 图所示。

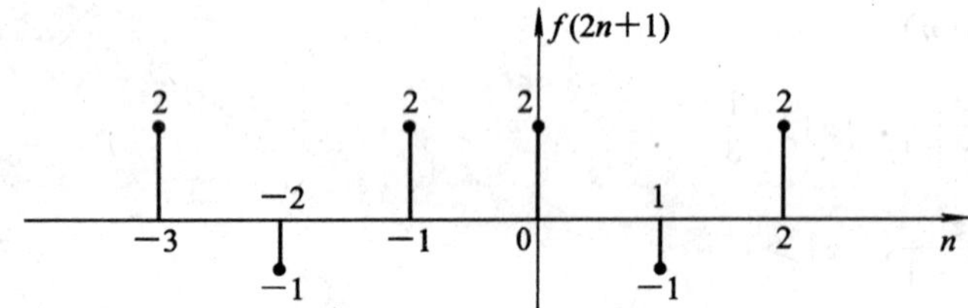

题解 E.2-2 图

(3) $f(3)=6$

(4) $f(4)=4$

(5) $y(n)=f_1(n)*f_2(n)$的波形如题解 E.2-5 图所示。

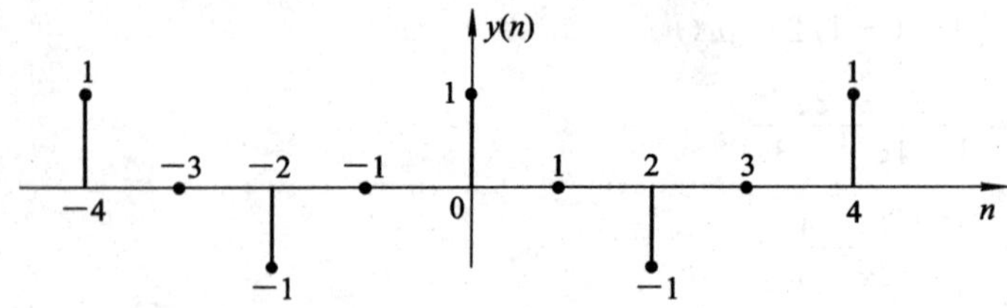

题解 E.2-5 图

(6) $f(n)=\left[1-\left(\frac{1}{2}\right)^n\right]u(n)$

(7) $F(z)=\frac{z^2}{z^2-1}$, $|z|>1$

(8) $F(z)=\frac{z^2}{z^2-1}$, $|z|>1$

(9) $F(z)=\frac{z}{z^2+1}$, $|z|>1$

(10) $f(n)=u(n)+u(n-4)$

(11) $f(n)=[1+(-1)^n]u(n-1)$

(12) $H(z)=\frac{1+2z^{-2}}{1+2z^{-1}-3z^{-2}}$

(13) $y(n)=[3n+2-2(-2)^n]u(n)$

(14) $\begin{cases} u_C'(t)=-\frac{1}{C}i_C(t)+\frac{1}{C}i_s(t) \\ i_L'(t)=\frac{1}{L}u_C(t)-\frac{2R}{L}i_L(t)+\frac{R}{L}i_s(t) \end{cases}$

$u(t)=2Ri_L(t)-Ri_s(t)$

(15) $\begin{cases} \dot{x}_1=2x_3+6f \\ \dot{x}_2=x_1+4f \\ \dot{x}_3=x_2-x_3-3f \end{cases}$

$y=x_3+3f$

(16) $\begin{cases} \dot{x}_1=-x_2+f_1 \\ \dot{x}_2=x_3 \\ \dot{x}_3=-x_1+x_2-x_3-f_1+f_2 \end{cases}$

$\begin{cases} y_1(t)=x_1(t) \\ y_2(t)=x_2(t) \end{cases}$

E.3 测试题(三)

(1) $f(3n)$的波形如题解 E.3-1 图所示。

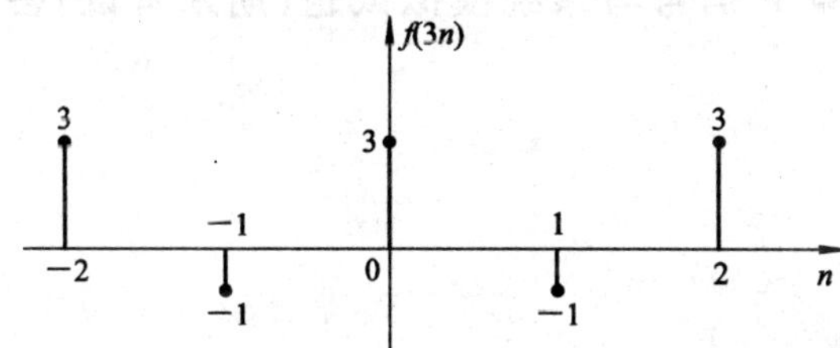

题解 E.3-1 图

(2) $f(6)=10$

(3) $f(n)=\frac{1}{2}\left[1-\left(\frac{1}{3}\right)^n\right]u(n)$

(4) $F(z)=\frac{1}{2}\left(\frac{1}{z-1}+\frac{1}{z+1}\right)=\frac{z^2}{z^2-1}$, $|z|>1$

(5) $F(z)=\frac{z}{(z-1)^2}$, $|z|>1$

(6) $F(z)=-\frac{z^2}{z-1}\frac{\mathrm{d}X(z)}{\mathrm{d}z}$

(7) $F(z)=\frac{z^2}{z^2+z-2}$, $|z|>2$

(8) $f(n)=[1-(-1)^n]u(n)$

(9) $f(n)=[1-(-1/2)^{n+1}]u(n)$

(10) $H(z)=\dfrac{z^2-3z-4}{z^2+2z-3}$

(11) $y(n)=\dfrac{1}{36}[(-5)^{n+1}+6n+5]$

(12) $\begin{cases}u_C'(t)=-2u_C(t)+2u_s(t)\\ i_L'(t)=-4i_L(t)+4u_s(t)\end{cases}$

$\begin{cases}i(t)=-u_C(t)+i_L(t)+u_s(t)\\ u(t)=u_C(t)+i_L(t)-u_s(t)\end{cases}$

(13) $\begin{cases}\dot{x}_1=x_2\\ \dot{x}_2=-3x_1-4x_2+f\end{cases}$

$y(t)=x_1(t)$

(14) $\begin{cases}w_1(n+1)=-w_1(n)+2w_2(n)+f_1(n)\\ w_2(n+1)=-3w_2(n)+f_1(n)+2f_2(n)\end{cases}$

$\begin{cases}y_1(n)=w_1(n)\\ y_2(n)=3w_1(n)+w_2(n)\end{cases}$

(15) $\lambda_1=1$，$\lambda_2=-0.5$，系统临界稳定。

附录 F 信号与系统模拟试题(期末考试)答案

F.1 模拟试卷(一)

1. (10分) 填空

(1) 下限 $t-1$；上限 $t+\dfrac{1}{2}$

(2) $-\dfrac{1}{2}<t\leqslant 1$

(3) $-\dfrac{1}{2}<t\leqslant 1$

2. (20分)求下列函数的正、反变换

(4) $F_2(\omega)=F(-\omega)e^{-j\omega(t_0+t_1)}$

(5) $F_3(s)=\dfrac{1-e^{-s}-e^{-2s}}{s^2}$

(6) $f_4(t)=\dfrac{1}{2}e^{2t}\sin 2(t-1)\cdot u(t-1)$

3. (20分)

(7) $H(j\omega)=\mathrm{Sa}\left(\dfrac{\omega\tau}{2}\right)e^{-j\frac{\omega\tau}{2}}$，其振幅、相位频谱图如题解 F.1-7 图所示。

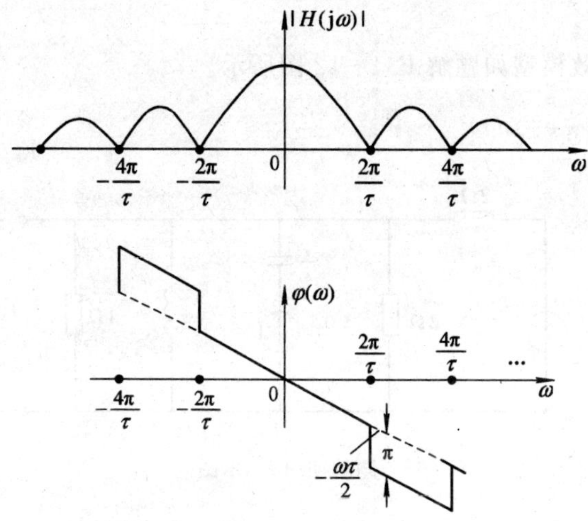

题解 F.1－7 图

(8) $y_{2zs}(n)=n0.5^{n-1}u(n)$

4. (20 分)

(9) (a) $H(s)=\frac{0.5s}{s^2+0.5s+1}$

(b) 系统模拟图如题解 F.1－9 图所示。

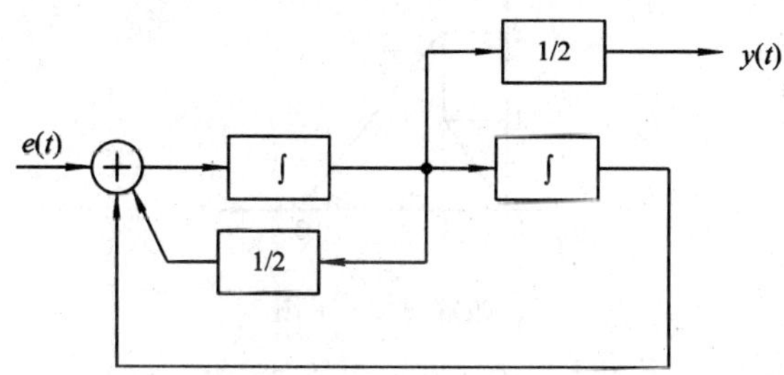

题解 F.1－9 图

(10) (a) $H(s)=\frac{(s+1)s}{s^3+6s^2+(11-k)s+6}$　　(b) $k<10$

5. (10 分)

(11) $y_2(t)=y'(t)-y'(t-1)=u(t)-3u(t-1)+3u(t-2)-u(t-3)$，输出 $y_2(t)$ 的波形如题解 F.1－11 图所示。

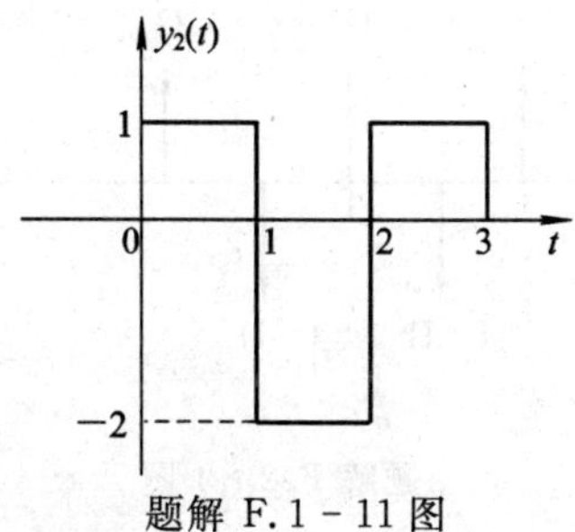

题解 F.1－11 图

6.（20 分）

(12)（a）s 域等效模型如题解 F.1－12 图所示。

（b）$y(t)=\frac{1}{2}\mathrm{e}^{-t}u(t)$

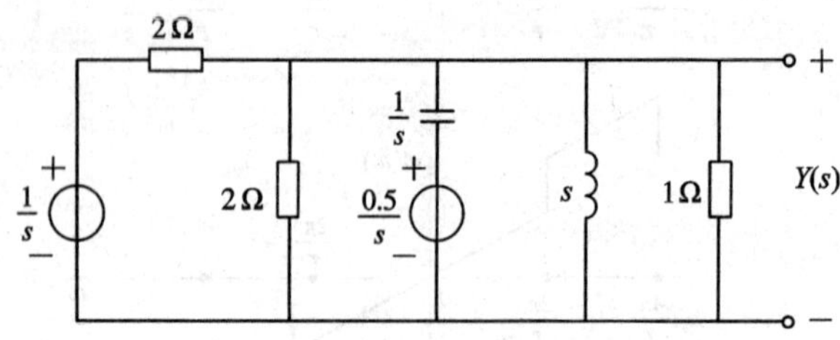

题解 F.1－12 图

F.2 模拟试卷(二)

1.（每小题 5 分共 10 分）

(1)（a）$f(1-2t)=2(t+1)[u(t+1)-u(t)]+2(0.5-t)[u(t)-u(t-0.5)]$

（b）$f(t)$的波形如题解 F.2－1 图所示。

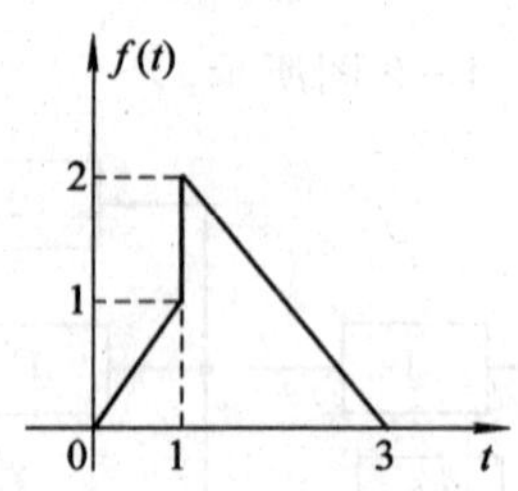

题解 F.2－1 图

(2) $y(n)=0.25^{n}u(n)+0.25^{n-1}u(n-1)-0.25^{n-5}u(n-5)-0.25^{n-6}u(n-6)$

2.（每小题 8 分，共 16 分）

(3) $F_1(s)=\frac{6}{s^4}-\frac{2}{s+2}+\frac{1}{s}$

(4) $f_2(t)=\sum_{n=0}^{\infty}[\delta(t-1-2n)-\delta(t-2-2n)]$，$f_2(t)$的图如题解 F.2－4 图所示。

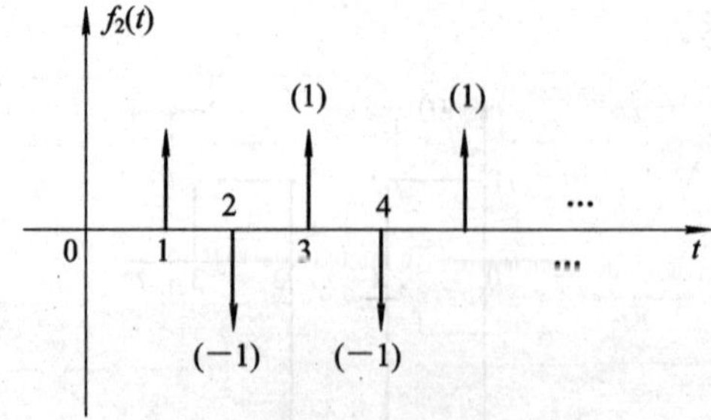

题解 F.2－4 图

3.（共 30 分）

(5) (a) $F_1(\mathrm{j}\omega)=2F(-2\omega)\mathrm{e}^{-\mathrm{j}\omega}$

$f_1(t)=f\left(-\frac{t}{2}+3\right)$的频谱图如题解 F. 2 - 5(a)图所示。

(b) $F_2(\mathrm{j}\omega)=\frac{\mathrm{j}}{2}F(\omega+4\pi)=-\frac{\mathrm{j}}{2}F(\omega-4\pi)$

$f_2(t)=f(t)\ \sin4\pi t$ 的频谱图如题解 F. 2 - 5(b)图所示。

(c) $\omega_s\geqslant4\pi$；$\omega_c=\frac{\omega_s}{2}$

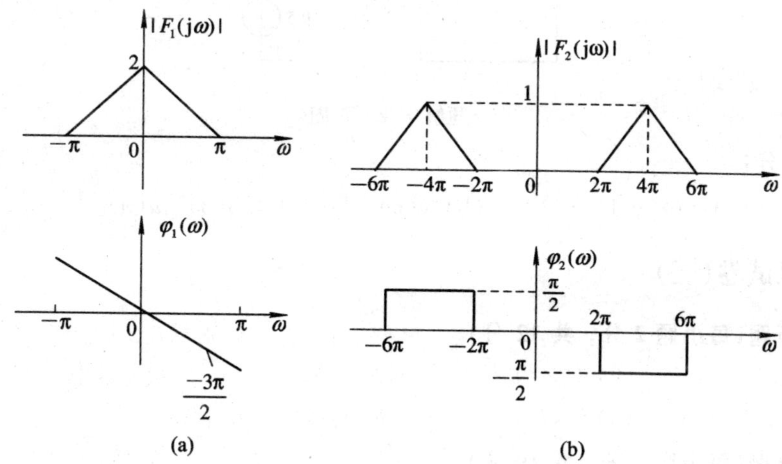

题解 F. 2 - 5 图

(6) (a) $R(\tau)=\frac{2}{5}\mathrm{e}^{-5|\tau|}$

(b) $\mathscr{E}(\omega)=\frac{4}{25+\omega^2}[u(\omega+1)-u(\omega-1)]$

4.（12 分）

(7) (a) $k>0$；

(b) $h(t)=\frac{1}{2}(\cos t+\sin t-\mathrm{e}^{-t})u(t)$

(c) 系统模拟图如题解 F. 2 - 7 图所示。

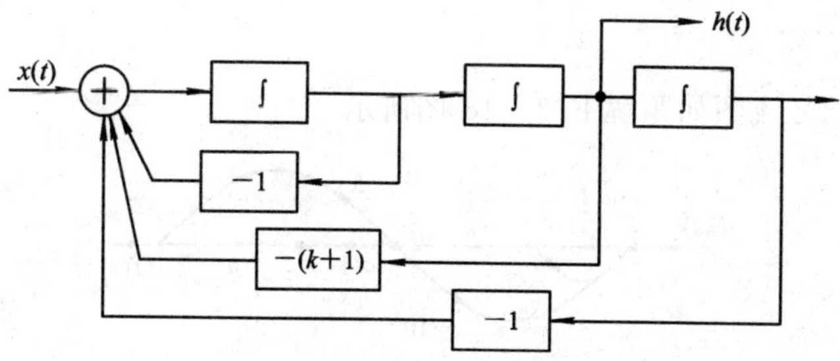

题解 F. 2 - 7 图

5.（16 分）

(8) (a) 开关 K 打开后，s 域的等效电路如题解 F.2－8 图所示。

(b) $u_L(t)=-\frac{3}{4}e^{-t}\cdot\sin 2t u(t)$

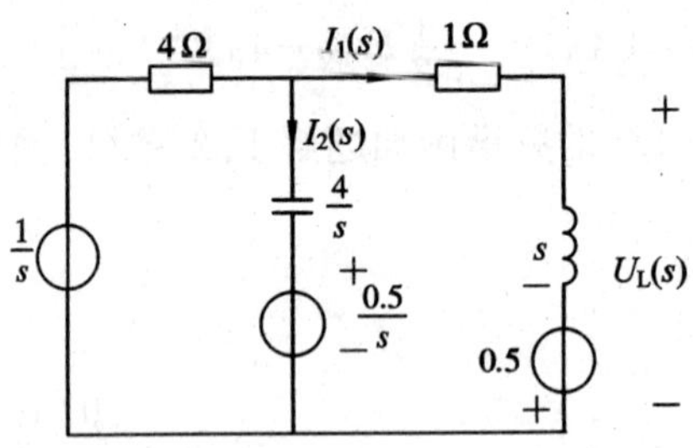

题解 F.2－8 图

6.（16 分）

(9) (a) $h(n)=(2^n-1)u(n)$；　(b) $y(n)=[0.5+4.5(3)^n]u(n)$

F.3　模拟试卷(三)

1. 判断题(每小题 2 分，共 12 分)

(1) (√)　　(2) (×)　　(3) (×)

(4) (×)　　(5) (√)　　(6) (×)

2. 选择题(每小题 2 分，共 10 分)

(7) B)　(8) D)　(9) B)　(10) C)　(11) E)

3. 计算与综合分析题

(12) 0

(13) $f(t)$的波形如题解 F.3－13 图所示。

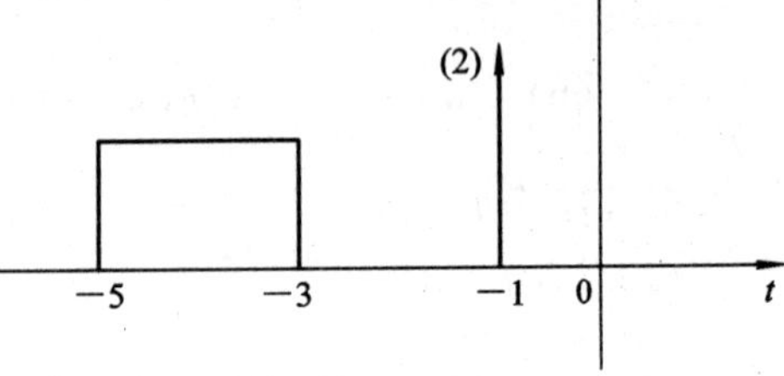

题解 F.3－13 图

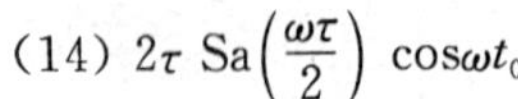

(14) $2\tau\,\mathrm{Sa}\left(\frac{\omega\tau}{2}\right)\cos\omega t_0$

(15) $f(t)=(e^{-t}-e^{-2t})u(t)$

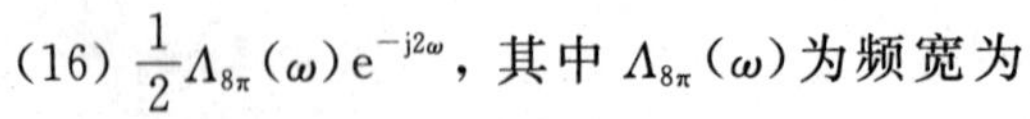

(16) $\frac{1}{2}\Lambda_{8\pi}(\omega)e^{-j2\omega}$，其中 $\Lambda_{8\pi}(\omega)$为频宽为 8π 的三角形函数。

(17) $\frac{1}{s^2+10s-29}$

(18) 系统的信号流图如题解 F.3－18 图所示。

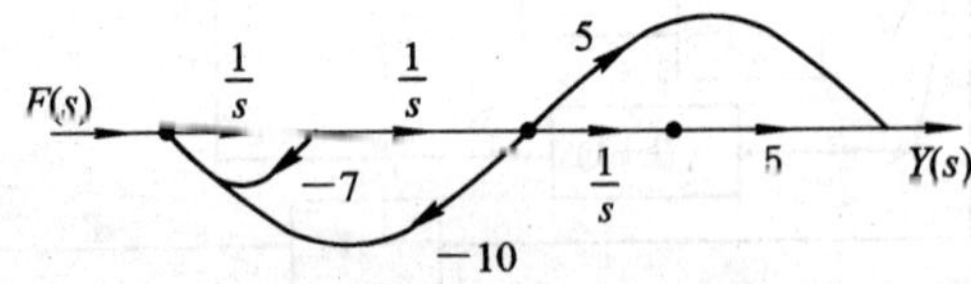

题解 F.3－18 图

(19) $h(t)=2[u(t)-u(t-1)]$，冲激响应的图如题解 F.3 - 19 图所示。

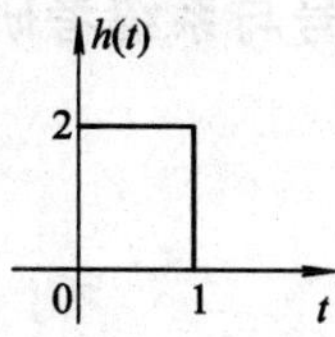

题解 F.3 - 19 图

(20) (a) $h(t)=(6e^{-2t}-6e^{-3t})u(t)$

(b) $y(t)=(3e^{-t}-3e^{-2t}+e^{-3t})u(t)$

(c) 系统稳定，因为是因果系统且所有极点在左半开平面。

(21) (a) $f_s(t)=f(t)\times\delta_T(t)=\sum\limits_{n=-\infty}^{\infty}f(nT)\delta(t-nT)$

$$F_s(\omega)=\frac{1}{T}\sum_{n=-\infty}^{\infty}F(\omega-n\omega_s)$$

(b) $Y(\omega)=\sum\limits_{n=-\infty}^{\infty}F(\omega-n\omega_s)\cdot \mathrm{Sa}\left(\dfrac{\omega T}{2}\right)e^{-j\omega T/2}$

(c) $T=\dfrac{1}{f_s}\leqslant\dfrac{1}{2f_m}=\dfrac{\pi}{\omega_m}$

(d) $\begin{cases}\dfrac{e^{j\omega T/2}}{\mathrm{Sa}\left(\dfrac{\omega T}{2}\right)}, & |\omega|<\omega_m\\ 0, & |\omega|>\omega_m\end{cases}$

(22) (a) $H(j\omega)=\dfrac{9+3j\omega}{(j\omega)^2+6j\omega+8}$

(b) $h(t)=\dfrac{3}{2}(e^{-2t}+e^{-4t})u(t)$

(c) $\dfrac{d^2y(t)}{dt^2}+6\dfrac{dy(t)}{dt}+8y(t)=3\dfrac{df(t)}{dt}+9y(t)$

其系统框图如题解 F.3 - 22 图所示。

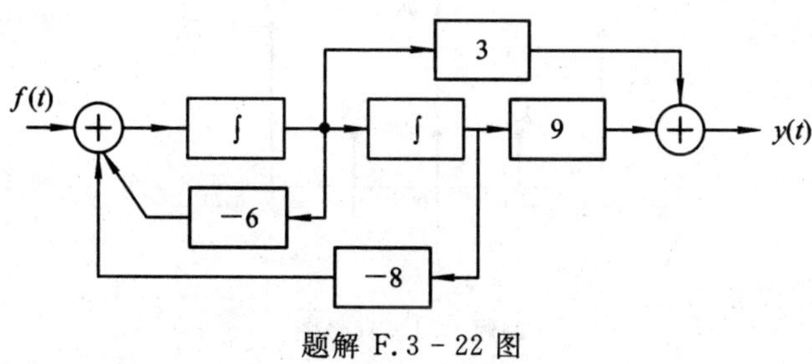

题解 F.3 - 22 图

附录G 信号与系统考研试题答案

G.1 考研试卷(一)

1. (1) $f(t)=(t-3)[u(t-3)-u(t-6)]$

2. (1) $h_1(n)=[1\quad 3\quad 3\quad 2\quad 1]$ (2) $y(n)=[1, 4, 5, 1, -3, -4, -3, -1]$

3. (1) $t_1=-1$, $t_2=1$, $t_3=3$;

(2) $f_1(t)=t$, $f_2(t)=-\dfrac{3}{2}(t-1)$, $f_3(t)=\dfrac{1}{2}(t-3)$

4. (1) c_n 如题解 G.1-4(1)图所示;(2) F_n 如题解 G.1-4(2)图所示;(3) $|F(\omega)|$ 如题解 G.1-4(3)图所示。

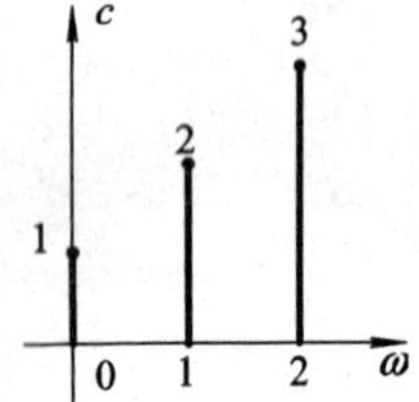

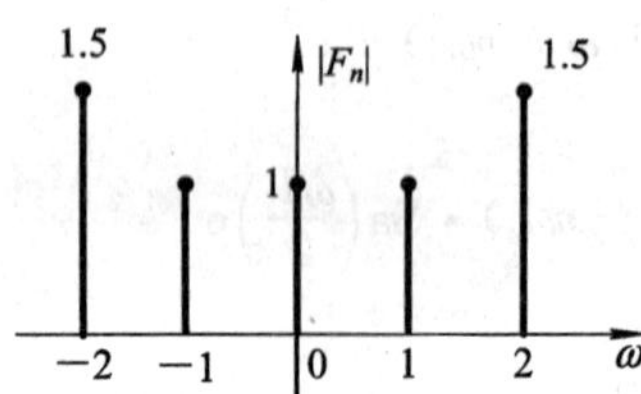

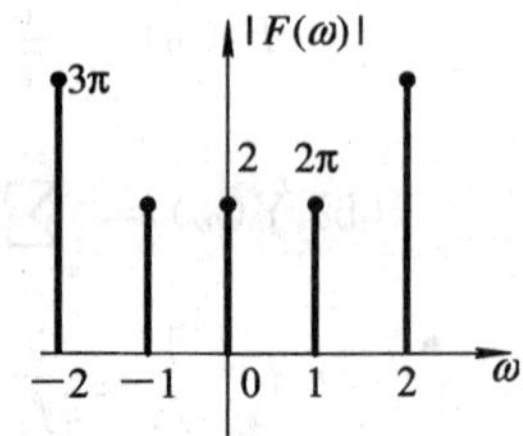

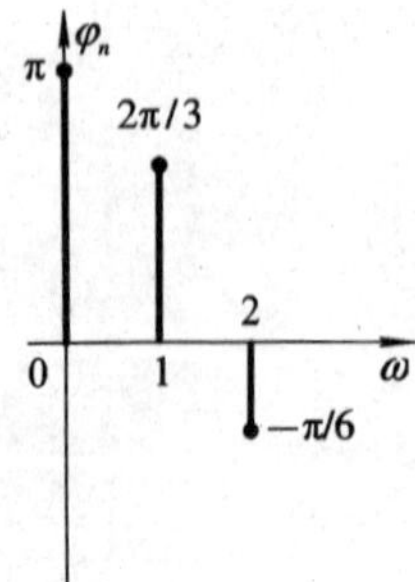

题解 G.1-4(1)图

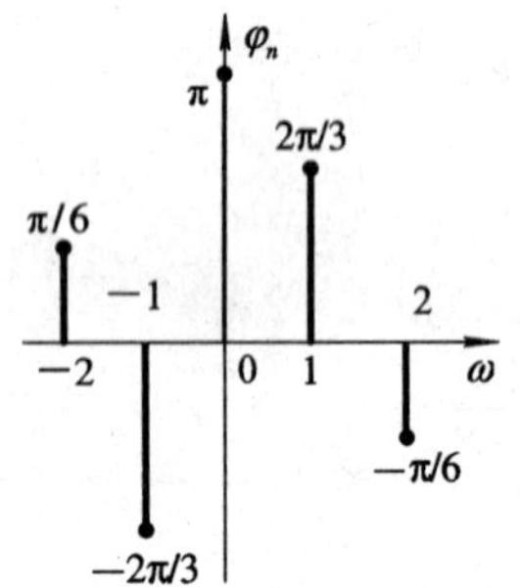

题解 G.1-4(2)图

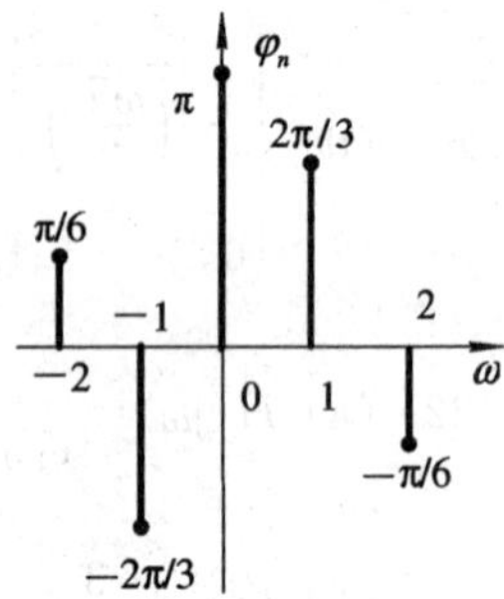

题解 G.1-4(3)图

(4) $P=1+0.5\times(4+9)=7.5$ W

功率谱如题解 G.1-4(4)图所示。

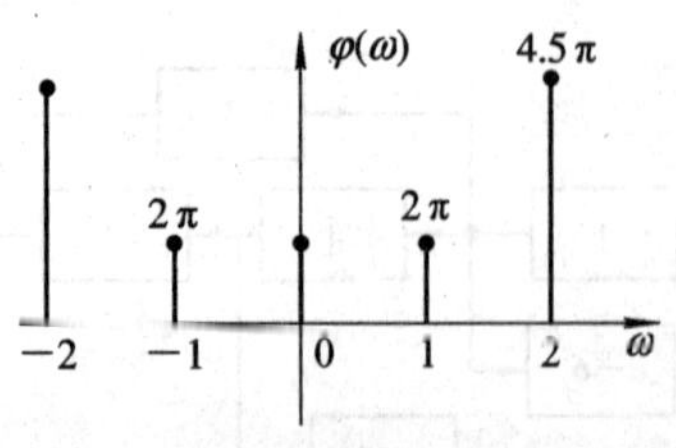

题解 G.1-4(4)图

5. (1) $F_1(s)=\frac{E}{s}-\frac{E}{\tau s^2}(1-e^{-s\tau})$

(2) $F(s)=\frac{1}{s+2}$，　$\mathrm{Re}[s]>-2$

6. (1) $f(t)$如题解 G. 1 - 6 图所示。

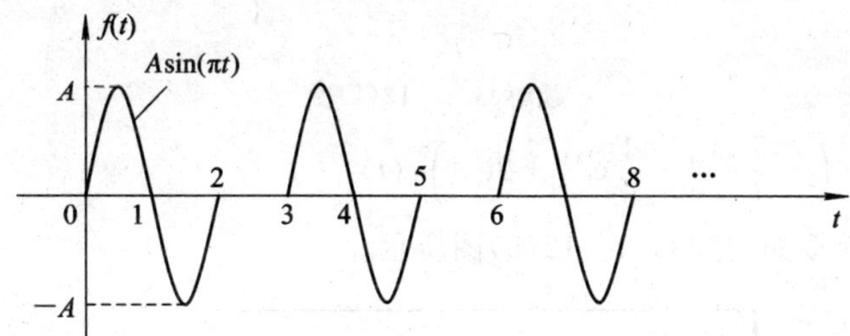

题解 G. 1 - 6 图

(2) $f_2(t)=\delta(t)+(e^{-t}-4e^{-2t})u(t)+[0.5-2e^{-(t-1)}+e^{-2(t-1)}]u(t-1)$

7. (1) $\frac{1}{2}j\omega F\left(\frac{\omega}{2}\right)e^{-j\omega/2}$　　(2) $f(t)*\frac{1}{-j\pi t}$

8. (1) $y(t)=x\left[-\frac{1}{3}(t-3)\right]=x\left(-\frac{t}{3}+1\right)$

(2) 线性、时变、非因果。

(3) 输出 $y(n)$会变，因为该系统是时变的，输出结果与级联次序有关。

9. (1) $h(t)=(1+3\cos 4t)u(t)$

(2) $|H(\omega)|$如题解 G. 1 - 9 图所示。

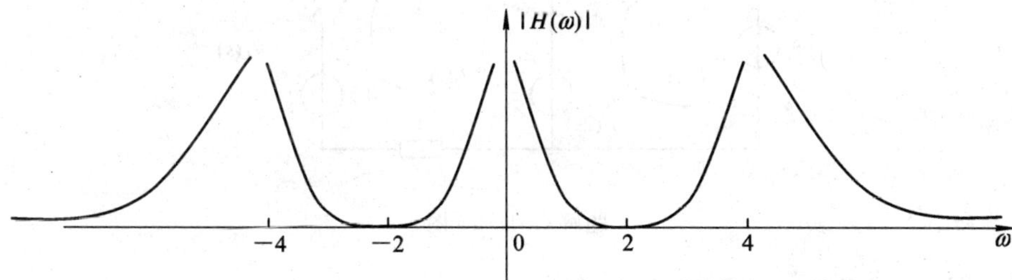

题解 G. 1 - 9 图

10. $R(\tau)=\frac{E^2}{4}e^{-2|\tau|}$，$\mathscr{E}(\omega)=\frac{E^2}{\omega^2+4}$

11. (1) $H(s)=\frac{2}{s^3+3s^2+(2+2\beta)s+4}$；

(2) 当$\beta>-\frac{1}{3}$时系统稳定。

12. (1) $H(s)=\frac{(s+7)(s+3)}{2(s+2)(s+4)}=\frac{s^2+10s+21}{2(s^2+6s+8)}$

(2) 系统的零极点如题解 G. 1 - 12(2)图所示。

(3) $y(t)=\left(\frac{21}{16}-\frac{5}{8}e^{-2t}-\frac{3}{16}e^{-4t}\right)u(t)$

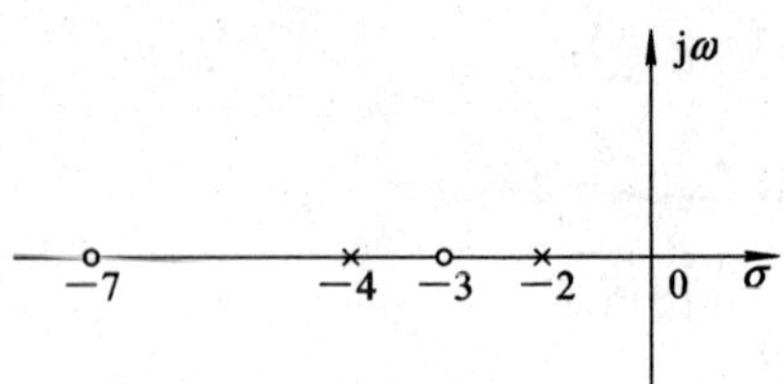

题解 G.1－12(2)图

(4) $y(t)=\left(-\frac{5}{4}e^{-2t}-\frac{1}{4}e^{-4t}+2e^{-t}\right)u(t)$

(5) 系统模拟如题解 G.1－12(5)图所示。

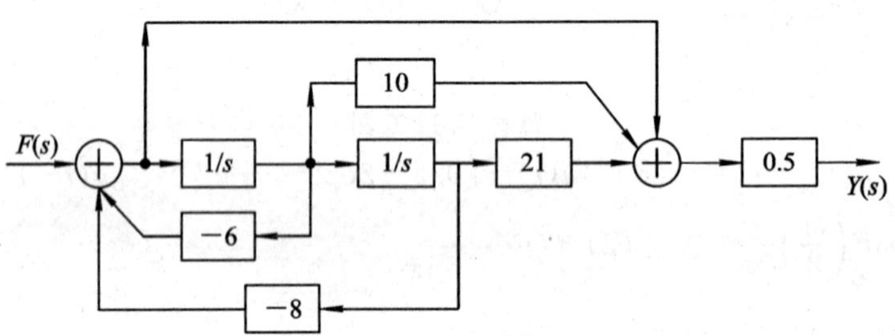

题解 G.1－12(5)图

13. (1) 系统等效电路如题解 G.1－13 图所示。

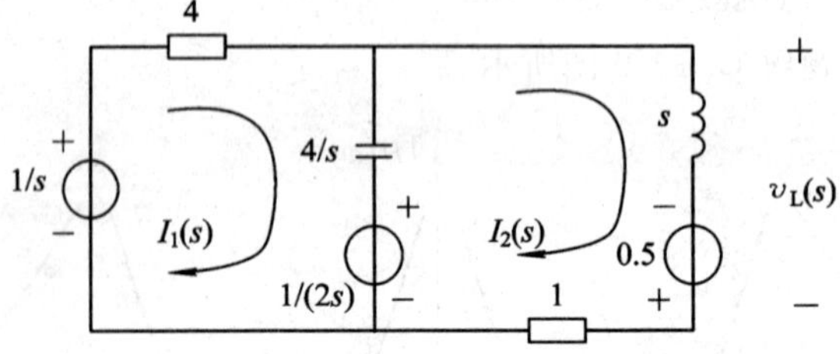

题解 G.1－13 图

(2) $v_L(t)=-\frac{3}{4}e^{-t}\sin(2t)\cdot u(t)$

14. $y(t)=1.5\cos\left(10t-\frac{\pi}{2}\right)+0.5\cos\left(8t-\frac{\pi}{2}\right)$

$=1.5\sin 10t+0.5\sin 8t$

15. $T_s=\frac{2\pi}{6\omega_0}=\frac{2\pi}{12\ 000}=\frac{\pi}{6}$ ms

16. $y(t)$如题解 G.1－16 图所示。

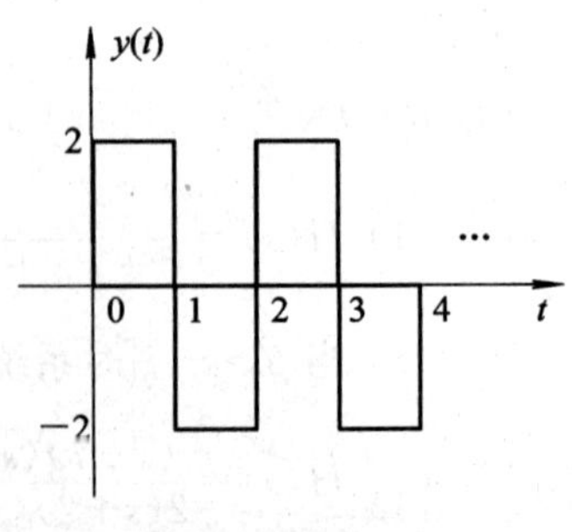

题解 G.1－16 图

17. (1) $y(n)+3y(n-1)+2y(n-2)=x(n)$

(2) $g(n)=\left[\frac{1}{6}-\frac{1}{2}(-1)^n+\frac{4}{3}(-2)^n\right]u(n)$

(3) 系统的极点在单位圆外，所以是不稳定系统。

G.2 考研试卷（二）

1. (1) 线性时变系统　　(2) 非线性非时变系统

2. (1) $f(3)=2$　　(2) $y(n)=[1, 3, 7, 6, 4]$

3. (1) $h(t)=-4\mathrm{e}^{-2t}u(t)+2\delta(t)$

   (2) $h(n)=2\mathrm{e}^{-2n}u(n)-2\mathrm{e}^{-2(n-1)}u(n-1)$

4. (1) 单位冲激响应 $h(t)=\mathrm{e}^{-2t}u(t)$

   (2) 零输入响应 $r_{zi}(t)=(C_1t+C_2)\mathrm{e}^{-t}u(t)+C_3\mathrm{e}^{-2t}u(t)$

5. (1) 偶对称、奇次谐波。

   (2) $P=2\left(\frac{E}{\pi}\right)^2\left(\frac{7}{45}\right)$

功率谱如题解 G.2－5 图所示。

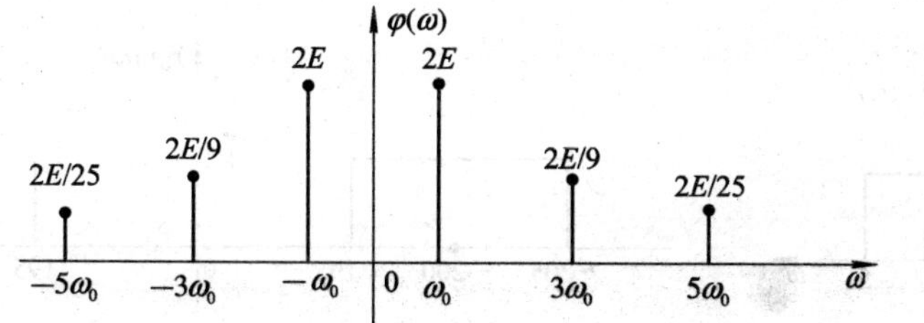

题解 G.2－5 图

6. (1) $F_2(\omega)=F_1\left(-\frac{\omega}{2}\right)\mathrm{e}^{-\mathrm{j}5\omega/2}$　　(2) $A=\frac{1}{3}$；$B=3$

7. (1) $\frac{(s+1)\mathrm{e}^{-a}}{(s+1)^2+\omega^2}$

   (2) $f(t)=\left(\frac{14}{5}\mathrm{e}^{-2t}-\frac{4}{5}\mathrm{e}^{-t}\cos 2t-\frac{8}{5}\mathrm{e}^{-t}\sin 2t\right)u(t)$

8. (1) $X(z)=\frac{z}{z-1/2}+\frac{-z}{z-2}=\frac{-3z/2}{(z-1/2)(z-2)}$　　$0.5<|z|<2$

   (2) $x(n)=-\left(\frac{1}{a}\right)^{n+1}u(n)+a\left(\frac{1}{a}\right)^{n}u(n-1)$

9. (1) $-1<\tau<0$，$R(\tau)=\tau+1$；$0<\tau<1$，$R(\tau)=1-\tau$；$\tau<-1$ 或 $\tau>1$，$R(\tau)=0$。

   (2) $\mathscr{E}(\omega)=\mathrm{Sa}^2\left(\frac{\omega}{2}\right)$

10. (1) $y_{zs}(t)=[\cos(\pi t)-\mathrm{e}^{-t}]u(t)$，　$y_{zi}(t)=y_1(t)-y_{zs}(t)=(2\mathrm{e}^{-t}+\cos\pi t)u(t)$

    (2) $y(t)=(\mathrm{e}^{-t}+2\cos\pi t)u(t)+[\cos\pi(t-1)-\mathrm{e}^{-(t-1)}]u(t-1)$

11. (1) $f_s\geqslant 2f_m=40\ \mathrm{Hz}$

    (2) $F_s(\mathrm{j}\omega)$如题解 G.2－11 图所示。

12. (1) 等效电路如题解 G.2－12 图所示。

(2) $v(t)=(34\mathrm{e}^{-4t}-19\mathrm{e}^{-3t})u(t)$。

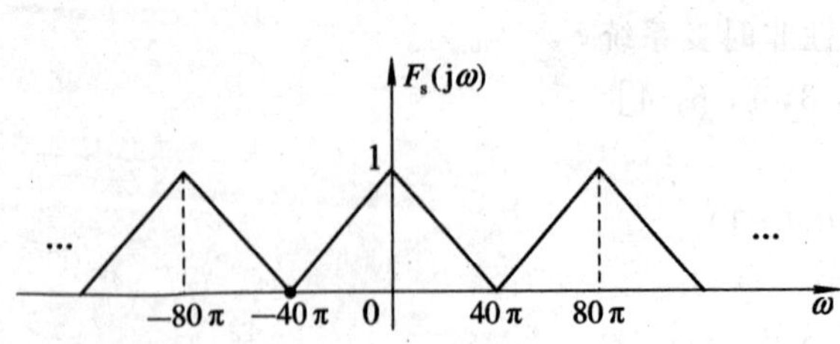

题解 G.2-11 图

题解 G.2-12 图

13. (1) $Y(\mathrm{j}\omega)=A[u(\omega+5)-u(\omega-5)]$，$Y(\mathrm{j}\omega)$如题解 G.2-13(1)图所示。

(2) $Y_{s1}(\mathrm{j}\omega)=\frac{1}{2}[Y(\omega+200)+Y(\omega-200)]$，$Y_{s1}(\mathrm{j}\omega)$如题解 G.2-13(2)图所示。

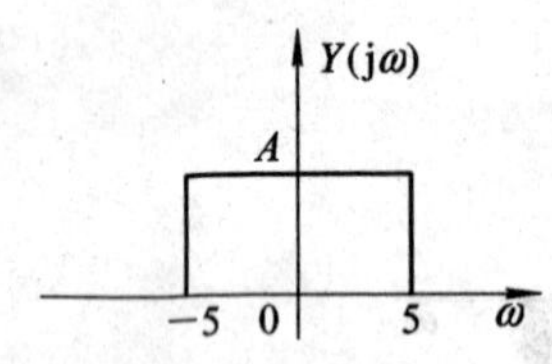

题解 G.2-13(1)图

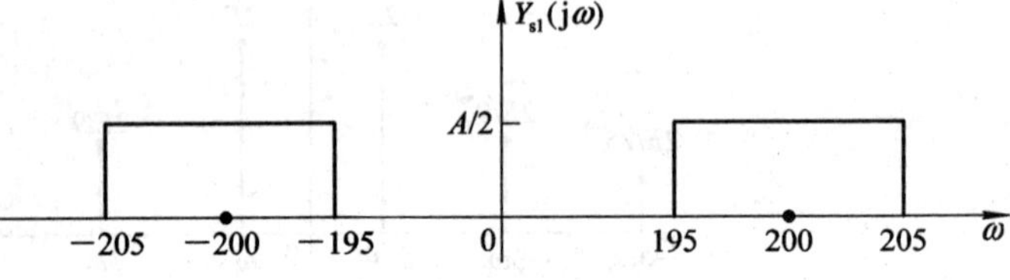

题解 G.2-13(2)图

(3) $Y_{s2}(\mathrm{j}\omega)=\frac{20A}{\pi}\sum_{n=-\infty}^{\infty}[u(\omega+5-40n)-u(\omega-5-40n)]$，$Y_{s2}(\mathrm{j}\omega)$如题解 G.2-13(3)图所示。

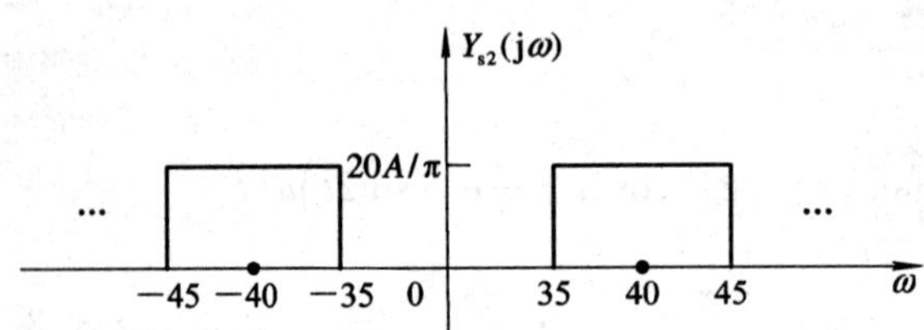

题解 G.2-13(3)图

14. (1) $k>0$；

(2) $k=2$ 时的零极点如题解 G.2-14 图所示。

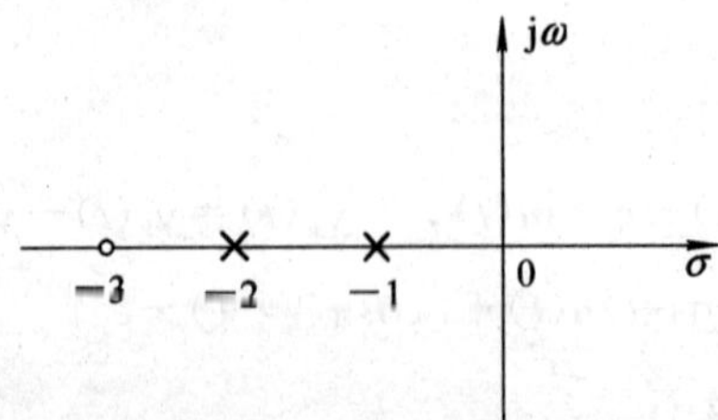

题解 G.2-14 图

(3) $h(t)=(2e^{-t}-e^{-2t})u(t)$

(4) $y(t)=(2e^{-t}-te^{-2t}-2e^{-2t})u(t)$

15. (1) $H(z)=\dfrac{z^{-1}}{1-1.5z^{-1}+0.5z^{-2}}$;

(2) $h(n)=2(1-0.5^{n})u(n)$;

(3) 系统临界稳定;

(4) 级联形式的系统方框图如题解 G.2-15 图所示。

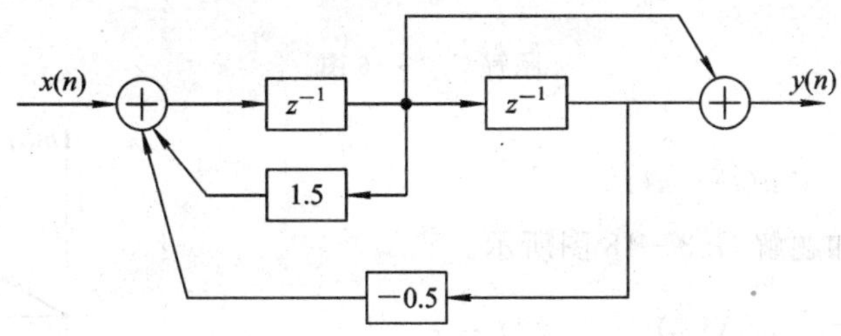

题解 G.2-15 图

16. $y(t)=\dfrac{\sin 2(t-3)}{t-3}\cos 4(t-3)$

17. (1) $H(j\omega)=\sqrt{a}G(-a\omega)$

(2) $h(t)=\dfrac{\sqrt{a}\ \sin(\pi t/a)}{\sqrt{\pi}\cdot\pi t}\cos\left(\dfrac{3\pi t}{a}\right)$

$$H(\omega)=\begin{cases}\dfrac{\sqrt{a/\pi}}{2}, & \dfrac{2\pi}{a}\leqslant|\omega|\leqslant\dfrac{4\pi}{a}\\ 0, & \text{其他}\end{cases}$$

(3) 是理想带通滤波器，中心频率 $\omega_0=3\pi/a$，带宽 $B_\omega=2\pi/a$。

(4) 当参数 a 变化时，可调节滤波器的中心频率与带宽。a 增加，中心频率降低，带宽变窄；a 减小，中心频率提高，带宽变宽；中心频率与带宽之比不变，即 $B_\omega/\omega_0=2/3$。

G.3 考研试卷(三)

1. D)　2. C)　3. C)　4. E)　5. C)

6. D)　7. B)　8. B)　9. C)　10. C)

11. (1) $e^{-t}(\cos 2t+2\sin 2t)u(t)$

(2) $(1+e^{-2t})u(t)$

(3) $(e^{-2t}+e^{-t}\cos 2t+2e^{-t}\sin 2t)u(t)$

(4) $u(t)$

(5) $-1\pm j2$

12. (1) $F_0=1$，$F_1=0.5e^{-j60^\circ}$，$F_{-1}=0.5e^{j60^\circ}$，其余为零；(2) 1.5 W

13. (1) 实际基波频率 $\omega_2=2\omega_1=4\pi/T$；(2) 谱线间隔为 $2\omega_1$；(3) 偶次谐波；(4) 偶分量

14. (1) 稳定；(2) 不稳定；(3) 最小相移系统；(4) 全通系统

15. (1) 30；(2) 50；(3) 20

16. $f(t)$如题解 G.3-16 图所示。

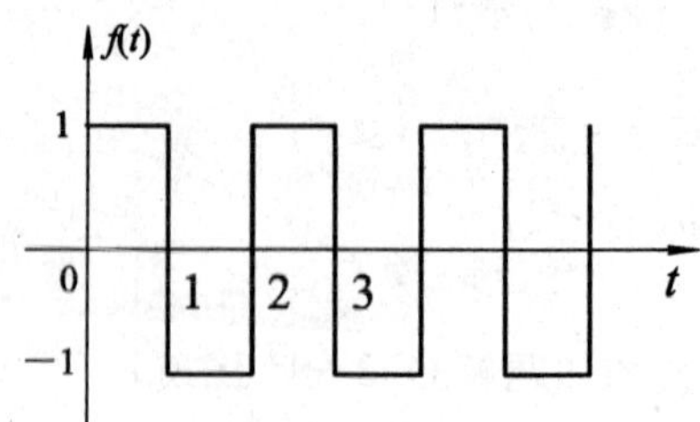

题解 G.3-16 图

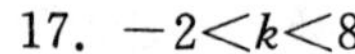

17. $-2<k<8$

18. (1) $h_3(t)=t[u(t)-u(t-2)]$

(2) $h_3(t)$如题解 G.3-18 图所示。

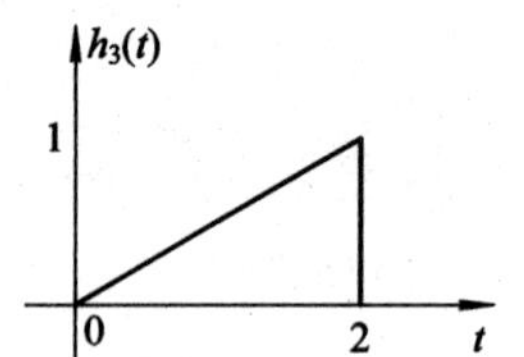

题解 G.3-18 图

19. (1) $Y(\omega)=-\omega^2X(\omega)$　　(2) $\frac{1}{5}\pi$

20. (1) $H(\mathrm{j}\omega)=\begin{cases}1, & 6\pi<|\omega|<10\pi \\ 0, & 其他\end{cases}$

(2) $h(t)=4\,\mathrm{Sa}[2\pi(t-t_0)]\cos 8\pi t$

21. (1) $X(z)=z^N\frac{1-z^{-2(N+1)}}{1-z^{-1}}=\frac{z^N-z^{-(N+1)}}{1-z^{-1}}$

(2) $x(n)=\frac{1}{2}(2)^n\sin\left(\frac{\pi n}{2}\right)u(-n-1)$

五、(本题共 2 小题，每小题 12 分，满分 24 分)

22. (1) $H(z)=\frac{z^2+z}{z^2+0.5z-0.5}=\frac{z(z+1)}{(z+1)(z-0.5)}$

(2) $y(n)+0.5y(n-1)-0.5y(n-2)=x(n)+x(n-1)$

(3) 零极点如题解 G.3-22 图所示。

(4) $h(n)=0.5^nu(n)$，$r_u(n)=(2-0.5^n)u(n)$

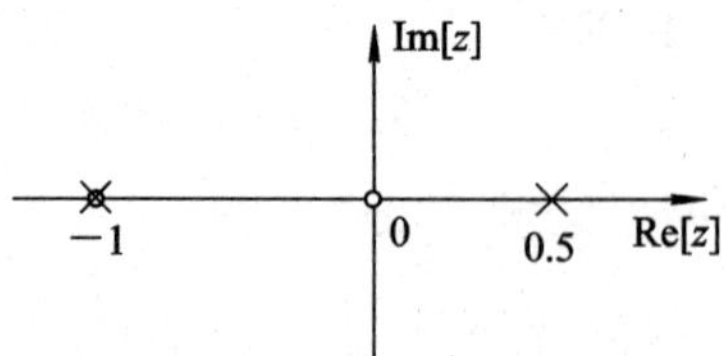

题解 G.3-22 图

23. (1) $i_L(0_-)=5$ A，$v_C(0_-)=0$ V

(2) s 域等效电路如题解 G.3-23 图所示。

(3) $v_C(t)=\frac{20}{\sqrt{7}}e^{-3t/4}\sin\left(\frac{\sqrt{7}t}{4}\right)u(t)$

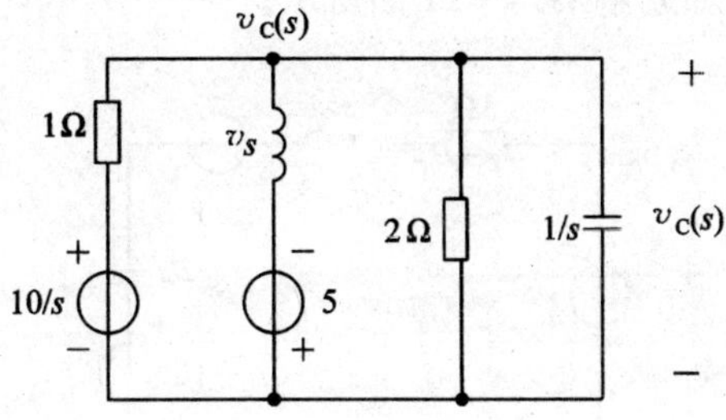

题解 G.3－23 图

G.4　考研试卷(四)

1. D)　2. B)　3. B)　4. B)　5. C)

6. B)　7. A)　8. D)　9. A)　10. C)

11. (1) $(\sin t-5\cos t)u(t)$　　(2) $(7\sin t+4\cos t)u(t)$

12. (1) 10^6 Hz　(2) 10^4 Hz　(3) 10^6 Hz　(4) 10^3 Hz

13. (1) $3\omega_0$　(2) 32 kHz

14. (1) $e^{-t}(\cos 2t+2\sin 2t)u(t)$　　(2) $(1+e^{-2t})u(t)$

(3) $(e^{-2t}+e^{-t}\cos 2t+2e^{-t}\sin 2t)u(t)$　　(4) $u(t)$　　(5) $-1\pm j2$

15. (1) $y'(t)+y(t)=f(t-2)$　　(2) $A(s+1)e^{Bs}$，其中 A、B 为实常数

16. (1) $\omega_2=3\omega_1$　　(2) $F_{2n}=F_{1n}e^{-jn\omega_1}$

17. $x(t)=\pm\frac{1}{2\pi}\cdot\frac{2}{1+t^2}=\pm\frac{1}{\pi(1+t^2)}$

18. (1) $Y(\omega)=j2\sin\omega\cdot R(\omega)$

(2) $y_2(t)$如题解 G.4－18 图所示。

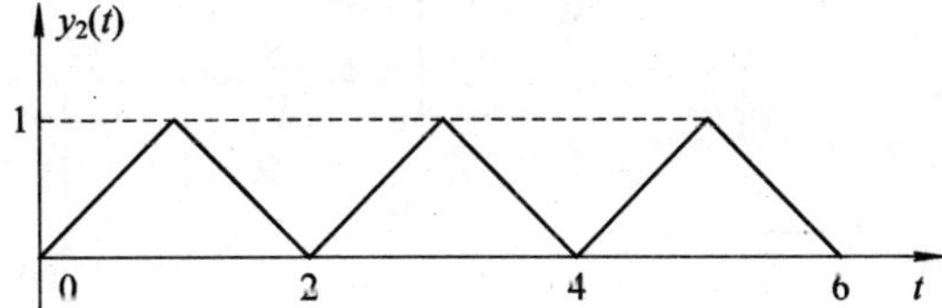

题解 G.4－18 图

19. (1) $X_1(z)=\frac{8z^{-2}}{z-2}=\frac{8}{z^2(z-2)}$

(2) $|z|>3$ 是右边序列，$x_2(n)=0.5(3^n-1)u(n)$

$1<|z|<3$ 是双边序列，$x_2(n)=-0.5[3^nu(-n-1)+u(n)]$

$|z|<1$ 是左边序列，$x_2(n)=0.5[-3^nu(-n-1)+u(-n-1)]$

20. $F_1(s)=\frac{1}{s(s^2-s-1)}e^{-2s}$

21. (1) $i_L(0_-)=2$ A，$v_C(0_-)=-1$ V

(2) s 域等效电路如题解 G.4-21 图所示。

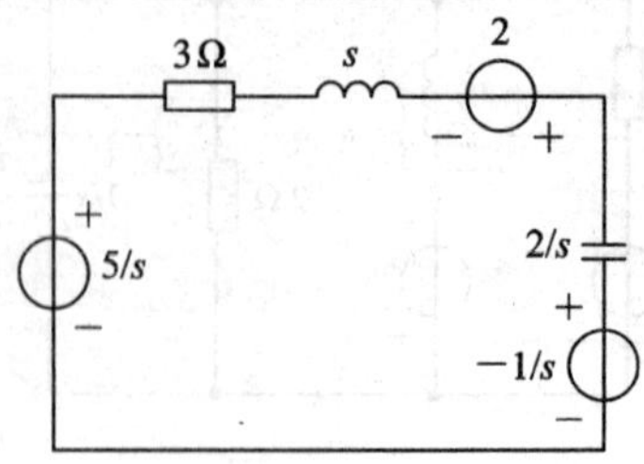

题解 G.4-21 图

(3) $v_C(t)=(5+2e^{-2t}-8e^{-t})u(t)$

22. (1) 各点频响如题解 G.4-22 图所示。

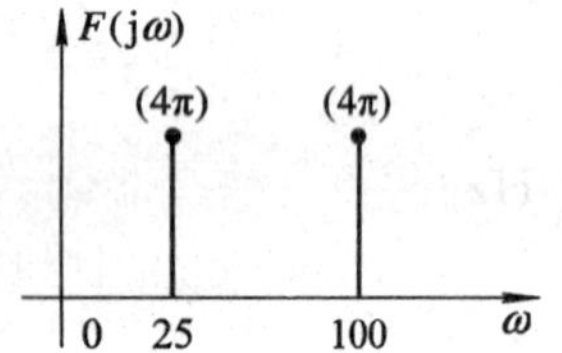

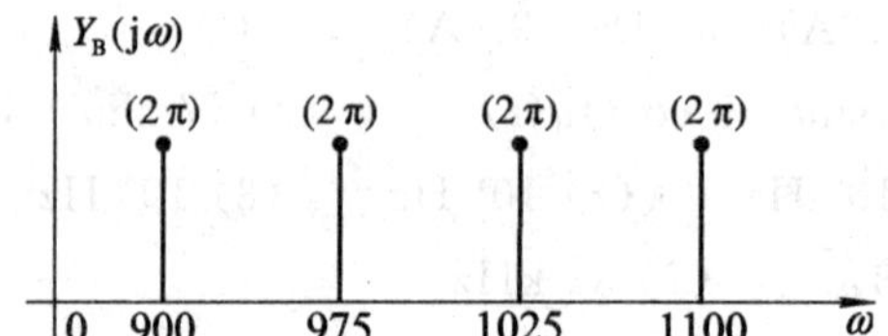

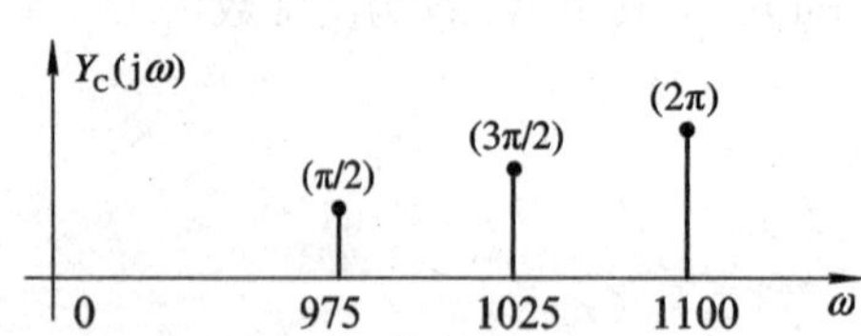

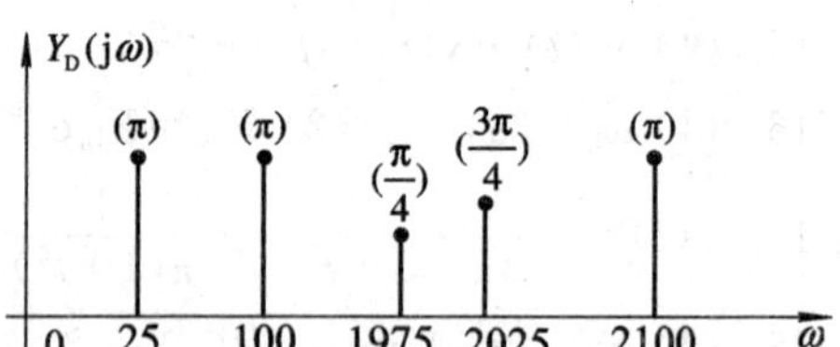

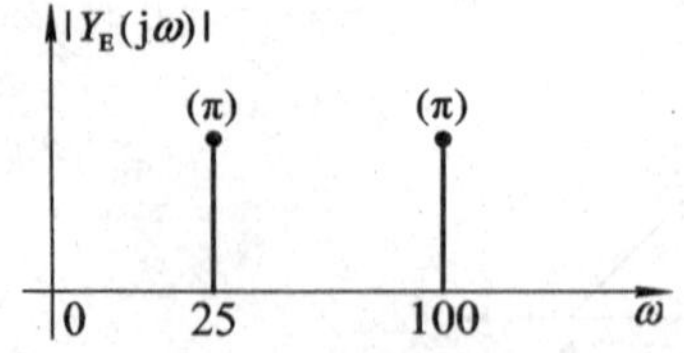

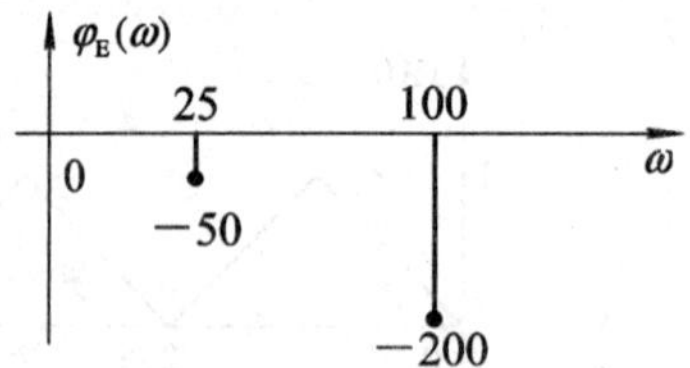

题解 G.4-22 图

(2) $y(t)=\cos 25(t-2)+\cos 100(t-2)$

(3) 系统 $H_1(j\omega)$ 物理不可实现。因为不满足佩利-维纳准则。

23. (1) $H(z)=\dfrac{z^{-2}+z^{-2}(1-z^{-1})}{1-2z^{-1}-3z^{-2}}=\dfrac{2z-1}{z(z^2-2z-3)}$

(2) $h(n)=\dfrac{1}{3}\delta(n-1)+\dfrac{5}{12}(3)^{n-1}u(n-1)-\dfrac{3}{4}(-1)^{n-1}u(n-1)$

(3) $y(n)=\dfrac{1}{2}[3^{n-1}-(-1)^{n-1}]u(n-1)$

(4) 系统模拟如题解 G.4-23 图所示。

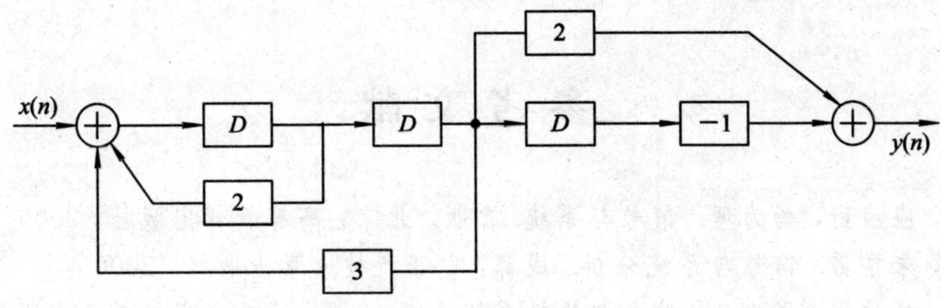

题解 G.4－23 图

(5) 极点在单位圆上及单位圆外，系统不稳定。

参考文献

1 郑君里，应启珩，杨为理. 信号与系统. 2版. 北京：高等教育出版社，2000

2 闵大镒，朱学勇. 信号与系统分析. 成都：电子科技大学出版社，2000

3 吴大正. 杨林耀，张永瑞. 信号与线性系统分析. 3版. 北京：高等教育出版社，1998

4 A. V 奥本海姆，A. S 威斯基. 信号与系统. 刘树棠，译. 西安：西安交通大学出版社，1998

5. A. V 奥本海姆，R. W 谢弗. 数字信号处理. 董士嘉，杨耀增，译. 北京：科学出版社，1980

6 Vinay K. Ingle，John G. Proakis. 数字信号处理及其MATLAB实现. 陈怀琛，王朝英，高西全，译. 北京：电子工业出版社，1998

7 丁玉美，高西全. 数字信号处理. 西安：西安电子科技大学出版社，2001

8 楼顺天，李博菡. 基于MATLAB的系统分析与设计：信号处理. 西安：西安电子科技大学出版社，1999

9 王仁明. 信号与系统. 北京：北京理工大学出版社，1994

10 张培强. MATLAB语言——演算纸式的科学工程计算语言. 合肥：中国科学技术大学出版社，1995

11 张小虹. 信号与系统. 西安：西安电子科技大学出版社，2004